新编计量技术初级教材

无线电计量

（第二版）

彭黎迎　主编

中国计量出版社

图书在版编目(CIP)数据

无线电计量/彭黎迎主编．—2版．—北京：中国计量出版社，2009.2
新编计量技术初级教材
ISBN 978-7-5026-2942-7

Ⅰ．无… Ⅱ．彭… Ⅲ．无线电参量计量—技术培训—教材 Ⅳ．TB973

中国版本图书馆CIP数据核字（2008）第189158号

内 容 提 要

本书全面、系统地介绍了无线电计量的基本概念、基础知识和专业知识。全书分15章，介绍了基本无线电参数测量、常用电子测量仪器等基本知识，详细介绍了计时收费仪器、电压表、失真度测量仪、信号发生器、示波器、Q表、场强仪、调制度测量仪、噪声计、逻辑分析仪、频谱分析仪、电阻测量仪、衰减器、医疗用电子仪器等的测试原理、性能指标与检定等内容。

本书可供有关计量部门和厂矿企业计量人员作为培训教材或自学，也可作为有关中等专业学校师生的参考教材。

中国计量出版社出版
北京和平里西街甲2号
邮政编码 100013
电话(010)64275360
http://www.zgjl.com.cn
北京市媛明印刷厂印刷
新华书店北京发行所发行

*

787 mm×1092 mm 16开本 印张28.25 字数670千字
2009年2月第2版 2009年2月第2次印刷

*

印数3 001—6 000 **定价：68.00元**

本书编委会

主　编： 彭黎迎

副主编： 卢兴远　周　利　夏德顺

编　委： 于建军　彭黎明　叶　菁　董生怀

郭自峰　李盼盼　王新亚　于水柱

彭　平　沈小红

出 版 前 言

为提高质量技术监督部门、技术机构和企业从事计量测试与检定工作的中青年技术人员、管理人员的专业技术水平和管理水平，中国计量出版社于20世纪80年代中期出版了由原国家计量局组织有关专家编写的一套《计量技术初级教材》，包括《长度计量》、《温度计量》、《力学计量》、《电学计量》、《无线电计量》5个分册。

该套书自出版以来，以其通俗易懂、简明扼要、实用性强等特点，受到广大读者，尤其是初、中级计量人员的欢迎，为培养一代计量测试与检定人员起到了重要的作用。

1998年，为适合形势的需要，我社组织数十位长年工作在计量测试领域第一线的、有实践经验的专家（其中多数为该套教材的原作者），重新编写了该套教材，并冠以《新编计量技术初级教材》书名。新编教材的读者对象和写作风格基本不变，注重更新技术内容和采用新的国家计量检定规程及国家标准，并缩减过多的原理阐述和繁杂的、难度较大的数学推导，进一步增强实用性，使之更加贴近基层计量工作者的实际需要。

近年来，由于计量及相关技术快速发展，国家有关标准和检定规程的更新速度加快，该套教材中的许多内容已显陈旧、过时，难以适应当前人员岗位培训和开展计量工作的需要。为此，我社又组织有关专家对该套教材进行了修订。这次修订再版，主要根据新形势下基层计量人员的实际需要对内容进行了调整；更新了陈旧、过时的内容；采用了新的计量检定规程和国家标准；增加了最新仪器、仪表介绍和新技术知识等。

本套教材主要供具有中等以上文化程度的、有一定专业实际工作经验的基层计量测试与检定人员、管理人员的短期岗位培训班作教材使用，目的在于使他们经过培训具备开展业务所必备的专业基础知识和基本操作技能。本套教材也可作为质量技术监督行业（相应计量工种）技术工人等级培训与考核的参考教材和相应专业的计量人员的自学用书。

虽经作者和出版社有关人员的多方努力，但本套教材仍难免存在一些这样或那样的问题，望广大读者提出宝贵意见或建议。

最后，在《新编计量技术初级教材》（第二版）问世之际，对参加组织和编写原教材的同志谨致衷心的谢意，他们的辛勤劳动为本套书的出版打下了良好的基础。

中国计量出版社

2006年6月

编 者 的 话

人类社会的发展是和生产的发展与科技进步紧密联系在一起的,而计量的发展是人类文明和生产发展的重要组成部分。生产的发展与科技进步离不开计量,计量的发展促进了生产的发展与科技进步。

无线电计量是在20世纪随着无线电技术的蓬勃发展而发展起来的。无线电技术的发展是20世纪生产发展的重要标志。进入21世纪,无线电技术的发展更加迅速,它对各行各业的发展都起着不可估量的作用,尤其是新技术的发展无不和无线电技术的发展密切相关。众所周知,航空、航天、通讯、导航、遥感、遥测、广播、电视、电影、摄影、音像、医疗检查、病人监护、贸易(网上交易、条码及计时收费等)以及计算机技术和互联网等,如果没有无线电技术作先导,要取得如此巨大的成就几乎是不可能的。无线电技术的发展,要求无线电计量测试技术也要有相适应的发展。这就要求无线电计量测试技术的测量范围不断扩大,测量项目不断增多,测量速度不断加快,测量精度不断提高。目前无线电计量的新课题也很多,如由单一参数的测量到多参数的测量,静态测量到动态测量,以及在线测量和自动测试系统的测量,大规模集成电路的检测,光导纤维的检测等。这些课题将为无线电计量测试技术开辟一个更广泛、更新的科学领域。

在这样的形势下,要求有一支与之相适应的无线电计量测试技术人员队伍,以满足不断发展的科学技术的需要。因此,人材的培养也是十分迫切的问题。本书是为从事无线电计量测试工作的技术人员而编写的计量测试技术初级教材。它可作为从事无线电计量测量技术的人员进行专业培训的教材,并可供从事有关专业的技术人员参考。本书着重基本概念、计量原理和方法的阐述,并注意突出无线电计量和测试的特点。

全书共分15章。第一章对无线电计量测试技术作了简单的归纳,并对新技术的应用作了简单的介绍;第二章为时间测量和计时收费;第三章和第四章作为测试部分,从无线电测试的角度介绍一些常用电子测量仪器和基本无线电参数测量,有助于从事这项工作的同志在开展无线电测试工作时参考。第五章到第十五章作为无线电计量综述,主要介绍有关的无线电计量参数测量和标准仪器的有关工作原理、技术性能、检定方法等有关技术知识。

本书在编写过程中,得到了有关专家的支持和帮助,参加本书编写的作者(包括原版编写作者),都对本书付出了辛勤劳动。彭黎明做了英文参考资料翻译和校正工作。周利为本书的文字作了整理和修订。中国计量出版社王红提出了许多有见地的意见。在此,我们谨表示衷心的感谢!

由于我们水平有限,在编写过程中,虽然多次修改,仍然难免出现疏忽或错误。凡不当之处,欢迎广大读者予以批评指正。

编 者

2009年1月

目　　录

第一章　无线电计量与测试

第一节　无线电计量的概念

一、无线电计量测试

在计量学中，无线电计量是一门新兴的学科。随着科学的进步，无线电计量已成为一门发展迅速，应用广泛，与各行各业联系密切，对现代科学技术发展起着巨大推动作用的学科。

由于各种智能型的测量仪器和自动测试系统的广泛应用，无线电计量测试技术范围不断扩大，计量速度不断加快，准确度不断提高，计量参数不断增多。在我们面前，大规模集成电路检测、微波参数测量以及自动化测量、动态测量、在线测量等，都是无线电计量测试的新课题。

二、无线电计量测试的基本内容

无线电计量测试包括建立和保存无线电计量基本参数的计量标准；保证量值的传递和准确一致；研究各种精密测量技术和测量方法三个方面。表征无线电计量测试能力，通常可以用计量的参数、准确度和可以覆盖的频带宽度来表示。

在无线电计量测试中，需要开展的量值传递的参数是很多的。在这么多的参数中，哪些参数是主要的，哪些参数是次要的，并没有严格的理论依据和原则规定，而是随着科学技术的发展和实际工作的需要在不断地发展。这一点仅从无线电计量测试的频率范围就可以得到很好的说明。通常，电磁计量的频率范围是从直流开始，其频率上限一般不超过几十千赫；而无线电计量的频率范围，下限应该是和电磁计量衔接的，即从几十千赫开始，上限可以到110GHz，即包括了从长波、中波、短波、到微波的一个很宽的范围。实际上，无线电计量的频率范围的大小完全是根据需要而定的，在国际上并没有明确而统一的规定，有的参数其低频端一直可以延伸到超低频，甚至可以到直流。

目前，在我国开展无线电计量的参数有多种，见表1—1所示。

在这些参数中，除时间和电流单位是国际单位制基本单位外，其他单位都是导出单位。例如，噪声温度单位由温度直接导出，波导或同轴传输线的特性阻抗单位由长度单位导出，功率、电压、电场强度、磁场强度等的单位都是从国际单位制的基本单位直接或间接导出的。

另外，从上述的无线电参数可以看出无线电计量包括很多无量纲的量，如衰减，电压驻波比，反射系数等，实质上这些量都是其他一些有量纲参数的量值的比值，看来似乎可以不用建相应的标准，但是，实际上并不一定如此。例如，对衰减这个无量纲量，由于在实用中

表 1—1 无线电计量参数和单位

参数名称	单 位	参数名称	单 位
频率	Hz	衰减	无量纲
时间	s	增益	无量纲
波长	m	相移	无量纲
电场强度	$V \cdot m^{-1}$	噪声温度	K
磁场强度	$A \cdot m^{-1}$	噪声系数	无量纲
功率通量密度	$W \cdot m^{-2}$	噪声功率谱密度	WHz^{-1}
天线增益	无量纲	脉冲响应函数	无量纲
天线效率	无量纲	脉冲上升时间	s
电压	V	复数相对介电常数	无量纲
电流	A	复数相对磁导率	无量纲
功率	W	介质损耗角正切	无量纲
复数阻抗	Ω	失真系数	无量纲
复数导纳	Ω^{-1}	调幅系数	无量纲
复数散射矩阵分量	无量纲	频偏	无量纲
复数反射系数	无量纲	电导率	$\Omega^{-1}m^{-1}$
电压驻波比	无量纲	反射率	无量纲
Q 值	无量纲		

对其准确度的要求很高，因此不但要建立计量标准，而且其准确度相对其他参数也是比较高的。

目前，国际上公认比较基本、比较重要的参数有：功率、电压、阻抗（包括高频电容、电阻、电感、Q 值等集总参数阻抗和复数反射系数、电压驻波比等微波阻抗）、衰减、相移、噪声、场强，以及脉冲、调制度、失真度、复数相对介电常数等 20 多个参数，各参数的频率范围也没有明确的界限，是随科学技术的发展和实际需要而变化的。

三、无线电计量的特点

无线电计量和其他计量相比较有以下几个特点：

1. 计量参数种类繁多

这是由于无线电计量涉及面很广造成的，而且随着电子技术的发展，新类型的电子仪器不断出现，参数还有不断增加的趋势。

2. 量程多频带宽

例如，功率计量，其量程从微瓦级一直到兆瓦级整整覆盖了达 $1:10^{12}$ 量级。至于频带之宽前面已经提到。如此宽的量程和频带，往往需要用多个计量标准来覆盖。标准不同结构也不同，如低频用集总参数元件，到微波段则用同轴线、波导等元件。

3. 传输线和接头形式多种多样

在电子系统中，随着频率的由低到高，可以用双线、电缆、同轴线、根据不同的需要可以波导、光纤等多种形式传输，其传输线的阻抗可以是低阻，50Ω、75Ω、300Ω、600Ω 等，接头的类型可分为 BNC 接头、B 型接头、N 型接头等多种，还有各种类型的普通接头。而这些传输线和接头的质量，直接影响到计量标准的信号传输特性。

4. 量值传递链较短

由于无线电计量标准的整体准确度都不很高，所以在计量检定系统表中，传递的等级是比较少的，通常只有三级。

5. 测试工作量大于检定工作量

由于电子仪器的品种繁多，目前制定的检定规程无法跟上电子仪器的更新的速度。所以，无线电计量中的测试工作量总是大于检定工作量。

6. 计量标准投资大，运行周期短

这个特点是和计量器具的功能分不开的，例如，为了测量一台仪器频率响应，往往就要从低频到高频，覆盖全频带的几套相应的计量标准。同时，电子仪器的更新速度快，也需要计量标准作相应的调整。因此，投资规模大是制约无线电计量工作发展的主要因素。

第二节　无线电计量实验室的技术要求

一、概　述

无线电计量实验室是进行无线电计量测试所必不可少的工作场所。无线电计量有别长、热、力、电等传统的计量，它往往对工作环境提出更特殊的要求。对这些环境基本要求往往容易为人们所忽视，而往往把注意力放到计量标准上面去。在这一节，着重叙述无线电计量实验室在工作环境、基本设备配置、技术要求等方面需要注意的事项，以保证量值传递工作能够正常进行。

二、环境条件要求

1. 原则要求

实验室的环境条件受两方面因素的制约。一方面是受建立计量标准的有关检定规程的制约，另一方面是受电子测量仪器的制约。大多数电子测量仪器的元器件及部件都对温度、湿度、大气压、电源电压、振动、电磁场干扰等环境有不同程度的敏感性。因此，即使是同一台电子测量仪器，当所处的环境条件不同时，它们可能具有完全不一样的准确度。

2. 实验室分类

因此，无线电计量实验室首先应该满足检定规程和电子测量仪器对环境的要求。我国把电子测量仪器按对环境条件的要求分成三组。

Ⅰ组：在良好的环境中使用的仪器，要求操作时细心，只允许受到轻微的振动。

Ⅱ组：在一般的环境中使用的仪器，允许受到一般的振动和冲击。

Ⅲ组：在恶劣的环境中使用的仪器，允许在频繁的搬动和运输中受到较大的冲击和振动。

3. 实验室基准条件

为了对电子测量仪器进行检定和校准，还规定一组基准条件。如表1—2所示。

表1—2 基准条件

影响量	数值和范围	误差	影响量	数值和范围	误差
环境温度	20℃	±2℃	交流供电波形	正弦波	
环境湿度	45%~75%		外电磁场干扰	应避免	
交流供电电压	220 V	±2%	通风	良好	
交流供电频率	50Hz	±1%	阳光照射	避免直射	

要进行计量和测试的时候，应逐项考察环境条件是否能满足计量或测试的要求。在计量和测试前，应对实验室的环境条件作详细记录。

4. 实验室基本要求

(1) 供电电源

实验室的供电电源，通常都取自单相200V交流电网。对供电电源的最基本要求是电压的稳定度。由于目前国内电网的供电电压普遍存在着波动较大、负荷能力较差的现象，均不能满足仪器对交流供电电压的要求，故一般实验室均应设有交流稳压设备。目前使用电子交流稳压器已经够用，如果选用不间断电源为高精密度的计量标准供电则效果更好。

(2) 环境温度

无线电计量与测试工作对环境温度的要求与其他的计量专业相比并不算高，只有高频Q值线圈、标准电感、标准电容等一些标准量具要求在(20±1)℃条件下使用，而大量的仪器检定工作要求在(20±5)℃的环境温度下完成。因此，无论在我国的南方或北方，如果不安装空调器的话，一年四季很难保证均能达到这一要求。在检测过程中，(20±5)℃不是惟一条件，有时还要求在检测全过程温度不应有明显突变。

(3) 环境湿度

对实验室环境条件来讲，防潮是保证正常工作的非常重要的一环。空气中的水分是一种导电物质。仪器经常受潮，将引起绝缘材料的绝缘电阻减小、耐压降低，以致造成短路、漏电、打火等故障。受潮还会引起霉菌的繁殖，加速金属的腐蚀及变压器线圈的霉断。所以，要保持实验室适当干燥。对长期不用的电子仪器应该定期通电试验，每次通电应在2h以上，利用仪器内元器件的发热来排出潮气。

从另一个角度讲，也要注意不要让房间过分干燥。由于人员穿着化纤织物很多，室内再装饰一些化学材料，过分的干燥将会在一些物品上积累较强的静电。静电的产生会对计量标准或电子测量仪器造成很大危害，尤其是以集成电路为主要器件的电子测量仪器，静电可能会使仪器造成损坏。因此，通常要保持实验室内的相对湿度达到45%~75%。

(4) 防尘

空气中悬浮着大量尘埃。这些尘埃不仅会在仪器表面上积起灰尘，还会通过仪器的散热孔，沉积在仪器的元器件的表面上。灰尘容易吸潮，使元器件的绝缘性能降低，若进入可活动的元器件中，如继电器、可变电容器等，还将产生电噪声。

使用后的仪器应用布罩罩起来。另外，应设法降低空气中的尘埃量，例如，窗户应该密封，人员进出实验室应换工作服和拖鞋，保持实验室卫生，灰尘就少了。

(5) 防腐

在无线电计量实验室内，原则上不应有酸、碱类及其他腐蚀性物质放入室内。有的仪器使用的化学电池，应注意保管，长期不用时，应将电池取出来，以免腐蚀仪器。

(6) 防振

计量标准和电子测量仪器通常都是由各种电子元器件、接插件、调节机构组成，当受到振动时，就可能出现接插件松动，元器件从印刷线路板上掉下来，以及短路、断路等故障。这些故障的发生，都将使仪器不能正常工作。因此，实验室的设计应远离振动源，平时仪器要轻拿轻放。

(7) 防阳光照射

在实验室中，阳光照射会使房间温度很难保持平衡。如果阳光直接照射在电子测量仪器上，将使仪器产生异常的温升，而使计量结果缺乏可信度。对一些带有显示屏的仪器，阳光的照射将使显示屏上的图像变得模糊不清，容易造成读数错误。因此，在无线电计量实验室，窗户上应安上窗帘。

(8) 防外电磁场干扰

强电磁干扰的影响通常表现为仪器读数忽大忽小、随机跳动，严重时使仪器不能正常工作。干扰一般可分为有源干扰和无源干扰。

① 有源干扰包括以下几种：

a) 电气设备中电流急剧变化及伴随的电火花：如电钻、电焊机、电梯、汽车点火系统。

b) 调频电气设备的电磁辐射干扰：如调频感应炉、无线电台、电视台等。

c) 天电干扰：包括雷电、静电电源的快速放电。

d) 工频干扰：由 50Hz 交流电网的强大电磁场产生的干扰。

e) 气体电离干扰：包括电流设备中的离子器件，如闸流管等，以及日光灯产生的电离放电。

② 无源干扰主要是指大气电离程度的变化和随机起伏。

干扰信号进入仪器中有两种渠道：

a) 通过寄生耦合进入仪器，最常见的是通过接地电阻及电源内阻，当这两个电阻都不能小到可以忽略的程度时，干扰信号通过电阻耦合进入电路，造成信号串扰。

b) 仪器的分布电容、分布电感以及过长的信号输入线、输出线，都会产生耦合或天线效应，吸收各种干扰信号，干扰仪器正常工作。

③ 为了抑制干扰对测量的影响，可以采取如下措施：

a) 实验室的选址要远离强干扰源，如电台、电视台、移动通信发射台、雷达站等。当无法降低干扰电平时，应该把检测工作时间和干扰源工作时间错开。

b) 建立屏蔽实验室，可以使各种外来干扰水平降低 100dB 以上。

c) 采用接地技术，也是抑制干扰的有效措施。

三、实验室的接地

接地的含义有两种，第一种含义是指接大地，通常这是在进行实验室的设计时应该考虑到的。它是按一定的技术要求将铜板埋入地下，用导线引出到实验室，作为仪器的接地端子。有人把交流电网的中线作为接地线使用，这是不妥当的，因为中线是在发电厂接大地的，当三相负载不平衡时，中线上有电流流过，就产生电压降，因此电子仪器不能用中线作为地线使用。

第二种含义的接地是指仪器的公共连接点，这是仪器在设计时就确定了的。

为了避免触电事故的发生和增强抗干扰能力，应按仪器使用说明书的要求，将仪器的电源线的相线、中线和地线与电源的相线、中线和地线分别对接。

第三节　无线电计量技术

一、概　述

近几年来，无线电计量技术与电子测量仪器取得了巨大发展。最显著的标志是：近代微观理论在无线电计量和测试中的应用产生了一系列新技术，对计量产生了深远的影响；无线电计量技术与现代科学的融合，导致电子测量仪器的自动化与智能化，使生产和测量的自动化成为现实。

无线电计量与测量技术与电子测量仪器的发展和其他科学技术有着极为密切的关系，一些先进的理论与技术，新器件、新工艺常常首先应用在电子测量仪器中，例如：自动控制原理、数字系统、取样技术、锁相技术、频率合成、相关接收、超导量子干涉器件、大规模集成电路、微处理器等都在电子测量仪器中迅速得到应用。

随着科学和技术的发展，电子测量仪器无论在品种上，还是在功能上都发生了很大变化。近年来由于广泛采用了固体器件和大规模集成电路，使得电子测量仪器越来越精细、复杂，仪器的体积越来越小，而功能越来越全，过去的庞然大物，现在已有不少变成了手持式仪器。许多无线电仪器使用了虚拟仪器技术。例如，示波器和信号发生器很多都制成虚拟仪器。有的已经可以作成和万用表一样大小，使用和携带起来非常方便。仪器的可靠性也随着大规模集成电路和新工艺的使用，有了显著的提高。

现代电子测量仪器正朝着全频段、多参数、多功能、综合测试和自动化的方向发展。除了为保证最高准确度而专门设计制作的计量标准外，单功能的仪器正逐步被多参数、多功能仪器所取代。现代不少仪器都具有多种功能插件，用户可以根据需要任选。此外，现在还出现不少二合一、三合一的仪器，如频率计和信号发生器合一、示波器与数字电压表合一，这些仪器在自动测试系统中也发挥了很大作用。

对计量标准所使用的仪器近年来也有很大发展，主要表现在由于电子测量仪器大量涌现，促使无线电计量需要建立的国家标准和量值传递系统的参数越来越多，而所覆盖的频率范围也由几十 GHz，向上向 300GHz 以及更高的方向扩展。

无线电计量技术的发展还体现在过去计量工作都是面对单一计量器具，而现在已发展成对整个系统的测量，这在高频测量中表现的尤为明显。如确定功率、电平、衰减、相移等单个电参数，已变成为确定诸如散射参数等描述器件或系统特征的量，出现了以网络分析仪为代表的自动多功能测量系统。微型计算机在无线电计量中的应用，不仅提高了测量系统控制和数据处理的能力，过去需要进行的很烦杂的计算，现在可以由仪器自动去完成，变成轻而易举的事。

二、无线电计量技术

（一）概述

无线电计量技术是以电子学和计量学理论为基础的，以现代科学技术为主要手段的，无线电计量基准和计量标准为依托的具有无线电计量特点的一套技术体系。

无线电计量技术可以分成直接计量技术和变换计量技术两种。直接计量技术是后面章节介绍的，对各种无线电参数以直接计量的方法进行的。直接计量方法往往用于频率不太高，量程范围亦比较窄的情况，例如，用拍频法、电桥法测量频率，用检波法测量电压，用鉴相法测量相位差等大量的计量方法，都属于直接计量方法的范畴。然而，当频率升高到射频、微波频段的时候，采用直接计量的方法测量某些参数是很困难的，有时甚至是不可能的。为了达到测量这一参数的目的，往往需要把被测量变换成与其有函数关系、而测量起来更为方便的另一种参数进行测量。在无线电计量标准和电子测量仪器中，广泛采用了各种变换、替代测量技术和平衡对消技术。

（二）参数变换技术

1. 参数变换技术的优势

顾名思义，参数变换技术就是把一个难于进行测量的参数变换成易于测量的参数的一种技术。这种参数变换的简单例子很多。在无线电计量中，回路 Q 值的计量，可以通过频率计算出来。Q 值的计量变成了频率的计量。由测辐射热电桥组成的高频电压标准，它的计量原理实际上是将高频电压参数的测量变成了功率的测量，这也是一种参数变换技术。另外，还可以通过 $U—f$ 变换器将电压量变换成频率量，而使用 $f—U$ 变换器也可以将频率量变换成电压量。目前高速发展的传感器技术，也是一种参数变换技术，不过目前的传感器大多是由非电量变换成电量进行测量。在这里主要讨论的是无线电计量的参数的测量。

2. 用量热计法测量微波功率

直流功率和低频功率的计量早已是一门很成熟的技术了。然而到高频和微波段时，功率的直接计量就变的非常困难了，往往要用参数变换的方法进行计量。

量热计法是将需要计量的高频或微波信号能量变换成热能，并以直流功率替代微波功率来进行测量的。

如图 1—1 所示，它的工作原理是这样的：在一个隔热容器内放置两个结构和热学性能完全相同的量热体 A 和 B，量热体内有可以吸收能量的全匹配负载，其中量热体 A 用来加微波功率和替代的直流功率，负载吸收功率后转换成热能，使量热体 A 的温度上升，它是工作量热体。量热体 B 上不加任何功率，仅作为温度的参考体，称为参考量热体。当量热体 A 加上一个恒定的微波功率时，量热体 A 和 B 之间将产生一个稳定的温差，连接在 A 与 B 之间的热电偶可以检出这一温

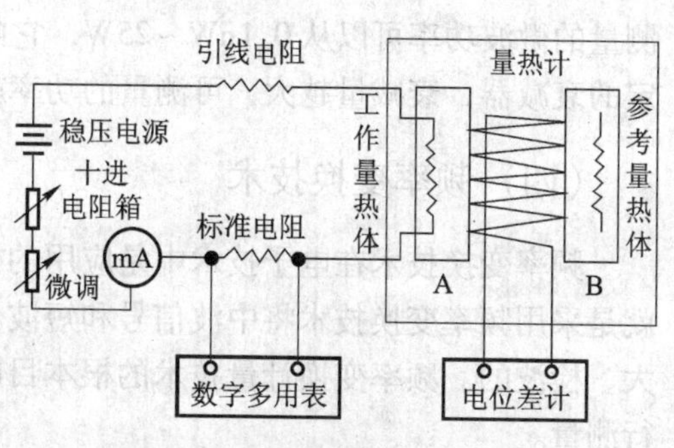

图 1—1　量热计原理图

差电动势。如果用直流功率替代微波功率加到量热体 A 上，假定二者有相同的热效应，从直流功率与温差电势之间的关系可以求得被测的微波功率。采用这种方式测量微波功率，其量热计本身所覆盖的频带是很宽的。又由于量热计达到稳态的时间比较长，所以对实验室环境温度的稳定性也要求比较高。

3. 用时间间隔数字法测量相移

在研究相同频率的两个信号的相位差时可知，相位差不随时间改变，其相位差仅与被测信号的周期 T 和两个信号过零时的时间差 Δt 有关；用公式（1－1）可表示为

$$\varphi = 360° \times \Delta t / T \tag{1-1}$$

由此可见，相移的测量可以变换成两个正弦信号过零点的时间间隔的测量。

从参考和测试通道加入的同频率正弦波信号，经过零检波器，得到尖锐的对应的过零脉冲，两路过零脉冲分别构成启动和停止脉冲，由参考通道所对应的启动脉冲触发一个主闸门电路，使门打开，时标脉冲通过此门电路，同时计数器开始计脉冲个数，停止脉冲到来时，主门电路关闭，时标脉冲不能通过，计数器停止计数，由计数器显示出的脉冲个数即可测出对应的时间间隔 Δt，从而测出相应的相位差。

改变被测通道中被测移相器的刻度位置，时间间隔就会发生变化。计数器计出时标脉冲个数也相应地变化。由计数器前后两次显示的数字差，可算出移相器相移的变化量。为了提高读数稳定度和测量系统的分辨率，通常的作法是取 10 次（或 100 次，1 000 次，10 000 次）读数的平均值作为相移的测量结果，这样作可以消除由于频率不稳、锁相环路的相位抖动或噪声的影响，从而可以提高测量准确度。

（三）量程变换技术

在无线电计量中，被测量的量程范围是非常广的，以功率测量为例，远程雷达的发射功率可达 10^8 W 以上。而接收航天器上发来的微弱信号可小到 10^{-15} W。因此，应对太大、太小的被测量，按已知的比值变换为量程适中又便于测量的同一参数进行测量。常用电阻器、衰减器、功率分配器、定向耦合器等将特大的信号变换成量程适中的信号；通常用放大器将微弱信号放大。量程变换技术只适用于电压、功率、场强等个别参数。衰减器就是一种常用的量程变换器。

衰减器用于变换量程的另一种方法，是把衰减器与测量探头组合在一起进行校准。比如美国惠普公司的 435B 或 436A 型功率计，有一个系列的功率敏感器，又称功率探头，它可测量的微波功率可以从 0.1nW～25W，它的量程扩展，就是在功率敏感器前面加接了一个固定的衰减器，衰减量越大，可测量的功率就越大。

（四）频率变换技术

频率变换技术在电子技术中是应用的极为广泛的一种技术，大家熟知的超外差式收音机就是采用频率变换技术将中波信号和短波信号的频率变换成 465kHz 的频率，然后再进行放大、检波的。频率变换计量技术的根本目的，就是把高频或微波频率变换成低频信号频率进行测量。

在频率变换技术中，可以有多种方式进行选择，如外差变频法、单边带调制法、调制副

载波法、谐波变频技术等等。在如此多的频率变换技术中，考虑到线性和噪声电子的影响，在精密计量中以外差变频法效果较好。谐波变频法中的取样技术也得到广泛使用。它是基于取样脉冲中包含有丰富的谐波分量，将其某一次谐波与对应的测试信号混频然后变换成中频信号，这个中频信号中即包含了被计量的信息。

（五）测量域变换技术

测量域变换技术是指从时域变换到频域，或从频域变换到时域的变换技术。为了测量一个二端口电路的频率特性，可以用脉冲或方波输入到该电路，由于跳变脉冲包含了极丰富的频率分量，通过对经过该电路后各频率分量的测定，就可以显示该电路的整个频率特性。

为了分析输入信号频率分量的成分，可以采用波形的傅立叶分析的方法，得到输入脉冲或方波的各频率分量复数振幅的模和相角，然后对相应的输出波形作同样分析，即可确定一个线性网络的每一个频率分量的传递特性。快速傅立叶变换和电子计算机的应用使这一技术得到了进一步发展。

现代的时域自动网络分析仪能够快速地通过时域测量经网络自动分析后作为频率函数的网络散射参量，即通过时域分析变换成频域的测量。相反，使用频域自动网络分析仪，也可以从频域的测量通过傅立叶分析变换为时域的信息。这种从时域变换到频域或从频域变换到时域的数学基础就是傅立叶变换，而其变换的手段是自动网络分析仪。

（六）多端口技术

前面介绍的自动网络分析仪的检测系统都比较复杂。应用多端口技术建立的多端口网络分析仪，由于它的工作原理是建立在比较简单的功率检波器方案上，所以检测系统就简单得多。

多端口网络分析仪是一种线性无源网络，用来测量功率参数和复数反射系数。信号从一个端口馈入，另一端口作为测量端口，而其他的旁臂端口则接功率检测器，从功率检测器的读数即可计算出测试端口上的功率参数和反射系数。通常采用四个旁臂检测器，因此称这种测试网络为六端口反射计。

六端口技术的优点在于：

a. 可用于测量散射参数、衰减、阻抗、功率和增益；

b. 采用幅度检波器，测量相对功率值，只要求功率计的线性好，阻抗保持恒定，省去了频率变换和相位测量，使测量设备大大简化，频带宽；

c. 通过校准，用计算机的软件功能来消除微波硬件不理想带来的误差，适用于多功能、多参数测试。

（七）比较替代技术

在无线电计量中，比较法应用的十分广泛。它可以是两个相同量值的比较，也可以是不相同的两个量值的比较，其中比较装置的分辨力和稳定性的好坏，是比较法的关键。

替代法本身就是一种比较技术，如在微波衰减计量中常用的射频替代法、中频替代法，在微波阻抗中用的调配反射计法等，都应用了比较替代技术。

在一些无线电参数的计量中，如衰减、增益、相移等参数，常常采用射频替代比较法。

射频替代法是指被测量器件和标准器在相同频率上进行比较计量。现以最简单的串联替即先将信号源、标准衰减器、接收机、电平指示器和被测衰减器串联在一起，首先将标准衰减器的衰减量置于某一较大数值，此时接收机的输出指示为某一读数，然后增加被测衰减器的衰减量时，相应地减小标准衰减器的衰减量，使接收机的示值保持恒定，如此可依次校准被测衰减器的衰减量。要提高测量准确度，信号源和接收机必须十分稳定。在标准衰减器和被测衰减器两边应接隔离器、调配器以减小失配误差。而在实际测量中，使用并联射频替代法，由于有较强的共模抑制能力，可以克服串联电路中由于信号源或接收机不稳所引起的漂移误差，其效果更好一些。

第四节 新技术在无线电计量中的应用

一、超导技术的应用

约瑟夫逊曾预言了超导隧道效应。以后实验证实，在液态氦温度4.2K时，某些材料电阻率等于零。而当两个超导体之间有弱耦合产生、即使两者之间能容许隧道导电效应产生时，那么，当两个超导体之间产生电位差U时，在超导体内就会出现交流超导电流，其频率可用式（1-2）表示：

$$f = 2e/h \times U \tag{1-2}$$

式中：e——电子电荷；

h——普朗克常数；

U——两个超导体之间产生的电位差。

$2e/h$称为约瑟夫逊常数，而称这一结构为约瑟夫逊结，上述现象通常也称作直流约瑟夫逊效应。此外，若用一个频率为f的高频能量辐射到约瑟夫逊结上，则它的伏安曲线将呈现多级阶梯结构，每一梯级的高度可用式（1-3）表示：

$$\Delta U = h/2e \times f \tag{1-3}$$

式中：h——普朗克常数。

多级阶梯是由于约瑟夫逊结的非线性产生的谐波形成的。这种效应也称为交流约瑟夫逊效应。1972年，国际电学咨询委员会将此值定为$2e/h = 483\,594.0\text{GHz/V}$，不确定度为$\pm 5 \times 10^{-7}$。

实际上，用9~40GHz的稳定频率只能产生零点几毫伏的梯级，若要和标准电池的1V左右的电动势进行比对，要精确到10^{-7}量级，要求比对装置能检测到0.1mV的变化。约瑟夫逊结的利用解决了这个问题。

在一个环形的约瑟夫逊结器件中引入磁场，设超导体所包围的磁通量为Φ，则环内产生的超导电流I_S之值可用式（1-4）表示：

$$I_S = I_C \sin 2\pi\Phi/\Phi_0 \tag{1-4}$$

式中：I_C——约瑟夫逊结的临界电流，其值取决于结的具体结构；

Φ_0——磁通量子，$\Phi = h/2e \approx 2.067\,854 \times 10^{-15}\text{Wb}$。

若 Φ 是由一高频电流 I 通过输入线圈引入的，那么，I_S 之值也就随 Φ 或 I 的瞬时值而变化。利用一个高频谐振回路可以检测出这个交变的 I_S。回路的输出可以经过放大，这样便能检测到 $h/2e\times10^{-4}$ 的磁通量。一个磁通量子的变化相当于 10^{-15}V 的电压跃变。可见，检测灵敏度足够高。

这种由环形的约瑟夫逊结构成的器件，称为超导量子干涉器件（SQUID）。

用高频信号向约瑟夫逊结辐射时，可以得到直流电压和辐射信号频率的固定关系。只要频率足够稳定、准确，其电压值也是非常准确的。在这时实现的是 f—U 的变换，或者说把频率量值和电压量值在很高的准确度统一起来了。另外，约瑟夫逊结超导量子干涉器件还可以实现频率与高频电流、功率和衰减的变换。

二、计量测试自动化

1. 概述

计量测试工作长期以来一直是以手动为主。随着现代科学技术的迅速发展，对计量测试技术和仪器设备提出了越来越高的要求。近年来，尤其是航天、导弹、雷达、通讯等系统的运行、调试及维护，都远不是人工所能胜任的，而有些简单的测试，如大规模生产的电阻、电容的测试，人工测试也已成为不可能的了。在这种形势下，发展自动测试是惟一出路，也是适应电子科学技术发展的必然途径。

数字式电子测量仪器的出现使测量自动化成为可能。它的主要优点在于具有非常突出的逻辑、计算的控制能力，而电子计算机的出现使这种可能成为现实。因此，真正的高速度、宽量程、高分辨率、高精度、实时性、多参数、多功能的自动测试系统，是无线电计量测试技术与电子计算机相结合的产物。

然而，现代大型电子计算机的巨大工作能力，对一般的自动测试系统并不适用，不仅大型计算机需要巨额的投资，而且由于计算机的功能得不到充分发挥而造成浪费。只有在大规模集成电路的基础上发展的微处理器和微型计算机的出现，才使自动测量系统大规模应用有了基础。微处理器装入电子测量仪器后，不仅增强了仪器的功能，甚至还可以使仪器的设计大为简化。装了微处理器的仪器通常被称为智能仪器，这是因为它能完成如记忆、比较、判断、计算、控制、打印等功能。

智能仪器虽有一部分自动化的功能，但不能算作自动测量系统，因为它的测量功能毕竟有限。所以，一个自动测试系统应该是由若干台智能仪器再加上作为中央控制处理用的计算机，才能有效的工作。

可是，建立一个自动测量系统，其仪器设备往往由多个厂家生产、系统各部分之间的连接，信号的传递若没有统一规定，就要专门设计一个接口系统，这是非常麻烦的事，这种系统也难推广。近年来在国际上已建立了国际标准接口母线系统。早期的母线系统以 GPIB 接口为代表的。因此世界上主要厂商生产的电子测量仪器已都逐步做到全部配置 GPIB 接口，现在，GPIB 接口已经基本不再使用，因此世界上主要厂商生产的电子测量仪器已都逐步做到全部配置 USB 接口，并使用户可以连成各种规模的自动测试系统。

2. 自动测试系统的基本构成

一个自动测试系统，一般由四部分组成：第一是微型计算机系统，它是整个系统的核心；第二是被控制的测量仪器或设备，称为可程控仪器；第三是接口；第四是软件。

微型计算机是整个系统的核心，在软件控制下，微机控制整个自动测试系统正常运转，并对测量数据进行某种方式的处理，如计算、变换、数据处理、误差分析等；最后将测量结果通过打印机、显示器或数码显示方式输出。

微型计算机主要包括 CPU、存储器和并行、串行接口三个部分，再加上外围设备和系统软件构成微机系统见图（1—2）。

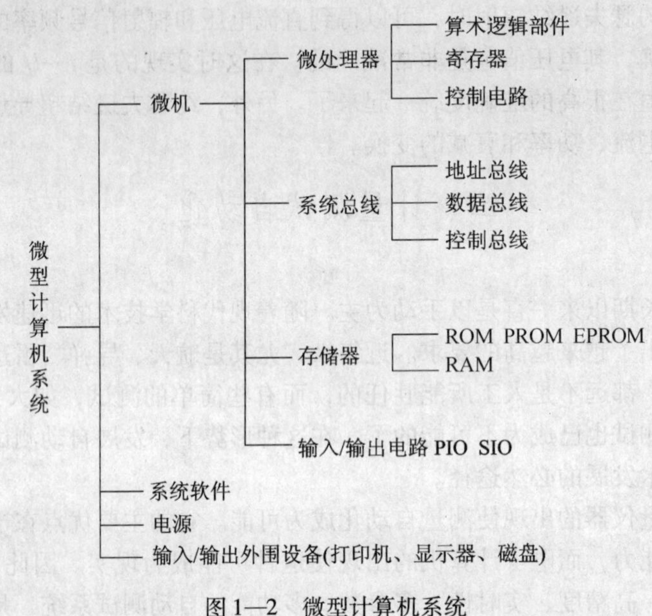

图 1—2 微型计算机系统

下面就各个部分作一简要介绍，为了简单和便于说明问题，现以 PC 机为例：

（1）微处理器

微机的核心，又称中央处理单元（CPU），能完成各种各样的任务，包括算术运算、数值比较和数据转换。实际上，CPU 本身什么也不能作，它只有接受到正确指令时准确告诉它采取什么动作时它才操作，这些指令由储存在存储器中的程序或软件提供。

CPU 通过从计算机的一个部分到另一个部分传送控制信号、内存地址和数据，控制微机的操作。传递是由一组被称为总线的相连电路完成，总线上有把各种存储器和支持芯片连到总线上的输入输出（I/O）通道。当数据从计算机的 CPU 和其他部件进出时就通过这些 I/O 通道传送。系统板的部件与总线直接相连，其他部件可以通过插入扩展槽与总线相连。扩展槽是一个标准插座，你可以在上面为各种外设安装适配器，像磁带机、硬盘和显示器。Intel 系列微处理器从 8086 一直发展到 80686，其更新速度很快。现在微处理器已经更新为奔腾和多核，还出现了 64 位的速龙，新的 CPU 都保持了与早期生产的芯片基本兼容性并且增加了速度和功能。说明见表 1—1 所示。

（2）支持芯片

微处理器没有一些“帮手”不能控制整个计算机，往往通过把某些控制功能交给其他芯片，CPU 可以专注于自己的工作，以便提高工作速度。支持芯片负责一些过程，如控制通过内部电路的信息流和控制与计算机相连的特定设备的往返信息流。这些被称为设备控制器，通常单独安装在分离板上，再插入系统板的扩展槽中。这些控制器包括：可编程中断控

表 1—3 Intel80xCPU

类型	速度范围/MHz	内部数据宽度（位）	数据总线宽度（位）	地址总线宽度（位）	内部高速缓存	备注
Intel 8086	4.7～10	16	16	20	无	
8086	6～20	16	16	20	无	
386DX	16～33	32	32	32	无	包括内存管理的第一个 32 位 COU
386SX	16～25	32	16	16	无	
486DX	25～50	32	32	32	8kB	有内存浮点单元
486DX2	40～66	32	32	32	8kB	使用时钟加倍
IntelPentium	60～200	32	64	32	16kB	
IntelPentium Ⅱ	233～350	32	64	64	32kB	

制器、直接内存访问控制器、时钟发生器、可编程间隔计时器、视频控制器、输入输出控制器等。

（3）总线

其实总线只是位于主系统板上的一组平行连线，共有几十条。计算机的所有控制部分——CPU、每个控制芯片和内存的每个字节都直接或间接与总线相连。当数据从一个部件传到另一个部件时，它沿着这条路从源传到目的地。当一个新适配器插入到扩展槽中，实际上是直接插到总线上，在整个单元的操作中它就是一个平等的成员。

计算机使用的所有信息至少暂时存储在总线上的一个地方。数据主要存储在主存或 RAM 中。计算机的主存由千万个单独内存单元组成。一些数据在等待 CPU 把它们发送到适当地方时可能暂时存放在 I/O 端或 CPU 寄存器。一个端口和寄存器一次只能保持一或两个字节信息，因而它们通常用作数据从一个地方传到另一个地方的中继点。

当数据被发送到内存单元或 I/O 端口，或从内存单元或 I/O 端口读取的时候，存储单元或端口的位置由单独标志它的数字或地址确定。传送数据时，先通过被称为地址总线的总线部分传送它的地址。一旦地址确定，数据由被称为数据总线的独立总线部分传送。总线还有一部分叫控制总线，它传送控制信息，如定时信号和中断信号。

Intel Pentium 计算机有 32 位地址总线，即由 32 条独立地址线组成。每条线可有两种状态：开（用“1”表示）或关（用“0”表示）。所以整个地址总线能确定 2^{32} 个不同地址，即 4294 967 296 个地址，这个值又可称为 4 000 多 MB 内存。

数据总线已发展到一次传送 32 位数据，如在 80486 使用的 ISA 总线已具备这样的能力。但是由于 CPU 的时钟频率的提高，不可能增加总线速度与其相适应，因为扩展卡上的部件不能以更高的速度操作，因此，又引进了局部总线结构，称 VESA 总线。局部总线以 CPU 的全时钟速度和数据总线宽度操作。在 Intel Pentium 机上又使用了 PCI 总线结构，它具有更优良的性能。

（4）存储器

存储器与其他芯片不同，它不控制或引导计算机内的信息流，它们是在需要时存储信息。有一种存储器即可存入、又可取出信号，称为随机存储器，简称 RAM。还有一种需要事先把信息用专门仪器写好，以后只能取不能存信息，称为只读存储器，简称 ROM。

一台计算机安装的存储器芯片数量和每块芯片的存储容量决定了用于存储程序和数据的存储量，通常微机都至少有 64KBROM 和 8MRAM，而且一些系统板都备有空插口，可以在存储器不能够用时，安装附加芯片。

实质上不是插了多少存储器，而是程序访问使用存储器的方式，即如此之多的存储单元，必须每个均有惟一的地址，也即有多少可寻址存储器。CPU 的寻址能力应是地址的最大值。

(5) 输入、输出电路

又称 I/O 端口。微处理器通过 I/O 端口和计算机其他部分通讯。I/O 端口可以看作门径，通过它传递信息，信息可以传向 I/O 设备，也可以从 I/O 设备返回。I/O 设备包括键盘、打印机等。前面介绍的支持芯片都通过 I/O 端口访问，每个端口都由一个单独的端口号或地址标识。

和访问寄存器一样，CPU 使用数据和地址总线作为和 I/O 端口通讯的管道。要访问一个端口，CPU 在系统总线上先发送一个信号告知所有 I/O 设备，总线上下一个地址是端口地区，不是 RAM 地址，然后 CPU 发送端口地址，具有相应端口地址的设备作出响应。

(6) I/O 设备

I/O 设备通常分为两类：一类称外部设备，常用的外部设备有电传打字机、点阵打字机、喷墨打字机、激光打字机、显示器、键盘、磁带机；另一类是外围设备，它是构成应用对象与计算机之间联系的输入/输出设备。例如模数变换器或数模变换器等均属于外围设备。

I/O 设备与微机相连接都要通过 I/O 端口，这是因为：

① I/O 设备工作速度通常要比计算机慢得多，I/O 端口具有数据缓冲功能，并为两者之间提供必要的通讯手段。

② I/O 设备的信号电平与计算机的信号电平往往不同，要求 I/O 接口必须解决电平转换和增加驱动能力的问题。

③ 计算机送出的许多信号在时序上不可能完全满足输入输出设备的要求，如有的设备工作速度低，要求控制信号有一定宽度，而计算机输出的信号为脉冲信号，没有接口电路无法满足要求。

④ 当外部设备很多时，计算机应能准确识别一台设备，解决的办法是每台设备规定一个设备地址，当计算机要同这台设备交换信息时，可先将设备的地址码送到地址总线，然后通过控制总线发出读或写的命令，信息就能送到数据总线，要实现这一功能，必须要有具有译码功能的接口电路。

三、微机系统软件

微型计算机的软件可能是随微机一起提供的操作系统，也可能是购买的商业程序或个人根据需要编写的程序。

通常系统软件包括有磁盘操作系统、行编辑程序、调试程序等。

例如，磁盘操作系统 DOS3.2 程序，一般由引导程序、ROM—BIO 接口模块、DOS 自身程序、命令处理程序等四部分组成。

我国在软件开发工作取得不少成绩，各种应用软件的推出，无疑进一步增强了微机的功能。

第五节　智能化仪器和自动测试系统

一、智能化仪器

智能仪器是指具有一定控制、逻辑运算或数据处理能力的仪器。这类仪器在外观上与过去的电子测量仪器的差别在于：智能仪器的主板控制、调节旋钮已减少到最低限度，并尽可能将一切人工控制置于一个面板上。智能仪器通常具有下述功能的全部或部分：

（1）可以进行程序操作，仪器具备标准接口插座；

（2）自动调节功能，使仪器工作在最佳状态；

（3）自校准功能，仪器可以自动校准零位和满度，可以进行误差修正；

（4）自检功能，往往在开机后进行，或发出自检指令令其自检。通过自检可以检查整机各部位工作状态是否正常。

（5）数据变换功能，可以进行数据的变换，并进行数据处理；

（6）合格、不合格判断下自动分选。

智能仪器与计算机一起可以构成自动测试系统，为联结简便，智能仪器应按国际标准安装通用接口。凡是按这一标准设计制造的智能仪器均可在国际上通用。

一个自动测量系统，是由若干部分互相联接而组成的。一个测量系统内的接口系统，其基本目的是要提供一种有效的通信联络手段，以便在系统的各个组成部分之间进行不含混的信息传递。在自动测量系统内，每一个相对独立的组成部分（例如，一台计算机，一台信号发生器或一个可程控的高频开关）统称为一个器件。各器件之间的通信内容主要是程控指令和测量数据等数字或信号。这些信息都与各器件本身的具体工作特性密切相关，所以统称为数据。这些消息通过器件的某个部分传递出去，这一部分称为器件的数控和数传接口。为了管理各接口之间的数据传输，各接口之间还需互相交换另一类信息，称为接口消息。接口信息只关系到接口的工作，而与器件的工作特性无关。因而，接口信息是完全可以统一加以标准化的。

各器件的接口，通过一条无源的母线电缆互相连接起来，如图1—3所示。

为简单起见，以八位数据线传输为例作一说明。图中各器件内虚线画出来的小方框表示读器件的接口电路。在自动测试系统的标准母线串，总共包含有16条信号线，每一条信号线用它所传递的消息的代号来命名，系统内一切器件的接口全都与母线并联。

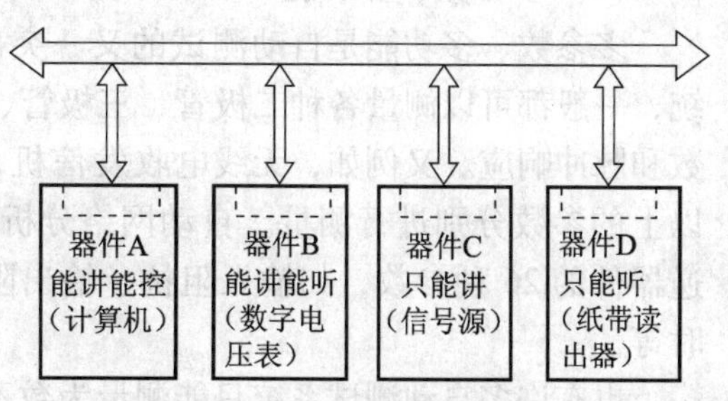

图1—3　自动测量系统框图

母线中的16条信号线可分为三大组。一组为数据总线，用以传递数据和多线接口消息。传输是双向的、异步的。在自动测量系统的标准接口系统中，异步传输是通过连锁挂钩技术来保证的。

另一组是挂钩总线，由 3 条信号线组成，它们分别传递一个单线消息，DAV（数据有效），NRFD（未准备好接收）和 NDAC（未收到数据）这三条信号线实现连锁挂钩，以保证异步通信。

在一个系统内，在任一时刻，只允许一个器件发送数据。但是可以允许多个器件接收数据。

还有一组是接口管理母线。共有 5 条，它分别表示注意、结束、服务请求、接口清除和远控五个功能。

接口功能是统一的标准化的，它们与器件本身的工作特性无关，其功能可以根据需要选择。

二、自动测试系统

1. 概述

利用标准总线系统，即可根据需要任意地由现成的可程控仪器通过标准母线电缆联成所需的自动测试系统；又可以随时把这个系统拆散，建立另外的自动测试系统，使用起来非常灵活。

自动测试系统内所包含的器件可多可少，应该根据实际需要而定。图 1—4 是一个自动测试系统的例子。

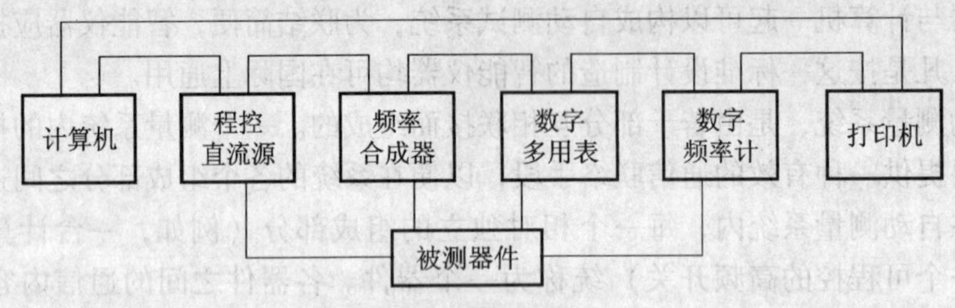

图 1—4 自动测试系统例

2. 自动测试系统的优点

(1) 高速度

高速度是使用自动测试系统的最直接目的。一般说来，自动测试要比人工测试快 50 ~ 150 倍，在 3 ~ 5 分钟内即能完成一个人约 8 小时的人工测试工作量。

(2) 多参数、多功能

多参数、多功能是自动测试的又一突出特点。如，用来测试半导体器件的自动测试系统，一般都可以测量各种二极管、三极管、集成电路以及印刷电路板等的直流参数、交流参数和脉冲响应。又例如，无线电收发信机自动测试系统，可以对发射机和接收机的 40 种以上的参数分别进行测量。自动网络分析仪能测量 17 种以上的有源、无源、可逆和非可逆器件的 26 种参数，如输入阻抗、输出阻抗、增益及衰减、传输系数及反射系数、群延时等。

也有许多自动测试系统只能测量为数不多的几个参数，然后利用计算机和微处理器的计算能力换算出其余很多种参数。这样，测试系统本身的复杂程度便可大大降低。如测出半导

体器件或网络的 h_{11}、h_{12}、h_{21}、h_{22}四种基本参数之后，便不难换算出其他参数。

（3）宽频段、大量程

自动测试系统可以利用其自动控制能力及时自动变换具有不同频段或量程的仪器。例如，在测量过程中，可以切换几个不同频段的信号发生器，使测量能在极宽的频段内进行。同样，自动改变衰减器的量程，其动态测量范围可以达 100dB 以上。

（4）高分辨力、高准确度

由于仪器始终工作在最佳状态，因此可以充分发挥仪器的性能，达到最高的测量灵敏度或分辨力。另外，在自动测试系统中采用了自校准技术和误差自动修正技术，可以大大减少测量的系统误差，采用多次测量取平均值，可以减小随机误差的影响。

（5）高重复性

由于自动测试系统每次测量时都是以同一程序、由同一方式进行，免除了人为误差的影响，因此测量结果的重复性好。

（6）测试结果显示方式多样化

自动测试系统可以给出测试的最终结果，也可以给出各步测量的中间结果；可以给出原始测量数据，也可以给出经过加工整理后的数据。测量结果的显示方式多样化，可以用数字、字符或曲线表示，或把数字、字符和曲线同时显示出来。曲线可以显示在直角坐标上，也可显示在极坐标或其他坐标上。还可以给出硬拷贝，打印出数据表格，描绘曲线图。还可以把测量结果记录在软盘、磁带或 U 盘上供以后显示处理。

（7）具有分析、判断和处理能力

利用计算机的逻辑和计算功能，自动测量系统对数据进行自动分析、判断并作出适当处理。如只要规定了测量的频率范围及测量点，系统即能自动进行各种操作。又如，测量系统可以将测量结果与预先存入的数据相比对，以判断被测件合格或不合格；或者将超差的数据用特殊的标志标出，或者把该数据剔去。自动测量系统能根据中间测量数据进行必要的分析，作出判断，再从后继可能的几种测量程序中选择合适的一种程序，以完成下一步测量。此外，还可以对测量结果进行统计分析、求出平均值、标准偏差、自相关函数等。通过快速傅立叶变换，可以将频域测量结果变换为时域测量数据，或作反变换。

（8）自校、自检、自诊和自修复

自动测试系统一般都有自校能力。自校的基本原理是，用一个或若干个参数已知的标准件作为被测件，由自动测量系统加以测量，若测得值与已知值不符，即表明存在澜量误差，按事先研究出来的误差模型，根据实测结果与已知值的比对，可以计算出误差模型中的全部参数，将这些误差因子存储在计算机内。随后，在每次测量被测件时，根据存储的误差因子对实测结果进行误差修正计算，即可基本上消除测量的系统误差。由于这种自校是系统自动进行的，故可随时进行自校。自动测量系统还进行自检，给出自身各项技术指标是否合格的结论。若自动测量系统工作不正常或出现故障；系统还会发出告警信号，或按照事先制定的程序进行自我诊断，判断故障发生的部位和故障的性质，以便维修和调整。在进行不间断测量时，自动测试系统可以对故障率较高部件或子系统配置备份，在出现故障时，启动备用系统代替有故障的系统，称这种能力为自修复能力。

(9) 操作简便

自动测量系统的工作几乎都按照预先规定的程序自动进行，很少需要操作人员参与，因此操作简便，必要时，自动测试系统还会对操作人员发出请示，要求作少数简单的操作，如将开关打到某一位置等，这样，大大减轻了人的劳动强度。

从今后自动测试技术的发展来看，由于自动测量系统的不可比拟的优点，自动化测量已是发展的必然趋势。在目前，仪器加上微机构成的自动测量系统，很有希望被微机化的仪器所取代。它是使微机以其丰富的软件和硬件资源直接参与仪器的测量过程，同时还能结合各种新技术和数字信号处理技术，现代控制论等，使测试功能有新的突破，如进一步利用微机的运算和记忆功能，还可使微机化仪器具有参数调整能力。因此，未来的自动测试系统将是高度微机化的具有很强测试功能的自动操作系统。

第二章　时频测量和计时收费仪器

第一节　时间与频率测量

一、概　　述

所谓“时间”有二个含义：一为“时刻”；另一指“时间间隔”。“时刻”是指某个事件何时发生，而“时间间隔”则说明了这个事件持续多久。在图 2—1（a）的时间坐标轴上，t_1，t_2 分别表示二者的时刻；$\Delta t=(t_2-t_1)$，则表示时间间隔。

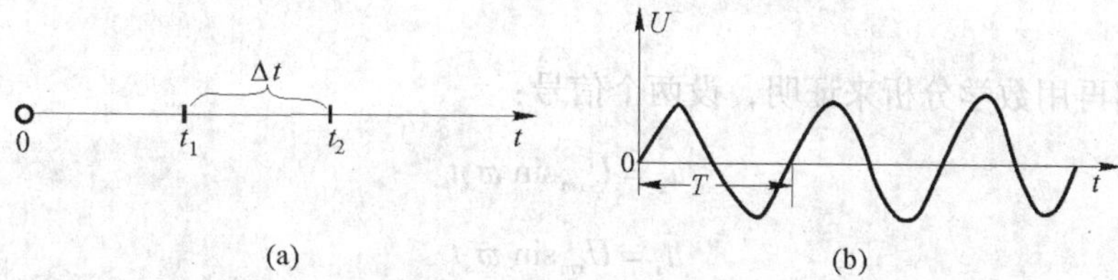

图 2—1　时间间隔和周期波形

电磁振荡都是周期性变化的，如图 2—1（b）所示，图中 T 为周期，周期 T 与频率 f 的关系是互为倒数，即：

$$f=\frac{1}{T} \tag{2-1}$$

如果 T 为 1s，则 f 为 1Hz。频率说明任何周期性现象在单位时间（1s）内，电磁振荡或者周期现象变动的次数。知道了电磁振荡的频率 f 后，可利用式（2－1）求得它的相邻两事件间的时间间隔或周期。因此，频率（Hz）与时间或周期（s）是描述同一周期现象的两个参数。它们共用一个计量基准，通常是从时间的单位导出频率的单位。

二、频　率　测　量

（一）比较法

1. 拍频法

拍频法是将被测频率同标准频率进行比较，这种频率的比较是按照声学的拍来进行的。如图 2—2 所示，被测频率 f_x 的信号同标准频率 f_0 的信号同时加到一个线性元件——耳机上。如果改变频率 f_s 使之非常接近频率 f_x 时，就分不出两个信号频率上的差别了，同时，声音的响度随时间作周期性的变化。这

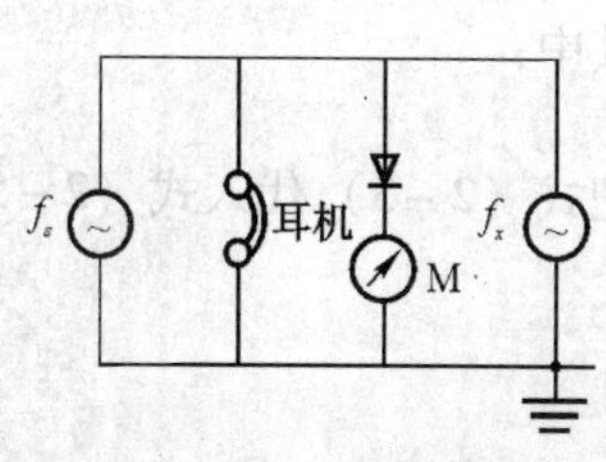

图 2—2　拍频法

种现象在声学上称为拍，因为听起来就好像有节奏地打拍子一样，不难证明，声音响度变化正好就是两频率之差$|f_x - f_0|$。当两频率完全相等时，合成波的幅度就不变化了。

拍频的现象可以用作图（图 2—3）来说明。图中，U_x 与 U_s 为两个频率相近，振幅相等的两个正弦电压。把它们的瞬时值按代数来求和，我们就得到图 2—3（b）的曲线。从图上可以看出，$(U_x + U_s)$ 不是一个等幅波，它的振幅随时间周期性变化，变化的频率就是两信号频率之差。

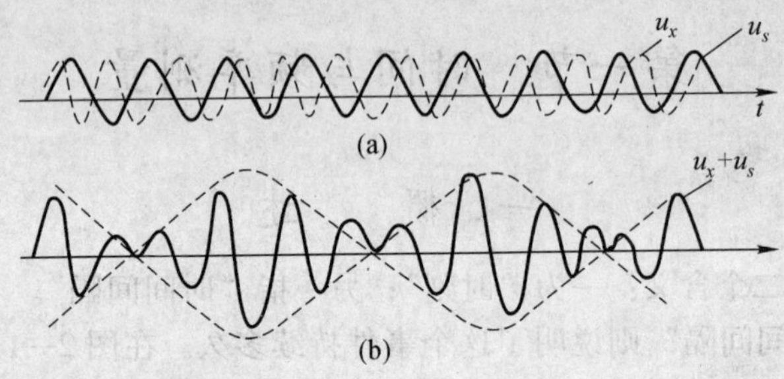

图 2—3　频率相近振荡波相加图形

下面我们再用数学分析来证明，设两个信号：

$$u_x = U_{xm}\sin \varpi_x t$$

$$u_s = U_{xm}\sin \varpi_s t$$

线性叠加以后，合成信号为：

$$u = u_x + u_s = U_{xm}\sin \varpi_x t + U_{sm}\sin \varpi_s t \tag{2-2}$$

令

$$\varpi_x t = \theta + \varphi \quad 或 \quad \theta = \frac{1}{2}(\varpi_x + \varpi_s)t$$

$$\varpi_s t = \theta - \varphi \quad 或 \quad \theta = \frac{1}{2}(\varpi_x - \varpi_s)t \tag{2-3}$$

将式（2-3）代入式（2-2）得到

$$u = U_{xm}\sin(\theta + \varphi) + U_{sm}\sin(\theta - \varphi) \tag{2-4}$$

在运算中 $\cos\theta = \mathrm{j}\sin\theta$，所以 u 可写成：

$$u = \sqrt{U_{xm}^2 + U_{sm}^2 + 2U_{xm}U_{sm}\cos 2\varphi}\sin(\theta + \alpha) \tag{2-5}$$

其中：

$$\alpha = \arctan\frac{(U_{xm} - U_{sm})\sin\varphi}{(U_{sm} + U_{xm})\cos\varphi} \tag{2-6}$$

把式（2-3）代入式（2-5），最后得到

$$u = A\sin\left(\frac{\varpi_x + \varpi_s}{2}t + \alpha\right) \tag{2-7}$$

由此可见，合成信号的振幅 A 以角频率（$\omega_x - \omega_s$）作周期变化。当 U_{xm} 与 U_{sm} 的振幅相

差很大时，就难以分辨出合成信号幅度的变化。因此，用拍频法测量频率时，应尽量使两个信号的幅度近于相等。

当f_x与f_s足够稳定时，拍频法测量频率的精确度可以达到0.1Hz以下。测量频率的精确度实际上决定于标准频率的分度与读数。

2. 差频倍增法

如果被频测频率与标准频率之间的差频太小，例如小到几赫。甚至几分之一赫时，测量起来就相当困难了。这种情况经常在频率标准的对比中碰到。两个频率标准，彼此只差几赫乃至1Hz以下，此时，我们不是要进一步降低它们之间的差频数值，而是要提高差频的数值，使之便于精确地测量出来。

提高差频Δf值的方法一般是用倍频。然而，对于很低频率的倍频在技术上是存在困难的，因此，应设法在高频上来倍频。如果把两个互相比对的频率f_s和f_x都先倍乘m倍后再进行差频，则$mf_0 - mf_x = m\Delta f$，也就实现了Δf的倍乘了。不过，这样的倍频，其倍频次数阴是有限的。因为，m值太大时，mf_x。就进入了超高频范围；而频率太高时，倍频和差频就要使用微波技术的手段，在设备的制作上困难较大。

为了解决差频和倍频的困难，可以采用类似多次差频的手段，如图2—4所示。

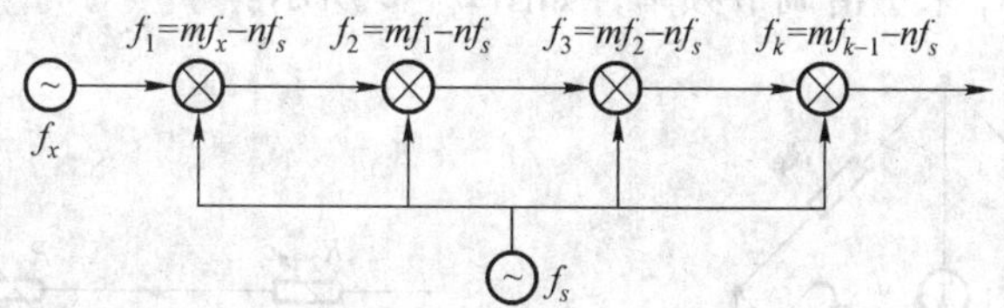

图2—4　差频倍增法测量频率

如果取$n=m-1$，则得到

$$f_1 = mf_x - (m-1)f_s = f_s + m\Delta f$$

$$f_2 = mf_1 - (m-1)f_s = f_s + m^2\Delta f$$

$$f_3 = mf_2 - (m-1)f_s = f_s + m^3\Delta f$$

$$\vdots \qquad \vdots$$

$$f_{k-1} = mf_{k-2} - (m-1)f_s = f_s + m^{k-1}\Delta f$$

$$f_k = mf_{k-1} - mf_s = m^k\Delta f \tag{2-8}$$

这样，最后得到的差频f_k就等于原始差频Δf的m^k倍。

如果$\Delta f = 1\text{Hz}$，并取$m=10$，这是不困难的。那么，经过3次差频，Δf就可以提高到$10^3 \times \Delta f = 1\text{kHz}$，此法就是计量工作中常用的频率误差倍增法。

用差频信号倍增法测量频率的误差，主要决定于测量主体（线路内各种噪声、元件温度和电源电压变化等因素引起的频率抖动）及测Δf方法的误差。

3. 示波器法

在示波器应用中讲述。

（二）电桥法

1. 谐振电桥

这种电路只有把回路调到对所加电压的频率谐振时，才能达到平衡。因为，只有这样，回路的阻抗才是纯电阻。另外，要使电桥平衡还必须适当选取可变电阻 R_1 的值。改变被测频率 f_x 时，每一次不仅要把回路调到谐振，同时还要调节电阻 R_1。因为，谐振时回路的等效电阻是随频率的变化而变化的，如图 2—5 所示。

2. 双 *T* 电桥

这种电路中，被测频率的信号源与指示器具有共同的接地点。当满足以下条件时

$$R_2 = 2R_1, C_2 = 2C_1 \tag{2-9}$$

双 *T* 电桥平衡的频率由下式来决定：

$$\varpi_0 = \frac{1}{2R_1 C_1} \tag{2-10}$$

改变电阻 R_1 和 $R_2 = 2R_1$ 来平滑调节频率，如图 2—6 所示。

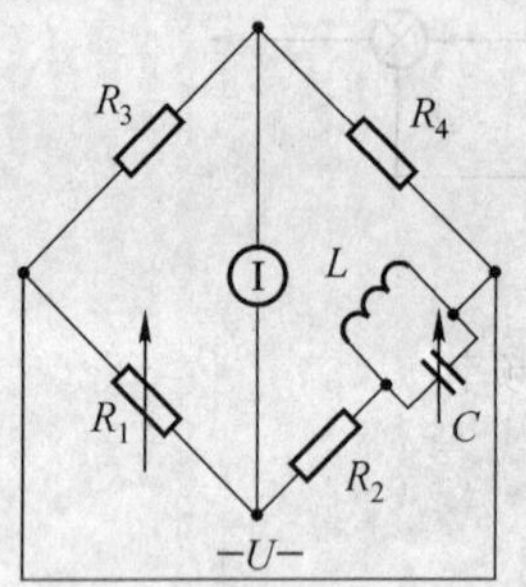

图 2—5 谐振电桥电路图

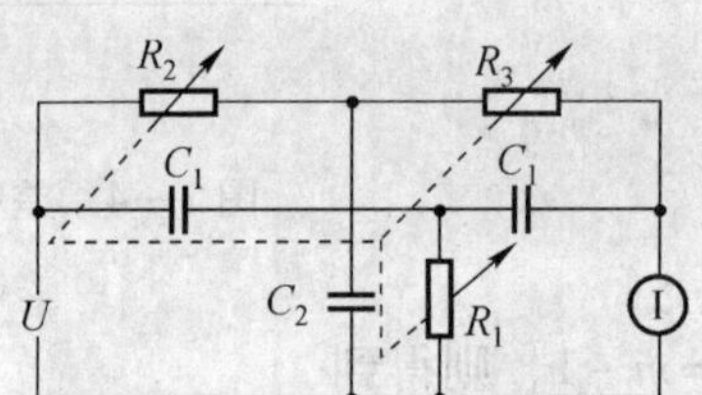

图 2—6 双 *T* 电桥电路图

（三）谐振法

谐振法是测量频率用得最多的方法之一，它基于振荡系统谐振现象。这种方法用于高频频段，特别是特高频范围。

用谐振法测量频率的仪器称为谐振式频率计或谐振式波长计。它是一个振荡回路，这个回路由一个可变电容器 *C* 以及一组可以调换的线圈 *L* 组成。回路附有一组刻度表或一组曲线，根据它们就可以决定电容器度盘读数对应的波长计回路的固有频率（对应所选的一个线圈）。波长计有一个指示器，用它来指示波长计的调谐。

测量频率时，波长计同被测振荡源通过电感耦合改变波长计的电容量，使它同被测振荡源的频率谐振。谐振的标志是指示器读数最大。此时

$$f_x = f_0 = \frac{1}{2\pi\sqrt{LC}} \tag{2-11}$$

谐振式波长计使用方便，但精度不高，其误差约为 ±(0.1 ~1)%。

（四）计数器法

根据频率的定义，重复次数根据频率的基本定义，一个周期性过程的频率就是这个过程在单位时间内的重复次数。因此，只要在一个特定的时间间隔 T 内，数出这个过程的周期数 N，即可通过式（2－12）求出被测频率：

$$f_x = \frac{N}{T} \tag{2-12}$$

三、时　间　测　量

（一）用示波器测量时间间隔

如果示波器的扫描速度已校准，那么时间间隔的被测值为：

$$T_x = \frac{x_2 - x_1}{x} \tag{2-13}$$

式中，x_1 和 x_2 对应于给定电平点 y_1 和 y_2 的水平坐标值，可由示波器荧光屏上的刻度盘读出；x 为光点扫描速度，其值由示波器的时基因数开关确定。光点扫描速度单位为 cm/s，为时基因数的倒数。

时间间隔的测量误差 δT_x 取决于 x_1 和 x_2 的测量准确度和扫描速度的校准误差 δx，即：

$$\delta T_x = \delta(x_2 - x_1) - \delta x \tag{2-14}$$

式中：

$$\delta(x_2 - x_1) = \frac{(\Delta x_2 - \Delta x_1)}{x_2 - x_1} \tag{2-15}$$

式（2－15）中的（$\Delta x_2 - \Delta x_1$）项是由三个因素引起的：其一是电平不稳定性 Δy_1 与 Δy_2 引起的观测误差；其二是荧光屏上波形线条的有限宽度引起的误差；第三是观测读数误差。性能较好的示波器的（$\Delta x_2 - \Delta x_1$）项的数值约为（0.5～1）mm。因此，（$x_2 - x_1$）≤10mm时，式（2－15）有如下结果：

$$\delta(x_2 - x_1) \geqslant (5 \sim 10)\% \tag{2-16}$$

扫描速度校准误差 δx 主要包括下面两部分：其一是扫描非线性引入的误差；其二是扫速的校准误差。低档示波器的扫描非线性约为10%；高档示波器内部时基的非线性可小于0.1%。扫速校准误差一般为（2～5）%。扫描误差属于系统误差。精确地校准示波器扫速，并在校准周期内及规定的试验环境下使用，是保证和提高测量时间间隔精确度的关键。

综上所述，用示波器直接观测信号波形来测量时间间隔的方法，虽然直观方便，但测量精度不高，通常只有百分之几至百分之十几。

（二）延迟扫描法测量时间间隔

减少误差项 $\delta(x_2 - x_1)$ 的关键在于增大 $x_2 - x_1$。但常用示波器荧光屏的水平读数区只有10cm。要增大 $x_2 - x_1$ 就采用延迟扫描技术。目前，高档示波器都装有A和B两组扫描电路，

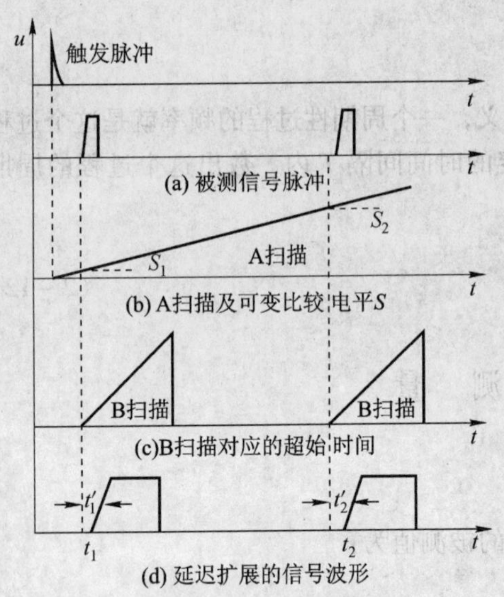

图 2—7　延时扩展扫描的波形关系

并带有螺旋电位器外连可变延迟度盘，图 2—7（b）中的比较电平 S_1 和 S_2 即由它调节。延迟度盘的读数精确度可好于（0.1～0.2）%（满刻度值），分辨力达（0.01～0.02）%。若按图 2—7 所示的原理进行延迟扫描测量，示波器的分辨力可提高两个数量级以上。

被测时间间隔 T 表达如下：

$$T_x = t_2 - t_1 + t_2' - t_1' \quad (2-17)$$

应用延迟扫描方法的基本原理和测试步骤如下：

（1）示波器扫描类型开关于主（A）扫描位置，此时荧光屏上显示出包括测试点 Y_1 和 Y_2 的波形。调节时基开关，使 Y_1 和 Y_2 两点的水平间距尽可能大。

（2）置示波器扫描类型开关于延迟加亮位置，这时在波形上有一可移动的短加亮线段。此加亮线段的位置由延迟度盘调节，它的长短对应于 B 时基因数开关的位置。

（3）调节延迟度盘使测试点 Y_1 落在加亮线段的中间，然后置扫描类型开关于延迟扫描状态，此时荧光屏上在 Y_1 点附近显示出扩展了的波形［如图 2—7（d）所示］，记下延迟度盘的读数 t_1 和荧光屏上的读数 t_1'。

（4）把扫描类型开关放回延迟加亮状态，调节延迟度盘，使被测点 Y_2 落在加亮线段中间，然后把扫描类型开关放到延迟扫描状态，记下延迟度盘的读数 t_2 和荧光屏上的读数 t_2'。

（5）利用式（2－17）计算出被测时间间隔 T_x。

（三）双延迟扫描法测量时间间隔

如上所述，被测时间间隔 $T = t_2 - t_1$。因而 $\Delta T = \Delta t_2 - \Delta t_1$。在两次测量中，由于被测波形不稳定还会引入附加误差 Δt_3。为了提高测量精确度，有些高档示波器增加了双延迟扫描方式，其工作步骤和原理如下：

（1）选择合适的主（A）扫描和延迟（B）扫描的时基因数开关的位置。

（2）示波器工作在 Δ（差值）时间延迟加亮状态。调节延迟度盘使第一个加亮线段的前沿对准被测点 Y_1（被测时间间隔的起始端）。

（3）调节 Δ（差值）时间间隔旋钮，使第二个加亮线段的前沿对准被测点 Y_2（被测时间间隔终端），见图 2—8（a）。

（4）由示波器荧光屏上或面板上的数字显示器的显示，可直接读出被测时间间隔的数值。

（5）如需对时间间隔作更精确的测量，可用双迹扩展显示方式，此时荧屏上的波形如图 2—8（b）所示。

（6）进一步细调 Δ（差值）时间旋钮，使两条扩展波形重合，见图 2—8（c）。

（7）同步骤（4），直接读出被测时间间隔的数值。

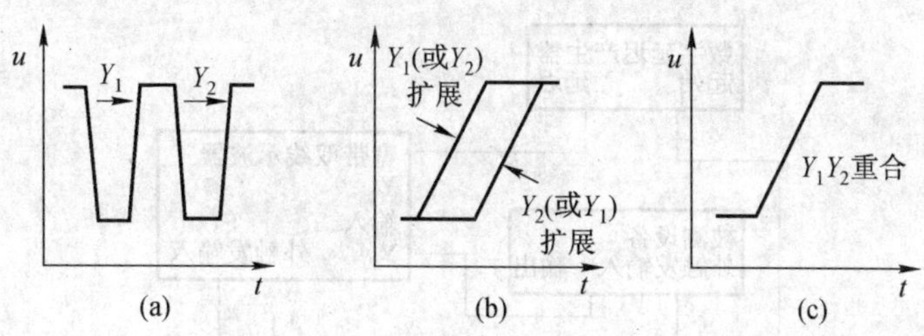

图 2—8　双延迟扫描法测时间间隔

上述双延迟扫描的工作原理与上面（二）中所述的基本相同。观察图 2—7（b）可知，延迟扫描的比较电平 S_1 和 S_2 是分前后两次设置的，因此延迟时间是通过两次比较电平 S_1 和 S_2 的数值计算出来的。在本节叙述的双延迟线路中，被测时间间隔 T_x 是通过数字电压表直接读出校准电平 S_1 和 S_2（两个校准点）之间的电压差并在面板（或在荧光屏）上显示出被测时间间隔的数值。这种改进既提高了测量精确度，又简便了测量过程。其测量准确度为：

$$\delta T_x = \frac{\Delta T}{T_x} = \pm 0.5\% \pm \frac{T_F}{T_x}(0.02 \sim 0.05)\% \tag{2-18}$$

式中：T_F——ΔT 与被测波形不稳定引入误差之和。

要保证上述测量准确度，每隔半年示波器要用准确度优于 0.01% 的时标发生器进行校准，并且注意在测量时环境温度不应偏离校准时的温度范围 (20～30)℃。

（四）提高示波器测量时间间隔精确度的几种方法

两个窄脉冲之间的时间间隔，脉冲的上升时间、下降时间以及脉冲宽度可用精密时间间隔计数器测量，其精确度可达 0.1～1ns。然而，测量一复杂波形上任意两点之间的时间间隔或测量一组编码脉冲中任意两点之间的时间间隔，却只能用示波器来进行。如上所述，常用示波器的测量精确度，由于受观察误差的影响，只有 (2～15)%；利用延迟扫描和数字显示技术，一般示波器测量精度也只能提高至 0.5%。其原因是：有些老式示波器虽然机内装有校准频标，但是由于观测误差 $\delta(x_2-x_1)$ 的影响，因此总测量误差仍大于 1%；采用延迟扫描和双延迟方式的示波器，观测误差 $\delta(x_2-x_1)$ 可以大大减小，但由于扫描速率误差 δ_x 的影响，总的测量误差也只能降至 0.5% 左右。因此，如何实现既能利用延迟扫描方式大大降低观测误差 $\delta(x_2-x_1)$，又能采用脉冲同步措施以及利用外加标准时延等方法去消除扫描速度误差，是实现用示波器法精确测量时间间隔的有效途径。下面分别介绍几种可行的方法。

1. 数字延迟脉冲产生器与有延迟扫描的宽带双线示波器联用

系统连接如图 2—9 所示，测量原理见图 2—10。测量步骤如下：

(1) 按图 2—9 连接测试系统。使被测设备和示波器处于触发状态，用数字延迟产生器输出“起始”脉冲去触发被测设备和示波器。

(2) 示波器“Y”通道功能开关置于“交替”工作状态。

(3) 扫描类型开关置于“延迟加亮”状态。

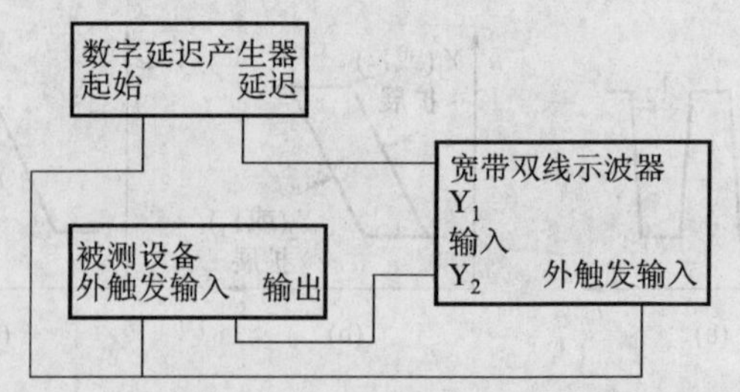

图 2—9 数字延迟脉冲发生器与双线示波器连用

(4) 按被测时间间隔的时间长度来选定主时基的时间长度，此时在荧光屏上能显示被测时间间隔的波形如图 2—10（b）所示。

(5) 被延迟时基（B 扫描）应选择尽可能快的扫描速度，以达到较高的分辨率，但要以看清波形为宜。

(6) 调节数字延迟产生器的“延迟”度盘，使 Y_2 通道输入的标准延迟脉冲前沿的中点对准 Y_1 通道输入的被测时间间隔的起始脉冲前沿的中点［参见图 2—10（b）和（c）］。

(7) 调节示波器的“延迟”度盘，使加亮线段正好落在标准脉冲前沿的中点上。

(8) 扫描类型开关置于“延迟扫描”状态，此时荧光屏上显示出展宽了的 Y_1 和 Y_2 两通道波形前沿的中点严格对准，读出延迟产生器的“延迟”读数 t_1。

(9) 扫描类型开关回到“延迟加亮”状态，调节标准延迟产生器的“延迟”度盘，使标准延迟脉冲的中点对准被测时间间隔的“终止”脉冲前沿的中点［参见图 2—10（b）和（c）］。

(10) 重复步骤（7）和（8），读出延迟产生器的（延迟）读数 t_2。则被测时间间隔 T_x 是 t_1 和 t_2 的差值。

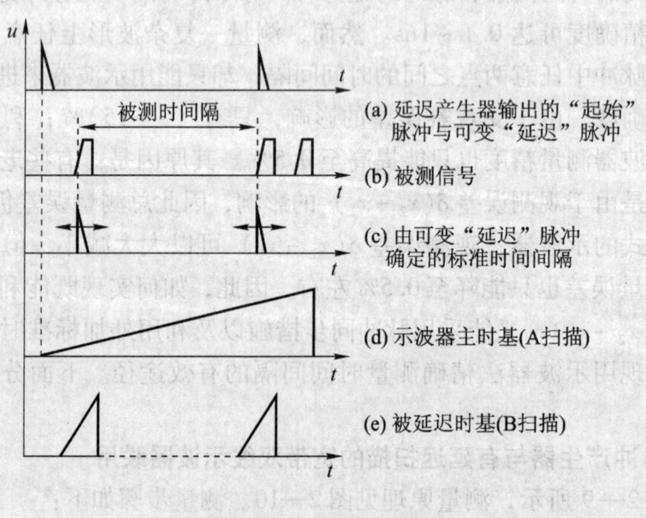

图 2—10 波形关系图

2. 无外触发的时间信号的测试

如被测设备不能接受外触发，而内部有领先同步脉冲时，则可按图 2—11 的连接方法进行测试。但注意要选用“起始”脉冲与输入触发脉冲之间有严格时间相关（即有“插入时延”指标）的数字延迟产生器（时间综合器）。因为有些型号数字延迟产生器的时钟脉冲不是采用受控触发振荡锁相稳频电路，而是采用连续振荡的晶体振荡器。这样，虽然输出脉冲的重复频率可工作在外触发方式，但时钟脉冲与外触发脉冲之间处于随机相位（一个周期时间内的随机时延）状态，因而虽能保证“起始”脉冲与“延迟”脉冲之间的精确度与稳定性满足（一）所介绍的那种测试方法（如图2—9）的需要，但不适用于图2—11所示的方法。

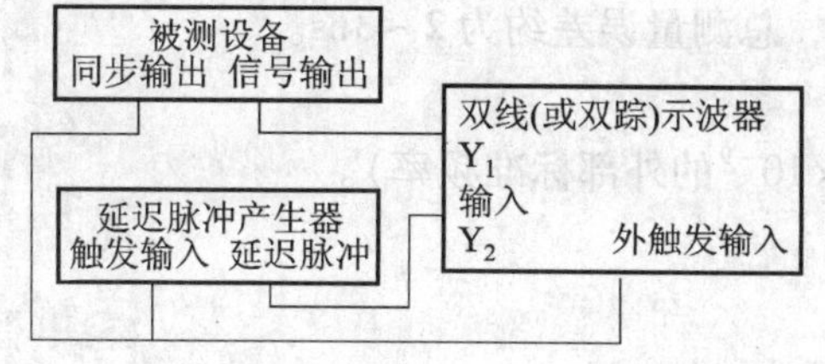

图2—11 无外触发被测设备的时间间隔测试

ELDORAD 0650型数字延迟产生器的时钟振荡器采用触发振荡，锁相稳频方法，因而能较严格地保证时钟与外输入触发脉冲的时间相关（同步）。振荡器起振2μs后又通过锁相稳频的方法来提高其频率的准确度，使在1s时延范围内由频率不准所引入的误差小于1ns（如使用外部晶振，频率准确度可优于10^{-9}）。测试方法参见（一）中的步骤，这里不再重复。

3. 大时间间隔的测试

前面已经指出，常用宽带示波器延迟扫描的晃动量为主（A）扫描时基因数数值的(0.02～0.05)% +0.1ns。若被测时间间隔约为70μs，那么A扫描时基因数开关需放在10μs/div。这样示波器延迟扫描的晃动量就有2～5ns。图2—12所示方法能够减小示波器延迟扫描晃动引入的误差。系统中数字延迟产生器的主要技术指标如下：

延迟范围：1～999 999 999ns，1ns步进，任意可变。

延迟准确度：±1ns。

延迟晃动：≤0.5ns，而高档宽带示波器的触发晃动≤0.1ns。

扫描读数误差：(0.02～0.03)×10×“时基因数”值，或（0.04～0.05）×“时基因数”值（用×10扩展）。

如果示波器用10ns/cm扫速×10扩展，则扫描读数误差≤0.5ns。

测量步骤如下：

（1）按图2—12连接测量系统，被测设备和示波器处于外触发状态，数字延迟产生器产生的“延迟”置于0ns。适当放置示波器的“时基因数”开关，在示波器上就能显示出被测时间间隔的全景。

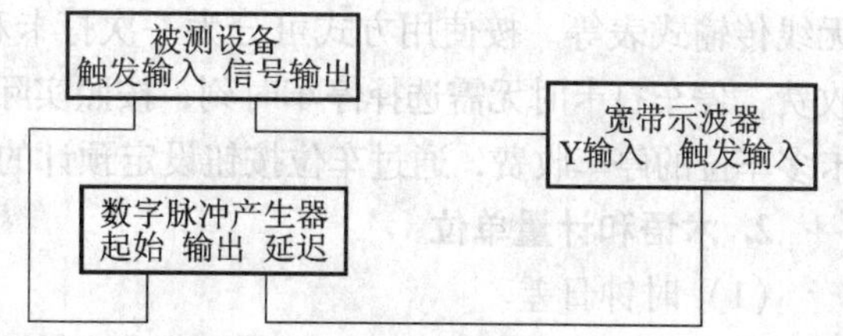

图2—12 大时间间隔测试

（2）转动“时基因数”开关，逐步加快示波器的扫速，此时荧光屏上的图形向右扩展，同时增加数字延迟产生器的“时延”，使被测时间间隔“起始点”脉冲的前沿落在荧光屏的中间位置（如需获得大的分辨力，可把示波器的时基因数开关放到10ns/div和×10扩展位置），读出延迟度盘的读数t_1和荧光屏上的读数t_1'，［参见图2—7（d）］。

（3）重复步骤（2），使被测时间间隔“终止点”脉冲的前沿（后沿）落在荧光屏的中间位置，读出延迟度盘的读数t_2和在荧光屏上的读数t_2'。式（2－18）已给出被测时间间隔的表达式。

以上所述方法之不同点在于用高准确度、高稳定性的数字延迟产生器代替示波器机内的延迟扫描，利用这种方法测量小于1s的时间间隔，总测量误差约为2~3ns。

测量误差分析如下：

(1) 频率误差 $\Delta t_f \leqslant 1\text{ns}$（利用准确度优于 1×10^{-9} 的外部标准频率）。

(2) $\Delta t_1 \leqslant 1\text{ns}$。

(3) $\Delta t_2 \leqslant 1\text{ns}$。

(4) $\Delta t_1' \leqslant 0.5\text{ns}$。

(5) $\Delta t_2' \leqslant 0.5\text{ns}$。

(6) 测 t_1 和 t_1' 时，示波器的触发稳定性0.1ns。

(7) 测 t_2 和 t_2' 时，示波器的触发稳定性0.1ns。

用均方根值表示的总误差 Δt 为：

$$\Delta t = (\Delta t_f^2 + \Delta t_1^2 + \Delta t_2^2 + \Delta t_1' + \Delta t_2' + 0.2\times0.1^2)^{\frac{1}{2}} = 1.9\text{ns} < 2\text{ns} \tag{2-19}$$

由于数字延迟产生器的时延晃动小于0.5ns，示波器的触发晃动小于0.1ns，因而又可利用以上介绍的方法测量被测设备输出（前沿、后沿、延迟脉冲和编码脉冲等）的时间晃动。测量系统引入的附加晃动小于1ns。

第二节 电子停车计时收费表

一、概 述

1. 概述

电子停车收费表（俗称咪表，以下简称收费表）是道路或场地停车收费系统中的收费终端。一般以IC卡或磁卡为储币载体，用计算机处理和存储有关信息，依据费率和停车时间实现道路或场地临时停车的实时收费管理。

收费表的种类较多，按储币方式分主要有磁卡表、接触式IC卡表、非接触式工C卡表、无线传输式表等。按使用方式可分为一次打卡和二次打卡。二次打卡用于一卡一车位的停车收费，停车打卡时无需选择停车时刻，按照实际停车时间收费；一次打卡用于一卡一车位或一卡多车位的停车收费，通过车位按钮设定预计的停车时间，收费表按此时间扣除相应的费用。

2. 术语和计量单位

(1) 时钟日差

电子停车收费表内部时钟读数与标准时钟读数差称为时差，时钟连续运行一天后时差变化量称为日差。单位为秒。

通过较短时间测量后推算出的日差称为瞬时日差。

(2) 单位收费时间

经当地有关部门核定在停车收费表内预置的最小收费时间间隔，称为单位收费时间。计量单位为h或min。

(3) 费率

单位收费时间内的收费金额（如2元/30min）。

（4）免费停车时间

经当地有关部门核定的免费停车的最大时间间隔。

（5）固定收费

停车场规定在某段时间内（一般是夜间）停车一次收取一固定金额，与停车的时间长短无关。

二、检定的条件和项目

1. 检定条件

（1）检定环境条件

温度（0～35）℃；相对湿度≤80%。

（2）检定用器具

a）标准钟

当前时刻误差：±1s。

b）电子秒表

日差：±0.5s/d；分辨力：0.01s。

c）日差测试仪

测量误差：±0.1s/d；分辨力：0.1s/d。

d）通用计数器

频率（或周期）测量误差：$\pm 1\times 10^{-6}$。

e）钢直尺

量程：150mm；误差：±1mm。

f）与被检收费表配套的用户卡、测试卡、查询卡等。

g）与被检收费表配套的通讯及读写设备。

2. 检定项目

收费表的检定项目见表2—1；二车位及多车位收费表可对其中一个车位进行全部项目的检定，其余车位只对其灵敏度和扣费正确性进行检查。

表2—1　收费表的检定项目

序　号	检定项目	首次检定	后续检定	使用中检验
1	外观和工作正常性检查	+	+	+
2	功能检查	+	−	−
3	当前时刻检定	+	+	+
4	时钟日差检定	+	−	−
5	停车计时误差检定	+	+	+
6	读写灵敏度检定	+	+	+
7	费率和扣费正确性检定	+	+	+
8	免费停车时间检定	+	+	+

注：“+”表示应检定；“−”表示可不检定，也可根据用户要求进行检定。

三、技术要求和检定方法

1. 外观和工作正常性检查

(1) 通用要求

外观

a) 收费表应具有型号、出厂编号、制造厂名称。

b) 表面不应有影响使用和检定的明显缺陷，各种显示应清晰完整。

c) 各功能键应有明确的中文标识，按键应灵活可靠，触摸键应灵敏可靠。

d) 夜间使用应有背光功能或照明设施，在按动按键时触发启动。

(2) 检查方法和评定标准

收费表外观、标志和按键应符合1 (1) 的要求；通电后显示清晰稳定，不应有闪烁现象。如外观不合格，应修复后再行检定。

2. 功能检查

(1) 通用要求

a) 工作参数设置

1) 年、月、日、时、分。

2) 单位收费时间。

3) 费率。

4) 计时收费时段和固定收费时段。

5) 免费停车时间。

b) 最近一次的计时收费信息查询；用户卡信息查询。

c) 抄收用户停车交易记录和交易总金额。

d) 停电保护：当收费表失电时，不能丢失交易金额等存储的数据。

e) 清除部分信息或清除全部信息。

f) 收费表应能正确识别合法卡和非法卡。对非法卡应拒绝运行；对合法卡记录的次数和实际打卡次数应一致。

(2) 检查方法和评定标准

a) 利用收费表查询卡或通讯和读写设备检查或调整收费表的各项功能和设置，结果应符合上述2 (1) 的要求。

b) 收费表的时间指示应与北京时间一致。

c) 费率、单位收费时间、时段设定应符合有关职能部门的规定。

d) 背光设置、信息查询、失电保护等功能应有效。

3. 当前时刻检定

(1) 技术要求：

当前时刻误差：±5min。

(2) 检定方法

用标准时钟与收费表时钟进行对时并记录。当前时刻误差按式 (2-20) 求出：

$$\Delta t = t - t_0 \qquad (2-20)$$

式中：Δt——当前时刻误差，min；

t——收费表时钟读数，min；

t_0——标准时钟读数，min。

当前时刻误差检定结果应符合本规程 5.2 的要求。

4. 读写灵敏度检定

（1）技术要求：

读写灵敏度

非接触式 IC 卡收费表读写距离应不小于 3cm。

（2）检定方法

取用户卡或测试卡若干张。对磁卡或接触式 IC 卡收费表连续打卡 20 次，收费表有效动作的次数和实际打卡次数应一致。

对非接触式 IC 卡收费表在距感应器表面 3cm 处连续打卡 20 次。钢直尺垂直于感应器表面，用户卡或测试卡相对于感应器表面由远及近移至钢直尺 3cm 刻度处，收费表有效动作的次数和实际打卡次数应一致。

二车位及多车位收费表应对每个车位进行打卡试验，收费表有效动作的车位、次数和实际打卡的车位、次数应一致。

5. 时钟日差检定

（1）技术要求

时钟日差：±4s。

（2）检定方法

a）用通用计数器测量

在收费表内部时钟的中断信号输出端，用通用计数器测量输出频率 f_i，计数器的闸门时间选为 10s，连续测量 3 次，按式（2－21）计算：

$$\overline{m} = \frac{\overline{f}_i - f}{f} \times 96400\text{s} \tag{2-21}$$

式中：$\overline{m}$——3 次的平均瞬时日差；

f——时钟标称频率值，Hz；

$\overline{f}_i$——实测频率平均值，Hz；$\overline{f}_i = \frac{1}{3}\sum_{i=1}^{3} f_i$。

b）用日差测试仪测量

日差测试仪测量传感器置于收费表相应区域，设置适当取样时间，使日差测试仪的读数稳定，连续测量 3 次，取平均值作为测量结果。

c）用标准时钟测量

记下某一时刻收费表时钟与标准时钟的读数差 ΔT_1(s)，次日同一时刻再记下两钟的读数差 ΔT_2(s)，日差 M 按式（2－22）计算，连续测量 3 天，并按式（2－23）计算平均值，作为测量结果。

$$M_i = \Delta T_2 - \Delta T_1 \tag{2-22}$$

$$M_i = \frac{M_1 + M_2 + M_3}{3} \tag{2-23}$$

6. 停车计时误差检定

（1）技术要求

停车计时误差：±1min

（2）检定方法

a）检定点的选取

检定点为设定的停车时间。

以免费停车时间 T_M 和单位收费时间 T_N 为基点选取检定点：

二次打卡表选四个检定点，即 $T_M-1\text{min}$，$T_M+1\text{min}$，$T_N-1\text{min}$，$T_N+1\text{min}$；

一次打卡表选两个检定点，即 T_M 和 T_N。

b）二次打卡表的检定

取用户卡或测试卡一张。第一次打卡，使收费表进入计时状态，同时记录标准时钟读数或启动电子秒表，当标准时钟或电子秒表走过设定的时间间隔后，第二次打卡，使收费表停止计时，同时记录标准时钟读数或停止电子秒表。按式（2-24）计算停车计时误差。

$$\Delta T = T - T_0 \tag{2-24}$$

式中：ΔT——停车计时误差，min；

T——收费表显示的停车时间，min；

T_0——准确的设定时间间隔，即实际停车时间，min；从标准时钟或电子秒表得到。

按 a）选取检定点，分别检定收费表的停车计时误差。

c）一次打卡表的检定

取用户卡或测试卡一张，打卡，给收费表输入预计的停车时间，使收费表进入计时状态，同时记录标准时钟读数 T_1 或启动电子秒表，待收费表运行设定的时间间隔后，收费表发出停车结束或超时信号时，记录标准时钟读数 T_2 或停止电子秒表，按式（2-25）计算停车计时误差。

$$\Delta T = T_0 - (T_2 - T_1) \tag{2-25}$$

式中：T_0——输入的预计停车时间，即收费表时钟记录的停车时间；

$T_2 - T_1$——收费表实际运行的时间，从标准时钟或电子秒表得到。

按 a）选取的检定点，分别检定收费表的停车计时误差。

7. 费率的检定

（1）技术要求

费率和扣费正确性

收费表存储费率应与当地有关部门的收费规定完全一致，扣费准确。

（2）检定方法

二次打卡表：打卡间隔 T 按收费表时钟确定，取 $T_1=2T_N-1\text{min}$ 和 $T_2=3T_N-1\text{min}$；

一次打卡表：直接输入预计的停车时间 T_1，取 $T_1=2T_N$ 和 $T_2=3T_N$。

收费表扣除的金额即为内置的费率 F，与当地规定的费率 F_0 进行比较判断是否正确。

8. 扣费正确性的检定

（1）技术要求

费率和扣费正确性

收费表存储费率应与当地有关部门的收费规定完全一致，扣费准确。

（2）检定方法

a）计时收费

二次打卡表：打卡间隔 T 按收费表时钟确定，取 $T_1 = 2T_N - 1\text{min}$ 和 $T_2 = 3T_N - 1\text{min}$；

一次打卡表：直接输入预计的停车时间，取 $T_1 = 2t_N$ 和 $T_2 = 3T_N$。

收费表相应扣除的金额应为 $2F$ 和 $3F$，F 为 7 中测得的费率金额。

取一较大的时间间隔 $T_3 > 3t_N$，得出收费表扣除的金额 R，应与式（2－26）计算的结果一致。

$$R = \left(\text{取整}\frac{T_3}{T_N} + 1\right) \times F \qquad (2-26)$$

b）固定收费

将收费表时钟读数调到固定收费时段的起始时刻，任选一段时间（大于免费停车时间）。

二次打卡表和一次打卡表都按此时间设定停车。

收费表扣除的金额应为当地有关部门规定的并已置入收费表的金额。将收费表时钟读数调到固定收费时段结束前一段时间（大于免费停车时间）。重复上边操作。

c）跨时段收费

跨时段是指实际停车时间包含两部分：一部分在固定收费时段内，另一部分在计时收费时段内。

将收费表时钟读数调到固定收费时段结束前一段时间 T_1（大于免费停车时间）。

设定停车时间为：$T = T_1 + T_2$，$T_2 = T_N - 1\text{min}$

收费表相应扣除的金额应为固定收费金额与前边测得的费率之和。

9. 免费停车时间的检定

二次打卡表：打卡间隔 T 按收费表时钟确定，取 $T = T_M - 1\text{min}$；

一次打卡表：直接输入预计的停车时间 T，取 $T = T_M$

得出收费表扣除的金额 R 应为零，否则内置的免费停车时间有误。

四、检定结果的处理和检定周期

① 取查询卡或通讯和读写设备对检定数据进行查询或下载，收费表记录和存储的数据应和检定过程中的打卡扣费等操作结果完全一致。

② 经检定合格的收费表出具检定证书；不合格的出具检定结果通知书，并在通知书内页格式中注明不合格的项目。

③ 检定周期。收费表检定周期为 1 年。重要部件修理或重要参数重新设置后，应重新进行首次检定。

第三节　IC 卡公用电话计时计费装置

一、概　　述

1. 概述

IC 卡公用电话计时计费装置是指 IC 卡公用电话机计时计费部分，由读卡、写卡、计时、费率存贮、话费计算、显示器及与管理系统的通讯接口等部分组成。用于通话时间计量，计算并从电话卡上扣除话费。

二、检定条件、检定项目和检定设备

1. 检定条件

（1）检定环境条件

环境温度：(0 ~40)℃；

相对湿度：(20 ~90)%。

（2）检定用设备

① 电话计时计费装置检定仪

1）计量性能要求

a）计时范围：（0.1 ~1 800.0） s；

b）计时分辨力：≤0.1 s；

c）最大计时允许误差：$\pm(0.1 + T \times 10^{-4})$

2）其他技术要求

a）并联法：

——输入阻抗：交流≥60kΩ，直流≥100kΩ；

——接入延时：≤1 ms；

——接口空闲杂音电平：≤ -67dBmp；

——能接收反极信号；

——有主叫挂机功能。

b）串联法：

——插入损耗：≤0.5dB（800Hz）；

——频率相应：±0.3dB（在 300Hz ~3.4kHz 内，相对于 800Hz，0dB）；

——接入延时：≤1 ms；

——接口空闲杂音电平：≤ -67dBmp；

——能接收反极信号；

——有主叫挂机功能。

② 标准时钟

当前时刻最大允许误差：±1s。

2. 检定项目

检定项目见表 2—2。

表 2—2 检定项目

检定项目	外观检查	功能检查	计时误差检定	当前时刻检定	扣费正确性检定
首次检定	+	+	+	+	+
后续检定	+①	+	+	+	+

注①：对标志不做要求。

三、技术要求和检定方法

1. 外观检查

（1）通用技术要求：

标志和外观

① IC 卡公用电话机应具有以下标志：

a）制造厂名称；

b）型号；

c）出厂编号；

d）相关的法制管理标志。

② IC 卡公用电话机按键应灵活可靠，无卡键现象。

③ IC 卡公用电话机显示屏应显示清晰、笔画完整。

（2）检验方法：

手感和目测，IC 卡公用电话机的外观、标志、显示和按键应符合规程要求。

2. 功能检查

（1）通用技术要求

① 计时启动信号为反极信号。

② 摘机后，无影响通话的啸叫声，通话时音量正常。

③ 有简明的使用指南并能动态显示卡的余额。

（2）功能检查

① 摘机，听取话筒中有无啸叫声。

② 用有效 IC 卡拨打电话能启动计时，正常通话。

③ 观察 IC 卡公用电话摘机前后显示的信息并记录。

3. 计时误差检定

（1）技术要求：

计时最大允许误差：$\pm(1+T\times10^{-3})$s；T 为通话时长。

（2）检定方法

a）计时误差的检定可采用并联法或串联法。

并联法检定按图 2—13 连接。

串联法检定按图 2—14 连接。

b）将检定仪按表 2—3 设定通话时长。

c）IC 卡公用电话摘机，插入 IC 卡，记录卡的余额。

d）按表 2 通话类别拨打电话。接收到反极信号后，IC 卡公用电话和检定仪同时启动计时。

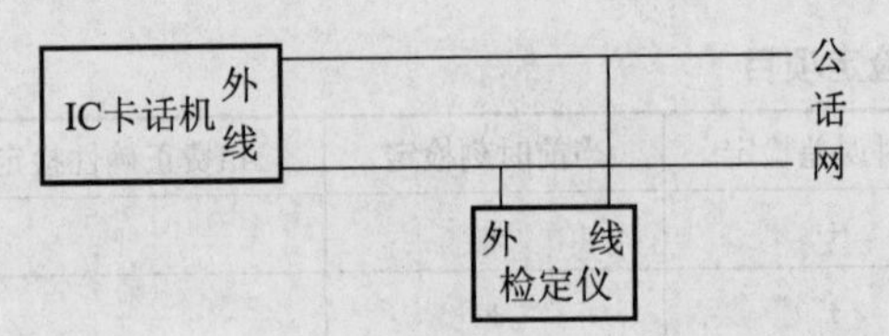

图 2—13　并联法检定连接示意图

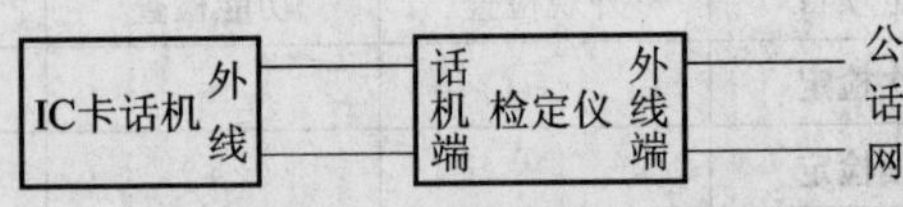

图 2—14　串联法检定连接示意图

e）至设定通话时间，通话结束。记录 IC 卡公用电话显示的通话时长、检定仪设定值和 IC 卡余额。

表 2—3　计时误差及通话类别检定点

计时误差检定设定值/s	58.8	61.2	178.8	181.2	598.4	601.6
通话类别	长途电话或区间电话	区间电话或长途电话	区内电话	区内电话	任选	任选

注：后续检定时可免检 61.2s、181.2s。必要时，检定 1 800s 内其他时间间隔的计时误差。

f）计时误差由式（2－27）求出：

$$\Delta T = T - T_0 \tag{2-27}$$

式中：ΔT——计时误差，s；

T——IC 卡公用付费电话机显示的通话时长，s；

T_0——检定仪设定的标准时间间隔，s。

g）对于无通话时长显示的 IC 卡公用电话机，对应设定值 T_0 的通话时长可根据 IC 卡扣费金额，由式（2－28）求出：

$$T_i = \frac{(m_1 - m_2) - F_a}{F_1} + T_a \tag{2-28}$$

式中：m_1——通话前 IC 卡电话机显示的余额，元；

m_2——通话后 IC 卡电话机显示的余额，元；

F_a——基本通话时长收费，元；

F_1——基本通话时长后的通话费率，元/min；

T_a——基本通话时长，即收取 F_a 所用的时间，min。

h）根据 IC 卡公用电话的收费原则，计费时长升 T_{i0} 由式（2－29）给出：

$$T_{i0} = (T_0/60) + 1 \tag{2-29}$$

式中：T_0——计费时长，min。（取 $T_0/60$ 的整数部分）

i）对于有基本通话时长的通话类别，当检定仪的设定值为 $T_0 < T_a$ 时，$T_{i0} = T_a$。

j）根据计算结果，若 $T_i = T_{i0}$，则计时误差合格。

k）根据通话时长、通话类别与扣费金额，计时误差是否合格也可按表 2—4 判定。

表 2—4 计时误差及扣费正确性检定结果判定依据

检定点/s	标准时间间隔/s	通话类别	扣费正确性判定
60	58.8	长途电话或区间电话	按 1min 扣费
	61.2	长途电话或区间电话	按 2min 扣费
180	178.8	区内电话	按 3min 扣费
	181.2	区内电话	按 4min 扣费
600	598.4	任意	按 10min 扣费
	601.6	任意	按 11min 扣费

4. 当前时刻检定

(1) 技术要求：

当前时刻最大允许误差：±2min。

(2) 检定方法

a) 用标准时钟与 IC 卡公用电话机显示时钟进行对时并记录。

b) 当前时刻误差可由式 (2-30) 求出：

$$\Delta t = t - t_0 \tag{2-30}$$

式中：Δt——当前时刻误差，s；

t——IC 卡公用电话时钟示值；

t_0——标准时钟示值。

c) 当前时刻误差检定结果应符合 (1) 要求。

5. 扣费正确性的检定

(1) 技术要求

IC 卡公用电话扣费金额应符合现行资费标准规定。

(2) 检定方法

a) 在进行计时误差检定的同时，进行扣费正确性的检定；

b) 记录每次通话前后的 IC 卡金额，计算话费。

c) 按检定仪设定值 T_0 计算应扣话费。扣费金额应符合 (1) 要求。或按表 2—4 对扣费正确性进行判断。

四、检定结果的处理和检定周期

① 外观检查和功能检查不符合要求的，不进行后续项目的检定。

② 按检定规程要求检定合格的 IC 卡公用电话计时计费装置，发给检定证书；检定不合格者，发给检定结果通知书，并注明不合格的项目。

③ 检定周期。IC 卡公用电话计时计费装置的检定周期一般为 1 年。

第四节 单机型和集中管理分散计费型电话计费器

一、概 述

计费器是用于对电话用户的通话过程进行计时计费的计量器具。它在程控自动电话交换机的直流馈电极性反转（反极信号）电压或电流过零点时开始计时，在环路电流为零时停止计时。根据时间计量结果和相应的电话费率，给出计时、计费结果和相关信息。

二、检定条件、检定用设备和检定项目

1. 检定条件

（1）环境条件

温度：(0～35)℃；

相对湿度：小于90%。

2. 检定用设备

（1）标准通话时间发生器

a）与被检计费器连接检定时，应能模拟程控自动电话交换机向计费器提供直流馈电环路电流和反极信号；

b）时间间隔范围（0.1～1 200）s；

c）时间间隔的最大误差绝对值不大于0.1s。

（2）拨号信号发生器应能拨发符合GB/T 15279规定的标称参数的电话号码和极限偏差的电话号码。

（3）用于检定介入衰减、介入衰减的频率响应、接口杂音电平和回波损耗的仪器应符合下列要求：

a）选频电平表：频率范围（0～20)kHz，电平误差±0.2dB，频率误差±1Hz；

b）音频振荡器：频率范围（0～20)kHz，电平误差±0.2dB，频率误差±1Hz；

c）杂音计（应有电话衡重网络）：量程≤－90dBm（电话衡重杂音），电平误差±0.5dB；

d）交流电压表：示值相对误差≤2.5%；

e）交流电流表：示值相对误差≤2.5%；

f）反射桥：示值相对误差≤5%；

g）馈电桥：输出电压（48+3）V，输出电流>1A；

交流阻抗>60kΩ，直流阻抗<1kΩ；

h）直流环路保持器：

i）有源直流环路保持器

阻抗：20Hz～72kHz频带内

交流阻抗>60kΩ；

等效直流电阻<1kΩ；

平衡度：20Hz～72Hz 频带内，≥66Hz；

绝对群时延和群时延：≤10μs；

最大直流对地电压：<66V；

直流电流可调节，最小工作电流：>18mA。

2）无源直流环路保持器

电感：≥10H；

平衡度：≥66dB。

测试连接电路中使用的电阻误差：≤0.1%。

绝缘电阻测量仪：直流电压500V。

（4）其他要求

交流电源：220×(1±1.0%)V；

应无影响正常检定的电磁干扰和机械振动。

3. 检定项目

（1）外观与功能检查；

（2）计时误差检定；

（3）计费器的计费差错率的检定；

（4）收号准确率的检定；

（5）介入衰减的检定；

（6）介入衰减的频率响应；

（7）接口空闲杂音电平回波损耗；

（8）回波损耗；

（9）绝缘电阻。

三、技术要求和检定方法

1. 外观与功能检查

（1）通用技术要求

① 外观

a）计费器应标明生产厂名、型号及名称、出厂编号及日期、制造计量器具许可证标志及编号。

b）计费器开关、按键及接口应以汉字标明。字码和指示灯应显示完整、清晰，并以汉字标明。

c）计费器在话费优惠时段能自动转换费率并有话费优惠时段的标志。

② 功能

a）计费器应能向用户显示下列信息：

——当前时刻；

——在收号过程显示电话号码；

——在通话过程实时显示通话时长；

——在通话过程结束时显示最终通话时长和话费金额。

b）计费器设置的费率和计费单元时间应有可靠的安全措施，不得被非法介入者修改。

（2）检查方法

用目测和功能检查的方法检查，检查结果应符合（1）的规定。

2. 计时误差检定

（1）技术要求

① 计费器在计时范围 1 200s 内的计时误差绝对值应不大于 1s。

② 单机型计费器的当前时刻误差绝对值应小于 5min。集中管理分散计费型计费器的当前时刻误差绝对值应小于 1min。

（2）检定方法

① 检定设备与被检计费器按图 2—15 连接，在摘机状态下环路电流保持在 35mA，拨号信号由话机端输入，反极信号由外线端输入。

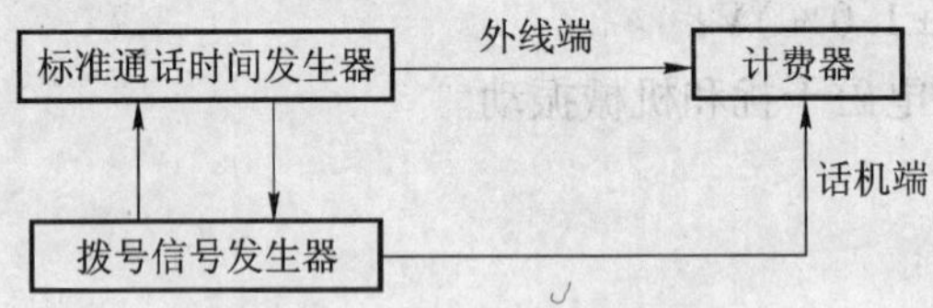

图 2—15 计时误差检定接线图

表 2—5 标准时间间隔与拨号类别

标准时间间隔/s		拨号类别
4.9，	7.1	国内长途电话
58.9，	61.1	国际长途电话
178.9，	181.1	市内电话
598.9，	601.1	市—县电话

检定设备与被检计费器之间进行各次拨号、应答的通话过程。各次通话的标准时间间隔与拨号类别见表 2—5。

必要时，检定 1 200s 内其他时间的计时误差。

记录被检计费器的计时值（同时记录计费结果），按下式计算计时误差：

$$\Delta T = \overline{T} - T_0 \quad (2-31)$$

式中：ΔT——计时误差，s；

$\overline{T}$——被检计费器 n 次计时平均值，s；

T_0——标准通话时间间隔，s。

ΔT 应符合（1）的要求。

② 计费器当前时刻的检定

在按本节①计时误差检定时或在正常使用时，计费器的当前时刻应符合（1）的规定。

3. 计费差错率的检定

（1）技术要求

计费器的计费差错率≤0.1%。

（2）检定方法

① 检定设备与被检计费器的连接和信号传输按（1）。

② 在后续检定时，按下列要求检定计费差错率：

检定设备逐一拨发各种费率对应的电话号码后，均输出时间间隔大于 0.1s 的反极信号，计费器应逐一显示计费结果。

各种费率为：

a）对本地网电话，在市级及市级以上城市，检定市区内和市区与县之间的费率；在县（市）内，检定县（市）内和县（市）与市区、县（市）与乡镇之间的费率；

b）本省和国内长途电话的费率；

c）港澳台电话的费率；

d）不同移动电话网的移动电话费率；

e）规定的免费电话和只付服务费的电话费率；

f）其他需要检定的费率。

经上述检定的计费结果和在计时误差检定过程中的计费结果，均应符合（1）的要求。

在首次检定和修理后检定时，按②检定，错误话单数与总话单数之比为计费差错率。话单的日期、被叫电话号码、通话开始时间、通话停止时间、通话时长、通话费率和计费结果等，各项目中任一项有错误的，均为错误话单。

计费差错率应符合（1）的要求。

4. 收号准确率的检定

（1）技术要求

计费器单个号码的收号准确率≥99.99%。

（2）检定方法

① 检定设备与被检计费器的连接和信号传输按2（2）的规定。

② 在计时误差和计费差错率检定过程中，计费器收号显示的号码应无一错误。

③ 按下列发号极限偏差，拨发电话号码0，1，2，3，4，5，6，7，8，9，每个电话号码各拨10次，计费器收号显示的号码应无一错误。

a）双音多频拨号

单一频率相对标称频率的偏差：±1.5%；

低频群单一频率的电平：(−9±3)dBm；

高频群单一频率的电平：(−7±3)dBm；

低频群比低频率电平高：(2±1)dB；

信号的持续时间：>40ms；

总功率电平比低频分量电平低：20dB。

b）脉冲拨号

脉冲断续比：(1.6±0.2)：1；

脉冲速率：(10±1)/s；

相邻两串脉冲时间间隔：≥500ms。

5. 介入衰减的检定

（1）技术要求

计费器的介入衰减≤0.5dB（800Hz时）。

（2）检定方法

检定用设备与计费器按照图2—16连接。

计费器工作在计费状态，环路电流保持在35mA。选频电平表的输出阻抗及电平振荡器的输入阻抗均设置为600Ω，选频电平表测量滤波器带宽为25Hz。电平振荡器输出一个频率为800Hz，电平为0dBm的正弦信号，记录此时选频电平表的指示值L_b。短路图2-16中的A点与C点及B与D点，摘掉被检计费器，记录此时的选频电平表的指示值L_0。按照下式计算介入衰减值A。

$$A = L_0 - L_b$$

式中：A——介入衰减值，dB；

L_0——摘掉计费器的衰减值，dB；

L_b——接入计费器的衰减值，dB。

介入衰减值应符合（1）的要求。

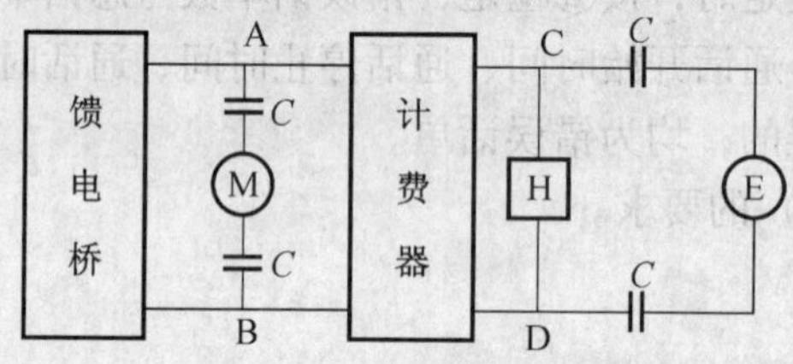

图2—16 介入衰减检定接线图

M—选频电平表；E—电平振荡器；C—电容器，100μF；H—环路保持器

6. 介入衰减的频率响应的检定

（1）技术要求

计费器介入衰减的频率响应±0.3dB（在300Hz~3.4kHz内，相对于800Hz）。

（2）检定方法

检定用设备与计费器按照图2—16连接。

按照5（2）的检定方法，在（300~3 400）Hz频率范围内，频率以100Hz为间隔，测量、计算各频率点的介入衰减值A_i。按照下式计算介入衰减的频率响应值ΔA。

$$\Delta A = |A - A_i|_{\max} \tag{2-32}$$

式中：ΔA——介入衰减的频率响应值，dB；

A——800Hz频率点的介入衰减值，dB；

A_i——各频率点的介入衰减值，dB。

介入衰减的频率响应值应符合（1）的要求。

7. 接口空闲杂音电平的检定

（1）技术要求

闲杂音电平≤-67dBm（电话衡重杂计费器的接口空音）。

（2）检定方法

检定用设备与计费器按照图2—17连接。

计费器工作在计费状态，环路电流保持在35mA，杂音计设置为电话衡重测试状态，输入阻抗设置为600Ω。

接口空闲杂音电平应符合（1）的要求。

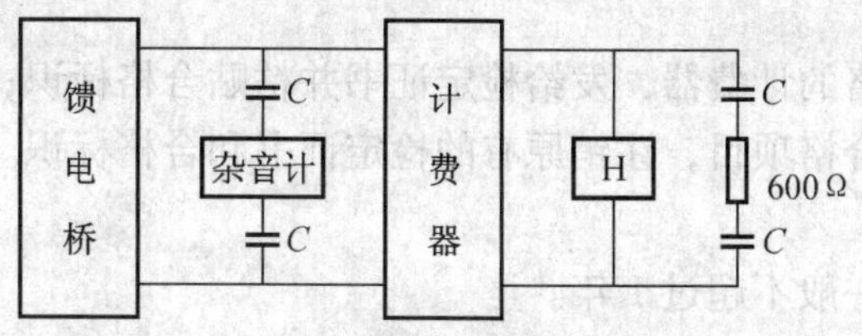

图 2—17　接口空闲杂音电平检定接线图

C—电容器，100μF；H—环路保持器

8. 回波损耗的检定

（1）技术要求

计费器连接用户线接口的回波损耗（相对于600Ω）：

（300 ~ 500）Hz 频带内≥18dB；

（500 ~ 2 000）Hz 频带内≥26dB；

（2 000 ~ 3 400）Hz 频带内≥18dB。

（2）检定方法

检定用设备与计费器按照图 2—18 连接。

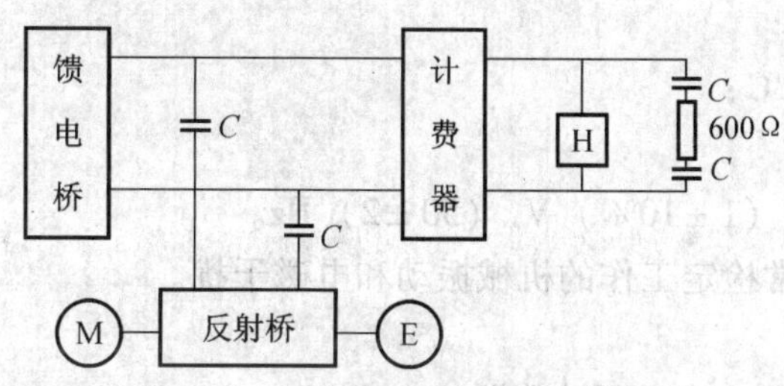

图 2—18　回波损耗检定接线图

M—选频电平表；E—电平振荡器；C—电容器，100μF；H—环路保持器

计费器工作在计费状态，环路电流保持在 35mA。按照反射桥操作说明书的要求设置选频电平表及电平振荡器的各项参数。在（300 ~ 3 400）Hz 频率范围内，以 100Hz 为间隔在各频率点测量。按照反射桥操作说明书所提供的计算方法和计算公式计算各频率点的回波损耗值 B_i。

回波损耗应符合（1）的要求。

9. 计费器的绝缘电阻

（1）技术要求

绝缘电阻≥10MHz。

（2）检定方法

在电源输入端对直流地线以及外壳金属件之间测量，应符合（1）的要求。

四、检定结果的处理和检定周期

1. 检定结果的处理

按规程要求检定合格的计费器，发给检定证书并粘贴合格标识；不符合规定的，发给检定结果通知书并指明不合格项目，注销原有的检定证书和合格标识。

2. 检定周期

计费器的检定周期一般不超过1年。

当计费器的费率调整、优惠时段调整后，应随时进行检查。

第五节 单机型和集中管理分散型电话计费器检定仪

一、概 述

检定仪是用于检定单机型和集中管理分散计费型电话计时计费器（以下简称计费器）的专用仪器。其内部设计了模拟程控交换电路，使用微处理器进行定时和控制，能够输出标准计费信号，通过与计费器进行比较，完成对计费器的检定。

二、检定条件、检定用设备和检定项目

1. 检定条件

（1）环境条件

环境温度：(20±5)℃；

相对湿度：≤80%。

（2）电源电压：220（1±10%）V，(50±2) Hz。

（3）周围无影响正常检定工作的机械振动和电磁干扰。

2. 检定设备

（1）时间间隔测量仪（或通用计数器）

仪器内晶振的频率准确度优于1×10^{-6}，测量范围（0.1~1 200）s，分辨力<10ms。

（2）电话机号盘测试仪（以下简称号盘测试仪）

具有脉冲/双音频收号功能，具体要求如下：

收脉冲话号时能显示话号、速率、断续比及相邻两串脉冲时间间隔，触发电平为脉冲幅度的50%，时间分辨力≤1ms；

收双音频话号时能显示单一频率（或频偏）及电平值。

测量误差：频率±0.1%；电平±0.1dBm。

（3）数字多用表

电压测量误差的绝对值≤0.1V；电流测量误差的绝对值≤0.1mA。

（4）标准衰减器

频率范围覆盖：（0~0.1）MHz；衰减范围覆盖：(0~50)dB；分辨力：0.02dB；阻抗：600Ω；最大允许误差：±0.5% A，A——衰减量。

（5）标准高阻箱

范围覆盖：（5～30）MΩ；最大允许误差：±1%。

3. 检定项目（见表2—6）

表2—6　检定项目一览表

检定项目	首次检定	后续检定	使用中检验
外观检查	+	+	−
功能检查	+	+	+
晶振频率准确度	+	+	+
时间间隔及误差	+	+	+
发号特性	+	+	−
存储费率及计费金额	+	+	+
馈电电压及电流*	+	+	+
介入衰减*	+	−	−
频率响应*	+	−	−
绝缘电阻*	+	−	−

注：1）“*”表示仅对具有此项功能的检定仪的检定项目。

2）“+”表示需检定的项目，“−”表示不需检定的项目。

三、技术要求和检定方法

1. 外观检查

（1）通用技术要求

a）检定仪应标明生产厂家、型号、出厂日期、编号及计量器具制造许可证标志。

b）检定仪开关、按键应灵活可靠，各种显示应清晰完整。

c）检定仪外观不应有影响正常工作的机械损伤。

（2）检查方法

用目测检查各种标志；手感检查开关、按键；通电观察各种显示应符合（1）。

2. 功能检查

（1）通用技术要求

a）检定仪能够发出反极信号。

b）检定仪应设有用于检定的晶振频率和标准时间间隔输出信号接口。

（2）检查方法

接通电源后，进行时间间隔的设定操作，观察其显示；按图2—19接线，设定时间间隔并输出，检查发出反极信号；按图2—20接线，检查被检信号接口输出，应符合（1）。

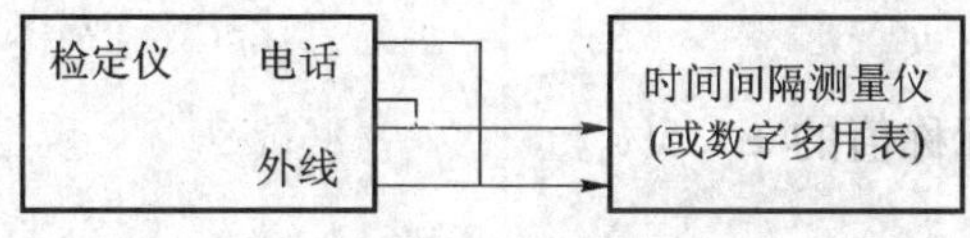

图2—19　检查发出反极信号接线图

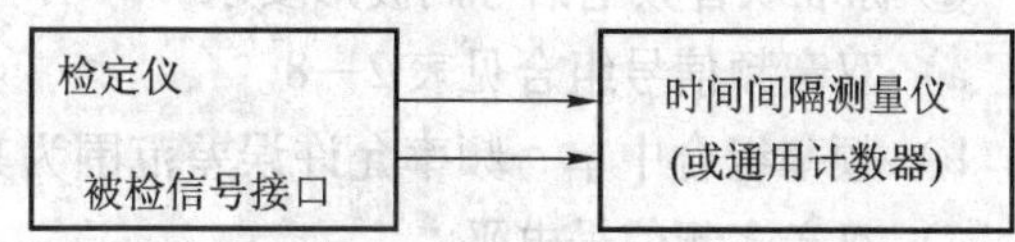

图2—20　检查被检信号接口输出接线图

3. 晶振频率准确度

（1）技术要求

内部晶振频率准确度 A：5×10^{-5}。

（2）检定方法

按图2—20接线，用通用计数器对晶振标称频率 f_0 进行测量，闸门时间选为10s，测3次取算术平均值作为实测值 $\overline{f}_x$，通用公式（2－33）计算晶振频率准确度 A 应满足（1）的要求。

$$A=\left|\frac{f_0-\overline{f}_x}{f_0}\right| \tag{2-33}$$

4. 标准时间间隔的误差

（1）技术要求

输出时间间隔 T：范围：0.1s～1 200s；

步进间隔：0.1s；

最大允许误差：$\pm(T\times A+0.1)$s。

（2）检定方法

按图 2—19 接线，选择检定点 0.1s，10s，60s，180s，600s，1 200s，进行时间间隔 T_0（标称值）的设置，启动检定仪输出，记录时间间隔测量仪的显示时间 T_i，每一检定点测量 3 次，取其算术平均值 $\overline{T}_i$ 作为测量结果，按公式（2－34）计算误差 δ，应满足（1）。

$$\delta = T_0 - \overline{T}_i \qquad (2-34)$$

5. 发号特性

（1）技术要求

发号技术要求

① 标准脉冲电话号码波形要求见表 2—7。

表 2—7　标准脉冲电话号码波形

脉冲速率/(1/s)	(10 ±1)个
脉冲断续比	(T_i① ±0.05)：1
相邻两串脉冲的时间间隔	≥500 ms

注：① T_i = 1.4；1.6；1.8。

表 2—8　双音频信号组合

数字符号 / 高频群/Hz / 低频群/Hz	H_1 1209	H_2 1336	H_3 1477	H_4 1633
L_1 697	1	2	3	A
L_2 770	4	5	6	B
L_3 852	7	8	9	C
L_4 941	*	0	#	D

② 标准双音频电话号码波形要求

a）双音频信号组合见表 2—8。

b）频率组合中单一频率允许误差范围为其标称值的 ±1.5%。

c）双音多频信号电平：

高频群：(−7 +3) dBm；

低频群：(−9 +3) dBm；

高低频电平差：(2 ±1) dBm。

d）发号时双音频信号电平在达到稳定值的 90% 后，信号持续时间应不小于 40ms。

（2）检定方法

检定仪按图 2—21 接线，环路电流保持 18mA 和 35mA，按表 2—9 中所列参数进行。双音频电平、频偏极限组合的话号，记录号盘测试仪的显示值，应满足（1）。以上测量出现错号，再加测 1 次，如果还是错号则为不合格。

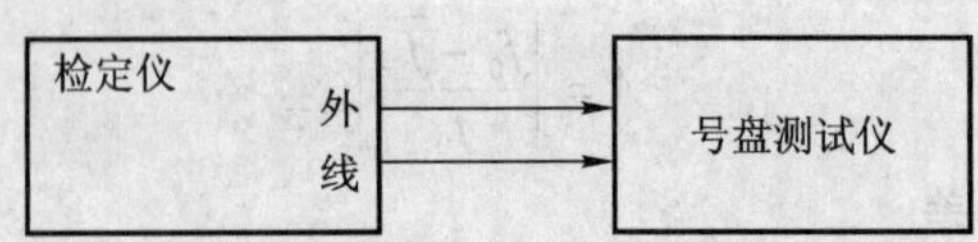

图 2—21　发号特性检查接线图

表 2—9 发号特性

类别	检定仪发号	脉冲断续比/电平及频偏	号盘测试仪收号
脉冲	0123456789	1.4 : 1	
	0123456789	1.6 : 1	
	0123456789	1.8 : 1	
双音频	0123456789	正频偏、高电平	
	0123456789	正频偏、低电平	
	0123456789	负频偏、高电平	
	0123456789	负频偏、低电平	
	0123456789	零频偏、标称电平	

6. 存储费率和计费金额的正确性

(1) 技术要求

检定仪存储费率和计费金额应与当地物价部门或行业主管部门的规定完全一致。

(2) 选择具有代表性的费率进行抽测，应满足 (1)。

7. 输出馈电电压、电流及误差

(1) 技术要求

输出馈电电压、电流及最大允许误差

馈电电压为48V，最大允许误差为±1V；

馈电电流范围：10mA~40mA，最大允许误差为±1mA。

(2) 检定方法

检定仪参照图 2—19 接线，在外线端口并联数字多用表测量线路馈电电压；调节检定仪馈电电流，观察调节显示，串入数字多用表测量馈电电流。按公式 (2-35) 计算标称值误差δ，应满足 (1)。

$$\delta = A_0 - A_i \tag{2-35}$$

式中：A_0——标称值；

A_i——实际值。

8. 电气性能

(1) 技术要求

① 介入衰减 最大允许误差：±0.1dB。

② 频率响应 最大允许误差：±0.1dB。

③ 绝缘电阻 最大允许误差：±10%。

(2) 检定方法

① 介入衰减

检定仪与标准衰减器按图 2—22 接线。

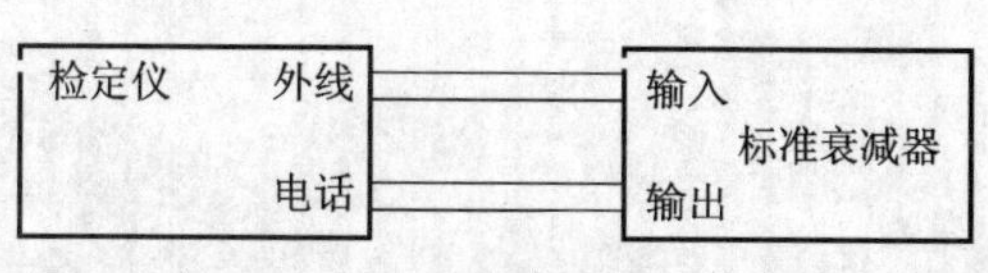

图 2—22 衰减量检定接线图

设置标准衰减器的衰减量A_0。分别为0.0，0.1，0.3，0.5，1.0dB，读取检定仪在 800Hz 频率点的相应测量值A_i，按公式 (2-36) 计算介入衰减，应符合（1）。

$$\Delta A = |A_i - A_0|_{max} \tag{2-36}$$

② 频率响应

检定仪与标准衰减器按图 2—22 接线，设置标准衰减器的衰减量分别为 0.0，0.1，0.3，0.5dB，读取检定仪在（300～3 400）Hz 频率范围内的衰减值 A_j，以 800Hz 频率点的衰减值 A_1 为参考值，按公式（2－37）计算频率响应，应符合（1）。

$$\Delta A = |A_j - A_1|_{max} \tag{2-37}$$

③ 绝缘电阻

检定仪与标准高阻箱按图 2—23 接线，设置标准高阻箱阻值 R。为 1MΩ，5MΩ，10MΩ，20MΩ，30MΩ，分别读取检定仪的测量值 R_i，按公式（2－38）计算绝缘电阻的测量误差 δ_R，应满足（1）。

$$\delta_{R\max} = \frac{R_i - R_0}{R_0} \tag{2-38}$$

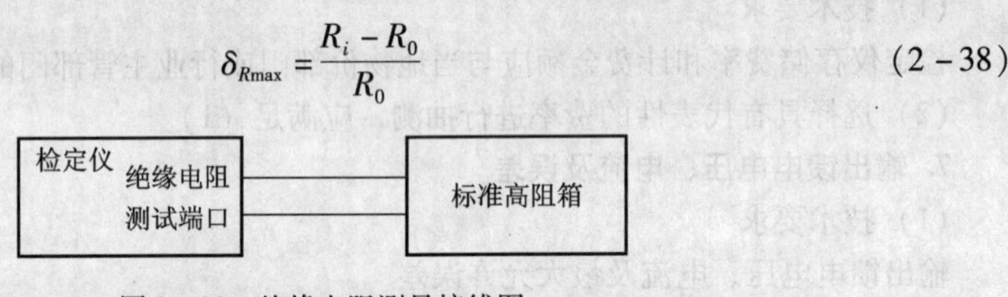

图 2—23 绝缘电阻测量接线图

四、检定结果的处理和检定周期

1. 检定结果的处理

按检定要求检定合格的检定仪，出具检定证书；不合格的检定仪出具检定结果通知书，并注明不合格项目。

2. 检定周期

检定周期一般不超过 1 年，必要时可提前送检。

第三章　常用电子测量仪器

第一节　数字电压表

一、数字式电压表的基本工作原理

数字电压表将连续的模拟量变成断续的数字量。这种变换是通过一种“模—数转换器”或称“A—D 转换器”完成的。这种把模拟量变换成可以计数的数字量的过程称“数字化”过程。

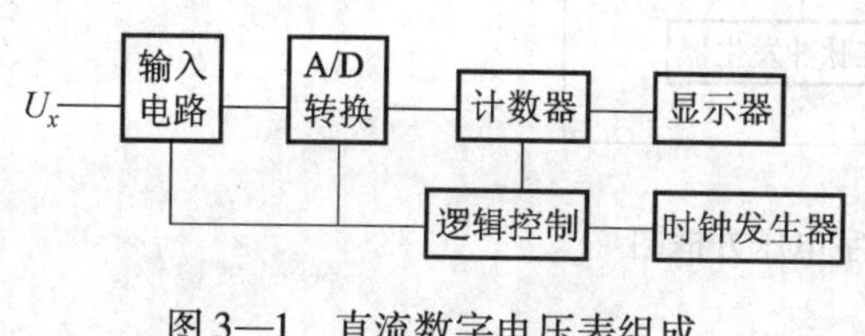

图 3—1　直流数字电压表组成

直流数字电压表的结构如图 3—1 所示。它由模拟、数字及显示三大部分组成。

图中的输入电路及 A—D 转换部分由模拟电路构成，计数器及逻辑控制部分由数字电路组成，最后通过显示器，显示被测量电压的数值。

二、数字式电压表的分类

（一）直流数字电压表

根据所采用的 A/D 转换方式的不同，可将直流数字电压表分为以下几类：

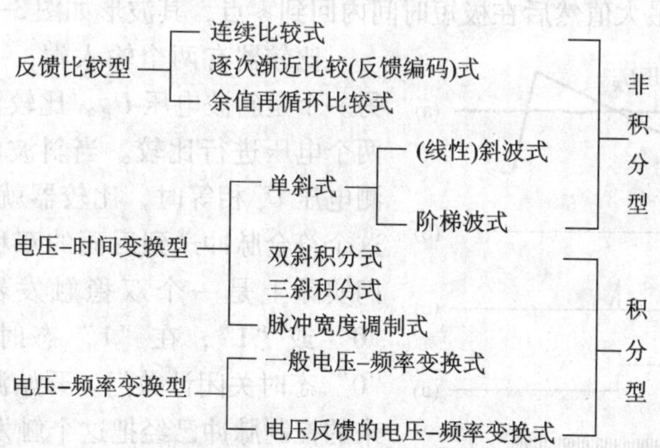

（二）交流数字电压表

线性检波式—热偶式—[单热偶式
双热偶式

三、几种类型的数字电压表

（一）斜波型直流数字电压表

斜波型数字电压表是先把被测电压变换成时间间隔，再对这段时间间隔用计数的方法进行计数，最后把计得的数通过译码、显示电路在面板上显示出来。它由比较器、控制电路、计数电路和译码显示电路组成，见图3—2。

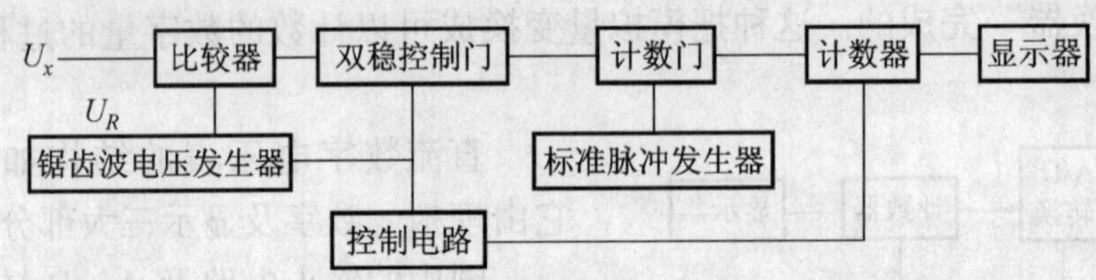

图3—2 斜波型数字电压方框图

比较器的作用是把被测电压变换成时间间隔，而计数电路则是对这个时间间隔进行编码，它们都受控制电路的控制。

开始测量时，控制电路发生十个复零脉冲，使计数器和显示器都置成零。然后发出控制脉冲，同时打开锯齿波电压发生器和双稳控制门，使锯齿波电压发生器产生的锯齿波电压送到比较器，同时由双稳控制门打开计数器的计数门，让计数器开始计数。

锯齿波电压发生器产生的锯齿波电压 U_R，是一个连续的周期变化的电压。它从零开始沿着一条斜线上升到最大值然后在极短时间内回到零点，其波形如图3—3（a）。

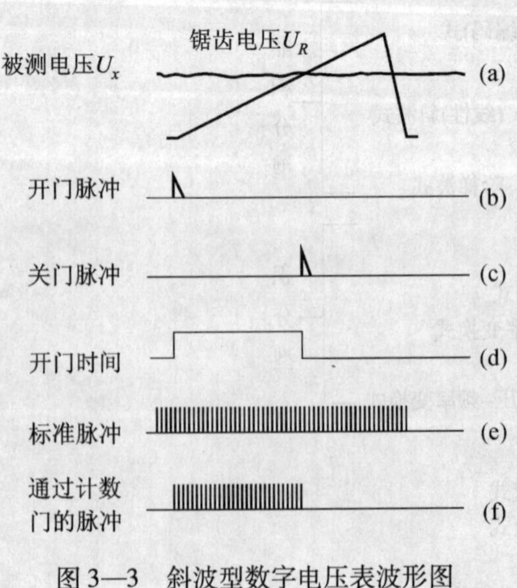

图3—3 斜波型数字电压表波形图

比较器有两个输入端，一个是被测电压 U_x，另一个是斜波电压 U_R。比较器能连续不断地对这两个电压进行比较。当斜波电压 U_R 上升到和被测电压 U_x 相等时，比较器就发出一个符合脉冲，这个符合脉冲送到后面的双稳控制门。双稳控制门实际上是一个双稳触发器，它有两个状态，“0”或“1”，在“1”态时把计数门打开，在“0”态时关闭计数门。开始测量时从控制电路发来的控制脉冲已经把这个触发器置成“1”状态，计数器门是开着的［图3—3（b）］，现在比较器送来了符合脉冲，又使双稳触发器从“1”翻转成“0”，于是计数门关闭［图3—3（c）］。所以计数器从开门到关门这段时间间隔是和被测电压

U_x 的数值成正比的，也就是说，U_x 变成了时间间隔。

斜波型数字电压表的精度主要取决于斜波电压的线性度和比较器的稳定度。由于斜波电压是用 R，C 充放电原理得到的，要完全做到直线性较难，故该类型的数字电压表的准确度不很高，一般在0.1%左右。

这种电压表的灵敏度是由比较器的性能决定的，通常只是10μV上下。测量速度是由斜波电压的周期决定的，一般也不是很高的。特别是抗干扰能力较差。

（二）逐次渐近比较式

这种数字电压表的原理与天平相像，它用各种数值的电压作砝码，将被测电压与砝码电压逐次进行比较，直至达到平衡，再显示出被测电压的数值。图3—4是这种数字电压表的方框图。

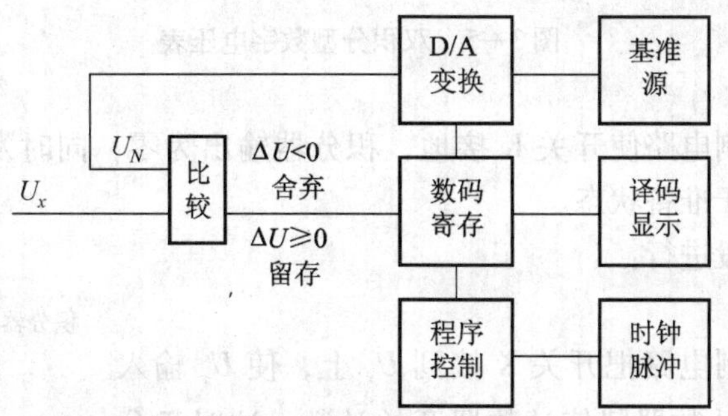

图3—4　逐次比较型数字电压表方框图

图中的比较环节用于被测电压 U_x 与步进式砝码电压 U_N 相比较，其差值电压 $\Delta U = U_x - U_N$，当 $\Delta U \leqslant 0$ 时，将砝码电压 U_N 舍弃，当 $\Delta U \geqslant 0$ 时，将砝码电压 U_N 留存。

程序控制器将时钟脉冲变成节拍脉冲控制数码寄存器，D/A转换器将基准电压源电压变成一系列步进砝码电压，其步进值为1，2，4，8，16，32等。

例如，接入的被测电压为5V，节拍脉冲首先输出第一个最高位的砝码电压如是32，则 $\Delta U = 5 - 32 < 0$，将32V电压去掉，输出低电平“0”，以此类推，当节拍脉冲再将4V砝码电压输出时，$\Delta U > 0$，将4V砝码电压保留下来，输出高电平“1”，再输出2V砝码电压，与上述保存的4V相加得6V，与 U_x 比较，$\Delta U = 5 - 6 < 0$，2V被去掉，输出低电平“0”，最后输出1V，与原保存的4V相加得5V，$\Delta U = 5 - 5 = 0$，将1V保存下来，输出高电平“1”。

就这样按程序不断送出砝码电压，比较和判别，到最后一个节拍时，送出的砝码电压是1V，经比较并决定保留与否之后，测量过程就结束。测量结束时，砝码电压发生器中各个电压寄存器上的状态就是被测电压的数值，只要经过译码并转成十进制送到显示器，就可从面板上读出被测电压值。

这类数字电压表的灵敏度由比较器的灵敏度决定。准确度则由比较器的漂移和标准电压发生器中的转换精度决定。目前这类表的准确度可达±0.001%，灵敏度电压为10μV上下。

（三）双积分型数字电压表

双积分型数字电压表也像斜波型数字电压表那样，是把被测电压变换成时间间隔，再用计数的方法进行测量。由于它使用了集成化的积分放大器，使电压表的灵敏度，精度都得到提高，抑制干扰的能力更强。

双积分型数字电压表由积分放大器、比较器、程序控制电路、计数器等组成，如图 3—5 所示。

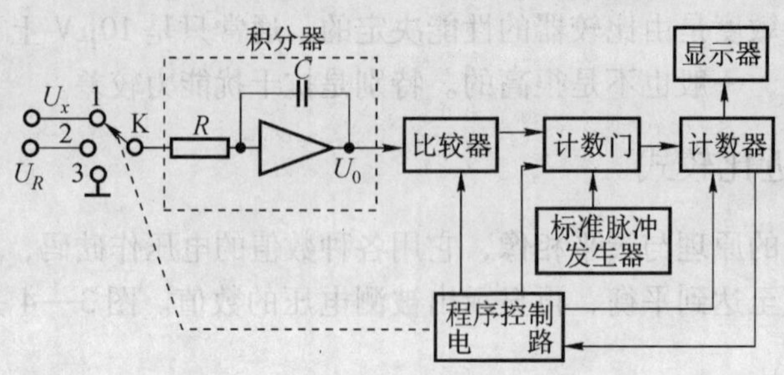

图 3—5　双积分型数字电压表

测量前，先由控制电路使开关 K 接地，积分器输出为零，同时发生复零脉冲，使计数器复零，使电压表处于准备状态。

测量时分两个阶段进行：

1. 取样阶段

测量开始，由控制电路把开关 K 接到 U_x 上，使 U_x 输入到积分器，同时打开计数器门使计数器开始计数。这时积分的输出是一个按斜线上升的电压见图 3—6（b），也就是 U_x 对电容 C 充电。充电时间是事先安排好的，当充电到了一定时间 T_1 时，计数器计满数，发出一个溢出信号告诉控制电路，表示时间已到，控制电路便自动把开关 K 从“1”扳到“2”的位置，转入第二阶段。

取样阶段的特点是：时间不是固定不变的，故 U_0 的值就由 U_x 的平均值决定，U_x 高时电容 C 上的电压即 U_{0x} 也高。所以这个阶段中 U_{0x} 的数值反映了 U_x 的高低。由于这个特点，这个阶段也称定时积分阶段，T_1 为采样时间。

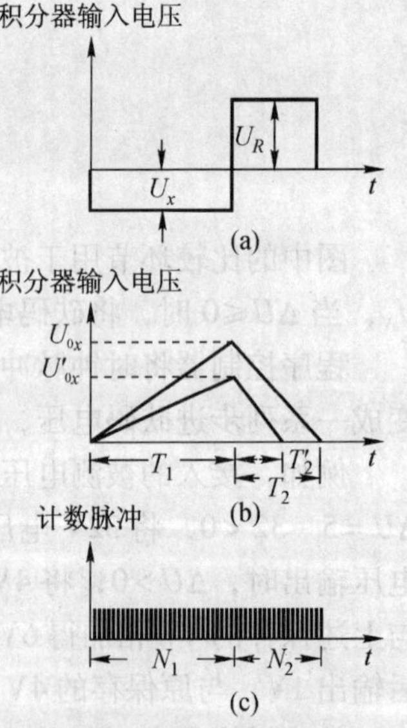

图 3—6　电压波形

2. 测量阶段

取样阶段结束，控制电路把开关 K 扳到 U_R 端，把一个极性相反数值固定不变的标准电压接到积分器输入端。于是积分电容 C 上刚才蓄积的电荷就开始反向放电，这个过程称为反向积分。同时，计数器再一次从零开始计数。当积分器的输出从原来的 U_{0x} 沿着一条斜线下降到零时，后面的零值比较器动作，发出一个关门信号命令计数器停止工作。由于 U_R 是数值不变的标准电压，而积分器又有极好的线性度，或说积分器的斜率是固定的。因此，这个阶段所计的脉冲数 N_2 是和取样时间 T_1 的 U_{0x} 成正比，即反映了被测电压 U_x 的数值。所以，只要把第二阶段所计的脉冲数输出到显示器，就可以得到被测电压的数值。

从图 3—6 看出：如果输入电压 U_x 高，取样阶段的输出电压 U_{0x} 也高，测量阶段放电的时间也长；如果 U_x 较低，采样阶段的 U_{0x} 也较低，因为积分器斜率不变，第二根斜线与第一根斜线是平行的，所以放电时间就短，计得的数 N_2 也少。

从整个测量过程看，积分器进行了二次积分，积分器的输出是两个斜变的电压，所以把这种电压表称为双斜式积分型或简称双积分型数字电压表。

由于双积分型数字电压表独特的工作原理，所以在性能上较前二种类型的数字电压表有较大的提高，如抗干扰能力强、稳定性好、精度高且无需精密积分元件。故从 20 世纪 60 年代末问世以来，至今一直得到普遍使用。

四、数字多用表

以上是直流数字电压表的基本原理。为了实现交流电压、直流电流、交流电流、直流电阻，甚至各种非电量的测量，以直流数字电压表为基础，通过各种转换器将这些量转换成直流电压后再进行测量，于是就出现了数字多用表。

（一）交—直流变换器

数字电压表中使用的是用集成运算放大器组成的线性检波器。这个运算放大器有很深的负反馈，检波二极管在负反馈环路里。

为了提高灵敏度和输入阻抗以及降低检波后的纹波电压，还需在这个线性检波器的前后加上衰减器、前置放大器及低通滤波器。交—直流变换器的组成如图 3—7 所示。

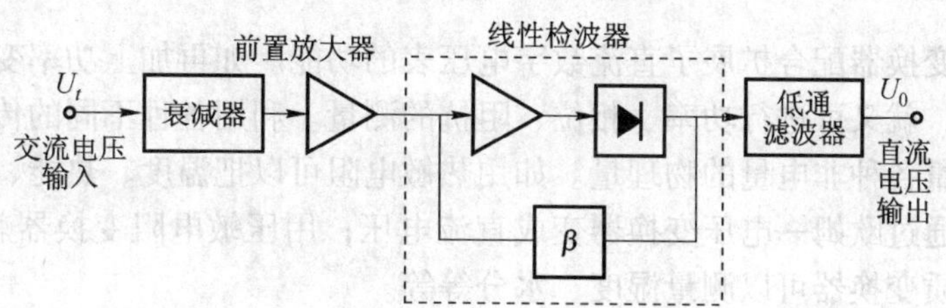

图 3—7　交—直流转换器方框图

由于集成化技术的发展，高稳定性、高增益和宽频带的运算放大器已不难得到，加上检波二极管的高频特性也容易满足要求，所以这种变换器的准确度可达千分之几，但其频率不是很宽，在十几赫至几百千赫左右。

另外，从检波器的检波特性看，现在不但有均值检波，峰值检波，而且还有有效值检波的交—直变换器。

（二）电流—电压变换器

在直流数字电压表的前面加上用运算放大器组成的电流—电压变换器（如图 3—8），就可以进行电流的测量。

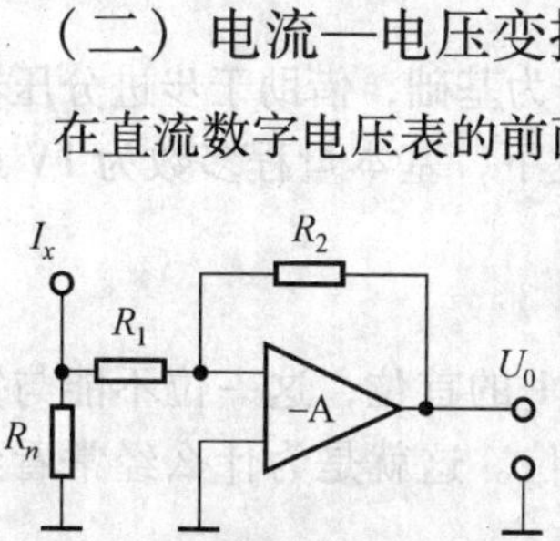

被测直流电流 I_x 流经标准电阻 R_n，在 R_n 上产生电压降，经运算放大器放大后输出。

变换器输出电压 U_0 是由下式决定的：

$$U_0 = I_x \times R_n \times \frac{R_2}{R_1} \qquad (3-1)$$

图 3—8　电流—电压变换器

因为R_n，R_1，R_2的阻值是一定的，所以输出电压U_0是和被测电流I_x成正比的。这时只要在原来的直流数字电压表面板上增加“A”、“mA”等显示字符，就可以进行电流测量了。

（三）欧姆—电压变换器

给直流数字电压表加上图3—9那样的欧姆—电压变换器，就可以测量电阻的阻值。

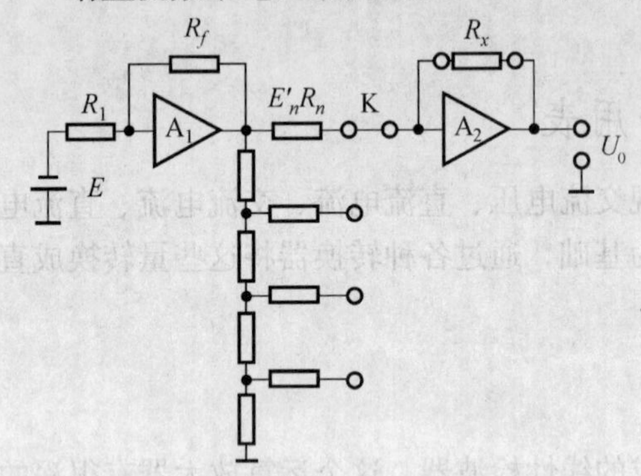

图3—9 欧姆—电压变换器

图中A_2是变换放大器，被测电阻R_x就接在它的反馈回路中，当直流放大器增益非常大时，流过R_x的电流是由E_n/R_x决定的。

图中A_1是基准电压放大器。不同阻值的R_x，可以通过改变开关K和分压器阻值提供不同的基准电压E'_n，达到改变欧姆量程范围的目的。

变换器的输出电压U_0由下式决定：

$$U_0 = E'_n/R_n \cdot R_x \qquad (3-2)$$

可见U_0是和R_x成正比的。因此，只要在原来的直流数字电压表面板上增加“Ω”，“kΩ”，“MΩ”等字符，就可以用直流数字电压表测量电阻值了。

用上面三种变换器配合扩展了直流数字电压表的功能。如再加上功率变换器、相位变换器、阻抗变换器，就又可进行功率、相位、阻抗的测量。利用各种不同的传感器和数字电压表相连，还可测量各种非电量的物理量。如用热敏电阻可以把温度、热能、气流变化变换成阻值的变化，再通过欧姆—电压变换器变成直流电压；用压敏电阻变换器就可以测量压力、振动；用电容介质变换器可以测量湿度、水分等等。

五、数字电压表的主要工作特性

（一）测量范围

数字电压表的主要工作特性。

模拟式电子电压表利用量程就可表征其电压测量范围，而数字电压表则用量程、显示位数及超量程能力反映其测量范围。

1. 量程

数字电压表的量程是以基本量程——未经衰减和放大的量程为基础，借助于步进分压器和前置放大器向两端扩展，其下限可低于mV级，上限为1kV上下，基本量程多数为1V或10V。转换除手动外，一般都可自动转换。

2. 显示位数

指能显示0~9十个数码的那些位数，再加上只能显示0或1的首位，这一位不能与完整位即能显示0~9十个数码的那些位混淆，故该首位只能算半位。这就是为什么经常看到诸如$3\frac{1}{2}$位、$6\frac{1}{2}$位等术语的由来。

3. 超量程能力

数字电压表一般都有超量程的能力，这是数字电压表的重要特性，这不仅有保护数字电压表的作用，而且是保证测量精度所必须的。假若用一台5位的数字电压表测一个电压值为10.000 1V的电压，若置于满量程为10V挡，即最大显示为9.999V，因无超量程能力，这时将自动转换到100V挡，显示10.000V，可见被测电压最后一位数将丢失，即对0.000 1V无法分辨。如有超量程能力的数字电压表，有一附加位，当被测电压超过量程时，这一位显示为10.000 1V。

超量程能力用超过量程百分数表示，从上例中看出，计数容量为9 999增加到19 999，故超量程100%。

（二）分辨力或灵敏度

指能够显示被测量电压的最小值，即最小量程末位跳一个字所表征的最小输入电压。例如一个$4\frac{1}{2}$位的数字电压表，最低量程是100mV，它最后一位改变一个字时相当于10μV的输入电压所以它的分辨力就是10μV。

（三）测量误差

数字电压表的基本误差用绝对误差ΔU表示：

$$\Delta U = \pm(\alpha\% U_x + \beta\% U_m) \tag{3-3}$$

式中：U_x——被测电压读数；

U_m——该量程的满度值；

α——误差的相对项系数；

β——误差的固定项系数。

式（3-3）中$\alpha\% U_x$与读数成正比，称“读数误差”；而第二项不随读数而变，称“满度误差”。

读数误差是测量电路里的衰减器、放大器、基准电压，模—数转换器的线性度、稳定度和变换误差等因素造成的。

满度误差包括量化、偏移（指放大器、基准器、积分器等的零点漂移）、内部噪声等产生的误差。该误差对测量结果带来的误差与被测电压U_x大小无关，而只决定于不同量程的满度值U_m，故有时也用±n个字来表示，即测量误差的另一种表示方法为：

$$\Delta U = \pm\alpha\% U_x \pm n \tag{3-4}$$

（四）输入阻抗

数字电压表的输入电路中大多采用输入阻抗极高的场效应管。低电平输入时，被测电压是直接加到前置放大器的输入端的，所以输入电阻可达几千兆欧。在高电平（10V以上）输入时，被测电压是经过分压器加到前置放大器输入端的，为保证分压比的稳定，分压器的阻值不能取得很大，故高电平测量时的输入电阻通常是10MΩ上下，其输入电容在几~几十皮法。

（五）测量速度

测量速度是指每秒钟对被测电压的测量次数，它主要取决于 A/D 变换器的变换速度。积分式数字电压表虽然具有很多优点，但由于 A/D 变换速度低，故很难达到每秒百次的测量速度。逐次逼近式数字电压表的一个可取之处是其测量速度可达每秒 10^5 次以上。

（六）抗干扰能力

数字电压表有许多突出的技术性能，如高输入阻抗、高精度、高灵敏度，但正是因为如此，在抗干扰能力这一点上都成为它的致命弱点。为了抑制干扰，在数字电压表中采取了各种严格的防护措施，使结构复杂，工艺要求很高。

数字电压表的抗干扰能力常用串模抑制比（SMR）和共模抑制比（CMR）来表示。

1. 串模抑制比

串模干扰电压又称串态干扰电压，它是指电压表输入端叠加在被测信号电压上的干扰电压。图 3—10 中的 e_n，就是等效的串态干扰电动势。它的来源很多：空间的电磁波、供电系统的扰动脉冲、交流电源的工频干扰、直流稳电源中的纹波电压等。

数字电压表用“串态抑制比”表示它抑制串态干扰电压的能力。假定干扰电压的峰值是 U_{np}，由它引起的误差是 Δ_n，则串态干扰抑制比为：

$$\mathrm{SMR}=20\lg\frac{U_{np}}{\Delta_n} \tag{3-5}$$

例如某一个数字电压表的串态干扰抑制比 SMR = 40dB，说明 $U_{np}/\Delta_n=10^2$，表示串态干扰电压造成的误差是 ±1%。显然，SMR 越大，数字电压表对串态干扰的抑制能力也越强，一般数字电压表的串态干扰抑制比在 30 ~ 60dB 之间。

2. 共模抑制比

共模干扰又称共态干扰，它是被测信号源的地线和数字电压表地线之间存在的电位差造成的。如图 3—11，该电位差所造成的干扰对数字电压表高、低端都会产生影响，故称共模干扰。图中 e_c，R_c 是共模干扰电压及等效内阻（即被测信号源接地端与数字电压表机壳接地点之间的地电阻），E 及 R_{xi} 为被测电压及其内阻，R_L 为引线电阻，Z_n 为数字电压表的输入阻抗（通常很大、其影响可忽略），Z_1，Z_2 为数字电压表输入端二接线柱与机壳间的绝缘阻抗。

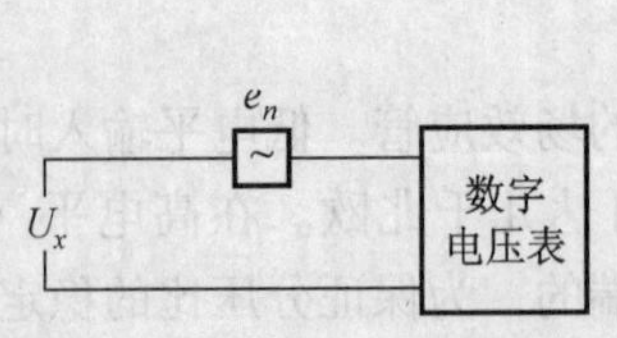

图 3—10　等效串态干扰电动势

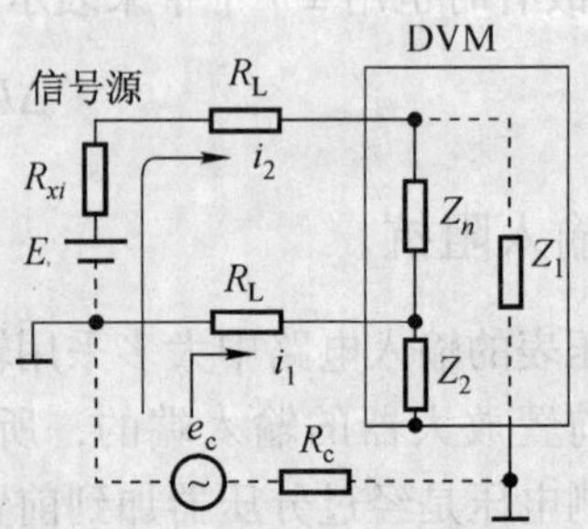

图 3—11　等效共模干扰电动势

一般 $R_c<0.1\Omega$，可略去；$R_{xi}<10\Omega$ 而 Z_1，Z_2 通常大于数百千欧，如用浮地技术，则可达数百兆欧。

干扰电流所引起的数字电压表两输入端的电位差，就是共模干扰误差：

$$\Delta U=U_a-U_b=i_2|Z_2|-i_2|Z_1| \quad (3-6)$$

直流共模抑制比为

$$\text{CMR}_{DC}=20\lg u_c/\Delta u_c \quad (3-7)$$

式中：u_c——直流共模干扰电压；

Δu_c——所产生的示值误差。

交流共模干扰抑制比为

$$\text{CMR}_{AC}=20\lg u_c\frac{U_{cp}}{\Delta_{uc}} \quad (3-8)$$

式中：U_{cp}——交流共模干扰电压的峰值。

CMR 越大，抑制能力也越强。一般数字电压表的共模干扰抑制比是 120 ~ 160dB。

第二节　通用计数器

一、电子计数器的分类及特点

在无线电计量测试仪器中，电子计数器的使用相当广泛，而且品种繁多，功能各异。通常，这类仪器按其功能可分为：

1. 通用计数器

通用计数器是多用途的计数器，具有测量频率、测量周期、测多周期平均值测时间间隔、测频率比及累积计数等功能。

2. 数字频率计

数字频率计是以测量频率为主要目的的仪器。通常频率可以测到 500MHz 或 1GHz 以下。有的数字频率计也具备了测量周期和时间间隔等功能。

3. 微波频率计

微波频率计是以测量高频或微波频率为主的仪器，同时也具备测量低频频率的功能。

4. 高分辨率频率计

这是专为测量低频频率而设计的频率计，通常智能型的频率计都具备这一功能。一般的频率计在测量低频时，其分辨率相对变的很低，而高分辨率频率计在低频时可以保持和高频测量时的同样分辨力。

5. 计算计数器

计算计数器是具有计算功能的计数器。

6. 特种计数器

特种计数器一般包括可逆计数器、预置计数器、序列计数器和一些设备专门配置的专用计数器等。

电子计数器通常是上述这些计数器的统称。电子计数器的应用极其广泛，在其输入通道前接入各种模—数变换器（A/D 变换器），可以将各种模拟量变换为数字量；再利用相应的换能器，便可制成各类数字式仪器，如数字式相位计、电压表、万用表、阻抗（R、L、C）测量仪、Q 表、晶体管参数测试仪，以及数字式的测速仪、测距仪等。

一般说来，数字仪器是各种换能器、A/D 变换器与电子计数器相结合而成的。

由于数字式仪器不仅具有测量精度高、操作简单、测量速度快、直接显示数字以及测量过程自动化等优点，而且还可以驱动打印机以便把测量结果用数字打印记录下来；可以驱动数—模变换器再变成模拟量，以便驱动模拟记录器把测量结果绘制成曲线或者进行自动控制；可以驱动数据处理机或计算机把测量结果进行适当运算，以便得到所需的结果。因此它特别适用于自动测试、空间技术、原子能及遥控遥测等领域。

二、通用计数器的基本工作原理

通用计数器的基本功能是测量频率、周期、频率比、时间间隔等。此外通用计数器往往都可配置功能扩展插件，以增加测量功能及扩大使用范围。

（一）频率测量

一个周期性变化的信号的频率f_x，是这个周期变化在单位时间内重复的次数，因此，只要在特定的时间 T 内，查出信号的周期数 N，即可求得频率f_x为

$$f_x = \frac{N}{T} \tag{3-9}$$

例如，在 T 为 1s 的时间内，数得的周期数 N 为 10，那么测得的频率f_x为 10Hz。

频率测量的原理如图 3—12 所示。测量信号f_x经放大、整形后，变为脉冲序列，每一个脉冲对应一个周期性变化信号的一个周期，这个脉冲列通过一个闸门，这闸门又称为电子开关。闸门只在时间 T 内开启，让脉冲列通过。通过闸门后的脉冲送到一个十进位的电子计数器上，数出脉冲的数目 N，并把计数结果在十进的数码管上显示出来。如 T 为 1s，则所显示出来的数字单位是 Hz；如果 T 为 1ms，则所显示出的数字的单位是 kHz。显示器能自动地显示出频率的单位和小数点的位置。

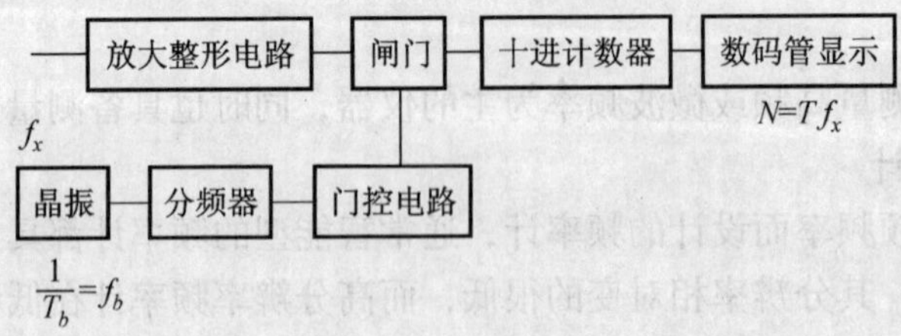

图 3—12　频率测量的原理方框图

闸门的启闭受一个频率为f_b的石英晶体振荡器的控制，经过适当分频得到频率为$\frac{1}{k_f}\cdot f_b$的脉冲（K_f为分频次数）。此脉冲构成门控信号对闸门进行控制，使之在时间 T 内开启。由于这个作用，晶振频率有时也被称为“时钟频率”，而门控信号则称为“时钟信号或钟脉

冲”。

可见，电子计数器测频实际上是用 $T_x=\frac{1}{f_x}$ 的若干信号去与 $T_x=\frac{1}{k_f f_b}$ 相比较，是两个时间长度的比较。所以实质上也是一种比较法的运用。

在通用计数器内使用的晶体振荡器与一般在微型机中使用的晶体振荡不同，它通常使用的是带双层恒温或单层恒温装置的晶体振荡器，或者是具有温度补偿的晶体振荡器，其输出频率通常为 1MHz，5MHz，10MHz。

闸门时间是可以改变的。例如一台可显示 8 位数的通用计数器，取单位为 kHz，设 f_x 为 10MHz，当选择闸门时间 $T=1$s 时，仪器显示值为 10 000. 000kHz；选 $T=0.1$s 时，显示值为 010 000. 00kHz，选 $T=10$ms 时，显示值为 0 010 000. 0kHz。可见，选择闸门时间 T 大一些，数据有效位数多，测量的准确度就高。

（二）周期测量

周期是频率的倒数，如图 3—13 所示，只是被测信号 f_x 经 B 通道去控制闸门的启闭，时钟信号 f_b 经 A 通道送入计数器，如图 3—13 所示。

晶振
放大整形电路
闸门
计数器
译码器
显示器
A通道
输入
放大整形电路
门控电路
B通道

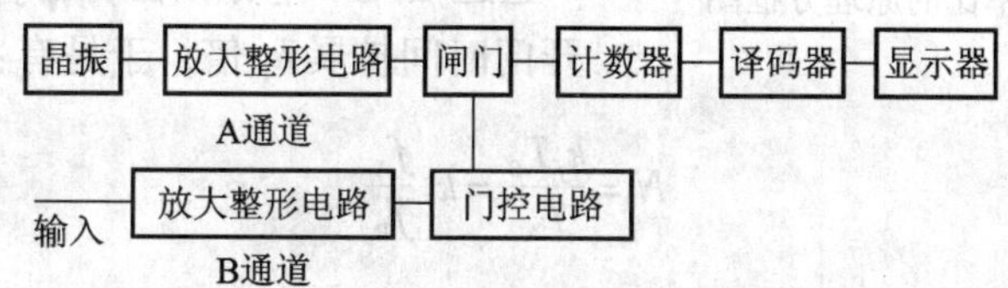

图 3—13　测量周期的原理方框图

当 $T_x \gg T_b$ 时，在周期 T_x 内对时钟信号计数的结果为：

$$N=\frac{T_x}{T_b}=T_x f_b \qquad (3-10)$$

由晶体振荡器产生的标准频率 f_x 可以认为是常数，因此 N 正比于被测信号周期 T_x。为了提高测量分辨力，可以将 f_b 倍频。当 f_b 的频率倍频 10 倍或 100 倍时，则 N 的数值将增大 10 倍或 100 倍，很明显测量分辨力提高了。另外，为了进一步提高测量精确度，可以采用多周期测量法（如图 3—14 所示）。在 B 通道中插入一个十的分数的分频器（$k_f=1/10^m$，m 为整数），使开门时间扩展 k_f 倍。如用 f_b 作时标，其计数结果为：

$$N=Tf_b=k_f T_x f_b \qquad (3-11)$$

可见 N 的计数也增大了 k_f 倍。这时，如用 nf_b 作时标，则

$$N=Tnf_b=k_f nTf_b \qquad (3-12)$$

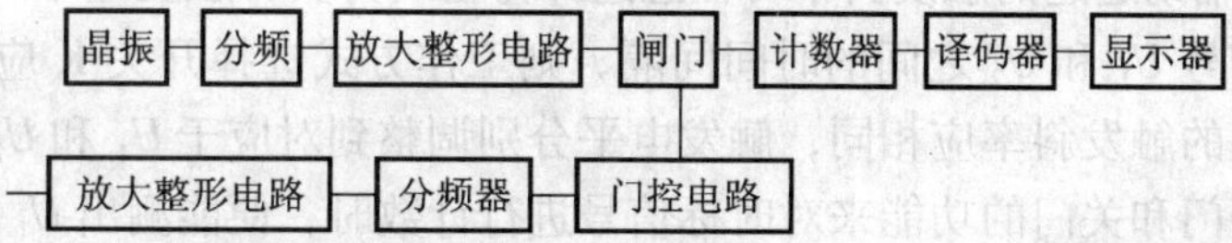

晶振
分频
放大整形电路
闸门
计数器
译码器
显示器
放大整形电路
分频器
门控电路

图 3—14　多周期测量的原理方框图

使用多周期法，使周期扩大10，100，1 000等倍，使闸门开放时间和脉冲计数值均增长同样倍数，再通过内部电路自动移动小数点位置使显示的数值仍为一个周期所对应的时间。如上例，当选周期倍乘为10^2时：

$$T_x = 10\ 000.00 \times 1\mu s = 10\ 000.00\mu s \qquad (3-13)$$

显示的有效数字多了两位。

（三）频率比的测量

测量二个频率之间比值的原理如图3—15所示。这时，用较低频率输入信号控制闸门启动，使其从B通道输入，并对从A通道输入信号f_A计数，计数结果为：

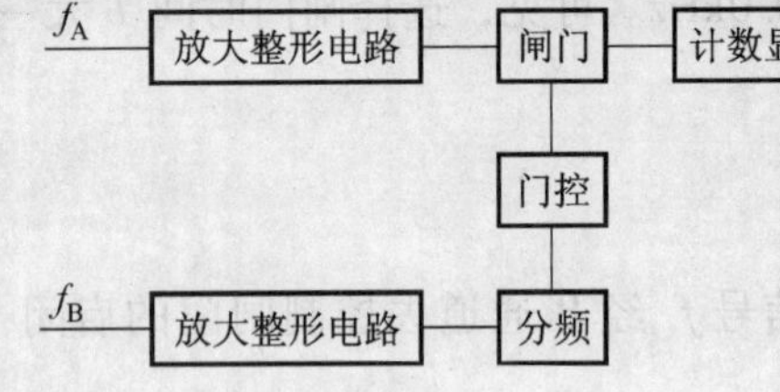

图3—15 测量频率比的原理方框图

$$N = \frac{T_B}{T_A} = \frac{f_A}{f_B} \qquad (3-14)$$

同样，应用类似于多周期测量的方法，即在B通道插入一个分频器，将f_B进行k_f次分频，使开门时间扩展k_f倍，于是有：

$$N = \frac{k_f T_B}{T_A} = k_f \frac{f_A}{f_B} \qquad (3-15)$$

通过对周期倍乘的选择，可以产生$10T_B$，$100T_B$，$1\ 000T_B$等门控信号，使主门扩展相应的倍数，再通过仪器内部电路随之自动移动小数点的位置，使显示频率比值不变，从而增加小数点后面的有效位数。

（四）时间间隔的测量

时间间隔测量是通用计数器仅次于频率测量的主要功能之一，使用非常广泛，它主要包括脉冲沿时间的测量、脉冲宽度的测量和脉冲之间的时间间隔的测量。

时间间隔的测量原理如图3—16（a）所示，这时需要二个辅助通道B_1和B_2。某些通用计数器的主机本身就有二个辅助通道，但大多数韵主机中只有一个辅助通道，用这种计数器测量时间间隔时，需要一个测量时间间隔的插件与主机配合使用。

时间间隔的测量原理与测量周期的原理类似，但是控制主门开放时间的不是被测信号的周期，而是由被测信号产生的两个脉冲的时间间隔决定。将二个脉冲信号f_{x1}、f_{x2}分别加到输入端，领先的脉冲首先触发门控电路使主门开启，滞后的脉冲将门控电路翻转使主门关闭。这样主门的开放时间恰好等于两个被测脉冲信号的时间间隔t_a。在主门开放的时间内填充时标脉冲，再通过计数器即可显示出t_a值。

B_1和B_2两个辅助通道的触发斜率可任意选择为正或为负，触发电平可分别调节，如需要测量两个输入信号U_1和U_2之间的时间间隔，则工作方式选择开关K应置于“单独”位置，两个输入通道的触发斜率应相同，触发电平分别调整到对应于U_1和U_2的位置。当分别用U_1和U_2完成开门和关门的功能来对时标信号进行计数时，便能测出U_1相对于U_2的延迟时间t_a，如图3—16（b）所示。

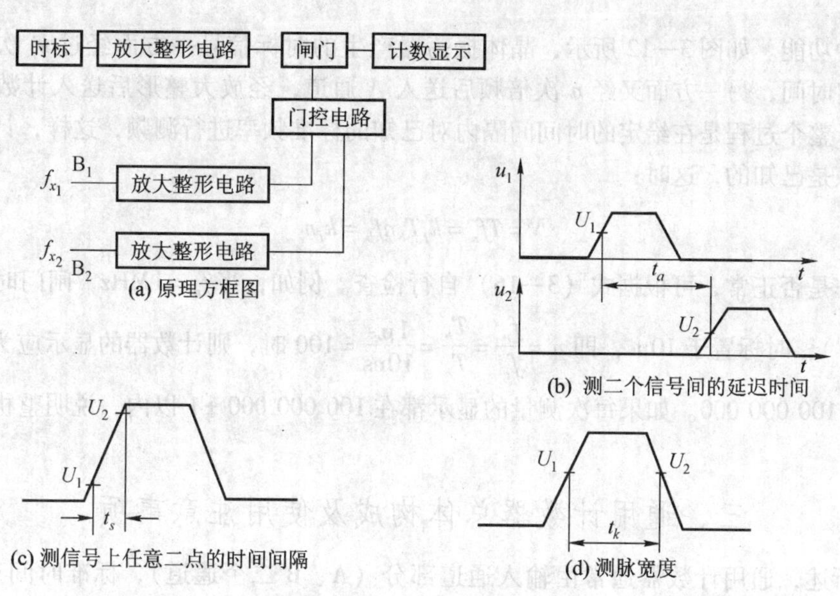

(a) 原理方框图

(b) 测二个信号间的延迟时间

(c) 测信号上任意二点的时间间隔

(d) 测脉宽度

图 3—16　时间间隔测量原理

如需要测量某一信号上任意二点之间的时间间隔，则应把工作方式选择开关 K 置于“公共”位置。例如，当测量如图 3—16（c）所示的脉冲信号的上升时间 t_s 时，应根据脉冲上升时间的定义，先将 B_1 通道的启动触发电平调到脉冲幅度的 10%，将 B_2 通道的停止触发电平调整到脉冲幅度的 90%。两个通道的触发斜率均选为“+”。被测脉冲信号进入 B_1 通道后，启动和停止门控电路后所得的计数显示值即为脉冲信号的上升时间。

当测量脉冲宽度 t_k 时，如图 3—16（d）所示，则应将两个通道的触发电平调到脉冲幅度的 50%。将启动触发的斜率选为“+”，停止触发的斜率选为“-”。当被测信号脉冲进入通道后，脉冲的正边沿上升到 U_1 时，使门控电路开启，计数器开始计数，当脉冲信号电压下降后跌落到 U_2 时，使闸门关闭，计数器停止计数，此时计数器的显示值为被测脉冲信号的脉冲宽度。

在时间间隔测量中，要提高测量准确度，最主要的方法是设法提高时标信号的频率，尤其是在进行上升时间或窄脉冲测量时更是如此。

（五）累加计数

累加计数是指在一段时间内，用计数器累计信号变化的次数，这是具有统计性质的测量。这里，闸门的开关是可控的，闸门打开，开始计数，计数电路将输入脉冲的个数累加，关闭闸门后，累加计数的总和由显示电路显示。若再次打开闸门，则计数器在原有的基础上继续计数，并显示出两次计数累加的总和。在进行计数之前，如先作复零调节，仪器显示也随着复零，打开闸门后仪器从零开始计数。累加计数的原理如图 3—17 所示。

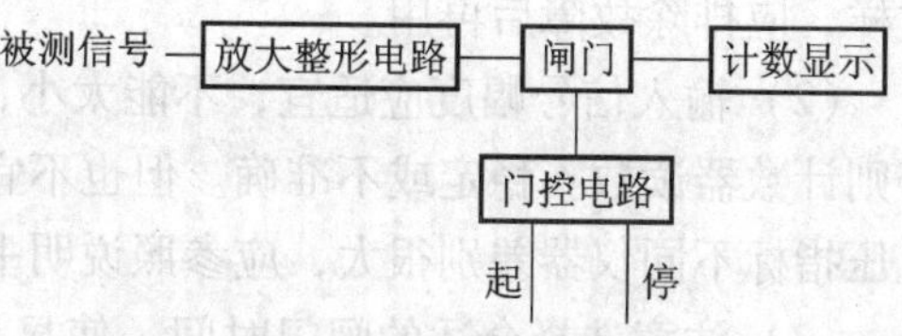

图 3—17　累加计数原理方框图

（六）自检

自检是通用计数器用来检查自身工作是否

正常的一种功能。如图 3—12 所示，晶体振荡器产生的时标信号一方面经过 k_f 次分频去控制闸门开启时间，另一方面又经 n 次倍频后送入 A 通道，经放大整形后送入计数器进行计数，因此，整个过程是在给定的时间间隔内对已知的标准频率进行测频，这样，计数器显示的结果应该是已知的，这时：

$$N = Tf_n = k_f T_b n f_b = k_f n \tag{3-16}$$

整机的工作是否正常，可根据式（3—16）自行检查。例如，当 $f_n = 1\text{MHz}$，闸门时间置于 1s（即 $k_f = 10^6$），时标置于 10ns，即 $n = \frac{f_n}{f_b} = \frac{T_b}{T_n} = \frac{1\mu\text{s}}{10\text{ns}} = 100$ 时，则计数器的显示应为 $N = k_f n = 10^6 \times 100 = 100\ 000\ 000$。如果每次测量的显示都在 100 000 000 ± 1 以内，说明整机工作是正常的。

三、通用计数器总体构成及使用注意事项

综上所述，通用计数器通常由输入通道部分（A、B 二个通道），标准时间产生部分，计数、译码和显示部分，门控部分及电源部分组成，借助各种开关可以实现各种测试功能。通用计数器的简化方框图由图 3—18 所示。

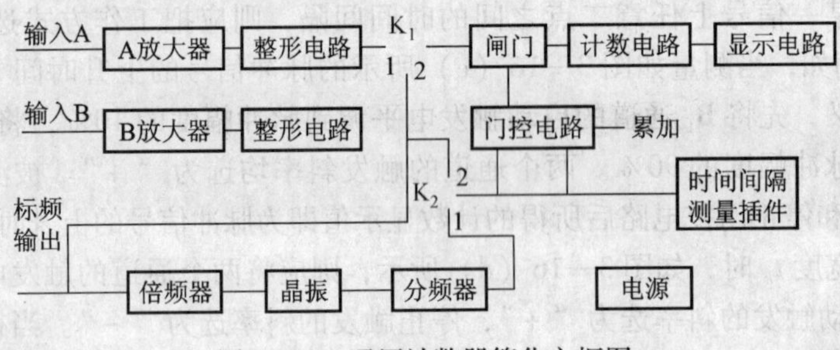

图 3—18 通用计数器简化方框图

当 K_1 置于“1”、K_2 置于“1”时，可直接测量频率 f_A；当 K_1 置于“2”时，K_2 置于“2”时，可直接测量周期 T_B；当 K_1 置于“2”、K_2 置于“1”时为自检；当 K_1 置于“1”，K_2 置于“2”时，可测量频率比 f_A/f_B；当 K_1 置于“1”，直接控制门控部分可实现累加计数；当 K_1 置于“2”接上时间间隔测量插件可测量时间间隔。

使用中需要注意的问题：

(1) 首先应通过“自检”来检验仪器本身各部分工作是否正常，将仪器本身的时标输出与信号输入端连接，按测频工作方式，在不同的闸门时间和不同的时标位置，应显示出对应的数字。例如，在闸门时为 1s 挡，时标在 1ms 位置时，应显示 00 001. 000kHz。如果不是这样，应排除故障后再用。

(2) 输入信号幅度应适宜，不能太小，应以能保证脉冲形成电路正常工作为最终要求，否则计数器读数不稳定或不准确。但也不宜过大，以免损坏仪器；仪器的灵敏度和最大输入电压指标不同仪器差别很大，应参照说明书里的技术要求使用。

(3) 注意选择合适的闸门时间，使显示位数尽量多而又不产生溢出现象，以提高测量准确度。

（4）还要注意仪器的输入阻抗对被测电路的影响，特别是输入阻抗较低时可能在接入仪器时使被测电路停止工作。

四、通用计数器的误差分析

（一）测量频率

由式（3—9）可知，如果 N 的误差 ΔN 与 T 的误差互不相关，则由误差的传递公式不难求得用计数器测量频率时误差为：

$$\frac{\Delta f_x}{f_x}=\frac{\Delta N}{N}-\frac{\Delta T}{T} \tag{3-17}$$

由于 $T=k_iT_b=k_f/f_b$，且 k_f 为常数，所以：

$$\frac{\Delta T}{T}=\frac{\Delta T_b}{T}=-\frac{\Delta f_b}{f_b} \tag{3-18}$$

将式（3－18）代入式（3－17）得：

$$\Delta f_x/f_x=\Delta N/N+\Delta f_b/f_b \tag{3-19}$$

由式（3－19）可知，测频误差包括计数误差 $\Delta N/N$ 和标准频率误差 $\Delta f_b/f_b$ 两部分，下面分别加以分析。

1. 计数误差

由于闸门信号与计数脉冲的相位关系是随机的，而计数值 N 只能是整数，结果便导致因量化单位有限所引起的误差，这种原理误差称为量化误差或 ±1 个字误差。由于量化是一种用数字量逼近模拟量的过程，因此这个误差等效于数值分析中的舍入误差。

如图 3—19 所示，假定输入信号为 10.4Hz，由于计数器将信号量化的结果，对 0.4 比这个尾数或是略去或是在 10Hz 的基础上加 1Hz 成为 11Hz（取决于两者的相位关系，而不是 4 舍 5 入），因此，得到 10Hz 或 11Hz 的结果。

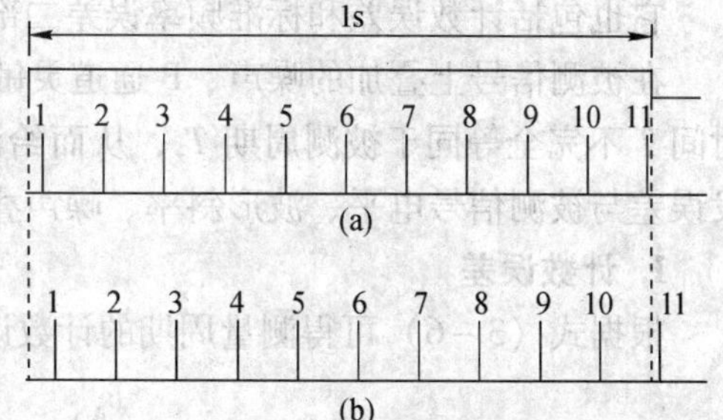

图 3—19 量化误差示意图

如图 3—19 所示，读数为 11Hz，则产生 11－10.4＝0.6Hz 的绝对读数误差；如读数为 10Hz，则产生 10－10.4＝－0.4Hz 的绝对读数误差。可见，这项绝对误差最大不超过 ±1 个字。若误差之值为 ΔN，则其误差绝对值为：

$$|\Delta N|\leqslant 1 \tag{3-20}$$

由 ΔN 引起的相对计数误差为：

$$\frac{\Delta N}{N}=\frac{\Delta N}{f_xT} \tag{3-21}$$

$$\left(\frac{\Delta N}{N}\right)_{\max}=\pm\frac{1}{N}=\pm\frac{1}{f_xT} \tag{3-22}$$

第三章 常用电子测量仪器

此误差可看成是在 $-\frac{1}{N}\sim+\frac{1}{N}$ 范围内均匀分布的随机误差。

2. 标准频率误差

标准频率误差 $\Delta f_b/f_b$ 是由标准频率信号的频率稳定度和准确度所决定的，这项误差通常可按正态分布的随机误差处理。另外，被测信号中的寄生调频、输入端噪声及干扰对读数也有一定的影响。

如果知道分项误差的概率分布密度，则可求出总和分布。但是，由于计算相当复杂，一般都只作粗略的估计。求总误差是按分项误差绝对值相加的合成方式，并对量化误差取最大值，于是

$$\left(\frac{\Delta f_x}{f_x}\right)_{\max}=\pm\left(\frac{1}{f_xT}+\left|\frac{\Delta f_b}{f_b}\right|\right) \tag{3-23}$$

由式（3－23）可见，当用计数器测量频率时，闸门时间 T 愈长愈好；而且当 f_x 值越小时，为了获得同样的相对误差准确度，就要求 T 值越大，例如当 $\left(\frac{\Delta f_x}{f_x}\right)$ 要求达到 10^{-6} 的准确度时，当 f_x 为 100Hz 时，就要求 $T\geqslant10^4$s，这显然是太长了。所以在低频时，通常是采用测量周期的办法来换算出频率值。

（二）测量周期

根据式（3－10）和误差传递公式可知：

$$\frac{\Delta T_x}{T_x}=\frac{\Delta N}{N}+\frac{\Delta f_b}{f_b} \tag{3-24}$$

它也包括计数误差和标准频率误差二部分，同时，还要考虑触发误差。

在被测信号上叠加的噪声、B 通道灵敏度的变化、触发电平的抖动或漂移等，会使闸门时间 T 不完全等同于被测周期 T_x，从而给测量结果带来误差，这种误差称为触发误差。触发误差与被测信号电平、波形斜率、噪声叠加的情况以及触发电平的不稳定程度有关。

1. 计数误差

根据式（3－6）可得测量周期的计数误差为：

$$\left(\frac{\Delta N}{N}\right)_{\max}=\pm\frac{1}{T_xf_b}=\pm f_xT_b \tag{3-25}$$

如采用多周期（k_f 倍）和用 nf_b 作时标，则由式（3－12）可得：

$$\frac{\Delta N}{N}=\frac{\Delta N}{k_fnT_xf_b} \tag{3-26}$$

$$\left(\frac{\Delta N}{N}\right)_{\max}=\pm\frac{f_xT_b}{k_fn}=\pm\frac{1}{k_fnT_xf_b} \tag{3-27}$$

此误差可按在 $-\frac{1}{N}\sim+\frac{1}{N}$ 间均匀分布的随机误差处理。

2. 标准频率误差

与测量频率时的情况相同。

3. 触发误差

（1）被测信号叠加有噪声时

由图3—20（a）可知，当被测信号上叠加有噪声时，电路的触发时刻将比无噪声时提前或落后一段时间，从而带来误差。这项误差与噪声的大小明显有关。

$$U_x = U_{\mathrm{m}} \sin \varpi_x t$$

用相对误差表示：

$$\frac{\Delta T_N}{T_x} = \frac{U_N}{\sqrt{2}\pi U_{\mathrm{m}}} \qquad (3-28)$$

式中：ΔT_N——总的门控时间误差；

U_N——噪声幅度。

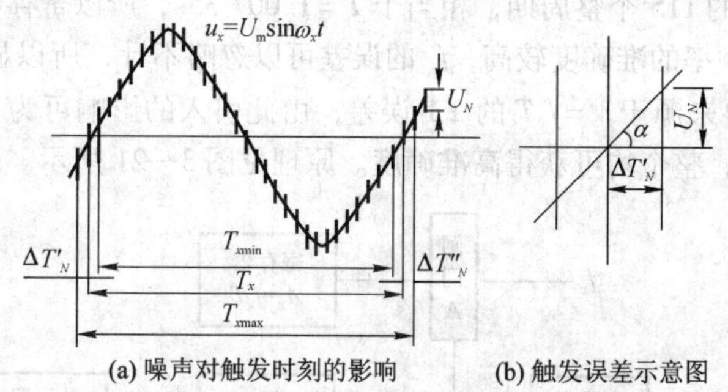

(a) 噪声对触发时刻的影响　　(b) 触发误差示意图

图3—20　被测正弦信号叠加噪声时引起的触发误差

可见，误差反比于信号的交零斜率和信噪比，因此可见，测量方法引起的触发误差要比测量正弦波的误差小。对于正弦波，当触发电平接近于零电平时，便能获得最小的触发误差。

为了减小触发误差的影响，可以用多周期法测量。这时触发误差只发生在测量过程的起始和结束，即开门和关门的时刻。所以，当采用 k_f 倍周期测量时；相对误差将减小 k_f 倍。

（2）触发电平不稳定引起的误差：

$$\frac{\Delta T}{T_x} = \frac{\Delta U}{2\pi U_{\mathrm{m}}}\ （单周期测量） \qquad (3-29)$$

$$\frac{\Delta T}{T_x} = \frac{\Delta U}{2\pi k_f U_{\mathrm{m}}}\ （k_f 倍周期测量） \qquad (3-30)$$

通常 ΔU 可以控制的很小，因此此项误差可以忽略。

其总误差可表示为：

$$\left(\frac{\Delta f_x}{f_x}\right)_{\max} = \pm\sqrt{\frac{1}{k_f^2}\left[\left(\frac{f_x T_b}{n}\right)^2 + \frac{1}{2}\left(\frac{U_N}{\pi U_{\mathrm{m}}}\right)^2\right] + \left(\frac{\Delta f_b}{f_b}\right)^2} \qquad (3-31)$$

测频和测周期的计数误差在形式上相同，但是实质上不同。测频时，计数误差随 f_x 的增加而减小；测周期时，计数误差随 f_x 的增加而增加。所以当被测频率高时，宜采用测频方式，而当被测频率较低时，则宜采用测量周期方式，再换算出频率值。

五、提高周期测量分辨力的方法

（一）多周期同步法

这个方法是用两个寄存器在同一闸门时间 T 内分别对被测频率 f_x 和时标脉冲进行计数，并将计数结果 $x = f_xT$ 和 $y = f_yT$ 寄存起来，然后由运算电路算出 $(x/y)\ f_y f_x$ 再加以显示的。闸门时间 T 大体上由时间控制器确定，并且由输入信号同步。如果选择控制时间为 $T' = 1\text{s}$，由当第一个输入信号将闸门打开之后，寄存器 B 即对时标脉冲进行计数。当计数时间等于 1s 时，时间控制器即向同步器输出一个信号，使其在下一个输入信号到来时将闸门关闭。例如设 $f_x = 114.159\ 21\text{b}$，则在 1s 时已有 114 个输入信号脉冲通过，因此闸门开放的时间间隔正好等于输入信号的 115 个整周期，相当于 $T = 1.007\ 35\text{s}$，所以寄存器 A 寄存的数为 $x = f_xT = 115$。由于时钟频率的准确度较高，f_x 的误差可以忽略不计，所以显示值 $f_x = (x/y)f_y = 114.159\ 2$ 的误差主要来源于 $y = f_yT$ 的 ± 1 误差，由此引入的影响可为 $\pm 10^{-7}$。而且误差基本上与输入频率无关，整个均可获得高准确度。原理见图 3—21 所示。

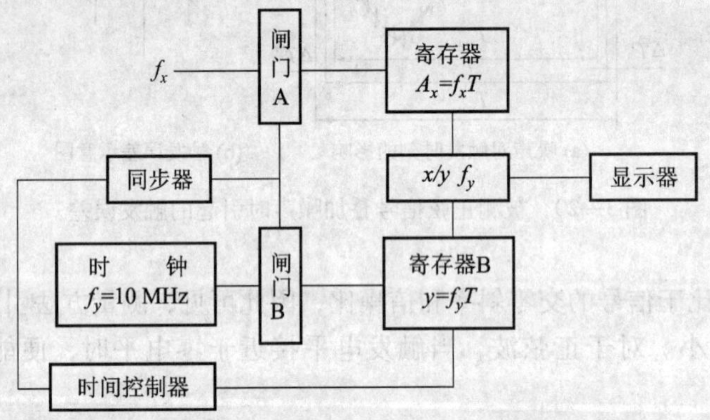

图 3—21 用多周期同步法测量频率原理图

（二）模拟内插法

模拟内插法的原理如图 3—22 所示。

被测时间 T 在 a 线的情况下的读数为 $12T_b$，在 b 线的情况下读数为 $11T_b$。内插法的基本思想就是将两边的尾数 T_1 和 T_2 测量出来。于是有：

$$T = T_0 + T_1 - T_2 \tag{3-32}$$

由于 T_1 和 T_2 比较小，为了同原来的时标脉冲频率测量，必须将时间扩展某一位数，如扩展 1 000 倍，于是得到：

$$T = N_0 T_b + \frac{N_1 T_b}{1\ 000} - \frac{N_2 T_b}{1\ 000} \tag{3-33}$$

式中：N_0——T_0 内所填充的时标脉冲数；

N_1——1 000T_1 内所填充的时标脉冲数；

N_2——1 000T_2 内所填充的时标脉冲数；

T_b——时钟周期。

扩展 T_1 和 T_2 的方法之一是用一个恒流源 I_1 在 T_1 或 T_2 的时间内对一个稳定的电容器充电；然后再用另一个恒流源 $I_2=\frac{I_1}{999}$，使电容器放电到原来的电平。这时，充放电的全部时间信号1 000T_1 或1 000T_2，由于时间扩展了1 000倍，因此 ±1 个字误差将减小为 ±0.001。于是，用 10MHz 的时标脉冲和 10MHz 计数器，就可以分辨到0.1ns。

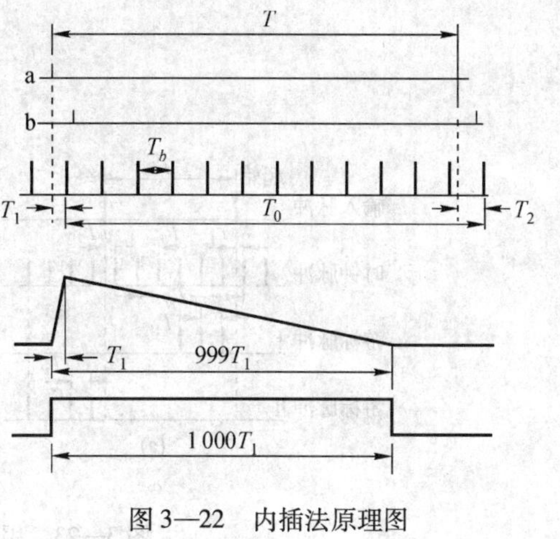

图 3—22　内插法原理图

为了将每次测量的 N_0，N_1，N_2 的值存储在寄存器中，再按式（3－33）进行算术运算，则计数器必须具有算术运算的功能，故称为"计算计数器"。在计算计数器中，频率测量是以时间测量为基础的，即先测出周期或 k_f 倍周期，然后再进行倒数运算求出频率。

（三）游标法

采用一般的测周期或时间间隔的方法，不可能测量到时间 T_1 和 T_2。假定钟频为100MHz，则只能得到60ns 的读数。采用游标法便能大大提高分辨力。例如，100MHz 的钟频，其分辨力只能为1ns。为了实现纳秒的时间测量，可以利用两台周期为 $T_V=9$ns 的游标振荡器，其工作过程可如下所示（见图 3—23），起始脉冲经过通道 I 同时触发闸门电路和游标振荡器 I，时钟脉冲经闸门使粗测计数器计数，直到经过通道 Ⅱ 送入终止脉冲使闸门关闭时为止。假定粗测计数器的计数为 N，则 $T_N=NT_b$。与此同时游标振荡器 I 输出 $T_V=9$ns 的游标脉冲，并进入游标计数器 I 进行计数。因为 $T_b-T_V=1$ns，所以，如果第一个游标脉冲比时钟脉冲滞后 $T_1=x$(ns)，则经 x 个脉冲之后，游标脉冲便追上时钟脉冲，两者同时进入符合门 I，这时，符合门 I 将输出一个脉冲去关闭游标振荡器 I。设游标计数器 I 的计数为 x，于是有：

$$T_1=x(T_b-T_V) \tag{3-34}$$

同理，游标计数器 Ⅱ 的计数 y 可表示为：

$$T_2=y(T_b-T_V) \tag{3-35}$$

因此，被测的周期或时间间隔为：

$$T=NT_b-T_1+T_2=(N-x+y)T_b+(x-y)T_V \tag{3-36}$$

在图 3—23 中，$N=6$、$x=3$、$y=4$，可计算出：

$$T=61\text{ns}$$

可见，粗测计数器测量的是时钟脉冲，分辨力为 10ns；游标计数器测量的是游标脉冲，

第三章　常用电子测量仪器

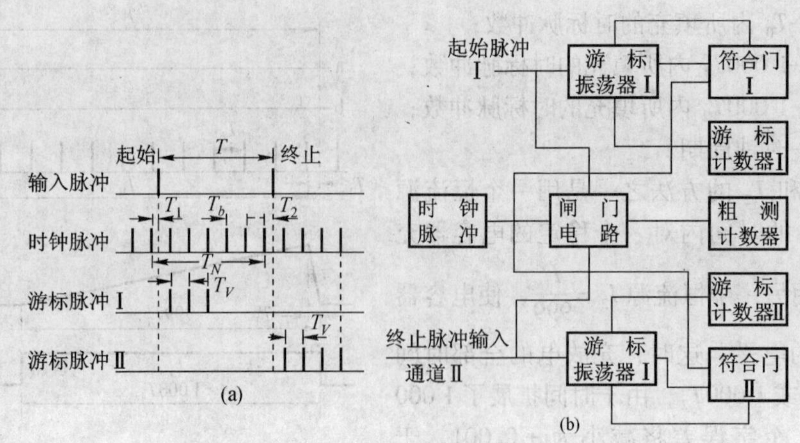

图 3—23 用游标法测量的原理图

其分辨力为9ns。而最终达到的分辨力却是1ns。

采用游标法时，游标振荡器必须十分稳定，每个脉冲的时间延迟误差不能超过0.1ns。另外，此法对门电路的要求特高，如果门电路的动作不够快，便可造成计数误差。

第三节 数字式示波器

一、概 述

随着集成电路的飞速发展，经典的模拟示波器已经被日新月异的数字式示波器在性能上和产量上所超过。这是因为数字示波器有着经典示波器无法比拟的优点。

1. 极宽的带宽

若干年前一直认为数字示波器的带宽不可能超过模拟方式。然而，目前模拟示波器的最高带宽为1GHz。宽频带的高压放大器及超高速的示波管难于有更高的频带了，从而限制了这类示波器带宽的提高。而这些限制在数字示波器中是没有的，数字化后的信号是用低频显示系统重现的。目前，实用示波器带宽已达4.5GHz，数字取样示波器已达70GHz。过去，一直认为模拟信号的量化速度不可能很快，而目前的最高采样率已达200GS/s。

2. 高的显示置信度

对于模拟示波器，常常观察不到波形中的噪声和抖动的最坏的情况，因为噪声及抖动中的某些慢变化常常不足以激发出足够的亮度。而数字示波器却可以相同的亮度显示出任何捕捉到的信息，甚至使用数字示波器的无限长余辉功能，可以观察一段时期中信号的慢变化规律，从而可以用来研究模拟示波器观测不到的慢变化现象。

3. 优异的信号处理和存储能力

众所周知，一旦波形信号被量化以后，现代的计算机能力和处理技术，可以对已存储的信号进行多种多样的分析、计算和处理，所得到的测量结果是模拟示波器只靠肉眼目测无法比拟的，例如：各种波形参数的计算，数字的统计计算以及频谱分析等等。

数字化与智能化的结合，使得数字式示波器使用极为方便。模拟示波器只有靠照相来保存波形，而数字式示波器则可以永久保存并可随时得到波形的硬拷贝（打印或绘图）。

4. 高的性能价格比

在过去，数字示波器价格要高于模拟示波器，但由于电路集成度的提高，制造过程的改进和昂贵的元器件的减少，数字示波器的成本大为下降。而在模拟示波器中，宽带示波管却是昂贵的部件。

由于数字示波器的性能价格比不断提高，已经出现逐渐取代模拟示波器的趋势，有些生产厂已经停止设计和生产模拟示波器，全力投入数字化技术并努力降低其成本。

数字示波器与模拟示波器的基本原理框图如图 3—24 所示。

数字示波器基本上有两个主要过程：数字化和摹建波形。数字化由“取样”和“量化”所组成，所谓取样是在时间离散点上对输入模拟信号取值的过程，而量化是借助于 A/D 变换器将取样值转换为二进制数码的过程。数字示波器的时基为一数字时钟，它给出时间离散点，以定位输入信号的量化值，然后把信息存入 RAM 中。这种取样频率称为数字化率，通常以每秒兆次取样为单位，记为 MS/s。在显示时，垂直系统的 D/A 将 RAM 中信息转换为电压信号，而水平系统的 D/A，与 RAM 读出相同，产生水平扫描阶梯电压。可见，显示系统是按固定的低频率工作，因此其显示器可以是示波管、电视管、液晶屏或计算机终端。所存信息还可通过接口转输给计算机或打印机、绘图仪。

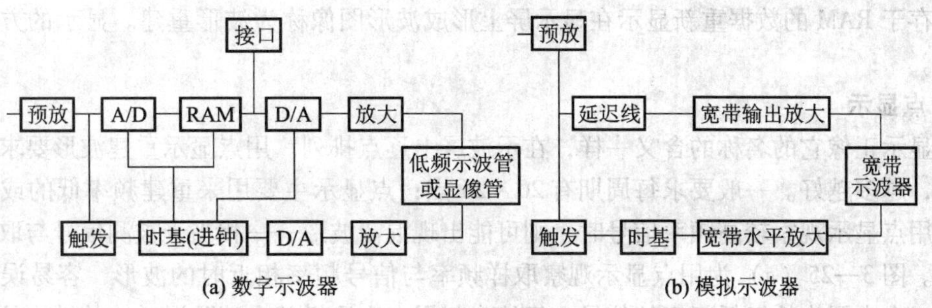

图 3—24　示波器原理框图

二、分辨力和准确度

在模拟示波器的示波管上的分辨力是屏幕尺寸、光点大小和形状的函数。通常，示波管划分为 8×10 格，典型的光点大小为一格的 1/25～1/50，而且能分辨半根光迹的宽度。因此，垂直分辨力是满屏幕的 1/400～1/800，而水平分辨力是 1/500～1/1 000。

在数字示波器中，垂直分辨力取决于所使用的 A/D 转换器的分辨力。8bit 的分辨力为 1/256；10bit 的分辨率为 1/1 024，12bit 的分辨率为 1/4 096。高的分辨力可能使转换速力降低，并且成本变高，常见的数字示波器以 8bit 的为多。

数字示波器的水平分辨力通常为 12bit，这比常规示波器要好得多。

8bit 的数字示波器，着起来其分辨力稍低于常规示波器，但是采用平均技术之后，其性能的改善是常规示波器所不具备的。

准确度与分辨力不是同义词，分辨力是能辨别波形不同部位的能力，而准确度是指显示值与实际值的一致性。常规示波器的垂直准确度为（2～4）%，它受放大器和示波管的线性等因数的限制。水平的准确度通常为（1~3)%。对于数字示波器不能将分辨力认为即是准确度，准确度总是低于分力力的，通常仍用模拟示波器相同的准确度来代替：垂直（2~4)%；水平（1~3)%。不过数字示波器大都具有光标测量的功能，它对减少目测误差，示波管影响有很大作用。有些数字示波器具有自动测量能力，它能根据波形参数的标准定义自动给出结果，因此其综合准确度要比常规示波器为高。

三、模数转换器（A/D）和数模转换器（D/A）

A/D 转换器是高速信号数字化的关键器件。常见的积分型或逐次逼近型转换器虽然可以获得高的分辨率，但其转换时间较大，不适用于高速转换。最常用的快速 A/D 是瞬间 A/D，它是一种并行比较的 A/D，因此可以在瞬间将模拟量转换为数字量，要比逐次逼近方式的 A/D 变换器快得多。目前商品 A/D 的转换速度可达数百 MS/s。在较高转换速率的示波器中采用一种称为扫描变换的技术。由于 D/A 变换器只是用于重建波形，故对于其转换速度没有高的要求。对于具有平均功能的数字示波器，由于要变换经平均处理后提高了分辨力的数据，故 D/A 的变换位数要高于 A/D 的位数。

四、波形显示技术

将存于 RAM 的数据重新显示在显示屏上形成波形图像称为波形重建。显示的方法有如下几种。

1. 点显示

点显示正像它的名称的含义一样，在示波屏上逐点排列。用点显示重建波形要求有足够的点数，越多越好。一般要求每周期有 20~25 点；点显示主要用来重建频率低的或直流信号。当用点显示观察较高频率信号时，则可能出现混淆波形——相当于被测信号与取样信号的差拍。图 3—25（a）为用点显示观察取样频率与信号频率相近时的波形，容易误认为是在观察一个未同步的极低频率的信号。显然，每周多次取样就会消除混淆，其措施是改变扫速挡，不要使波形过窄。不过，即使波形的主要成分满足了奈奎斯特取样定理，但波形上的高频成分仍会有移动现象。最有效的办法是设置反混淆滤波器，这种滤波应有较陡的高频截止特性。

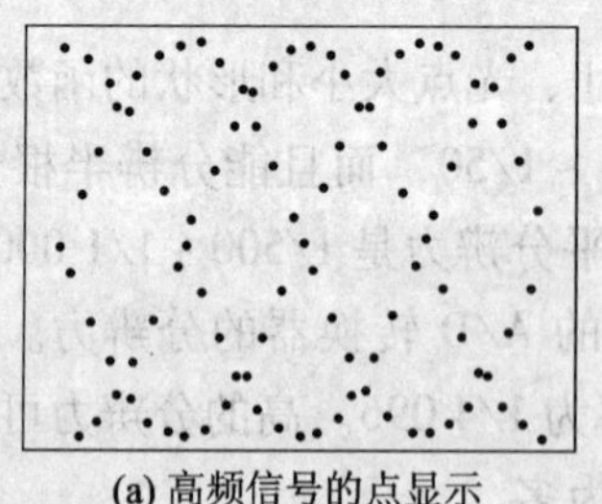

(a) 高频信号的点显示

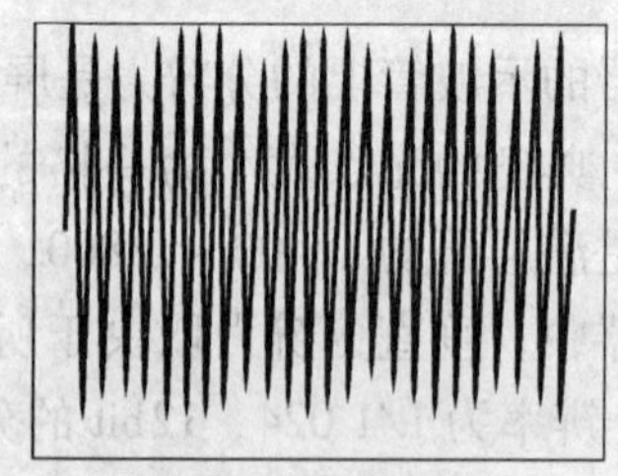

(b) 同一信号的矢量显示

图 3—25　点显示和矢量显示

2. 矢量显示（线性内插）

使每个相邻点用线连接起来，就很容易地消除了上述的视觉混淆，如图 3—25（b）所示，但每周仍因取样点数过少，仍有包络失真存在。实践证明，每个正弦波采集 10 个点的线性内插对重建一个波形是必要的。

3. 正弦内插

当原始的数据集合中没有混淆现象，而且观察的波形为正弦波，则可用正弦内插方法将有限的采样点重建为正弦波，如图 3—26 所示。每个正弦波只要采集 2.5 个以上的数据，即可实现正弦波重建。

4. 修正的正弦内插

正弦内插方式下观察脉冲信号时将产生冲量和振铃失真。如果再使用一种数字前沿滤波技术，则可以克服这种失真。采用此双重措施后，即使取样点稀疏，也可以观察脉冲波形，如图 3—27 所示。这一措施是采用一个高斯型数字滤波器。

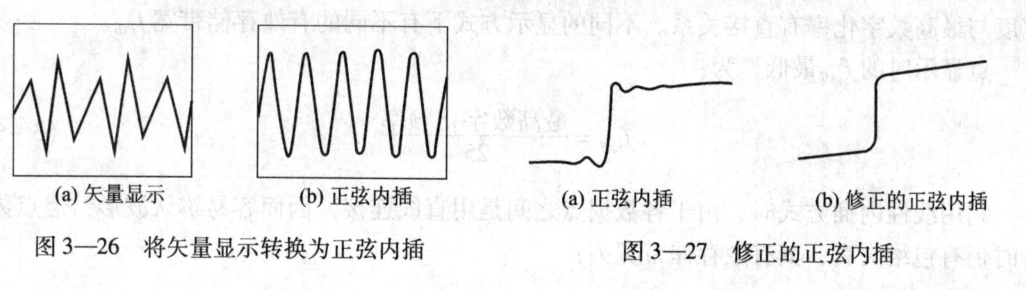
(a) 矢量显示　(b) 正弦内插

图 3—26　将矢量显示转换为正弦内插

(a) 正弦内插　(b) 修正的正弦内插

图 3—27　修正的正弦内插

5. 波形显示方式

除了在内插方式上与模拟示波器有区别外，在显示方式上也有许多特殊的方式。

（1）包络方式

A/D 变换器始终是在最高数字化率下工作的，只是在不同时基时用不同的间隔选出数据。例如，10MS/s 的示波器是每隔 0.1μs 进行一次转换，如果时基因数选用 100μs/div，并假设每 div 有 100 个点，于是每个点时间间隔为 100μs/100 点，即 1μs 一点。可以看出，实际上每 1μs 中进行了 10 次测量。通过在 10 次中选出其峰值的措施便可实现波形峰值的显示。这种包络的显示能够消除混淆并使显示更像常规示波器。

（2）滚动方式

这种方式是在时基因数的最低几挡中实现的，利用这种方式可以看到被测慢信号的波形慢慢地在屏上像水波一样的滚过。它非常适合观察电源纹波类型的信号。

（3）毛刺捕捉

由前面所举例子可看到，当时基较大时，有可能将波形中快速脉冲（毛刺）漏掉，这对于观察叠加于波形上的干扰很不利。因此，数字示波器增设了捕捉毛刺的功能，它可以将持续时间大于转换时间的尖峰捕捉到，并能在任何扫速挡上将其显示出来，这对于研究长时间中出现的尖峰干扰非常有用。

（4）平均方式

许多数字示波器具有将多次波形平均的功能。这一方法既能提高测量分辨力又能提高测量的精确度。信号/噪声比的提高与平均次数 n 的方根成正比。

（5）平滑

单次脉冲波形的信号噪声比的改善，是使变换结果通过一个数字滤波器进行平滑处理而得的；其实质是将数据相邻点进行平均简化。

(6) 波形参数的自动测量

一些高档的数字示波器具有波形参数的自动测量与计算的功能，使用起来非常方便。例如：上升时间、下降时间、波形面积、电压有效值、最大值、最小值、峰峰值、平均值、上基线值、下基线值、波形垂直中点、频率、周期、脉宽、占空系数、传输时延、上冲、下冲、两波形的求和、求差、相位差、反相、积分、微分等。这些测量结果是不断刷新的，因此对使用者帮助很大。

(7) 有效存储带宽

数字示波器等工作于实时取样方式时，其频带宽度不像模拟示波器那样有一个惟一的值。为了避免视觉混淆和重建出较为准确的波形，每个周期应包含足够的点数，因此其频带宽度与最高数字化率有直接关系。不同的显示方式下有不同的有效存储带宽f_{usB}。

点显示时的f_{usB}最低，为：

$$f_{usB}=\frac{\text{最高数字化频率}}{25} \tag{3-37}$$

利用线性内插方式时，由于各数据点之间是用直线连接，因而容易辨认波形，但点数较少时仍有包络失真，其有效存储带宽为：

$$f_{usB}=\frac{\text{最高数字化频率}}{10} \tag{3-38}$$

当利用正弦内插方式时可以改善正弦波的显示能力，其有效存储带宽为：

$$f_{usB}=\frac{\text{最高数字化频率}}{2.5} \tag{3-39}$$

(8) 有效上升时间

在实时取样方式下测量阶跃快速上升时间时，其显示的上升沿与取样的点位置有关，如图3—28所示，(a) 图表示上升沿恰好落在两取样点的中间，这时上升时间为数字化间隔的0.8倍。图3-28 (b) 图的上升沿的中部有一取样点，则同样的波形而其上升时间为数字化间隔的1.6倍。因此定义有效上升时间为：

$$t_{ru}=\text{最少取样间隔}\times 1.6 \tag{3-40}$$

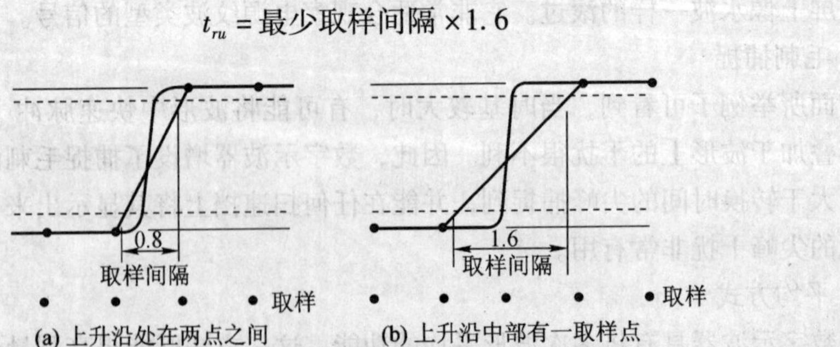

(a) 上升沿处在两点之间　(b) 上升沿中部有一取样点

图3—28 上升时间与取样点位置有关的示意图

例如：对于数字化频率为10MS/s的示波器，其正弦内插带宽为4MHz，有效上升时间为0.1μs×1.6，即160ns。

可以得出如下结论：不能用测出的上升时间来反推出信号上升时间；数字示波器的上升时间不同于模拟示波器的上升时间；模拟示波器的上升时间与扫速挡无关，而数字示波器的上升时间与扫速挡的设置有关。

有效带宽及有效上升时间是给用户一个最高使用的限制。必须再指出的是，所谓有效存储带宽与有效上升时间的概念只适用于示波器工作于实时取样工作方式。

(9) 同步触发功能

数字示波器的触发功能要比模拟示波器丰富得多，正确地运用这些功能能进行许多模拟示波器无法实现的测量。

当示波器的时基因数设定后，信号输入时，不管同步触发是否已正常触发，存储器即按设定取样间隔循环不停地存储测量数据。当触发信号到达时就标记出这时对应的存储器存储地址。如果要求观察触发点之后的波形，则显示系统从触发地址之后顺序取出待显示的数据，这种情况称为“前触发”，类似于常规示波器的方式。当要求观察触发地址之前的波形，则显示系统从触发地址之前的地址中取出数据，这种情况称为“后触发”。如果希望观察触发时前及后的波形；则显示系统从触发地址之前及其后取出波形数据，称为“中部触发”。对于实际示波器，“前触发”点通常位于屏幕水平轴的前 1/8 位置处。对于观察数字信号是很有用的，因为人们经常希望观察到触发信号之前的波形形状，参见图 3—29。

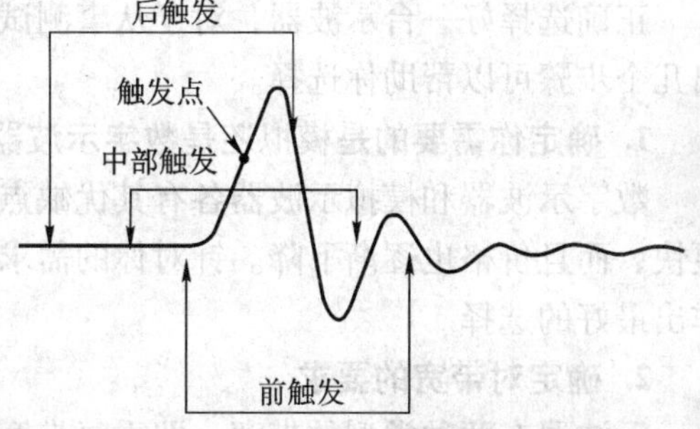

图 3—29　前、后及中触发的示意图

(10) 数字取样技术

数字示波器的有效带宽与最高采样率成正比。新一代的数字示波器广泛地采用了实时数字化方式与等效时间取样方式相结合的方法，或者是完全采用后者的方式。

取样技术可以有效地拓宽测量重复信号时的频带宽度，这是因为在每次触发之后只是对被测波形采样若干个点，多次触发之后才重建出原始波形。单就取样方式来讲，A/D 变换器的采样率可以低到数十 kHz。取样技术有两种类型，即“顺序取样”和“随机取样”。

顺序取样方式是每触发一次采集一次，而在下一次触发后，需延长一个 Δt，当采集到一定数量之后，再重建原始波形。这种方法与模拟取样示波器类似，但模拟取样是每触发一次之后仅采集一个点，而数字顺序取样则可采集多个等间隔的点。因此，比模拟取样大大地减少了波形获取时间，如图 3—30 所示。

随机取样方式是在一个随机信号的触发下采集一组等间隔的点，并同时测出触发点与第一个采集点的时间 Δt_i。当采集到一定数量后，按每组 Δt 的大小顺序重建原始波形，如图 3—31 所示。

两种取样方式最大的差别在于：对于顺序取样，所有采样数据都发生在触发之后，也就是说只能观察触发之后的波形；对于随机取样，取样过程是始终进行着的，只不过触发之后记录下触发点与相邻采样点的时间，以便对数据“定位”，因此可以看到触发点前后两侧的波形，这一特点往往是非常有用的，例如观测无前置脉冲的高速信号。另外，随机取样方式有较高的水平时间准确度。

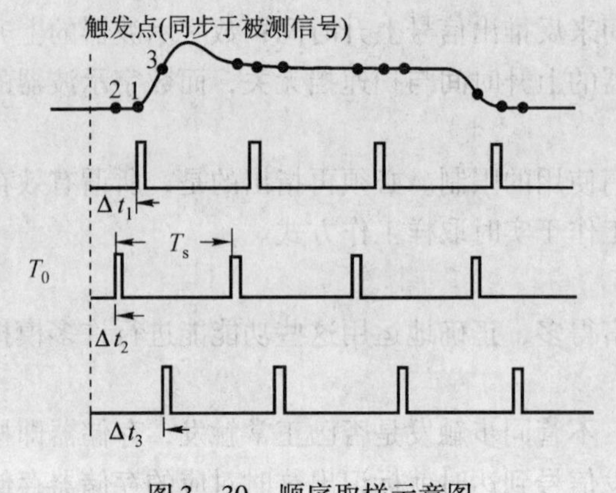

图 3—30 顺序取样示意图

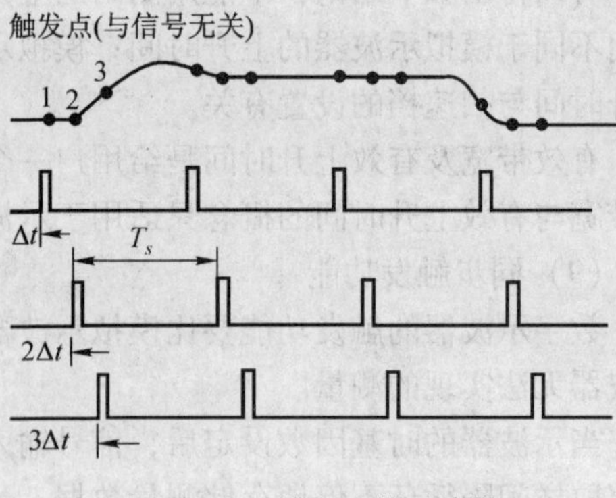

图 3—31 随机取样示波器

五、示波器的正确选择

正确选择好一台示波器，对于从事测试和计量科学研究工作人员是非常重要的。下面列出几个步骤可以帮助你选择。

1. 确定你需要的是模拟还是数字示波器

数字示波器和模拟示波器各有其优缺点。现代技术的发展使数字示波器功能更强、响应更快、而且价格也逐渐下降。针对你的需求，对模拟及数字示波器的优缺点进行权衡比较，作出最好的选择。

2. 确定对带宽的要求

示波器有两种类型的带宽，即重复带宽及实时带宽。如果一信号重复出现，示波器并不一定要在一次完成所有采集，而可以通过在每一次触发发生时获取波形的一部分，在多次循环触发之后构成显示波形。重复带宽指标独立于示波器采样速率。事实上，这一指标通常用来衡量示波器模拟放大器部分的带宽。

实时带宽适用于非重复或单次信号。示波器在一次触发过程中完成数字化，所以实时带宽取决于示波器的采样率。采样率与带宽之间的比值不是固定的。如果示波器有数字重构能力，这一比值接近于4∶1，如果没有重构能力这一比值通常是10∶1。作为一个基本准则，你所使用示波器的带宽应至少高出被测信号中的最高频率3倍。

对于典型测量，上升时间与带宽之间的关系可近似为 $T_r = 0.35/3\text{dB}$ 带宽。对于定时测量，信号上升时间与示波器上升时间的比值越高，则测量误差越小。

应注意以下几点：

（1）探头将会影响测量精度。

（2）某些示波器所列出的最高带宽指标只局限于某一特定的电压范围，或者只在50Ω输入时才具有。

（3）模拟示波器的带宽很少能高于400MHz，而某些数字示波器具有超过50GHz的带宽。

3. 确定你所需要的通道数

一般来说，所需通道数取决于被测对象。目前的双通道示波器最为流行。然而，对于某些场合，四通道示波器更有用。下面几点应该考虑：

（1）若你需要在同一触发过程捕获多通道信号，请选用每个通道可以同时采样或独立进行 A/D 变换的示波器。如你观测的信号是重复信号，那么就不一定要求同时采集了。

（2）某些示波器是 2+2 形式的，也就是说，其中两个通道是全功能的，而另外两个通道是衰减范围受限制的辅助通道。在这种情况下，两个 A/D 变换器由四个通道共享。辅助通道在你观测数字信号时可以提供额外的灵活性。

（3）对于双通道示波器，外触发可能很有用处。它可以用一无需观测的信号作为外触发源，而不占用示波器的输入通道。

（4）如果你要进行数字定时测量，要求超过四个通道的示波器时，你可以使用逻辑分析仪。

4. 确定采集速率

对于单次信号测量，最关键的性能指标是采样速率，高采样速率可以产生高实时带宽以及高的实时分辨率。大多数示波器生产厂采用采样速率与实时带宽为 4∶1 或 10∶1 的比例来防止出现假波。某些示波器提供了独立控制采样速率的功能，这样你可以同时调节采样速率和屏幕显示的时基，使二者设置不必互相牵制。

5. 确定你所需要的存储深度

它取决于要求的总时间测量范围及要求的时间分辨率。如果你想以高分辨力存储长时间段信号，那么你需要选择深存储示波器。这样，你可以在水平扫描速度低的情况下，采用高采样速率。

6. 考察评估触发能力

很多通用示波器用户习惯于采用边沿触发。在某些应用场合，如果示波器具有其他触发能力，它将对测量有很大帮助。在数字应用领域，使示波器触发在多通道之间的特定模式对解决问题很有用处。此状态触发可以用来使模式触发与外时钟沿同步。毛刺触发在正或负毛刺发生的时刻或者一脉冲宽于或窄于设定的宽度。这些特征对故障查错尤其重要，触发在错误发生的时刻，观察确定问题产生的原因。

7. 评价毛刺捕捉能力

三个重要因素影响示波器的毛刺捕捉能力。更新速率：更新速率快的示波器捕捉偶发毛刺的机会比较高。峰值检测能力：大多数数字示波器在低扫描时将丢掉采样点，从而降低了有效采样速率。毛刺触发：具有毛刺触发功能的示波器可使你隔离出难以发现的毛刺并且在毛刺发生时刻触发。

8. 确定你所需要的分析功能

利用自动测量及示波器内置的分析能力，你可以容易又省时地完成工作。数字示波器通常具有模拟示波器不可能拥有的顺序测量功能和分析选件。

9. 评价存档能力

大多数示波器可以通过 USB、GPIB、RS232 或并行口与 PC、打印机或绘图仪相连接。你应弄清使用哪一种接口，可与哪种类型打印机相匹配。

第四节 频谱分析仪

一、概 述

观测电信号的基本方法通常有两种，一种是在时域内使用示波器，另一种是在频域内使用频谱分析仪，频域分析的优点是可以单独观察各频谱分量，而不像时域法那样叠加在一起。通过频谱分析仪，人们对电信号的失真、调制边带变换等可以直接进行观察。频谱分析仪是进行频域分析的重要仪器，它是一种多功能的测量仪器，可以用来进行信号电平的测量，频率及频率响应的测量，谐波失真、调制度的测量，频率稳定度的频畴测量等等，从而在电子测量中获得广泛应用。

二、频谱分析仪的工作原理

频谱分析仪从工作原理上可以分为数字式、模拟式两种类型。(这里仅介绍模拟式)。

模拟式频谱仪是以模拟滤波器为基础，选出被测信号的频率分量，通过与扫描发生器电压同步的电子扫描开关，顺序接入检波器，然后放大，加到示波管垂直偏转板，在屏幕上显示被测信号的频谱图，图 3—32 就是模拟式频谱分析仪的方框图。

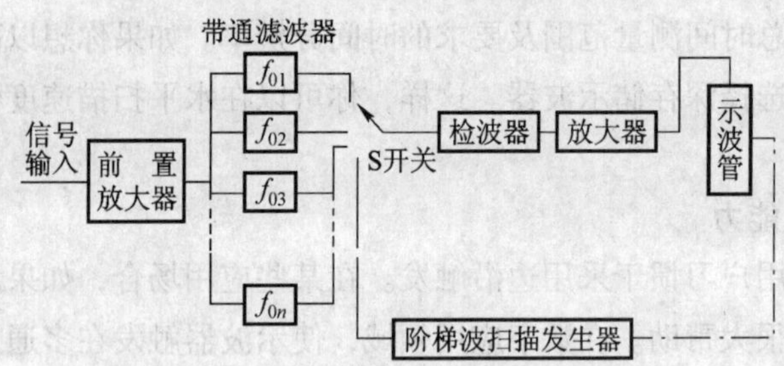

图 3—32 模拟式频谱分析仪原理框图

输入信号经前置放大器放大后，送入一组带通滤波器，它们的中心频率分别为 $f_{01} < f_{02} < f_{03} < \cdots < f_{0n}$。分别由各滤波器选出其频率分量，通过与阶梯波扫描电压同步的步进换接开关 S 顺序接入检波器，经检波、放大加到示波管，这样，在屏幕上显示出被测信号的频谱图。这种频谱仪需要大量的窄带滤波器，体积庞大制做繁琐。利用扫频技术，采用外差接收方法，也可实现频谱分析。与其他方法相比，它兼顾了频率与分辨率，速度与成本，从而显著地提高了灵敏度和频率范围。扫频外差式频谱仪是按外差方法选择所需频率分量，这种方法的特点是中频是固定的，只要改变本机振器的频率，就能达到选频目的。

由图 3—33 可知，扫频振荡器即为外差接收的本机振荡器，当扫频振荡器的频率 f_L 在一定范围内扫动时，输入信号中的各个频率分量在混频器中与 f_L 产生差频，它们依次落入窄带滤波器的通频带内，检波后加到示波管的垂直偏转系统，在屏幕上将显示出输入信号的频谱图。外差法的优点很多，通过使用中频放大器可以得到很高的灵敏度，可以在几个数量级的频率范围内进行调谐，同时，改变中频滤波器的带宽就可改变其分辨率。所以目前的以扫频技术为基础的所谓扫频外差式频谱仪获得广泛应用。

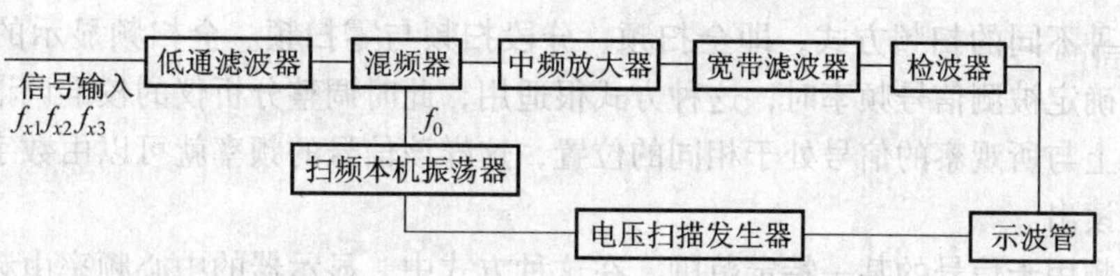

图 3—33　扫频外差式频谱仪原理图

下面介绍一种频谱分析仪的实例，其线路方框图如图 3—34 所示。

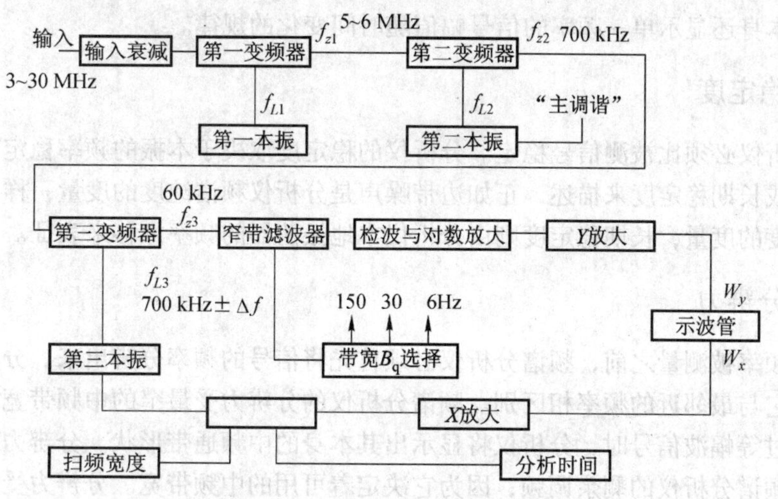

图 3—34　扫频外差式频谱仪实例

输入信号频率经二次变频（图中已略去一级前置混频器，它用来把低于 3MHz 的信号频率搬到 3MHz 频率上），得第二中频 $f_{z2}=700\text{kHz}$，后者经第三变频得 60kHz 中频，并由窄带滤波器选出。第三本机振荡器为扫频振荡，它的输出频率在 700kHz + Δf 内扫动，利用"扫频宽度"调节旋钮可改变加到这个扫频振荡器变容二极管的锯齿波电压的幅值，以改变扫频宽度，最大扫频宽度为 $\Delta f_{\max}=\pm 30\text{kHz}$，改变锯齿波电压的上升速率可改变扫描一个正程所需时间，即"分析时间"选择。根据测量需要，窄带滤波器的通带宽度 B_q。可有三种（6，30，150Hz）选择，即"带宽 B_q 选择"开关。为了使幅值坐标为对数，在"Y"通道的检波器和 Y 放大器之间接入对数放大器。

为了选择输入频率（3~30MHz），第一本振的振荡频率 f_{L1}，做成频段式的，"频段选择"开关用来选择输入信号频段，经第一混频器把输入频率变为 3~6MHz 中频（f_{z1}），第二变频的本机振荡频率 f_{L2} 在 2.3~5.3MHz 内连续可调，以便把第一中频 f_{z1} 变为 700kHz 的第二中频 f_{z2}，故第二本振的频率调谐为仪器的主调谐旋钮。

三、频谱分析仪的主要性能及测量基本要求

（一）频率测量

现代频谱分析仪都可以进行相对测量与绝对测量的频率校准和幅值较准。现代频谱分析

仪都具有三种不同的扫频方式，即全扫频、分段扫频与零扫频。全扫频显示的频率范围最宽，当试图确定被测信号频率时，这种方式很适用，此时调整分析仪的校准调谐旋钮，直至它在显示器上与所观察的信号处于相同的位置，这样该信号的频率就可以由数字显示器或频率读出装置读出。

分段扫频用于信号的某一特定范围，在这种方式中，显示器的中心频率由频率控制器设置，刻度系数则由频率间距或扫频宽度控制器设置。

工作于零扫方式时，分析仪相当于带宽可供选择的固定调谐接收机，它能恢复调制信号或监测单一信号，此时，将耳机插入频谱分析仪的垂直输出插孔就可以收听调幅或调频广播，分析仪本身还显示单一频率的信号幅值随时间变化的规律。

（二）稳定度

频谱分析仪必须比被测信号稳定。分析仪的稳定度取决于本振的频率稳定度，它通常用短期稳定度或长期稳定度来描述，正如边带噪声是分析仪频谱纯度的度量一样，剩余调频即是短期稳定度的度量，长期稳定度则由分析仪本地振荡器的频率漂移来表征。

（三）分辨力

在信号频率被测量之前，频谱分析仪必须首先将信号的频率分辨出来。分辨出某一信号即意味着使它与最邻近的频率相区别。频谱分析仪的分辨力受最窄的中频带宽限制，这是因为当扫频通过等幅波信号时，分析仪将显示出其本身的中频通带形状。分辨力受到限制的另一个因素是频谱分析仪的剩余调频，因为它决定着可用的中频带宽。分辨力受到限制的第三个因素是边带噪声。

（四）绝对幅值校准

为校准绝对幅度，分析仪必须满足以下要求：

（1）输入衰减器的频率特性必须是平坦的，以维持系统的整个频率响应。

（2）输入混频器的频率特性必须是平坦的，或者在输入与本振的整个频率范围内进行增益补偿。

（3）对于正常的幅值显示，中频衰减器必须是准确的。

（4）对数/线性放大器必须非常准确。

（5）扫描时间必须足够慢，以容许中频和视频滤波器完全响应，否则，就会处于未校准状态。在现代分析仪中，正确的扫描时间是根据给定的中频带宽和使用的扫描频率自动选择的。

（6）示波管屏上必须有标记表示控制器任意设置的绝对信号电平，因而必须提供内部幅值基准。

（五）灵敏度

灵敏度可以衡量分析仪检测小信号的能力。分析仪的最高灵敏度受仪器本身内部噪声的限制，这种噪声可以分为热噪声与非热噪声两种基本类型。

热噪声功率可以表示为：

$$P_N = kTB \qquad (3-41)$$

式中：P_N——噪声功率，W；

k——玻耳兹曼常数；

T——热力学温度，K；

B——系统的带宽，Hz。

上式表明噪声电平是正比于带宽的，即带宽减小 10 倍，就会使噪声电平下降 10dB，因而其灵敏度可提高 10dB。

非热噪声的来源是有源器件及分析仪本身的阻抗失配。非热噪声通常用噪声系数描述，当噪声系数须考虑噪声影响时，它就表征了分析仪系统的总噪声。这种噪声可以在示波管屏上测量出来，因而决定了频谱分析仪的最高灵敏度，由于噪声电平与带宽之间的这种关系，故当比较两个分析仪的灵敏度指标时，必须要在相同带宽条件下进行才有意义。

（六）输入信号电平

频谱分析仪的最大输入电平就是输入电路危险电平或损坏电平。在达到分析仪的危险电平之前，仪器将开始对输入信号进行增益压缩，增益压缩小于 1 分贝所对应的最大输入信号电平称为线性输入电平。每当信号被加到分析仪输入端时，信号总会有失真，当保持内部产生的失真低于某一给定电平时，输入衰减器的每一挡所能加入的最大输入信号，即为频谱分析仪的最佳电平。

动态范围：

频谱分析仪显示的动态范围定义为不产生失真时能同时显示的最大信号与最小信号之比，为了保证能达到最大的动态范围，必须满足以下要求：

（1）最大输入信号不得超过频谱分析仪的最佳输入电平。

（2）最大输入信号的峰值必须保持在示波管屏的顶部。

（七）频率响应

频谱分析仪的频率响应特性是仪器在整个频率范围内幅值的平坦性。平坦性通常是限制幅值准确度的因素。由于输出校准非常困难，而频谱分析仪的主要功能又是在不同频率处比较信号的电平，故平坦性不佳就会严重限制仪器的用处。

（八）噪声

噪声可以这样来定义，在明显大于频谱分析仪分辨带宽的频率范围内，具有能量的任意信号，即不能分辨为各频谱分量的任意信号称噪声。频谱分析仪测得的总噪声电压或功率就取决于所用的分辨带宽。噪声不论是内部或是外部的，都会影响信号的测量，尤其是低电平信号的测量，有时噪声本身就是测量对象，如发射机边带噪声与放大器噪声系数等特性参数的测量。

影响频谱分析仪测量的两种基本噪声是脉冲噪声和随机噪声。脉冲噪声通常是由装置中的开关作用造成的，此类装置有计算机时钟、窄脉冲雷达、导航系统、点火装置与直流马达等。随机噪声则来自大气影响或电路中电子的运动，如热噪声，约翰逊噪声、KTB 噪声与白噪声等，使用者在进行测量时，一定要注意这两方面的影响因素。

随着电子技术的发展，频谱仪也日趋自动化。现代频谱分析仪都配备微型计算机以控制面板上的各种调节、计算和数据处理。如在一般频谱仪中，像频率间距、分辨率、扫速等这些控制器是相互影响的，调节不正确就会产生严重的显示误差，采用微处理器后，对于任何频率间距都可以消除这种误差，这种分析仪可自动地选择最佳分辨带宽与可能的最高扫描速度以获得校准的显示图形。近年来生产的分析仪就更加先进了，它可利用通用接口母线构成自动测试系统，通过总线由控制计算机整理数据及进一步相互作用后，计算机又指挥分析仪给出测量结果。

四、频谱分析仪的正确选用

以 BP—1 高频频谱仪为例，作为一般通用频谱分析仪，必须正确选择以下一些参数。

（一）扫频宽度的选择

扫频宽度是根据被观测的信号频谱宽度来选择的。一般来说，欲分析一个调幅波，则扫频宽度应大于 $2f_m$（f_m 为音频调制频率），若要观测是否存在二次谐波的调制边带，则应大于 $4f_m$。

（二）带宽 B_q 的选择

静态分辨力 B_q。的选择应与扫频宽度相当，一般原则是：宽带扫频可选 $B_q=150\text{Hz}$，而窄带扫频则选 $B_q=3\text{Hz}$，一般可参考下列范围：

扫频带宽　5 ~ 30kHz　　选用　$B_q=150\text{Hz}$

扫频带宽　1.5 ~ 10kHz　　选用　$B_q=30\text{Hz}$

扫频带宽　< 2kHz　　选用　$B_q=6\text{Hz}$

（三）扫频速度的选择

当扫频宽度与 B_q 选定后，扫频速度的选择特别重要。扫频速度 Y 的选择以获得较高的动态分辨 B_d 为准则，同时，还应合理处理与分析时间的矛盾。因为当扫频宽度一定时，Y 的选择实际上就是分析时间的选择，分析时间长，Y 就小，则 B_d 越接近 B_q，但分析时间长，意味着一次测量花费时间多，一般可按下面经验准则：

$$Y \leq B_q^2 \tag{3-42}$$

式中：Y——扫频速度，Hz/s；

B_q——静态分辨力，Hz。

第五节　信号发生器

一、信号发生器及其分类

1. 概述

信号发生器是无线电计量测试中广泛应用的仪器之一，在研制、生产、使用、维修各种电子元器件或电子仪器设备中，一般来说都需要信号发生器提供一系列的电信号，才可能测量其电气性能。例如，用信号发生器加上指示仪表就可以测量阻抗和品质因数；用信号发生器测量接收机的灵敏度；用信号发生器配上电压表可以测量电压驻波比；用扫频信号发生器测量放大电路的频响、带宽；用脉冲信号发生器测量某些电路的延时、过渡特性等。信号发生器还可和其他仪器配合组成综合测试仪，实现网络的自动分析。随着现代化电子技术和计量测试技术的发展和需要，信号发生器的性能、用途、功能等也不断更新、发展，其种类和型号也繁多。通常，信号发生器按下面的几种方法分类。

2. 按频段分

（1）超低频信号发生器（10^{-6}Hz ~ 1kHz）；

（2）低频信号发生器（1Hz ~ 1MHz）；

（3）视频信号发生器（20 Hz ~ 10MHz）；

（4）高频信号发生器（0.1 ~ 30MHz）；

（5）甚高频信号发生器（30 ~ 300MHz）；

（6）超高频信号发生器（300 ~ 1 000MHz）；

（7）微波信号发生器（1GHz 以上）。

也有的文献推荐按如下方法分类：

（1）高频信号发生器（10kHz ~ 1GHz）；

（2）微波信号发生器 1GHz 以上。

不管按哪种方法分类，对有些信号发生器也很难判断归属于哪一类，因为许多信号发生器都能工作在极宽的频率范围内。

3. 按输出波形分类

（1）正弦信号发生器：输出信号的幅度随时间呈正弦或余弦关系变化的信号发生器。

（2）函数信号发生器：能在一定频率范围内，连续可调输出正弦波、方波、三角波、锯齿波和梯形波等多种波形的信号发生器。

（3）脉冲信号发生器：基本输出信号是矩形脉冲，主要工作特性是重复频率、脉冲宽度、脉冲幅度、上升时间、下降时间等。

（4）直流信号发生器：输出信号为直流电压或电流，目前生产的许多校验信号发生器绝大多数是直流信号发生器。

二、信号发生器的主要技术特性

信号发生器的技术特性通常可分为五个主要方面：

1. 频率特性

（1）有效频率范围：指各项指标都能得到保证时的输出频率范围。

（2）频率准确度：指输出信号频率相对于标准频率的相对偏差程度。

2. 输出特性

（1）输出电平：一般信号发生器的输出电平不大，但却有很大的调节范围，如标准信号发生器的输出电压一般为 0.1μV ~ 1V，其调节范围为 10^7。

（2）输出电平稳定度和平坦度：输出电平稳定度指输出电平随时间的变化性，平坦度指在有效频率范围内，调节频率时，输出电平随频率的变化（此时输出电平调节钮不动）。

（3）输出电平准确度。

（4）输出阻抗。

（5）输出信号的频谱纯度。

3. 调制特性

（1）调制频率。

（2）调制指数的准确度。

（3）调制线性度。

（4）寄生调制。

三、各种信号发生器的组成及基本工作原理

（一）低频信号发生器

低频信号发生器可以用来测试、检查低频放大器、扬声器的频率特性和非线性失真，也可以用来测量滤波器的通频带，用作高频信号或者射频脉冲的调制信号。对音频信号发生器的要求是频率准确、稳定，失真小，输出幅度稳定和电压指示准确，并具备一定的输出功率。

低频信号发生器有差频式和阻容式两种。一般低频信号发生器多采用阻容式振荡器。阻容式振荡器结构比较紧凑而且价格低廉，采用优质的阻容元件可以获得较好的频率稳定性，阻容式振荡器改变频率方便，可靠，因此得到广泛应用。XFD－6 型、XD－1 型、XC－A 型都是常用的低频信号发生器。下面介绍 XD－1 型低频信号发生器。

XD－1 型低频信号发生器是一种多用途的信号发生器，其振荡器是由文氏电桥构成的 *RC* 振荡电路。它能产生 1Hz～1MHz 的正弦信号。此仪器除了备有电压输出外，还有功率输出，其最大输出功率 4W 左右，功率输出可配接 50Ω，75Ω，150Ω，600Ω，5kΩ 等五种负载。它主要由振荡器、功率放大器、输出阻抗匹配器、交流电压表及直流稳压电源等部分组成。电压输出和功率输出的最大衰减量均能达到 90dB，还附有满量程为 5V，15V，50V，150V 电压表，供本机测量和外部测量之用。整机方框图如图 3—35 所示。

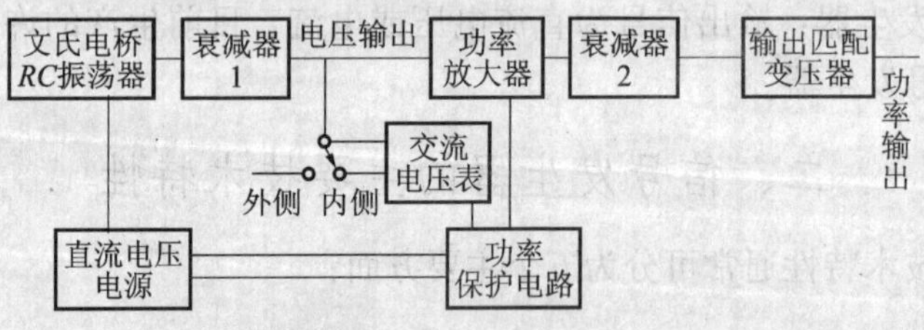

图 3—35 XD－1 型低频信号发生器原理框图

（二）高频信号发生器

高频信号发生器也叫射频信号发生器。它分为标准信号发生器和测量用信号发生器。标准信号发生器输出信号的频率、电压、调制系数均可在一定范围连续调节，并且读数准确，屏蔽优良，在计量标准部门中得到广泛使用。它通常具备以下几个部分：

（1）高频主振器：产生所需频率的高稳定的高频振荡器。

(2) 调制器：对高频振荡信号进行调幅或调频的电路。

(3) 输出衰减器：用以调节高频电平的输出幅度。

(4) 载波指示器：用以指示高频信号的幅度。

(5) 调制指示器：用以指示频偏或调幅度的大小。

(6) 低频振荡器：用以提供内调制信号。

(7) 电源：为各有源器件提供稳定的能量。

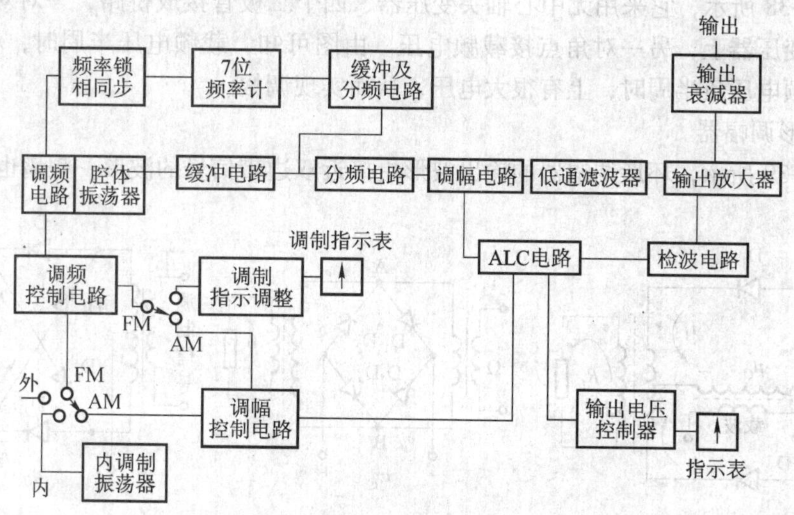

图3—36 VP-8180A型标准信号发生器原理框图

VP-8108A型机采用腔体振荡、分频和低通滤波，以提高频谱纯度；运用锁相同步电路可大大提高频率稳定度，同时还可以减小不需要的调频；为提高频率分辨力，减小频率误差，采用了七位数字频率计数显示。因此，该发生器在8~512MHz频率范围内，能有大的输出动态范围，获得性能优良的连续波、调幅波和调频波。

高频标准信号发生器的调制性能是一个很重要的部分，也是低频信号发生器所没有的组成部分，下面简单加以介绍。

1. 高频标准信号发生器的调频

调频的方法，一般分为直接法和间接法两种：直接法是直接改变振荡器的谐振回路的谐振频率；间接法是借助于改变载波信号的相位来达到调频。标准信号发生器都采用直接法，其调频方法有电抗管调频、磁调频、二极管电抗调频、变容管调频等。

变容二极管调频使用比较广泛，变容二极管会随其加在两端的反向偏压而改变电容，从而改变其品质因数。在高频标准信号发生器中利用变容二极管进行调频得到了广泛应用。变容管的质量优劣直接影响调频的性能，此外品质因数低的变容管对高频振荡的稳定和射频失真影响也较大。但实践中，采用改变调频性能的方法，如选择质量优良的变容二极管，选择参数尽可能一致的高品质因数的变容二极管，选择超突变结的变容二极管，可以大大改善调频线性，减小对高频振荡稳定性和射频失真的影响，因而目前高频标准信号发生器中几乎都采用变容二极管调频。

2. 高频标准信号发生器的调幅

使高频电信号的幅值按规律变化的过程叫调幅。在高频标准信号发生器中，通常采用正弦调制信号调幅。下面介绍几种目前常用的调幅方式。

（1）二极管平衡调幅器、

二极管平衡调幅器的原理图如 3—37 所示，在负载及 L 上可获得一平衡的已调幅波。

（2）桥式调幅器

如图 3—38 所示，它采用无中心轴头变压器、四个二极管接成桥路，一对对角点 AB 接在输入输出变压器上，另一对角点接载频电压。由图可知，载频电压半周时，R_L 上几乎无电压，而载频电压负半周时，上有很大电压，从而实现调幅。

（3）环形调幅器

如图 3—39 所示，环形调幅器的输出波形更接近双边带信号的波形，频谱也更纯。

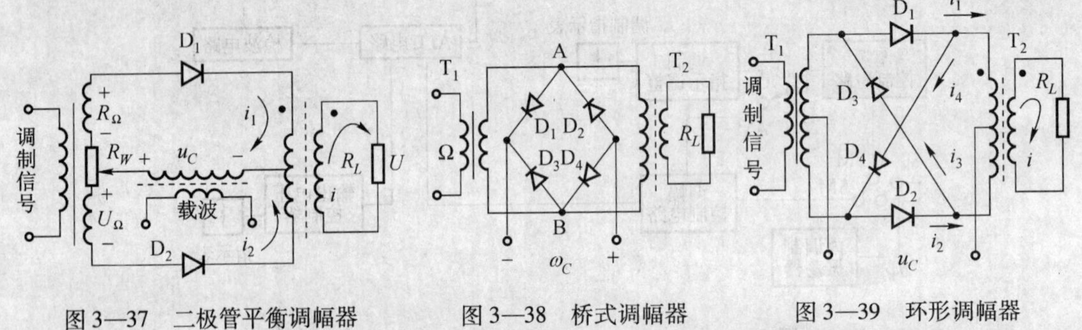

图 3—37 二极管平衡调幅器　　图 3—38 桥式调幅器　　图 3—39 环形调幅器

（4）PIN 二极管调幅器

图 3—40 所示是一种并联型的 PIN 脉冲调制器，其中晶体管作为脉冲放大器控制 PIN 管。当负脉冲加到晶体管基极时，BG 截止，PIN 管反偏，对高频信号呈现高阻抗，高频信号能顺利传送到输出端；无脉冲信号输入时，BG 导通，PIN 管正偏，对高频信号呈现低阻抗，高频信号电压不能传送到输出端，从而实现了脉冲调制。

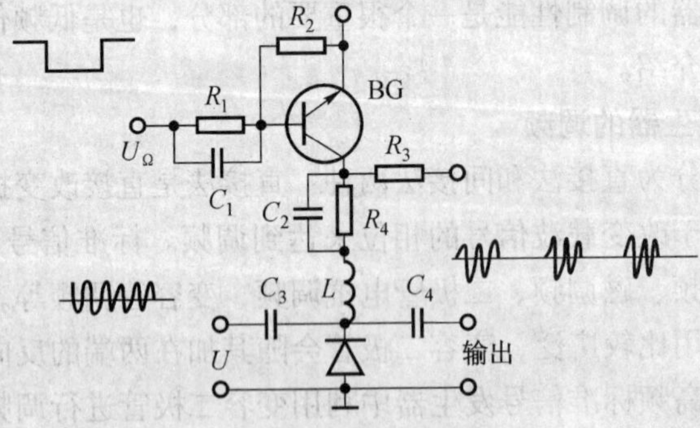

图 3—40 PIN 二极管调幅器

（三）扫频信号发生器

扫频信号发生器即扫频仪，它的出现使频率响应测试的逐点法大为改进。早期的扫频信号源采用机械扫频和电子管器件，现代的扫频信号源全部采用固体电路，除了仪器面板上的控制旋钮外，没有机械部件。

通常要求扫频信号源能在若干个十倍频程的范围内扫描。为满足这种要求，采用了各种不同方法。简单的方法是将扫描频率范围分成许多波段，波段的切换采用手动，但是当我们要测量的频率范围占据了两个波段时，就会感到十分不便。较新式的扫频信号源，则在波段切换时采用电子开关自动控制，克服了上述不便，使整个频率范围在一个连续波段内扫描。随着自动测量技术的发展，出现了可程控的扫频信号发生器。它可以通过通用接口母线跟计算机及其他可程控测量仪器方便地连接起来，构成各种自动扫频测量系统。

各种不同类型的扫频信号发生器所覆盖的频率范围是相当宽的，为了方便起见，可将这个频率范围分成三个主要波段：亚音频和音频、高频、微波段。

亚音频、音频扫频信号源适用于伺服系统的测试，振动分析，放大器和扬声器特性的分析为多。它覆盖的频率为 10^{-3}Hz ~ 10^{5}Hz 之内；高频扫频信号发生器广泛用于有源器件和无源器件、放大器、滤波器及收音机和电视系统的测试，覆盖的频率范围为 1MHz ~ 1 500MHz。微波扫频信号发生器应用与高频扫频信号发生器相似，而且还包括雷达、遥测、宽带通讯系统等的测试，它的频率范围一般在 1 ~ 200GHz。

1. 基本原理简介

扫频信号发生器都有时基电路，用来控制等幅振荡器的频率，使其输出随时间变化。振荡器的输出经检波后加到阴极射线管的 Y 轴，控制振荡器的时基波加到 X 轴，则合成轨迹就是幅频轨迹。为了使操作者能校准和研究显示的图形，扫频信号源内必须有频标系统，下面介绍一种变容管调谐的三极管扫频信号发生器。其组成方框图如图 3—41 所示。

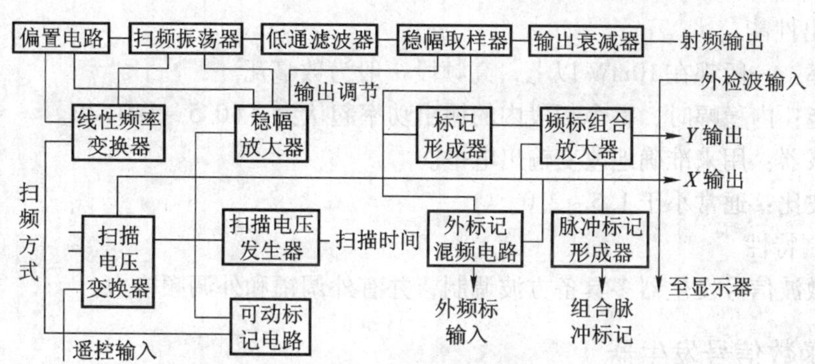

图 3—41 变容管调谐三极管扫频信号发生器原理框图

为了获得线性扫频，在线性频率变换器中采用了 10 只二极管进行整形，从而提供了非线性锯齿波电压，供变容管调谐之用。

变容管调谐扫频振荡器的输出经缓冲放大器和 PIN 调制器送到 1 020MHz 的低通滤波器，以改善频谱纯度；稳幅取样器除提供稳幅取样信号外，还有一路通过电阻衰减器输出适当的电平，以供频标系统使用；射频输出经两个由 π 型衰减网络构成的 10dB 步进和 1dB 步进衰减器后，供给面板输出。

可动标记电路除了能产生射频吸收峰形式的频标外，还产生一负脉冲加至扫描电压发生器，使锯齿波瞬时倍扫，于是曲线上便产生一增辉亮点，作为频率标志。

梳状晶体频标是由50MHz，10MHz，1MHz晶振信号经阶跃二极管产生丰富的高次谐波，再与稳幅取样器取出的扫频射频信号进行混频而产生的，它由标记混合器控制适当的幅度送到Y输出端供显示用。外频标情况也类似。

2. 扫频信号发生器的主要技术特性

（1）频率特性

频率范围：一般为一个倍频程至几个倍频程，扫频信号发生器的输出频率能够在一次扫描过程中连续、线性地扫过其整个频率范围。

频率准确度、线性度：一般频率准确度和线度优于1%。

频率稳定度：指在室温变化1℃、电源电压变化10%、输出功率变化10dB，以及负载驻波比为3：1而取各种相位时，所造成的频率变化。另外还有频率随时间的变化。

信号纯度：包括谐波、非谐波寄生信号的含量和剩余调频剩余调幅。

（2）扫频功能

扫频方式：①起止扫频：指在独立可调的起止频率之间的扫频；②标志扫频：指在两频标之间的扫频；③窄带扫频：是以f_0为中心，宽度为Δf进行扫频，一般Δf可从零到全频段的10%。

扫描选择：一般有自动扫描、手动扫描、电源同步和触发扫描。

扫描时间：一般从0.01s到100s分四挡，连续可调。

扫描输出：一个和频率成正比的线性电压输出。

频标：频标的精度一般优于1%。

消隐：在回扫期间给显示器提供消隐脉冲，使回扫线不发亮，以显示零电平参考线。

（3）输出性能

输出功率：一般都在10mW以上，高频段一般为数毫瓦。

稳幅性能：内稳幅时，整个频段内的输出功率起伏为±(0.5~1.0)dB。

输出衰减器：用来准确地改变输出电平。

输出驻波比：通常小于1.5~2.0。

（4）调制特性

一般的微波信号发生器多具备方波调制，并有外调幅和外调频能力。

（四）函数信号发生器

函数信号发生器是一种多功能、多波形的信号发生器。它不但能产生正弦波，还能产生方波、三角波，有的函数信号发生器还能产生锯齿波及脉冲波等多种波形的信号。有的函数信号发生器还具有调制功能，可以进行调幅、调频、调相及脉宽调制等。函数信号发生器能产生频率很低的信号（可到几mHz），但频率的上限不是很高，一般约在50MHz以下。由于函数信号发生器可以广泛用于医学、化学、通讯、军事和工业控制等领域，所以它实在是一种不可缺少的通用信号设备。

函数信号发生器由一种非线性反馈环路组成。电路本身可产生方波信号，经积分产生三角波，由波形变换网络将三角波变换为正弦波，所有其他波形均可由这三种基波产生。

图3—42是一种宽频带函数信号发生器方框图。它采用恒流源控制电路对时间电容器充放电电流，从而产生三角波，三角波信号由正弦波转换电路变成正弦波，三角波信号经电

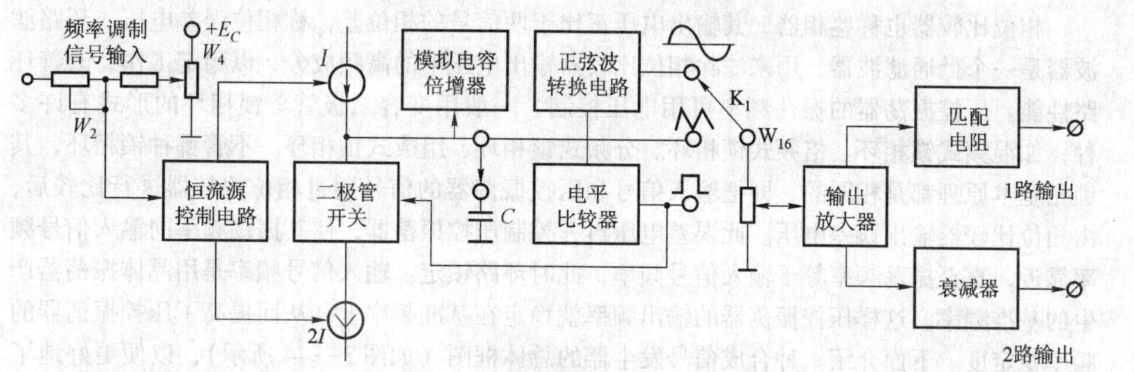

图 3—42　宽频带函数信号发生器原理框图

平比较器转换为方波。

频率的改变，可通过改变时间电容 C 的办法来实现。时间电容 C 上的三角波以及波形转换电路输出的正弦波或电平比较器输出的方波，可通过波形选择开关 K 及幅度调节电位器 W_{16} 输出至放大器放大，再经过匹配电阻为一路输出；经过衰减器为另一路输出。

（五）合成信号发生器

1. 概述

合成信号发生器是一种高稳定度的信号发生器，它由高稳定度的晶体振荡器，加以频率合成器、自动电平控制、精密衰减器以及各种调制手段（AM、FM、φM）而组成的。在最新型的合成信号发生器中，都带有微机控制的各种遥控和程控功能，普通的信号发生器，主振级均由可调谐的 LC 振荡器或 RC 振荡器组成，这种信号发生器的频率准确度与稳定度都不够高，频率覆盖范围亦不够宽，在要求正弦信号频率十分精确的场合，就必须使用合成信号发生器。利用频率合成技术作成的信号发生器，称为合成信号发生器。目前，频率合成技术在电子测量、自动测试、通讯、电视、雷达中获得了广泛的应用。

2. 合成信号发生器的原理

合成信号发生器按频率合成的方法可分成直接式或间接式两种：直接合成是利用一个或几个基准频率，通过倍频器和分频器以及混频器，以合成所需频率；间接合成亦叫锁相合成，它是通过锁相环来完成频率的加减乘除运算的。

直接合成法具有频率转换速度快，工作可靠等优点，但需要大量混频器、滤波器等分频器，不易采用集成电路。因此，近年来合成信号发生器多采用间接合成法。由前面已知，间接合成法是通过锁相环来完成频率的加减乘除运算的。基本锁相环由相位比较器、环路滤波器、压控振荡器组成，其方框图如图 3—43 所示。

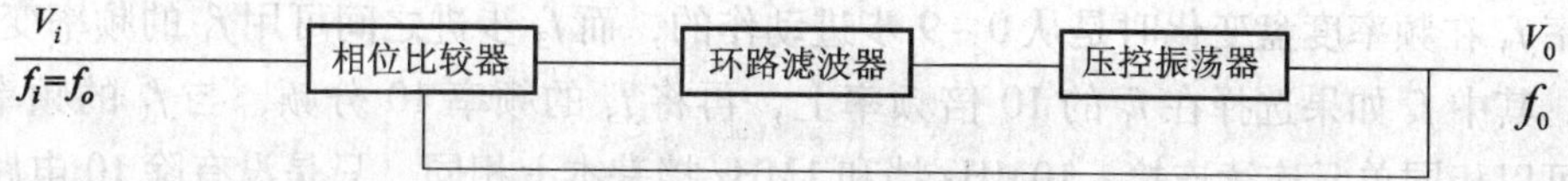

图 3—43　基本锁相环

相位比较器也称鉴相器，其输出电压正比于两信号的相位差，称相位误差电压。环路滤波器是一个低通滤波器，用来滤除相位比较器输出电压中的高频成分，以稳定工作，改善环路性能。压控振荡器的振荡频率可用电压控制，一般用变容二极管。锁相环的形式有许多种，如混频式锁相环、倍频式锁相环、分频式锁相环、组成式锁相环。不管哪种锁相环，其锁相基本原理都是相同的，即把输入信号和压控振荡器的信号通过相位比较器进行比较后，由相位比较器输出误差电压。此误差电压再去控制压控振荡器，使其振荡频率向输入信号频率靠近，直至振荡频率等于输入信号频率，此时环路锁定。输入信号频率是用晶体振荡器产生的基准频率，这样压控振荡器的输出频率就稳定在基准频率上，从而提高了压控振荡器的频率稳定度。下面介绍一种合成信号发生器的总体框图（如图3—44所示），以便更好地了解合成信号发生器的总体组成及原理。

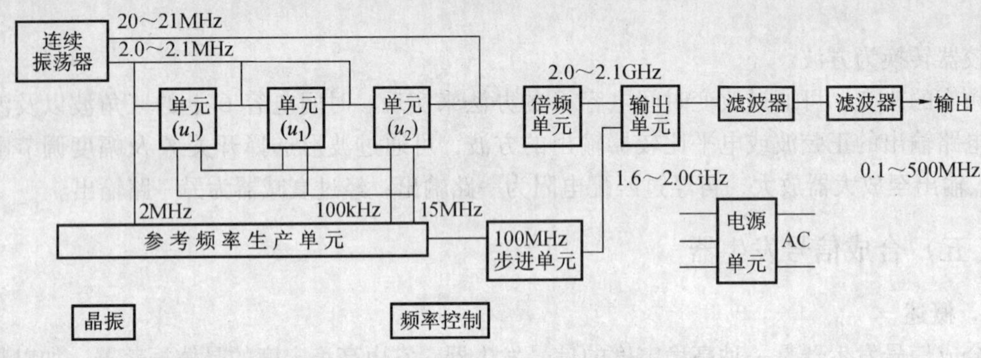

图3—44 合成信号发生器原理框图

该信号合成器是由晶振产生的参考频率供给各部分使用，10Hz～1MHz挡的频率合成用的是由7个完全相同电路构成的十进制锁相合成单元，即单元1（u_1）组成；10MHz挡采用单元2(u_2)；100MHz挡变化用的是100MHz步进单元。此外，还有输出频率连续变化或作扫频振荡器用的连续振荡单元，其他的由倍频单元、输出单元、频率控制单元和电源单元组成。10Hz～10MHz采用完全相同的单元，它的电路组成是用两级变频电路的二次变频方式，如图3—45所示。

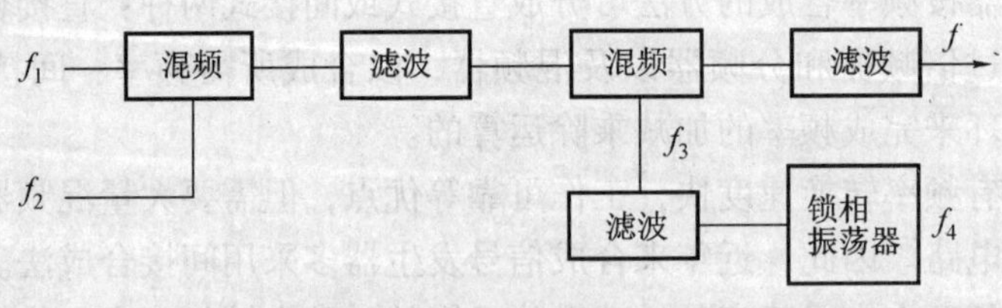

图3—45 二次变频

频率f_3在频率度盘变化时是从0～9步进动作的，而f_3步进之间可用f_1的频率变化来补满间隔，其中f_5如果选择在f_1的10倍频率上，再将f_5的频率10分频，与f_1的频率相同，这样就可以相同单元连续连接。10MHz挡和1MHz挡基本上相同，只是没有除10电路。

输出频率是由7个频率合成单元和100MHz步进部件组成，第八挡的频率合成的输出频率是合成单元2的输出频率20～21MHz，经100次倍频到2.0～2.1GHz，同时1MHz晶体振荡器输出频率经 1 600，1 700，1 800，1 900，2 000 次倍频得 1.6 ~2.0GHz，再经差频获得步进为 10Hz 的 100kHz ~500MHz 的合成信号。输出频率连续变化是采用带有变容二极管的压控振荡器，作为连续振荡器。此外，合成信号发生器的输出电平采用自动增益控制回路，可保持输出电平的平衡性能。一般来说，合成信号发生器具有如下特点及主要工作性能：

（1）必须有石英晶体振荡器作为基准频率源，这是合成信号发生器的输出频率能够达到高稳定和高准确度的基础。

（2）具有辅助参考频率发生器，它的作用是在基准频率源激励下产生若干辅助参考频率，供进一步频率合成使用。

（3）有较一般高频信号发生器复杂得多的频率选择开关，为避免机械结构的庞杂并便于进行频率程控，一般均采用电子开关来转换频率。

（4）频率刻度是数字式的，其输出频率既可以由频率选择开关的位置来读数，也可以由数字显示器显示，而且都是十进制的。

（5）经过频率合成所得到的频率在规定范围内是离散的。为了在该工作范围内可连续调节，必须加入频率连续可调的内插振荡器。加入内插振荡器后，还可使合成信号发生器获得调频和连续扫频的能力。

为了对合成信号发生器进一步理解，下面介绍一种具体的合成信号发生器。

3. P0—12 型频率合成信号发生器技术指标

（1）频率范围：100kHz ~500MHz，八位数码显示，可以手控，也可用 BCD8421 码进行遥控。

（2）基准晶振频率：5MHz，频率稳定度 3×10^{-9}/d。

（3）分辨力：最小频率步进 10Hz，插入连续振荡器后分辨力可达 0.5Hz。

（4）输出阻抗：50Ω。

（5）最高输出电平：+10dB。

（6）输出衰减器：最高输出信号衰减 70dB，由 1，2，2，5，10，10，20，20dB 八节组成。

（7）谐波含量：低于 -30dB。

（8）杂散分量：约 -50dB。

4. P0—12 型合成信号发生器原理

P0—12 型合成信号发生器原理方框图如图 3—46 所示。

晶振及谐波发生器部分由一个高稳定度、高准确度的石英晶体振荡器组成，它产生 5MHz 的标准频率信号，然后由谐波发生器对 5MHz 标准频率进行乘除等组合运算，产生 15MHz，100MHz，2MHz，100kHz 四个辅助参考频率。低频合成单元 I 共有相同的 6 级串级连接，其中第一级的原理方框图如图 3—47 所示。

2MHz 和 15MHz 两个辅助参考频率同时加至混频器（1）相加，经带通滤波器输出 17MHz 的信号加至混频器（Ⅱ），压控晶体振荡器的振荡频率被 100kHz 的基准频率锁相，其步进频率为 100kHz，振荡频率可为 3.0，3.1，…，3.8，3.9MHz10 个频率，取其中任一频率的信号经环路滤波器输至混频器（Ⅱ）与 17MHz 频率信号进行加法运算，经带通滤波器输出频率为 20 ~21MHz 的和频信号，再经 10 分频器、低通滤波器、二极管开关，最后输出的信号是 2.0 ~2.1 MHz，该信号加至下一级低频合成单元，进行同样的频率合成过程。

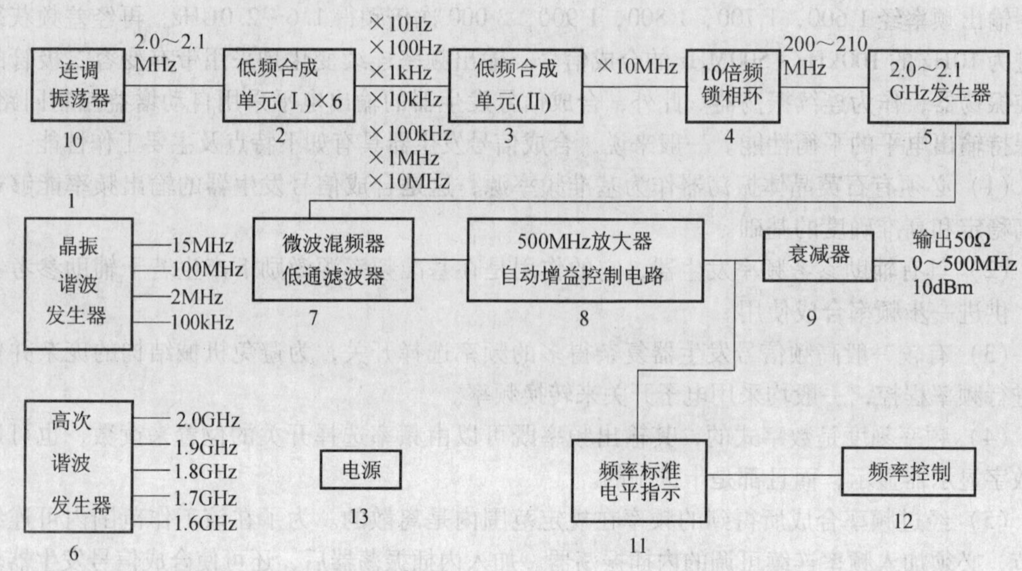

图3—46　合成信号发生器原理框图

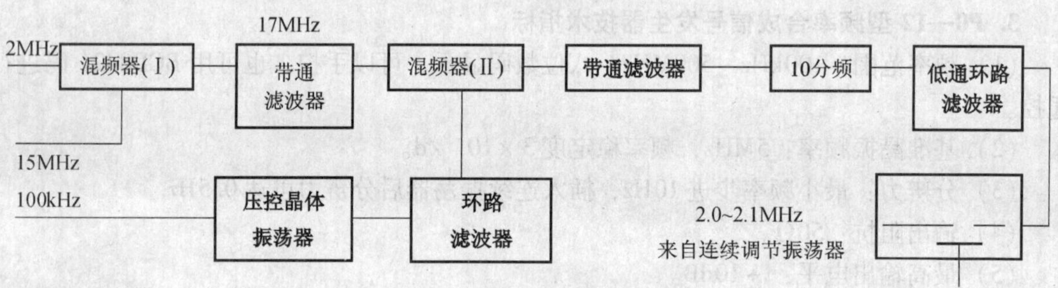

图3—47　低频合成单元原理框图

低频合成单元Ⅰ各级的输入信号频率都是2.0~2.1MHz，输出信号频率也都是2.0~2.1MHz，但是，每经过一级低频合成单元，其最小频间将缩小10倍，改变每级低频合成单元中的压控晶体振荡器的振荡频率，可以改变低频合成单元Ⅰ的输出频率，低频合成单元Ⅰ最后一级输出2.0~2.1MHz的信号加到低频合成单元Ⅱ。

低频合成单元Ⅱ的电路与低频合成单元Ⅰ的电路相似，只是去掉10分频器和低通滤波器，保留20~21MHz的带通滤波器，它的输出频率为20~21MHz。

10倍频锁相环路把低频合成单元Ⅱ输出的20~21 MHz信号的频率10倍频为200~210MHz的信号输出。

2.0~2.1GHz发生器将10倍频锁相环的输出信号再10倍频后，输出2.0~2.1GHz的信号加到微波混频器，这样输出信号的最小频间为10Hz，6级低频合成单元Ⅰ分别可以完成×10Hz，×100Hz，×1 000Hz，×10kHz，×100kHz，×1MHz 6挡频率的步进调节，低频合成单元Ⅱ可以完成×10MHz的频率合成。

高次谐波发生器是在输入100MHz基准频率信号作用下，分别取其16~20次谐波中的一个高次谐波，可以得到1.6，1.7，1.8，1.9，2.0GHz 5个频率的信号输至微波混频器，它们分别与100MHz位的4，3，2，1，0相对应。

微波混频器及低通滤波器可将输入频率为2.0～2.1GHz的信号分别与来自高次谐波发生器的2.0，1.9，1.8，1.7，1.6GHz的各个信号差频，从而得到0～100，100～200，200～300，300～400，400～500MHz的信号频率。该信号经500MHz宽带放大器放大到足够的电平，分两路输出：一路经特性阻抗为50Ω的可变衰减器送到仪器输出端；另一路经检波转换成直流电压，作为自动增益控制电压，以保证仪器有一个平坦的输出频率响应，同时此直流电压还供电平指示。

连续振荡器振荡频率可在20～21MHz范围内连续调节，此信号一方面可代替低频合成单元Ⅱ的输出，直接加到10倍频琐相环，另一方面将其10分频为2.0～2.1MHz频率的信号，通过电子开关，可插入低频合成单元Ⅰ的任何一级，这样，就在插入挡的工作频率范围内，使频率可以连续调节。

仪器的频率校准部分用来在短期内校准连续振荡器的频率。频率控制采用数字键盘，频率显示采用数字显示，为8位数字10进制显示。电源可输出+24V，+12V，-12V，+5V和+18V5种直流稳定电压，供整机部分使用。

第六节　功　　率

本节主要讨论高频率功率的测量。但为叙述方便，先从直流及低频交流功率谈起，然后再介绍高频功率的测量。

一、直流功率的测量

众所周知，功率是基本电量之一，其定义为在单位时间内所做的功，数学表达式为：

$$功率(P) = 功(W)/时间(t) \tag{3-43}$$

利用欧姆定律，又可推导出：

$$P = IU; P = I^2R; P = \frac{U^2}{R} \tag{3-44}$$

因此，要测量直流电路的功率，可按其定义用电压表和电流表分别测出加在负载上的电压U及通过负载的电流I之后，再算出功率值$P = IU$，这是一种间接测量方法。

二、交流功率的测量

如果对电路加的电压为正弦波交流值，假定这一电路的负载可认为是电阻性的，则可用上述方法求出其交流功率。但是，随着所加在电路上的正弦波交流电压的频率的升高（如在几千赫兹～几十千赫兹），对测量交流功率的结果要求很精确，就不能不考虑电抗的影响。电抗（容抗或感抗）影响电压或电流，但不消耗功率。纯电抗不消耗任何功率，是因为它或以电场形式或以磁场的形式交替地贮存能量，然后把能量送还给电路。

电抗可以影响电流或电压，而使它们在时间轴上移动90°。纯电感器使电流滞后于电压90°，如图3—48（a）所示；纯电容器使电流超前电压90°，如图3—48（b）所示；通过电阻器的电压和电流是同相的，如图3—49所示。

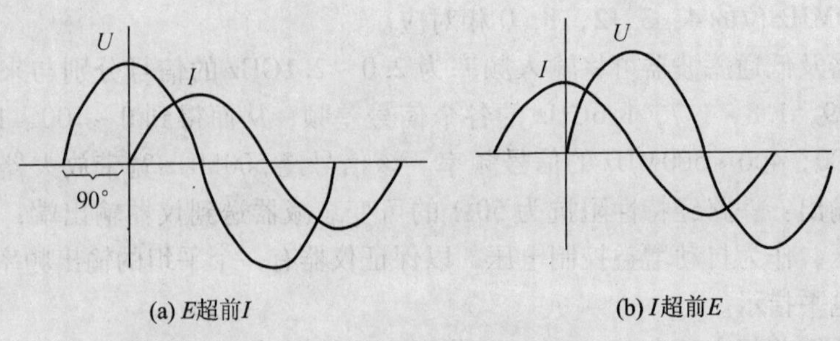

(a) E超前I (b) I超前E

图 3—48 电抗影响电流或电压相位图

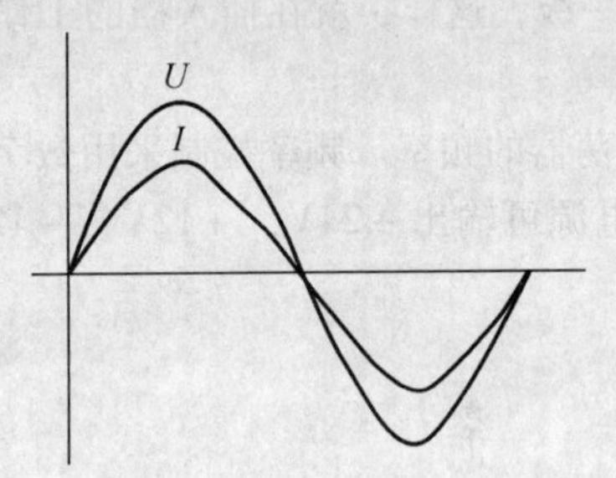

图 3—49 通过电阻的电压与电流同相

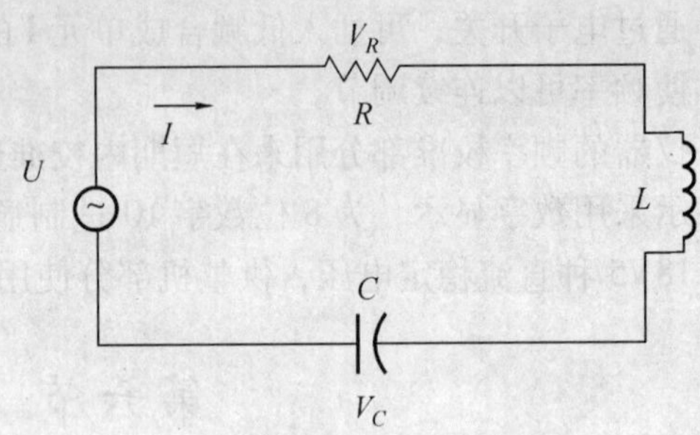

图 3—50 串联电阻—交流输入

现在研究图 3—50 电路中的功率。图中，$I = I_L = I_C = I_R$，串联电路中的电流通过所有元件都是同相的。V_L 超前 I90°，V_C 滞后于 I90°，V_R 与 I 同相。

给出的总视在功率：

$$P_A = UI \tag{3-45}$$

给出的无功功率：

$$P_R = UI\sin\theta \tag{3-46}$$

消耗的有效平均功率：

$$P_T = UI\cos\theta \tag{3-47}$$

式中：θ 为电流与电压之间的夹角，角度 θ 可在 0 ~ 90°之间变化，这取决于电路是纯电阻性的（$\theta = 0$）还是纯电抗性的（$\theta = 90°$）。$\cos\theta$ 称为功率因数。当电路是纯电阻性时，$\cos\theta = 1$；当电路是纯电抗性时，$\cos 90° = 0$。因此，功率因数由 0 到 1 之间变化。

可见，交流电路的功率不但与电压 U 与电流 I 有关，而且还要反映它们之间的相位差 θ。

而：

$$\cos\theta = R/Z = R/R + R_x \tag{3-48}$$

式中：Z——总阻抗；

R——纯电阻。

在知道了 Z 的电阻分量 R、电抗分量 R_x 后，即可决定 $\cos\theta$，也即可求出功率值了。显然，如果负载电阻为纯电阻 R，则 U 与 I 相位相同，$\theta=0$，$\cos\theta=1$；功率测量就成为 U 或 I 及负载电阻的测量了。

三、高频功率测量

在高频段和超高频段（米波、分米波、厘米波）测量功率时，一般采用量热式和测热式电桥等测量方法。

1. 量热式功率计

量热式功率计的功率敏感元件就是负载（或称量热体），通常为特制的金属膜电阻，由于是测量负载耗散的高频功率所产生的热量，故称之为量热式功率计。根据负载的形式，可分为静止式和流动式两类。流动式适于测量大功率。

量热式功率计的基本工作原理如下：当量热体上加有高频功率时，便会发热，如果该量热体是与外界绝热的，则其温度将随所加功率 P 的时间而逐渐升高，若能测得时间 Δt(s) 内的温度 ΔT(K)，便可求出该时间内的平均功率：

$$P=cm\frac{\Delta T}{\Delta t} \tag{3-49}$$

式中：m——量热体的质量，kg；

c——量热体的比热容，J/kg·℃。

为便于测量，实际上都不直接用上述方法，而通常采用替代法，即用已知的低频或直流功率去替代产生同样热效应的高频功率，这样，既不必测知量热体的质量和比热，又可降低对绝热的要求。

为了测量较小的超高频功率，常采用所谓双负载量热式功率计。

该种功率计是将两个完全相同的负载置于同一个隔热体内，其中一个是接受高频功率和替代的直流或低频功率的工作负载（亦称有源负载），另一个则是为了确定工作负载的温升基点而不加任何功率的参考负载。两负载之间装有由许多热电偶串联而成的热电堆，能够测出相互间的微小温差，由于两者所处的条件相同，故环境温度变化的影响也相同，也就是说，尽管温升的参考基点随环境温度的变化而变化，但由外加功率所引起的相对温差（即温升）却不变。于是，便可将该温差所引起热电堆的热电动势作为“平衡值”来进行功率替代。因此，只需要定出该温差电动势的相对大小，而并不要求测其具体单位值。这就是双负载量热式功率计的基本工作原理。

该种量热式同轴功率计一般为 mW 级，频率范围约为 DC ~ 8GHz，基本精密度约为 ±(0.1 ~ 1)%，1GHz 以下可优于 ±0.3%。

2. 测热电阻电桥功率计

测热电阻电桥功率计的功率敏感元件是测热电阻，并以其作为电桥的一个臂，根据测热电阻的阻值随所加高频功率的变化而由直流或低频功率替代出高频功率值。电桥相当于一个功率替代的平衡装置，按工作的特点电桥可分为不平衡式和平衡式两类。

(1) 干衡式电桥

图 3—51 所示是平衡式电桥的原理电路，其工作过程如下：在加高频功率前，先调 $R_T=R$，于是电桥平衡检流计 G 指零，而通过电表 M 有偏置电流 I_0。在 R_T 上加高频功率后，

R_T 偏离 R 值，电桥因而失衡，再调 R_0 将电桥的偏置电流（直流功率）减小至 I_2，使 R_T 恢得到原来平衡时的值 R，于是电桥重新平衡。如果测热电阻对直流和高频功率的响应相同，则所加的高频功率 P_{rf} 便等于第二次平衡时所减去的直流功率，即等于电桥两次平衡的直流偏置功率之差。

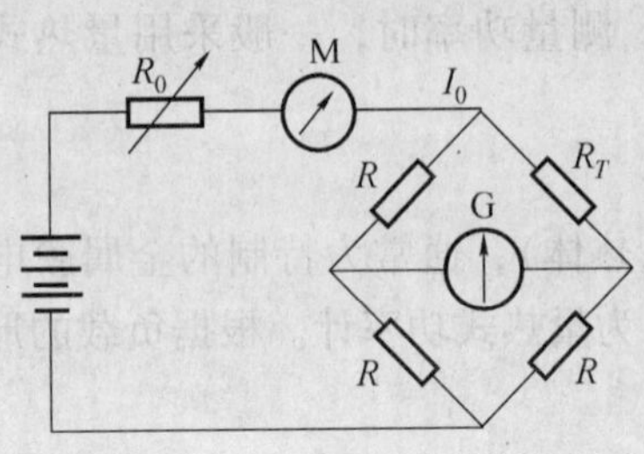

图 3—51　平衡式电桥原理

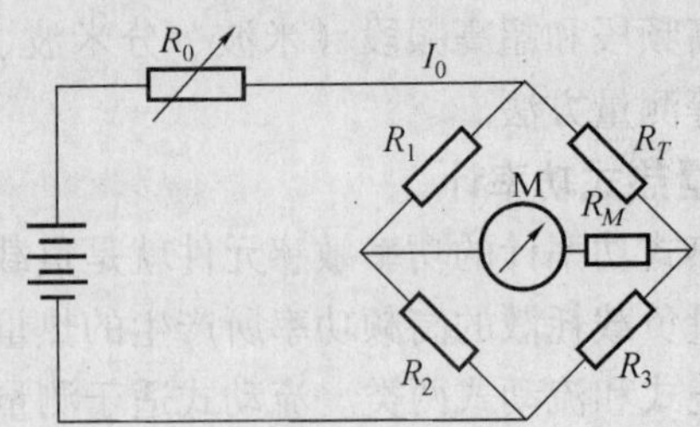

图 3—52　不平衡式电桥原理

（2）不平衡式电桥

图 3—52 所示是不平衡式电桥的原理电路。其工作过程如下：首先，在未加高频功率时，调节串联电阻，改变偏置电流 I_0，使

$$R_T = \frac{R_1}{R_2}R_3 \tag{3-50}$$

即电桥达到平衡，检流计 M 指零。然后，加高频功率于测热电阻 R_T 上，使其阻值改变 ΔR_T，因而电桥失衡，检流计 M 中有电流 I_M 流过。若 $R_1 = R_2 = R_3 = R$，则根据电桥电路可求出该失衡电流为：

$$I_M = \frac{I_0 \mid \Delta R_T \mid}{4(R + R_M)} \tag{3-51}$$

由于引起 ΔR_T 的功率 ΔP 就是所加的高频功率 P_{rf}，于是便可得出高频功率：

$$P_{rf} = \frac{4(R + R_M)}{I_0 S} I_M \tag{3-52}$$

式中，S 为测热电阻工作点上的灵敏度；且：

$$S = \Delta R_T / \Delta P \tag{3-53}$$

因为高频功率是在电桥失衡的情况下求出来的，故称为不平衡电桥。可见该电桥必须经过定度才能作用，否则只能得到一个相对数值。另外，测热电阻阻值不恒定，随所加高频功率而变化，以致无法保证与被测回路的阻抗匹配，将带来严重的失配误差，加之其他因素影响，故该类功率计不能用于精密测量。

第七节　矢量电压表

一、矢　量　电　压

我们知道，一个正弦波交流电压（图 3—53 所示）用函数式表示时，是：

$$u = U_m \sin(\varpi t + \varphi) = \sqrt{2} U \sin(\varpi t + \varphi) \tag{3-54}$$

U_m 是它的最大值，即峰值，U 是它的有效值，如用复数表示时可以写成：

$$\dot{U} = Ue^{j\varphi} \tag{3-55}$$

式中：U——矢量的长度，称为幅模；

φ——矢量的初相角。

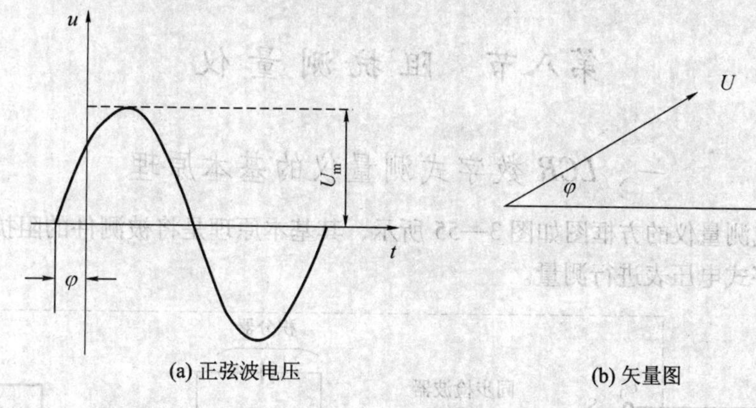

(a) 正弦波电压　　(b) 矢量图

图 3—53　正弦波电压与矢量图

用交流电压表测量交流电压时，一般情况下电压表指示的是它的有效值，即反映了矢量的长度这个量，而矢量的另一个量——相位，普通的电压表是测不出来的。

在许多测量工作中，除测量电压的大小外，还要测量它的相位。如测量复数阻抗时，就要同时测出阻抗的模和相位。在测试放大器增益时，除测出它的放大倍数之外，还需要测出它的相位特性。其他如网络、滤波器传输等的测量，都需要在测量复数的模的同时，进行相位的测量。

二、矢量电压表的工作原理与主要技术指标

图 3—54 所示是矢量电压表的原理框图。被测的两高频电压经二取样头分别转换成中频信号。因为，采取了锁相措施的相关取样，转换后的中频信号与被测信号有相同的波形及一定比例的幅度，故再经放大和窄带滤波便可直接由中频电压表测量。至于相位测量，则由相位计来完成，只不过两路信号在输入相位计之前应进行限幅放大，以除去相互间的幅度差，只突出相位关系。

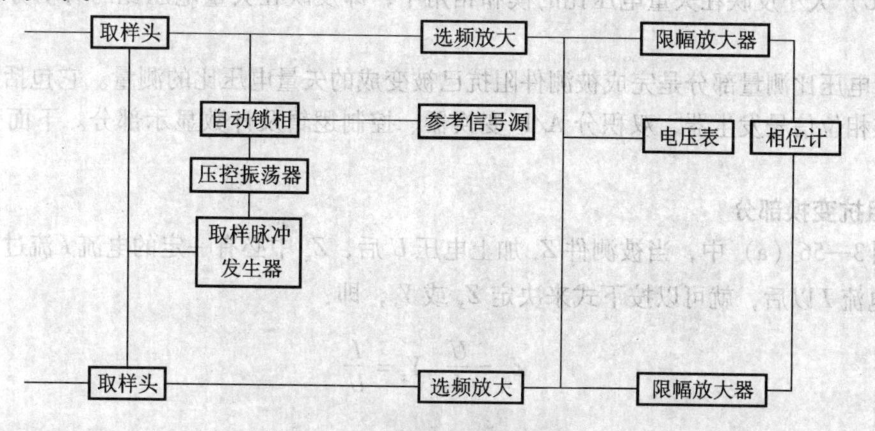

图 3—54　矢量电压表原理框图

矢量电压表不仅能测量高频电路中任意点的电压矢量值，而且还可以测量电路中各任意两点间的复数电压比。

目前，矢量电压表的主要指标大致为，电压范围约为1mV ~1 V；频率范围为几百千赫至几百兆赫，可以测量 ±180°之间的任何相位。

第八节 阻抗测量仪

一、*LCR* 数字式测量仪的基本原理

LCR 数字式测量仪的方框图如图 3—55 所示，其基本原理是将被测件的阻抗值变换成电压值，再用数字式电压表进行测量。

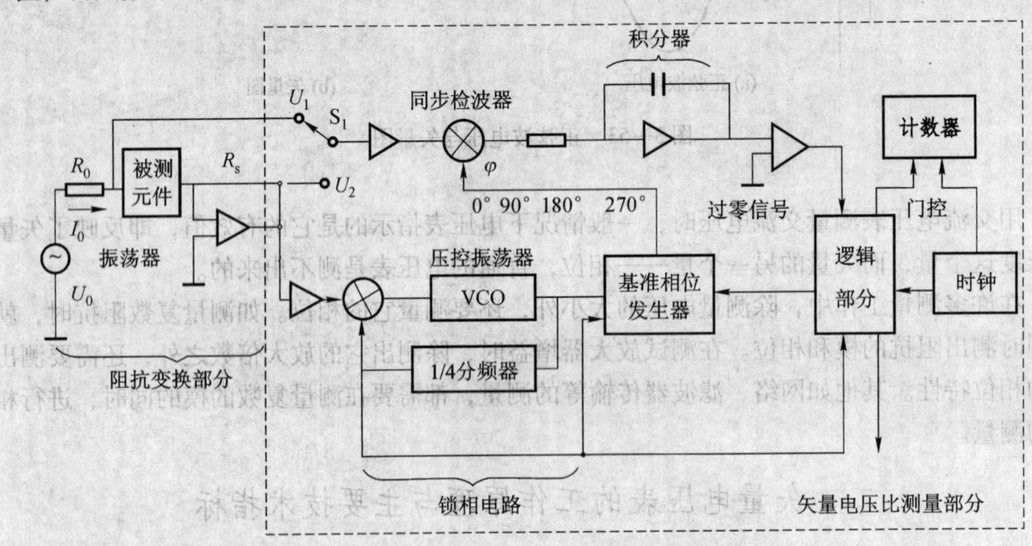

图 3—55 *LCR* 数字式测量仪方框图

仪器的主要组成部分是阻抗变换部分和矢量电压比测量部分。

阻抗变换部分是把被测件的阻抗（或导纳）变换成比例的矢量电压比，被测件的参数（L，R，C）大小反映在矢量电压比的模和相角中，即反映在矢量电压比的有功分量和无功分量中。

矢量电压比测量部分是完成被测件阻抗已被变成的矢量电压比的测量。它包括同步检波器、基准相位信号发生器、双积分 A/D 变换器、控制逻辑及计数显示部分。下面分别予以介绍。

1. 阻抗变换部分

在图3—56（a）中，当被测件 Z_x 加上电压 U 后，Z_x 中必有一定的电流 I 流过，测出电压 U 和电流 I 以后，就可以按下式来决定 Z_x 或 Y_x，即：

$$Z_x = \frac{U}{I}, Y_x = \frac{I}{U}$$

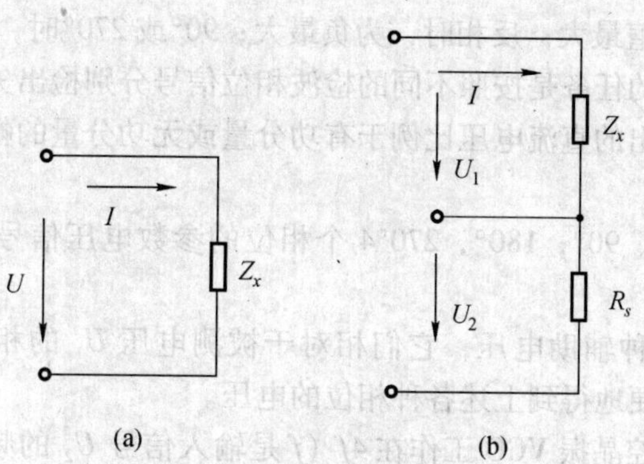

图 3—56 测量被测件电压和电流的电路

在无线电测量技术中，往往把电流转换成电压来测量，为此，可以在电路中接入一个标准电阻，测量标准电阻两端的电压，再换算成电流的数值，如图 3—56（b）所示。因此，上式又可以写成：

$$Z_x = \frac{U}{I} = \frac{U_1}{U_2/R_s} = R_s \frac{U_1}{U_2} \qquad (3-56)$$

在一般情况下，由于被测件 R，L，C 的阻抗 Z_x 为一复数，所以，电压必须用交流信号源。而上述的 U_1 和 U_2 之比为一矢量电压比，这一矢量电压比包括了有功分量和无功分量，它实际上与被测件的 R，L，C 相对应。

因为：

$$Z_x = R_x + \mathrm{j}\,\varpi L_x = R_s \frac{U_1}{U_2}$$

所以：

$$\frac{U_1}{U_2} = \frac{R_x}{R_s} = \mathrm{j}\,\frac{\varpi L_x}{R_s} \qquad (3-57)$$

因此，只要测出了矢量电压比的有功分量，即可求出 R_x。求出了无功分量，也可求出 L_x。

2. 同步检波器

它完成交流电压变成直流电压的任务，变换时，输出的直流电压与输入的交流电压大小成比例，而输出直流电压的极性改变对应于交流电压的相位 180°的变化。

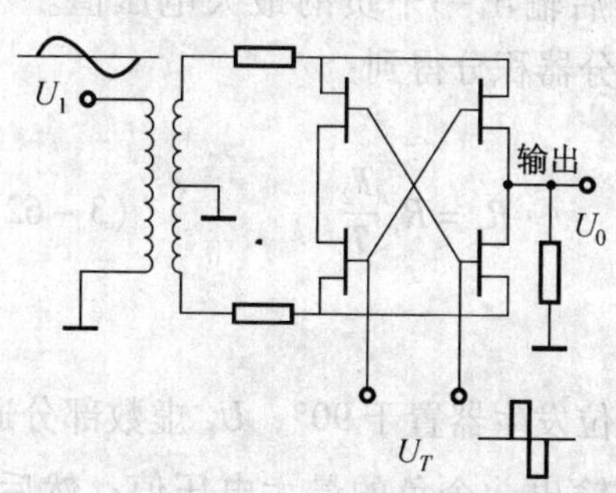

图 3—57 同步检波器的原理图

图 3—57 是同步检波器的原理图，U_1 为输入电压，U_T 为辅助电压，U_0 为输出电压。

根据分析：

$$U_0 = \frac{2U_{1m}}{\pi}\cos\varphi \qquad (3-58)$$

式中：U_0——输出电压；

U_{1m}——输入电压的幅度；

φ——输入电压与辅助电压的相位差。

从上式可知，当输入信号与辅助电压同相时，即

$\varphi=0$时，输出信号平均值最大；反相时，为负最大；90°或270°时，输出平均值为0。

总之，同步检波器的任务是按照不同的检波相位信号分别检出矢量电压中的有功分量和无功分量。同步检波输出的直流电压比例于有功分量或无功分量的幅度。

3. 基准相位发生器

它的任务是产生0°，90°，180°，270°4个相位的参数电压信号，提供给同步检波器作辅助电压信号。

同步检波器需要各种辅助电压，它们相对于被测电压 U_1 的相位差是0°，90°，180°，270°。采用锁相环能方便地得到上述各种相位的电压。

在图3—55中，压控晶振VCO工作在$4f$（f是输入信号 U_2 的频率）。把$4f$的方波用两只JK触发器连接成4分频形式，就可以得到频率为f的4个相位电压。四个相位究竟用哪一个，是由一个选择器来控制的。

4. 双积分式数字电压表及控制逻辑部分

已在数字式电压表中讲述，不再重复。

二、*LCR* 数字式测量仪的应用

下面举例说明，如何利用*LCR*数字式测量仪来测量元件参数。

在图3—55中，若振荡器的输出电压 U_0 为：

$$U_0=U_{0m}\sin\varpi t \tag{3-59}$$

被测元件为 $R_x+j\omega L_x$，则：

$$U_1=-I_0(R_x+j\varpi L_x) \tag{3-60}$$

$$U_2=U_s=IR_s$$

式中，U_2 为基准电压源。

图3—58是积分器积分的输出波形，根据双积分式数字电压表原理：

$$\frac{U_x}{U_s}=\frac{T_2}{T_1} \tag{3-61}$$

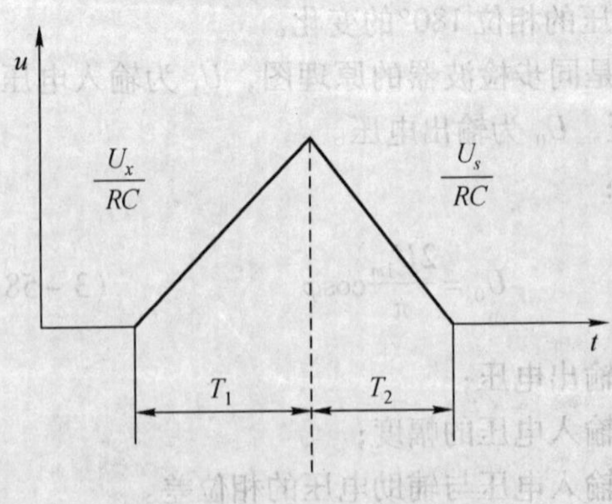

图3—58 积分器的输出波形

1. 测量 R_x

将基准相位发生器置于0°，U_1 实数部分通过同步检波器后输出一个负的最大电压值。然后，再经过积分器积分得到：

$$R_x=R_s\frac{T_2}{T} \tag{3-62}$$

2. 测量 L_x

将基准相位发生器置于90°，U_1 虚数部分通过同步检波后输出一个负的最大电压值；然后，再经过积分器积分得到：

$$\frac{\varpi L_x}{R_s}=\frac{T_2}{T_1}\text{即}L_x=\frac{R_s}{\varpi T_1}T_2 \tag{3-63}$$

只要适当选择 R_s，T_1 值，R_x，L_x 就可直接用 T_2 的数字表示。

其他参数的测量类似于 R_x，L_x 的测量。

总之，通过阻抗电压变换、交直流变换（同步检波）、双积分模数变换等一系列变换后，就把被测件的 *LRC* 参数和时间 t 联系起来了，然后用计数的办法把时间转换成数字，最后便可得到 *LRC* 值的数字显示。

第九节　数字式 Q 表

数字 Q 表的构成有很多种类，有振荡衰减法、频率变换法等，这里只介绍振荡衰减法。

振荡衰减法的实质是根据电路内存在着耗能元件，能量将随着时间而减小，所以通过测量能量的变化，就可测出 Q 值的大小。图 3—59 示出了振荡衰减法的方框图。

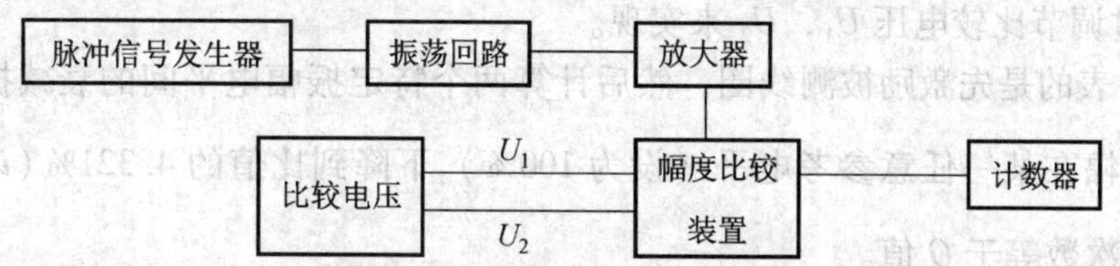

图 3—59　振荡衰减法原理框图

当一个脉冲电压加到振荡回路后，回路电路 i 可表示为：

$$i=I_{\mathrm{m}}\mathrm{e}^{-\frac{R}{2L}t}\cos\varpi_0 t=I_{\mathrm{m}}\mathrm{e}^{-\frac{\varpi_0}{2Q}t}\cos\varpi_0 t \tag{3-64}$$

式中，$\varpi_0=\sqrt{\frac{1}{LC}-\left(\frac{R}{2L}\right)^2}$，它是回路的自由振荡角频率。

此电流的波形如图 3—60 所示。

为了问题简化，取 $t=N\frac{2\pi}{\varpi_0}$，此时，$\sin\varpi_0 t=0$，$\cos\varpi_0 t=1$ 因此，式（3-64）可写成：

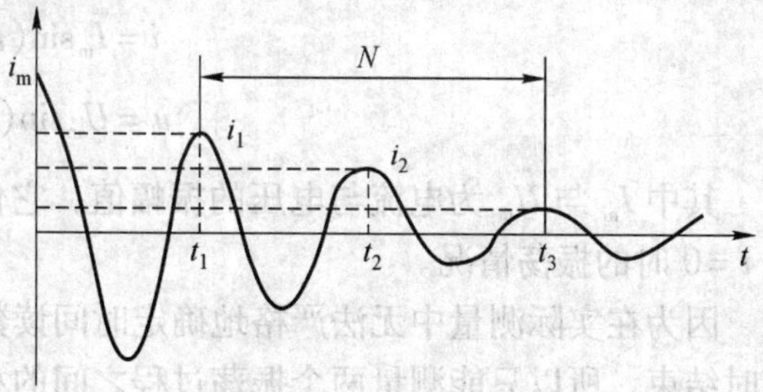

$$i=I_{\mathrm{m}}\mathrm{e}^{-\frac{\varpi_0}{2Q}t}$$

$$i_1=I_{\mathrm{m}}\mathrm{e}^{-\frac{\varpi_0}{2Q}t_1}$$

图 3—60　电流波形图

$$i_2=I_{\mathrm{m}}\mathrm{e}^{-\frac{\varpi_0}{2Q}t_2}$$

$$\frac{i_1}{i_2}=\mathrm{e}^{\frac{\varpi_0}{2Q}(t_2-t_1)}$$

两边取对数后，解出：

$$Q = \frac{\varpi_0(t_2 - t_1)}{2\ln(i_1 - i_2)} \tag{3-65}$$

由 t_1 到 t_2 的时间为：

$$t_2 - t_1 = N_2 \frac{2\pi}{\varpi_0} - N_1 \frac{2\pi}{\varpi_0} = (N_2 - N_1)T = (N_2 - N_1)\frac{1}{f} \tag{3-66}$$

所以，用 t_1 到 t_2 之间的振荡次数 N_0 和测量频率的倒数替换上式，则式（3－65）可写为：

$$Q = \frac{\pi N_n}{\ln(i_1/i_2)} \tag{3-67}$$

由式（3－67）看出，只要选定一个适当的 i_1/i_2 值后，Q 值就是振荡次数与一个常数的乘积。

当选取 $\ln(i_1/i_2) = \pi$ 时，Q 值可直接由振荡次数 N 来表示，此时，$i_1/i_2 = 23.14$。适当的 i_1/i_2 可通过调节比较电压 U_1，U_2 来实现。

数字式Q表的是先激励被测线圈，然后计算两个特定振幅电平间的衰减振荡次数；当衰减振荡的振幅在某一任意参考电平（设为100%）下降到比值的4.321%（$i_1/i_2 = \frac{1}{23.14}$）时，则其振荡次数等于 Q 值。

第十节　数字式相位计

一、相位与相位测量

任何一个简谐振荡过程都可以用3个参数表示，即振幅、频率及相位。这可用解析式表示如下：

$$i = I_m \sin(\varpi t + \varphi_0)$$
$$u = U_m \sin(\varpi t + \varphi_0)$$

其中 I_m 与 U_m 为电流与电压的振幅值，它们均以频率 ωt 周期地变化着，初相角说明时间 $t=0$ 时的振荡情况。

因为在实际测量中无法严格地确定时间读数的起始，也很难确定这个振荡现象何时开始何时结束，所以只能测量两个振荡过程之间的相位差。例如研究交流电路中的某一过程时，已知电流和电压之间的相角量 φ，则此电流电压可用下式表示：

$$i = I_m \sin(\varpi t + \varphi)$$
$$u = U_m \sin \varpi t$$

在这种情况下，研究两个频率相同而且电压初相角为零的振荡过程（见图3—61）。更普遍的情况是振荡的频率相同，但只有不同的初相角 φ_1 与 φ_2，故相位移（即相位差）等于：

$$\varphi = \varphi_1 - \varphi_2 \tag{3-68}$$

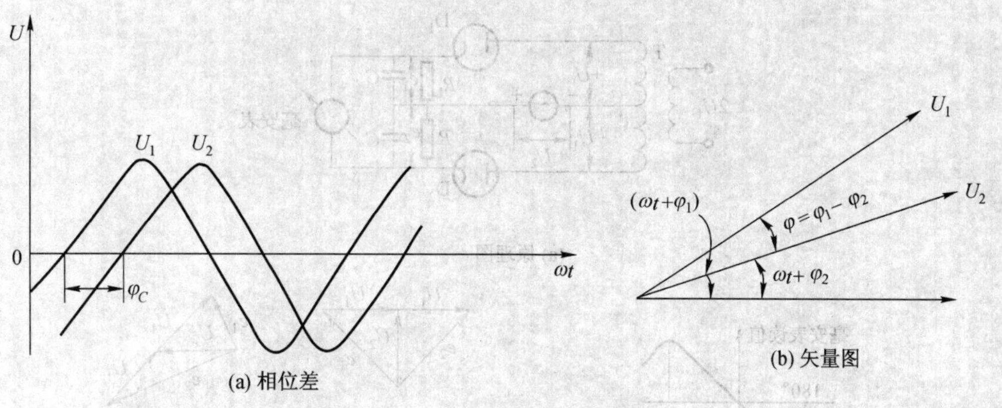

图 3—61 两个同频的振荡电压

在这种情况下，相位差在整个过程中是不变的，其值为与时间无关的常数，但在比较两个不同频率振荡的相位时，其相位差对时间来说就不能保持恒定了。设比较两个振荡 $U_1 = U_{m1}\sin(\varpi_1 t+\varphi_1)$ 及 $U_2 = U_{m2}\sin(\varpi_2 t+\varphi_2)$，则相位差甲可表示为：

$$\varphi = (\varpi_1 t+\varphi_1) - (\varpi_2 - \varphi_2) = (\varpi_1 - \varpi_2)t + (\varphi_1 - \varphi_2) \quad (3-69)$$

可见，此时相位差不再是时间的常量而是随时间作线性变化的函数。

相位测量，可用于研究多相系统中信号之间的相位关系，二端网络的电压、电流之间的相位关系及线性四端网络（如滤波器、放大器、移相器等）的相位—频率特性等。近年来，在自动控制和遥控系统中，相位测量获得了新的应用。例如，在宇航技术中，通过相位比较技术可精确测定飞行器的距离。在国民经济其他部门，如钢铁、石油、机械等，通过不同形式的传感器将非电量变化成两个信号的相位差来实现对各种非电参数的精确测量。

相位的测量方法，有示波器法，比较法、直读法等。目前，相位测量正向着数字化、自动测试及多功能综合测试的方向发展。

二、直读式相位计

在测量两个电压间的相位时，经常使用一种只需要经过适当调整后即能直接读出它们两者间的相位差的仪器，这种仪器为相位计。

（一）相位检波器测量相位差

图 3—62 所示为相位检波器的工作原理。从图中可以看出，这种仪器由输入变压器 T、两个二极管、直流毫安表及 *RC* 网络组成。

被测信号电压之一 $2U_1$，经变压器后在次级两组线圈上产生相位相反的两种电压 $+U_1$ 与 $-U_1$。另一被测电压 U_2 则加于变压器次级的中心点 a 与电阻 R 联结点 b。二极管 D_1、D_2 的负极上接直流毫安表。当 U_1 与 U_2 同时加至此电路后，直流毫安表上读数即为二极管整流输出的差值，即决定于直流电压 e_1 与 e_2 差值，由于：

$$e_1 = |U_1 - U_2|$$

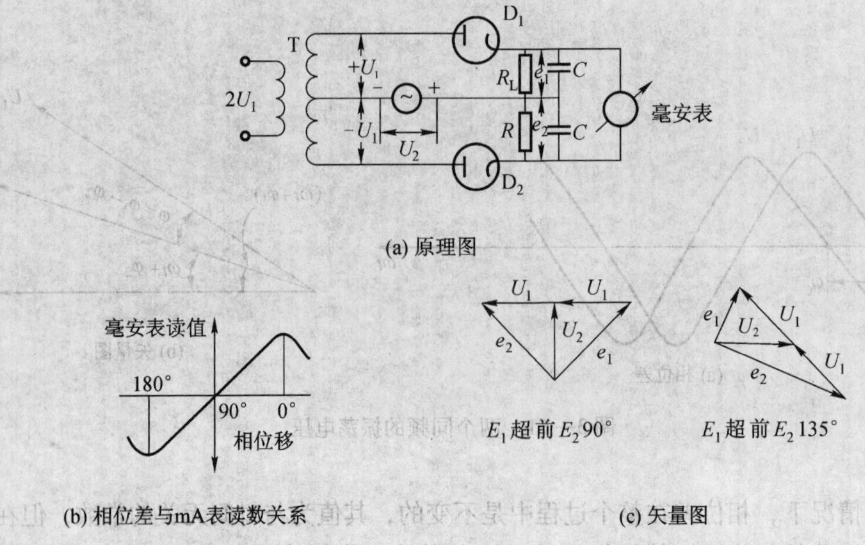

(a) 原理图

(b) 相位差与mA表读数关系

(c) 矢量图

图 3—62 相位检波器的工作原理图

$$e_2 = \left| U_1 + U_2 \right|$$

因此：

$$e_1 - e_2 = \left| U_1 - U_2 \right| - \left| U_1 + U_2 \right| \tag{3-70}$$

在图 3—62（c）矢量图中可看出，当 U_1 与 U_2 相位差 90°时，$e_1 = e_2$；当 U_1 与 U_2 间的相位差 135′时，$e_1 < e_2$。由此可以看出，此种相位检波器将产生一种直流输出电压，其极性决定于被测两电压谁超前谁落后的关系，其大小则正比于它们之间的相位差的绝对值。当 U_1 未加上，反加上 U_2 时，则毫安表指零值。使用中心零位指示器，可以很方便地指示出两电压超前与落后的相位差。从图 3—62（b）可以看出，直流毫安表上的读数与相位差在 0°~180°间成直线性关系，因此这种相位计刻度是均匀的。电阻 R 与电容 C 的时间常数必须足够大，以保持输出直流电压的稳定。

由于此种相位计的刻度是在 U_1 与 U_2 的幅度相等的情况上刻下的，因此，在使用时必须首先校正 e_1 与 e_2 的振幅，使之相等。然后，将两种被测电压同时加上，从直流毫安表上的读数可直接读下它们间的相位差。

（二）双电路式相位计

采用上述方案时，必须维持被测信号幅度相等，而双电路式相位计可使读数与输入信号幅度无关。

此种相位计工作原理如下：在两个独立的矩形脉冲形成电路的输入端加上被测的电压。若这两被测电压具有相同的相位，见图 3—63（b），则两电路中所发生的矩形脉冲具有同样的波形及同样的相位。由于这些脉冲作用于检波电路的结果，将得到相当大的直流电流分量 I'_0。若在脉冲形成电路的输入端加上两个相位差 90°的电压，则发生的矩形脉冲也将相差 90°，因而当它们相叠加时（考虑到相位）将得到较短持续时间的脉冲。由于合成脉冲作用于检波电路的结果，在检波电路里造成一个整流电流的直流分量 $I_0 < I'_0$。当在脉冲形成电路上加上被测电压相位差 180°时，形成具有相反极性的脉冲，因而合成电压等于零。同样，

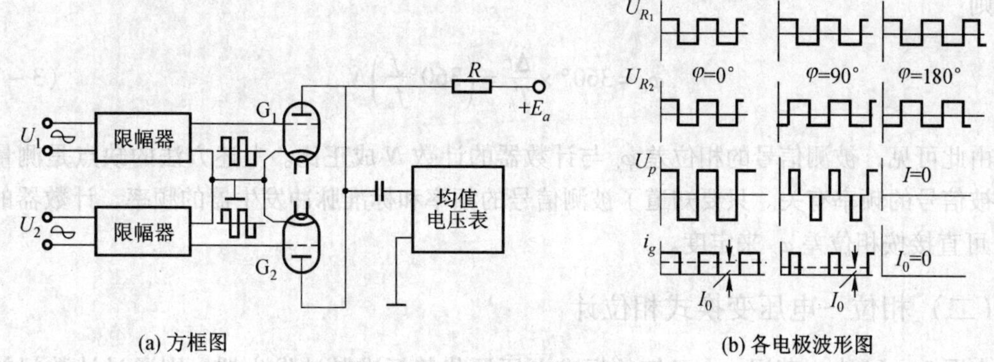

(a) 方框图 (b) 各电极波形图

图 3—63 双电路相位计方框图

检波器输出端直流分量也等于零。

上述相位计可用来测量频率 20kHz 的信号相位。在输入电压改变很大时测量精度不低于 2°。这类相位计的重大缺点是不能决定相差 180°的相角。如对于 35°与 215° = 180° + 35°的相移，仪表上的读数将是一样的。

三、数字相位计

（一）瞬时值相位计

瞬时值相位计的方框图如图 3—64 所示。

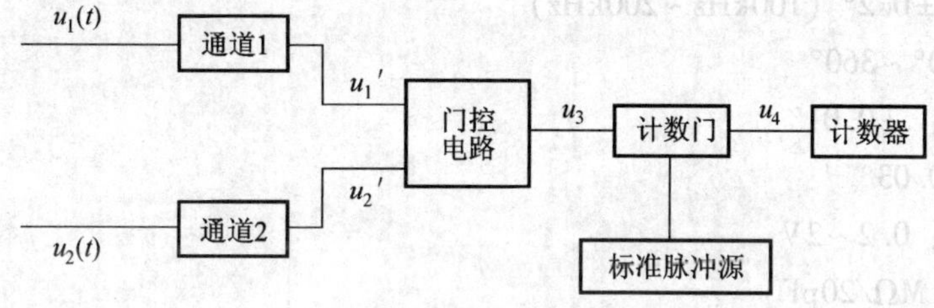

图 3—64 瞬时值相位计原理框图

设相位差为 φ_c 的两个正弦信号 u_1 和 u_2:，其频率为 f，当 u_1 由负至正通过零时，经过通道 1 放大，整形输出一个正脉冲 u_1'；使门控电路翻转，从而打开计数门；此时，由标准脉冲发生器输出的频率为 f_b（$f_b \gg f$）的脉冲便通过计数门进入计数器计数。当 u_2 由负至正通过零时，通道 2 也输出一个正脉 u_2'，使门控电路恢复到原始状态，从而关闭计数门，计数器停止计数。故计数器计得的脉冲个数 N 正比于计数器的开门时间 Δt，其值为：

$$N = \Delta t / T_b = f_b \times \Delta t \quad (3-71)$$

而 Δt 与被测信号的周期 T 及 u_1，u_2 的相位差 φ_c 之间有下列关系：

$$\frac{\Delta t}{T_b} = \frac{\varphi_c}{2\pi} = \frac{\varphi_c}{360°} \quad (3-72)$$

则

$$\varphi_c = 360° \times \frac{\Delta t}{T_b} = \left(360° \frac{f}{f_b}\right) N \quad (3-73)$$

由此可见，被测信号的相位差 φ_c 与计数器的计数 N 成正比。上述方法的缺点是测量结果与被信号的频率有关。只要知道了被测信号的频率和标准脉冲发生器的频率，计数器的读数 N 可直接按相位差 φ_c 来定度。

（二）相位—电压变换式相位计

在图 3—64 中，若用一个已知的标准电压源代替标准脉冲发生器，则通过计数门的就是一个等幅电压脉冲，其脉冲宽度对应于被测信号的相位差。用数字电压表测量该脉冲电压的平均值，则可构成相位—电压变换式相位计。例如，使 360°的相位差对应 3.6V 的直流电压，则可以直接以数字方式显示出相位差。

（三）两种国产相位计主要技术指标

1. BX－13 型全晶体管数字相位计

国产 BX－13 型全晶体管数字相位计的主要技术指标如下：

频率范围：20Hz～200kHz

测量精度：±0.2°（20Hz～100Hz）
±0.1°（100Hz～100kHz）
±0.2°（100kHz～200kHz）

测量范围：0°～360°

测量稳定性：±0.01°

分辨力：±0.03°

输入灵敏度：0.2～2V

输入阻抗：1MΩ/20pF

输入波形：失真小于 0.17%

显示方式：5 位数字

2. BX－14 型数字相位计

国产 BX－14 型数字相位计是一种多用途的数字仪器，该仪器可测量频率、时间，当外接毫伏表及示波器时，可以观测 1GHz 以下的正弦信号。主要技术指标如下：

频率范围：1MHz～1GHz

电压范围：5mV～0.5V

工作误差：±1°（1MHz～100MHz）
±2°（100MHz～500MHz）
±3°（500MHz～1GHz）

测量范围：0°～360°

输入阻抗：100kΩ/3pF

第十一节 调制度分析仪

HP8901A 调制度分析仪实质上是一台高级的线性的经过校准的外差接收机，它综合了几部仪器的功能，除了测量调幅（AM）、调频（FM）、调相（ϕM）外，还能测量频率和电平。

一、主要技术指标

射频输入

频率范围：150kHz ~ 1 300MHz

灵敏度：优于 12mVrms（650MHz 以下）

优于 22mVrms（650MHz 以上）

测调频

调制频率：20Hz ~ 200kHz

最大峰值频偏：40kHz（载频 150kHz ~ 10MHz）

400kHz（载频 10MHz ~ 1 300MHz）

精确度：读数值的 ±2% ±1 个字（f_c 250kHz ~ 10MHz，f_m 20Hz ~ 10kHz）

读数值的 ±1% ±1 个字（f_c 10 ~ 1 300MHz，f_m 50Hz ~ 100kHz）

读数值的 ±5% ±1 个字（f_c 10 ~ 1 300MHz，f_m 20Hz ~ 200kHz）

解调失真：<0.1%（Δf < 100kHz）

调幅抑制：<20Hz（$m \leqslant 50\%$）

残余调频：<8Hz（$f_c \leqslant 1\ 300$MHz）

<1Hz（$f_c \leqslant 100$MHz）

测调相

调制频率：200Hz ~ 20kHz

最大相偏：400rad（分辨力为 0.1rad）

40rad（分辨力为 0.01rad）

4rad（分辨力为 0.001rad）

精确度：读数值的 ±3% ±1 个字

解调失真：<0.1%

调幅抑制：<0.03rad（$m \leqslant 50\%$）

测调幅

调制频率：20Hz ~ 100kHz

调制深度：(0 ~ 99)%

精确度：读数值的 ±2% ±1 个字（f_c 150kHz ~ 10MHz，f_m 50Hz ~ 10kHz）

读数值的 ±3% ±1 个字（f_c 150kHz ~ 10MHz，f_m 20Hz ~ 10kHz）

读数值的 ±1% ±1 个字（f_c 10 ~ 1 300MHz，f_m 50Hz ~ 50kHz）

$m > 5\%$

读数值的 ±3% ±1 个字（f_c 10 ~ 1 300MHz，f_m 20Hz ~ 100kHz）

平坦度（频响）：

读数值的 ±0.3% ±1 个字（f_c10～1 300MHz，f_m90Hz～10kHz）

解调失真：<0.3%　$m \leqslant 50\%$

<0.6%　$m \leqslant 95\%$

调频抑制：<0.2%

残余调幅：<0.01% rms

测频率

量程：150kHz～1 300MHz

灵敏度：优于 12mVrms（650MHz 以下）

优于 22mVrms（650MHz 以上）

精确度：频标精度 ±3 个字

内频标：10MHz

测电平：

量程：1mV～1V

精确度：±2dB（150kHz～650MHz）

±3dB（650kHz～1 300 MHz）

驻波系数：<1.5

二、工　作　原　理

HP8901A 调制度分析仪的原理框图如图 3—65 所示。

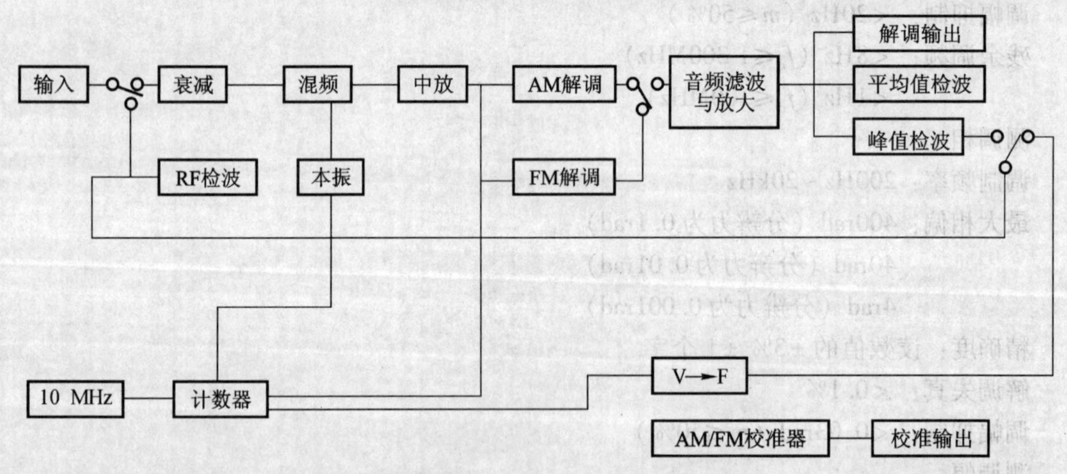

图 3—65　HP8901A 调制度分析仪的原理框图

HP8901A 是新一代调制度测量仪，它的整个测量都是用微处理机控制的在调制度测量中最繁琐、最费时间的工序是对信号调谐和参考电平调节，在这里都得到大大简化，它属于自动调制度测量仪的一个例子。

随着现代电子科学的发展，调制度测量仪会越来越先进。对调制度及调制度测量仪的计量测试的研究是摆在每个计量工作者面前的一个重要任务。

第四章　基本无线电参数测量

第一节　脉冲波形参数测量

一、概　述

（一）概述

随着无线电技术的飞速发展，脉冲技术也越来越广泛地被应用于通讯、电视、雷达、电子计算机、遥控遥测、自动控制等各个领域中。因此，脉冲测试这一领域也就随着应用的广泛而显得极为重要了。

脉冲技术包含的内容很多：主要研究各种脉冲波形（电压或电流波形）的产生、形成、变换、整形和放大以及各项脉冲参数的测量等。

（二）脉冲的定义

下面所讨论的脉冲，是一种电压或电流的短暂冲击。它与一般常见的正弦波的区别在于不是连续波形，而是断续波形。即在时间轴上，两个信号波形之间存在有零或常量电压或电流的间隔。

当然，脉冲波形是多种多样的，如有梯形波、钟形波、锯齿波等。但不论哪种脉冲波形，其两个波形之间，都有明显的间隔或断点。

（三）脉冲参数的定义

众所周知，脉冲波形可以是各种各样的，但比较广泛应用的是矩形波。所以，这里针对矩形脉冲给出一些参数。如图 4—1 所示。

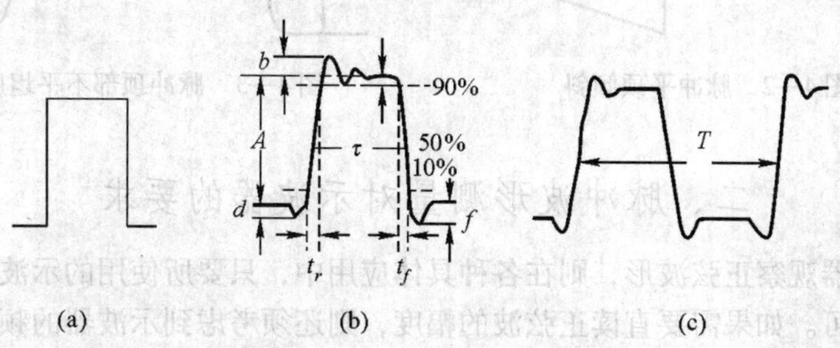

图 4—1　脉冲参数的定义

（1）脉冲幅度：系指脉冲底值和顶值这两个量值的差值。如图 4—1 中的 a。

（2）脉冲上升时间（或称前过渡时间）：指脉冲幅度由 10% 上升到 90% 的一段过渡时间，如图 4—1 中的 t_r。

（3）脉冲下降时间（或称后过渡时间），指脉冲幅度由 90% 下降到 10% 的一段过渡时间，如图 4—1 中 t_f。

（4）脉冲的预冲：指脉冲上升时间前，波形有一下降失真 d。预冲定义为：

$$S_d = d/A \times 100\% \tag{4-1}$$

（5）脉冲的上冲（或称前过冲）：指紧接着脉冲上升时间后，超过顶值部分的值 b。上冲定义为：

$$S_b = b/A \times 100\% \tag{4-2}$$

（6）脉冲的下冲（或称后过冲）：指紧接着脉冲下降时间后，超过底值部分的值 f。下冲定义为：

$$S_f = f/A \times 100\% \tag{4-3}$$

（7）衰减振荡（或称阻尼振荡）幅度：指紧接着上冲后，超过（负向）顶值部分的值 c，其定义为：

$$S_c = c/A \times 100\% \tag{4-4}$$

（8）脉冲宽度：指在脉冲幅度为 50% 的两点之间的时间，如图 4—1（b）中所示的 τ。

（9）脉冲平顶倾斜：指脉冲顶部倾斜（见图 4—2）相对于脉冲幅度的比值。定义为：

$$S_e = e/A \times 100\% \tag{4-5}$$

（10）脉冲顶部不平坦度：指脉冲顶部的波形失真，如图 4—3 所示，以其峰 - 峰值与脉冲幅度之比的百分数来表示。定义为：

$$S_W = A_W/A \times 100\% \tag{4-6}$$

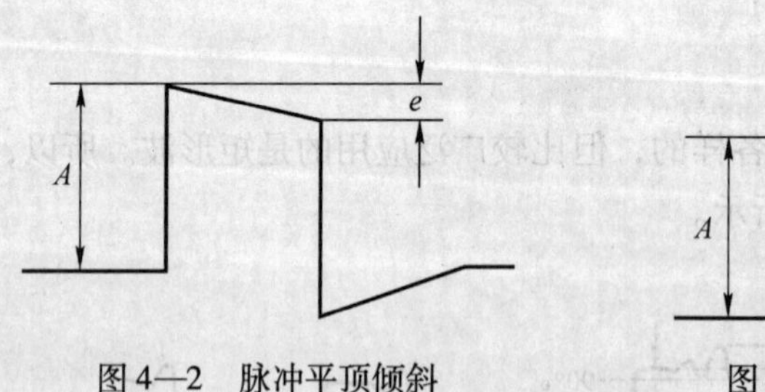

图 4—2　脉冲平顶倾斜

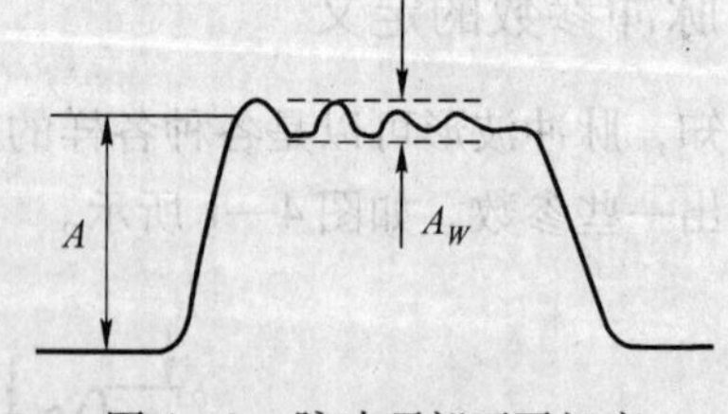

图 4—3　脉冲顶部不平坦度

二、脉冲波形测量对示波器的要求

如果用示波器观察正弦波形，则在各种具体应用中，只要所使用的示波器的通频带宽于被测信号频率即可。如果需要直读正弦波的幅度，则还须考虑到示波器的频率特性，在上限频率时有 30% 的误差。为了较准确地直读幅度，总是希望使用比所观察的正弦波频率高得多的示波器。但是当用来观察脉冲波形时，由于被测信号具有很宽的频谱，并且各频率分量之间有其各自的相位关系，因此选用示波器不能以被测脉冲的重复频率来选择，而要首先了解所测脉冲所占的有效频谱宽度，并应有关于示波器有效带宽对观测高速脉冲信号时的影响的知识。

选择用来观察脉冲波形的示波器，主要要考虑三个指标：通带宽度、瞬态特性和相位特性。

（一）示波器通带宽度与上升时间

当一个具有很宽频谱的脉冲信号通过有限带宽的四端网络时，被测信号的频谱受到四端网络的传输特性的影响而使其输出频谱失真。设输入信号为 $x(t)$，其傅立叶变换为 $X(j\omega)$，四端网络的传递函数为 $H(j\omega)$，其傅立叶反变换为系统的脉冲响应 $h(j\omega)$，则输出信号的频域表示为：

$$Y_{(j\varpi)} = H_{(j\varpi)} \times X_{(j\varpi)} \tag{4-7}$$

其时域表示为

$$y(t) = h(t) * x(t) \tag{4-8}$$

此处 * 为卷积运算符号。

由式（4-8）可知，要想得到不失真的输出信号，必须使传递函数为常数或者使传递函数在输入信号的有效频谱宽度之内满足一定的条件。通常是根据被测脉冲波形的最陡部分的持续时间（上升时间或下降时间）来选择示波器的通带宽度。

我们知道，一个四端网络的上限频率 f_{BdB} 与系统的建立时间 t_τ，有如下关系：

$$t_\tau = k/f_{BdB} \tag{4-9}$$

k 为与网络传递函数特性有关的一个系数，对于单级 RC 网络 $k=0.35$；对于有高斯函数形状的网络，$k=0.339\,6$。一般 k 取 0.35。例如 $f_{BdB}=350$MHz 的示波器具有 1ns 的上升时间。由此我们看到，当一个上升时间很快的阶跃波形用一台建立时间慢的示波器来观察时，所观察到的波形的上升时间基本上是由示波器的建立时间所决定。反之，如果示波器的频带比被测波形的有效频带宽度宽得多，则可认为示波器没有使被测波形的陡沿受到损失。

示波器传递函数的低频特性会影响到被测脉冲的平顶部分的畸变，因此要想使被测脉冲的直流分量或波形中的平直部分不受影响。须选用直接耦合直流放大的示波器。

（二）示波器的相位失真

宽带示波器对脉冲波形的保真度还依赖于它对所有频率分量准确地按照其相互间固有的相位关系进行传输的能力。相位 ϕ 与频率 f 之间的关系称为相频特性。为了理解相频特性对信号畸变的影响，下面对这一问题进行分析。

无畸变地再现输入波形，不但与系统的幅频特性有关，而且与系统的相频特性有关，由无畸变传输的分析可得如下结论：

$$|H(j\varpi)| = k(\text{常数}) \tag{4-10}$$

$$\varphi(j\varpi) = \text{axg}H(j\varpi) = \varpi\tau \pm k\pi \tag{4-11}$$

式中：τ——被延迟的时间；

k——任意正整数。

式（4-10）表明，为了无畸变地传输某一频段内的任一信号，对于该信号频带内所含的各频率分量，系统的传递函数 $H(j\omega)$ 应该有相等的模值；相位 $\varphi(j\omega)$ 须按直线变化，且直流时的相位 $\varphi(0)$ 须为 π 的整数倍。

由于幅频特性不能满足式（4-10）而引起的波形畸变称为振幅畸变，由于相位特性不能满足式（4-11）而引起的波形畸变称为相位畸变。一般情况下，这两项条件可能都不满足，这两种畸变同时存在而无法区分。为了能直观和方便地描述示波器的特性，通常是用示波器的某些瞬态响应的指标来说明。

人们总是容易看到示波器幅频特性对测量带来的影响，而容易忽略相频特性不良而带来的影响，事实上由于相位失真所造成的波形畸变更为敏锐。为了深入理解相频特性对波形畸变的影响，下面举几个例子，各例中都假定示波器的幅频特性满足无畸变条件，并假定其电压增益恒为 1。

设将如图 4—4（a）所示的方波信号加到相频特性为图 4—4（b）的示波器的输入端，我们看一看示波器所显示的波形是怎样的。

把信号 $U_i(t)$ 展开为傅立叶级数：

$$U_i(t)=\frac{4E}{\pi}\left(\sin\varpi_1 t+\frac{1}{3}\sin 3\varpi_1 t+\frac{1}{5}\sin 5\varpi_1 t+\frac{1}{7}\sin 7\varpi_1 t+\cdots\right) \quad (4-12)$$

将上式与传递函数相乘即得出输出信号的频域表示

$$U_0(t)=\frac{4E}{\pi}\left[\sin(\varpi_1 t+2\pi)+\frac{1}{3}\sin(3\varpi_1 t+6\pi)+\frac{1}{5}\sin(5\varpi_1 t+11\pi)\frac{1}{7}\sin(7\varpi_1+14\pi)+\cdots\right]$$

$$=U_i(t)-\frac{8E}{5\pi}\sin 5\varpi_1 t$$

$$\approx U_i(t)-0.51E\sin 5\varpi_1 t \quad (4-13)$$

$U_0(t)$ 的波形如图 4—5 所示。本例表明，虽然幅频特性满足无畸变条件，但由于相频特性未满足要求，使输出结果出现了明显的失真。

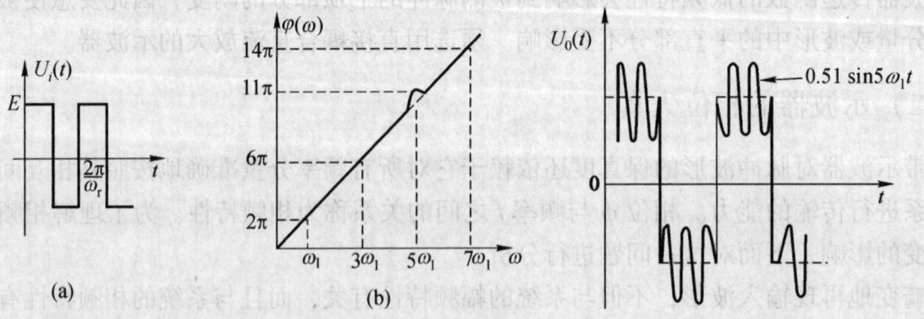

图 4—4 方波信号通过相位失真的示波器　　图 4—5 输出波形的相位失真

第二个例子将说明，虽然相频特性并不理想，但当信号的频率成分不出现在相频特性的非线性区域时，也可以使输出信号并不产生畸变。本例中输入信号仍如图 4—4（a）所示。图 4—6（a）为这一系统的相频特性，将相频特性线性化后在纵轴上的交点截距为 π，这将引起输出的倒相。由图可看到输入信号的各频率成分都处于相频特性的线性部分，因此经过这一系统时仅使信号产生延迟而无波形畸变。

我们再看第三个例子，即当 $\varphi(0)$ 不满足等于 π 的整数倍的情况。设有一示波器其相频特性如图 4—7（a），线性化后，$\varphi(0)$ 不满足为 π 的整数倍的条件。为简便起见，设输入信号仅由两个谐波成分组成，如图 4—7（b），其中实线为两个谐波的合成。图 4—7（c）为其输出波形。我们可以看到输出波形有严重的畸变。

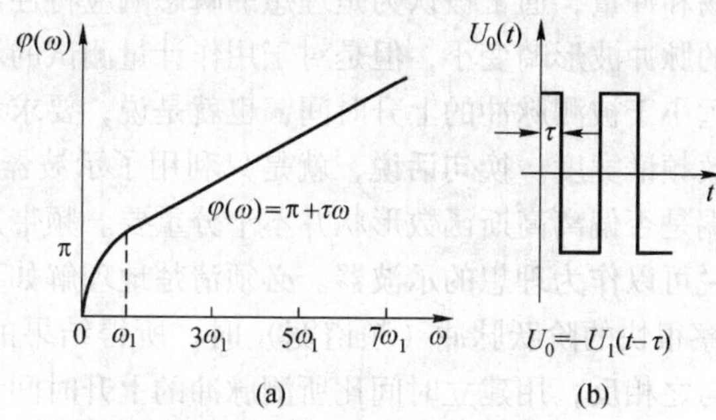

图 4—6 不引起相位畸变的例子

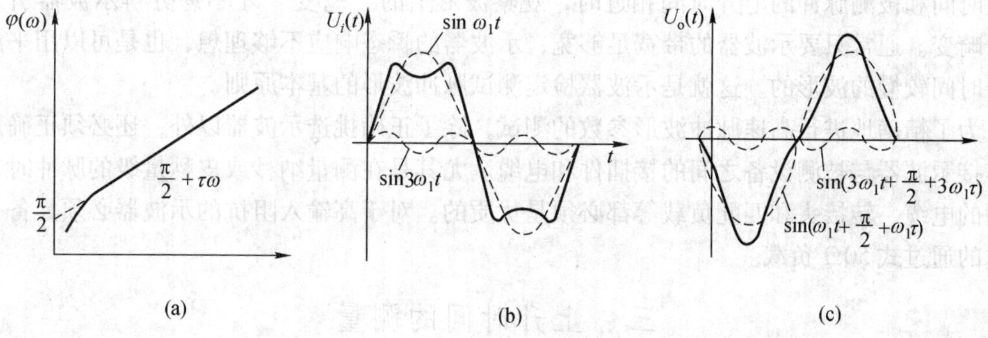

图 4—7 相位失真的例子

以上三个例子说明不满足相位不畸变条件将产生畸变，但同时又说明只要在与信号成分有关的频段内满足相位不畸变条件仍可使输出波形不畸变。这一点很重要，因为任何的实际测量系统不可能在任意频率上都满足不畸变条件，只要我们合理地挑选和使用示波器，总是能基本上不产生明显的畸变的。

（三）示波器瞬态特性对波形测试的影响

当一个理想的阶跃脉冲输入到一个具有矩形频率特性的示波器时，我们看到输出波具有很大的上冲和阻尼振荡，输出波形产生明显的畸变（如图 4—8 所示）。

该输出波形就是这一示波器的阶跃响应。这说明具有矩形频率特性的示波器反而有很坏的瞬态响应特性。这样的示波器无法用来测试脉冲波形。因此，为了测试脉冲波形必须选用瞬态特性较好的示波器。所谓瞬态特性好，就是指在快的阶跃脉冲的激励下，示波器的输出波形只有上升时间的稍许变慢，而尽可能小地出现过冲、阻尼振荡和下垂等波形失真。

具有高斯函数形状的幅频特性的示波器，其阶跃响应也具有类似高斯函数形状的上升

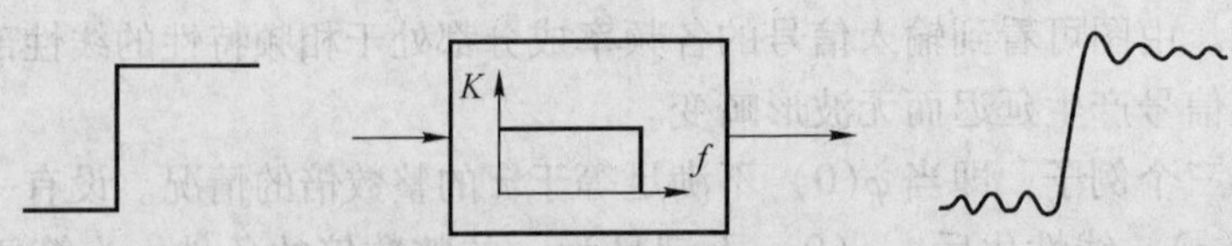

图 4—8 输出波形产生的畸变

沿，而且不存在阻尼振荡和冲量，通常被认为是理想的瞬态响应特性。采用瞬态特性好的示波器固然可以使观察到的脉冲波形畸变小，但是对于用作计量测试的示波器来讲，由于要求示波器本身的上升时间远小于被测脉冲的上升时间，也就是说，要求示波器的通带宽度要远大于被测脉冲信号的有效频谱宽度。换句话说，就是只利用了示波器频率特性的平直部分，示波器的频率特性的高端是否偏离高斯函数形状并不十分重要。频带足够宽的示波器，对于观测低速变化的信号来说可以作为理想的示波器。必须清楚地理解如下事实：用建立时间慢的示波器（频带窄）观察很快的阶跃脉冲（频谱宽）时，所得结果的瞬态失真是由示波器的瞬态特性所决定的。与之相反，用建立时间比所测脉冲的上升时间快得多的示波器时，即示波器的频带宽度远大于被测信号的有效频谱宽度时，观察到的波形则能较真实地反映输入波形的形状，两者相差愈大，则示波器的固有瞬态特性的影响愈小。因此，只有在示波器的建立时间和被测脉冲的上升时间相近时，观察波形上的“畸变”才不易分辨示波器引入了多少畸变。通常只要示波器的带宽足够宽，示波器的瞬态响应不够理想，也是可以用来测量上升时间较慢的波形的。这就是示波器检定测试脉冲波形的基本原则。

为了精确地进行高速脉冲波形参数的测试，除了正确挑选示波器以外，还必须正确地挑选连接示波器与被测设备之间的接插件和电缆。尤其是在测量纳秒或皮秒量级的脉冲时，所使用的电缆、转接头和匹配负载等都必须是优质的。对于高输入阻抗的示波器必须具备一支优质的通过式 50Ω 负载。

三、上升时间的测量

根据上升时间的定义，首先必须确定出脉冲的顶值和底值（即幅值的 100% 和 0% 的基线位置）。这对于整齐的脉冲波形来讲是容易的。对于波动较多的波形，由于这些基线电平位置不易确定，会使上升时间得不到惟一的答案，这是目测法不易克服的困难，利用自动测试系统可以按照定义严格地确定。

测量上升时间主要有三种误差来源：

（一）示波器的建立时间引入的误差

这是一项系统误差，它总是使测得值偏大。对于具有高斯函数形状的被测脉冲前沿和高斯函数形状响应的示波器，有下式关系：

$$t_0 = \sqrt{t_s^{\ 2} + t_r^{\ 2}} \qquad (4-14)$$

式中：t_0——由示波器屏幕上观察到的上升时间；

t_s——被测脉冲真实的上升时间；

t_r——示波器的建立时间。

可见由示波器上读到的上升时间不等于被测脉冲真实的上升时间。如示波器的建立时间较大时，则必须修正。现在让我们看一看不修正时引入的误差。设 n 为被测脉冲上升时间大于示波器建立时间的倍数，即，$n = t_s/t_r$，则

$$t_0 = \sqrt{t_s^{\ 2} + \frac{1}{n^2}t_s^2} = t_s\sqrt{1 + \frac{1}{n^2}} \tag{4-15}$$

于是相对误差为：

$$\frac{\Delta t}{t_s} = \frac{t_0 - t_s}{t_s} = \sqrt{1 + \frac{1}{n^2}} - 1 \tag{4-16}$$

可见，当 $n=1$ 时将产生 41% 测量误差。因此，除非所用的示波器建立时间远小于被测脉冲的上升时间，否则必须按下式修正：

$$t_s = \sqrt{t_0^{\ 2} - t_r} \tag{4-17}$$

（二）时基不准确引入的误差

水平扫描偏转因数的失准将直接地影响测量精确度，而且是最易出现的一项误差来源。因此，必须经常对所使用的示波器时基的精确度有清楚地了解。在进行精确测量时，最好同时进行偏转因数的校准。现在我们定量分析一下。将式（4－17）对求偏导数，并设示波器的建立时间 t_0，为已知，则可得：

$$\frac{\Delta t_s}{t_s} = \left(1 + \frac{1}{n^2}\right)\frac{\Delta t_0}{t_0} \tag{4-18}$$

由式（4－18）可知，时基误差 $\Delta t_0/t_0$ 对测量误差 $\Delta t_s/t_s$ 的影响与 n 值有关，当示波器的建立时间可以忽略（n 值很大）时，则：

$$\Delta t_s/t_s \cong \Delta t_0/t_0 \tag{4-19}$$

这就是说，时基误差直接使测量结果产生误差。特别是当示波器的时间不可忽略时由时基误差导致的测量误差将随 n 值的减小而被“扩大”。例如当 $n=3$ 时，则：

$$\Delta t_s/t_s = 1.11\frac{\Delta t_0}{t_0} \tag{4-20}$$

设由于不同的 n 值而引起测量误差的增大量为正，则

$$E = \frac{\Delta t_s/t_s}{\Delta t_0/t_0} = 1 + \frac{1}{n^2} \tag{4-21}$$

因此从减小时基误差影响的角度来看，也希望示波器的建立时间越小越好。

时基的精确度对温度比较敏感，因此测量时的温度最好与时基校准时的温度范围相近。

（三）读数误差

读数误差是由于上下基线（即 100% 和 0%）的判别不准，测量点 10% 和 90% 不准以及此两点之间的时间读数不准而引起的，特别是当被测波形上下基线不平整，信噪比不高，示

波器聚焦不良以及有水平晃动时，将引起读数误差。

现在粗略地估计这些误差。设确定0%，100%电平的相对误差为δ_1、δ_2，并认为它们对判断10%，90%位置的影响是直接的；并确定10%和90%电平的相对误差为δ_3和δ_4。在确定了此两点之后，还要读出此两点对X轴的投影值，设其相对误差分别为δ_5，δ_6。于是读数误差可写为：

$$\Delta t_s / t_s = \pm \sqrt{\delta_1^2 + \delta_2^2 + \delta_3^3 + \delta_4^2 + \delta_5^2 + \delta_6^2} \quad (4-22)$$

设各项误差基本上相同且等于δ，于是：$\Delta t_s / t_s \cong \pm 2.5\delta$ (4-23)

例如，在较好的测量条件下，估计δ为1%，则：$\Delta t_s / t_s = \pm 2.5\delta$

做到这种读数准确度已经是相当不容易了。为了提高目测上升时间的准确度，要选用焦聚好、刻度精细的示波器，同时要充分利用荧光屏的有效尺寸，使显示的波形尽可能地大些。

示波器的垂直和水平的非线性对上升时间测量的准确度影响也很大。由于出现非线性的情况比较复杂，无法用简单的办法来归纳它们，因此最好是挑选非线性小的示波器作为测量示波器。

四、上冲量的测量

根据上冲的定义：$S_b = b/A \times 100\%$，可以从屏幕上方便地读出上冲量。下面讨论如何估计示波器固有的冲量对测得的冲量值的影响。

前面已经讲过，如果示波器不满足幅度和相频特性的不畸变条件时，将使示波器的阶跃响应变坏。一般情况，波形畸变大都发生在波形的实变部分，换句话说，这种时域的失真对应着频率特性的高端频率特性偏离了不畸变条件。因此可以说，由于示波器有限带宽的限制，产生各种波形畸变是必然的，即使是具有高斯特性的示波器，不致引起上冲、阻尼振荡等畸变，也会不可避免地引起上升时间变慢的失真。那么怎样用示波器进行高准确度测试呢？其办法就是利用频带宽度远大于被测脉冲有效频谱宽度的示波器的方法，也就是说利用示波器幅频特性的缓慢区域和相频特性的线性段。这样的方法，由于满足了不畸变条件，示波器本身的瞬态失真对测量结果影响很小，例如用建立时间比被测脉冲的上升时间小3倍的示波器进行测量。从频域角度来看，由于被测脉冲的高次谐波分量在示波器截止频率附近只有极小的分量。因此，示波器的频率特性的缺陷就不会明显地影响到被测波形了。

当用带有上冲或顶部不平坦的测试脉冲来检定示波器的瞬态响应时，应注意如下事项：

（1）输出波形的上冲量除与输入的上冲量和比值M有关外，而且对冲量的宽度很敏感。宽度增大时，输出波形的上冲量增大很快。M值越大，输出上冲量对宽度越敏感。

（2）阻尼振荡及其他顶部波动对输出上冲量影响很大，故必须对测试脉冲的阻尼振荡和顶部波动的大小和持续时间加以限制，如果测试脉冲的顶部的缺陷过大，则必须相应地增大M值，才能较好地进行示波器瞬态响应的检定。

（3）当M值大于3时，10%以下的窄的输入上冲通常在输出波形上不引起明显的上冲。如果这时输出波形仍有上冲，则可认为是由示波器引起的。

（4）示波器的阶跃响应的形状也会明显地影响输入上冲量的传递。在同样的条件下，前沿上升平缓的示波器则会使输出上冲明显地减小。

（5）鉴于影响上冲量的因素很多，而且在测试时又无法一一掌握这些因素，因此难于用简单的公式来准确地表示出上冲量的传递关系，也无法用简单的方法把输入上冲量和示波器固有的上冲量进行合成。

五、下垂量的测量

下垂量又称平顶倾斜，定义为 $S_e = e/A \times 100\%$ 。关键问题是如何准确地测量 e 的大小，如果被测脉冲波形不规则，则下垂量没有严格的答案，只能得到估计值。

在进行这项测试时必须使用直流耦合方式，并且要事先检查示波器的扫线，使之与水平刻线完全重合。当示波器不是处于直流耦合方式或使用了频带不是从直流开始的示波器，都不能用来测量脉冲的下垂量。

必须明确指出的是，下垂量的大小是与持续时间 T 有关的量，它不是一个常数，这一点常常容易误解。因此，在考核某一系统的下垂量或测量被测波形的下垂量时，必须首先明确给定的持续时间，然后再进行测量。

我们已经知道，脉冲通过某一系统后上升时间的变化，可以用来计算出这一系统的上限频率。同样地，我们可以用下垂量来计算出系统的下限频率。例如，从示波器上读出 $S_e = 6.3\%$ ，$T = 10\mu s$，于是系统的下限频率为1 000Hz。与此相反，如果已知 f_0 和 T，也可以算出此时的下垂量。

六、脉冲幅度的测量

（一）示波器直接测量法

这种测量方法是将被测脉冲直接加到示波器的垂直通道输入端。如用 H 代表被测脉冲波形在示波器屏幕上显示的高度，单位为cm或格；用 S_Y 表示示波器Y通道偏转因数，单位为V/cm，则被测脉冲波形的幅度：

$$U_p = S_Y * H \tag{4-24}$$

如果被测脉冲波形是从探头输入，则：

$$U_p = S_Y * H * A \tag{4-25}$$

式中，A 为探头的衰减比。

这种方法是最方便且常用的方法。其误差来源主要有3个方面：

（1）垂直偏转因数误差，通常约为2%~3%；

（2）探头衰减量误差，通常约为2%~3%；

（3）判读误差，约为2%左右。

因此，该方法大致有 ±5% 的测量不确定度。测量结果与聚焦是否良好，是否充分利用了屏幕有效面以及是否有准确的垂直偏转因数有很大关系。

（二）示波器比较法

先用示波器显示被测未知的脉冲的波形并记下其在屏幕上的高度，然后用已知的脉冲信

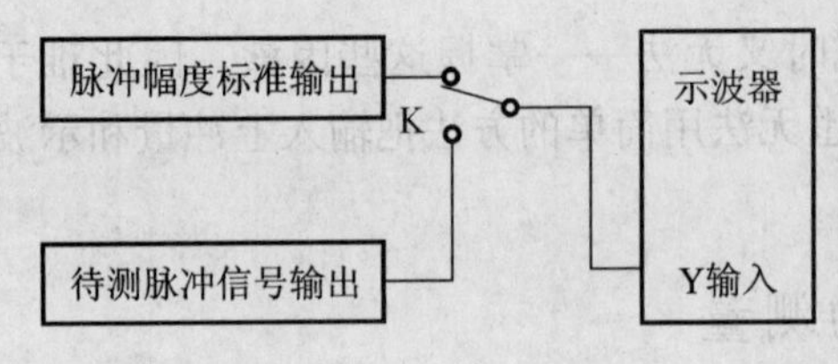

图 4—9　比较法

号进行比较，则可以使测量结果不受垂直偏转因数及衰减器误差的影响。测量准确度大为提高。测试框图如图（4—9）所示。

选择一脉冲幅度标准与待测的脉冲信号通过开关 K 交替接入示波器 Y 通道输入端。来回扳动开关 K，在示波器屏幕上交替显示脉冲幅度标准信号和待测脉冲信号。调节示波器偏转因数适当挡级，使显示的被测波形占荧光屏有效高度的 80% 以上，然后调节脉冲幅度标准输出，使其与待测脉冲信号高度一致。（要上下两端仔细对齐波形的顶与底）此时脉冲幅度标准源指示值即为待测脉冲信号的幅值。

这种方法简单，所用设备少，测量误差远比示波器直接测量小得多。当脉冲幅度标准的误差小于 0. 5% 时，用这种方法所能达到的测量准确度为（1 ~ 2. 5）%。

（三）斩波比较法

用一个接近于理想开关的斩波器快速交替地接通被测信号及标准信号，然后用一个高灵敏度示波器监视两者的差异，当平衡时即可由标准信号的幅度值显示得知被测值。这种方法所使用的示波器只作为平衡监视，要求有高的灵敏度而对其垂直线性、垂直偏转因数准确性无要求。显然，当示波器有较高灵敏度用以精确判别平衡程度及标准信号有高的准确度时，这种方法有高的准确度，而且简单可靠。测量框图如图 4—10 所示。

（四）峰值检波法

峰值检波是采用一个电阻、电容与一个二极管组成检波器。此电容通过二极管充电到被测脉冲幅度的峰值，最后用表头对检波器输出作相应的指示。典型的电原理图如图 4—11 所示。

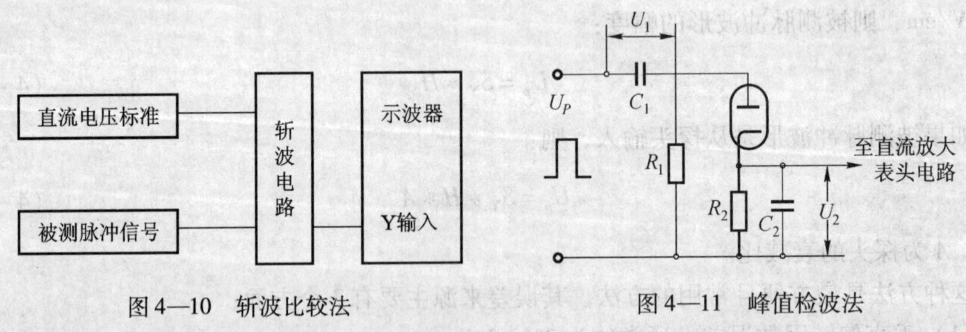

图 4—10　斩波比较法　　　图 4—11　峰值检波法

图中 C_1R_1 为耦合电路，滤掉被测脉冲波形中的直流成分，使得测量结果符合脉冲幅度定义。检波负载的时间常数 R_2C_2 比被测脉冲的最低重复周期还要大得多。

峰值检波法的工作过程是：假定被测脉冲的宽度为 τ，周期 T。被测脉冲 U_p 输入以前，二极管截止，电容器 C_2 的初始电压 $U_{c2}=0$，当被测脉冲 U_p 输入到二极管板极时，二极管导通，电容器 C_2 通过图 4—12 所示的等效电路充电。图中 R_s 包括被测脉冲源的内阻和二极管的动态电阻。充电时间常数为 R_sC_2。由于充电时间常数大于被测脉冲宽度 τ，因此电容器在第一个周期内还来不及升到被测脉冲幅度 U_p，也就是尚未完成充电 U_p 已跳回低电平，使二

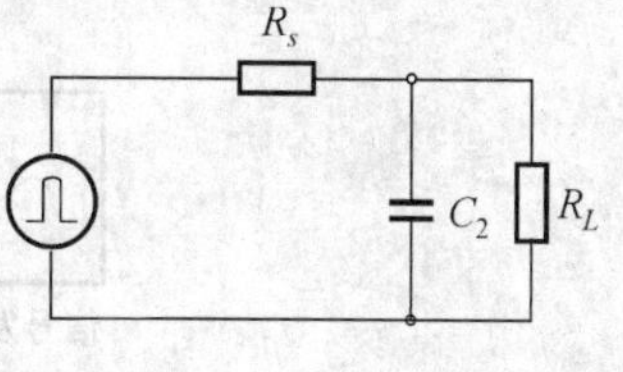

图 4—12　等效电路

极管反偏截止，电容器 C_2 通过 R_L 放电，放电时间常数 $\tau = R_LC_2$ 一般很大，因此 U_c 按指数规律缓慢地放电。到 $t = 2T$ 时，电容 C_2 上的电压尚未降到零时，又要开始充电，即电容器 C_2 在一周期内充电多而放电少，因此 U_{c2} 逐渐上升，即二极管的偏压逐渐上升，使它每次导通时充电量下降，直至若干周期以后，电容器 C_2 每周期内经 R_s。充入的电荷减少至足以补偿其经 R_L 放电电荷时，U_{c2} 达到动态平衡。当 R_2 足够大时，$U_{c2} \approx U_p$。U_{c2} 上叠加着很小的充放电波纹，若 R_2 较之 R_s 越大，U_{c2} 便越接近 U_p，同时波纹也越小。产生的偏压 U_{c2} 经过滤波输入到直流放大器推动表头电路使表头偏转指示为与 $U_{c2} \approx U_p$ 相应的值，这样就完成了对 U_p 的测量。

这种测量由于受脉冲的占空系数 $\varepsilon = \frac{\tau}{T}$ 的影响，给测量结果带来较大误差。为了消除这项误差，一般可将电压表测量结果乘以一个校正因数，以求得到修正，即

脉冲电压 = 电压表盘读数 $\times \left(1 + \frac{\tau}{T} * \frac{R_s}{R_L}\right)$。

第二节　无线电元件参数的测量

无线电元件参数的测量包括 L，C，R 的测量，品质因数的测量，阻抗的测量等。元件参数有集中性参数和分布性参数之分，本节主要讨论集中性参数元件的测量。

电路元件参数的测量一般有三种方法：

（1）谐振法：以 LC 回路的谐振特性为基础，用这种方法组成的测量仪器最常用的是 Q 表；

（2）电桥测量法：它以电桥的平衡原理为基础，如电感电桥，电容电桥和阻抗电桥；

（3）直接测量法：它以欧姆定律为基础，一个典型例子就是欧姆表。

下面分别予以介绍。

一、谐振测量法

由于谐振测量法的工作原理基于 LC 回路的谐振特性，所以这种测量方法都用于测量高频回路参数。

（一）电容的测量

利用谐振测量电容的电路如图 4—13 所示。标准电感 L_n 和待测电容 C_x 组成谐振回路，并与高频信号发生器耦合，调谐信号发生器的频率使谐振回路产生谐振（电子电压表指示最大）。在这种情况下，可根据谐振频率的计算公式求得：

$$C_x = 2.53 \times 10^4 / f_0^2 L_n (\text{pF}) \tag{4-26}$$

式中：f_0——信号发生器上读出的谐振频率；

L_n——标准电感，μH。

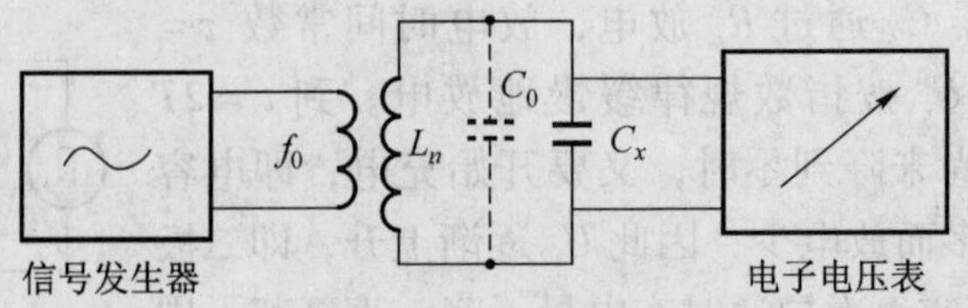

图 4—13 电容的测量

上述测量方法的误差取决于 L_n 和 f_0 的精确度，从式（4－26）算得的 C_x 实际上包括 L_n 的分布电容 C_0，这也要引起测量误差。

利用代替法可减小测量误差，这种方法如图 4—14（a）所示。测量步骤如下：

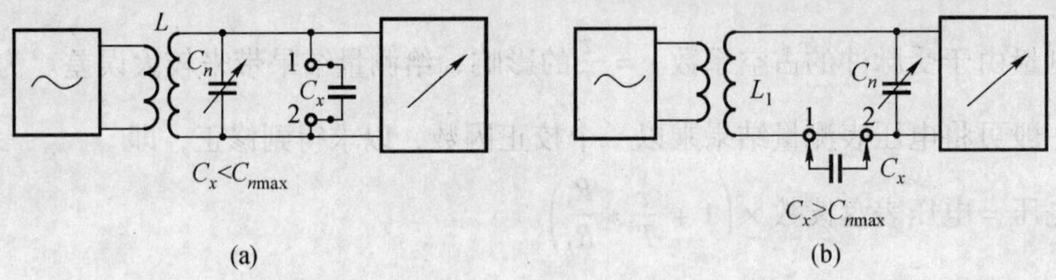

图 4—14 测量电容的代替法

（1）不接 C_x，将标准可变电路 C_n 调到大于 C_x 的某一值上，设为 C'_n，选择适当的电感 L，调谐信号发生器的频率使回路谐振；

（2）保持信号频率不变，接入 C_x，这时回路将失谐，减小 C_n 使回路重新谐振，设这时 C_n 为 C''_n，则被测电容 C_x 等于

$$C_x = C'_n - C''_n \tag{4-27}$$

代替法的精确度取决于标准电容 C_n 的精确度和判断谐振点的准确性，而与 f_0，L 的精确度以及 L 的分布电容无关。

当 $C_x > C_{n\max}$，可采用图 4—14（b）电路，首先将 1～2 端短路，调 C_n 使回路谐振，设 C_n 为 C'_n然后去掉 1—2 端短路线，接入 C_x，增加 C_n 使回路重新谐振，设 C_n 为 C''_n，则：

$$C_x = \frac{C'_n - C''_n}{C''_n - C'_n} \tag{4-28}$$

利用代替法测电容，测量误差约为 1%。

（二）电感的测量

利用图 4—13 电路，如电容为标准电路 C_n，则可测量电感 L_x，当回路谐振时，则有

$$L_x = 2.53 \times 10^4 / f_0^2 C_n\ (\mu\text{H}) \tag{4-29}$$

式中：f_0——谐振频率，MHz；

C_n——标准电容，pF。

必须指出，利用式（4－29）求得的 L_x 没有考虑接线引线电感、回路电容器的寄生电感

的影响。所以，由式（4-29）算出的 L_x 需加修正，即应为 L_x—L_δ。一般，仪器的技术说明书上都给出残量 L_δ，例如，QBG—lA 型 Q 表的 $L_\delta=100\text{nH}$。当 $L_x \gg L_\delta$，则可不考虑这个残量。

（三）Q 值的测量

1. Q 值的基本概念

（1）回路 Q 值

研究有关 Q 值的问题时，都以回路 Q 值为基础。回路 Q 值的定义一般用下式表示：

$$Q=2\pi\frac{\text{回路内的储能}}{\text{一个振荡周期内消耗的能量}} \tag{4-30}$$

根据谐振系统的不同组成，可有更为具体的表达式，普遍的可定义为：

$$Q=\frac{X}{R}=\frac{\varpi L}{R}=\frac{1}{\varpi CR} \tag{4-31}$$

式中：R——回路等效的串联损耗电阻；

ω——回路谐振时的角频率。

（2）回路真实 Q 值与回路有效 Q 值

式（4-31）所示回路 Q 值是理想条件下的表达式。实际上，每个电感线圈都含有分布电容 C_0；同样，每个电容器都含有分布电感 L_0（见图 4—15）。

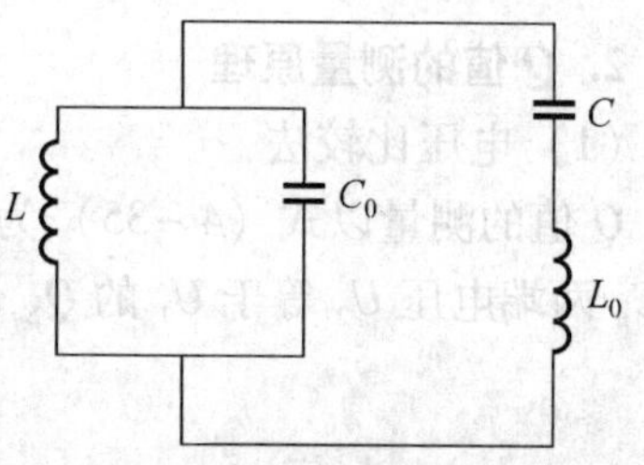

图 4—15 由含有分布参数（C_0，L_0）的元件所构成的谐振回路

在实际回路中，当分布参数选小于真实参数时（即 $L_0 \ll I/\omega^2 C$ 和 $C_0 \ll I/\omega^2 L$），则由能量关系定义的 Q 值可近似表示为

$$Q_S=\frac{\varpi(L+L_0)}{R}=\frac{1}{\varpi(C+C_0)R} \tag{4-32}$$

式中：Q_S——实际回路的真实 Q 值；

L，L_0——分别为电感线图的真实电感量和电容器的分布电感量；

C，C_0——分别为电容器的真实电容量和电感线圈的分布电容；

R——回路等效串联损耗电阻。

下面我们讨论回路的有效 Q 值。回路的有效 Q 值是当一个串联谐振回路与信号频率谐振时，从回路电容器两端所得到的电压提出来的。下面我们来计算图 4—16 回路中电容器两端电压 V_C，从图可得

$$V_C=I\left(\frac{1}{\varpi C}-\varpi L_0\right)=I\frac{1}{\varpi C_{Eq}} \tag{4-33}$$

式中，C_{Eq} 为回路电容器 C 及其分布电感 L_0 的高频有效电容，即

$$\frac{1}{\varpi C_{Eq}}=\frac{1}{\varpi C}-\varpi L$$

第四章 基本无线电参数测量

考虑到当串联谐振回路谐振时，$I=E/R$，故式（4—33）可写成：

$$V_C=\frac{E}{R}*\frac{1}{\varpi C_{Eq}}=E*\frac{1}{\varpi C_{Eq}R}=EQ_{Eq} \tag{4-34}$$

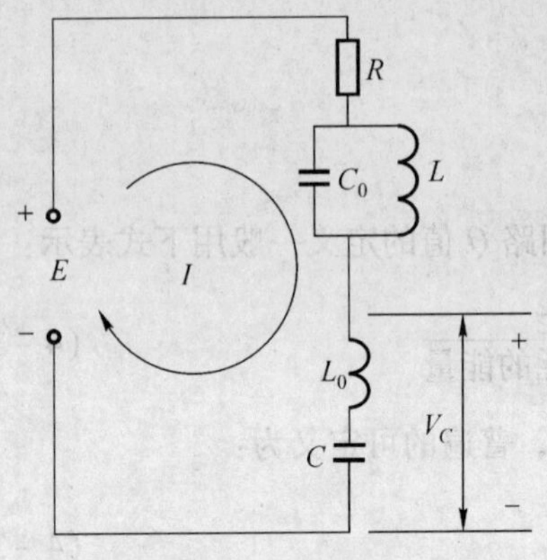

图 4—16　实际串联谐振回路电容器两端的电压

式中，我们引入了 $Q_{Eq}=1/\omega C_{Eq}R$，Q_{Eq} 称回路的有效 Q 值。于是我们可对有效 Q 值 Q_{Eq} 定义如下：在一个实际谐振回路内，回路电容器的有效电抗（或回路线圈的有效电抗）与整个回路的等效串联损耗电阻之比值，即：

$$Q_{Eq}=X_{Eq}/R=\frac{1}{\varpi C_{Eq}R}=\frac{\varpi L_{Eq}}{R} \tag{4-35}$$

由上面讨论得知，当串联谐振回路谐振时，电容器两端电压 V_C 比输入电压 E 高 Q_{Eq} 倍，即 V_C 与有效 Q 值 Q_{Eq} 成正比，而不是与回路的真实 Q 值 Q_S 成正比。

2. Q 值的测量原理

（1）电压比较法

Q 值的测量以式（4－35）为基础，其测量电路如图 4—17 所示。当回路谐振时，回路容 C_n 两端电压 U_2 等于 U_1 的 Q_{Eq} 倍，因此，只要测得 U_1 和 U_2，即可得

$$Q_{Eq}=\frac{U_2}{U_1} \tag{4-36}$$

若使 U_1 为常数，则 Q_{Eq} 与 U_2 成正比，故电压表 V_{m2} 可直接以 Q 值刻度。

实际上利用图 4—17 测量原理所测到的是整个测试回路的有效 Q 值。当测试回路内的调谐电容器等的残量很小时，即电容器的有效 Q 值 Q_{EqC} 很高时（$Q_{EqC}\gg Q_{EqL}$），则可以认为 $Q_{Eq}=Q_{EqL}$，即此时根据图 4—17 电路测得的 Q 值可代表被测电感线圈的有效 Q 值。

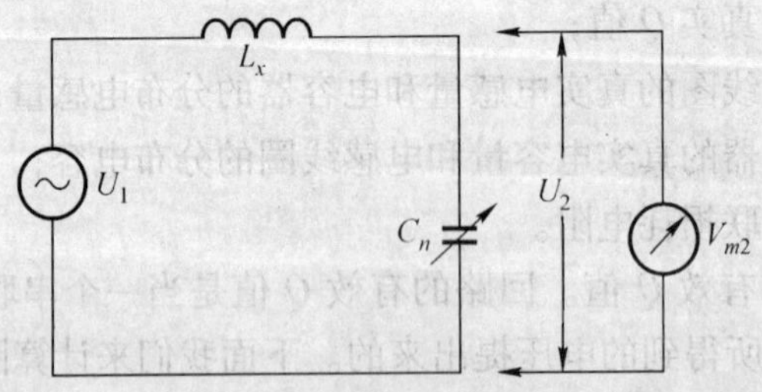

图 4—17　测量 Q 值的原理图

（2）变频率法

利用变频率法测量 Q 值仍可用图 4—17 测量电路，其原理是基于选频回路的半功率点带宽，可写成：

$$2\Delta f_{0.7}=f_0/Q_{Eq}$$

则 $$Q_{Eq}=f_0/2\Delta f_{0.7} \tag{4-37}$$

式中：f_0——谐振频率；

Q_{Eq}——回路有效 Q 值。

根据式（4－37），变频率法的测量步骤如下：

① 维持输入电压 U_1 不变，调信号频率使回路谐振，即 U_2 指示最大，记下 f_0；

② 使信号频率偏离 f_0 向左边失谐到 U_2 下降为谐振时的 0.707 倍，记下两个频率 f_1 和 f_2，即 $2\Delta f_{0.7}=f_1-f_2$，所以：

$$Q_{Eq}=f_0/(f_1-f_2) \tag{4-38}$$

用频率计可准确测得式（4—38）中的 3 个频率值，即可求得 Q_{Eq} 值。

由此可见，用变频率法测得的仍是整个回路的有效 Q 值，必要时也需进行残量修正。

利用变频率法测量 Q 值比电压比法获得较高的测量精确度，因为这种方法与两个电压（U_1 和 U_2）读数的绝对准确度无关，而 U_2 只作相对指示，尤其在高频时，电压表 V_{m2} 的频响将带来较大的误差。这种测量方法的误差主要取决于判断谐振点与半功率点的准确程度。

二、电桥测量法

（一）四臂电桥

电桥电路广泛用来测量电阻、电容和电感，四臂电桥的原理电路具有图 4—18 所示的形式。

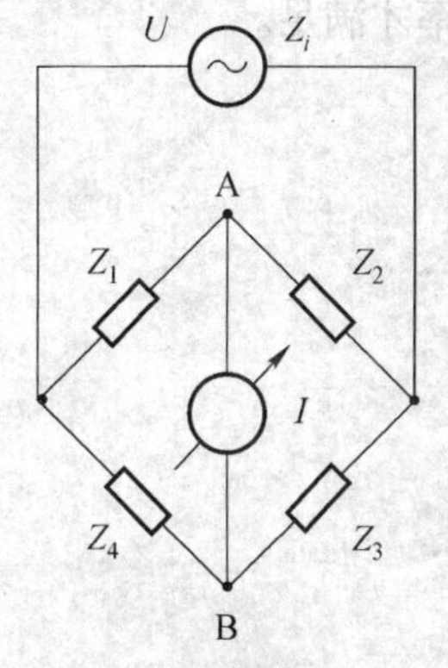

图 4—18　测量电阻、电容和电感的四臂电桥原理图

电桥的每一个臂可能具有电阻、感抗或容抗。电桥的两个对角线上分别接上具有内阻抗 Z_i 的振荡器 U 和指示器 V。指示器的指示 V 正比于点 A 与点 B 间的电位差。

电桥达到平衡时，接指示器的对角线中没有电流，并满足以下条件：

$$Z_1Z_3=Z_2Z_4 \tag{4-39}$$

阻抗 Z_1，Z_2，Z_3 和 Z_4 通常可能是电阻、感抗或容抗。在交流电路中，每一个阻抗都可以是复数值。

通常，电桥的平衡条件可以写成

$$|Z_1|e^{j\varphi_1}*|Z_3|e^{j\varphi_3}=|Z_2|e^{j\varphi_2}*|Z_4|e^{j\varphi_4} \tag{4-40}$$

复数值相等可以分成相对臂阻抗模数的乘积相等和相对臂阻抗相角和相等两个等式：

$$|Z_1|*|Z_3|=|Z_2|*|Z_4| \tag{4-41}$$

$$\varphi_1+\varphi_3=\varphi_2+\varphi_4 \tag{4-42}$$

从以上的式子可以得出结论，交流电桥的平衡至少需要两个调节元件，即：阻抗之一的模数与任一阻抗的相角。这两个调节元件不是彼此无关的，要使电桥平衡，要轮流地对阻抗的模数和相角进行调节，使指示器的指示最小。调节一直进行到这样一个状态为止，在这个位置上，继续调节阻抗的模数或相角都会使指示器的指示增大。在平衡状态下，流过电桥指示器的电流应该为零。

阻抗相角和相等 $\varphi_1+\varphi_3=\varphi_2+\varphi_4$ 指出，在每一个臂的安排上，根据它们的特性应能使电路平衡。假使上面两臂只有电阻（即 $\varphi_1=\varphi_2=0$），则当 $\varphi_3=\varphi_4$ 时，下面两臂应该接入电感或电容，电桥就可以平衡了。

如果把电阻接在相对的臂上，即如果 $\varphi_1=\varphi_3=0$，则电桥只能在其余两个相对臂上接入相反相移的电抗才能平衡。换句话说，两个其余的相对臂之一应该连接电感，而另一个应该接电容。

测量电感时，如图 4—19（a），平衡的方程式具有以下形式：

$$R_1R_3=(R_x+\mathrm{j}\,\varpi L_x)\frac{1}{\dfrac{1}{R_s}+\mathrm{j}\,\varpi C_s}$$

于是，可求得：

$$L_x=\frac{R_2}{R_1}C_s \text{ 与 } R_x=\frac{R_1}{R_2}R_s \tag{4-43}$$

同理，如果被测阻抗具有电容的特性，如图 4—19（b），则此时

$$C_x=\frac{R_2}{R_1}C_s \text{ 与 } R_x=\frac{R_1}{R_2}R_s \tag{4-44}$$

所以，电容器 C_x 的损耗角正切为

$$\tan\delta=R_x\,\varpi C_x=R_s\,\varpi C_s \tag{4-45}$$

电桥必须用纯正弦电压供电。因为，平衡的条件仅对某一个频率才满足。

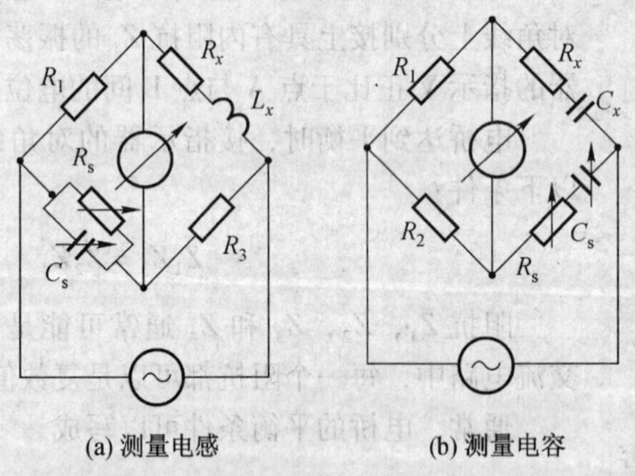

图 4—19 测量电感与电容的简化电桥电路

如果电源电压除了满足平衡条件的基波之外，还包含有谐波，则对角线上指示器的电压将不等于零，而只能做到最小。在指示器电路中，采用选频放大器实际上可以削弱电源电压的高次谐波的影响，从而提高了测量的精确度。

当考虑了寄生电容的影响时，电容寄生耦合造成电桥电路各部分中的电流的重新分配，因此，可能发生虚假的平衡。这些耦合并不是恒定不变的，因而，对同一量的重复测量可能得到不同的结果。

如果利用所谓的单层屏蔽，则可以使电路大为简化。单层屏蔽是把桥臂放入金属的屏蔽

罩内，而屏蔽罩同被屏蔽的元件一端相连。在这种情况下，桥臂对地和对其他臂的电容为零，此时，桥臂对屏蔽的电容 C_1 是恒定的。此外，还有屏蔽与地之间的电容 C_{sg}，而这个电容接入电桥电路将不致影响电桥的平衡条件。

（二）T 形电桥

T 形电桥的原理图如图 4—20 所示。这种电路的特点是电源与平衡指示器有一个公共点，这个公共点可以接地，这在很大程度上避免了容性漏泄，因此可以在高频下测量阻抗。

电路的平衡条件是：

$$Z_1 + Z_4 + \frac{Z_1 Z_4}{Z_3} + Z_2 = 0 \tag{4-46}$$

它是由分析四端网终电路得到。从式（4—46）可以得到被测阻抗的值。通常，被测阻抗不是接到臂 Z_2 就是接到臂 Z_3。直接测量电感的 T 形电桥如图 4—21 所示。这种电桥平衡条件为：

$$L_x = \frac{1}{\varpi^2(2C + C_k)} \tag{4-47}$$

$$R_x = \frac{R}{4\left(1 + \frac{C_k}{2C}\right)^2} \tag{4-48}$$

式中，L_x，R_x 分别为电感和电阻的有效值。

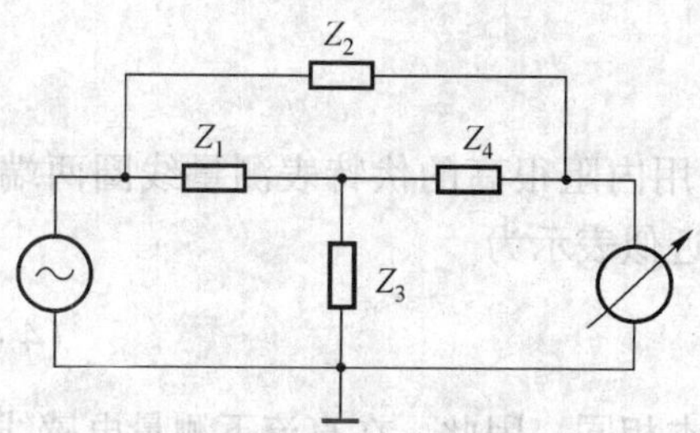

图 4—20　T 形电桥原理电路

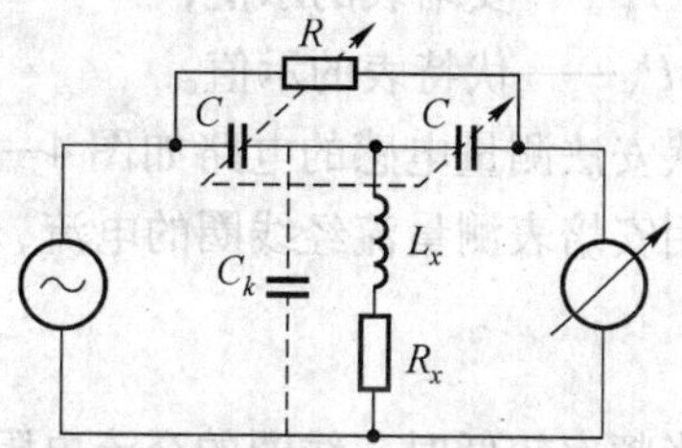

图 4—21　测量电感的 T 形电桥

三、直接测量法

借助于建立在欧姆定律基础上的电表法，可以构成直接式阻抗测量仪。它通常仅适用于低频。测量直流电阻的伏—安法是用安培表测量流经被测电阻 R_x 的电流，用伏特表测量 R_x 两端的电压，根据欧姆定律有：

$$R_x = \frac{U_V}{I_A} \tag{4-49}$$

式中：U_V——伏特表的示值；

I_A——安培表的示值。

伏安法测量电阻如图 4—22 所示。图中 R_x 为被测电阻；R_V 为伏特表内阻；R_A 为安培表内阻。由于仪表具有内阻，按式（4 -49）计算将产生方法误差。

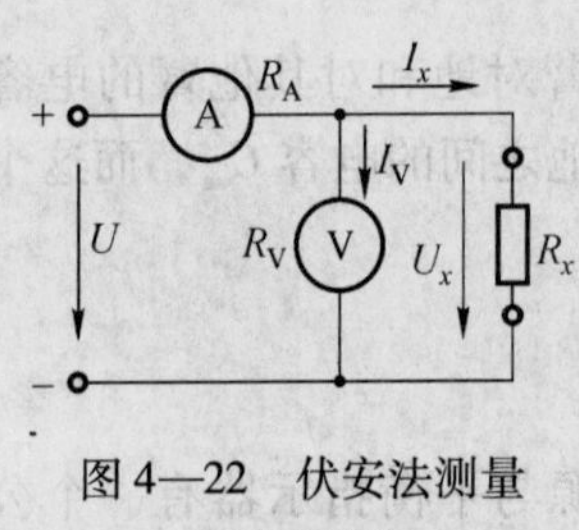

图 4—22 伏安法测量直流电阻图

如果用这种方法测量交流阻抗，则按式（4-49）可计算出阻抗的模值。

这种方法的优点是可使测量时通过被测量电阻的电流与电阻的工作电流完全相同。这对于电阻值与电流有关的非线性元件（例如，热敏电阻、镇流电阻等）的测量是十分重要的。

伏安法测量电容的电路如图 4—23 所示。图中：L 为可变电感；C_x 为待测电容。为使安培表有足够大的读数，应适当选择串联电感 L，使电路在接近谐振的情况下进行测量。

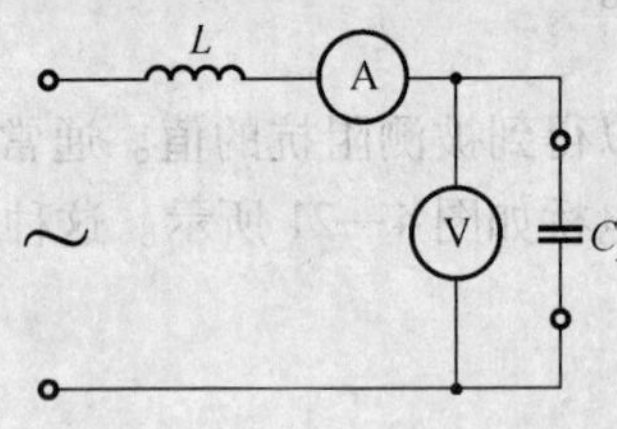

图 4—23 伏安法测量电容图

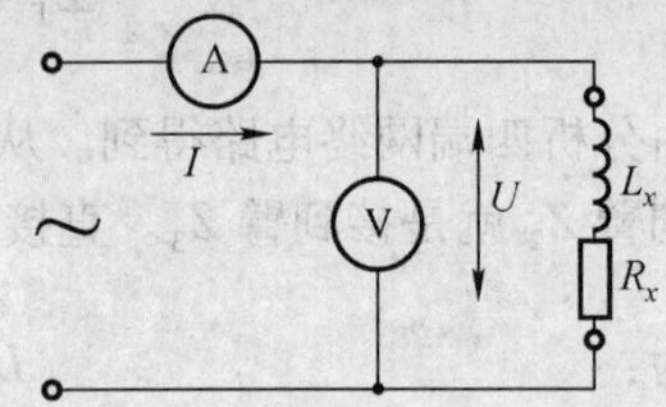

图 4—24 伏安法测量电感图

如果所用伏特表的内阻较大，则待测电容 C_x 可以近似表示为：

$$C_x = I_A / U_V \qquad (4-50)$$

式中：I_A——安培表的示值；

U_V——伏特表的示值。

伏安法测量电感的电路如图 4—24 所示。如果用内阻很高的伏特表测量线圈两端的电压，用安培表测量流经线圈的电流，则线圈阻抗可近似表示为

$$R_x = U_V / I_A \qquad (4-51)$$

当频率较低时，线圈的交流电阻与直流电阻基本相同，因此，在直流下测量电感线圈的电阻 R_x，便可求得近似的电感量为：

$$L_x = \frac{\sqrt{Z_x^2 - R_x^2}}{2\pi f} \qquad (4-52)$$

式中，f 为交流信号的频率。

第三节　高频微波场强测量

在现代无线电计量测试中，场强是一个极其重要的参数，无线电计量测试中所说的场强，即指高频微波电磁场的场强。

众所周知，高频微波辐射对人类的健康是相当有害的。它能使人产生植物神经功能紊乱乱症候，造成人的血象及心脑的病变。当电磁辐射大到一定程度，会使燃油燃烧，炸弹引爆，一些电子仪器受到它的干扰后，会产生错误的程序及动作，导致交通事故和生产事故，

因此，现代社会各国对电子设备的电磁泄漏及抗干扰能力均有严格的技术指标和检验标准。为了抑制电磁干扰，就要研究电磁干扰的性质、传播的方式、途径、范围等，这些都离不开电磁干扰测量仪和场强测量仪。

一、场强测量的基本概念及常用术语

（一）基本概念

电磁场按其物理性质分为电场或磁场；按其是否随时间而变化分为静态场和时变场。在静态场中，电场与磁场仅是空间坐标的函数，与时间无关；在时变场中，电场与磁场不仅是空间坐标的函数，而且是时间的函数。高频微波电磁场就是指波长在中短波至毫米波内的交变电磁场，其频率范围为 10kHz ~40GHz。场强仪和干扰仪的测量对象就是在此频率范围内的交变电磁场和脉冲电磁场。

表征电场特性的基本场矢量是电场强度，用符号 E 表示，它的定义式如下：

$$E(x,y,z)=\lim_{q_i\to 0}\frac{F(x,y,z)}{q_i} \tag{4-53}$$

式中，$F(x, y, z)$ 为试体 q_i 在点（x, y, z）所受的力。

通常把电场强度简称为场强，单位为 V/m。

表征磁场特性的基本矢量是磁场强度，用 H 表示。

$$F=\mu q(v\times H) \tag{4-54}$$

式中所示为当有电荷 q 在磁场中以速度 v 运动时，则受到磁场对它的作用力，式（4-54）即为磁场强度的定义式，磁场强度单位为 A/m。

当电场和磁场都随时间变化时，电磁场是统一不可分割的。磁场的变化产生电场；电场的变化产生磁场。

电磁场具有能量，有关能量转换规律服从玻印亭（Poynting）定理。玻印亭矢量是场强计量测试中非常重要的物理量；它表明了单位时间内穿过与能流方向垂直的单位面积的能量。它的表达式如下：

$$S=E\times H \tag{4-55}$$

S 的方向即为单位面积能量，即功率流动的方向。在场强测试中，经常要测 S，或者由 S 导出 E 或 H。

随时间变化的电荷或电流要向空间辐射电磁能量，这种现象称为电磁能的辐射，会对人们或工作造成损害的辐射，称为干扰；利用设备有目的地使电磁能量有效地传播到空间去，称为工作辐射，所用的设备称之为辐射器。天线不但可以发射电磁波，也可以接收电磁波。场强和辐射干扰的计量测试都离不开天线。

不同频段的天线具有不同的型式，距离辐射源的距离不同时，对天线的要求也不同。而各种天线都具有相应的仪器的附属设备，以及相应的测试方法。

天线有许多电气特性，在使用场强仪和干扰仪测试时，天线系数是经常用到的重要参数，天线系数的定义如下：

$$F = E/V \tag{4-56}$$

用 dB 值表示为

$$F = 20\log(E/V) \tag{4-57}$$

式中：V——天线输出端电压；

E——接收到的电场强度。

一般来说，天线系数由制造厂家把计算值或实际值告知用户。实际使用中，只要测出天线端电压，再加上天线系数，即可得到被测场强值。

这里值得提出的是 dBμ 是场强单位的分贝制单位，为什么要采用分贝制单位，这是为了便于表达和运算。这里还要提出 dBμ 只对小电压较方便，对大电压的场强也可采用 dBV 或 dBmV。

在场强的分贝制单位中，我们定义 1μV/m = 0dBμV/m，简写为 0dBμ，称为“分贝微伏/米”。

电场强度与 dBμV/m 的对应关系如表 4—1 所示。

表 4—1 电场强度与 dBμV/m 对应关系

E/(μV/m)	1	10	10^2	10^3	10^4	10^5	10^6
dBμ	0	20	40	60	80	100	120

（二）常用术语

在高频微波电磁场的测量中涉及许多术语，现仅将常用的一些介绍给大家。

1. 场强

通常指电场矢量的大小，以伏/米表示；也可以指磁场矢量大小，以安、米表示。“场强”用在电磁兼容性或电磁干扰领域时，它仅适用于远场测量。对在近场测量时，应根据测量结果是电场还是磁场，而采用相应的术语“电场强度”或“磁场强度”。

2. 功率密度

在空间某点上玻印亭矢量的值。它是该点电磁波的量值，用单位面积上的功率表示。

3. 电磁噪声

与任何信号都无关的一种电磁现象，通常是脉动的和随机的。

4. 电磁干扰

任何中断、阻碍、降低或限制电子设备有效性能的电磁能量。

5. 辐射干扰

由任何部件、天线、电缆或连接线辐射的电磁干扰。

6. 传导干扰

沿着导体传输的电磁干扰。

7. 电磁环境电平

当被试仪器不通电时，在规定的试验地点和时间内存在辐射及传导的信号与噪声的大小。该环境电平是由人为及自然源来的电磁能量共同形成。

8. 屏蔽室

一种专门设计的能对外界射频环境起衰减作用的封闭室，因而能在屏蔽外部电磁干扰情况下对被试仪器进行测量。

9. 横电磁波室

能为测量提供一个确定环境场强的封闭室。该室中传播的电磁波模式是横电磁波。

二、近区场强的测量

通常按照距场源距离的大小，把电磁场分为近区场（$r<2D^2/\lambda$），远区场（$r>2D^2/\lambda$）和费涅尔区（$r\cong 2D^2/\lambda$），其中，r 为距场源的距离；λ 为电磁波长；D 为天线口径。大家知道。静态场没有近场和远场的区别，有场源就有场。静止电荷周围的电场随场源距离的增大按平方反比关系衰减；稳定电流周围的磁场，随场源距离的增大，按立方反比关系衰减。

当场由静态过渡到时变时，这种在电荷、电流周围所产生的场依然存在，称为感应场。此外，还出现一种新的电磁场成分，称为辐射场，它是脱离电流、电荷并以波的形式向外传播的场。辐射场仅与距离成反比关系衰减。近区场有如下特点：

（1）电场 E 和磁场 H 的大小，没有确定关系。

（2）近区场离场源近，其场强一般比远区场强大。

（3）近场的电场和磁场均随距离的增加而很快减小，故近场的空间不均匀度大。

（4）近区场通常是一个复杂的非均匀场。

根据以上近区场的特点，就要求在近场计量测试中，要用不同的天线，对电场和磁场分别进行测试，且要求场强仪能测很强的场。此外天线探头体积要小，才能分辨力高，对场的干扰小，而且最好采用各向同性探头进行测试。

三、近区场强仪的工作原理

近区场强仪一般可分为两大类：一类是调谐式近场测量仪；一类是宽带近场测量仪。根据其天线探头结构形式不同，又分为有向近场测量仪和全向近场测量仪。

（一）调谐式近场测量仪

典型调谐式场强计功能方块图如 4—25 图所示。

由图 4—25 可知，它基本上由超外差接收机附加某些特性构成，调谐式近场测量仪具有高灵敏度、高选频性、大动态范围的优点。

（二）有向近场测量仪

这种仪器的电场探头由一个简单短偶极子天线构成，磁场探头则由一个简单小环天线构成，当天线方向对准被测场极化方向时，指示器上有最大读数指示，因此是非调谐式有向近场测量仪。国产 RJ－2、RJ－3 等高频近场测量仪即属此类，短偶极子探头近场测量仪原理方块图如图（4—26）所示。

1. 电场探头

由短电偶极天线及若干整流滤波元件构成，天线上的感应电压为：

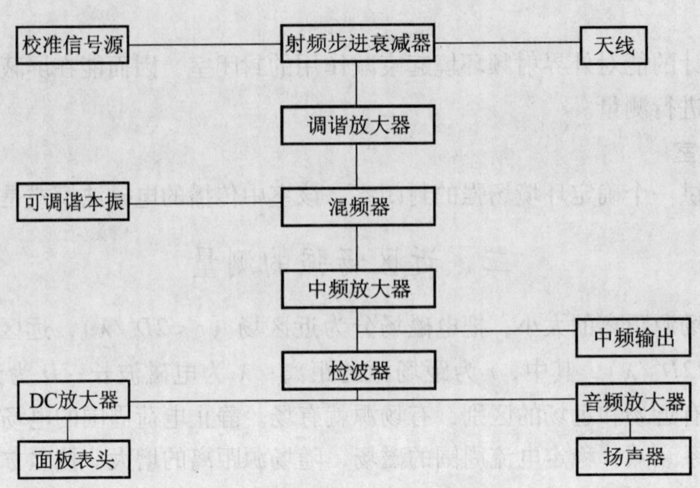

图 4—25 典型调谐式场强计方框图

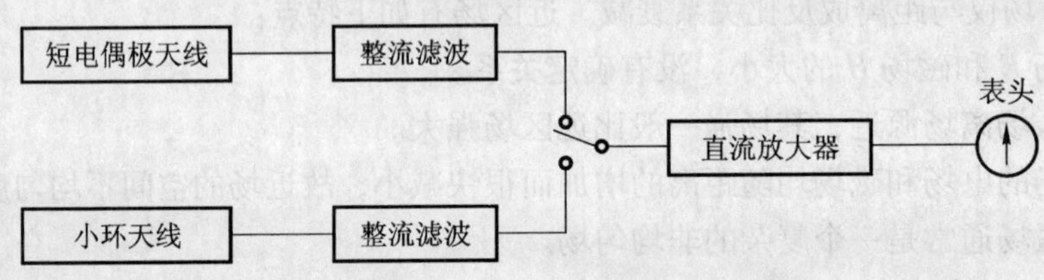

图 4—26 短偶极子探头近场测量仪原理框图

$$U_0 = RL_{\text{eff}} \tag{4-58}$$

式中，L_{eff}为短电偶极天线的等效长度；L_{eff}按下式计算：

$$L_{\text{eff}} = 1/2L \tag{4-59}$$

式中，L 为电偶极天线实际长度。

2. 磁场探头

磁场探头由一小环天线及若干整流滤波元件构成，环天线上感应电势为：

$$\varepsilon = -\mu_0 \int \frac{\mathrm{d}H}{\mathrm{d}t} \mathrm{d}s \tag{4-60}$$

只要用环天线探头测出感应电势 ε，磁场 H 可由式（4－61）计算：

$$H = \varepsilon / \varpi \mu_0 \pi b^2 N \tag{4-61}$$

式中：b——环半径；

N——环天线匝数。

偶极子探头有向近场测量仪的优点是电路较简单、造价低廉；缺点是在测试中，如不知道场极化方向，用手持探头去寻试则有很大不便，另外频段、测试精度也差一些。为克服上述缺点，人们开始研制三坐标探头。当用三坐标探头近场测量仪测量近场时，不论场如何复杂，极化方向预先知否，测试点场强总可以沿探头的 3 个正交偶极子方向分解为 3 个分量，

分别被3个正交偶极子所检测，该测试点的总电场强度与总磁场强度分别为其坐标分量的方和根值

$$E=\sqrt{E_x^2+E_y^2+E_z^2} \tag{4-62}$$

$$H=\sqrt{H_x^2+H_y^2+H_z^2} \tag{4-63}$$

而此种方和根的信号处理，完全是由电子线路来完成的。

四、远区场强的测量

远区场的测量有如下特点：

（1）电场 E 和磁场 H 有确定的比例关系，因此，只要测出其中一个，就可以推算出另一个，例如，用方框天线测出 H，E 也就知道了。测量时只须测 H 即可，无须建立两套标准。

（2）远区场源远，场强较弱，而且在空间常与其他频率的远场叠加，因此，要求远场测量仪不仅能测弱场，且能选频。

（3）远区场随场源距离 r 反比衰减，衰减慢，因此空间梯度小，较均匀，允许使用较大的天线，以提高天线接收灵敏度。

（4）远场电磁波的多路效应要求场强仪天线能转动，以便天线方向与场极化方向一致。

五、远区场强测量仪的工作原理

远区场强仪的电路原理方块图如图4—27所示。

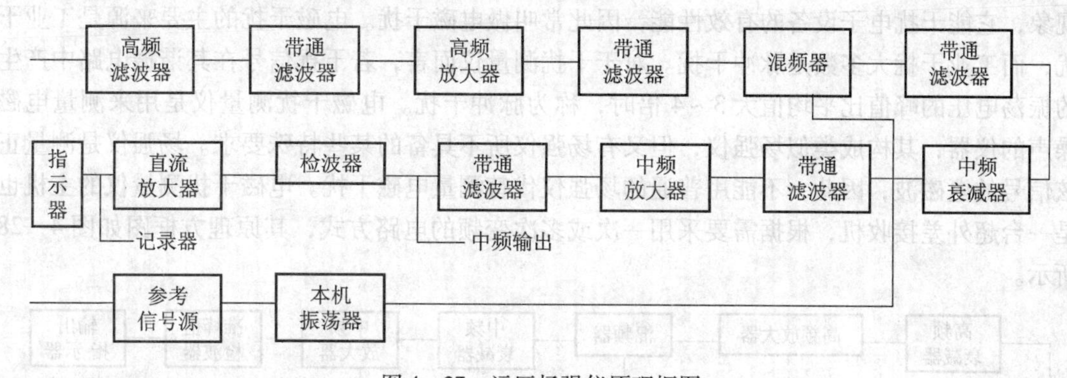

图4—27　远区场强仪原理框图

（一）场强测量的基本原理

为便于分析，设 e_0 为天线在被测未知场强 E_x 作用下的感应电动势；L_{eff} 为天线有效高度；L 为连接电缆的损耗；U_b 为参考信号源给出的基准电压；m 为测量 e_0 时的匹配损耗；n 为用参考信号源进行校准时的匹配损耗，A_b 为用参考信号源校准，表头指示为 M 时衰减器的示值；A_c 为测 e_0 时，表头示值为 M 时衰减器的示值；G 为放大器的增益；M 为测量校准时的表头示值，则被测场强可用下式求得：

$$E_x = e_0 - L_{eff} \tag{4-64}$$

当用场强仪主机测量未知场强 E_x 在天线上产生的感应电动势 e_0 时，可得：

$$e_0 - L - m + G - A_c = M \tag{4-65}$$

用参考信号源进行校准时，又得：

$$U_b - n + G - A_b = M \tag{4-66}$$

由上二式可得：

$$e_0 = U_b + L + (m - n) + (A_c - A_b) \tag{4-67}$$

$$E_x = U_b - L_{eff} + L + (m - n) + (A_c - A_b) \tag{4-68}$$

如果参考信号源输出电压 U_b 在该场强仪的整个工作频带内是恒定的并等于 A_b，则

$$E_x = A_c + K_d \tag{4-69}$$

式中，$K_d = L—L_{eff} + m - n$，此即天线系统的传输系数。

以上结论说明：当用远区场强仪测场强时，被测未知场强 E_x 可由衰减器示值 A_c 加上天线系统传输系数 K_d 得到。

（二）干扰测量仪的基本原理

电磁干扰测量仪是用于测量电磁噪声的仪器。电磁噪声是与任何信号都无关的一种电磁现象，它能干扰电子设备的有效性能，因此常叫做电磁干扰。电磁干扰的主要来源是工业干扰，而工业干扰大多数是脉冲干扰。对于干扰测量仪而言，若干扰信号在其谐振电路中产生的振荡电压的峰值比平均值大 3 ~4 倍时，称为脉冲干扰。电磁干扰测量仪是用来测量电磁噪声的仪器，其构成类似场强仪，但又有场强仪所不具备的某些特殊要求。场强仪是测量正弦信号的电磁波，因此，不能用普通的场强仪代替测量电磁干扰。电磁干扰测量仪的主机也是一台超外差接收机，根据需要采用一次或多次变频的电路方式，其原理方框图如图 4—28 所示。

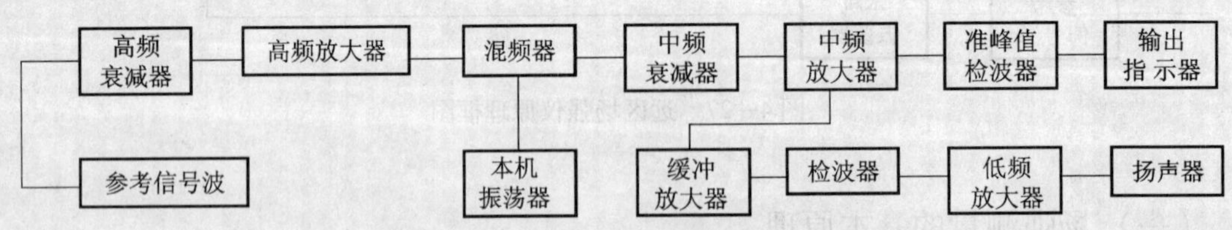

图 4—28 电磁干扰测量仪原理框图

电磁干扰测量仪具有如下几个特点，使其不但能测正弦信号的电磁场强，也能测量脉冲干扰的场强。

1. 准峰值电压表

研究电磁干扰，主要是针对电磁噪声对语言通信的影响，所以人们着重研究与人的听觉器官响应一致的仪器，而准峰值电压表就具有与人的听觉器官响应一致的功能，它是按照国

际无线电干扰特别委员的规定而设计的，准峰值检波器充放电时间常数和表头机械时间常数如表4—2所示。

表4—2 准峰值检波器充放电时间常数和表头时间常数

频率	充电时间常数	放电时间常数	表头时间常数
10~150kHz	45ms	500ms	160 ms
150kHz~30MHz	1ms	160ms	160ms
30~1 000MHz	1ms	550ms	100 ms

2. 整机带宽

干扰脉冲的持续时间与重复周期相比通常非常小。在干扰测量仪通带内，这种窄脉冲干扰的示值取决于干扰信号功率谱之分布，即示值随带宽不同而变化，这就必须规定干扰测量仪的整机带宽。否则，不同带宽的仪器测同一个干扰源，会得出显著不同的结果。国际无线电干扰特别委员会对不同频段的干扰测量仪的整机带宽规定如表4—3所示。

3. 过载系数

超过满量程指示，但仍保持非线性偏差不超过1dB的最大电平与满量程之比称做整机的过载系数。国际无线电干扰特别委员会规定过载系数如表4—4所示。

表4—3 不同频段干扰测量仪的整机带宽

频段	下降6dB带宽
10~150kHz	200Hz
150kHz~30MHz	9kHz
30~1 000MHz	120kHz

表4—4 过载系数

频段	检波前	检波后
10~150kHz	24dB	6dB
150kHz~30MHz	30dB	12dB
30~1 000MHz	43.5dB	6dB

4. 脉冲响应

检波器充放电时间常数、表头临界阻尼机械时间常数、整机带宽和过载系数4种特性决定了干扰测量仪的脉冲特性，又称脉冲响应。脉冲响应符合规定，上述4种特性必然符合规定。脉冲响应又分为“幅值响应”和“重复频率响应”。

(1) 脉冲幅值响应

指给定谱密度的脉冲在干扰测量仪上的响应与指定的正弦信号的响应相同，国际无线电干扰特别委员会对脉冲幅值响应的规定如下：

10~150kHz：对脉冲面积为13.5μVS频谱均匀度±1dB，重复频率为25Hz的脉冲，在干扰测量仪所有调谐频率上，必须与未调制电动势为2mV的正弦信号的响应之差≤±1.5dB。

0.15~30MHz：对脉冲面积为0.316μVS频谱均匀度±1dB，重复频率为100Hz的脉冲，在干扰仪的所有调谐频率上，必须与未调制电动势为2mV的正弦信号的响应之差<±1.5 dB。

30~1 000MHz波段，对脉冲面积为0.044μVS频谱均匀度±1dB，重复频率为100Hz的脉冲，在所有调谐频率上，必须与未调制电动势为2mV的正弦倍号的响应之差≤±1.5dB。

脉冲幅值响应主要与整机通频带有关。通带不同，通过的谱线数目也不同，幅值的响应也就不同。

(2) 脉冲重复频率的响应

是指干扰测量仪对不同重复频率干扰脉冲的响应，主要与检波器充放电时间常数，表头临界阻尼机械时间常数、过载系数有关。国际无线电干扰特别委员会对脉冲重复频率的响应的规定如表4—5所示。

表4—5　对脉冲重复频率的响应

重复频率/Hz	脉冲相对电平		
	10～150kHz	0.15～30MHz	30～1 000MHz
1 000	—	-4.5±1.0dB	-8.0±1.0dB
100	-4.0±1.0dB	（基准）0dB	（基准）0dB
60	-3.0±1.0dB	—	—
25	（基准）0dB	—	—
20	—	+6.5±1.0dB	+9.0±1.0dB
10	-4.0±1.0 dB	+10.0±1.5dB	+14.0+1.5dB
5	+7.5±1.5 dB	—	—
2	+13.0+2.0dB	+20.5±2.0dB	+26.0+2.0dB
1	+17.0+2.0dB	+22.5±2.0dB	+28.5±2.0dB
孤立脉冲	+19.0±2.0 dB	+23.5+2.0 dB	+31.5±2.0dB

（三）干扰测量仪与远区场强仪主机电路主要区别

(1) 场强仪主要用于测量正弦信号，对整机带宽没统一要求；干扰仪主要用于测量脉冲信号，为量值的统一而规定了固定的带宽，但是也可以测量正弦信号，所以普通场强仪的功能，干扰仪均具备。

(2) 普通场强仪采用平均值检波器构成平均值电压表；干扰仪除具备准峰值电压表外，一般还具备平均值电压表。

(3) 普通场强仪用平均值电压表测量连续波，不存在过载问题，干扰仪则必须具有符合规定的过载能力。

六、电磁干扰的防护及测量技术

（一）电磁干扰源的主要来源

前面已经介绍了无线电电磁干扰的各种危害，为了更好、更有效地抑制干扰及防护，必须对各种干扰的传播及性质有一个深刻的了解。干扰源有多种分类方法，无线电干扰的主要来源有：

(1) 工业干扰：主要是由各种电器设备、电力网和电子设备所产生，如内燃机的点火系统所产生的干扰等。

(2) 天电干扰：是由大气层内的电磁现象，如雷电等所引起。

(3) 内部热噪声干扰：是由电子管、晶体管及谐振电路中的电荷热运动产生。

(4) 热核爆炸噪声：由于热核材料在爆炸时所引起的辐射噪声。

（5）人为干扰：指一切不希望接收的无线电电台所产生的干扰。

上述干扰都是属于有源干扰的范围。此外，还有无源干扰，如衰落现象、反射、电磁波的吸收等。在现实生活中，以工业干扰为最大量、最普遍，危害也最大。

根据无线电干扰在接收设备输入端所反映的电流和电压的性质，可以把有源干扰分为两大类：

（1）平滑干扰：由于无线电干扰的存在，在接收设备输入端所产生电压和电流的最大值与平均值之比不超过3~4倍者叫平滑干扰。

（2）脉冲干扰：是指由于无线电干扰，在接收设备输入端所产生的电压或电流的最大值与平均值之比大于3~4倍者。这种干扰，实际上是在下一个干扰脉冲到来之前，另一个干扰脉冲的作用已经完全消失，它们在接收输入端上所引起的电压和电流彼此不重叠。

（二）电磁干扰的传播途径

电磁干扰的传播途径分为传导干扰和辐射干扰两种。

1. 传导干扰

（1）公共阻抗的耦合。形成公共阻抗的因素有公共电源阻抗、电源供电线路的公共阻抗、共用地线阻抗、干扰线路和敏感线路间的漏电阻抗。在高频范围内，通过这类公共阻抗的耦合均能产生干扰。

（2）互感的耦合。互感的耦合有两种情况：第一种是平行裸线间的互感耦合；第二种是一根裸线与一根屏蔽线间的互感耦合。

（3）寄生电容的耦合。寄生电容耦合亦有两种情况：其一是一对裸线间的寄生电容的耦合；其二是一根裸线与一根接地屏蔽线间的寄生电容的耦合。

2. 辐射干扰

由电磁理论可知，任意一段有电流的导体都可以向外辐射能量，它如同前面所述的电磁偶极子。应当指出的是，辐射体尺寸远小于波长或大于2时，其辐射场分布和场区划分是不同的。

（三）电磁屏蔽

电磁屏蔽主要针对高频电磁感应而言，它是用电阻小的金属将电磁场引起的感应电流通过屏蔽导体导通入地，从而达到屏蔽的目的。屏蔽的方式有多种形式，这里不做一一介绍。当屏蔽物的厚度小于$\lambda/4$时，称作薄膜屏蔽。实际的屏蔽室通常有通风设备、进出的电缆线、指示灯、显示屏和门窗等，均需要给屏蔽物开孔，对这类非实心屏蔽物的屏蔽有效度S_{dB}为：

$$S_{dB}=A_a+R_a+B_a+K_1+K_2+K_3 \tag{4-70}$$

式中：$A_a=27.3\,(d/\omega)$（dB）矩形孔

$A_a=32.0\,(d/D)$（dB）圆孔

$R_a=20\lg[(1+4K^2)/4K]\left[1-\left(\frac{K-1}{K+1}\right)^2 10^{-A_a/10}\right]$（dB）

$$B_a = 20\lg\left[1-\left(\frac{k-1}{k+1}\right)^2 10^{-A_a/10}\right]\ (\text{dB})\ (\text{当}\ A_a < 15\text{dB 时})$$

$$K_1 = -10\lg an\ (\text{dB})\ (\text{当}\ r \gg W,\ r \gg D\ \text{时})$$

$$K_2 = -20\lg\ (1+35p^{-2.3})\ (\text{dB})$$

$$K_3 = 20\lg\ [\coth\ (A_a/8.686)]\ (\text{dB})$$

$$K = W/\pi r\ (\text{低阻抗场和矩形孔})$$

$$K = D/3.682r\ (\text{低阻抗场和圆孔})$$

$$K = j6.69 \times 10^{-5} f\omega\ (\text{平面波和矩形孔})$$

$$K = j5.79 \times 10^{-5} fd\ (\text{平面波和圆孔})$$

式中：d——屏蔽物上孔眼的深度，cm；

W——垂直于电场方向开的孔眼宽度，cm；

D——圆孔直径，cm；

a——单个孔的面积，cm^2；

n——每平方厘米面积上的孔眼数目；

p——线径与趋肤深度的比值（指网状屏蔽的物体）；

r——屏蔽物到干扰源的间距，cm。

其中，d 为屏蔽物上孔眼的深度（cm^2），W 为垂直于电场方向开的孔眼宽度（cm）；D 为圆孔直径（cm）；a 为单个孔的面积（cm^2），n 为每平方厘米面积上孔眼数目；p 为线径与趋肤深度的比值（指网状屏蔽的物体）；r 为屏蔽物到干扰源的间距（cm）。

（四）电子设备的接地

接地的目的一是防止在雷击时或带高压元件及布线击穿时使机壳带电，防止人员触电伤亡，这是“保护地”；二是减小由于公共阻抗或其他耦合所造成的电磁干扰，使电子设备稳定可靠，这是“测量地”。

理论和实践证明，若屏蔽物体不接地或接地不良时，电场的干扰反而比不屏蔽时更严重。通常要求屏蔽物与大地之间接触电阻小于 2mΩ。

（五）电源滤波

为了滤掉来自公共电源的传导干扰，需要在电源输入端设置滤波器。此滤波器对于直流和交流的衰减必须很小（例如，等于或小于 0.2dB），同时对 10kHz ~ 1GHz 的信号要有 60dB 以上的衰减。

对电源滤波器有下列要求：

（1）通常在额定负载条件下，允许滤波器的最大压降要小于电压额定值的 2%，在 10kHz 以上的所有谐波失真应比基波（电源频率）小 80dB。电压额定值必须足够高，以防滤波电容被击穿。电源额定值应按最大可能负载的连续工作状态来设计。

（2）为了保证滤波器的低频特性，通常滤波器的第一级输入电容选择得足够大，其电容量应受两个因素的约束：其一是防止电击穿，符合安全标准的规定；二是电抗电流不得超过总额定负载电流的 10%。

（3）对滤波器的元件性能要求较高，数值既要准确也要可靠，否则会导致插入损耗的频率特性的改变，从而影响滤波器对干扰的抑制。

（4）滤波器的尺寸、重量和安装形式以及对电磁场的屏蔽均符合有关规定的要求。

（六）电磁干扰测量设备简介

电磁干扰的测量，一般必须具备下面测试设备。

1. 接收机

测量电磁干扰用的接收机是测量设备的核心，它应符合国际无线电干扰专门委员会16号出版物的要求。

2. 天线

在电磁干扰测量中，必须配以各种传感器，以便测量干扰电流、电压、功率或场强。为保证测试结果的准确一致，对天线有如下规定：

（1）10～150kHz 频段

测量 EMI 磁场分量时，应当用屏蔽的环形天线，其尺寸为不超过边长60cm 的正方形环，也可用铁氧体磁棒天线。

（2）150kHz～30MHz 频段

测量电场分量时，可使用垂直放置的鞭状天线，源与天线间距小于10m 时，天线总长度应为1m；间距超过10m 时，天线总长度最好保持1m。

测量磁分量时，应当使用电屏蔽的环天线。

（3）30～300MHz 频段

测量电场的天线是对称的偶极子。80MHz 时，天线长度应为谐振长度；低于80MHz，天线长度不变，但调谐要用适当的变换装置，使其与馈线匹配，此时还要用平衡/不平衡变换器来完成天线与测试设备输入端的阻抗匹配。天线中心离地面在1～4m 范围内调整。

（4）300～1 000MHz 频段

测电场时用偶极子天线，既能测水平分量，也能测垂直分量，天线中心离地面高度为1～4m。如果灵敏度很低时，也可用其他形式的天线。

应当指出：使用宽带天线时，应注意在30～220MHz 频段内应用锥形天线，在200MHz～1GHz 频段内，最好使用锥形对数螺旋天线或对数周期天线，每种天线都要提供天线系数。

3. 辐射敏感度试验用的天线

在进行辐射敏感度试验时，需要产生1V/m 到200V/m 的场强，若要在开阔场地做试验时，应有配套用的大功率信号源和相应各频段能承受高功率的天线。

4. 人工电源网络

人工电源网络是一种耦合装置，用来测量受试设备电源线的传导辐射。它的作用是：

（1）允许有用的交流或直流电能进入受试设备；

（2）使受试设备与供电电源射频隔离，防止射频干扰信号进入干扰测量设备；

（3）受试设备两端阻抗保持规定的特性。

人工电源网络有以下特点：

（1）频带较宽，包括（A、B 两个频段）；

（2）电流容量较大；

（3）网络使用元件有所减少；

（4）线路和结构标准化程度较高。

人工电源网络的技术参数一般为：

（1）频率范围是9kHz ~ 30MHz；

（2）最大电流为100A（50/60Hz）；

（3）最大工作电压为250V；

（4）跨接在人工网络的电感线圈上的压降，电流为100A（50Hz）时是2.5V；

（5）环境温度为20℃，工作电流100A（50Hz），1h后的温升为45℃；

（6）在0.15 ~ 30MHz频段内输入阻抗的允许误差为±20%；在9 ~ 150kHz频段内其允许误差为$\pm(13.5+79/f)\%$，其中f为频率；

（7）电感线圈的直径为130mm，铜线的线径为6mm，节距为8mm，圈数为35，在箱内实测电感量为50μH，箱外测得的电感值为58μH，整个线圈上每4圈并联一个430Ω的电阻；

（8）若电源系统是多根线时，可在每根线上接一个同样的人工电源网络，当需要测量对称和非对称分量的干扰电压时，需要设计相应的△形人工电源网络和V形人工电源网络，每种形式都有50Ω，150Ω两种，以适应不同规范要求。

5. 电流探头和功率吸收钳

电流探头实质上是宽带、高频电流互感器，用来测量干扰电流。干扰电流一般采需用电流探头测量。测量时，不必断开被测导线或电缆，只需用钳口卡住被测导线或电缆。

常见的电流探头有：①卡口式；②固定窗口式；③测表面电流的探头三种类型。

功率吸收钳用来测量1GHz以下的辐射功率。通常认为低于1GHz频段的被测样机的辐射发射主要来自电源线、信号线和控制线；在1GHz以上的频段，除上述辐射外，还包括壳缝隙、通风孔、窗口、连接器、开关、把手等向外辐射。功率吸收钳实质上是电流探头加上吸收负载，使干扰电流的传播实现阻抗匹配。

第四节 调制度测量

一、调制及调制参数测量

在许多无线电工程中，都是利用无线电技术传输各种不同的信息。但由于这些信息本身的信号频率都很低，不能直接以电磁波的形式辐射到空间去。根据电磁波的理论，只有在电磁波的波长与传输的天线尺寸可以比拟的情况下，要传输的信号才能以电磁波的形式把能量有效地辐射到空间去。另一个原因是，即使将低频信号的信息发射到空间，由于频率彼此接近，各种电台发射的信号将彼此重叠，混合在一起，无法分选。所以，在无线电技术中，利用高频电磁波作为运载工具，把低频信号装载在高频信号中，由天线发射出去。由于高频段频带很宽，可以避免相互的干扰，不同的电台可以采用不同的频率，从而实现了信息的传输。

将带有信息的低频信号“装载”在高频电磁波上进行发射、传输、运用的方法，就是信号频谱变换的方法。这种频谱变换的过程就叫做调制。在无线电工程中，调制的种类是很多的，其中调幅、调频是最基本的调制方式。

一个高频正弦载波电压（或电流）可用式（4-71）来描述。

$$U(t) = A\cos(\varpi t + \varphi) \quad (4-71)$$

式中，幅度 A，角频率 ω 和相位 φ 是确定高频振荡特性的三个重要参数，用调制信号（带有信息的低频信号）来控制其中的任一参量，使其按调制信号的规律变化，便实现了调制。当受控的参数为 A 时，称振幅调制，简称调幅，一般用 AM 表示；当受控参数为 ω 时，称频率调制，简称调频，一般用 FM 表示，当受控参数为 φ 时，则称为相位调制，简称调相，一般用 PM 表示。调频和调相又统称为调角，这是因为频率对时间的积分就是相位，频率、相位的变化都可归结为载波相角的变化。大家知道，目前使用的高频信号发生器，一般都具有调制功能，而对调制深度（简称调制度）的测试是极为重要的，众所周知，在广播电视、通讯雷达、交通导航等电子设备的研制生产，维修检定中均需要对调制参数进行计量测试。

调幅是无线电工程中最先采用的调制方式，根据调幅波的性质，人们研究出多种调幅度的测量方法，这些方法可分为波形比较法、频谱分析法、功率测量法及包络检波法。下面将逐一加以介绍。

二、常用术语

1. 解调

从调制波中分离出来调制信号，恢复原来调制信号的过程。

2. 信息

包括文字、语言、图像、编码等，均称为信息。

3. 信号

就是把信息转换成随时间作相应变化的电压或电流，这种电压或电流叫信号。

4. 载波

未加调制信号的高频振荡信号。

5. 预加重网络

为了解决调制频率在高频段信噪比下降，在发送端用一个适当的网络，人为地提高调制信号中的高频成分的幅度，这叫预加重。这种网络称之为“预加重网络”。

6. 去加重网络

在接收机的输入端插入一个适当的网络，去掉由预加重网络所造成的信号失真，此网络叫“去加重网络”。

7. 剩余调制

调制度测量仪在未加调制信号时，由该仪器中输入信号电平及线路等引起的残余调制指示。

8. 解调失真

调制信号经调制度仪解调后增加的失真量。

9. 寄生调制

当用调制度仪测量某种调制信号时，可能有一种不需要的调制信号“附加”在主要调制信号上，此时，在指示器上将会观察到另一种多余的调制信号的分量，称此为寄生调制。

10. 调幅抑制

调制度仪在测量频偏时，对调幅信号的抑制能力。

11. 调频抑制

调制度仪在测量调幅度时，对调频信号的抑制能力。

12. 频率失真

信号在传输或放大过程中，不同频率分量的相对幅度发生变化所引起的非线性失真。

三、调幅的概念及特性

调幅波的波形如图 4—29 所示。它是用正弦波作调制信号时所形成的调幅波。这种调幅波是载波幅度随调制信号的大小成线性变化，而它的频率与载波频率相同，并与未调制的载波波形疏密程度相同。

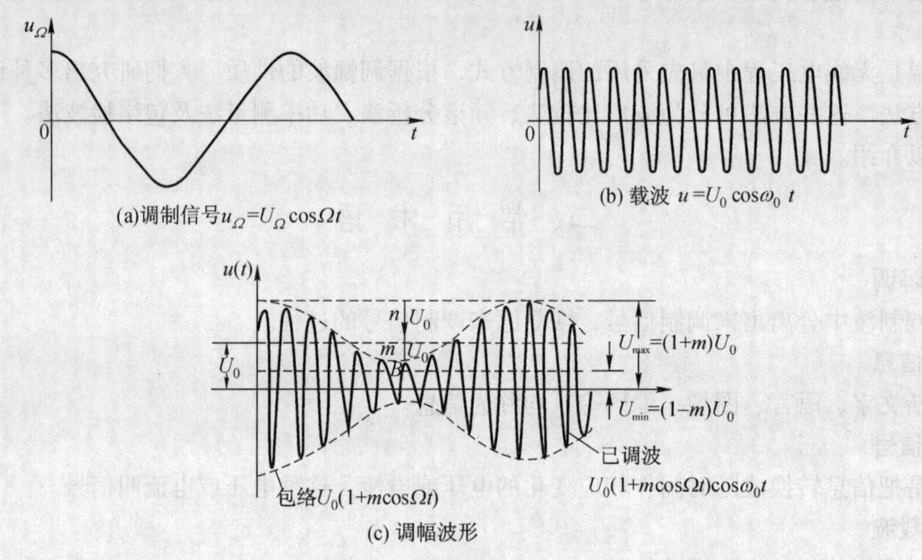

图 4—29 调幅波的波形

在分析调幅波时，可以认为信号是正弦波，这是因为任何复杂的信号波形，最终都可以分解为许多正弦波频率分量，调幅波的数学表达式如下：

$$u_t = U_0(1 + m\cos\Omega t)\cos \varpi_0 t \tag{4-72}$$

式中，$m = kU_\Omega / U_0$（U_Ω 为基波分量的峰值电压），叫调幅系数或调幅深度。m 的数值范围可从 0 至 1 变化，但不超过 1。如果 $m>1$，已调幅波显然有一段时间振幅为零，这时已调波包络线产生严重失真，叫过调幅，这样已调幅波经过检波后不能恢复原来调制信号的波形。

当调幅波是由单一频率的正弦波调制的情况下，可将式（4-72）展开，得

$$u_t = U_0\cos \varpi t + mU_0\cos\Omega t\cos \varpi_0 t \tag{4-73}$$

$$u_t = U_0\cos \varpi t + \frac{1}{2}mU_0\cos(\varpi_0 + \Omega)t + \frac{1}{2}mU_0\cos(\varpi_0 - \Omega)t \tag{4-74}$$

从式中可看出，正弦波调制的调幅波是由三个不同的频率组成的：第一项为未调幅的载波；第二项的频率等于载波频率与调制频率之和，叫上边频；第三项的频率等于载波频率与调制频率之差，叫下边频，后两项频率显然是由于调制产生的新的频率。把这三组正弦波的

幅度和频率的关系画出来，则可得到正弦波调制的调幅波的频谱。

当调制信号为复杂的周期性信号时，调制后的调幅波包含一个载频分量和无数对上下边频边分量。在调制信号中，有一频率为 $n\Omega$，振幅为 $A_{n\Omega}$ 的分量，在调幅中就有一对与之对应的上下边频分量，频率分别为 $\theta_0+\Phi_n$ 和 $\theta_0-\Phi_n$，其振幅与 $A_{n\Phi}$ 成比例，且都是载波振幅的 $\frac{mn}{2}$ 倍，它们的相位分别为 $\theta_0+\Phi_n$ 和 $\theta_0-\Phi_n$，全部的边频组成了两个频带，对称地排列在载频的两旁，称做边带，高于载频的那个称上边带，低于载频的称下边带。

复杂信号经调制后的调幅波中的边频分量数，理论上说是无限多的，但信号能量大部分都集中在低频范围内，所以实际上信号的有效频宽是有限的。理论上可推得结论：调幅波的能量集中于载频附近，它的有效带宽 B_s 是调制信号带宽 B_m 的两倍。

$$B_s=2B_m2f_m \tag{4-75}$$

前面已经介绍，调幅波的数学表达式。电气、电子工程师协会定义调幅度为调幅波的电压（或电流）振幅从参考值到包络的峰值对于参考值之比，常用百分数表示，称百分调幅度。

$$\text{百分调幅度}=m\times100\% \tag{4-76}$$

一般都选未调载波振幅 U_0 为参考值，已调幅波的幅度超过载波幅度的最大增量和低于载波振幅的最大增量为：

$$|\Delta U_{上}|=U_{\max}-U_0\text{ 和 }|\Delta U_{下}|=U_0-U_{\min} \tag{4-77}$$

当 $|\Delta U_{上}|=|\Delta U_{下}|=|\Delta U|$ 时，这种调制称为对称调制，此时上调幅度和下调幅度相等，则调幅度定义为：

$$m=\frac{\Delta U}{U_0}=(U_{\max}-U_{\min})/(U_{\max}+U_{\min}) \tag{4-78}$$

若 $\Delta U_{上}$ $\Delta U_{下}$ 其绝对值不相等，这种调幅叫不对称调幅，这时的调幅度则分为上调幅度和下调幅度，其定义为：

$$m_{上}=(U_{\max}-U_0)/U_0 \tag{4-79}$$

$$m_{下}=(U_0-U_{\min})/U_0 \tag{4-80}$$

在有些情况下，只需考虑对称波形的调制信号，且局限于正弦波，还进一步假定只有调制包络的基波分量用来表示调幅度，这叫做有效调幅度。国际电工委员会定义有效调幅度为：当调幅信号加到线性检波器时（即在重现已调幅信号包络时，失真可忽略的幅度解调器），检波输出的调制频率基波分量峰值电压与电流分量之比，记为：

$$m_{\text{eff}}=U_\Omega/U_- \tag{4-81}$$

习惯上往往省掉有效二字称调幅度为调幅系数。

调幅度是一个量纲为 1 的比值，工程中常取为两个电压之比。通常，20%~80% 的调幅度是最常用的调制范围。$m>100\%$ 为过调制，信号包络严重失真；$m<10\%$ 称为浅调制或小调制。在调幅信号发生器中，调制频率为 1kHz，调制度在 30% 时，是最基本的测试点许多

计量测试项目都以此为参考。

信号简单的线性相加不能产生调幅波。把调制信号和载波同时加到一个非线性元件上，如晶体二极管，经过非线性变换作用，可产生新的频率分量，再利用谐振回路选出所需要的频率成分就可以实现调幅。简单的非线性元件产生调幅波的情况如图4—30所示：

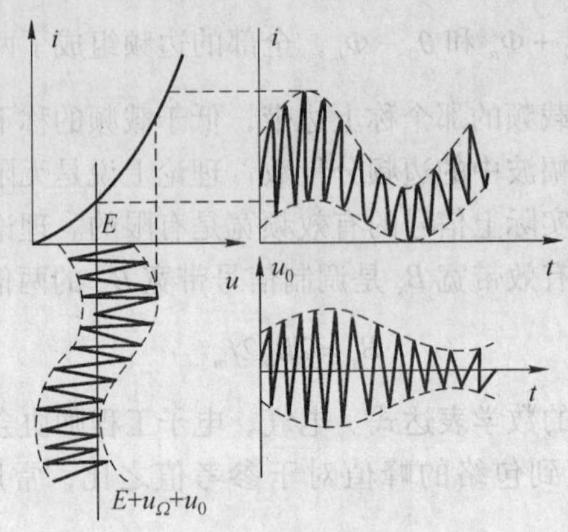

图4—30 利用非线性元件产生调幅波

四、调幅波的解调

解调是调制的反过程。本节所说的解调器是指调幅的解调器，它把输入的调幅波信号变为调制信号并使其输出的调制信号与调幅波的幅度变化成正比例。调幅波的解调也叫幅度检波，简称做检波。图4—31示出了检波器输入信号和输出信号的波形关系。

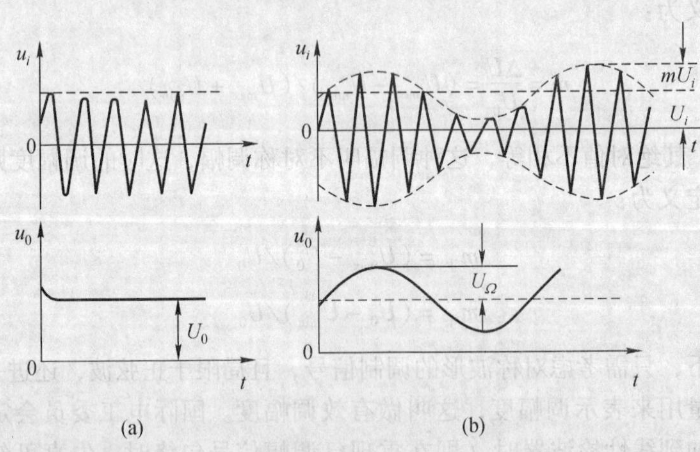

图4—31 检波器输入与输出波形关系

输入信号是高频等幅波，输出就是直流电压；输入信号是已调波，输出就是原调制信号。检波过程也要用非线性元件进行频率变换，产生新频率，然后通过滤波器滤去无用频率分量，取出所需调制信号。解调器一般由下面几部分电路组成：

（1）高频信号输入电路；

（2）非线性器件（二极管、三极管工作于非线性区）；

（3）低通滤波器；

（4）峰值检波。

五、调幅度的测量

调幅度的测量方法有多种，具体应用哪种方法，要看实际测量的技术要求及所具备的测量仪器，下面向大家介绍几种常用的测量方法。

（一）峰值电压法

峰值电压法测量方框图如图 4—32 所示。

由上面讨论可知，当未调制和已调制的载波的振幅是恒定不变的，在调制信号对称的情况下，测出调幅波 U_{max}，在未调制时，测出载波振幅 U_0 的值，则调幅系数为：

$$m = U_{max} / U_0 \times 100\% \tag{4-82}$$

需要说明的是，上述测量系统只适合于调制信号是单一频率，上下对称，载波在调制和未调时其振幅恒定不变的情况。U_{max} 和 U_0 是用直线峰值电压测量出来的。测量时，要用具有不同时间常数的一个峰值电压表或几个峰值电压表来测量 U_0 和 U_{max}。

（二）频谱法

众所周知，在单一音频进行调幅时，可得到如图 4—33 所示频谱图。

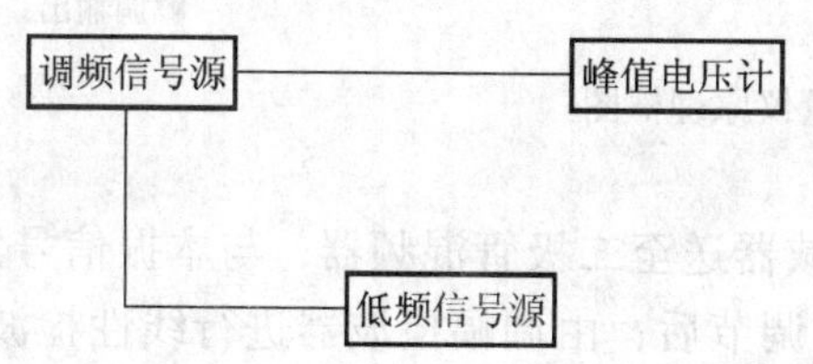

图 4—32　峰值电压法原理框图

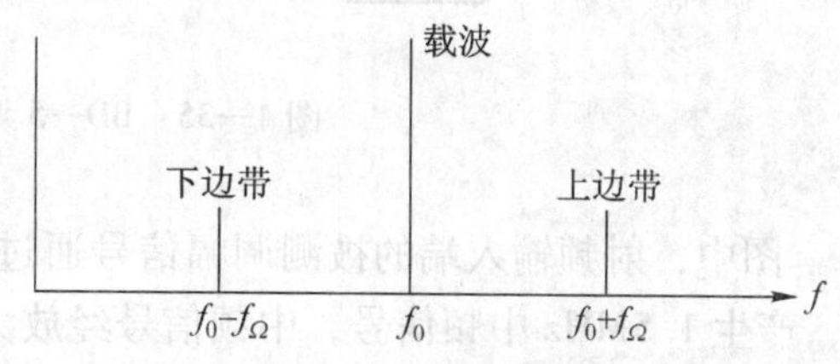

图 4—33　频谱法原理

利用旁频幅度与相对载频幅度的分贝数，则可测出调幅度的值。

$$m = 2U_\Omega / U_0 \times 100\% \tag{4-83}$$

（三）衰减器法

测量系统如图 4—34 所示。

在不失真且为单一频率调制时，在调制波形不对称的情况下，有

$$m_p = U_{max} - U_0 ; m_t = U_0 - U_{min} / U_0 ; \overline{m} = \frac{m_{max} - m_{min}}{m_{max} + m_{min}} \tag{4-84}$$

经数学推导变换后，可得到用衰减量表达 m，$\overline{m}$，m_T 的式子。

$$\overline{m} = th \times 0.057\,6(A_2 - A_1) \tag{4-85}$$

$$m_p = e^{0.115\,2(A_2 - A_1)} - 1 ; m_T = 1 - e^{-0.115\,2(A_2 - A_1)} \tag{4-86}$$

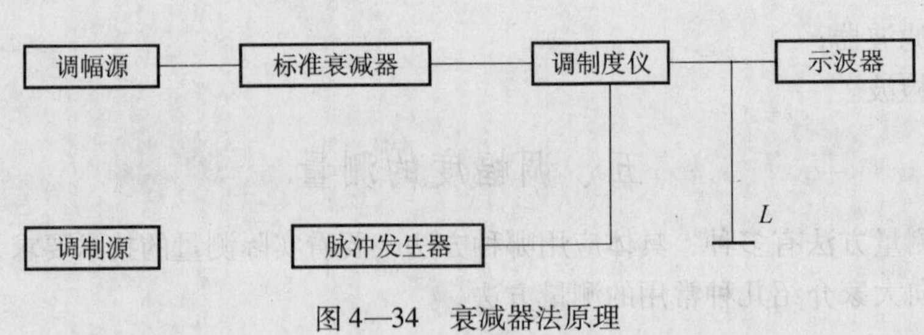

图 4—34 衰减器法原理

这样，就可通过衰减器两次不同的衰减量的读数 A_2，A_1，由上式分别计算出 $\overline{m}$，m_p，M_T。

六、调幅度测量仪的基本原理与组成

目前的调幅度测量仪均采用外差检波法测量调幅度，现以 BD—5 调制度测量仪为例作一简略介绍。BD—5 调制度仪测量调幅信号流程图如图 4—35 所示。

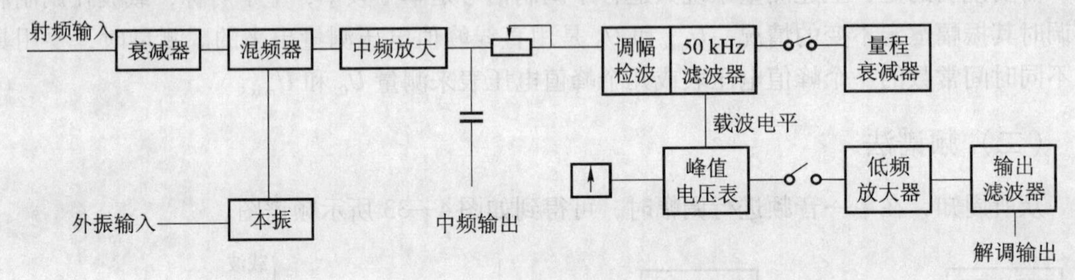

图 4—35 BD—5 调幅度测量仪原理框图

图中，射频输入端的被测调幅信号通过高频衰减器送至二极管混频器，与本振信号混频，产生 1.5MHz 中频信号，中频信号经放大与电平调节后，由调幅检波器进行线性检波，检出的平均直流分量送至表头作调幅电平指示，由 50kHz 低通滤波器选出交流分量，最后经量程衰减与低频放大器处理后，由峰值电压表指示上下调幅度。

高频衰减器在 0 ~ 50dB 内连续可调，扩大了调幅信号电压的测量范围。本振采用低噪声场效应管推挽振荡器，其特点是具有极低的残余调制振荡。基波频率范围为 5.5 ~ 125MHz，经缓冲放大器产生足够的谐波，以覆盖 4 ~ 500MHz 的测量范围。本振输出到混频器的电平至少应大于被测信号 20dB，以保证混频线性。利用外振输入插孔可用优质信号源代替本振，以改进测量效果。混频器由微波二极管 2Dvp 组成，被测信号与本振的基波或谐波混频产生 1.5MHz 中频信号。中频放大器采用三极低噪声晶体管放大器，具有良好的平顶矩形幅频特性。经放大的中频信号一路送至“中频输出”插孔，以备用户监测分析；另一路经“调幅电平”电位器后送调幅检波器。中频调幅信号经直线检波后，获得代表载波电平的直流分量与代表调制信号的交流分量，当仪器工作开关置“调幅电平”时，检波后的直流分量直接驱动峰值电压表，指示载波电平，通过“调幅电平”电位器调节，使载波电平达到预定的参考值，于是，测量调幅度时，经 50kHz 低通滤波器、量程衰减器、低频放大器处理交流分量，可直接在峰值电压表上显示调幅度。上下调幅度读数是通过改变峰值电压表内峰值检波器的方向获得的，仪器的详细说明以及操作请见仪器使用说明书。

七、调幅度仪主要工作性能测试

（一）射频输入性能测试

测试框图如图 4—36 所示。按规定点选择频率与电平，正确调谐后，设调幅度仪频率读数为 f_B，经校准的标准信号发生器的输出频率为 f_A，则调幅度仪频率刻度误差为：

$$\delta_f = (f_B - f_A)/f_A \times 100\% \qquad (4-87)$$

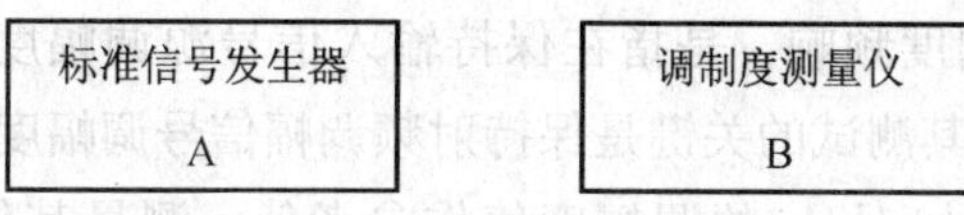

图 4—36　射频输入性能测试

（二）中频输出性能测试

其测试框图如图 4—37 所示。

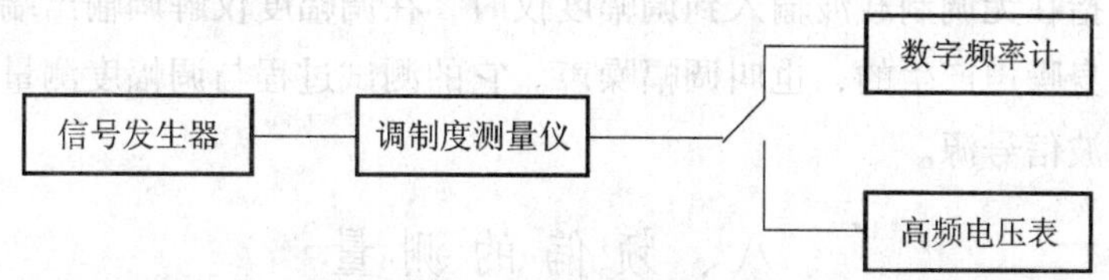

图 4—37　中频输出性能测试

测试方法如下：信号发生器输出等幅载波，调制度仪正确调谐，载波电平调至规定值，由频率计和高频电压表测出中频输出频率与输出电压。

（三）低频输出性能测试

测量系统图如图 4—38 所示。

图 4—38　低频输出性能测试

低频输出性能包括许多项，其中低频输出信号的失真最为重要。它由调幅失真与解调失真两个部分构成。解调失真是指射频调幅信号通过调制度仪解调而产生的附加失真，其测量方法是采用一个标准调幅信号源。包络失真与调制度仪解调失真比较可以忽不计，这时用失真度测量仪低频输出端所测得的失真度即为解调失真。

（四）调幅平坦度测试

其测试系统方框图如 4—39 所示。

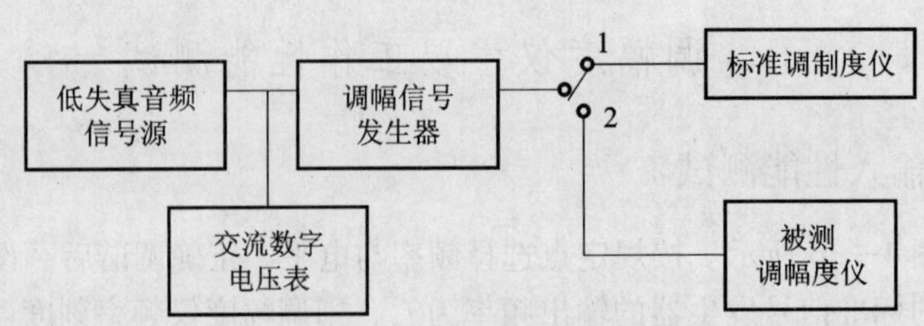

图 4—39　调幅平坦度测试

调幅平坦度也叫调制度频响，是指在保持输入信号源调幅度恒定而调制频率改变时，调制度指示值的变化量。其测试的关键是保持射频调幅信号调幅度的恒定不变，这就是直接监视调幅度，以某一频率如 1kHz 的调幅度值作参考值，测量其他频点调幅度的相对变化量。也可监视音频调制信号的电平，以间接监视调幅度的变化。测试时，保持电平恒定，改变调制频率，测量调幅度示值的变化量。

（五）残余调幅测试

残余调幅是指在无调制载波输入到调幅度仪时，在调幅度仪解调输出端仍有指示，这是由于调幅度仪本身噪声产生的，也叫调幅噪声。它的测试过程与调幅度测量一样，只是需要一个无调制的载波信号源。

八、频偏的测量

（一）调频及调频波的特点

调频时，载波的瞬时频率或相位受调制信号的控制，作周期性变化，这种变化的大小与调制信号强度成线性关系，变化的周期由调制信号频率所决定，但已调波的幅度则保持不变，不受调制信号的影响，调频波有以下 3 个特点：

（1）频谱宽度：在理论上是无限宽的，但省略掉较小的边频分量，则它所占有的频带是有限的，根据频谱的宽度分为宽带与窄带。

（2）寄生调幅：调频波理论上是等幅波，但实际上，在调频中都会有不希望的寄生调幅，人们总希望寄生调幅越小越好。

（3）抗干扰能力：与调幅波相比，宽带调频抗干扰能力强，对于弱信号则采用窄带调频。

调频或调相统称为调角，这是因为，当频率变化时相位必然跟着变化，而相位变化时频率也必然跟着变化。总之，不论调频或调相都会引起角频率的变化。调频波和调相波的基本性质相似，但在调制体制中的各有优缺点。

调频信号应用的主要技术指标是频率偏移，频偏计量测试是无线电计量测试的重要参数之一。这是因为调频制在多路通信、电力线载波通信、广播电视、遥测遥控等领域获得越来越广泛的应用。

（二）基本概念及术语

1. 调频灵敏度

也称调频梯度，它表征信号源调频时，每伏调制电压所产生的频偏值。

2. 调频失真

当正弦调制信号加到信号发生器获得调频信号时，接到信号发生器输出端的线性鉴频器输出波形的失真。

3. 载频偏移

已调载波的平均频率与未调载波的频率之差。

4. 剩余频偏

未调制状态下不需要的频偏，又叫载频时的调频。它指发生器在未调制状态下，由于发生器本身的固有噪声等因素引起的输出信号的频偏。

5. 调频器

完成使载波的频率按给定的规律变化的器件，电路称为调频器。

6. 线性鉴频器

鉴频失真可忽略的频率解调器。

7. 解调的失真

纯正弦调制的调频信号，经仪器解调器引起的失真。

（三）频偏测量

测量频偏的方法很多，下面介绍几种常用的频偏测量方法。

1. 频谱有效带宽法

由贝塞尔函数知道，在选取 $n = m_f + 1$ 作为有效带宽时，最外一条谱线幅度和有效带宽分别为

$$|\mathrm{J}_n(m_f)| \geqslant 0.1 \tag{4-88}$$

$$B = Nf_m = 2(m_f + 1)f_m = 2(\Delta f + f_m) \tag{4-89}$$

测量时，首先在调频波频谱图上选出 $|\mathrm{J}_n(m_f)| \geqslant 0.1$ 的最外一条谱线，读出旁频谱线总数 N，由此算出调频指数：

$$m_f = \frac{N}{2} - 1 \tag{4-90}$$

然后测量出调制频率，则可计算频偏：

$$\Delta f = m_f * f_m = \left(\frac{N}{2} - 1\right)f_m \tag{4-91}$$

测量系统如图 4—40 所示。

测量时，先不加调制，在频谱仪上找出调频信号源的载波谱线，调整电平，使未调载波幅度达到参考电平（0dB），然后由音频源外调频，调制频率由频率计读出，调音频输出幅度，获得所需调频波，用频谱仪观察调频波频谱，在载频两侧计算 -20dB 以上的边频总

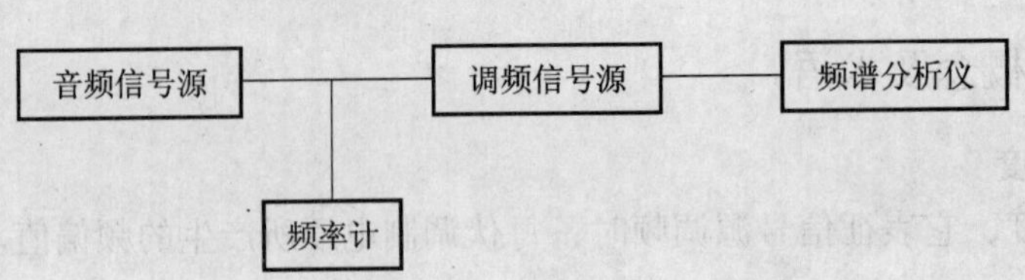

图 4—40 频谱有效带宽法测量系统框图

数 N，则由式（4—91）可计算频偏。

频谱有效带宽分析法在 m_f 较小时相对误差较大。当 m_f 更小时 N 变小，误差更大，故此法不宜测小调频指数。

2. 频谱幅度比值法

本法非常适合小调频指数的测量，基本测量系统如图 4—41 所示。

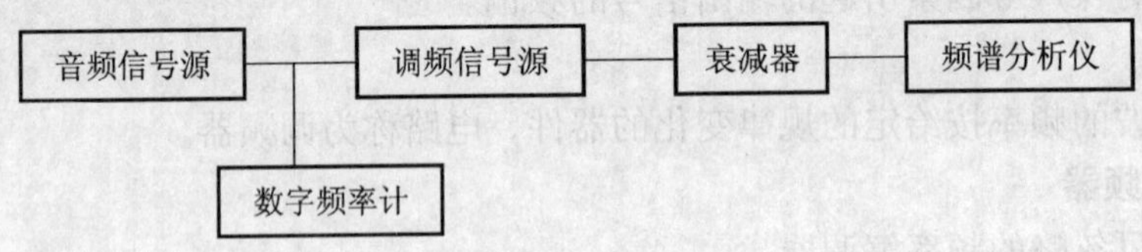

图 4—41 频谱幅度比值法测量系统框图

比较图 4—39 与图 4—40 可知，此测量系统只多接了一个衰减器，频谱仪仅作指示器，读数机构为衰减器。由前述可知，调频波的各谱线幅度由各阶贝塞尔函数$J_n(m_f)$ 确定，而且$J_{n+k}(m_f)/J_n(m_f)=R$ 亦有确定值。测量 m_f 时，先不加调制电压，将载波谱线幅度$J_n(0)$调到频谱仪上适当的刻线上，以此作参考，记下衰减器读数 A_1(dB)，然后加上适当调制电压，此时载波谱线幅度$J_n(m_f)$ 将要下降，调整衰减器使载波电平恢复到参考点，再读取衰减器读数 A_2(dB) 则

$$A_0=20\lg\frac{J_n(0)}{J_n(m_f)}=(A_1-A_2)\,(\mathrm{dB}) \tag{4-92}$$

利用此值，根据贝塞尔函数表可算出 m_f 值。

3. 计数器平均值法

数字频率计测量频偏的原理是在闸门时间内记录被测信号的周期数，用闸门时间去除周期数即得单位时间内的周期数——频率。记录的周期数为闸门时间内的积分值，所得的频率为信号瞬时频率在闸门时间内的平均值，这就是计数器的平均作用。已知调频波的瞬时角频率为：

$$\varpi(t)=\varpi_0+\Delta\varpi\cos\Omega t \tag{4-93}$$

则已调频信号的瞬时频率为

$$f(t)=f_0+\Delta f\cos\Omega t \tag{4-94}$$

（1）当调频信号与 f_0 的本振频率进行差频，且 $f_0=f_c$ 时，可得到差频信号瞬时频率：

$$f_x(t)=f_c-f_0+\Delta f\cos\Omega t=\Delta f\cos\Omega t \tag{4-95}$$

在调频制频率 f_m 的一个周期 T_m 内，由计数器测得的平均频率为：

$$\overline{f}_x = \frac{1}{T_m}\int_0^{T_m} f_x(t)\,\mathrm{d}t = \frac{4}{2\pi}\int_0^{2\pi} \Delta f\cos\Omega t\mathrm{d}t = \frac{4}{2\pi}\Delta f\sin\Omega t\Big|_0^{2\pi} = \frac{2}{\pi}\Delta f \quad (4-96)$$

由此得频偏：

$$\Delta f = \frac{\pi}{2}\overline{f}_x \quad (4-97)$$

式中：$\overline{f}_x$——计数器所测平均频率。

$f_0 = f_c$ 可用示波器直接监视。此即为计数器平均值法测偏原理。

（2）当调本振频率，使 f_0 与调频波的瞬时频率差频出现拐点时（用示波器监视），有 $\Delta f = f_c - f_0$ 或 $\Delta f_0 = f_0 - f_c$，故差频信号瞬时频率为

$$f(t) = f_0 - f_c + \Delta f\cos\Omega t = \Delta f + \Delta f\cos\Omega t \quad (4-98)$$

在调制信号 f_m 的一个周期 T_m 内，用计数器可测得该调频信号的平均频率为：

$$\overline{f}_x = \frac{1}{T_m}\int_0^{T_m} f_x(t)\,\mathrm{d}t = \frac{1}{2\pi}\int_0^{2\pi}(\Delta f + \Delta f\cos\Omega t)\,\mathrm{d}\Omega t = \frac{1}{2\pi}\int_0^{2\pi}(\Delta f\Omega t + \Delta f\sin\Omega t)\Big|_0^{2\pi} = \Delta f \quad (4-99)$$

此时计数器所测得的平均频率 $\overline{f}_x(t)$ 即为峰值频偏 Δf。

4. 贝塞尔函数零值法

由前述知道，调频波的频谱由无限多根频率为 f_m 的谱线组成，而每根谱线的幅度都与调频指数 m_f 有关，其关系用贝塞尔函数 $\mathrm{J}_n(m_f)$ 描述。由贝塞尔函数曲线图可知，每根谱线幅度与 m_f 间都有在一条确定的曲线，使曲线 $\mathrm{J}_n(m_f) = 0$ 的各 m_f 值称函数的各次根值，而 $\mathrm{J}_n(m_f) = 0$ 的条件表现为谱线消失。于是，可以从频谱仪上根据某根谱线消失的次数确定出相应的根值，获得足够精确的 m_f 值，再用频率计测量出调制频率 f_m，则获得频偏值 $\Delta f = m_f * f_m$。由于这种测量方法可获得相当精确的频偏值，所以常用贝塞尔函数零值法检定测量系统或校准调制度仪的频偏量值。为了方便，可先制出贝塞尔函数根值表，贝塞尔函数零值法测量频偏系统如图 4—42 所示，其测量方法如下：

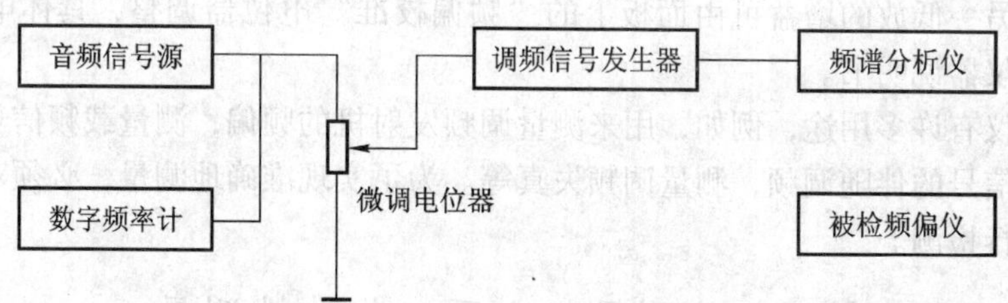

图 4—42 贝塞尔函数零值法测频偏系统图

先不加调制电压，在频谱分析仪上找出载频谱线 $\mathrm{J}_0(0)$，调整谱线高度，使其大于或等于 60dB，顶端对准参考电平（0dB）。然后加上调制信号，慢慢增加调制电压，以荧光屏上可以看见载波幅度逐渐下降，载波两侧出现边频，连续增加调制电压 U_m，载波幅度继续下降，边频幅度逐渐增大，边频根数亦增多，当 U_m 增大到一定值时，载频谱线下降到 −60dB以下甚至完全消失，此点即为零阶贝塞尔函数第一个零点，由表可知 $m_f = 2.404\,8$。再继续增大 U_m 值，载频谱线重新出现，经过上升和下降的过程，第二次到达零点，此时对

应的$m_f=5.521$。如继续下去，可得第三、第四……第六个零点，由表可查出相应的m_f值。

当载波谱线幅度到达零点的时候，用数字频率计测出调制信号频率f_m，$\Delta f=m_f\cdot f_m$，即为调频信号的标准频偏值。

5. 鉴频器法

由已调频波中恢复调制信号的过程叫解调。用作调频解调的电路叫鉴频器或频率检波器。鉴频器法测量频偏不像其他方法那样选用通用仪器，而是制成专用设备，这种仪器称为频偏测量仪或调制度仪，下面简介频偏测量仪的原理与组成。

频偏测量仪与一般超外差调频接收机相似，其频偏测量部分方框图如图4—43所示。

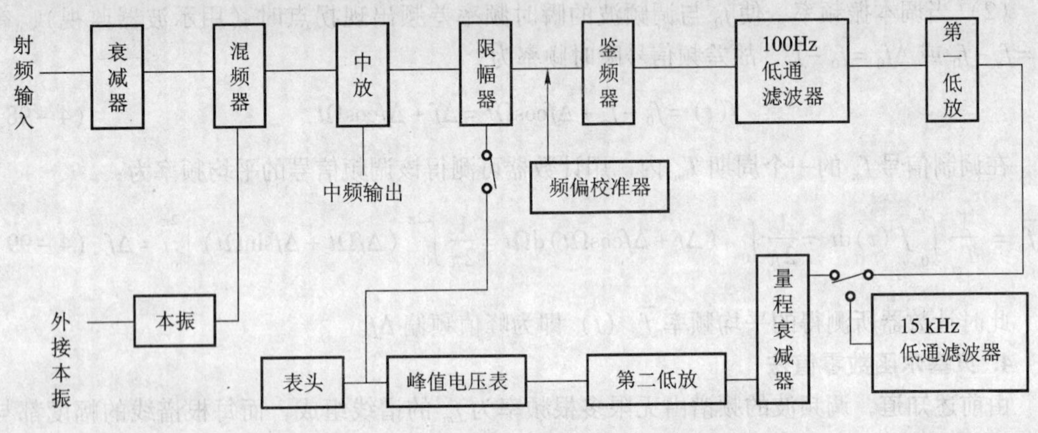

图4—43 频偏测量仪测频偏部分框图

由图可知，被测调频信号从射频输入端输入，经衰减器送到混频器，然后与本振混频产生中频调频波，经中放，一路给面板中频输出，另一路送限幅器变成方波进入鉴频器。鉴频器为脉冲均值计数式，它输出一个宽度、幅度恒定的脉冲，它的平均值就是解调所得的低频信号，然后经滤波器滤波取出低频信号，送第一低放放大，另一低放输出经滤波器到量程衰减器，由第二低放放大后，一路送峰值电压表示出被测频偏值，另一路经隔离放大器后送低频输出端，另一低放的增益可由面板上的“频偏校准”电位器调整，具体电路与工作原理可参考各种仪器说明书。

频偏测量仪有许多用途，例如，用来测量调频发射机的频偏，测量载频信号源的剩余调频，测量调幅信号的伴随调频，测量调频失真等。为了实现准确地测量，必须对频偏测量仪的工作特性进行检测。

九、频偏测量仪主要工作特性测量

（一）解调失真的测量

解调失真是指频偏仪从已调波中恢复调制信号时使调制信号产生的附加失真，用失真仪测量解调失真的系统方框图如图4—44所示。

测量时，在某一载波频率下使受检频偏仪频偏达待测频偏值，用失真度测量仪从低频输出端子测出该频偏值的解调失真γ'，当调制信号源调频失真可忽略时，所测解调失真系数γ'为：

$$\gamma' = \frac{\sqrt{V_2^2 + V_3^2}}{\sqrt{V_1^2}} = \frac{\sqrt{V_2^2 + V_3^2}}{V_1} \tag{4-100}$$

上式是在各次谐波幅值相对基波幅值可忽略时的计算公式。

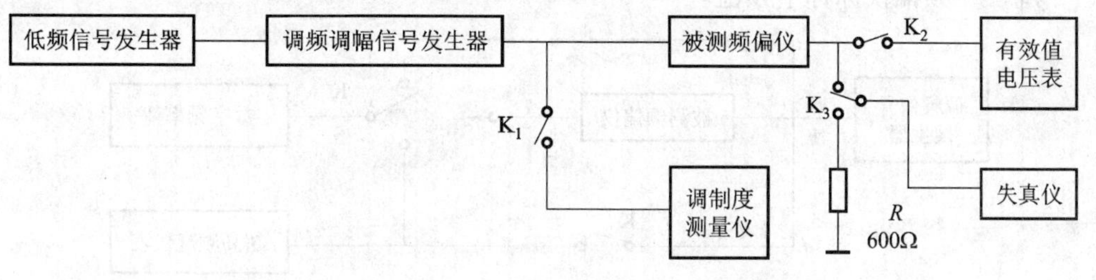

图 4—44 用失真仪测解调失真系统框图

（二）调幅抑制的检测

其检测系统如图 4—44。调频调幅信号源输出调幅波，使调幅度 $m=80\%$，受检频偏仪置频偏测量状态，用电压表测出频偏仪解调输出电压 V，当伴随调频可忽略时，调幅抑制 ΔF 可按式（4—101）计算：

$$\Delta F = \Delta f_{满} / U_n \times V \tag{4-101}$$

式中：$\Delta f_{满}$——频偏量程挡满刻度值；

U_n——频偏仪低频输出电压。

（三）固有噪声检测

其检测系统图如图 4—44。首先使低频信号源、调频调幅信号源、受检频偏仪、有效值电压表接通，先不加调制，信号源输出载波，频偏仪按测固有噪声要求设置于频偏测量状态，用有效值电压表测出输出电压 $U_{噪}$，然后加上调频，调节低频信号发生器电压，使频偏仪达规定频偏值 Δf_1，用调制度仪测出与 Δf_1 对应的解调输出电压 U_1，固有噪声 $\Delta F_{噪}$ 按式（4-102）计算：

$$\Delta F_{噪}(\text{dB}) = 20\lg\frac{\Delta f_{噪}}{\Delta f_1} = 20\lg\frac{U_{噪}}{U_1} \tag{4-102}$$

注意：调频信号源调频噪声与受检频偏仪固有噪声之比≤1/3 时，该法可取得较好检测结果。

（四）中频输出频率与输出幅度检测

其检测系统框图如图 4—45 所示。

首先受检频偏仪对输出载频正确调谐，输入电平调到工作区下限，此时，用超高频毫伏表测出受检频偏仪中频输出电平 u，用频率计测出中频输出频率 $f_{中测}$，则中频频率误差按式（4-103）计算：

$$\delta_{中}=\frac{f_{中}-f_{中测}}{f_{中测}}\times 100\% \tag{4-103}$$

式中：$f_{中测}$——频率计测量值；

$f_{中}$——频偏仪标称中频值。

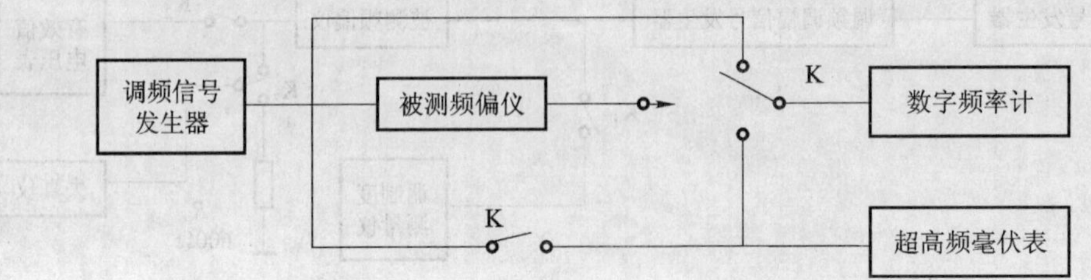

图 4—45 中频输出频率与输出幅度检测系统框图

（五）频偏仪本振频率检测

频偏仪本振频率检测测量系统方框图如图 4—45 所示。测量时，首先调节调频信号发生器输出某一载频 f_c 给受检频偏仪，受检频偏仪按测频偏调节，对载频 f_c 调谐后，由频率计读取受检频偏仪中频输出频率 $f_{中}$ 值，此时记下受检频偏仪本振频率刻度 f_{0i} 值，并用频率计测调频信号发生器的载波频率 f_{ci}，则本振频率刻度误差按式（4－104）计算：

$$\delta_f=(f_{ci}+f_{中}-f_{0i})/f_{0i}\times 100\%$$

或

$$\delta_f=(f_{ci}-f_{0i})/f_{0i}\times 100\% \tag{4-104}$$

（六）低频输出幅度检测

其检测系统方框图如图 4—44 所示。在被检频偏仪量程指示满度时，测得其解调输出电压 U_2 即为低频输出幅度。

（七）高频输入灵敏度检测

其检测系统方框图如图 4—45 所示。受检频偏仪的射频衰减器置 0dB，电平旋钮置最大位置，当对信号正确调谐后，再把受检频偏仪工作开关置“调谐电平”挡，微调调频信号源输出，使受检频偏仪指针指到电平工作区下限，此时用超高频电压表读取信号发生器输出电压 U，如果信号发生器输出电平经过校准，也可从信号源输出电压值直接读取 U 值。

第五节 噪 声 测 量

一、噪 声

噪声是一种自然现象。众所周知，雷雨天气的闪电放电现象，即通常说的“打雷”，就是闪电引起的电噪声。此外，还有遥远的星体产生的热辐射噪声，电器点火系统发生火花时产生的人为噪声等。通信技术中常把噪声分为内部噪声和外部噪声。内部噪声是指各种电子仪器的内部器件、部件产生的热噪声、散弹噪声等，统称为电路噪声。外部噪声则指宇宙和大气辐射的自然界噪声及各种电器产生的人为噪声。在无线电电子学领域，噪声就是干扰有用信号的不带有任何信息的电扰动，它影响信号的正常传输，使信号产生失真。

热噪声是由导体中自由电子的无规则热运动引起的，也称约翰逊噪声。热噪声具有两种特性：1. 在频域中具有连续均匀的功率谱密度，即在极宽的频率范围内其功率幅度为一常数。2. 在时域中具有振幅和相位随机性，即其振幅和相位随时都在作无规则的变化，这种变化的概率密度服从正态分布规律。通常，热噪声也称白噪声，这是因为白色光也具有按波长分布为均匀的波谱密度。

散弹噪声是由有源器件中的直流电压和电流随机起伏造成的。如果把散弹噪声电压波形与热噪声电压波形进行比较，可知散弹噪声存在一个直流电流 I，此即散弹噪声的平均值，而热噪声电压的平均值为零。应当指出，有源或无源器件均可产生热噪声，而散弹噪声仅产生于有源器件之中。散弹噪声可通过无源器件，但它首先产生在有源器件中。

散弹噪声也具有热噪声相同的频谱特性，故也称为白噪声。

二、噪声量值及术语

（一）噪声量值

1. 热噪声电压均方值

电阻中的热噪声是一种大量短促脉冲叠加而成的随机过程，其平均值为零，故热噪声电压的瞬时值和平均值均无法计量，但热噪声电压的均方值却完全可以测量。在理论分析和实验证明的基础上，推导出电阻热噪声电压均方值的数学关系式：

$$U_n^2 = 4kTRB \tag{4-105}$$

式中：k——玻耳兹曼常数，1.38×10^{-23} J/K；

T——电阻温度，K；

R——电阻值，Ω；

B——接收带宽，Hz。

上式就是尼奎斯特定理，它表明在一个小的带宽 B 内，处于热力学温度 T 的电阻 R 所产生的热噪声开路电压的均方值。

2. 散弹噪声电流的均方值

真空二极管工作在饱和状态时，阴极发射的全部电子到达阳极，此时噪声电流的均方值为：

$$I^2 = 2eIB \tag{4-106}$$

式中：e——电子电荷，1.59×10^{-19}，C；

I——平均阳极电流，A；

B——接收带宽，Hz。

在图4—46所示的阳极负载电阻 R 上得到噪声电压均方值为：

$$U_m^2 = 2eIR^2B \tag{4-107}$$

由上式可见，二极管中散弹噪声电压的均方值与阳极电流 I 成正比。由于散弹噪声随着流过二极管的电流而增加，故电阻 R 上压降的增加便意味着散弹噪声的增加。如果考虑电阻 R 产生的热噪声，则在电阻 R 上存在着两个不同的噪声：一个热噪声，一个散弹噪声。这两个噪声都具有随机性，所以认为这两个噪声不相关，因此通过功率相加的办法来计算一个电阻上总噪声电压的均方值：

$$U_{nt}^2 = 4kTRB + 2eR^2B \tag{4-108}$$

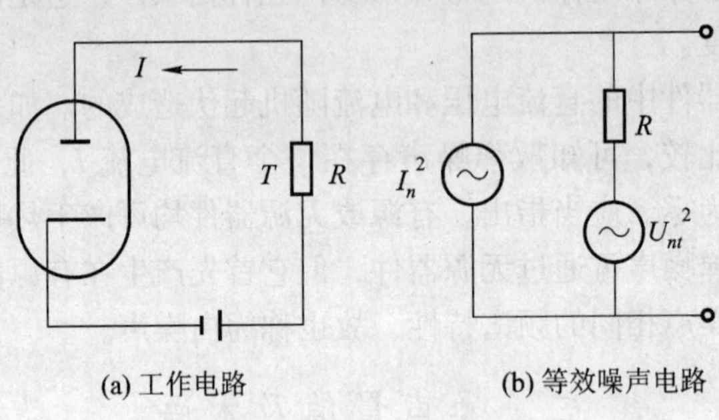

(a) 工作电路　　(b) 等效噪声电路

图 4—46　二极管的噪声

于是可得图 4—46 所示的二极管工作电路的等效噪声电路，它是噪声电压源和噪声电流源的混合电路。

（二）术语定义

在噪声的计量测试中，通常用下面术语来论述其单端口网络的输出噪声特性。

1. 资用噪声功率

所谓资用噪声功率乃是指信号发生器传输到共轭匹配负载上的功率，若信号发生器的开路电压均方值为 U_n^2，内阻为 R，则资用噪声功率等于 $U_n^2/4R$。

对于一个处于温度 T 的电阻 R 来说，在带宽 B 内所产生的资用噪声功率由式（4－109）给出：

$$P_n = U_n^2/4R = kTB$$

或：

$$P_n = \frac{1}{2}hfB + \frac{hfB}{\exp(hf/kT) - 1} \tag{4-109}$$

式中：T——电阻温度，K；

k——玻耳兹曼常数，1.38×10^{-23}（J/K）；

h——普朗克常数，6.6256×10^{-34}（J·s）；

f——频率，Hz。

对于图 4—46 所示真空二极管电路，由散弹噪声提供的资用噪声功率为：

$$P_{nt} = U_{ns}^2/4R = \frac{1}{2}eIRB \tag{4-110}$$

若考虑电阻产生的资用噪声功率，则可得真空二极管电路总资用噪声功率为：

$$P_{nt} = kTB + \frac{1}{2}eIRB \tag{4-111}$$

2. 资用噪声功率谱密度

单位带宽内的资用噪声功率即为噪声功率谱密度，用式（4-112）表示：

$$W_n = P_n/B = kT \tag{4-112}$$

真空二极管散弹噪声的资用功率谱密度为：

$$W_n = \frac{1}{2}eIR \tag{4-113}$$

3. 噪声温度

单端口网络的噪声温度等于产生与单端口网络相同的噪声功率时电阻所处的物理温度，即

$$T_n = W_n/K \tag{4-114}$$

这里需要指出：单端口网络的噪声温度并不一定是物理温度，噪声温度是人们约定的噪声功率谱密度单位，以热力学温度单位开尔文（K）表示。实用中，单位 W/Hz 对资用噪声功率来说显得太大，使用不便，故引入了噪声温度的概念。

4. 工作噪声温度

（1）点工作噪声温度

在转换器系统中，如由一个或多个源（如天线）和一个或多个放大器、滤波器及变频器级联组成的系统，其点工作噪声温度 T_{op}（K）定义如下：

$$T_{op} = N_0/kG_s \tag{4-115}$$

式中：N_0——在工作条件下，输出端的单位带宽内的噪声功率；

G_s——在工作条件下，在规定的输出频率时输出端的信号功率与在工作条件下对应于输入频率的输入信号功率之比。

（2）平均工作噪声温度

若要描述覆盖整个频带内的噪声性能，同样可定义平均工作噪声温度 $\overline{T}_{op}$。平均工作噪声温度定义式为：

$$\overline{T}_{op} = N_0/k\overline{G}_sB \tag{4-116}$$

式中，N_0 为在工作条件下、在规定的输出频带内输出端的噪声功率。

$$\overline{G}_sB = \int_{f_1}^{f_2} G_s(t)\,\mathrm{d}f \tag{4-117}$$

式中，G_s（f）为在工作条件下、在某个输出频率上的输出端的信号功率与在相应的输入频率（或几个频率）上的输入端信号功率之比。积分是在规定的频带 $B = f_2 - f_1$ 内进行。

三、噪 声 测 量

噪声系数或等效输入噪声温度的测量方法有两种：一种是宽带法；一种是窄带法。典型的宽带法用各类噪声源作为测试信号源，宽带法包括 Y 系数法、二倍功率法、自动测量法

和增益控制法4种；窄带法则用调制或非调制的连续波信号发生器作为测试信号源，窄带法包括采用了非调制信号的连续波法、正切法和比较法。

下面只讨论宽带法，在讨论之前，首先对测量作如下假定：

（1）被测网络为线性二端口网络并具有理想的增益特性。

（2）连接在被测网络输入端的噪声源的源阻抗噪声温度为290K。

（3）指示系统已采取了镜频抑制措施，消除了镜像响应，故指示系统可认为是单响应系统。

（4）在指示系统的带宽范围内，被测网络的资用功率增益和噪声系数均为常数。

在以上假定下，导出的计算噪声系数和等效输入噪声温度的工作方程对于大多数测量是完全适用的。

下面重点介绍 Y 系数法。

Y 系数法是测量噪声系数的典型方法。测量中，当被测器件的输入端处于两个不同的资用功率时，输出端得到两个相应的资用功率，通常把这两个功率之比记为 Y，故称 Y 系数法。

在被测器件的输入端连接噪声源，系数 Y 由下列比值确定：

$$Y = P_1 / P_2 \tag{4-118}$$

式中：P_1 和 P_2 为被测器件的输入端分别输入噪声源的热态和冷态噪声功率时，输出端得到的相应的噪声功率电平。

Y 系数法又分为功率计法和可变衰减器法两种。

1. 功率计法

测量方框图如图4—47所示。

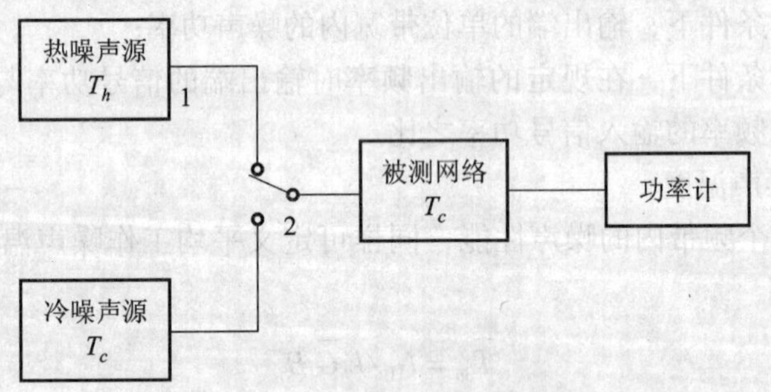

图4—47 功率计法系统框图

由图知，测量中使用了两个噪声源，一个是噪声温度为 T_h 的热噪声源；另一个是噪声温度为 T_c 的冷噪声源，两个噪声源和一个功率计的连接用一个开关转换，热、冷噪声源向被测网络提供已知资用噪声功率，功率计用来测量被测网络的输出噪声功率。

在上述假定下，设在 $f_1 - f_2$ 频率范围内被测网络增益 G 为常数，且平均等效输入噪声温度 T_e 为恒定值，而噪声源提供的两个电平的资用噪声功率谱密度为足 kT_h 和 kT_c，这里 k 为玻耳兹曼常数，且有 $T_h > T_c$，在 $f_1 - f_2$ 频率范围内，T_h 和 T_c 均为常数。

功率计灵敏度足以测量被测器件输出端的资用噪声功率电平，在 $f_1 - f_2$ 频率范围内，灵敏度保持不变且功率计的输入端不产生任何反射，测量电路有着良好的抗电磁干扰能力，在以上条件下，我们导出测量电路的工作方程。

设输入端噪声源的噪声温度为 T_h，功率计读数为 P_h，这时有

$$P_h = k(T_h + T_e) * B * G \qquad (4-119)$$

式中：$B = f_2 - f_1$——等效接收带宽；

G——资用功率增益。

当输入端噪声源的噪声温度为 T_c 时，功率计的读数为 P_c，同理有：

$$P_c = k(T_c + T_e) * B * G \qquad (4-120)$$

于是

$$Y = P_h / P_c \qquad (4-121)$$

联解式（4-119）、式（4-120）、式（4-121），可得：

$$Y = (T_h + T_e)/(T_c + T_e) \qquad (4-122)$$

由上式得：

$$T_e = (T_h - YT_c)/(Y-1) \qquad (4-123)$$

经简单变换后，得噪声系数为：

$$F = \frac{\frac{T_h}{T_0} - Y\frac{T_c}{T_0}}{Y-1} + 1 \qquad (4-124)$$

式（4-123）和式（4-124）即是功率计的工作方程。

用功率计法测量噪声系数或等效输入噪声温度可以获得相当高的准确度，在最佳条件下，测量误差可小至1%。

功率计法的测量误差主要来源于功率计，而不是噪声源。其他由测量电路非线性，电路增益起伏、转换接头和传输线的不合理性引起的误差，通过细心调节测量系统，便能使其远小于功率计的误差，因此，往往可忽略不计。

2. 衰减器法

衰减器法的测量方框图如图 4—48 所示。

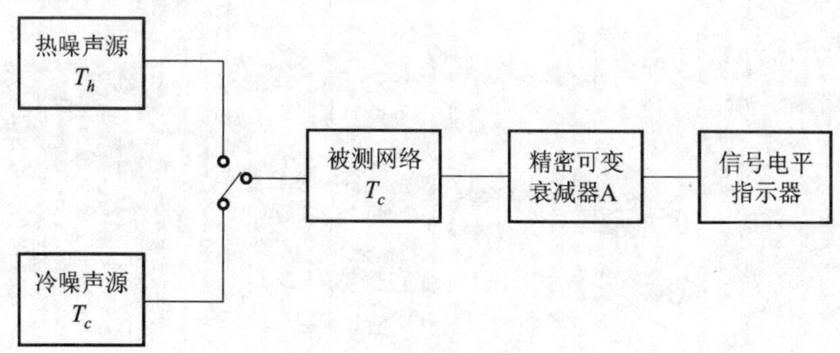

图 4—48 衰减器法的测量方框图

在衰减器法中，Y 系数通过衰减器法读出，衰减器法又常称为等功率法。

在衰减器法中，我们对两个噪声源及对被测器件所具有的特性的假定与功率计法的情况完全相同，可变衰减器的衰减刻度应满足下述要求：在 $f_1 \sim f_2$ 的频率范围内，给定刻度所提供的衰减量保持不变，且衰减器的阻抗应与被测网络的输出阻抗和信号电平指示器的输入阻

抗匹配；信号电平指示器是无噪声、稳定和灵敏的，其灵敏度应能精确指示输入信号电平。

衰减器法误差的主要来源是衰减器的刻度误差。在测量系统调好情况下，其他误差来源可忽略不计。

四、噪声发生器

大家知道，在目前的噪声系数的测量中，普遍采用了噪声源法，即用噪声发生器替代了正弦波信号发生器。噪声发生器电平输出精度高，输出电平低，无需采取完善的屏蔽措施，输出信号与被测噪声特性相同，测量时不用测量其通频带，避免了这方面特性引起的测量误差。因此，可以这样认为，测量网络的噪声特性必须使用噪声发生器。

噪声发生器是一种能产生连续频谱的仪器，其核心是噪声源。一个良好的噪声源应在规定的频带内具有均匀的功率谱密度和一定的输出噪声功率，当外界条件变化时，噪声特性应不变，更换噪声管后，应不需要对噪声发生器进行重新调整。

噪声发生器有许多种，常用的有冷、热噪声发生器、限温二极管噪声发生器、气体放电管噪声发生器、固态噪声发生器。

通常，限温二极管噪声发生器常用于米波段和分米波段；气体放电管噪声发生器常用于厘米波段和毫米波段；冷燃噪声发生器则可以从直流覆盖到毫米波段；固态噪声发生器常用于 10MHz ~ 40GHz 的频率范围。

第五章　电压测量和电压表的计量检定

第一节　电压计量基础

一、电　压　定　义

（一）电位或电势

电场中某一点的电势，其数值等于一个单位正电荷从该点移到无限远时电场所做的功，即

$$U_a = -\int_a^{\infty} E\mathrm{d}l \tag{5-1}$$

式中：E——电场强度；

l——积分路径；

U_a——a 点的电位或电势。

（二）电压

电压又称电位差，它是指如 a，b 两点之间的电位之差。其定义是指在电场中单位正电荷从 a 点移到 b 点时，电场力所做的功，即

$$U_{ab} = -\int_a^{b} E\mathrm{d}l \tag{5-2}$$

由此可见，电压与所取的电位零点无关，只取决于两点的电位，而所有的电位则可相对于任意一个零点。在实际电测量中，通常认为大地的电位为零。

二、电压的计量单位

电压（电位、电动势）的单位名称是“伏特”，其单位符号记作“V”。“伏特”不是 SI 单位制中的基本单位，它是 19 个具有专门名称的 SI 单位制的导出单位中的一个。“伏特”与七个基本单位有以下关系，即

$$1\mathrm{V} = 1\mathrm{m}^2 \cdot \mathrm{kg} \cdot \mathrm{s}^{-3} \cdot \mathrm{A}^{-1} \tag{5-3}$$

式中：m——长度 SI 基本单位，米；

kg——质量 SI 基本单位，千克；

s——时间 SI 基本单位，秒；

A——电流 SI 基本单位，安培。

三、电压的量值

1. 瞬时值

交变电压在某一瞬间的值，便称为该时刻的瞬时值，一般表示为 $u(t)$。

2. 峰值

交变电压 $u(t)$ 在所观察的时间 T 内达到的最大值称为峰值，一般用 U_p 表示，即

$$U_p = |u(t)|_{max} \quad (t \leqslant T) \tag{5-4}$$

对于周期信号，T 通常取周期值。峰值从参考零电平（纵坐标零点）算起。

$u(t)$ 可以包含直流分量，如图 5—1（a）中 U_0，因而即使对于纯交变电压正峰值 U_{p+} 与负峰值 U_{p-} 也不一定相等，甚至当直流分量 U_0 较大时，还会出现谷值，如图 5—1（b）中的 U_{p2}。

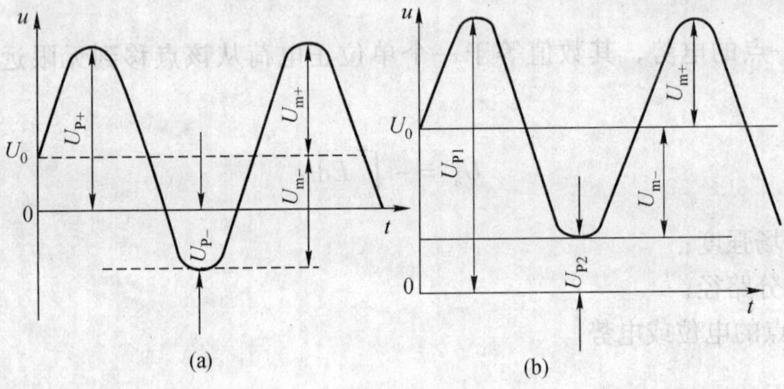

图 5—1 正弦电压波的峰值、幅值和谷值

幅值或幅度 U_m，则是从直流分量电平 U_0 算起的最大值。显然，若不存在直流分量 U_0，则 $U_m = U_p$。

在实际计量测试中，往往只考虑交流分量，故如无特殊说明，一般 U_m 即指峰值。

另外，还有所谓的峰—峰值 U_{mm}，即正峰值与负峰值的绝对值之和。对于纯交变电压，$U_{mm} = 2U_m$。

3. 平均值

平均值 $\overline{U}$ 或 U_{au}，是交变电压 $u(t)$ 在所观察的时间 T 内的平均值，即

$$\overline{U} = \frac{1}{T}\int_0^T u(t)\,dt \tag{5-5}$$

对周期性交变电压，通常取 T 为周期值，显然，对纯交变电压，当有直流分量 U_0 时，$\overline{U} = U_0$；当无直流分量时，$\overline{U} = 0$，因此，为了进行实际研究，便引进了所谓的平均整流值（或称全波平均整流值）。

$$\overline{U} = \frac{1}{T}\int_0^T |u(t)\,dt| \tag{5-6}$$

通常，若无特殊说明平均值即指平均整流值。另外，有时会遇到半波平均值，即交流电压的正半周或负半周在一个周期内的平均值。

正半波平均值：$$\overline{U}_{+1/2} = \frac{1}{T}\int_0^Y u(t)\,\mathrm{d}t, u(t \geqslant 0) \tag{5-7}$$

负半波平均值：$$\overline{U}_{-1/2} = \frac{1}{T}\int_0^Y u(t)\,\mathrm{d}t, u(t < 0) \tag{5-8}$$

对纯交变电压：$$\overline{U}_{+1/2} = \overline{U}_{-1/2} \tag{5-9}$$

4. 有效值

交变电压 $u(t)$ 在所观察的时间 T 内的均方根值称为有效值，一般表示为 U_{rms} 或 U，即

$$U_{\mathrm{rms}} = \sqrt{\frac{1}{T}\int_0^T u^2(t)\,\mathrm{d}t} \tag{5-10}$$

对于周期信号，T 通常取周期值。

从物理意义来看，有效值就是交变电压在时间 T 内、在纯电阻负载上所产生的热量，与在同样时间内、在同一负载上产生同样的热量的直流电压的电压值。该值的数学表达式便是交变电压的均方根值。

有效值还具有简单的叠加性，便于计量和应用。例如，当几个交变电压

$$u(t) = u_1(t) + u_2(t) + \cdots + u_n(t)$$

同时作用到一个电阻 R 上时，其合成的总有效值为：

$$U^2 = U_1^2 + U_2^2 + \cdots U_n{}^2 = \sum_{i=1}^{n} u_i^2 \tag{5-11}$$

以上的叠加原理对于峰值和平均值并不适用。这是由于在计算若干交流电压合成结果的峰值及平均值时，不仅要考虑分项电压大小，而且还应考虑其相位关系。例如，在图 5—2 中的几个波形，合成总的有效值都相等，但总电压的峰值都相差很远，平均值也不相同。

在实际测量中，有效值是广泛应用的参数。例如，电压表的读数，除特殊的情况外，几乎都是按正弦波有效值进行刻度的。另外，它能直接反应出交流信号能量的大小，这对于研究功率、噪声、失真度、频谱纯度、能量转换等都是十分重要的。

四、电压各种量值间的关系

1. 波峰因数 K_m

电压的峰值与有效值之比称为波峰因数 K_m，即

$$K_m = \frac{U_m}{U} \tag{5-12}$$

对于正弦波：$K_{m\sin} = \sqrt{2} \approx 1.414$

2. 波形因数 K_F

电压的有效值与平均值之比称为波形因数，即

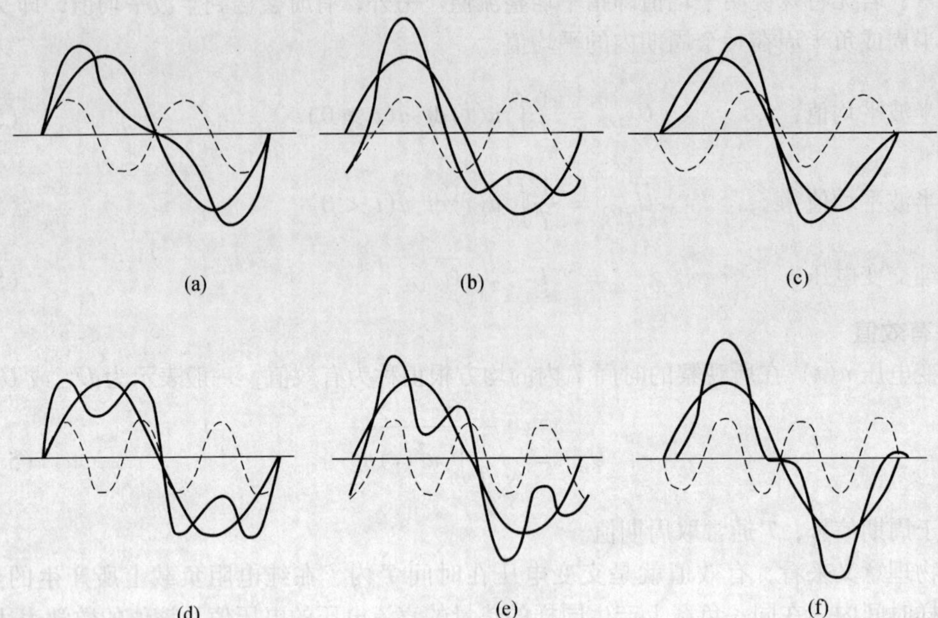

图 5—2 波形的合成

$$K_F = \frac{U}{\overline{U}} \tag{5-13}$$

对于正弦波：$K_{\mathrm{m\,sin}} = \dfrac{\pi}{2\sqrt{2}} \approx 1.11$

3. 中和因数 $K_{m/av}$

电压的峰值与平均值之比称为中和因数 $K_{m/av}$，即

$$K_{m/av} = \frac{U_m}{\overline{U}} \tag{5-14}$$

对于正弦波：$K_{m/av\,sin} = \dfrac{\pi}{2} \approx 1.57$

显然，各因数间有如下的关系：

$$K_{m/av} = K_m K_F$$

并且：

$$1 \leqslant K_F \leqslant K_m \leqslant K_{m/av} \tag{5-15}$$

上述的波峰因数、波形因数和中和因数，充分地反映了电压的峰值、平均值和有效值之间的相互关系，对于量值参数间的换算，特别是各种电压表的实际应用，具有相当重要的意义。

五、电压测量的应用

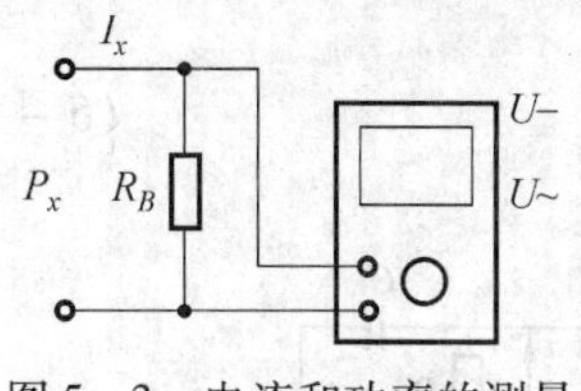

图 5—3 电流和功率的测量

1. 电流、功率的测量

如图 5—3 所示是利用一个已知的电阻 R_B 去测量电流和功率的方法。如果被测的是平衡电路，则只要在电压表前面加一个 1∶1 的平衡输入变压器，便成为一台简单的电平表。其被测电流和功率分别为：

$$I_x = \frac{U}{R_B} \tag{5-16}$$

$$P_x = \frac{U^2}{R_B} \tag{5-17}$$

2. 变压器匝数比的测量

图 5—4 是用电子电压表测量变压器匝数比的电路。只要分别测出初级电压和次级电压的数值，就可求出变压器匝数比 n。

3. 放大器增益的测量

图 5—5 是放大器增益测量电路。电压表测得的输出电压与输入电压的比值就是放大器的放大倍数。如电压表有分贝刻度，则输出端与输入端的分贝差就是放大器的增益。在放大器的输出端接一台示波器，就可检查放大器的输出有无失真了。

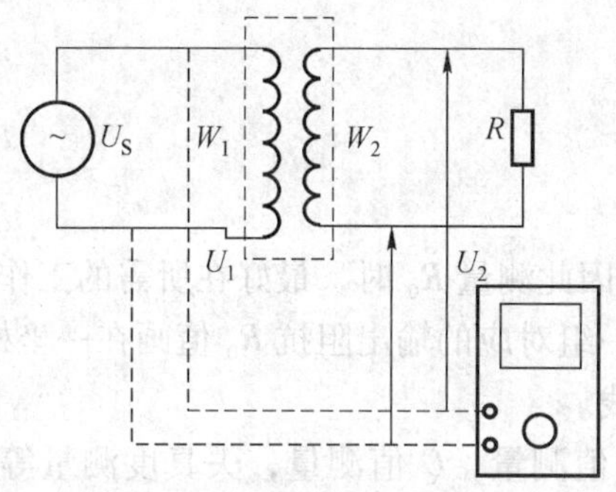

图 5—4 变压匝数比的测量

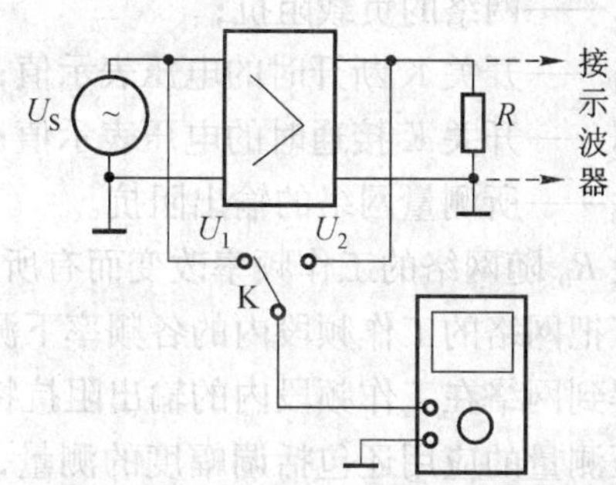

图 5—5 放大器增益测量

4. 频率特性的测量

连接方法与图 5—5 相同。由信号源 S 输出一信号至放大器的输入端，保持这个输入电压值不变，改变信号源输出电压的频率从 f_1 至 f_2，用电压表分别测出放大器在 f_1 至 f_2 各个频率上的对应的输出电压值 U_{2f_1} 至 U_{2f_2}。如电压 U_0 是放大器的频率特性参考频率 f_0 的输出电压，则放大器的频率特性 A_i 为：

$$A_i = 20\lg(U_i/U_0) \tag{5-18}$$

式中，U_i 表示在频率 f_1 至 f_2 区间内的任意频率 f_i 相对应的输出电压。若把 $A_i \sim f_i$ 关系画在一坐标纸上就到了放大器的频率特性曲线，图 5—6 所示。

5. 纹波系数的测量

直流电源的纹波系数是输出端交流分量有效值和直流分量的比值。图 5—7 是测量电源纹波系数的电路。从隔直电容 C 后测得的是纹波电压 $U_{\sim}$，它和电源的直流输出电压 U_{-} 的比值就是纹波系数：

$$r = \frac{U_{\sim}}{U_{-}} \times 100\% \tag{5-19}$$

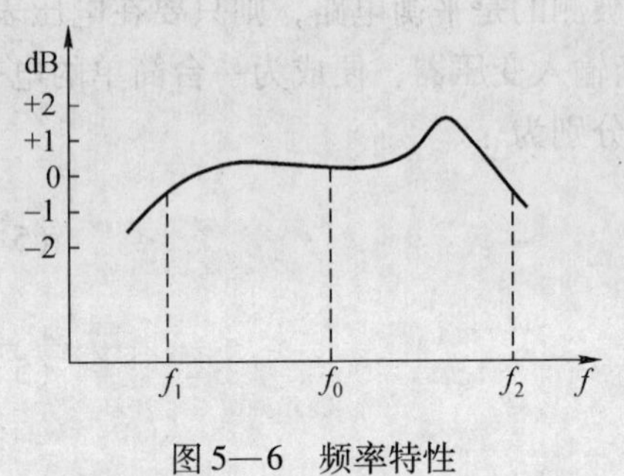

图 5—6 频率特性

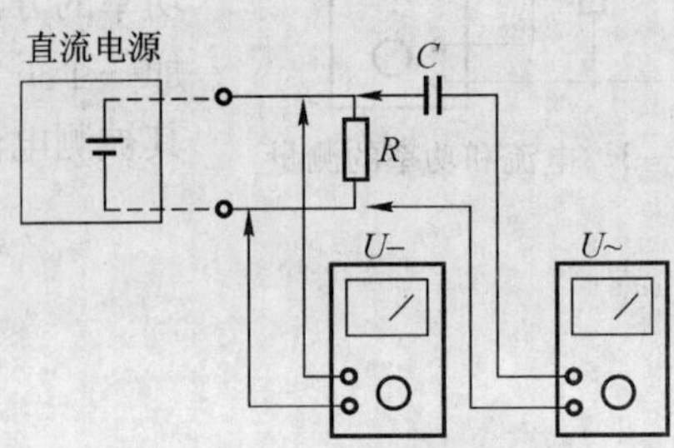

图 5—7 纹波系数的测量

6. 输出阻抗特性的测量

如果网络的工作频率不太高，则可以按照图 5—8 的办法测量网络的输出阻抗值 R_0，其值为：

$$R_0 = \frac{U_1 - U_2}{2U_2 - U_1} R_L \tag{5-20}$$

式中：R_L——网络的负载阻抗；

U_1——开关 K 断开时的电压表示值；

U_2——开关 K 接通时的电压表示值；

R_0——所测量网络的输出阻抗。

一般 R_0 随网络的工作频率改变而有所变化，因此测量 R_0 时，最好在所需的工作频率下进行。若把网络的工作频段内的各频率下测得的一组对应的输出阻抗 R_0 值画在一坐标纸上，则可以得到网络在工作频段内的输出阻抗特性曲线。

电压测量的应用还包括调幅度的测量，L，C 值测量，Q 值测量，失真度测量等，这些都在有关章节中分别予以介绍，这里不再一一列出。

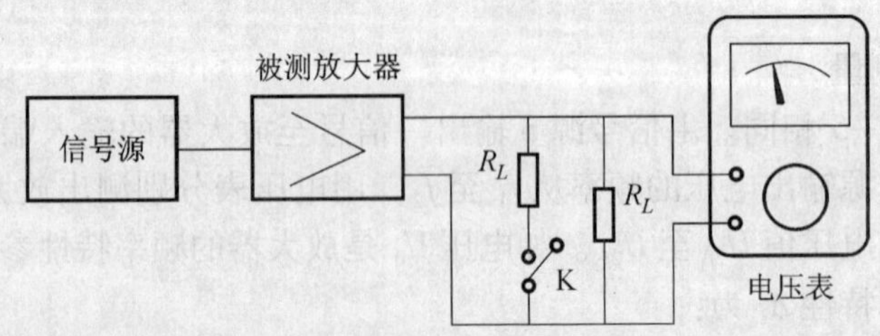

图 5—8 利用电压表测输出阻抗

六、电压测量仪器的分类

电压测量仪器按照其用途和准确度，大致分为三种类型，即电压标准装置、电子电压表和普通三用表（见图5—9）。

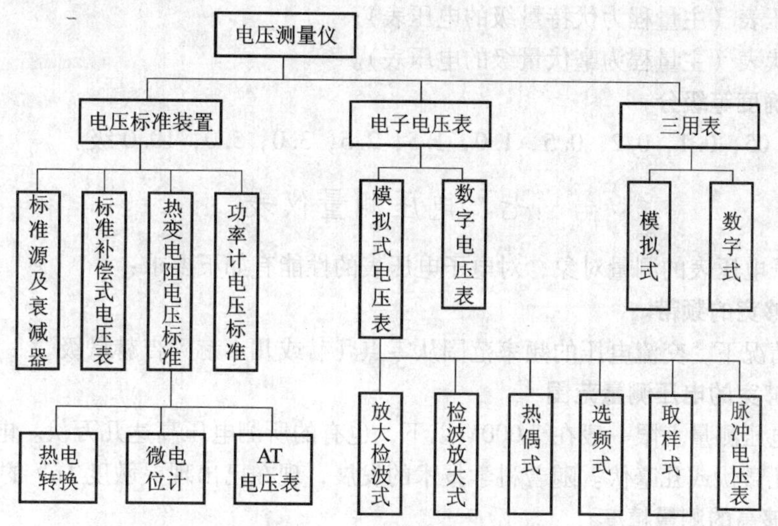

图5—9　电压测量仪器分类

电压标准装置主要用来校准、检定各种类型的电子电压表，一般都是以高准确度为主要目标，而对其输入阻抗、量程和操作难易程度的要求，相对是次要的。

三用表与电压标准装置情况刚好相反，它是一种结构简单，使用方便的测量仪表，主要用在电路维修和检查上，因此对测量的准确度要求不高，但希望有较高的输入阻抗和较宽的量程。

以模拟电表显示电压测量结果的电子电压表称为模拟式电子电压表。模拟式电子电压表可作如下分类：

1. 按测量功能分

（1）直流电压表；

（2）交流电压表；

（3）脉冲电压表。

2. 按刻度特性分

（1）线性刻度；

（2）对数刻度；

（3）指数刻度；

（4）其他非线性刻度。

3. 按工作频段分

（1）超低频电压表（测量10Hz以下频率电压的电压表）；

（2）低频电压表（测量1MHz以下频率电压的电压表）；

（3）视频电压表（测量30MHz以下频率电压的电压表）；

（4）高频（射频）电压表（测量300MHz以下频率电压的电压表）；

（5）超高频电压表（测量300MHz以上频率电压的电压表）。

4. 按测量的量级分

(1) 电压表（主量程为伏特量级的电压表）;

(2) 毫伏表（主量程为毫伏量级的电压表）。

5. 按准确度等级分

分为 0.05，0.1，0.2，0.5，1.0，1.5，2.5，3.0，5.0，10.0 级。

七、电压测量仪表

根据电子电压表的测量对象，对电子电压表的性能有如下要求：

1. 有足够宽的频带

在通常情况下，交流电压的频率范围从零点几赫或几十赫到吉赫量级。

2. 有足够宽的电压测量范围

目前，电压测量上限一般在 1 000V 以下，也有的所测电压高达几万伏。电压测量下限，一般为零点几微伏或几毫伏。随着科学技术的发展，现在已出现灵敏度 1nV 的数字电压表。

3. 有足够高的测量精度

直流电压的测量精度较高，测量误差在 $10^{-4} \sim 10^{-7}$ 量级。交流电压的测量误差随被测电压及频率的不同有较大的差异，再加上波形误差等因素，测量精度约在 $10^{-2} \sim 10^{-5}$ 量级。

4. 有足够高的输入阻抗

用电子电压表测量被测回路的电压时，必须保证被测回路的工作状态不受影响。否则，会造成测量误差。因此，测量直流电压时，提高电子电压表内阻是很重要的。电子电压表在测量交流电压时，还必须考虑输入电容的影响，输入电容越大，测量高频电压的能力就越差。故常把输入电阻和输入电容这两者共同产生的作用，用输入阻抗这一性能表示。

5. 能测各种波形的交流电压

在交流电压测量中，除了测量正弦波电压外，有时还需要测量各种非正弦波，如方波、三角波、锯齿波、脉冲波等。

6. 对电子电压表的多功能、数字化、自动化、高精度要求越来越高

由于对电压测量的广泛性和重要性，通常要求一台电压表不仅能测电压，而且能测其他参数，如电流、频率、周期等。同时希望不仅能读出绝对电压值，还能读出相对电压值，如 dB，dBm 等。这就要求实现自动测量、自动控制、自动处理数据等，因此对电压测量仪器的数字化、自动化、智能化提出了迫切的要求。

第二节 模拟式电子电压表

电压的测量，就其测量原理有多种，其相应的电压测量仪器类型有很多。总的说来可以分为两类即：模拟式和数字式。

模拟式电子电压表的中心环节是将被测的交流电压转换成直流电流，然后驱动直流电流表偏转，根据被测交流电压大小与直流电流的关系，表盘直接刻以电压刻度。完成交流变为直流这一转换的线路一般称为 AC/DC 变换器或称为检波器。为提高电子电压表的性能，通常在检波器与直流电流表之间加设直流放大器或在检波器之前加设交流放大器。根据检波器所处位置先后的不同，模拟式电子电压表可以为以下几种类型。

一、检波—放大式电子电压表

如图 5—10 所示，在此测量方案中，由于是先检波后放大，故频率范围、测量电压范围及输入阻抗等主要取决于检波器的特性。

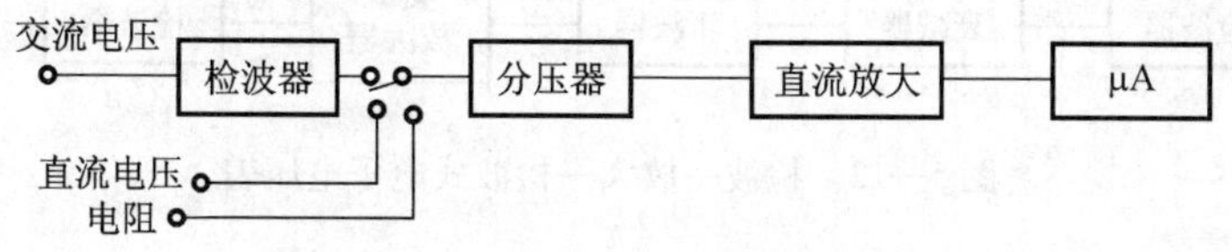

图 5—10 检波—放大式电子电压表

采用特殊的超高频检波二极管，并在结构工艺上作仔细考虑之后，检波—放大式电子电交流电压压表的频率范围可以做得很宽，例如从 20Hz 直到 1GHz 以上，故有“高频电压表”或“超高频电压表”之称。

当采用真空二极管作为检波器时，由于在小信号时检波器的检波效率 ηd 很低，

$$\eta d = \overline{U} / \tilde{U}_{p} \tag{5-21}$$

式中：$\overline{U}$——检波器输出的直流电压；

$\tilde{U}_{p}$——检波器输入的交流电压峰值。

因此，使表头起始部分的刻度出现严重的非线性。用高频晶体二极管作检波器，虽然可以提高小信号时的检波效率，但要进一步地提高小信号的测量能力，仍在很大程度上受到后级直流放大器的噪声和零点漂移的限制。为此，早期生产的检波—放大式电子电压表中的直流放大器多用桥式电路，如 DYC—5 型超高频电子管电压表等，此种电压表的最小量程一般均在 1V 以上。

二、放大—检波式电子电压表

被测交流电压先经交流放大器放大后再加到检波器上，这样就构成放大—检波式电子电压表，其原理图如图 5—11 所示。

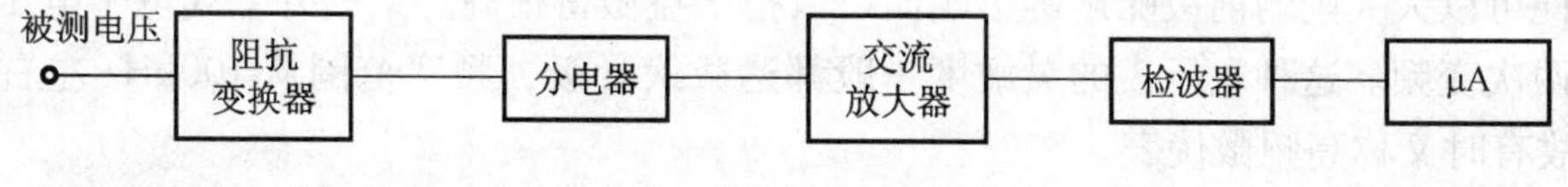

图 5—11 放大—检波式电压表

在这种方案中，由于采用了交流放大器，故可提高小电压的测量能力，避免了检波器工作在小电压时造成的刻度非线性。但由于交流放大器的增益与有效带宽的乘积是一个常数，故这类电压表的频率范围与灵敏度有矛盾。对于一般的放大—检波式电子电压表，频率范围在 10Hz ~ 10MHz，电压测量范围在几百微伏到几百伏。

三、检波—放大—检波式电子电压表

检波—放大式电子电压表，由于受到直流放大器的噪声及零点漂移的影响，电压表的灵

敏度不能很高。而放大—检波式电子电压表的频率范围受到交流放大器的带宽限制，不能做的很宽。检波—放大—检波式电子电压表可以有效地解决上述两个问题，其原理见方框图5—12。

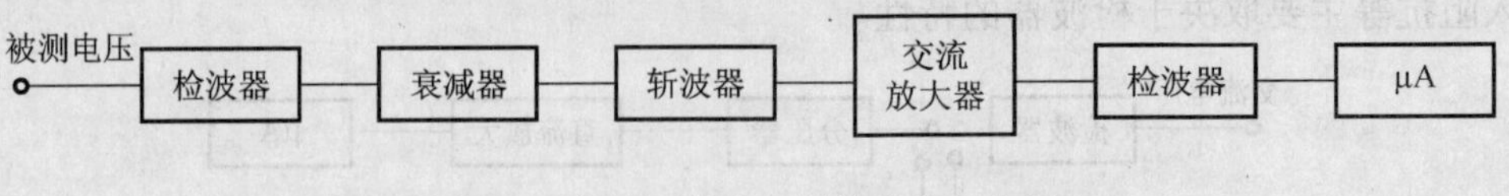

图 5—12 检波—放大—检波式电子电压表

该类电压表主要利用斩波器将检波后的直流电压再变为固定频率的方波（交流）电压，经交流放大器放大后再经过检波后推动表头指示。此种电压表一般称为超高频毫伏表，如国产 DA—1、DA—22 等，频率范围一般在 5kHz ~ 1GHz，电压测量范围最小量程为 1mV，而最大量程一般受到检波二极管反向工作电压的限制，一般只在 10V。

四、外差式电子电压表

利用外差式测量方法，被测信号通过输入回路，在混频器中与本机振荡器频率 f_L 混频，输出中频（f_L-f_s）信号，用中频放大器选择并放大，然后检波，并用表头指示。其原理如图 5—13。

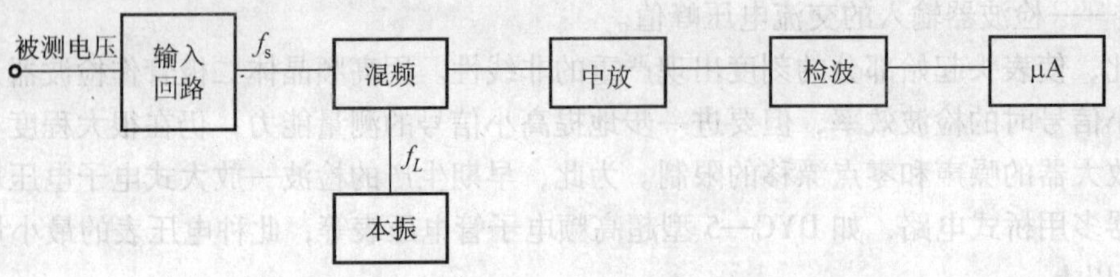

图 5—13 外差式电子电压表

外差测量法的特点是中频是固定不变的，为此，可改变本振频率 f_L。以跟踪被测信号频率 f_s，以保持 $f_L—f_s$ 不变。由于中频放大器具有良好的频率选择性，而且中频是固定不变的，因此可以大大削弱前级噪声等影响而可以把增益做得很高。某些外差式电子电压表还可以采用两次变频。这种电压表的灵敏度一般都达微伏量级，频率范围从 100kHz 左右到几百 MHz，故有时又称高频微伏表。

目前的选频电平表，及测量接收机都属于这一类型。

国内常见外差式电压表，如 DW—1 型电压表，其频率范围从 100kHz 到 300MHz，共分 8 个波段，最小最程为 15μV，最大量程为 15mV（经衰减器后可扩展至 1.5V）。

五、热偶式电子电压表

在测量非正弦波及其他复杂波形的电压时，都要求测量电压的真正有效值。热偶元件能将交流电压的有效值变换成直流电流以便进行测量。图 5—14 为热偶式电压表的示意图。

AB 为不易熔化的金属丝，称加热丝。M 为热偶，它由两种不同材料的导体联接而成，其交界面 C 与加热丝热耦合，故称“热端”，而 D，E 为冷端。当加入被测电压时，加热丝

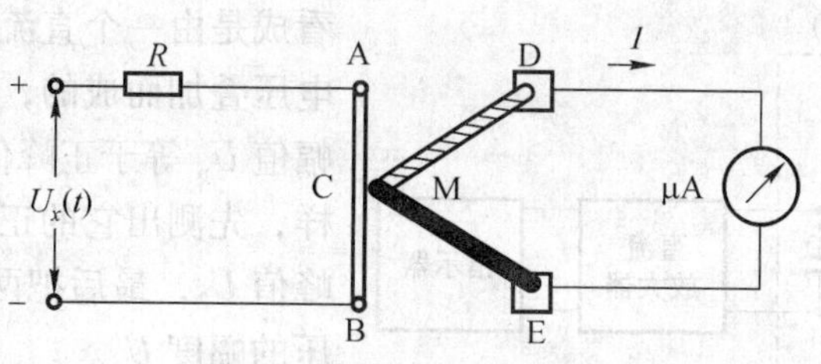

图5—14　热偶式电压表

温度升高，热电偶两端由于存在温差而产生热电动势，于是热电偶电路将产生一个直流电流 I 而使μA表偏转，而且这个直流电流正比于所产生的热电势，因为热端温度正比于被测电压有效值的平方 U_x^2，而热电动势又正比于冷端与热端的温差，这样，通过电流表的电流 I 将正比于 U_x^2，这样完成了被测电压的有效值到热电偶电路中直流电流之间的变换。

国产 DA—24 型有效值电压表即是这种类型的电压表，其频率范围为 10Hz～10MHz，最小量程为 1mV，最大量程为 300V。

六、电　平　表

在通信技术中，常常需要测量和比较电路上的电功率的高低。因为人耳对声音的强弱的感觉是成对数关系的，所以在比较通信线路上电功率的高低时，必须考虑到这个特点，故在通信测量中采用了一个特殊的单位——分贝，用符号 dB 表示，能够直接测得 dB 数的仪表，称电平表。

通常，把比较电功率的大小的标准定为 1mW，并规定电路上某点的电功率大于 1mW 时的电平为正，小于 1mW 时为负，等于 1mW 时为零。

实际上，在测量和比较电路的电功率时，往往不是直接去测量电功率值，而是测电压的高低。假定电路的阻抗是 600Ω，则 1mW 的电功率所对应的电压值等于：

$$U=\sqrt{P\cdot R}=\sqrt{0.001\times 600}=0.774\,6\text{V} \tag{5-22}$$

因此，只要测得电路上的电压值，再用零电平所对应的电压值 0.774 6V 比较，根据式（5－23）计算，就可得到电路上该点电平的 dB 值：

$$\text{电平值}=20\lg\frac{U_x}{0.774\,6}(\text{dB}) \tag{5-23}$$

可见，用一只交流电压表，将其电压刻度直接用 dB 数表示出来，如在度盘上的 0.774 6V的那一点刻上 0dB 值，其余类推，这样就可以直接进行电平测量并成为用 dB 数作指示的电平表了。

七、脉冲电压表

脉冲信号是广泛应用的一类非正弦信号。通常，脉冲电压的持续时间很短，其空度可达 $10^2\sim10^4$ 以上，虽然利用一般的峰值检波器也可测量脉冲电压，但由于充电时间太短而放电时间又太长，故必然形成很大的测量误差。

在空度较小的情况下，脉冲电压的直流分量就不能忽略了。现把一个正向矩形脉冲电压

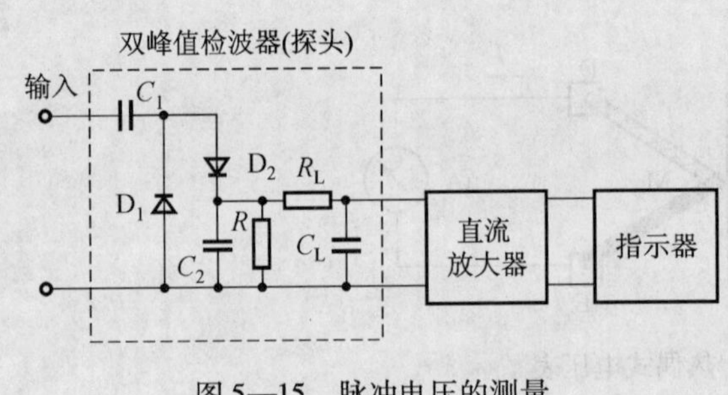

图 5—15 脉冲电压的测量

看成是由一个直流电压 U_0 和一个双向矩形电压叠加而成的，如以 U_0 作分界线，脉冲幅值 U_p 等于正峰值 U_1 加上负峰值 U_2。这样，先测出它的正峰值 U_1，再测出它的负峰值 U_2，最后把两数相加，就得到脉冲电压的幅度 U_p。

根据以上原理，制作一种专门用来测量脉冲电压幅度的电压表——双峰值电压表。图 5—15 是这种电压表的简化原理图。当被测电压为负时二极管 D_1 导通，电容 C_1 被充电到被测电压的负峰值，当被测电压为正时，被测电压的正峰值和电容 C_1 已经充电到负峰值电压相加后，一起通过二极管 D_2 对电容 C_2 充电，于是 C_2 两端电压等于正负峰之和，经放大后在电表中指示出来。

第三节 电子电压表检波器

从以上叙述可知，不论哪一类交流电子电压表，检波器是它们的核心，其功能就是将交流电压转换成直流电压，以便用直流电表进行测量，进而得出交流电压的值。

一个交流电压 u_x 的大小，可以用它的峰 U_p，平均值 $\overline{U}$ 或有效值 U 来表示。

为了对电流表进行刻度，必须先知道检波器的输出直流电流 I_0与被测交流电压大小的关系，即电流表的刻度特性 $I_0 = f(u_x)$。电流表的刻度特性与检波器对交流电压的响应密切相关，根据上述交流电压的三种表示，分别有峰值响应，平均值响应和有效值响应三种检波器。检波器的响应主要决定于检波器所用检波器件的特性及工作状态，现分述如下。

一、平均值检波器

平均值检波器（亦称线性检波器）的直流输出电压与交流输入电压的平均值成正比。平均值 $\overline{U}$ 在数学上的定义为

$$\overline{U} = \frac{1}{T}\int_0^T u(t)\,\mathrm{d}t \tag{5-24}$$

根据式（5－24）求平均值，对正弦波电压，$\overline{U}=0$，所以，从交流电压测量的观点来看，平均值是指经过检波后的平均值，并且在无特别注明时，都是指全波平均值，故式（5－24）可写成：

$$\overline{U} = \frac{1}{T}\int_0^T |u(t)|\,\mathrm{d}t \tag{5-25}$$

平均值检波器，分半波式和全波式两种。图 5—16 给出了几种典型的平均值检波电路。

图 5—16（a）是最简单的半波式平均值检波电路。在被测电压的上半周，二极管 D_1 导通，微安表指示正半周脉冲电流 I 的平均值 I_0。负半周由二极管 D_2 形成一个通路，以保持正、负半周的输入阻抗相等，同时、防止负半周反向电压加在 D_1 上而被烧坏。由图 5—16（a）可知，流过 μA 表的电流为：

$$I=\begin{cases}\dfrac{U_x}{R_d} & （正半周）\\ 0 & （负半周）\end{cases}$$

式中：R_d——二极管 D_1 的正向电阻；

U_x——被测电压。

故
$$I_0=\frac{1}{T}\int_0^{T/2}i\mathrm{d}t=\frac{1}{R_d}*\frac{1}{2\pi}\int_0^{\pi}U_m\sin\varpi t\mathrm{d}t=1/R_d\overline{U} \tag{5-26}$$

式（5-26）表明，微安表所指示的电流 I_0 与被测电压 U_x 的半波平均值 $\overline{U}$ 半成正比。

图5—16（b）所示电路只是把图5—16（a）中的二极管 D_2 用一个电阻 R 来代替，两者的原理是一样的。由于在 D_1 导电时 R 的分流作用，使图5—16（b）中的 I_0 比图5—16（a）的小些，但由此引起误差是恒定误差，可在校准时加以修正。再对图5—16（c）加以分析，设被测电压为 u_x，四个二极管具有相同的正向电阻 R_d，反向电阻 $R_r\to\infty$，电流表内阻为 r_m，则通过电流表的平均电流为

$$I_0=\frac{1}{T}\int_0^T\frac{|U_x|}{2R_d+r_m}\mathrm{d}t=\frac{\overline{U}}{2R_d+r_m} \tag{5-27}$$

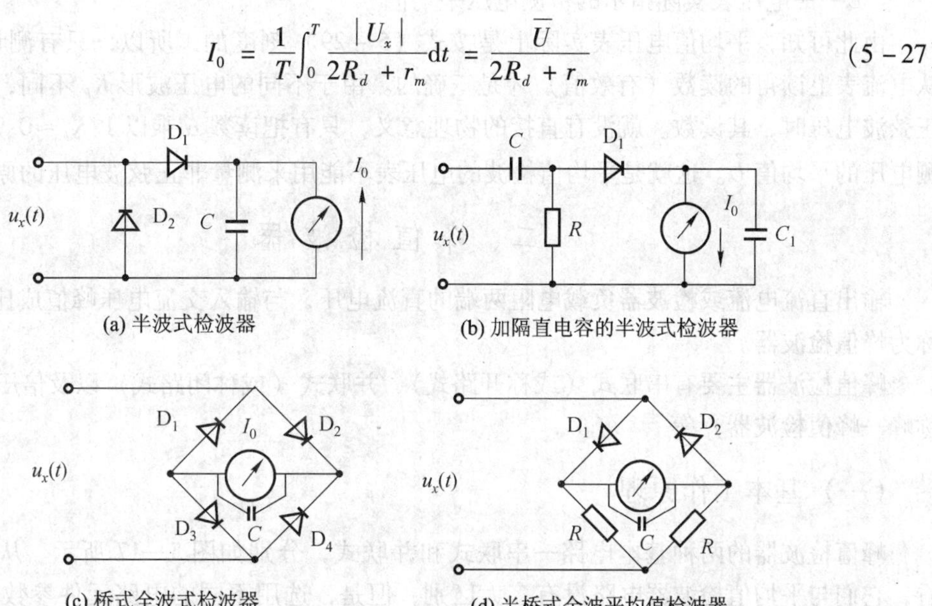

图5—16　几种典型的平均值检波电路

可见，I_0 正比于被测电压 u_x 的平均值 $\overline{U}$。

式（5-27）是认为二极管的伏—安特性是线性的条件下才成立的，但当小信号输入时，由于伏—安特性起始部分的非线性，使得式（5-27）的线性关系不再成立，即小信号时电流表的刻度将不是线性的。目前，平均值电压表大多采取线性化措施，以得线性刻度。

由于均值检波器在被测电压的整个周期内都处于导电状态，故输入阻抗较低，因而只能用于放大—检波式电压表及一些简单的电压表中。

另外，由于正弦波的应用的普遍性，同时考虑到有效值的实际意义，故交流电压表都按正弦电压有效值进行刻度，平均值电压表亦是如此，即这种电压表所用检波器虽然是平均值

响应，但是仍以正弦电压有效值刻度。现定义一个信号电压的有效值与平均值之比为波形因数，即

$$K_F = \frac{有效值}{平均值} = \frac{U}{\overline{U}} \tag{5-28}$$

信号电压波形不同，波形因数 K_F 亦不同，对正弦电压来说：

$$K_F = \frac{U_{\sim}}{\overline{U}} = 1.11$$

对具有正弦有效值刻度的平均值电压来说，其读数为：

$$\alpha = U_{\sim} = K_F \times \overline{U} = 1.11\overline{U} \tag{5-29}$$

式中：α——电压表读数；

$U_{\sim}$——电压表所刻的正弦电压有效值；

$\overline{U}$——电压表实际指示的被测电压平均值。

由此可知，平均值电压表实际上是按式（5-29）刻度的，所以，只有测量正弦电压，从电流表上读得的读数（有效值）才是正确的。由于不同的电压波形 K_F 不同，故当测量非正弦波电压时，其读数。就没有直接的物理意义，只有把读数 α 乘以 $1/K_F \approx 0.9$，才表示被测电压的平均值 $\overline{U}$。这就是平均值检波的电压表不能用来测量非正弦波电压的原因所在。

二、峰 值 检 波 器

输出直流电流或检波器负载电阻两端的直流电压，与输入交流电压峰值成比例的检波器称为峰值检波器。

峰值检波器主要有串联式（或称开路式）、并联式（或称闭路式）以及倍压检波式（或称峰—峰值检波器）等。

（一）基本工作原理

峰值检波器的两种基本电路—串联式和并联式，分别如图5—17所示。从电路形式上看，它们与平均值检波器电路没有多大区别，但是，选用不同的电路元件参数 R，C 的值，可决定它们在完全不同的工作状态，从而对被测电压产生完全不同的响应。

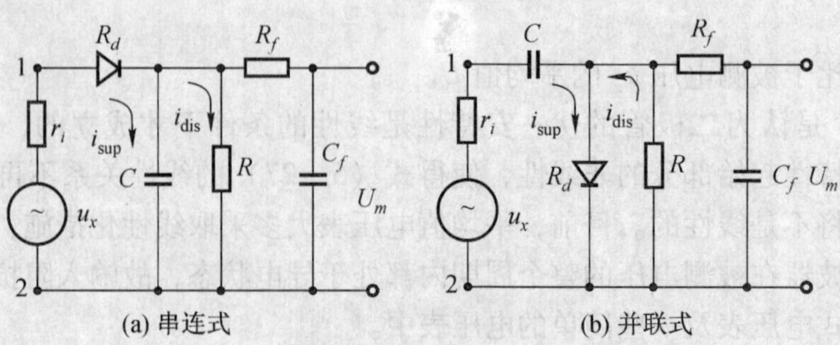

图5—17 峰值检波器

作为峰值检波，必然满足：

$$RC \gg T_{max}, \text{和} R_{\Sigma} C \ll T_{min} \tag{5-30}$$

式中：T_{max}——被测交流电压的最大周期；

T_{min}——被测交流电压的最小周期；

R_{Σ}——信号源内阻 R_0 和二极管正向电阻 R_d 之和。

串联式峰值检波器的工作原理如下：当被测电压 u_x 加入时，见图 5—18，电容 C 通过 R_d 充电，其时间常数 $\tau_1=(R_s+R_d)\ C$，当电容器上的电压 U_C 与被测电压相等时（t_1），充电停止。此时，二极管由于是负压截止，于是电容器开始通过 R 放电。放电时间比充电时 $\tau_2=RC \gg \tau_1$ 间慢得多，因为时间常数 $\tau_2=RC \gg \tau_1$，即 $R \gg R_{\Sigma}$，当电容器的电压 U_C 与输入电压 u_x 的继续增大，二极管导通，电容又开始充电。电容器的这种充放电过程，在每个被测电压的周期进行一次。当然，电容器上电压有些脉动，这可以通过 $R_f C_f$ 滤波器滤除。时间常数比 τ_2/τ_1 越大，检波直流电压的平均值越接近于峰值。故 R 一般选 100MΩ 或更大。

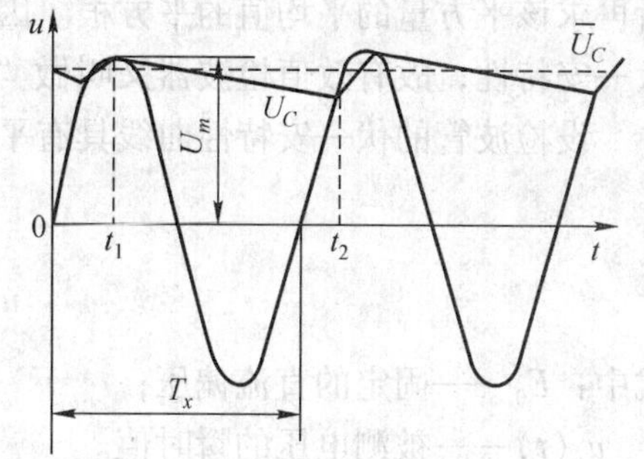

图 5—18 检波电容的充放电

并联式峰值检波器的工作原理也建立在 RC 充放电的基础上，但检波后的输出电压取自 R 两端。并联式电路的优点是电容器 C 还起着隔直作用，故可以用来测量含有直流成分的交流电压峰值，所以并联式电路应用较广。

（二）检波式峰值电压表

用各种峰值检波器做成的峰值电压表，除特殊情况外（如脉冲电压表），也是按正弦波有效值来刻度的，即

$$\alpha = U_{\sim} = 1/K_{p\sim} \times U_p \tag{5-31}$$

式中：α——电压表读数；

$U_{\sim}$——正弦电压有效值；

$$K_p\text{——正弦波的波峰因数}, K_{p\sim}=\frac{\text{峰值}}{\text{有效值}}=\frac{U_p}{U_{\sim}}=\sqrt{2} \tag{5-32}$$

与前述平均值电压表一样，当用峰值电压表测量任意波形的电压时，其读数 α 乘以 $K_{p\sim}$ 时，才等于被测电压的峰值。

三、有效值检波器

有效值检波器的输出直流电压与输入交流电压的有效值成正比。交流电压的有效值 U 是指在一个周期内，通过某纯电阻负载所产生的热量与一个直流电压在同一个负载产生的热量相等时，该直流电压的数值就是交流电压的有效值。在数学上，有效值与均方根是同义词，可写成：

$$U = \sqrt{\frac{1}{T}\int_0^T u^2(t)\,dt} \tag{5-33}$$

（一）基本工作原理

从式（5－33）可知，为获得具有均方根响应的检波器，必须首先将被测电压平方，然后再求该平方量的平均值的平方根。因此，用于有效值检波器的检波器件必然具有平方律的伏—安特性，故有效值检波器又叫做“平方律检波器”。

设检波管的伏—安特性曲线具有平方律特性（见图5—19），即

$$i(t) = Ku^2(t) \tag{5-34}$$

$$u(t) = E_0 + u_x(t) \tag{5-35}$$

式中：E_0——固定的直流偏压；

$u_x(t)$——被测电压的瞬时值。

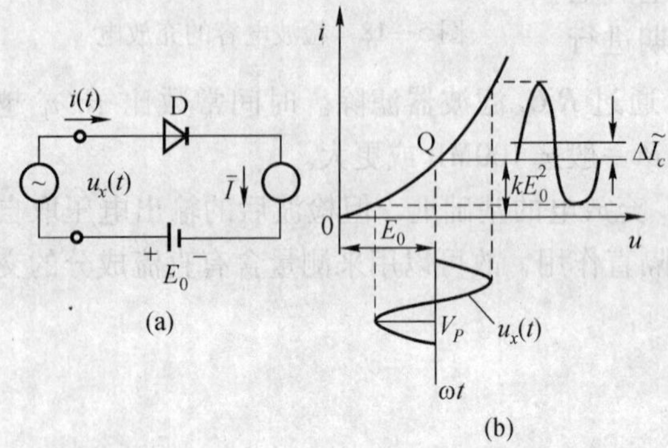

图5—19　平方律检波的基本原理

图5—19平方律检波的基本原理实际上，只有在特性曲线的起始部分才近似地服从于平方律关系。选择工作点 Q（加正向偏压 E_0）使工作于甲类状态。则由式（5－34）、式（5－35）可得

$$\Delta i(t) = K[E_0^2 + 2E_0u(t) + u^2(t)] \tag{5-36}$$

电流 $i(t)$ 的平均值为：

$$I = \frac{1}{T}\int_0^T K[E_0^2 + 2E_0u(t) + u^2(t)]\,dt = KE_0^2 + KU^2 = I_0 + KU^2 \tag{5-37}$$

由此可知，检波器输出的直流电流增量为：

$$\Delta I = kU^2 \tag{5-38}$$

式（5－38）表明，只要检波管具有式（5－34）所示的平方律特性，就可实现有效值变换，但不是线性的。

然而一般的晶体二极管的平方律特性区都很窄，且特性不易控制。近年来，用晶体二极管链式网络组成的分段逼近式有效值检波器已获得普遍应用。图5—20是分段逼近式有效值检波器的原理图。

这种方法是把一条平方律特性曲线近似地看成是由许多斜率不同的线段连成的折线，线段的数目越多，这条折线就越逼近平方律特性，如图5—20（a）就把一条平方律特性曲线看成是由 oa_1，a_1a_2，…，a_5a_6 等6段不同斜率的线段连接成的。图5—20（b）是分段逼近平方律检波电路图。被检波的信号电压 u_x 加到桥式检波器的ab输入端，检波器的负载分两部分，一部分是固定不变的电阻 R:，另一部分是虚线框内的由二极管和电阻组成的可变电阻。随着输入电压的升高，各个二极管先后导通，以控制并联到 R_1 上电阻的大小。结果可

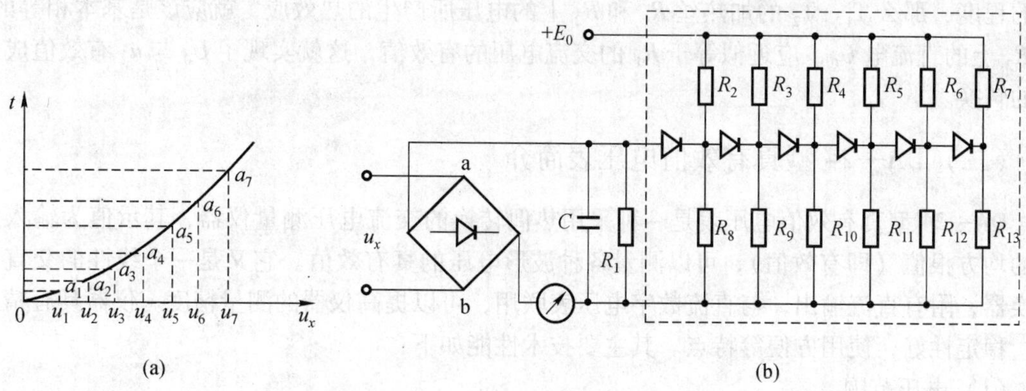

图 5—20　分段逼近式有效值检波器

以做到电压越低负载电阻越大，电压越高负载电阻越小，从而调节了不同电压下伏—安特性的不同斜率，这就达到了分段逼近平方律特性的目的。

另一种实现有效值检波的方法是利用具有热电变换功能的热电偶。热偶式电压表是实现有效值电压测量的一种重要方法。图 5—21 虚线框内是利用热电偶做成的交直流转换电路。

它所输出的直流电压 U_0 与输入的交流电压 u_x 的有效值成正比，用这个转换电路代替平方律检波器，就可做真正的有效值电压表，且具有均匀的线性刻度。

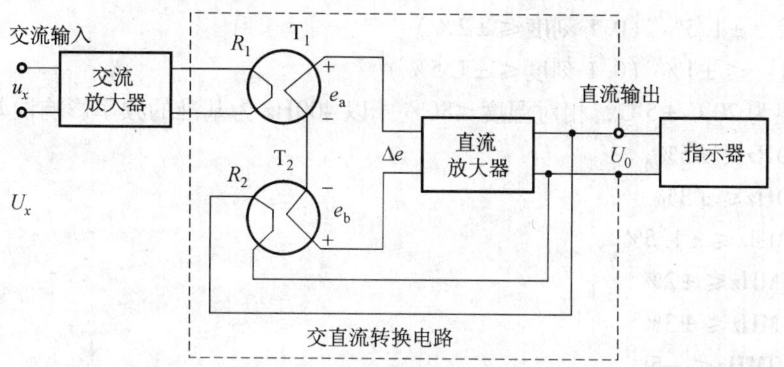

图 5—21　热电偶交直流转换电路

这个电路的显著特点是应用了直流补偿的原理。热电偶 T_1 和 T_2 是经过挑选配对的，它们的特性和所处的环境基本相同，由图可见，直流放大器的输入电压等于两个热电偶所输出的热电动势之差，即 $\Delta e = e_a - e_b$。

当交流输入电压 u_x 为零时，两个热偶的加热丝 R_1 和 R_2 中都没有电流流过，e_a 和 e_b 都等于零，所以输出电压 U_0 等于零。当 u_x 真不为零时，经过交流放大，在热偶 T_1 的加热丝 R_1 上产生一个与输入电压有效值成正比的交流电压，使 e_a 不再为零，Δe 也不再为零，于是直流放大器便有一个直流电压 U_0 输出。这个直流电压又反馈到 T_2 的加热丝 R_2 上，产生一个与 e_a 反向的热电动势 e_b 这就促使 Δe 的数值下降。经过放大、反馈、下降、再放大…循环的几秒钟内，就可以达到 e_a 和 e_b 在数值上近似相等的程度，也就是使 Δe 接近于零。

既然 T_1、T_2 的特性和环境基本相同，而且它们输出的热电动势 e_a 和 e_b 又达到了极为接近的程度，那么 T_1、T_2 的加热丝 R_1 和 R_2 上的电压所产生的热效应，就应该是基本相等的。即 R_2 上的直流电 U_0，应近似等于 R_1 的交流电压的有效值，这就实现了 U_0 与 u_x 有效值成正比的转换。

（二）DA—24 型真有效值电压表简介

DA—24 型真有效值电压表是一种采用热偶转换的交流电压测量仪器，其示值为输入电压的均方根值（即有效值），可以测量各种波形电压的真有效值。它又是一个线性的交直流转换器，附有直流输出，与直流数字电压表联用，可以提高仪器的测量精度。仪器具有精度高，稳定性好，使用方便等特点。其主要技术性能如下：

（1）电压范围

满刻度量程分 12 挡：1mV，3mV，10mV，30mV，100mV，300mV，1V，3V，10V，30V，100V，300V。

（2）分贝范围

-72dB ~ +52dB（在负载电阻 600Ω 上消耗 1mW 的功率为 0dB）。

（3）频率范围

10Hz ~ 10MHz

（4）精度

在室温 20℃ ±5℃，相对湿度≤80%，400Hz 定度

电表指示：±1.5%（0.1 刻度≤±2%）

直流输出：≤±1%（0.1 刻度≤±1.5%）

（5）室温为 20℃ ±5℃，相对湿度≤80%，以 400Hz 为基准的频率影响误差如下：

10Hz ~ 20Hz≤±5%

20Hz ~ 50Hz≤±3%

50Hz ~ 1MHz≤±1.5%

1MHz ~ 2MHz≤±2%

2MHz ~ 3MHz≤±3%

3MHz ~ 10MHz≤±5%

（6）在环境温度为 -10℃ ~ 40℃，相对湿度≤80%，电源电压为 220V（1±10%）时，仪器的工作误差如下：

10Hz ~ 20Hz≤±7%

20Hz ~ 50Hz≤±5%

50Hz ~ 2MHz≤±3%

2MHz ~ 3MHz≤±5%

3MHz ~ 10MHz≤±10%

（7）波峰因数限制

本仪器在测非正弦电压时，允许的波峰因数为满刻度，≤10∶1；1/2 满度，≤20∶1；1/100 满度，≤100∶1。

（8）仪器的输入阻抗

在 1 ~ 300mV 量程：电阻≥7MΩ，并联电容≤50pF；在 1 ~ 300V 量程：电阻≥9MΩ，并

联电容≤20pF。

(9) 仪器的直流输出

① 电表指示满度时，直流输出 -1V；

② 直流输出端噪声电压≤1mV；

③ 直流输出电阻为 1kΩ（1±10%）；

④ 仪器输入端短路时，直流输出端的剩余电压≤60mV

第四节　电　压　标　准

一、测热电阻电桥电压标准

目前，大多数的高频电压标准是采用测热电阻来进行高精度的高频电压测量。它实质上是利用高频—直流（或低频）功率替代原理建立起来的，具有精度高、频带宽和性能稳定等特点，是现代高频电压计量的一种有效手段。

（一）测热电阻

所谓测热电阻实质上是一种非线性电阻，其阻值对电磁辐射热比较敏感并体现为电阻值的变化。利用测热电阻的这一特性，若把被测高频电压加到测热电阻两端，由于测热电阻消耗功率而发热，则其阻值产生变化。再以一直流电压加到测热电阻两端，若检测阻值的变化与第一次加高频电压时相同，则说明高频消耗功率与直流消耗功率相等，就可间接测出高频电压。

可见测热电阻是这类高频电压标准装置的关键元件。现在实际应用的测热电阻有热敏电阻、镇流电阻和薄膜热变电阻三种。

1. 热敏电阻

热敏电阻具有负温度系数，即随温度升高（消耗功率大）阻值下降。此外还具有灵敏度高、电阻阻值变化范围宽（从几十欧变化到几千欧）、结构牢固、寿命长、过载能力强等优点，而且由于尺寸小，其上的高频功率分布均匀。缺点是等效电路较复杂（见图5—22），除电感外尚存结构电容，故频率上限不能到很高，一般达1GHz左右就能引起较大的频响误差。另外，由于灵敏度高，对周围环境温度的变化反映较敏感，故工作稳定性稍差。

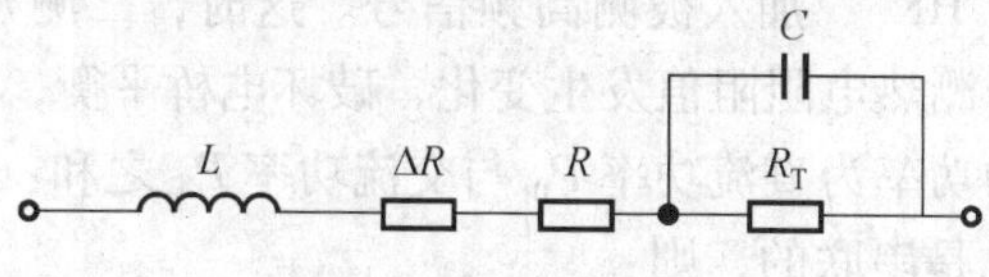

图5—22　等效电路

L—引线电感；R—引线电阻；ΔR—由高频趋肤效应所引起的电阻增量；
R_T—热敏电阻的直流电阻；C—颗粒电容

2. 镇流电阻

镇流电阻是正温度系数特性，灵敏度较高，是由直径小于2μm的铂丝制成，故等效电路简单（见图5—23），但电感分量较大，不宜用于较高频率，且极易过载烧坏。

3. 薄膜热变电阻

薄膜热变电阻一般由铂、镍、碳或金属氧化物蒸镀或沉积于云母等基片上形成，膜厚一般为几十纳米，温度系数多为正温度系数。它突出的优点是可用于相当高的频率，结构简单，性能稳定，几何尺寸和形状可根据需要设计。其形状有半盘形、窄带形、扇形。缺点是灵敏度较低。不能测量微小电压。

等效电路如图 5—24 所示。

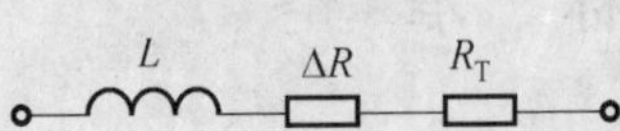

图 5—23　镇流电阻等效电路

L—引线电感；ΔR—趋肤效应所造成的电阻增量；R_T—直流电阻

图 5—24　薄膜热变电阻等效电路

L—引线电感；R_T—热变电阻的直流电阻

（二）双测热电阻电桥原理

1. 直流替代电路

由于利用电桥来检测测热电阻阻值的变化最为灵敏和精确，故把测热电阻接入电桥电路。目前，双测热电阻电桥组成的高频电压标准装置获广泛采用。

图 5—25 为直流替代电路电桥的原理图。电桥的一个臂由二个测热电阻 R_{TA}，R_{TB} 串联构成，与 R_a，R_b，R_c 组成一测热电桥，G 为电桥平衡指示器，C_1，C_2 为结构电容，高频电压 U_F 通过 C_1，C_2 加到串联的测热电阻两端，这样，对直流说来 R_{TA}，R_{TB}是串联的，对被测的高频电压是并联的，V_0 是无高频电压加入时，电桥平衡时的直流电压，V_1 是加入高频电压电桥再次平衡时，电桥两端的直流电压。

测量分二次进行，即所谓二次电压法。

工作过程如下：

先将开关 K 置于“DC”，直流电压加到 R_{TA}，R_{TB}，调节 U_0 使电桥平衡。这时，测热电阻上的功率是：

$$P_0=\left(\frac{U_0R_a}{R_a+R_b}\right)^2\Big/(R_{TA}+R_{TB}) \tag{5-39}$$

然后，开关 K 置于“HF”，加入被测高频信号。这时，二测热电阻上除直流电压外又加交流电压，因此，两个测热电阻阻值发生变化，破坏电桥平衡，调节 U_1 使电桥再次平衡，这时测热电阻上所消耗的功率为直流功率 P_{01}与交流功率 $P_{\sim}$之和：

对直流功率 R_{TA}，R_{TB}是串联的，则：

$$P_{01}=\left(\frac{U_1R_a}{R_a+R_b}\right)^2\Big/(R_{TA}+R_{TB}) \tag{5-40}$$

对高频回路，R_{TA}，R_{TB}是并联的，则：

$$P_{\sim}=U_{\sim}^2\Big/\frac{R_{TA}\times R_{TB}}{R_{TA}+R_{TB}} \tag{5-41}$$

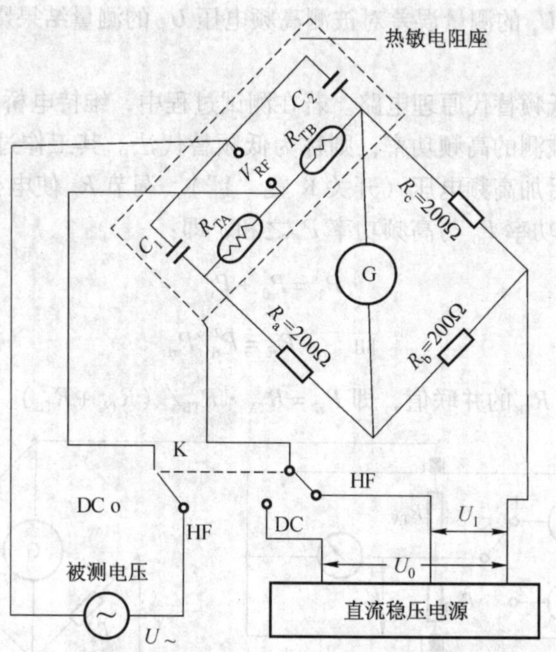

图5—25 测热电阻电桥工作原理

两次平衡，加在测热电阻上的功率相等，即

$$P_0 = P_{01} + P_\sim$$

则

$$P_\sim = P_0 + P_{01} \tag{5-42}$$

将式（5－39），式（5－40），式（5－41）代入式（5－42），不难得出：

$$U_\sim^2 = \frac{R_{TA} \times R_{TB}}{(R_{TA} + R_{TB})^2} \times \frac{R_a^2}{(R_a + R_b)^2} \times (U_0^2 + U_1^2) \tag{5-43}$$

设 $R_{TB} = \alpha R_{TA}$，$R_b = \alpha R_a$。则：

$$U_\sim^2 = \frac{\alpha}{(1+\alpha)^2} \times \frac{R_\alpha^2}{(R_a + R_b)^2} \times (U_0^2 + U_1^2) \tag{5-44}$$

如果 $\alpha = 1$，即 $R_{TA} = R_{TB}$，$R_a = R_b$，开方得

$$U_\sim = \frac{1}{4}\sqrt{U_0^2 - U_1^2} \tag{5-45}$$

这就是二次电压法的全部测量过程。

日本生产的 BM—lA 型高频电压校正装置，及国产的 DO—2 型高频电压标准均采用以上的工作原理，只不过 DO—2 型高频电压标准用的是低频替代。

式（5—45）是在设 $\alpha = 1$ 即 $R_{TA} = R_{TB}$ 的条件下得到的，可见，当这两个测热电阻完全对称（阻值和温度特性相同）时式（5－45）才成立。否则，就会带来测量误差。另外，直流电压 U_0 和 U_1 的测量不准也会产生测量误差，尤其是测量小的高频电压时，U_0 与 U_1 的差

值很小，这时，U_0 和 U_1 的测量误差对被测高频电压 $U_{\sim}$ 的测量结果影响很大。

2. 低频替代电路

图 5—26 所示为低频替代原理电路。若在测试过程中，维持电桥的直流偏置不变，而以附加的低频功率替代被测的高频功率，则称为低频替代法。其工作过程是：先加直流偏置，使电桥大至平衡，然后加高频电压（开关 K 置“1”），调节 R_c 使电桥平衡。此时测热电阻的功率 P_1 为直流偏置功率 P_0 与高频功率 P_{rf}之和，即：

$$P_1 = P_0 + P_{rf} \tag{5-46}$$

而 $$P_{rf} = P_{rf}^2 / P_{rf} \tag{5-47}$$

式中，P_{rf}为 R_{TA}，R_{TB}的并联值，即 $P_{rf} = R_{TA} \cdot R_{TB} / (R_{TA} + R_{TB})$。

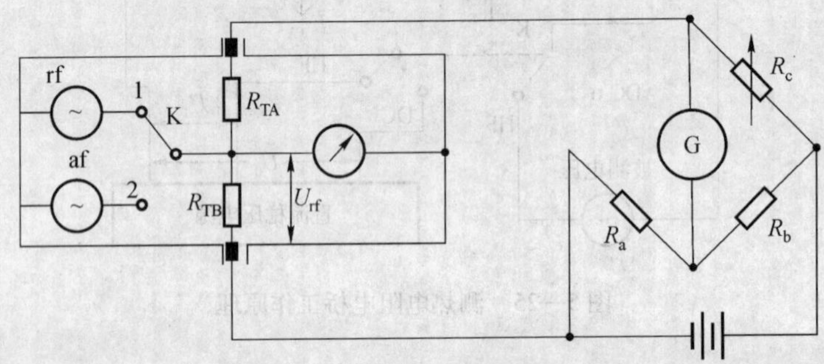

图 5—26 低频替代原理电路

再将高频电压源断开并加入低频电压（K 置“2”），同时，保持直流偏置电压和 R_c 值不变，调节低频电压使电桥仍然平衡，则此时测热电阻上的功率 P_2 为 P_0 与低频功率 P_d 之和，即

$$P_2 = P_0 + P_d \tag{5-48}$$

同时 $$P_d = P_d^2 / P_{rf} \tag{5-49}$$

由于加高频和低频电压两次平衡的直流偏置及桥臂的状况完全相同，故 $P_1 = P_2$，于是有

$$U_{rf} = U_d \tag{5-50}$$

低频电压的具体数值可由低频电压表或将低频电压源制成标准源直接显示出来。

由以上可见，低频替代法对元件的要求不甚严格，且能直读，但精度较低。

从测热电阻电桥高频电压标准的工作原理可见，该类标准对于任何负载都能给出一定的电压，即相当于一个等效内阻为零的标准电压源，这是一个突出的特点。

DO—2 型高频电压校准装置是利用上述原理，采用窄带薄膜热变电阻制成的，其工作原理简述如图 5—27 所示。

该仪器采用的是低频替代法，测试结果可直读。图中方波发生器产生 10kHz 的方波信号，桥式限幅器使信号的幅度更加稳定，低通滤波器则将合成方波的高次正弦波滤除，从而获得失真很小的正弦波，精密十进衰减器是为了调整所需的低频替代电压，并由电压显示器

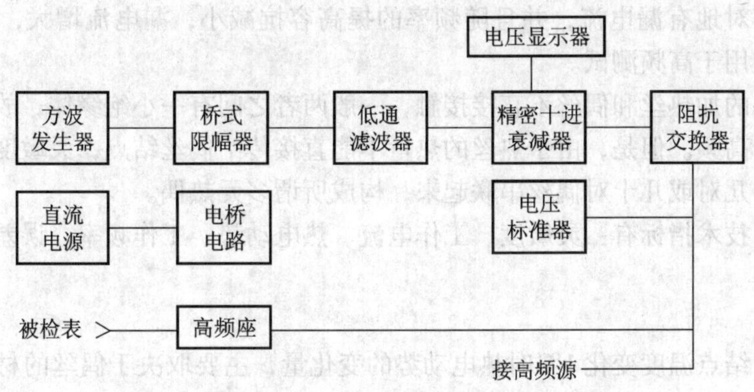

图 5—27　DO—2 机原理方框图

以五位数字显示出来。阻抗变换器，是为了消除衰减器的输出阻抗，随电压而改变所带来的影响，以提供一个高阻输入（接衰减器）和低阻输出（至高频座）的连接器件。而电压校准器则是为了对阻抗变换器输出端的 10kHz 信号进行校准（在 2V 点），以保证替代电压的精确度。

其主要技术指标为：

电压范围：0.2 ~2V

频率范围：10kHz ~1 或 1.5GHz

精确度：

1 号高频座（L16 输出）：

≤ ±1% ±1.5mV（1GHz 以内）

≤ ±2% ±1.5mV（1.5GHz 以内）

2，3 号高频座（L 27 输出）：

≤ ±1% ±1.5mV（0.5GH 以内）

≤ ±1.5% ±1.5mV（1GHz 以内）

二、热电转换式电压标准

热电转换式电压标准，其核心部件是热电偶。这类电压标准结构简单，在低频频段精度高，使用方便，随着热偶性能不断改进提高，现在，热电偶已广泛应用在高频电压的计量测试之中。

（一）丝热偶

一般所说的热偶都是指的丝热偶，即普通热偶。否则应加以说明。

如前所述，热偶的工作原理比较简单，当有电流通过加热丝时，便产生热量使偶丝结点的温度升高，从而与其另外端形成温差，于是，偶丝的两外端间便有热电动势出现，并与通过热丝的电流的平方成正比。

按电热结构，热偶可分为自热式（偶丝兼作加热丝）、直热式（也称接触式）和旁热式（也称绝缘式）三种。

自热式和直热式的灵敏度高，但由于加热丝和偶丝之间存在着电接触，通过热电动势指示器的寄生电容对地有漏电流，并且随频率的提高容抗减小，漏电流增大，误差也随之增大，故一般不宜用于高频测试。

旁热式热偶的加热丝和偶丝不直接接触，一般两者之间有一小绝缘体，故不存在上述漏电问题，可用于高频。但是，由于热丝的热量不能直接传给偶丝结点，灵敏度有所下降，为提高灵敏度可将几对或几十对偶丝串联起来，构成所谓多元热偶。

热偶的主要技术指标有：灵敏度、工作电流、热电动势、工作频率、误差、热丝电阻及偶丝电阻等。

1. 灵敏度

灵敏度是指结点温度变化1℃时热电动势的变化量，主要取决于偶丝的材料，通常约为几十至百微伏。

2. 工作电流

也称额定电流，是指热偶正常工作时通过热丝的最大电流，高频和超高频热偶一般不超过50或100mA。

3. 热电动势

热电动势是指偶丝由于结点的温升而在其两外端产生的电动势，一般热偶的额定热电动势约为2.5～12mV，多元热偶可达100mV。

4. 工作频率

工作频率是指热偶能正常工作的频率上限。因为随频率的升高，热偶各种寄生分布参量的影响将越来越大，以至使测量误差超出所容许的范围。

热偶在高频下的等效电路如图5—28所示。图中，R_1，L_1 和 C_1 是加热丝引线的电阻、电容、电感；R_2，L_2 是加热丝的电阻和电感；C_2 是加热丝引线和偶丝之间的电容；C_3 是加热丝和偶丝之间的电容；R_3 和 L_3 是偶丝的电阻和电感。

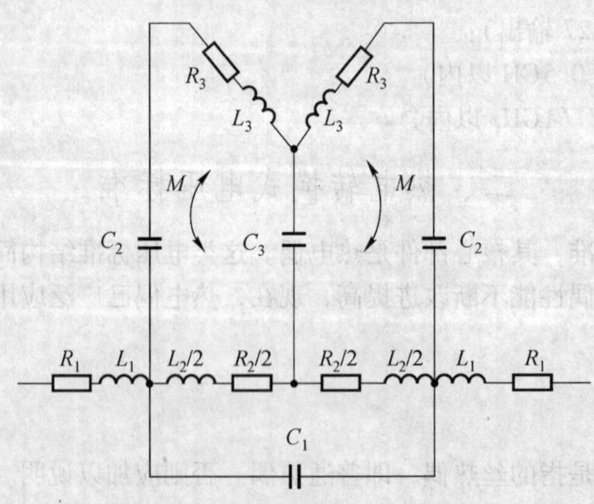

图5—28 热偶的高频等效电路

这些参数以及加热丝特别是其引线的趋肤效应，使得热偶的频响误差随频率的升高而明显加大，通常超小型超高频热偶的工作频率上限一般为1GHz。

（二）波膜热偶

薄膜热偶一般由基片、加热膜和偶膜构成。薄膜热偶也有自热式、直热式、旁热式三种。自热式的加热膜和偶膜为一体，即是加热膜同时又是偶膜，故灵敏度高。旁热式薄膜热偶的灵敏度低，但是可以直接进行交—直替代，测试精度较高。

薄膜热偶的突出特点就是电抗分量小，高频性能好，可应用于1GHz或更高的频率。

（三）ZC—100B 超高频电压标准

ZC—100B 型超高频电压标准是用薄膜热偶为核心元件研制开发出的一种智能化的新型源式高频电压计量标准仪器。它实现了数字显示、数据采集、存储、误差处理、打印等一套自动测量功能。该标准操作简单，准确可靠。作为高频电压标准量值的工作标准，进行量值传递，基本上解决了2GHz以下频段国内外各种仪器、仪表的电压、电平的频响检定和测试问题。它直接溯源于高频电压国家基准。

ZC—100B 的1号热偶座可以在0.2mm传输距离内与各种型号的电子电压表相连接进行直接检定。例如：DA—1、DA—2、DA—22、DA—36、DO—1、DYC—5、B3—24、MV—19C、HHFJ—8、HFD—1、HFG—14、ZN2270等。

2号热偶座专门用来检定各种型号带三通探头的超高频毫伏表，可以连接公制和英制的N型头，故此2号座不但可以检定各种带三通头的电子电压表，还可以检定各种型号的校准接收机的电平，例如：BS－2、RS—3、DO—16、ARM—5702、ARM—5703、EM642。

若有特殊要求还可配上3号、4号、5号专用座，用以检定各种50Ω和75Ω系统的标准电平表、8902A型接收机、示波器、监视器，频谱仪、扫频仪的电平及频响。

1. ZC—100B 的性能指标

频率范围：DC，10Hz～2GHz；

电压测量范围：0.1～1.5V；

输出特性：等效零内阻源；

输出接头方式：

1号热偶座：检定各种高频探头的电子电压表。备有各种可更换的连接器。

2号热偶座：N型阳性座，公英制通用，可检定带三通头的各种电子电压表及DO—16ME642等接收机电平的频响。

3号热偶座：N型阴性座，为检75Ω电平表的专用座。

4号热偶座：N型阴性座，为检8902A接收机电平及50Ω电平表的电平频响专用座。

5号热偶座：Q9型或BNC型座，用来检定示波器、监示器、场强仪等电平频响专用座。

以上除1，2号热偶座的传输距离为0.21mm以外，其余各座的传输距离均为3mm，该3mm的传输误差为系统误差，是可以修正的。

2. 基本工作固有误差

基本误差（1kHz）：0.2V～0.3V＜±0.5%；

0.3V以上＜±0.3%。

频率特性：1GHz以下＜±0.5%；

2GHz以下＜±1.5%。

3. 额定工作固有误差

基本误差（1kHz）：0.2～0.3V < ±0.6%；

0.3V 以上 < ±0.4%。

频率特性：1GHz 以下 < ±0.5%；

2GHz 以下 < ±1.5%。

4. 同轴型间热式 14 元薄膜热偶

ZC－100B 型高频电压标准是用中国计量科学研究院首创的同轴型间热式 14 元薄膜热偶作为电压测量敏感元件，用交直流替代的方法建立起准确可靠的高频电压标准值。

器件的基本材料为聚酰亚胺薄膜或云母片，厚度为 20μm 左右，正面内外导体电极为镀金电极，电阻加热带是采用电阻温度系数小的合金材料真空蒸镀而成，膜厚 100nm 左右，膜宽度为 0.15mm。据估算，在 1GHz 以下其电抗分量所引入的频响误差仅为（0.1～0.2)%，这一水平与国内外同类器件相比是相当高的。

器件反面也有内外导体的镀金电极，偶是上下左右对称的 14 对偶相串联与外导体电极连接，外导体电极作为偶电势的引出端。而每对偶的热端与正面的电阻加热带相对应，当电阻加热带有电流流过时，所产生的热量通过基底介质薄膜传导到反面偶的热端上，使其发热升温，而热端与不受热的另外两端形成温差，产生了温差热电势，这就是该器件的基本工作原理和结构形式。

由于该器件是同轴型的结构形式，当它垂直工作于特制的同轴腔体内时，不存在分布参数的影响，因而消除了其他各种热电转换器件在高频下新产生的分布参量的影响，使其有着良好的频率特性。在器件的制作上采用光刻制版，真空蒸镀等先进工艺，使器件的几何尺寸，电阻加热带的均匀性，热偶对准确排列等都能得到严格保证，所以使该热偶直流正反向差这项重要技术指标能优于 10^{-5} 量级，这是其他热电转换器件极难做到的。该器件是采用 14 对偶相串联，又选用灵敏度比较高的热电材料，故热电势输出达 0～60mV 以上，这为该器件在应用中提高整机灵敏度、量程的动态范围和提高测量精度等提供了有力保证。

同轴型间热式多元膜热偶是集低频多元热偶和薄膜热变电阻的优点于一体的新型电压测量敏感元件，它既具有低频多元热偶交直流转换的高精度，又具有薄膜热变电阻良好的频率特性，同时还分别克服了它们自身的不足：低频多元热偶的分布参量大，只能工作到 20kHz；薄膜热变电阻的高频通路是由高频座的结构电容导通的，故频率下限只能测 10MHz 或 30MHz，且由于结构电容的高频损耗难以确定，因而使其精度的提高受到制约。

5. ZC—100B 工作原理

图 5—29 所示是 ZC—100B 型高频电压标准的工作原理框图。

根据热电变换原理制作的同轴型间热式 14 元薄膜热偶模片，安装在特制的热偶座内，用交直流替代的方法，通过单片微机控制同轴开关把交流信号加到热偶座中偶的电阻加热带上。当交流电流流过电阻加热带时会产生一定的热量，该热量经介质薄膜传导到反面与其对应的 14 对偶的热端上，使其温度升高，升高了温度的结点与其另外两端形成温差，产生温差热电势。该热偶由于是 14 对串联，能产生较大的热电势，该热电势经多级程控放大器放大后的电压与另一路由单片微机控制的 16 位 D/A 转换器的输出电压进行比较，比较器输出至中央微处理器，这样形成一个闭环控制回路。当比较器输出为“0”时，自动平衡完成。一瞬间，在采样完成的同时交流断，另一路被控的 16 位 D/A 转换器输出的电压加到了热偶

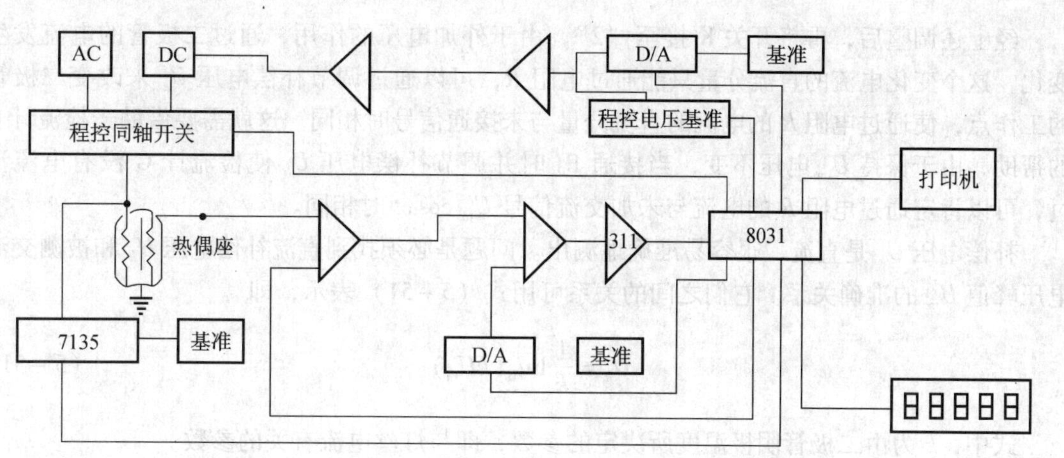

图 5—29 ZC—100B 原理方框图

座内的电阻加热带上，并控制其输出大小，使热电势的输出与交流时一样。这时比较器输出亦为“0”，单片机控制数字电压表存储或打印，每测量 1 点需十几秒钟，根据设置每点测量 3 次，可算平均值、相对误差。存储器可存 100 个数据，数据存储、误差处理、显示、打印等均能依次进行。

三、标准补偿式电压表

如前所述，一般的电子电压表的核心部分是检波器，被测交流高频电压经检波器检波成直流加以测量。补偿式电压表也应用了检波电路，但不同于一般的检波电子电压表。补偿式电压表是将高频电压，通过检波管的作用，与已知的直流补偿电压相比较，从而得出相应的高频电压值。

DO－1 型标准补偿式电压表是我国最早生产的一种高频标准电压表。它可以用于检定高频电子电压表的频响误差、标准信号发生器输出电压的准确度及测量接收机电压误差等。

本仪器采用了固定平均值电流法来进行测量，其基本误差由补偿电压供给器、待测电压幅度及检流计灵敏度等决定，其高频附加误差由检波二极管的探头结构（即分布参数）所决定。为消除测试信号的波形失真，必须将本仪器与 DO－1 型补偿式电压表低通滤波器相配合使用。

（一）工作原理

如图 5—30 是仪器的简化原理图。

首先调节补偿电压 U_k 为零，然后将二极管的板极开关 K 搬至“1”地零位，这时二极管虽然没有外加任何电压，但是由于二极管的热电发射仍然有一定的电流，这个电流流过负载电阻 R 有一定的压降。调节 U_{cm} 电压，使接通扳键 BJ 时检流计 G 没有电流流通时，可以看出电阻 R 两端的电压降即为此时的 U_{cm} 量值。

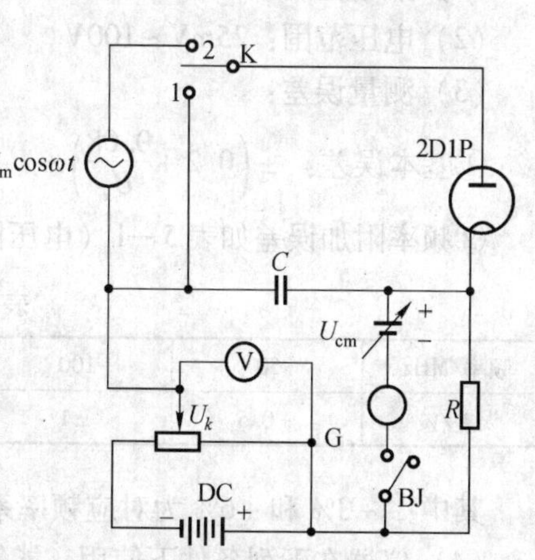

图 5—30 DO－1 简化原理图

经上述调整后，再将开关K接至“2”，由于外加电压的作用，通过二极管的电流发生变化，这个变化电流的直流分量只能通过电阻 R，可以通过调节补偿电压 U_k 来改变二极管的工作点，使通过电阻 R 的电流的直流分量与未接通信号时相同。这就需要借助于检流计G的帮助，由于保持 U_{cm} 电压不变，当接通BJ时并调节补偿电压 U_k 使检流计G没有电流流过，可以肯定通过电阻 R 的电流与未加交流信号 $U_m\cos\omega t$ 时相同。

补偿电压 U_k 是直流，很容易准确地测出。问题是必须找到直流补偿电压 U_k 和被测交流电压峰值 U_m 的准确关系。它们之间的关系可用式（5－51）表示，即

$$U_k = \frac{1}{k}\ln I_0(kU_m) \tag{5-51}$$

式中，k 为由二极管阴极温度所决定的参数，即与灯丝电流有关的参数。

由此可见，补偿电压 U_k 与被测电压 $U_m\cos\omega t$ 的关系，仅与二极管的 k 参数有关。因此，当调节 k 参数为一定值，则可以直接从补偿电压 U_k 定出被测电压了。但上述的计算关系比较繁琐的。因此本仪器还附了一本读数修正表，可以直接从修正表查出补偿电压 U_k 与被测电压的关系。

为了保证高频检波二极管2D1P灯丝电压的高稳定，采用了两个串联的GN—45型碱性蓄电池专门作为检波管的灯丝供电电源。A电池用来给直流补偿电压供给器提供一个标准电流（1mA）。高稳定稳压电源用来给直流补偿电压供给器提供一个稳定的补偿电流（14.142mA）。

直流补偿电压供给器能向高频检波二极管提供各种不同的直流补偿偏压，其目的是用来补偿外加待测的交流电压对高频检波二极管的作用，以使二极管平均电流仍保持不变（即等于二极管在未加待测电压前的平均电流），并且通过零位指示器来判断其平衡。直流补偿偏压的数值可以从面板上的数码管中读出。利用修正值表，可以根据数码管的读数查出待测交流电压的有效值。

（二）主要技术特性

（1）频率范围：30Hz～500MHz

（2）电压范围：25mV～100V

（3）测量误差：

①基本误差：$\pm\left(0.2+\frac{0.08}{U_x}\right)\%$　　U_x 为被测电压（V）。

②频率附加误差如表5—1（电压固定1V）

表5—1　频率附加误差

频率/MHz	50	100	200	300	400	500
误差/%	±0.5	±1	±2	±2.5	+3±3	+6±3

其中：+3%和+6%为对应频率系统误差部分，可以引用修正值消除。

（4）仪器在下列条件下使用，能符合上述技术性能：

① 环境温度+15℃～+25℃，相对湿度小于80%。

② 无电磁场干扰和无机械振动。

③ 被测电压电源的输出回路应具有直流通路（直流电阻应不大于100Ω），并且没有附加直流电压。

（三）使用注意事项

（1）仪器使用结束后，开关 K_3 应放在“灯丝电压断”位置，工作种类开关 K_4 放在“测量”位置，BJ 放在中间位置，拆除检流计的照明电源，开关 K_1 放在“补偿电源断”的位置。

（2）检波探测器应经常插在零位插座 CH_1 内。

（3）碱性电池的电压若每只降到1.2V 时，必须重新充电。

（4）测量较大的交流电压时，应预先加上适当的补偿电压（由修正表查出），然后才能接入待测电压，以防止损坏检流计。

（5）仪器面板上有红、黑两只接线柱，是检定本仪器时使用的，当使用本仪器时，不要去动它，因红色接线柱上加有较高的补偿电压 U_k。

（6）更换2D1P 检波管时，应使用专用螺丝刀，先往探头的小孔中将锁紧二极管阴极的小螺钉松开，二极管才可能拔出。换上新管时，须先紧固灯丝螺钉，最后再紧固阴极螺钉。

（7）探头的使用

为了检定各种类型的电子电压表，必须使用四通接头。作为四通形式，一端已接上75Ω负载阻抗，与此端对称的另一端应接入测试用信号发生器（通过滤波器），可拆卸的活动端接入被测电子电压表，最后一端接入本仪器。

各种不同的电子电压表（DA_1、DA_2、DYC—5、DYG—1、HFG—1 等）必须选用相应的套筒和插孔，严禁乱用，否则，因几何尺寸不同而被损坏。另外，在四通接头的主壳体上有一小孔，供如 HFP—1、DYG—2、DYG—1 型电子电压表检定低频探头使用。

四、5200A 型可程控交流校准器

（一）概述

5200A 是美国 FLUKE 公司的产品，是具有保护装置的精密交流校准器，它能在50mA电流、频率为10Hz ~ 1.2MHz 时输出准确的100μV ~ 120V 有效值交流电压。

输出幅度由1只量程转换开关和6只十进位开关控制，可以选择1mV，10mV，100mV，10V，100V 和1 000V 7个量程中的任意一个。1 000V 量程是在与5205A 型精密功率放大器连用时才有。十进位开关能调节被选量程的10% ~ 120% 中的值，每个量程都有20% 的超量程能力。在被选量程内的6位数分辨率使得步进小到1nV（1mV 量程）至100μV（100V 量程）。利用电压误差测量的特点，幅度能偏离±0.3% 或±3%。在校准电压表时，特点是能直接给出百分比误差的示值。

同样，输出电压的频率也受到1个量程选择开关和4个十进位开关的控制。可以选择100Hz，1kHz，10kHz，100kHz 和1MHz 5个频率量程中的任何一个。十进位开关能调到被选量程的10% ~ 120% 的任一个值。在被选量程内的4位数分辨力使得步进小到0.01Hz（100Hz 量程）至100Hz（1MHz 量程）。频率能与一个外接参考源（用同轴电缆接在后面板

上的 BNC 接头上）锁相。

在后面板的 BNC 接头上，除了可以获得正常的校准器输出外，还可获得 90°相移输出及计数器输出。90°相移输出的相位超前正常输出的 90°，90°相移输出的幅度与幅度控制十进位开关的调定成比例。不管被选的量程，此输出的幅度有效值均为从最小调定时的 1V 至最大调定时的 12V，在满量程（100%）调定时，幅度为 10V 有效值。计数器输出与其他输出频率相同，但为脉冲波形，脉冲幅度固定为 +3V 峰值，脉冲宽度根据所选的频率量程变化。

输出过载保护使输出电流受到限制。当发生输出过载时，5200A 自动进行限制方式。当恢复了额定负载时，校准器自动回到工作方式。

除开机和电压误差测量外，所有功能都可进行程序遥控。

（二）主要技术规格

1. 电压量程

1mV，10mV，100mV，1V，10V，100V（与 5205A 精密功率放大器一起用时有 1 000V）

超量程能力：所有量程上都是 20%，最大 120V（与 5205A 功放一起用最大 1 100V）

量程极限：10% ~ 120%（≥100μV）

分辨力：量程的 0.000 1%

2. 频率量程

100Hz，1kHz，10kHz，100kHz，1MHz，

超量程能力：所有量程上都是 20%

量程极限：10% ~ 120%（≥10Hz）

3. 准确度

在 90 天中，(23 ±5)℃，经 1h 预热后

幅度：10Hz ~ 30Hz

±(调定值 0.1% ±10μV)

1mV，10mV，100mV

30Hz ~ 20kHz

±(调定值 0.02% +量程的 0.002%)

1V，10V，100V：

±(调定值的 0.02% +10μV)

1mV，10mV，100mV：

20kHz ~ 100kHz

±(调定值的 0.05% +量程的 0.005%)

1V，10V，100V：

±(调定值的 0.05% +20μV)

1mV，10mV，100mV

0.1MHz ~ 1MHz

±(调定值的 0.33% +量程的 0.03%)

1V，10V，100V

±(调定值的 0.33% +30μV)

1mV，10mV，100mV

（1）频率：

100Hz～100kHz 量程 ±（调定值的 1% ＋量程的 0.1%）

1MHz ±（调定值的 3% ＋量程的 0.3%）

（2）量大输出电流：

50mA 有效值，从量程的 10%～120%

（3）总谐波失真：

10Hz～100kHz：调定值的 0.04%，10μV 有效值；

100kHz～500kHz：调定值的 0.3%，30μV 有效值；

500kHz～1MHz：调定值的 1%，30μV 有效值。

（三）工作原理

交流信号源是一个双积分型振荡器，利用前面板开关可以在一个宽频率范围内选择此振荡频率输出，并将此输出馈送至一个功率放大器的输入端。功率放大器提供了适应两个较高幅度量程所必须的增益，并馈送给有四个较低幅度量程的衰减器，此衰减器输出通过前面板或后面板接头将所选的交流信号接至负载上。

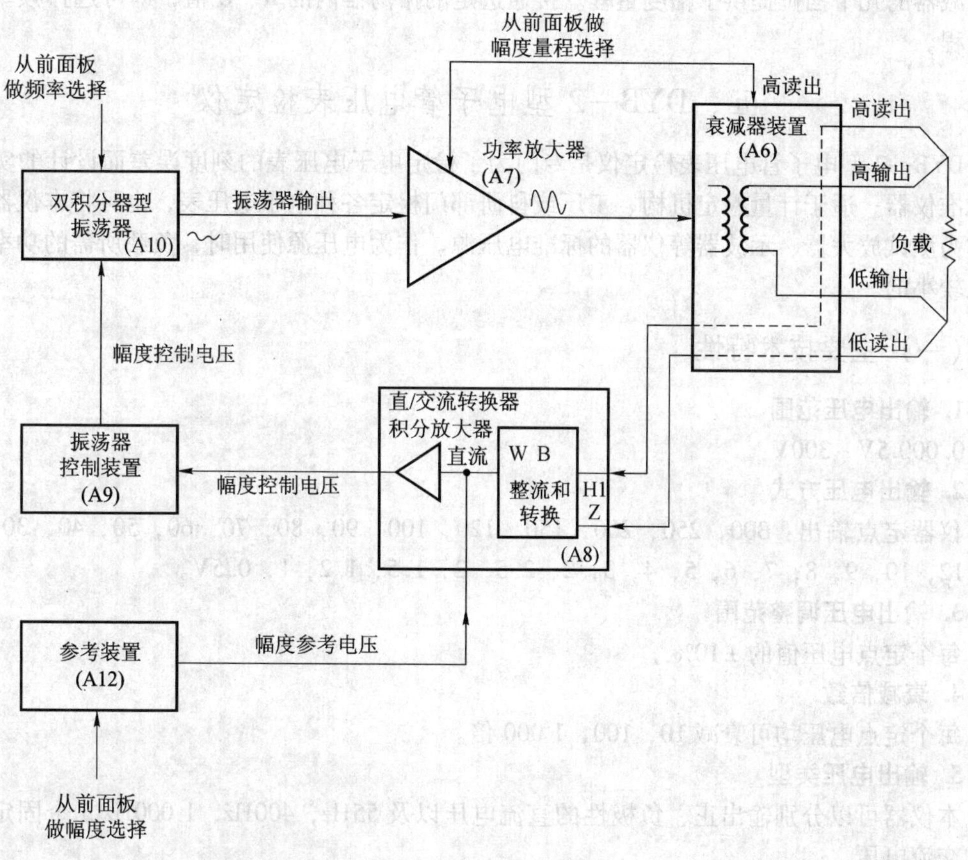

图 5—31 5200A 简化原理框图

为了精确地控制幅度输出，校准器作为一个闭环回路控制系统，用输出采样来完成此回路。采样被连接在负载上或衰减器输出上，并经由交/直流变换器的高阻抗输入将采样信号反馈至校准器。交流采样信号由交值流变换器内的宽频带整流器变换成一个成比例的直流值。此直流采样信号再与极性相反的一个幅度参考电压相比较（相加），产生一个差值（误差）电压，以将振荡器幅度调到适当的值。

调节幅度选择开关位置可在校准器内产生幅度参考电压，即参考部分根据前面板幅度开关的调定产生一个相应的参考电压，将此参考电压与直流采样电压相比较，再将放大器产生的任何误差电压馈送至振荡器控制部分。振荡器控制部分又利用这一误差电压（幅度控制电压）来控制加在振荡器上的反馈电压的总量。

上述控制回路的作用是当选择不同的输出幅度时，就会使幅度参考电压（由参考部分产生的）产生变化。由于采样输入还未变化，并且直流采样电压与已变化了的幅度参考电压相比较，由此形成的幅度控制电压（误差电压）被送至振荡器的控制部分，振荡器控制部分利用幅度控制电压，在适当的方向上调节此振荡器幅度。当校准器输出达到选定的幅度时，直流采样电压（在宽频带整流器输出端上）；变得与幅度参考电压平衡，不再产生误差电压。此时，振荡器控制部分即停止改变振荡器的幅度。

振荡器控制部分可以在 12∶1 范围内控制振荡器幅度。功率放大器的两个可选择的增益和衰减器的几个挡位提供了幅度量程。接通选定的振荡器内的 R、C 值，即可选择频率和频率量程。

五、DYB—2 型电子管电压表检定仪

DYB—2 型电子管电压表检定仪是专门为了检定电子电压表的刻度误差而设计的实验室用标准仪器。适于计量检定机构、工厂或科研部门检定各种电子电压表，也可将本仪器的输出作为测试放大器、示波器等仪器的标准电压源。作为电压源使用时，负载所需的功率应该是比较小的。

（一）主要技术特性

1. 输出电压范围

0.000 5V ~ 300V

2. 输出电压方式

仪器定点输出：300，250，200，150，120，100，90，80，70，60，50，40，30，20，15，12，10，9，8，7，6，5，4，3，2，2.5，2，1.5，1.2，1，0.5V。

3. 输出电压调整范围

每个定点电压值的 ±10%。

4. 衰减倍数

每个定点电压均可衰减 10，100，1 000 倍。

5. 输出电压类型

本仪器可以分别输出正、负极性的直流电压以及 55Hz，400Hz，1 000Hz 3 个固定频率下的交流电压。

6. 输出电压频率准确度

不超过各固定频率的 ±5%。

7. 输出电压的非线性失真系数

任何频率点均不超过1%。

8. 输出电阻

当输出电压为30～300V时，为3～30kΩ；

当输出电压为0.5mV～30V时，为2.5～150Ω。

9. 输出电压的误差

（1）使用内接表时，为各点的±1.5%，±30μV；

（2）使用外接表时，为各点的±1%，±30μV。

10. 被检表输入阻抗

被检表的输入阻抗大于100kΩ。

（二）工作原理

DYB—2型电子管电压表检定仪的原理方框图如图5—32所示。

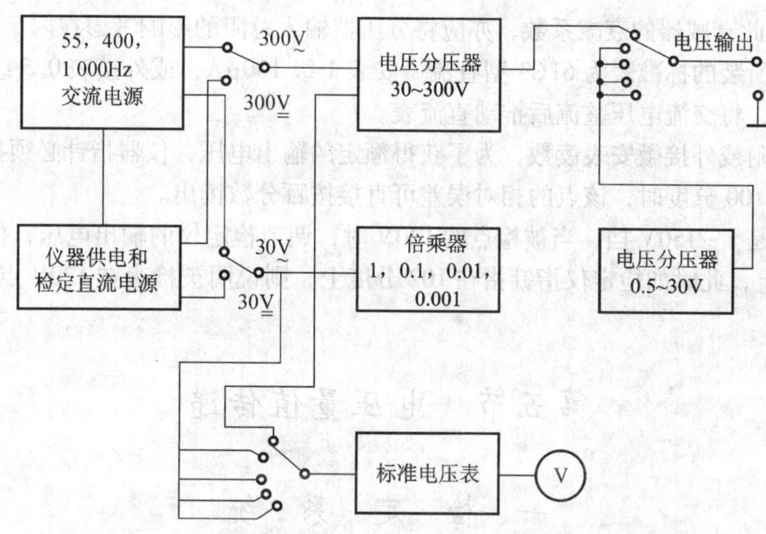

图5—32 DYB—2型电子管电压表检定仪原理方框图

本仪器包括三个固定频率的信号源，交、直流稳压器，分压器及标准电压表几个主要部分。

为检定电子电压表交流各挡的刻度误差，必须有一个交流标准电压源提供所需的各交流标准电压，这个交流信号源的输出电压，幅度应该是稳定的，波形的非线性失真很小。因为被检定的电子电压表不外是检波—放大式和放大—检波式两大类，它们所指示的电压值与所加入的电压波形有关，即在输入为正弦波时电压表才能给出正确的读数，所以要求信号源电压波形失真很小。为适应于大多数电压表的工作条件，本仪器信号源有55，400，1 000Hz 3个固定频率。

因为三个固定频率都很低，所以采用*RC*振荡器。该仪器所用的文氏桥振荡器就属于*RC*振荡器中常用的一种。

由振荡器得到的交流信号，直接加到分压器的输出，无论是电压或是功率都是不够的，所以需要进行功率放大。

为减少输出波形的非线性失真，功率放大器采用推挽式放大器。推挽式放大器要求输入激励信号大小相等，相位相反，对输入信号的幅度亦有要求，故振荡器输出的信号不能直接加到功放输入端，而需在两者之间接入倒相器。

文氏桥振荡器的输出电压约为10V，非线性失真为（0.1～0.15)%，经功率放大后的输出电压为33V，功率为7W，非线性失真小于1%。

本仪器输出的标准电压，是交流信号源或直流电压经过分压器定点输出的，为与功率放大器的输出匹配，仪器中装有两组分压器，300～30V之间各点电压由高阻（总阻为30kΩ）分压器供给。30～0.5 V间各点电压由低阻（总阻为150 Ω）分压器供给。为获得低于0.5V的电压，低阻分压器前接0.1，0.01，0.001 倍衰减器。

分压器是交直流共用的，故所用电阻是无感的，数值精度为±0.05%。

本仪器各定点输出电压值为直流或正弦电压的有效值，为使这些刻度值能表示正弦交流电压的峰值，以检定按正弦波峰值刻度的电压表，必须相应地将输出电压的有效值降为原来值的$1/\sqrt{2}$倍。此衰减器的衰减系数，亦应将分压器输入总阻的影响考虑在内。

本仪器内所装的标准表为61C3 型直流微安表1级100μA，或外接表0.5级C21 型微安表。交流挡时，将交流电压整流后推动直流表。

仪器用内附或外接微安表读数，为了获得额定的输出电压，仪器指针必须指在100分度处，指针偏离100分度时，该点的相对误差可直接按百分数读出。

如被检表是1～150V挡，当被检点的120V时，调节检定仪的输出电压，使被检表准确指在120V点上，此时如检定仪指针指在102分度上，则说明被检表在120V点上有+2%的相对误差。

第五节 电压量值传递

一、检 定 系 统

量值传递是指将国家计量基准（或标准）所复现的计量单位值，按照计量检定系统传递给各级计量标准直至工作用计量器具的工作。

对量值合理有效地传递，确保量值的准确统一，全部传递工作必须遵循国家计量检定系统进行。传递方法可为测量和比较两种，而测量和比较又可分为直接测量和比较、间接测量和比较。

国家颁布的计量检定系统：JJG 2008—1987“射频电压计量器具”检定系统和JJG 2086—1990“交流电压计量器具”检定系统中规定了电压单位（伏）的量值从基准向工作计量器具的传递程序，并指明了误差关系及基本检定方法。

国家射频电压计量基准器具用于实现和保存射频电压单位，其量值范围是10～3 000MHz，100mV～2V。总不确定度δ为：

200mV～2 V：	10～1 000MHz	±0.25%
	1 000～2 000MHz	±0.35%
	2 000～3 000MHz	±0.5%

100mV：　10 ~ 1 000MHz　±0.4%

1 000 ~ 2 000MHz　±0.5%

2 000 ~ 3 000MHz　±0.7%

国家交流电压基准装置是交流电压量值传递中的基准计量器具，它适用于交流电压值 0.5V ~ 600V，频率 40Hz ~ 15kHz，其不确定度 $\delta < 2 \times 10^{-5}$。

图 5—33 示出交流电压计量器具检定系统框图；图 5—34 示出射频电压检定系统框图。

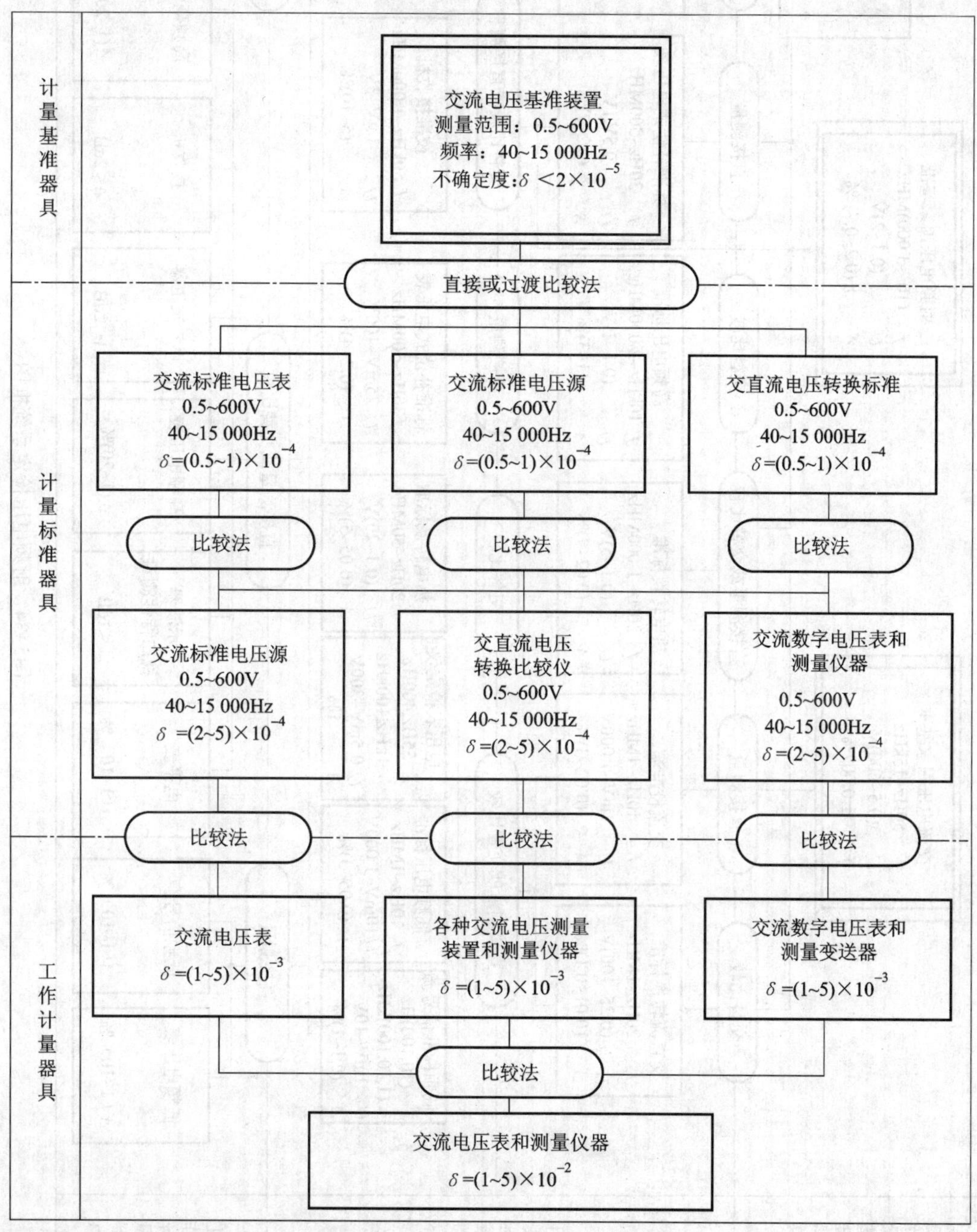

注：δ——不确定度(k=3)

图 5—33　交流电压计量器具检定系统框图

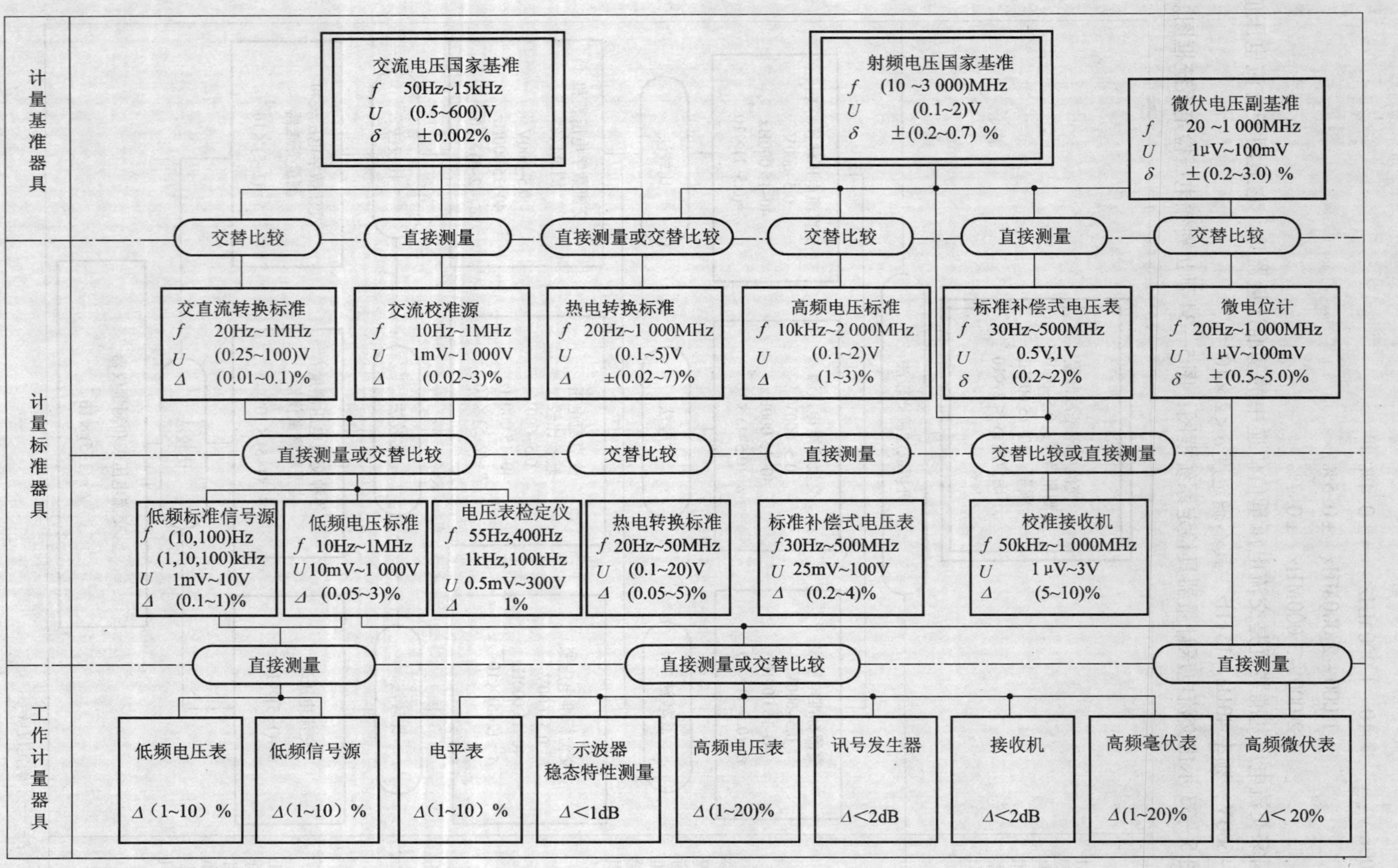

图5-34 射频电压检定系统框图

二、高频电压标准的检定

（一）概述

目前，在用的高频电压标准表主要是补偿式电压表，如国产的DO—1型标准补偿式电压表，前苏联产的B3—9型，B3—24型补偿式电压表等。

补偿式电压表是测量或检定信号发生器的输出电压及检定电子电压表频率附加误差的主要标准仪器。

关于“补偿式”电压表的检定，应执行国家批准颁布的JJG 254—1990补偿式电压表检定规程，以确保高频电压量值传递准确无误。

（二）检定项目及检定方法

1. 外观和工作正常性检查

被检仪器不应有影响正常工作的机械损伤。

通电后，按说明书规定对仪器进行能正常工作所必要的调整，调整后预热30min以上。

2. 基本误差的检定

按图5—35连接检定系统。

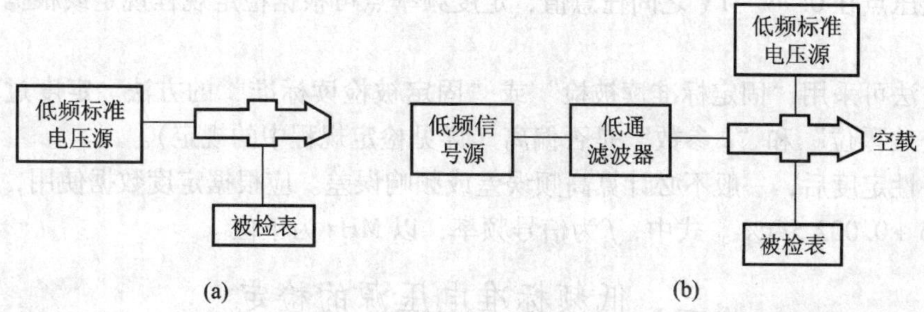

图5—35　基本误差检定的两种方案

对以上检定系统要求：

（1）低频标准电压源或信号源输出端有小于100Ω的直流通路且不能有直流电势。

（2）检定4V以下电压时可在“四通”接上75Ω负载，此时“1”条可不作要求。

（3）低频信号源信号失真度小于0.05%，可不接滤波器。

3. 检定方法

将标准电压源或信号发生器的输出频率调到1kHz，按检定规程规定的电压点，可以采用“固定标准读被检”或“固定被检读标准”的方法，每点测量3次取平均值。在检定过程中要经常注意进行零位与k参数的检查和调整，要求检流计的光点偏离零位引入的测量误差不大于被检仪器各点电压允许误差的十分之一，否则应重新调零再次测量。

4. 基本误差计算公式：

$$\delta = \frac{U - U_0}{U_0} \times 100\% \tag{5-52}$$

式中：U——被检表测量值；

U_0——标准源（表）值。

5V 以上电压点也可采用检定直流补偿电压“U_k”的方法代替交流检定，其操作步骤是：将直流电压表接到补偿式电压表（DO—1 型）面板标以“U_k”的端钮上，调好“补偿电流”，然后，将工作种类开关置于“测量”挡，依次转动度盘，由直流电压表直接读取补偿电压值。要求补偿电压允许误差为：

第一、二度盘各定点相对误差小于 ±0.075%。

第三度盘各定点相对误差小于 ±0.3%。

第四度盘各定点相对误差小于 ±0.3%，+15μV。

5. 高频特性的定度

按图 5—36 连接检定系统。

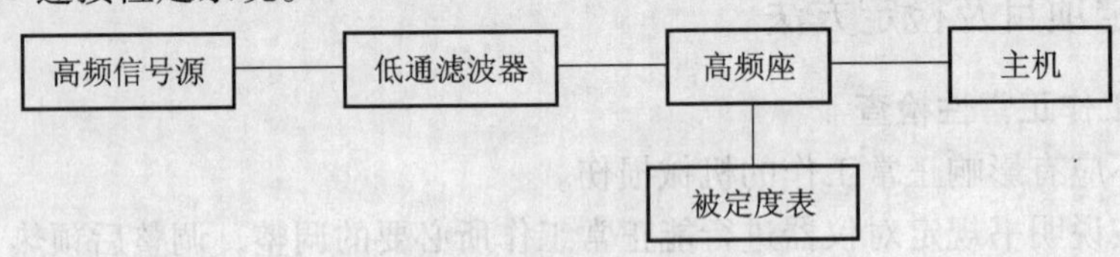

图 5—36 高频特性定度系统图

检定电压点在 0.7V ~ 1V 之间任意值，定度频率点可根据检定规程规定或根据用户需要选择。

检定方法可采用“固定标准读被检”或“固定被检读标准”的方法。定度过程中要经常注意检查“零位”和“*k* 参数”是否偏离（详见检定规程中的规定）。

高频特性定度后，一般不必计算高频误差或频响误差。应根据定度数据使用，其不确定度为 $\pm(0.5+0.0025f)\%$。式中，f 为信号频率，以 MHz 为单位。

三、低频标准电压源的检定

低频标准电压源或称电子电压表标准仪，如 DYB—2 型、DYB—3 型、DO—10 型、JX2061 型及 9200A 型等，其主要用途是用来检定电子电压表的定度误差或称基本误差（如低频电子电压表的定度频率为 55Hz 或 1kHz，而超高频毫伏表的定度频率为 100kHz）。

有的低频标准电压源亦可检定低频（1MHz 以内）电子电压表的频响，如 9200A 型等。此外，还可作为测试放大器、示波器等仪器的标准电压源。

（一）输出电压的检定

该类低频标准电压源的电压范围一般从零点几毫伏至几百伏，频率范围 10Hz ~ 1MHz 连续可调，或定点频率为 55Hz，400Hz，1kHz 及 100kHz，且精度较高，故对作为标准的标准表的各项技术指标要求亦较高，如可用 931B 型，DO—6 型高精度的真有效值电压表。连接图如图 5—37 所示。被检电压源在频率为 55Hz，1kHz 及 100kHz 时，其输出电压点均应检定在其他频率点时，可视需要而选择被检电压点。

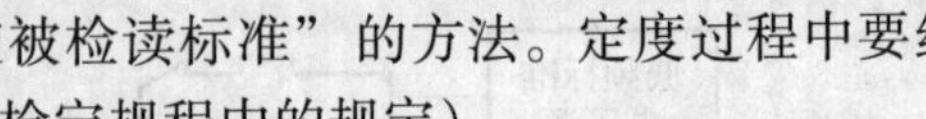

被检电压源 —— 标准电压表

图 5—37 输出电压的检定

被检电压源输出几 ~ 十几毫伏量级的电压时，这时由于受到标准表的灵敏度限制，往往是通过检定"倍率器"来间接检定小电压输出的准确度。

被检电压源的误差计算公式为

$$\delta=\frac{U_x-U_0}{U_0}\times100\% \qquad (5-53)$$

式中：U_x——被检各定点输出电压标称值；

U_0——标准表示值。

（二）失真度的检定

将图5—37中的标准电压表换成失真度测量仪（在200kHz以上用波形分析仪或选频电平表），将被检电压源频率调到需要检定的频率点，输出电压调到1V左右，加到失真度测量仪的输入端，直接测出失真值。

（三）频率准确度的检定

将图5—37中的标准电压表换成频率计，被检电压源调到需检测的频率点上，输出电压的幅度应满足所用频率计的要求。每个频段的频率应检高、中、低3个频率点，频率计的示值即为实际值。误差计算公式为：

$$\delta_f=\frac{f_x-f_0}{f_0}\times100\% \qquad (5-54)$$

式中：f_x——被检电压源频率标称值；

f_0——频率计测量的实际值。

四、电子电压表的检定

（一）检定项目及检定方法

1. 外观及工作正常性检查

被检电压表不应有机械损坏、旋钮标符不明、接触不良等现象。机械零对否。通电后，输入端短路，量程置最灵敏挡，电气调零自如，校准正常。

2. 基本误差检定

按图5—38连接检定系统。

交流标准电压源可根据被检电子电压表的精度高低选择，如DYB—2型、DYB—3型、9200型或用5200A型。将交流标准电压源的频率调到被检表的定度频率上，调整标准电压源输出电压U，从被检表上读出其指示值U_1。则按式（5－55）计算被检表的基本误差：

$$\delta_f=\frac{U_1-U}{U_m}\times100\% \qquad (5-55)$$

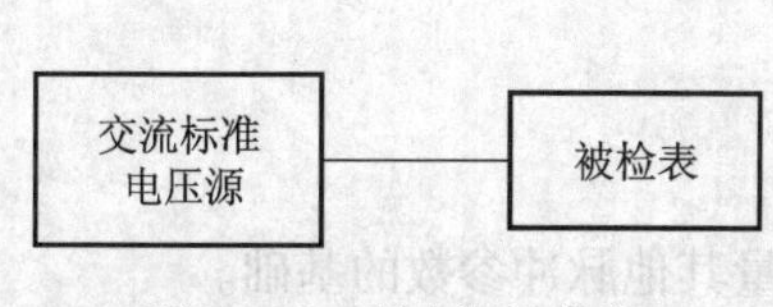

图5—38　基本误差检定

式中，U_m为被检表被检量程的满度值。

上述检定也可采用"固定被检读标准"法。

检定点，一般选择各量程满度值的三分之一、三分

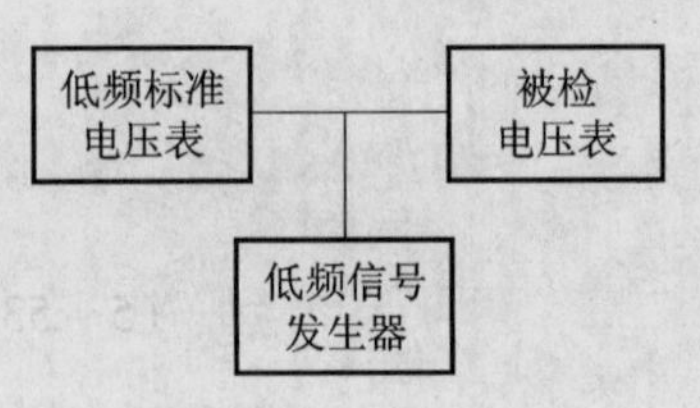

图 5—39 直接比较法

之二和满量程上检定。

也可采用直接比较法，如图 5—39。

3. 频率附加误差检定

频率附加误差的检定方法一般采用图 5—40 所示的直接比较法。

图中的滤波器是为了滤掉信号源中可能有的谐波分量，以减小电压表的波形误差。

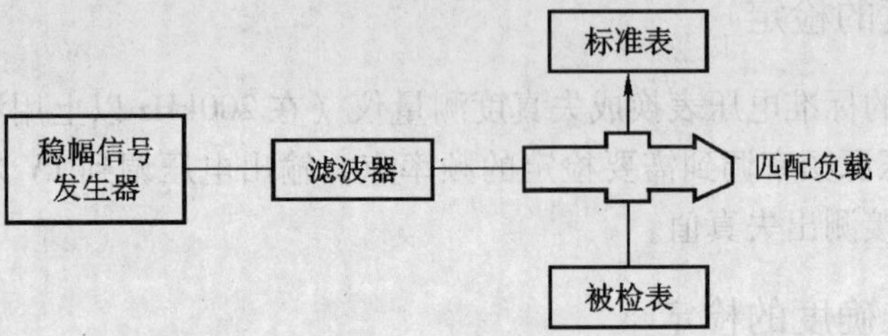

标准表
稳幅信号发生器
滤波器
匹配负载
被检表

图 5—40 电压表频响误差的检定

当采用“固定标准读被检”的读数方式时，频响误差可表示为

$$\delta_f = \frac{U_f - U_{f0}}{U_{f0}} \times 100\% \qquad (5-56)$$

当采用“固定被检读标准”的读数方式时，则频响误差可表示为

$$\delta_f = \frac{U_{f0} - U_f}{U_f} \times 100\% \qquad (5-57)$$

式中：U_f——被检表在频率为 f 时的示值；

U_{f0}——被检表在定度频率 f_0 时的示值。

式（5-56）及式（5-57）分别适用于两种不同的读数方式，其所得结果是一致的。

电压表频响误差检定中的高频电压标准可选用 DO—1 型标准补偿式电压表，ZC—100 型高频电压标准或 BM—1A 型高频电压标准，以及 DO—2 型等。

信号发生器的频率调到被检表的定度频率上，调节输出电压使被检表指示在 0.8～1.0V 内任一电压值。由高频电压标准读取电压实际值，改变信号发生器的频率，保持被检表的读数不变，通过高频电压标准在不同频率时的示值变化规律求出被检表的频响误差。

第六节 脉冲电压表的检定

一、概 述

脉冲幅度是重要的脉冲参数。准确测量脉冲幅度是测量其他脉冲参数的基础。

脉冲电压表用于测量脉冲幅度。其基本工作原理是采用机械斩波器、电子开关进行交直流切换的斩波原理比较法或采用二极管直流电压补偿法，将被测脉冲与一个可调直流电压进行比较，借助于高灵敏度示波器和高分辨力的直流数字电压表，测量脉冲幅度。

二、检定条件、检定设备和检定项目

1. 环境条件

（1）环境温度：（20 ±5）℃；

（2）环境相对湿度：≤80%；

（3）交流电源电压：（220 +11）V，（50 ±1）Hz。

2. 检定用设备

（1）标准脉冲幅度发生器

方波幅度范围：±（10mV ~200V）；

允许误差：±0.01%。

（2）直流数字电压表

测量范围：±（1mV ~300V）；

分辨力：1μV；

允许误差：±0.01%。

（3）高灵敏度示波器

带宽：DC ~1MHz；

差分双端输入；

垂直偏转因数：≤200μV/div；

共模抑制比：>10 000：1。

3. 检定项目

检定项目一览表。脉冲电压表的检定项目如表5—2所示。

表5—2 脉冲电压表检定项目表

项目名称	首次检定	后续检定	使用中的检验
外观与工作正常性检查	+	+	+
直流电压	+	+	+
输入短路电压	+	–	–
输入电阻	+	–	–
脉冲幅度测量	+	+	+
最小可测脉冲宽度	+	+	+
选测功能	+	+	+

注：“+”为应检项目，“–”为可不检项目。

检定时以被检仪器说明书中的技术指标项目为准。

三、技术要求和检定方法

1. 外观及工作正常性检查

（1）通用技术要求

脉冲电压表上应具有制造厂名、仪器型号、出厂序号、CMC标志及编号；控制旋钮、按键开关和输入输出端口应有明确的标志；送检时应带有使用说明书，后续检定应备有上次检定证书。

（2）检定方法

① 脉冲电压表不应有影响正常工作的机械损伤，控制旋钮及按键应能正常动作，插座牢固。各种标志应清晰完整。

② 仪器通电后显示正常。调节有关旋钮和按键，各对应输出端口应有相应输出。

③ 完成上述检查后，按仪器技术要求进行预热。

2. 直流电压的检定

（1）技术要求

直流电压稳定度：0.03%/10min。

（2）检定方法

① 直流电压量程检查

a）将脉冲电压表的直流电压输出端连接到直流数字电压表的输入端，直流数字电压表的量程置“自动”。

b）依次设置脉冲电压表直流电压量程，在各量程上调节直流电压，通过直流数字电压表的示值，检查各量程上的直流电压输出范围是否符合仪器的技术要求。

② 直流电压稳定度检定

a）重复（2）①的检定步骤 a）。

b）设置脉冲电压表直流电压量程，在该量程上调节直流电压，使直流数字电压表的示值约为该量程的中间值。然后利用直流数字电压表的最大值、最小值监视功能，得到 10min 内直流数字电压表的最大示值 U_{max} 和最小示值 U_{min}。

c）在脉冲电压表直流电压各量程上重复本条款的检定步骤 b）。

3. 输入短路电压的检定

该项检定仅对采用电子斩波原理比较法的脉冲电压表有要求。

① 仪器连接如图 5—41 所示。

② 直流数字电压表的量程置“自动”。示波器的触发方式置“外”；输入耦合方式置“AC”；扫描时间因数置 5ms/div ~ 1ms/div 之间合适挡；垂直偏转因数置 1mV/div。将脉冲电压表的脉冲输入端短路。脉冲电压表设置为外同步和同宽测幅方式；其直流电压选择正脉冲顶值和合适挡。

③ 置标准脉冲幅度发生器的输出约为 1V。调节脉冲电压表的直流电压，使直流数字电压表示值约为 10mV。此时示波器屏幕上显示如图 5—42 所示的未平衡波形。然后再仔细调节直流电压输出，并将示波器的垂直偏转因数设置为 1mV/div ~ 200μV/div 之间合适挡，示波器屏幕上应能显示如图 5—43 所示的平衡波形。读取直流数字电压表的示值 U_0，将 U_0 记录于表中。

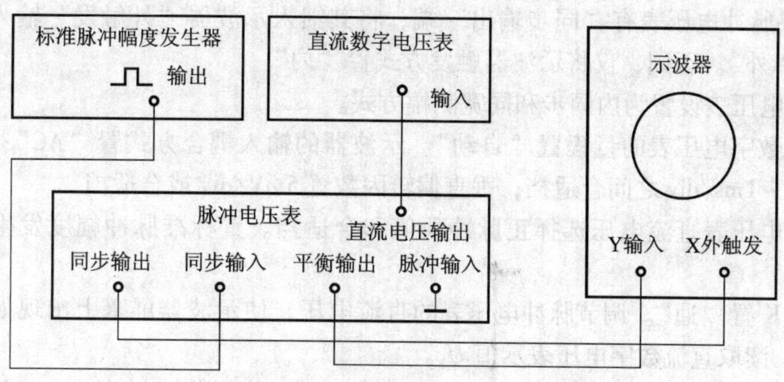

图 5—41　输入短路电压检定连接图

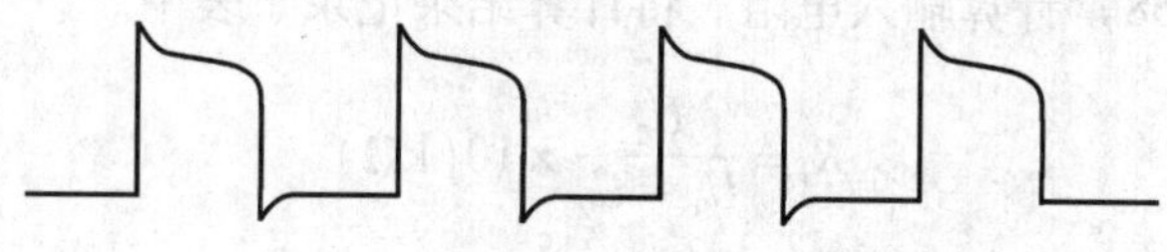

图 5—42　输入短路电压检定时波形图（未平衡时）

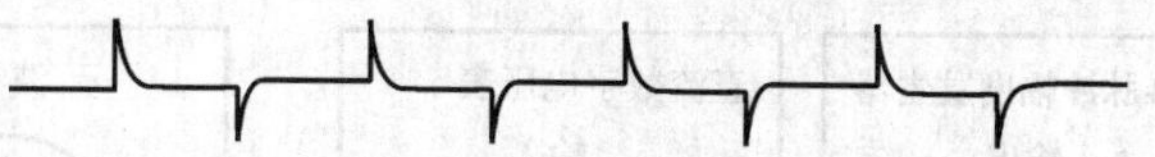

图 5—43　输入短路电压检定时波形图（平衡时）

4. 输入电阻的检定

该项检定仅对采用电子斩波原理比较法和二极管直流电压补偿原理的脉冲电压表有要求。下面分别描述。

① 采用电子斩波原理比较法的脉冲电压表

a）仪器连接如图 5—44 所示。

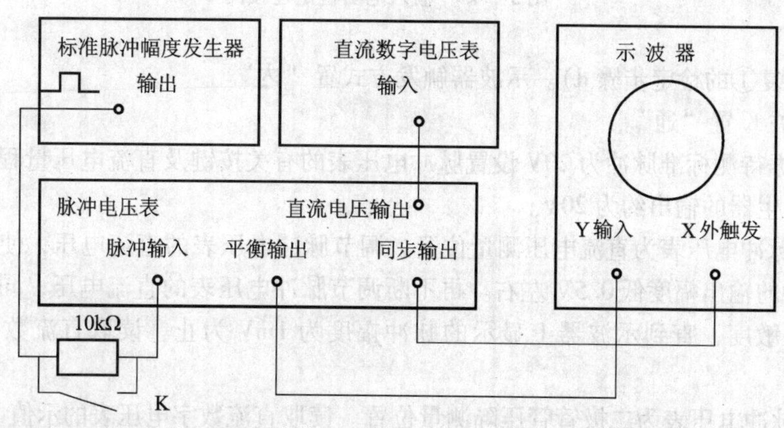

图 5—44　输入电阻检定连接图 A

b）如果脉冲电压表有“同步输出”端，将其馈入示波器“外触发”输入端，示波器触发方式置“外”。否则，仅将示波器触发方式置“内”。

c）脉冲电压表设置为内同步和同宽测幅方式。

d）直流数字电压表的量程置“自动”。示波器的输入耦合方式置“AC”；扫描时间因数置5ms/div～1ms/div之间合适挡；垂直偏转因数置5mV/div或合适挡。

e）脉冲电压表直流电压选择正脉冲顶值和合适挡。置标准脉冲幅度发生器的输出约为1V。

f）开关K置“通”。调节脉冲电压表的直流电压，使示波器屏幕上出现如图5—43所示平衡波形。读取直流数字电压表示值U_1。

g）开关K置“断”。调节脉冲电压表的直流电压，使示波器屏幕上出现如图5—43所示平衡波形。读取直流数字电压表示值U_2。

h）按公式（5－58）计算输入电阻。将计算结果记录于表中。

$$R_i = \frac{U_2}{U_1 - U_2} \times 10(\mathrm{k\Omega}) \tag{5-58}$$

② 采用二极管直流电压补偿原理的脉冲电压表

a）仪器连接如图5—45所示。

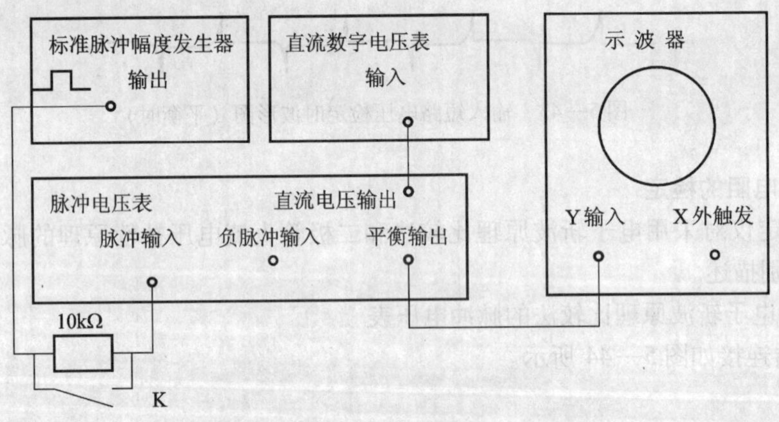

图5—45 输入电阻检定连接图B

b）重复①的检定步骤d)。示波器触发方式置“内”。

c）开关K置“通”。

d）根据待测标准脉冲为20V设置脉冲电压表的有关按键及直流电压量程，然后置标准脉冲幅度发生器的输出约为20V。

e）置脉冲电压表为直流电压测量位置。调节脉冲电压表的直流电压，使其比标准脉冲幅度发生器的输出幅度低0.5V左右。再不断调节脉冲电压表的直流电压，同时提高示波器垂直偏转灵敏度，直到示波器上显示的脉冲幅度为1mV为止。读取直流数字电压表的示值E_{n1}。

f）置脉冲电压表为二极管管压降测量位置。读取直流数字电压表的示值V_{d1}。

g）按公式（5－59）计算脉冲电压表的测量结果U_1。

$$U_1 = E_{n1} + |V_{d1}| \quad (5-59)$$

h）开关 K 置“断”。重复本条款检定步骤 e）~g），得到开关 K 断开情况下，对应的直流数字电压表的示值 E_{n2}、V_{d2} 以及脉冲电压表测量结果 U_2。

i）按公式（5-58）计算输入电阻。将计算结果记录于表中。

5. 脉冲幅度测量的检定

（1）技术要求

脉冲幅度测量范围：±（10mV~200V）

脉冲幅度测量误差：±（0.05% +10μV/U_x）

（2）检定方法

该项检定随着被检脉冲电压表测幅原理的不同而有所不同，下面分别描述。

受检脉冲幅度点见表 5—3。

表 5—3 脉冲幅度检定点

脉冲幅度范围	受检幅度点
±10mV ~ ±10V	±10mV，±20mV，±50mV，±100mV，±200mV，±500mV，±1V，±2V，±3V，±4V，±5V，±6V，±7V，±8V，±9V，±10V
±10V ~ ±200V	±10V，±20V，±50V，±100V，±150V，±200V

① 采用电子斩波原理比较法的脉冲电压表

a）仪器连接如图 5—46 所示。

b）根据脉冲电压表的测幅范围和表 5—3 选择受检幅度点。

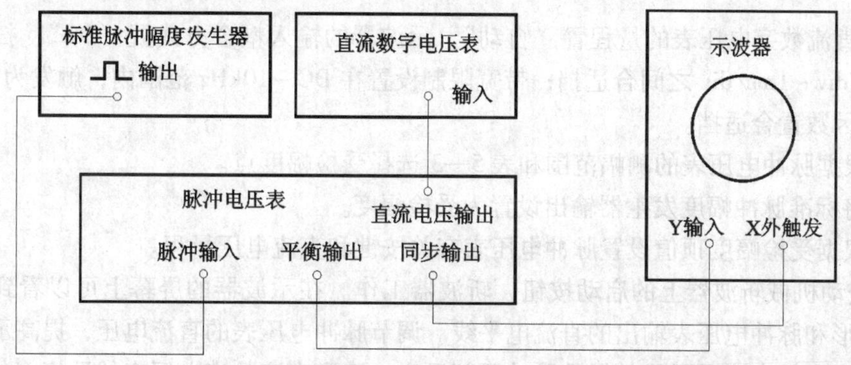

图 5—46 脉冲幅度测量检定连接图 A

c）根据受检脉冲幅度顶值的大小和极性，设置脉冲电压表的有关按键及直流电压挡级。将标准脉冲幅度发生器输出设置为受检幅度。再进一步调节脉冲电压表直流电压，提高示波器垂直偏转灵敏度，示波器屏幕上出现如图 5—43 所示的平衡波形。读取此时直流数字电压表的示值 U_{mh}。

d）参考本条款的检定步骤 c），得到受检脉冲电压表测量标准脉冲幅度底值 U_{ml}。

e）按公式（5-60）计算脉冲电压表的测量结果。将计算结果记录于表中。

$$U_m = U_{mh} - U_{ml} \quad (5-60)$$

f）按公式（5-61）计算脉冲电压表的测量误差。将计算结果记录于表中。

$$\Delta = \frac{U_m - U_s}{U_s} \times 100\% \tag{5-61}$$

式中：U_m——被检脉冲电压表的测量值；

U_s——标准脉冲幅度值；

Δ——测量误差。

g）重复本条款的检定步骤 b）~f），对各幅度点进行检定。

② 采用机械斩波原理比较法的脉冲电压表

a）仪器连接如图5—47所示。

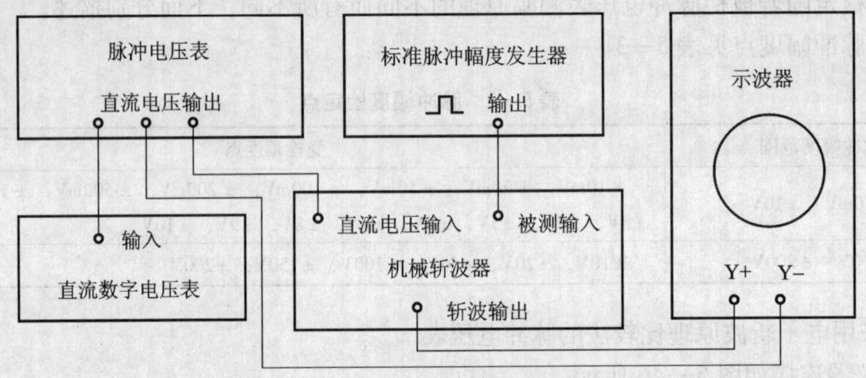

图5—47 脉冲幅度测量检定连接图 B

b）直流数字电压表的量程置“自动”。示波器的输入耦合方式置“DC”；扫描时间因数置 5ms/div ~ 1ms/div 之间合适挡；带宽限制设置在 DC-10kHz 范围内；触发为自激状态；垂直偏转因数置合适挡。

c）根据脉冲电压表的测幅范围和表5—3选择受检幅度点。

d）将标准脉冲幅度发生器输出设置为受检幅度。

e）根据受检幅度顶值设置脉冲电压表有关按键和直流电压量程。

f）按动机械斩波器上的启动按钮，斩波器工作。在示波器的屏幕上可以看到标准脉冲幅度的波形和脉冲电压表输出的直流电平线。调节脉冲电压表的直流电压，提高示波器垂直偏转灵敏度，使直流电平线与标准脉冲顶部重合。读取直流数字电压表的示值 U_{mh}。

g）参照本条款的检定步骤 e）~f），得到受检脉冲电压表测量标准脉冲幅度底值 U_{ml}。

h）按公式（5-60）和公式（5-61）计算脉冲电压表的测量结果及其误差。将计算结果记录于表中。

i）重复本条款的检定步骤 c）~h），对各幅度点进行检定。

③ 采用二极管直流电压补偿法原理的脉冲电压表

a）重复4①的检定步骤 d）。示波器触发方式置“内”。

b）根据脉冲电压表的测幅范围和表5—3选择受检幅度点。

c）仪器连接如图5—48所示。根据受检脉冲幅度的极性的正负，将标准脉冲幅度发生器输出连接到脉冲电压表的“⎍输入”或“⎍输入”。

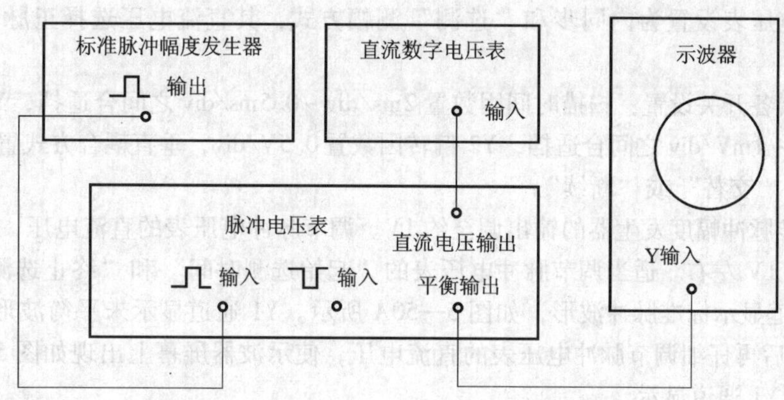

图 5—48　脉冲幅度测量检定连接图 C

d）根据受检脉冲幅度设置脉冲电压表的有关按键及直流电压量程。然后将标准脉冲幅度发生器输出设置为受检幅度。

e）参照规程中步骤，得到对应的直流数字电压表的示值 E_n，V_d。

f）当受检脉冲幅度为正脉冲时，按公式（5－62）计算脉冲电压表的测量结果 U_m；当受检脉冲幅度为负脉冲时，按公式（5－63）计算脉冲电压表的测量结果 U_m。将测量结果 U_m 记录于表中。

$$U_m = E_n + |V_d| \tag{5-62}$$

$$U_m = E_n - |V_d| \tag{5-63}$$

g）按公式（5－61）计算脉冲电压表的测量误差。将计算结果记录于表中。

h）重复本条款的检定步骤 b）~ g），对各幅度点进行检定。

6. “选测”功能的检查

该项检定仅适合于采用电子斩波原理比较法的脉冲电压表。

① 仪器连接如图 5—49 所示。重复 4①的检定步骤 b）~ d）。

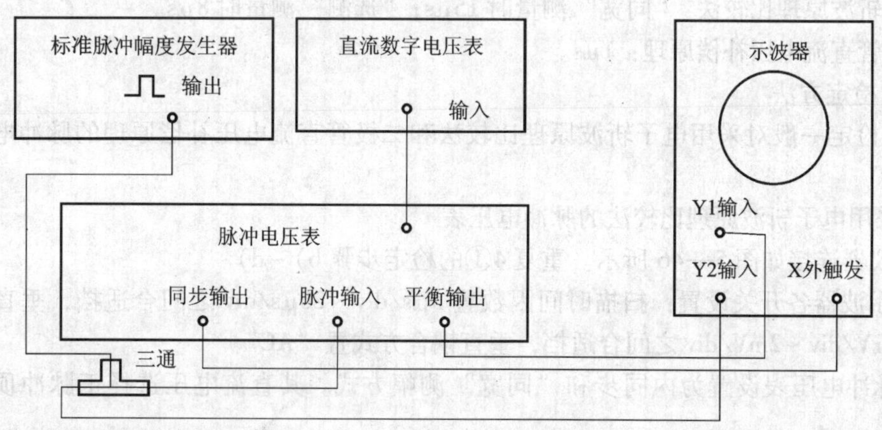

图 5—49　“选测”功能检查连接图

② 脉冲电压表设置为内同步和“选测”测幅方式，其直流电压选择正脉冲顶值和合适挡。

③ 示波器各开关设置：扫描时间因数置2ms/div～0.5ms/div之间合适挡，Y1偏转因数置200μV/div～1mV/div之间合适挡，Y2偏转因数置0.5V/div，垂直耦合方式置“AC”，垂直工作方式置“交替”或“断续”。

④ 将标准脉冲幅度发生器的输出调至约1V。调节脉冲电压表的直流电压，使直流数字电压表示值为1V左右。适当调节脉冲电压表的“起始选测时间”和“终止选测时间”，经示波器Y2通道显示标准脉冲波形，如图5—50A所示。Y1通道显示未平衡波形，如图5—50B所示。然后再仔细调节脉冲电压表的直流电压，使示波器屏幕上出现如图5—50C所示的平衡波形（Y1通道显示）。

⑤ 调节脉冲电压表的“起始选测时间”旋钮，在示波器屏幕上应能看到图5—50B对图5—50A有相应的延时，当调节脉冲电压表的“终止选测时间”旋钮时，图5—50B的脉冲宽度应作相应变化。

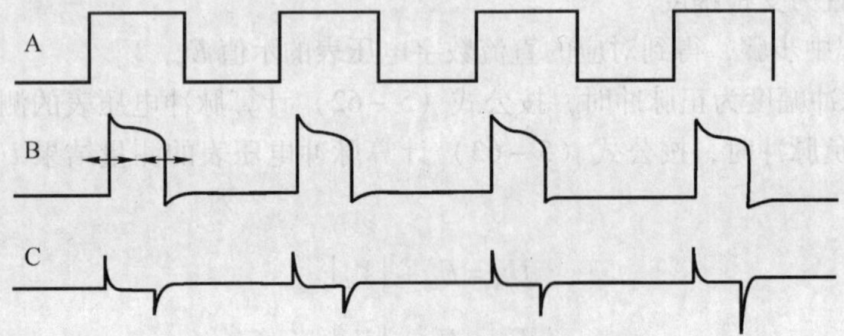

图5—50 选测功能显示的波形

A—Y2通道显示的标准脉冲发生器信号；B—Y1通道显示的未平衡波形；C—Y1通道显示的平衡波形

7. 最小可测脉冲宽度的检定

（1）技术要求

可测量的最小脉冲宽度。

电子斩波原理比较法：“同宽”测量时15μs；“选测”测量时8μs。

二极管直流电压补偿原理：1μs。

（2）检定方法

此项检定一般对采用电子斩波原理比较法和二极管直流电压补偿原理的脉冲电压表有要求。

① 采用电子斩波原理比较法的脉冲电压表

a）仪器连接如图5—46所示。重复4①的检定步骤b）～d）。

b）示波器各开关设置：扫描时间因数置5μs/div～20μs/div之间合适挡，垂直偏转因数置500μV/div～2mV/div之间合适挡，垂直耦合方式置“AC”。

c）脉冲电压表设置为内同步和“同宽”测幅方式。其直流电压选择正脉冲顶值和合适挡。

d）将标准脉冲幅度发生器的输出幅度调至1V左右，脉冲宽度调至20μs左右。

e）调节脉冲电压表的直流电压，使直流数字电压表示值为1V左右。此时示波器屏幕应能出现如图5—51A或图5—51B所示的未平衡波形。然后再仔细调节脉冲电压表的直流电压，使示波器屏幕上出现如图5—51C所示的平衡波形。

f）保持脉冲幅度发生器输出幅度不变，改变其脉冲宽度至脉冲电压表"同宽"方式的最小可测脉宽指标，检查示波器屏幕上是否仍能显示如图5—51C所示的平衡波形。

g）脉冲电压表设置为"选测"测幅方式，仔细调节脉冲电压表的"起始选测时间"和"终止选测时间"，使示波器屏幕上出现如图5—51C所示的平衡波形。

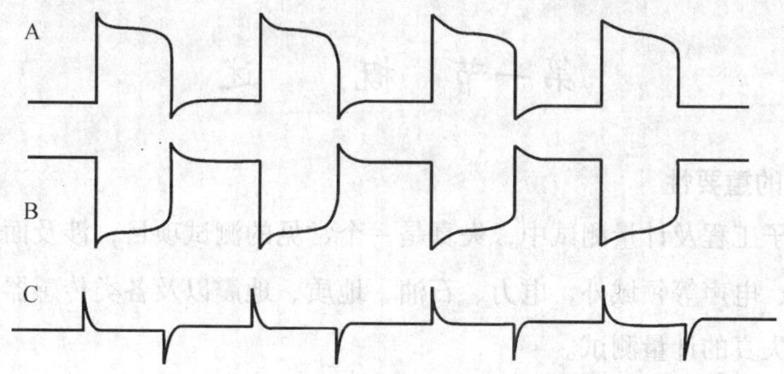

图5—51　最小可测脉冲宽度检查波形

h）参照本条款的检定步骤f)，检查脉冲电压表"选测"方式的最小可测脉宽是否满足技术要求。

② 采用二极管直流电压补偿原理的脉冲电压表

a）仪器连接如图5—48所示。

b）重复4①中的检定步骤d)。再将示波器的触发方式置"内"，扫描时间因数置0.5μs/div～5μs/div之间合适挡。

c）重复4②中的检定步骤d)，将标准脉冲宽度调至5μs左右。

d）重复4②中的检定步骤e)，使示波器上显示的脉冲幅度为1mV。

e）保持标准脉冲幅度发生器的输出幅度不变，改变其输出脉冲宽度至脉冲电压表的最小可测脉宽指标，检查示波器上显示脉冲幅度是否仍为1mV。

四、检定结果的处理和检定周期

1. 检定结果的处理

按本规程要求检定合格的脉冲电压表，出具检定证书；否则，出具检定结果通知书并注明不合格项目。

2. 检定周期

脉冲电压表的检定周期一般不超过1年，必要时可随时送检。

第六章 失真度及计量

第一节 概 述

1. 失真测量的重要性

在无线电电子工程及计量测试中，失真是一个常见的测试项目，涉及面相当广泛。除通信、广播、电视、电声等领域外，电力、石油、地质、地震以及各类传感器等非电量的电测部门，都离不开失真的计量测试。

2. 研究、测试及计量电压信号波形失真的目的

（1）测试一个正弦信号发生器输出的信号波形，判断其接近“纯正弦波”的程度，即与“纯正弦波”相比偏离（失真）的是大是小。

（2）测试一个信号传输网络（如放大器、衰减器等）在传输信号过程中，对被传输信号的原形改变（失真）是大是小。显然，这是研究被传输信号本身通过传输网络的前后的失真情况，但它不一定是正弦信号。

可见，失真是一个相对的概念，判断其是否和有无失真时，必须首先确定一个标准作为“参照物”并与之比较，否则就没有实际意义。

3. 测量失真精度大大提高

近年来，随着电子技术的飞速发展，低频信号发生器的失真指标从原来的10^{-2} ~ 10^{-3}提高到10^{-4}量级，甚至高达10^{-4} ~ 10^{-5}量级。电子模拟乐器，高质量的电声系统对失真指标也提出了较高的要求。

在电子技术中，除广泛地应用正弦信号外，还有诸如话音信号、音乐信号、图像信号、视频信号、数据传输信号及非电量转换的电量信号等大量非正弦信号。这些信号在产生、变换及传送过程中，又总会不可避免的偏离理想情况出现失真。

20世纪60年代左右，我国失真的测量频段一般在20Hz ~ 20kHz，失真的测量范围在(0.1 ~ 10)%量级，误差为10%。目前，小失真的测量范围已达（0.01 ~ 0.001）%量级，工作频段上限已拓宽到200kHz，甚至到1MHz以上，其测量精度在（5 ~ 10）%，这是因为，失真本身是一种误差量，因而对误差量的误差不必要提出过高要求，再者，失真度也不足以完全地表征信号失真全部特征，故对测量精度要求过高也无意义。随着测量仪器数字化与自动化的不断发展，现在已出现全自动化的失真测量仪器。

第二节 失真度计量基础

一、失真分类及表示方法

按失真产生的原因及失真信号组成成分的不同，可分为线性失真和非线性失真。

（一）线性失真

线性失真是指含有不同频率成分的信号通过由线性元件组成的线性系统后，输出信号中各频率分量的幅度或相位失去了原有的比例关系，从而导致信号波形的失真。

线性失真又分为频率失真和相位失真。

1. 频率失真

频率失真是指一个传输网络（例如放大器、检波器、混频器等）如果其传输系数是频率的函数，当输入信号为非正弦波时，由于网络对非正弦波信号中的基波分量与各次谐波分量的响应不同，其输出信号中各谐波电压的比例就会发生变化，使信号失真（并称幅度失真或幅频失真）。

2. 相位失真

相位失真是指一个传输网络的相移是频率的函数；当输入信号为非正弦时，由于该网络对非正弦信号中的基波分量和各次谐波分量有不同的相位延迟（超前或滞后），输出信号的基波与其任一次谐波之间或任意两次谐波之间原有的相位关系发生变化，使信号失真（并称相频失真）。

目前，对频率失真及相位失真还没有一个统一、确切的定义。在电子技术中，一般用网络的幅—频特性来表征其频率失真，用网络的相—频特性来表征其相位失真。

（二）非线性失真

1. 谐波失真

非线性谐波失真是指在线性电路中，由于电路工作点不正常或信号幅度超过了电路的线性动态范围，使信号处于非线性区而产生的失真。非线性失真的主要特点是在输出信号中产生了新的高次谐波频率分量，并称非线性失真或谐波失真。简称失真度，用符号 K 表示。

2. 互调失真

非线性互调失真是指当含有两个频率分量以下的合成信号通过非线性网络后，则在其输出信号中除了原有各频率分量及其各相应的各项谐波分量外，还会产生各频率分量的诸项和、差组合分量，这种用相互调制产生组合频率成分而引起的失真称为互调失真或交调失真。这种失真是多频信号经过非线性网络后形成的，因而它也是一种非线性失真，为区别于单频信号的非线性失真，故称互调失真。用符号 IM 表示。

（三）失真的表示方法

表示失真的参数是失真系数或失真度。它可以从功率、电压、电流等参数导出。各类失真中，以非线性谐波失真应用最为广泛。非线性谐波失真系数用符号 K 表示，其量值单位为% 。在一些进口仪器中也有的失真度用 dB 表示或用 dB 刻度。失真度 K 的百分数与 dB 之间可按下式换算:

$$K(\mathrm{dB}) = 20\lg K(\%) \qquad (6-1)$$

失真度 K 百分数与 dB 的对照关系列于表 6—1 中。

表 6—1 失真度的百分数与 dB 对照表

失真度 K /dB	失真度 K /%	失真度 K /dB	失真度 K /%	失真度 K /dB	失真度 K /%	失真度 K /dB	失真度 K /%
0	100	-24	6.31	-49	0.398	-73	0.022 4
-1	89.1	-25	5.62	-50	0.316	-74	0.020 0
-2	79.4	-26	5.01	-51	0.282	-75	0.017 8
-3	70.8	-27	4.47	-52	0.251	-76	0.015 8
-4	63.1	-28	3.98	-53	0.224	-77	0.014 1
-5	56.2	-29	3.54	-54	0.200	-78	0.012 6
-6	50.1	-30	3.16	-55	0.178	-79	0.011 2
-7	44.7	-31	2.82	-56	0.158	-80	0.010 0
-8	39.8	-32	2.51	-57	0.141	-81	0.009 1
-9	35.4	-33	2.24	-58	0.126	-82	0.007 9
-10	31.6	-34	2.00	-59	0.112	-83	0.007 1
-11	28.2	-35	1.78	-60	0.100	-84	0.006 3
-12	25.1	-36	1.58	-61	0.089 1	-85	0.005 6
-13	22.4	-37	1.41	-62	0.079 4	-86	0.005 0
-14	20.0	-38	1.26	-63	0.070 8	-87	0.004 5
-15	17.8	-39	1.12	-64	0.063 1	-88	0.004 0
-16	15.8	-40	1.00	-65	0.056 2	-89	0.003 5
-17	14.1	-41	0.891	-66	0.050 1	-90	0.003 2
-18	12.6	-42	0.794	-67	0.044 7	-91	0.002 8
-19	11.2	-43	0.708	-68	0.039 8	-95	0.001 8
-20	10.0	-45	0.671	-69	0.035 4	-100	0.001 0
-21	8.91	-46	0.562	-70	0.031 6		
-22	7.94	-47	0.501	-71	0.028 2		
-23	7.08	-48	0.447	-72	0.025 1		

二、失真度的定义值与测量值

(一) 非线性失真度的定义值

如前所述,由于网络的非线性的影响,其输出信号的波形产生了失真。根据付氏级数的分析,可将该失真的正弦电压分解成一系列幅度不同、相位不同的基波电压及各次谐波电压

的叠加。故非线性失真度定义为：全部谐波分量的功率与基波功率之比的平方根值来表示，即

$$K = \sqrt{\frac{P - P_1}{P_1}} = \sqrt{\frac{\sum_{n=2}^{\infty} P_n}{P_1}} \tag{6-2}$$

式中：P——信号总功率；

P_1——信号基波的功率；

P_n——信号 n 次谐波的功率。

如果负载与信号频率无关，即为纯电阻时，则信号的失真度又可定义为全部谐波电压（或电流）的有效值与基波电压（或电流）的有效值之比。用百分数表示，即：

$$K = \sqrt{\frac{\sum_{n=2}^{\infty} U_n^2}{U_1}} \times 100\% \tag{6-3}$$

式中：U_1——信号基波电压的有效值；

U_n——信号 n 次谐波电压的有效值。

（二）非线性失真的测量值

根据上述失真度的定义，为了测量出待测信号的失真度 k 值，需要利用两个选频网络分别选出信号中的谐波电压总有效值 $\sqrt{\sum_{n=2}^{\infty} U_n^2}$ 及基波电压有效值 U_1，这显然是不方便的。为简化测量设备，国际电工委员会标准 IEC 要求按照下面方法来实施非线性失真度的测量，即只用一个基波抑制网络（简称滤基网络）来测出所有谐波电压总的有效值 $\sqrt{\sum_{n=2}^{\infty} U_n^2}$，与被测信号总有效值 $\sqrt{\sum_{n=1}^{\infty} U_n^2}$ 之比，从而确定其失真度 K_r，即：

$$K_r = \frac{\sqrt{\sum_{n=2}^{\infty} U_n^2}}{\sqrt{\sum_{n=1}^{\infty} U_n^2}} \times 100\,\% \tag{6-4}$$

式中，K_r 即实际测量的非线性失真度。

（三）非线性失真系数 K 与 K_r 的关系

非线性失真系数 K 是按经典的方法定义的，而 K_r 则是伴随着以基波抑制原理为测量基础的失真度测量仪的出现而定义的。为区别两者，将 K 称为失真度的定义值，K_r 称为失真度的测量值。

在一般技术测量中，当失真度不大时，可以认为 $K \approx K_r$。由此引入的方法误差 δ 可以忽略不计量。例如：当 $K = 30\%$ 时，$\delta \approx 4.3\%$；当 $K = 20\%$ 时，$\delta \approx 2.0\%$；当 $K = 10\%$ 时，$\delta \approx$

0.05%；由于 K_r 本身的测量误差约为（5～10）%，因此，δ 的影响可以不考虑。如 K 值较大，或需对 K 进行精确测量，则应将所测的 K_r 值按 K 与 K_r 的关系式进行修正，即：

$$K=\frac{K_r}{\sqrt{1-K_r^2}} \tag{6-5}$$

$$K_r=\frac{K}{\sqrt{1-K^2}} \tag{6-6}$$

一般非线性失真仪，其示值均代表 K_r 值。

表 6—2 给出了不同失真度时 K 与 K_r 的对照关系。

表 6—2 K 与 K_r 数值对照表

K/%	K_r/%	K/%	K_r/%	K/%	K_r/%	K/%	K_r/%
100	70.71	75	60.00	50	44.72	24	23.34
98	69.99	74	59.48	48	43.27	22	21.49
96	69.25	72	58.43	46	41.79	20	19.61
95	68.88	70	57.35	44	40.27	18	17.72
94	68.49	68	56.23	42	38.72	16	15.80
92	67.71	66	55.08	40	37.14	14	13.87
88	66.06	65	54.50	38	35.52	12	11.91
86	65.20	64	53.91	36	33.87	10	9.95
85	64.77	62	52.69	34	32.19	8	7.98
84	64.32	60	51.45	32	30.48	6	5.99
82	63.41	58	50.17	30	28.74	4	3.99
80	62.47	56	48.86	28	26.96	2	2.000
78	61.50	54	47.81	26	25.16	1	0.999 9
76	60.51	52	46.14				

第三节 失真度测量方法

一、概　　述

如前所述，研究和测试失真的目的在于：信号非线性失真的测量和网络非线性失真的测量这两大类型。前者是分析信号波形的特性，通常采用“基波抑制法”和“谐波分析法测量失真”；后者是研究传输网络的特性——非线性，其失真的测量一般采用单音法，双音互调法，对被研究的网络输入两个音频正弦信号，测量交调失真度（双音法）。此外，近年来还提出了一些新的测量方法——白噪声信号动态法及信号的概率统计分析法等。不同的方法失真度的定义各不相同。本节主要讨论信号非线性失真的测量方法，对网络非线性失真的测量方法只作简要介绍。

二、信号非线性失真的测量

（一）基波抑制法

适用于1MHz以下的低频频段直接测量信号的总谐波失真度，其测量范围为（0.01～100)%，准确度约为（5～30)%。

1. 工作原理

图6—1所示为基波抑制法测量失真度方框图。

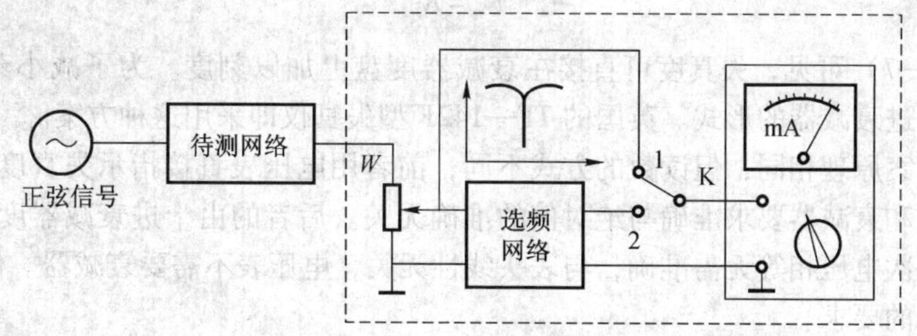

(a) 直接测量法

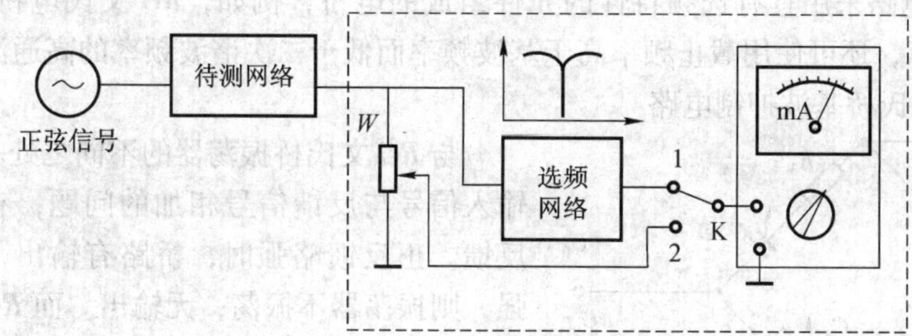

(b) 比较测量法

图6—1 基波抑制法测量失真度框图

在图6—1（a）中，将开关K置于“1”，电压表指示出待测电压的总有效值 $U_a=\sqrt{\sum\limits_{n=1}^{\infty}U_n^2}$。然后，将开关K置于“2”，调整基波抑制电路，使电压表读数尽量的小，此时电压表的读数为谐波电压的总有效值（基波已滤除），$U_b=\sqrt{\sum\limits_{n=2}^{\infty}U_n^2}$，由电压表两次读数之比便可求出失真度 K_r，即 $K_r=U_b/U_a$。

通常，让 $U_a=1\text{V}$，则 $K_r=U_b$，即可将电压表的度盘直接用 K_r 刻度。国产SZ—1，SZ—3，BS－1，BS－2型失真度测量仪及国外一些失真度测量仪大多采用此方案。

在图6—1（b）中，先将开关K置于“2”，使被测信号电压中的基波成分被滤除后加到电压表上，指示出全部谐波电压的总有效值 $U_a=\sqrt{\sum\limits_{n=2}^{\infty}U_n^2}$。然后，将开关K置于“1”，使被测信号电压经十进衰减器加到电压表上，指示出衰减后的被测信号电压的总有效值 $U_b = \sqrt{\sum_{n=1}^{\infty} U_n^2}$。调节十进衰减器的衰减系数 K，使输出电压表的两次读数相等，即：

$$\frac{U_a}{U_b} = \frac{1}{K} = \frac{\sqrt{\sum_{n=2}^{\infty} U_n^2}}{\sqrt{\sum_{n=1}^{\infty} U_n^2}} = 1 \tag{6-7}$$

故：

$$K_r = K \tag{6-8}$$

由式（6—7）可见，失真度可直接在衰减器度盘上加以刻度。为了减小刻度误差，通常作成多级步进衰减器的形式。英国的 TF—142F 型失真仪即采用这种方案。

这两种方案原理相同，但读数的方式不同，前者用电压表直接指示失真度，操作方便，但对表头线性和衰减器要求准确与绝对值的准确无关。后者的由十进衰减器度盘读失真度，电压表指示两次电压相等无需准确，与表头线性无关，电压表不需要衰减器。但对十进衰减器提出了较高的要求。

2. 基波抑制电路

基波抑制电路采用具有选频特性的元件组成的电桥，例如，*RC* 文氏电桥，*RC* 谐振电桥，T 形电桥等，还可使用截止频率高于基波频率而低于二次谐波频率的高通滤波器。

（1）*RC* 文氏桥基波抑制电路

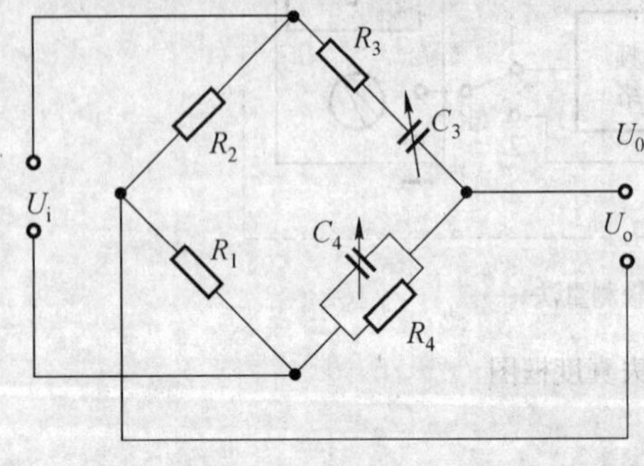

图 6—2　*RC* 文氏桥基波抑制电路

与 *RC* 文氏桥振荡器的不同之处是：振荡器有输入信号与反馈信号相加的问题，有正反馈和负反馈。正反馈略强时，桥路有输出，若负反馈略强，则振荡器不振荡，无输出。而 *RC* 文氏桥基波抑制电路，仅在于桥路对角线上的交流电压平衡或不平衡，不平衡有输出，若平衡则输出为零。图 6—2 为 *RC* 文氏桥基波抑制电路。

此时，*RC* 文氏电桥对基波频率的平衡方程为：

$$\frac{R_1}{R} = \frac{1}{\dfrac{1/R_4 + \mathrm{j}\,\varpi C_4}{R_3 + 1/\mathrm{j}\,\varpi C_3}} = \frac{1}{R_3/R_4 + C_3/C_4 + \mathrm{j}\,\varpi C_4 R_3 + 1/\mathrm{j}\,\varpi C_3 R_4} \tag{6-9}$$

解出实部与虚部，得：

$$\varpi^2 = 1/R_3 R_4 C_3 C_4 \tag{6-10}$$

当满足上述条件时，基波输出为零。完成了对基波的抑制作用。

文氏桥与放大器组成选频放大器，具有较高的选择性。文氏电桥由于结构简单，调节频率方便和频率特性尖锐等优点，而获得广泛应用。

（2）谐振电桥基波抑制电路

被测电压加在桥路的 A，B 两点，由 P，Q 输出至电压表，调整 R 和 C 使电桥谐振于被测电压的基波频率，此时，串联谐振回路的电阻为零，且实现了 $R \cdot R_2 = R_1 \cdot R_3$，即电桥平衡条件。如图 6—3 所示为谐振电桥原理图。此时，输出端输出最小。虽然电桥对基波频率处于平衡状态，基波无输出。但对于谐波频率则在 A，Q 支路呈失谐状态，阻抗很大，可视为断路。因此，电桥对谐波不平衡而仍有输出。

谐振电桥虽有尖锐的基波抑制特性。但由于对于基波分量和谐波分量，电桥的输入阻抗不一样，这就破坏了被测电压波形中原来的各谐波间的比例关系。又因在频率很低时需要很大的电感量，故必须用带铁心的电感等原因，这种电路未得到广泛应用。

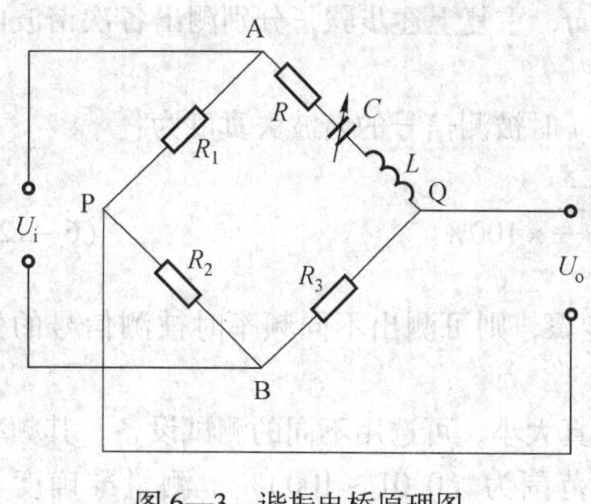

图 6—3　谐振电桥原理图

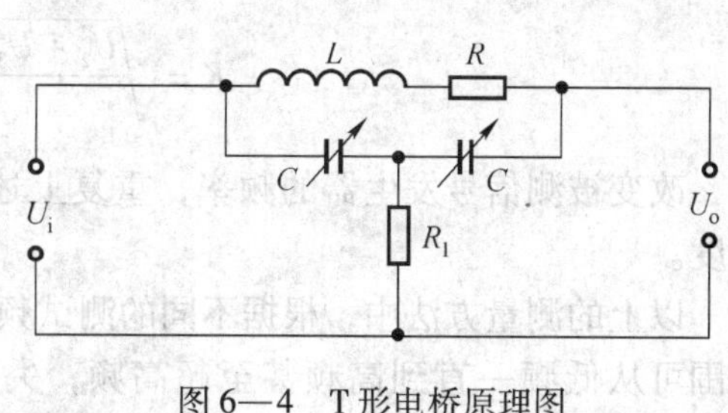

图 6—4　T 形电桥原理图

3. T 形电桥

图 6—4 所示为 T 形电桥原理图。此时，电桥对基波的平衡条件为：

$$R_1 + \mathrm{j}\,\varpi L + 2/\mathrm{j}\,\varpi C - \frac{1}{\varpi^2 C^2 R} = 0$$

$$R_1 - \frac{1}{\varpi^2 C^2 R^2} + \mathrm{j}\left(\varpi L - \frac{2}{\varpi C}\right) = 0$$

分别解出上式的实部与虚部，得：

$$R_1 = L/2RC, \varpi = \sqrt{2/LC} \tag{6-11}$$

当满足上述两条件时，基波频率 ω 的电压接近于零。输出为谐波总电压。

T 形电桥的优点除了输入电路与电压表具有公共点外，其频率上限一般比文氏电桥高，频率特性也非常尖锐。例如美国的 HP334 型失真仪的频率上限可达 600kHz。

而采用高通滤波器作为基波抑制电路时，为获得尖锐的频率截止特性，常采用由多个电抗元件组成的 M 型滤波器。这时，连续调节截止频率十分困难，因此，它只适于固定频率的失真度测量仪。

（二）谐波分析法

这是一种间接的测量失真度的方法。根据失真度定义式（6-2）或式（6-3）采用具有选频功能的测试仪表，如选频电平表测量接收机等，将被测信号的基波分量与谐波分量分离，然后再分别测出基波和各次谐波的有效值，利用有公式计算出失真度。

图 6—5 示出谐波分析法测量失真度连接图。测试步骤如下：将被测信号发生器的输出

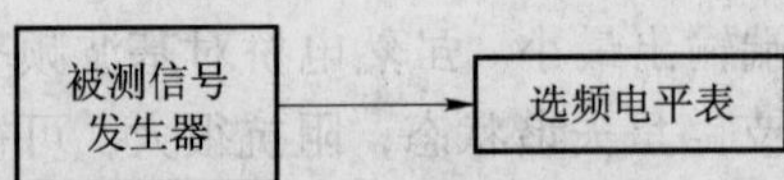

图6—5 谐波分析法测量失真度

频率调到需测的频率 f 上，并适当地调节电压输出，将选频电平表的频率、电压置相应的频段及量程范围，加入被测信号。仔细地调节选频电平表频率调谐旋钮。测出基波分量的有效值 U_1。保持被测信号发生器的输出不动，改变选频电平表的频率刻度为 $2f$，变换适当的输入电子衰减器，仔细地调节调谐旋钮，使选频电平的指针指示尽量的小（与输入电平衰减器配合），测出二次谐波电压的有效值 U_2。改变选频电平表的频率刻度为 $3f$，$4f$，…，nf，重复上述步骤，分别测出各次谐波电压的有效值 U_3，U_4，…，U_n。

由上述测试结果及式（6-2）便可求出频率为 f 时被测信号的谐波失真度为：

$$K = \sqrt{\frac{U_2^2 + U_3^2 + U_4^2 + \cdots}{U_1}} \times 100\% \tag{6-12}$$

改变被测信号发生器的频率，重复上述测试步骤，则可测出不同频率时被测信号的失真度。

以上的测量方法中，根据不同的测试频段和失真大小，可选用不同的测试设备。其频率范围可从低频一直到高频甚至超高频，失真测量范围为（0.01～100）%，测量准确度为（1～3）dB。

二、传输网络非线性失真的测量

（一）单音法

图6—6为单音法测量网络失真框图。对被研究的传输网络输入单一的正弦单频信号，分别测量出待测传输网络的输入信号和输出信号的失真度值，再通过计算求出传输网络的失真度。

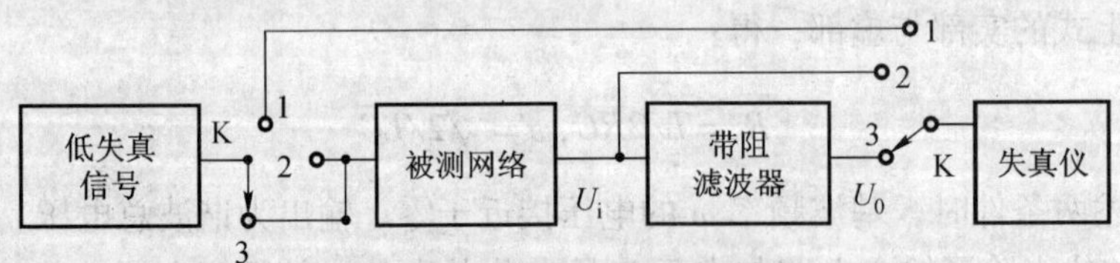

图6—6 单音法测量网络失真框图

操作步骤：先将开关K置于“1”，用失真度仪测量出信号源的失真度 d。再将K置于“2”，再用失真度仪测量出测试信号通过待测网络后输出信号的失真度 d_2。则网络的失真度 d_1 为：

$$d_1 = \sqrt{\frac{d_2^2 - d^2}{1 + d^2}} \tag{6-13}$$

当测试信号的失真度 $d \ll 1$ 时，则：

$$d_1 = \sqrt{d_2^2 - d^2} \tag{6-14}$$

当 $d \ll 1$，$d \ll d_2$ 时，则：$d_1 \approx d_2$

另外，将图6—6的开关K置于“3”时，则上述测量方法又称为二次滤除基波法。主要用于测量（0.01～0.001）%的小失真。这是在一般的失真度仪前再加一个带阻滤波器；使基波被额外衰减了20～40dB，故总的基波抑制比可达100～120dB，因此前置放大器的附加失真可降低20～40dB，从而大大提高了测量灵敏度。带阻滤波器应符合下列要求：带阻衰减量不超过20～40dB，即衰减后的基波电压应在失真度仪的灵敏范围之内；对谐波衰减不应大于0.5～1dB，否则会增加测量误差。

（二）交互调制法

为了使网络的非线性失真的分析与实际情况相近，采用所谓双音法。这时将频率分别为 f_1 及 f_2 的两个正弦信号输入被测网络，则被测网络的输出端除频率为 f_1 及 f_2 的正弦信号和它们的谐波外，还因相互调制而形成频率为 $|mf_1 \pm nf_2|$ 的组合频率分量（m，n 皆整数），这种由组合频率分量而产生的互调失真与网络的非线性有关。因此，双音互调法较单音法更能反映传输网络的非线性情况。

互调失真度可用不同的定义来表示，根据IEC—315标准的推荐（国际电工委员会），国际上广泛推行和应用SMPTE法（美国电影和电视工程师协会法，1939年）和CCTR法（国际无线电咨询委员会法，1937年）。

1. SMPTE法

适于测量音频范围内电声系统传输网络的互调失真，电视、电影、广播及唱片等电声设备的互调失真。

SMPTE法的原理如图6—7（a）所示，高音频 f_p（>1kHz）信号和低音频 f_q（40～400Hz）信号的幅度比为 $U_p/U_q = 1/4$，它们经线性网络组合后送到待测网络，然后在待测网络的输出端分析经过规定的高通滤波器、检波器和低通滤波器后输出的组合信号的频谱，如图6—7（b）所示，测出组合信号的幅度 U_2，U_2'，U_3，U_3'等，于是互调失真度IM表示为：

$$(\mathrm{IM})_A = \sqrt{\frac{(U_2 + U_2')^2 + (U_3 + U_3')^2 + \cdots}{U_p}} \tag{6-15}$$

$$(\mathrm{IM})_B = \sqrt{\frac{U_2^2 + (U_2')^2 + U_3^2 + (U_3')^2 + \cdots}{U_p}} \tag{6-16}$$

式（6-15）是SMAPTE法及IEC—315号标准推荐的A种表达式；式（6-16）为IEC—315号标准推荐的B种表达式。

互调失真也可用滤除 U_q 后的 U_p' 调幅度来表示，即：

$$(\mathrm{IM})_C = \hat{U}_p' / \overline{U}_p' \tag{6-17}$$

式中：$\overline{U}_p'$——U_p'的平均值；

$\hat{U}_p'$——U_p'的包络峰值。

国产的SZH-1型、ZN4120型等就是按SMPTE法设计的互调失真度测量仪。操作步骤如：

第六章 失真度及计量

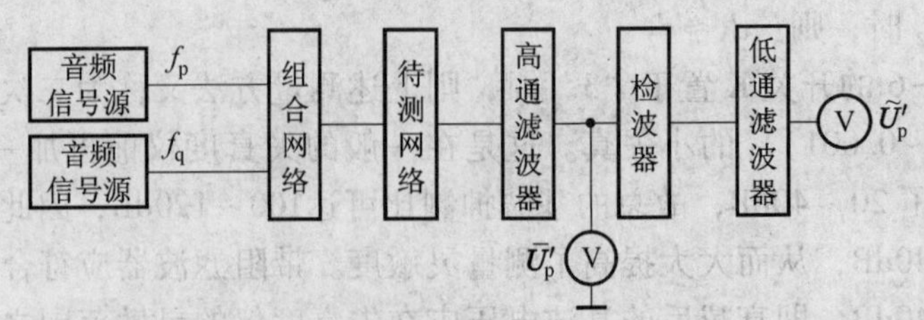

(a) 原理图

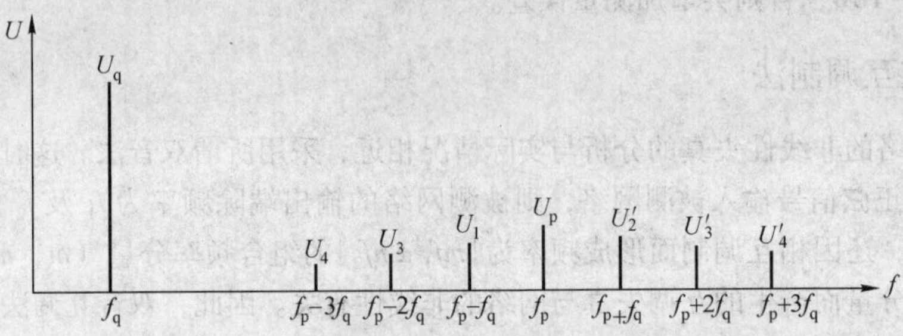

(b) 高音频f_p和低音频f_q的合成频谱图

图 6—7　SMPTE 法测量互调失真

按图 6—8 连接互调失真仪测量传输网络，根据所选频率按下组合频率键，调节输出电平。将互调失真仪工作开关置“电压”位置，测量输入电压，适当地调节输入衰减。将工作开关置“校准”位置，调节校准旋钮使表头指示满刻度（红线）。将工作开关置“失真”位置，量程开关置相应位置，从表头上直接读取失真度值。

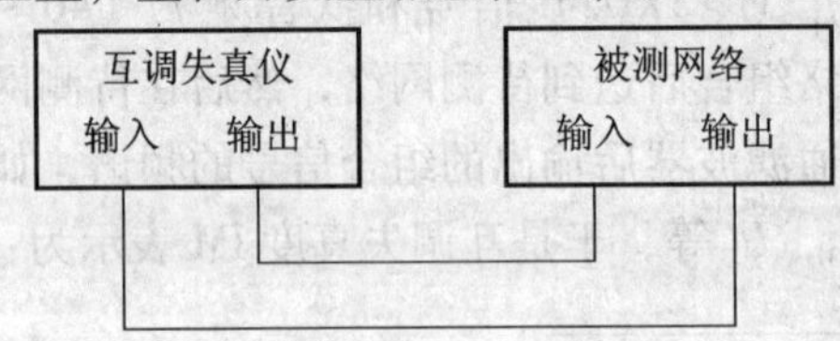

图 6—8　互调失真仪测量传输网络

不同的互调失真仪其组合频率略有不同，可根据测试要求选用。例如，ZN4120 型互调失真仪的高频 f_p 为 3，5，7，10，15，20kHz，低频 f_q 为 40，50，70，100，200，300Hz，可在此范围内任意选择 f_p，f_q 产生组合信号。

2. CCIR 法

测量方框图如图 6—9 所示。测试时，将两个幅度相等、频率相差不多（例如 $f_q=100\text{Hz}$，$f_p=1\ 575\text{Hz}$）的信号，经组合网络同时加在被测网络上，在被测网络的输出端用波形分析仪分析其合成频谱，如图 6—9（b）所示，所测出的互调失真有如下几种表达式：

$$(\text{IM})_{D1}=\frac{U_2}{U_p+U_q} \tag{6-18}$$

$$(\text{IM})_{D2}=\frac{U_3+U'_3}{U_p+U_q} \tag{6-19}$$

$$(\text{IM})_{E}=\frac{U_2U_3+U_4+U_5}{U_p+U_q} \tag{6-20}$$

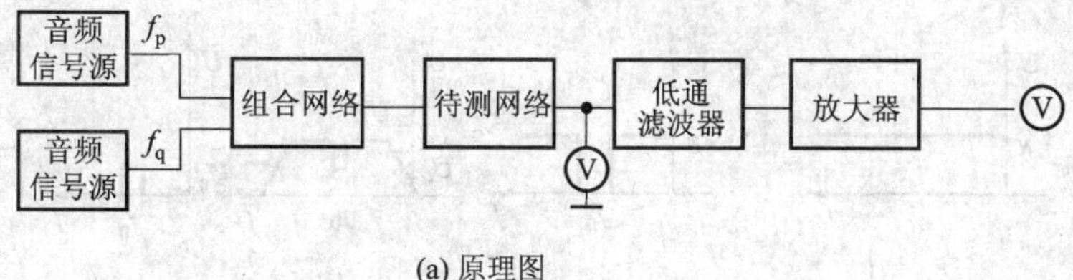

(a) 原理图

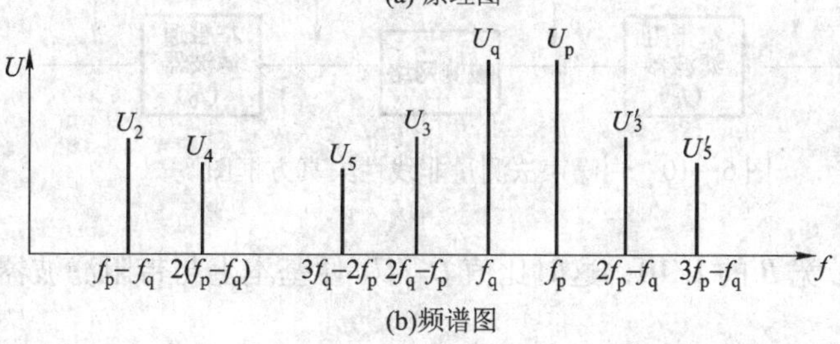

(b)频谱图

图 6—9　CCIR 法测量互调失真

$$(\mathrm{IM})_{\mathrm{F}} = \frac{\sqrt{U_2^2 + U_3^2(U_3')^2 + U_4^2 + \cdots}}{U_{\mathrm{q}}} \tag{6-21}$$

式（6－18），式（6－19）是 CCIR 法及 IEC—315 号标准推荐的 D 种互调失真表达式，分别称为二次互调失真和三次互调失真。式（6－20）是根据峰值总和法得出，式（6－21）是某些仪器说明书中推荐的互调失真，分子所取的项数由所选择的频率 f_{p}，f_{q} 及低通滤波器的截止频率决定。如果低通滤器使（$2f_{\mathrm{p}}-f_{\mathrm{q}}$）的信号分量 U_3 通过，则式（6－21）变为：

$$(\mathrm{IM})_{\mathrm{F1}} = \frac{\sqrt{U_2^2 + U_3^2(U_3')^2}}{U_{\mathrm{q}}} = \frac{\sqrt{U_2^2 + (\sqrt{2}U_3)^2}}{U_{\mathrm{q}}} \tag{6-22}$$

如果低通滤波器通带内不包含信号分量 U_3，则式（6—21）变为：

$$(\mathrm{IM})_{\mathrm{F2}} = \frac{\sqrt{U_2^2 + U_3^2}}{U_{\mathrm{q}}} \tag{6-23}$$

由于目前互调失真的测量方法及其表达式不完全统一，故在测量和使用时都应具体说明。

（三）白噪声法

非正弦信号不仅仅是两个正弦信号的叠加，它可能是多个不同频率、不同幅度的正弦信号的叠加，因此双音法仍不能完全地反映实际情况，于是采用具有均匀的频谱密度分布的白噪声作为测试信号。白噪声法可测出被测网络通带内任何频率分量所产生的谐波及互调结果，故又称动态法。如图 6—10 示出白噪声法测量非线性失真方框图。

白噪声有均匀的频谱密度，且每个频率分量均有相同的幅度 U_N。若从白噪声中滤除频率为 f_0 的分量，再送入被测网络，则当被测网络不引起非线性失真时，其输出信号将不包含 f_0 的分量；当被测网络存在失真时，由于谐波及互调分量的频率可能等于 f_0，故输出信号中则可能出现频率为 f_0、幅度为 U_0 的信号。因此，U_0 和 U_N 的比值可作为被测网络非线性失真的一个量度，即：

$$D = (U_0/U_N) \times 100\% \tag{6-24}$$

带阻滤波器的带宽 B_0。原则上应无限窄，并具有理想的矩形响应。但在实际测试中选

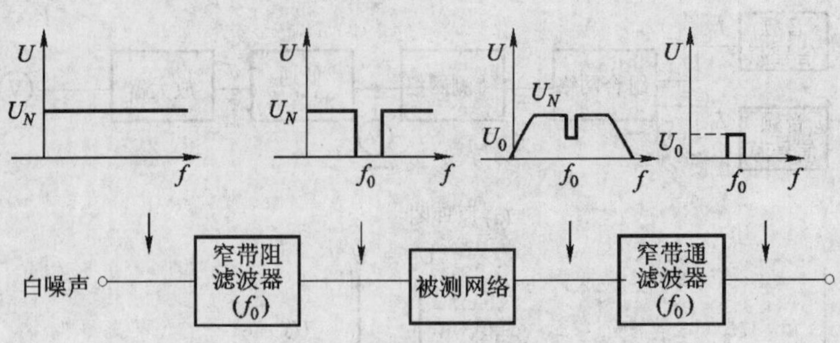

图 6—10　白噪声法测量非线性失真方框图

择 B_0 不超过被测网络带宽 B 的 1/10，这时比值 U_0/U_N 便基本上与带阻滤波器的频率响应特性无关。

第四节　失真度测量仪

目前，就失真度测量仪的基本工作原理及用途来分可分为两类。一类是谐波失真度测量仪，即按基波抑制工作原理构成的失真度测量仪。这类失真度测量仪现在广泛的应用于无线电、电子计量及电测等领域测量信号及系统和谐波失真度，仪器型号多数量大，计量测试方法比较成熟统一。现在所说的失真度测量仪均是指这类而言。另一类是互调失真度测量仪，是以双音法为工作原理构成的，此类失真度仪量少面小，其定义及计量测试方法也没统一。故在以后的章节中不再涉及。

一、失真度测量仪的类型及特点

1. 按仪器组成划分

(1) 由多量程电压表读失真度的方式。操作简单，对电压表的表头线性和衰减器要求准确，绝对值的准确度无要求。这是大多数失真度测量仪所采用的形式。

(2) 采用电压比较法，由十进衰减器度盘读失真度。要求衰减器能连续调节，准确度高，电压表是指示两次电压相等，只要求分辨率高，指示稳定，对准确度无要求，与表头线性无关。

2. 按基波抑制电路划分

(1) *RC* 文氏桥：频率可连续调节，基波抑制大，造价低，缺点是电压表与输入电路没有公共接点，屏蔽困难。

(2) T 形网络：基波抑制大，频率上限高，有公共接点，屏蔽简单，剩余失真小。

(3) 固定点频：在几个固定频率点上测失真。

3. 按电压表检波方式划分

(1) 均值、准均值：有波形误差，但灵敏度高，抗干扰能力强，检波线性好，频带宽。

(2) 准有效值（折线式或多折线式）：波形误差小。真有效值电压表一般不用于失真度仪，因为其反应迟纯、输入阻抗低、损耗大、易过载。

4. 按输入特征划分

(1) 平衡式：对参考地电平平衡对称输入。

（2）不平衡式：对参考地不平衡输入。

5. 按测量通道划分

（1）单通道失真度测量仪：只有一个输入通道。

（2）双通道（立体声）失真度测量仪：有两个输入通道，能同时测量立体声设备左、右两个通道的失真度。

6. 按失真度的失真测量范围划分

（1）通用失真度测量仪：失真度测量范围：(0.1～100)% 满量程。

（2）低失真度测量仪：失真度测量范围：（0.01～100）% 满量程，（0.003～30）% 或 100% 满量程，(0.001～30)% 或 100% 满量程。

7. 按操作方式划分

（1）手动调谐：手动调谐滤除基波分量。

（2）自动调谐：自动滤除基波分量。

二、失真度测量仪主要技术指标

1. 测量失真的频率范围

失真度测量仪的工作频率范围目前大约在 2Hz～200kHz。ZN4114 型失真度测量仪为 20Hz～1MHz，HP 公司生产的 334A 型失真度测量仪为 5Hz～6 001dHz，美国的 K—H 公司生产的 6900 型自动失真度测量仪为 5Hz～1MHz 等。但多数失真度测量仪的频率均在 200kHz 以下，频率刻度误差一般为 ±(1～5)%。数字显示频率的失真度测量仪其频率误差约在 10^{-3} 量级。

2. 失真度测量范围

通用失真度测量仪测量失真的量程范围为（0.1～100)%。但不同型号其量程范围亦有不同，量程的上限有的为 20%，30%，100% 满量程，量程的下限多为 0.01% 或 0.003% 满量程，也有达到 0.001% 满量程的（如日本芝测公司的 725B 型失真度仪）。

3. 失真度测量的准确度

失直度测量仪的准确度常用满度误差 ± 附加误差的形式给出，即：

$$\pm\Delta\%\,(\text{满度}) \pm K_0$$

其中前一项误差表示所用量程满度值的百分数，是相对误差；后一项为失真度测量仪测量小失真时机内剩余失真及噪声等影响，是绝对误差。通用失真度测量仪的准确度指标一般为 ±(5～10)% ±0.01%，低失真测量仪的指标约为 ±(1～3)dB。

4. 剩余失真

失真度测量仪的剩余失真亦称机内引入失真，它是失真度测量仪可测信号失真度下限值的标志，对小失真测量影响较大，是失真度测量仪的一项重要指标。

三、失真度测量仪的误差分析

失真度测量仪的测量误差来源有以下几个方面。

1. 理论误差

所谓理论误差，即非线性失真度的定义值 K 与实测值 K_r 之间的误差。由式（6－25）

得理论误差为：

$$\Delta_1 = \frac{K_r - K}{K} \times 100\% \tag{6-25}$$

为减少这项误差，在 $K_r > 10\%$ 时，就应给予修正，见表6—2。

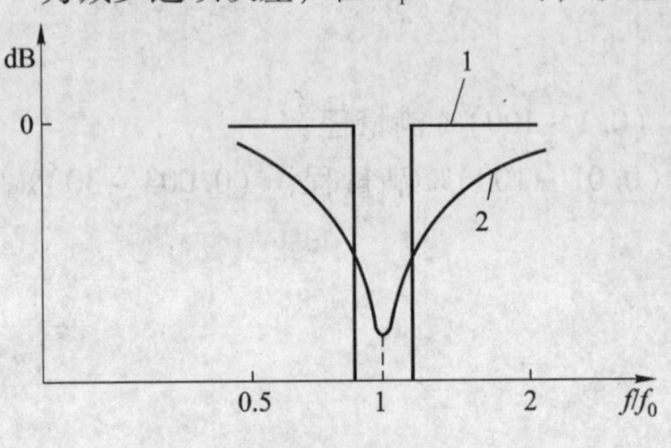

图6—11 基波抑制特性曲线

2. 滤波特性不理想带来的误差

理想的滤波特性应该是基波百分之百的滤除，二次以上的谐波应能百分之百的通过，其曲线如图6—11曲线1所示。然而，由于滤波器本身有损耗及分布参数的影响，实际上只能作到如图6—11曲线2的特性曲线，因此必然产生测量误差。

为计算方便，设被测信号中只有二次谐波（因为对二次谐波的衰减比高次谐波更大），并设基波剩余电压百分数为 S_1，二次谐波衰减百分数为 S_2，则误差 Δ_2 为：

$$\Delta_2 = \Delta K/K = [(1-S_2)^2 + (S_1/K)^2 - 1]^{1/2} \times 100\% \tag{6-26}$$

取 $S_1 = 80\text{dB}$，$S_2 = 0.5\text{dB}$，当 $K = 0.01\%$ 时，Δ_2 为37.5%；$K = 0.1\%$ 时，$\Delta_2 = -5.1\%$；$K = 1\%$ 以上时，$\Delta_2 = -5.0\%$ 左右，可见基波剩余电压的存在严重地影响小失真度的测量。欲测 $K = 0.01\%$ 以下的小失真，仍保持5%的误差，则要求滤波器对基波的抑制力达100dB以上。

根据上式算出英国TF2331型失真度测量仪滤波特性的误差。该机基波滤除特性为80dB，谐波损耗为0.5dB。由此引入的测量误差如表6—3所示。

表6—3 基波制特性引入的失真度测量误差

失真度 K/%	0.01	0.03	0.05	0.1	1	10	20
由 S_1 引入的误差	37.5	5.5	2	0.5	0	0	0
由 S_2 引入的误差	-5%						

由谐波损耗引入的测量误差，基本上与被测信号的失真度大小无关，并恒为负值。

3. 剩余失真引入的误差

一般失真度测量仪均给出剩余失真这项指标。通常是指失真度测量仪输入端短路后，量程放在最高灵敏度时电压表的剩余指示，是由于仪器内部电压的噪声电平，或电源、屏蔽和接地等原因而引起的干扰电平在指示器上总的反应。除此之外，由于失真度仪内部电路所引起的附加非线性失真也应作为失真仪的剩余失真。

剩余失真一般为（0.001～0.05）%量级。由于干扰电压等与频率有关，故剩余失真也随频率的变化而不同。剩余失真对大失真度的测量误差影响小，而对小失真（如低于0.1%的失真）测量影响甚大。

设失真度测量仪的剩余失真为 K_0，而测量失真度为 K，由此引入的测量误差为：

$$\Delta K/K(\%) = \left(K - \frac{\sqrt{K^2 + K_0^2}}{K}\right) \times 100\% = [1 - \sqrt{1 + (K_0/K)}] \times 100\% \tag{6-27}$$

根据上式计算，当测量失真度为0.1%、剩余失真 $K_0=0.03\%$ 时，失真仪在该点的测量附加误差为4.3%。而当测量失真度为0.05%时，测量误差将增大至20%。

4. 电压表引入的误差

失真度测量仪电压表部分对失真的测量误差可包括四个部分，即电压表的电压刻度、分压器、频率特性和波形响应。其中前三项误差可按一般电子电压表的误差进行处理和计算，但其电压表的频带上限应为失真测量频带的3~5倍，以满足被测信号中谐波成分的要求。失真度测量仪的波形误差主要是由于电压表检波特性所决定。失真度测量仪上的电压表常见的多为准有效值检波和平均值检波，但其表头刻度均以正弦波有效值定度。在失真度测量仪测量时测量的都是非正弦波，故必然产生波形误差。其波形误差定义为：

$$\delta_{波形}=\frac{U-U_{\sim}}{U_{\sim}} \tag{6-28}$$

式中：U——电压表测量非正弦波电压指示值；

$U_{\sim}$——电压表测量正弦波电压指示值。

这两种波形的实际有效值是相等的，即 $U_{rms}=U_{rms\sim}$。

为计算波形误差，需要求出波形因数 K_g 和波峰因数 K_A：

$$波形因数\ K_g=\frac{电压有效值\ U_{rms}}{电压平均值\ U_{au}} \tag{6-29}$$

$$波峰因数\ K_A=\frac{电压峰值\ U_p}{电压有效值\ U_{rms}} \tag{6-30}$$

平均值检波的电压表的指示值正比于被测电压的平均值，与波形因数成反比，根据式（6-28），均值电压表的波形误差为：

$$\delta_{au}=\frac{U_{au}-U_{au\sim}}{U_{au\sim}}=\frac{U_{rms}/K_{g\sim}}{U_{rms\sim}}-K_{g\sim}$$

又：

$$U_{rms}=U_{rms\sim}$$

故

$$\delta_{au}=\left(\frac{K_{g\sim}}{K_g}-1\right)\times 100\% \tag{6-31}$$

而峰值电压表的指示正比于被测电压的峰值，由式（6-28）、式（6-30）可得其波形误差为：

$$\delta_p=\frac{U_p-U_{p\sim}}{U_{p\sim}}=\frac{K_A U_{rms}-K_{A\sim}U_{rms\sim}}{K_{A\sim}\times U_{rms\sim}}=\left(\frac{K_A}{K_{A\sim}}-1\right)\times 100\% \tag{6-32}$$

四、BS-1型失真度测量仪

BS-1型失真度测量仪是一台全晶体管化高灵敏度的音频测量仪器，主要用于测量各种类型的音频信号源的谐波失真度，测量低频放大器、各种传输网络的谐波失真，及解调后调频或调幅信号的解调失真。最小失真可测0.03%。

用作高灵敏度的宽带电压表，最低音频电压可测至100μV。测量音频信号发生器的幅频特性，还可用于放大器信噪比的测量，如与示波器连接可分析网络的相位特性。

此外，由于该仪器内部设有平衡—不平衡转换电路，因此又可进行平衡失真度和平衡电压测量，在有线系统测量中使用非常方便。

（一）主要技术指标

1. 失真度测量

（1）基波频率范围

不平衡输入：2Hz ~ 200kHz；

平衡输入：20Hz ~ 20kHz。

（2）失真度范围：(0.1 ~ 100)%（满度）

（3）可测信号幅度（有效值）

不平衡：300mV ~ 300V；

平　衡：300mV ~ 10V。

（4）频率刻度误差：小于 ±5% ±0.5Hz。

（5）失真度测量误差

±10%（满刻度）±0.01%（20Hz ~ 200kHz）。

（6）干扰噪声：优于 0.25mV（输入端短路）。

2. 电压测量

不平衡输入：1mV ~ 300V（满度）；

平衡输入：1mV ~ 10V（满度）。

3. 频率范围及特性

不平衡：	20Hz ~ 100kHz	±1dB；
	2Hz ~ 1MHz	±1.5dB。
平　衡：	20Hz ~ 60kHz	±1.5dB。

4. 输入阻抗

不平衡：1MΩ（1 ±20%）电容 70pF；

平　衡：600Ω(1 ±3%)

10kΩ（1 ±10%）

5. 电压表准确度

±5%（满度），以 1kHz 为准。

6. 干扰噪声

优于 0.05mV（输入端短路）。

（二）电路原理

BS－1 型失真度测量仪方框圈如图 6—12 所示。

输入电路由不平衡衰减器、平衡衰减器、平衡变压器和前置放大器组成，用于衰减大于 1.0V 的输入被测信号和保证输入阻抗为 1MΩ。电压表电路由分压器、电压表放大器、检波器、射随器组成。通过射随器接外接示波器监示被测信号波形。

开关 K_1 用来完成不平衡输入与平衡输入的转换。当开关 K_3 置于“电压”位置时，失

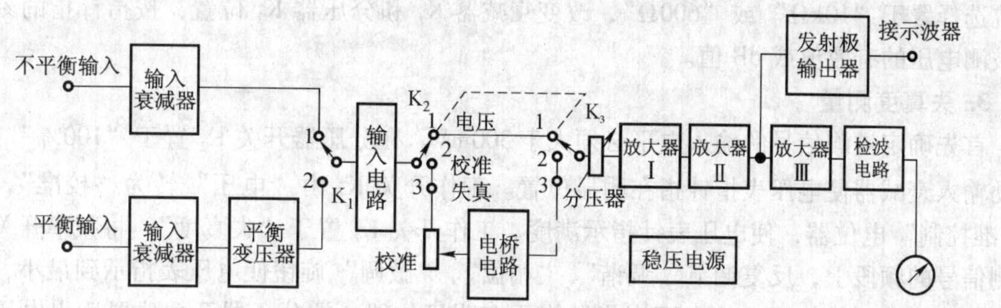

图 6—12 BS－1 型失真测量仪方框图

真度仪作电压表用。当 K_3 置于“校准”位置时，是测量失真度的准备阶段，调节“校正调节”，使电压表指示满度（1V）；当 K_3 置于“失真度”时，被测信号通过基波抑制电路，基波被滤除，谐波分量接入电压表电路进行测量，其指示读数即为被测信号的失真度（%）。

关于驱潮电路说明如下：由于文氏电桥的桥臂电阻值为 100MΩ，因此要求有关电路中各结点对地端应具有极高的绝缘强度（优于 1 000MΩ）。在受潮情况下很容易使关键部件绝缘强度下降，为此采用驱潮电路，置于空气双联电容之下。当接通驱潮电路时，利用交流市电对两只电阻加热，以驱除双联片子上的潮气。但必须注意：当失真度测量仪测失真时必须关掉驱潮电路电源。

（三）失真度仪操作

仪器未通电源之前，检查表头指针应指于 0 位，否则应调整表头机械零点。工作开关 K_3 放于“电压”位置，输入衰减器 K_1（不平衡）置于“0dB”位置，电压表分压器置于“0dB”位置。

接通电源后，指示灯应亮，预热 5 分钟左右。待指针稳定后，输入端短路，工作开关 K_3 置“电压”位置，分压器开关 K_2 置“－60dB”位置，此时检查电压表噪声不应大于 0. 05mV。工作开关 K_3 置“失真度”位置，分压器 K_2 保持在“－60dB”不动，输入端短路，检查电桥电路噪声不应大于 0. 25mV。

以上两项噪声检查合格后，将衰减器 K_1 放在“＋50dB”位置，分压器开关 K_2 放回“0dB”位置，工作开关 K_3 放回“电压”位置，此时即可进行测试。

1. 不平衡电压测量

将被测量信号用不平衡电缆接入不平衡输入端。改变衰减器开关 K_1 使电压表指针指在明显位置，直到“0dB”（黑色字标）。若电压表指示很小，说明被测电压小于 300mV，则应继续改变分压器开关 K_2；直到电压表指示在明显位置（指针应指在超过度盘 1/3 处）。按衰减器、分压器开关的位置及度盘刻度值读出被测电压的有效值。

当测试电压的频率低于 10Hz 时，指针抖动较大，可采用阻尼开关，置于“慢”位置。

2. 平衡电压测量

将输入衰减器 K_1 置于平衡端“20dB”位置，其他开关工作位置不变。将被测信号电压由平衡电缆插头输入“平衡输入”插口之中。依被测信号输出阻抗要求，将“平衡输入”

阻抗选择置于"10kΩ"或"600Ω"，改变衰减器 K_1 和分压器 K_2 位置，按指针指的刻度读出被测电压的有效值或 dB 值。

3. 失真度测量

首先确定被测信号的输入电平必须大于 300mV。在分压器开关 K_2 置于"100%"位置，转动输入衰减器使电压表指针指在明显位置。工作开关 K_3 由"电压"转为"校准"，调节"校准控制"电位器，使电压表针指示满度。工作开关 K_3 置于"失真度"，将频率开关置于被测信号的频段上，反复调节"调谐"、"相位"、"微调"旋钮使电压表指示到最小，相应地改变分压器开关位置，使电压表指针指示在明显位置，按分压器开关位置读出电压表指示，即为失真度百分数。

第五节 失真度测量仪检定装置

目前，对失真度测量仪的计量检定有分项检定法和标准失真源法（总体检定）两种方法。例如，英国马可尼公司的 TF142F 型失真度测量仪在说明书中就提出分项检定的方法和要求。有的失真度测量仪给出和滤波特性、频率响应、电压表刻度、分压器等有关指标，分项检定就是分别对这些指标进行检定。

标准失真源法对失真度测量仪进行总体检定。这种方法是基于研制一种能提供不同频率，不同失真度量值的标准失真信号发生器，即失真度测量仪检定装置，它是失真计量主要的标准装置。

一、标准失真源

由失真度的定义式可知，只要改变信号中基波与谐波的比例关系，便可获得不同失真系数的失真信号。可以采用基波与各种谐波组合的方式建立不同失真系数的标准失真源。

对标准失真源应有以下技术要求：

（1）基波的剩余失真极低，一般要达到 $10^{-4} \sim 10^{-6}$ 量级，以满足低失真度测量仪小失真刻度的检定。

（2）谐波分量的次数和个数，谐波分量的波形性质。

（3）谐波分量的幅度能准确地按步级进行调整。

（4）频率及失真度值范围尽可能的宽，以满足各类失真度仪的检定。

（一）基波加二次谐波标准失真源

产生标准失真的原理如图 6—13 所示。基波振荡器产生频率为 f_1 的信号 U_1，经带通滤波器后加到波形叠加电路，谐波振荡器产生的频率为 $2f_1$ 的谐波信号 U_2 经标准分压器后加到波形叠加电路与基波信号线性叠加。叠加器输出的合成信号即为标准失真信号，其大小取决于基波电压 U_1 与谐波电压 U_2 之比，即：

$$K = (U_2/U_1) \times 100\% \tag{6-33}$$

如使 $U_1 = 1\text{V}$，则 $K = U_2$，即失真量值 K（或 U_2）的大小由控制谐波电平的标准分压器调节。加到叠加电路上的基波及谐波电平的大小，分别由精密真有效值电压表测量。

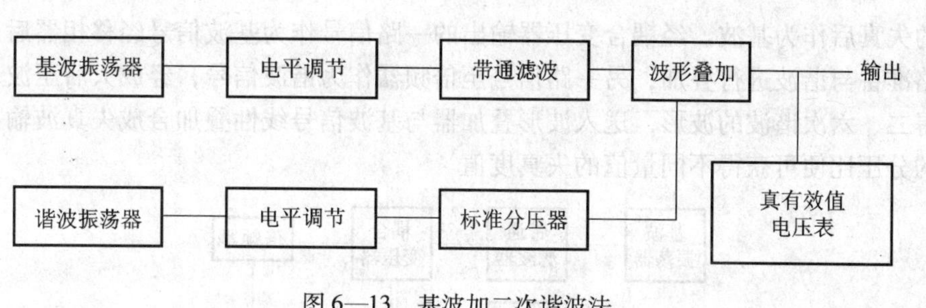

图 6—13　基波加二次谐波法

采用这种方案的标准失真源有国产的 BO－5 型及 BO－13 型，BO－13B 型及日本芝电公司的 WX—115 型等失真度检定装置。

基波加二次谐波法具有下列一些特点：

（1）可以检定失真度测量仪由于滤基特性、谐波损耗、剩余失真、分压器和电压表频响引入的误差。

（2）不能同时检定电压表部分的波形误差，波形误差必须分别检定。

（3）基波剩余失真可以降至极低，由于采用两个不相关的振荡器，相互融合小，可以不通过任何非线性电路直接输出。

（4）基波和谐波之间的相位是随机的，不能进行控制和调整，故输出的失真波形偏离实际失真波形。

图 6—14 所示是基波与谐波的相位可以调整的标准失真源原理方框图。基波与谐波取自同一振荡器。振荡器分两路输出，一路作为基波信号经稳幅后加到波形叠加电路上，另一路经倍频器二倍频作为谐波，经稳幅后经标准分压器控制后加到波形叠加器与基波信号线性叠加，以获标准失真波输出。

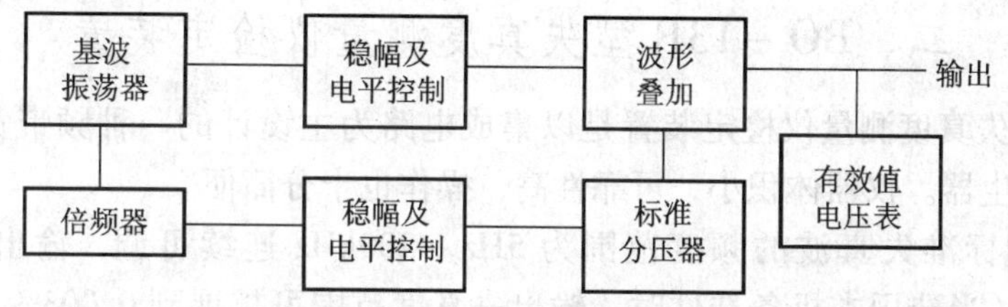

图 6—14　基波、谐波的相位可调的标准失真源框图

日本芝测公司的 H—3021 型、ACl2 型、目黑公司的 MKS—682 型、中国计量科学研究院研制的 NIM—DSl 型均属于这种方案的标准失真源。

（二）基波加二、六次谐波标准失真源

二、六次谐波，即选择二次谐波和六次谐波，其幅值比为 $U_0/U_2=1/2$，相位差为 $\pi/3$ 的特殊波形作为标准失真源的谐波分量。

其函数表达式为：　$f(t)=U_m\sin\varpi t+\frac{1}{2}U_m\sin\left[3(\varpi t)+\frac{\pi}{3}\right]$　（6－34）

其原理框图如图 6—15 所示。由基波振荡器产生的振荡信号，通过带通滤波器滤波后降

低信号的失真后作为基波。经耦合变压器输出的一路信号作为基波信号经移相器后加到波形叠加电路准备与谐波进行叠加；另一路信号至倍频器作为谐波信号，经放大后至波形变换电路以获得二、六次谐波的波形，送入波形叠加器与基波信号线性叠加合成失真波输出。改变分压器的分压比便可获得不同量值的失真度值。

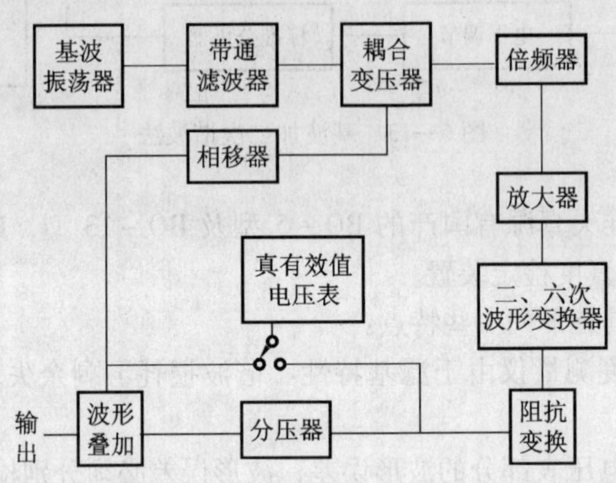

图6—15　基波加二、六谐波标准失真源框图

基波加二、六次谐波标准失真源的特点是：

（1）由于经过耦合变压器、移相器带来的非线性影响，故剩余失真不能做得很低，一般在0.1%量级。

（2）谐波的次数固定二、六次，不能任意选择。

（3）基波与谐波的相位可以调整。

（4）可以同时检定失真度测量仪的部分波形误差。

二、BO－13B型失真度测量仪检定装置

BO－13B型失真度测量仪检定装置是以集成电路为主设计的一种频带宽、高精度的标准失真波信号发生器。仪器体积小，可靠性高，操作也十分简便。

仪器输出的标准失真波的频度范围为5Hz～200kHz连续可调，输出的失真度范围0.01%～100%，（当选用本机备选件时，输出失真度范围可扩展到0.003%～100%）。最小调节间隔0.01%，输出的标准失真波的基本误差为0.5%。

该仪器主要用于检定非线性失真度测量仪，包括失真测量仪的失真度示值误差，频率刻度误差，机内引入失真、不平衡电压表的基本误差及频率附加误差，也可以用来调试高保真放大器及其他音频网络。详细情况请参见仪器说明书。

三、失真度测量仪检定装置的检定

目前使用量较大的失真度测量仪检定装置如BO－5型BO－13型，BO－13B型、WX—115型、ACl2型等，均是采用基波加二次谐波法标准失真源方案，设计成的谐波失真度计量标准器。它接受上一级标准的量值传递，并通过检定再把量值传递到工作量具中去。

影响失真度测量仪检定装置输出的标准失真信号的失真准确度的各项误差是：

（1）基波（谐波）振荡器频率刻度误差；

（2）基波剩余失真；

（3）电压表频响误差；

（4）谐波分压器分压误差；

（5）谐波、基波相对幅度稳定性；

（6）100% 失真度点基波、谐波叠加误差。

失真度测量仪检定装置的检定程序、检定条件及所需标准设备应执行国家 JJG 802—1993 失真度仪检定装置检定规程。对失真度测量仪检定装置的检定方法有两种。

（一）分项检定

1. 基波（谐波）频率刻度误差的检定

按图 6—16 连接仪器，调节基波（谐波）的频段开关和频率细调置于需检的频率刻上，调节失真度测量仪检定装置输出 1V 左右电压信号，记录频率计显示值，即为该点频率的实测值。

频率刻度误差 Δf 按下式计算：

$$\Delta f = \frac{f_0 - f_x}{f_x} \times 100\% \qquad (6-35)$$

式中：f_0——被检频率刻度标称值；

f_x——频率实测值。

2. 基波失真度的检定

失真度测量仪检定装置基波的失真约在 $10^{-4} \sim 10^{-5}$ 量级，属于小失真度的计量范围，用超低失真度测量仪直接测量的方法。按图 6—17 连接仪器。根据需要变换不同的频率点，分别记下超低失真度测量仪示值，即为各频率下的基波失真度的实测值。

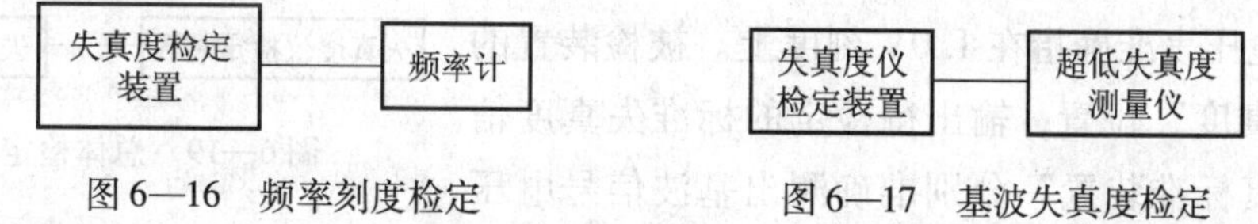

图 6—16　频率刻度检定　　图 6—17　基波失真度检定

基波失真度引入的误差可近似按下式计算：

$$\Delta_2 = \sqrt{1 + \frac{C_f}{K}} - 1 \qquad (6-36)$$

式中：C_f——基波失真度；

K——标称失真度值。

3. 谐波分压器误差的检定

按图 6—18 连接仪器。被检装置工作开关置“失真度”位置，切断基波信号，谐波分压器置 100% 位置，置谐波频率为 2kHz，仔细调节谐波幅度，使高灵敏精密电压表读数为 1.000V。调节谐波分压器，从大到小由精密电压表逐点测出各分压点实际值。

根据规程规定或根据用户需要改变不同的频率点重复以上检定步骤。

谐波分压误差 Δd 按下式计算：

$$\Delta d = \frac{U_0 - U_N}{U_N} \times 100\% \tag{6-37}$$

式中：U_0——谐波分压器标称值；

U_N——谐波分压器实测值。

4. 标准电压表频响误差的检定

电压表引入的误差包括电压表测量谐波时相对基波的频响误差、分辨力误差、测量谐波时的波形误差。由于失真源中电压表测量的电压大多在 1V 左右，谐波失真均小于 1%，故后两项误差影响较小。因此，电压表引入的误差主要是频响误差。

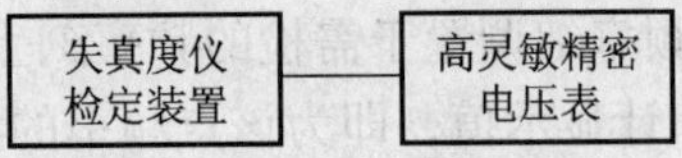

图 6—18 谐波分压器的检定

检定连接图如图 6—18 所示，按规程规定或根据用户需要，设定谐波不同的频率点，调节谐波输出电压，使失真度测量仪检定装置自身的校准电压表在各频率点都准确指示在 1.0V 刻度线上，由标准精密电压表测得各频率点的电压实际值。

标准电压表频响误差 Δf 按下式计算：

$$\Delta f = \frac{U_{f_0} - U_{f_x}}{U_{f_x}} \times 100\% \tag{6-38}$$

式中：U_{f_0}——参考频率点标准电压表实际值，参考频率一般为 1kHz；

U_{f_x}——受检频率点标准电压表实际值。

（二）总体检定

按图 6—19 所示连接仪器。分别将基波频率和谐波频率置于 f_1 和 f_2，调节基波、谐波幅度，使标准电压表准确指在 1.0V 刻度上。被检装置的开关置“失真度”位置，输出待检定的标准失真度信号，用“失真标准装置”分别准确测出基波信号电压 U_A，谐波信号电压 U_B。被检装置输出失真度实际值 K 由下式计算出：

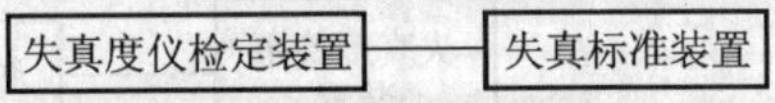

图 6—19 总体检定框图

$$K = \frac{U_B}{U_A} \times 100\% \tag{6-39}$$

则被检装置输出标准失真度的误差为：

$$\Delta_K = \frac{K_0 - K}{K} \times 100\% \tag{6-40}$$

式中：K_0——输出失真度标称值；

K——输出失真度实际值。

改变被检装置的基波频率与谐波频率，重复上述检定步骤。

第六节　失真度测量仪的检定

一、检定条件和检定设备

1. 检定条件

（1）检定环境

① 环境温度：(20 ±5)℃；

② 相对湿度：<80%；

③ 气压：86 ~106kPa；

（2）电源：220（1 ±2%）V；(50 ±1)Hz；

（3）不影响仪器正常工作的电磁场干扰；

（4）不影响仪器正常工作的机械振动。

2. 检定用仪器设备

（1）交流标准电压源

频率：20Hz ~200kHz（1 ±5%）kHz；

输出电压：0.5mV ~300V；

输出电压误差：不超出 ±1% ×输出电压 ±30μV。

（2）标准电压表（真有效值检波）

测量范围：0.1 ~1.1V（有效值）；

频率范围：5Hz ~1MHz；

测量准确度：20Hz ~200kHz　不超出 ±1%；

5Hz ~1MHz　不超出 ±5%。

（3）低频信号发生器

频率范围：2Hz ~1MHz；

输出电压：0.3 ~1V 可调节；

失真度：小于 0.1%（20Hz ~20kHz）。

（4）频率计

频率范围：2Hz ~200kHz；

基本误差：不超出 ±(0.3% ×频率计示值 ±0.1Hz)；

输入阻抗：1MΩ。

（5）失真仪检定装置

频率范围：5Hz ~200kHz；

输出标准失真度：0.03% ~100%；

标准失真度误差：不超出标称值的 ±(2 ~5)% ±0.003%。

（6）低失真信号发生器

频率范围：5Hz ~200kHz；

输出电压：0.3 ~1V 可调节；

失真度：不大于 0.01%。

（7）试验信号源（检定电压表波形附加误差用）

输出电压：0.1～1V（有效值）可调节。

二、检定项目及检定方法

（一）外观及工作正常性检查

① 送检仪器应带有附件、说明书和前次检定证书。

② 被检仪器应无影响仪器正常工作及读数的机械损伤。旋钮转动灵活，波段开关跳步清晰，定位正确，电表的机械零件正常可调。

③ 接通电源后，仪器应能正常工作。按仪器说明书规定预热后，将失真仪的不平衡输入端并接仪器说明书规定的电阻。“工作开关”置于“电压”位置。改变“衰减器”开关和“分压器”开关到最灵敏挡位置，检查并记录被检失真仪电压表的固有噪声指示值，应小于仪器说明书的规定值。然后将“工作开关”置于“失真度”位置，将校准电位器置于最大位置，相位电位器置于可调范围的中间位置。在规定频率范围内由低到高或由高到低改变频率，检查不同频率的失真测量固有噪声指示值，尤其注意50Hz，100Hz和200Hz附近。记录最大固有噪声指示值，应小于仪器说明书的规定值。

（二）不平衡电压表的检定

1. 技术要求

（1）电压测量（不平衡输入）；

（2）频率范围：2Hz～1MHz；

（3）测量范围：1mV～300V（满刻度）；

（4）基本误差：定度频率时满刻度的±(3%～5%)；

（5）频率附加误差：±(0.2～1.5)dB。

2. 检定方法

（1）不平衡电压表基本误差和频率附加误差的检定，按照“电子电压表检定规程”（JJG 250—1990）进行（频率附加误差的检定按JJG 250—1990图2连接仪器）。

（2）电压表波形附加误差的检定

① 按图6—20连接仪器。

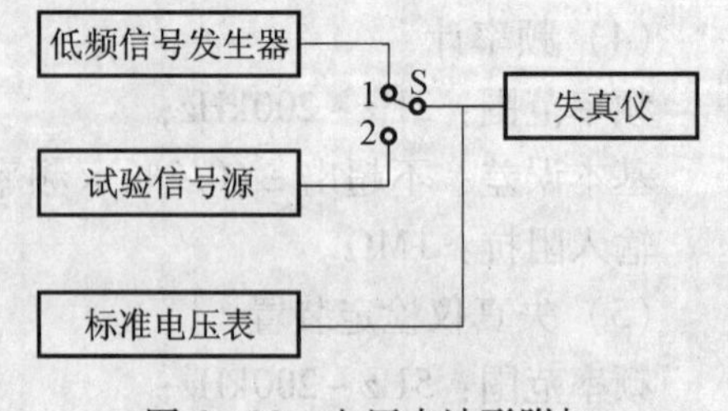

图6—20 电压表波形附加误差检定接线图

② 根据被检仪器说明书规定，确定检定电压表波形附加误差用试验信号。若说明书无规定时，可从①1kHz叠加800Hz等幅正弦信号合成的双正弦信号；②50Hz～20kHz宽频带白噪声信号；③重复频率为1kHz，占空比1/10，波峰因数为3的脉冲信号三种信号中，选择一种作为试验信号。

③ 被检失真仪的“工作开关”置于“电压”位置，根据需要检定的标称电压值，使“衰减器”开关和“分压器”开关置于适当的量程。

④ 将“S”接通“1”，根据被检电压表波形附加误差需要检定的标称电压值，调节低频信号发生器使其输出相应的1kHz正弦波电压，由标准电压表测得有效值电压实际值V_{rms}，

由被检电压表测得其电压指示值 $V_{正弦}$。

⑤ 改变"S"接通"2"，调节试验信号源输出电压，使其输出和（2）④款中1kHz正弦波有效值电压 V_{rms} 相等的试验信号电压，由被检电压表测得其电压指示值试验 $V_{试验}$。

⑥ 电压表的波形附加误差，一般只在1V，300mV量程的0.9×满刻度值附近的示值点上检定。

⑦ 当电压表测量试验信号电压的指示相对不确定时，可使电压表"阻尼"开关置于"慢"挡读数，或者取电压表指示的平均值。

⑧ 被检电压表的波形附加误差 δ_W，按公式（6-41）计算：

$$\delta_W = \frac{V_{试验} - V_{正弦}}{V_{正弦}} \times 100\% \tag{6-41}$$

在 $|\delta_W|$ 中取最大值作为被检电压表测该种试验信号时的波形附加误差。

（三）失真度测量特性的检定

1. 技术要求

失真度测量（不平衡输入）

（1）频率范围：2Hz～200kHz；

（2）测量范围：满刻度的0.1%～100%；

（3）测量准确度：满刻度的±(5～10)% ±0.01%；

（4）残余失真度：不大于0.05%。

2. 检定方法

（1）失真仪频率刻度误差的检定

① 按图6—21连接仪器。

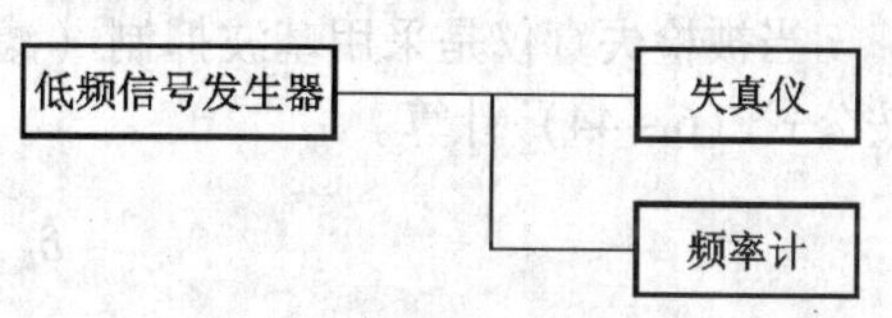

图6—21 频率刻度误差检定接线图

② 调节失真仪的"频段"开关和"频率度盘"旋钮，置于需要检定的频率刻度上，低频信号发生器输出相应频率的1V左右信号加入失真仪的输入端。然后将失真仪的"工作开关"置于"失真度"位置，"校准"电位器置于适当位置，反复调节信号发生器的输出信号频率和失真仪的"相位调节"旋钮，使失真仪电表读数最小，这时频率计上测得的读数即为频率实际值 f_0。

③ 失真仪频率刻度的相对误差 δ_f 按公式（6-42）计算：

$$\delta_f = \frac{f_x - f_0}{f_0} \times 100\% \tag{6-42}$$

式中：f_x——失真仪的频率标称值；

f_0——频率的实际值。

④ 失真仪频率度盘的每个波段分别取低、中、高3个点作频率刻度点进行检定。

（2）失真仪残余失真（k_i）的检定

① 按图6—22连接仪器。

② 根据需要检定失真仪残余失真的频率点，调节低失真信号发生器输出相应频率的1V

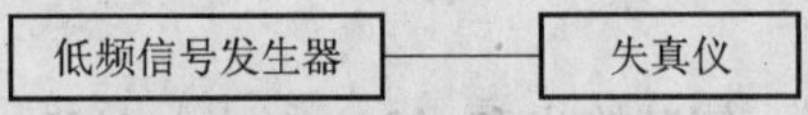

低频信号发生器 —— 失真仪

图 6—22 残余失真检定接线图

左右的信号。如果经过检定的低失真信号失真度 $C'_i \leqslant \frac{1}{2}k_i$，这时失真仪实际测得的失真读数就是被检失真仪在这一工作频率时的残余失真。

③ 如果经过检定的低失真信号失真度 C'_i为：$k_i/2 < C'_i < k_i$ 这时失真仪实际测得失真读数为 K_i，则被检失真仪在这一工作频率时的残余失真按照公式（6－43）计算得出。

$$K_i = \sqrt{(K_r)^2 - (C'_i)^2} \times 100\% \tag{6-43}$$

式中：K_r——被检失真仪实际测得的失真读数；

C'_i——低失真信号发生器输出信号的失真度。

④ 失真仪残余失真的检定频率点，一般只取失真示值误差的受检频率点。

（3）失真度示值误差的检定

① 按图 6—23 连接仪器。

失真仪检定装置 —— 失真仪

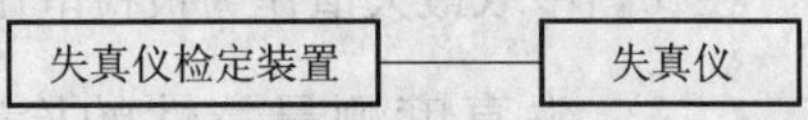

图 6—23 失真度示值误差检定接线图

② 被检失真仪的“工作开关”置于“校准”位置；“校准控制”旋钮置于逆时针较小位置；“衰减器”开关置于“0dB”；（分压器）开关置于“100%”位置，改变“频段”开关到相应于待检验频率点的频段。

③ 根据需要检定的频率点和失真度标称值。调整好“失真仪检定装置”，使其输出相应频率的失真度标准值为 K_0 的标准失真信号。

④ 用“失真仪检定装置”输出的标准失真信号为失真仪的“校准”信号，然后用失真仪测量标准失真信号的失真度，设其测得结果为失真指示值 K_x。

⑤ 失真度示值误差的检定点根据送检单位的要求适当选取。

⑥ 失真度示值误差应根据被检失真仪的失真度测量原理进行计算。

当被检失真仪是采用基波抑制（滤基）法原理测量谐波失真度时，失真度示值误差 δ_k 按公式（6－44）计算。

$$\delta_k = \frac{K_x - K'_0}{K_m} \times 100\% \tag{6-44}$$

式中：K_x——被检失真仪的失真指示值；

K_m——被检失真仪量程的满刻度值；

K'_0——失真仪检定装置输出的失真度标准值 K_0 按公式（6－45）换算后得到的值。

$$K'_0 = \frac{K_0}{\sqrt{1 + K_0^2}} \tag{6-45}$$

三、检定结果的处理和检定周期

1. 检定结果的处理

经检定合格的失真仪，发给检定证书。检定不合格的失真仪，发给检定结果通知书，并指出不合格项目。

2. 检定周期

失真仪的检定周期，根据具体使用情况确定，在正常使用情况下，一般不超过 1 年。

第七章　信号发生器的检定

第一节　信号发生器的检定

一、概　　述

1. 概述

信号发生器是由振荡器、频率合成单元、电平控制单元、调制单元等组成的综合性电子仪器，其基本功能是提供正弦波信号和调制波信号，广泛应用于生产、科研、计量等部门。

2. 范围

信号发生器规程适用于频率范围在 5kHz ~ 40GHz 的各类通用信号发生器的首次检定、后续检定和使用中检验，具体实施时可根据被检信号发生器的实际计量性能分频段进行。

二、检定条件、检定设备和检定项目

1. 检定条件

（1）环境条件

1）环境温度：(20 ± 5)℃。

2）相对湿度：≤80%。

（2）电源电压：$220(1 \pm 5\%)$V，(30 ± 1)Hz。

（3）周围无影响仪器正常工作的电磁干扰和机械振动。

2. 检定用设备

（1）参考频标

频率：1MHz，5MHz，10MHz。

准确度：频率稳定度应优于被检晶体振荡器频率稳定度的 3 倍，其他技术指标应优于被检晶体振荡器相应技术指标的 10 倍。

（2）频差倍增器

引入的频率稳定度应优于被检晶体振荡器频率稳定度的 3 倍。

（3）频率计

频率测量范围：应覆盖被检信号发生器输出信号的频率范围。

准确度：$\pm 1 \times 10^{-6} \sim \pm 1 \times 10^{-11}$。

（4）测量接收机

频率范围：应覆盖被检信号发生器输出信号的频率范围。

电平测量范围及准确度：+30dBm～-127dBm（f≤1.3GHz）、+30dBm～-100dBm（f>1.3GHz），±(0.2～0.5)dB。

（5）功率计

频率范围：应覆盖被检信号发生器输出信号的频率范围。

功率测量范围及准确度：+30dBm～-40dBm，±(0.2～0.3)dB。

（6）调制度测量仪

频率范围：应覆盖被检信号发生器输出信号的频率范围。

调幅度测量范围及准确度：5%～99%，±1% ±1字。

频偏测量范围及准确度：(0～400)kHz，±1% ±1字。

相偏测量范围及准确度：(0～400)rad，±3% ±1字。

（7）频谱分析仪

频率范围：应覆盖被检信号发生器输出信号的三次谐波的频率范围。

电平测量动态范围：≥100dB。

电平测量准确度：±(1～2)dB。

（8）相位噪声测量系统

频率范围：应覆盖被检信号发生器输出信号的频率范围。

本底噪声：应优于被检信号发生器相位噪声技术指标10dB以上。

相位噪声测量准确度：±2dB。

参考信号源：相位噪声应优于被检信号发生器相位噪声技术指标10dB以上。

（9）音频分析仪

频率范围：20Hz～100kHz。

失真度测量范围及准确度：(0.01～100)%

（10）函数发生器/脉冲信号源

频率范围：10kHz～10MHz。

脉冲宽度：50ns～50μs。

直流电压：0～+5V。

脉冲幅度：0～+5V。

（11）数字存贮示波器

频带宽度：应覆盖被检信号发生器输出信号的频率范围。

（12）脉冲调制测量用本振信号发生器

频率范围：应覆盖被检信号发生器输出信号的频率范围。

（13）数字多用表

频率范围：DC～100kHz。

电压测量范围：10mV～10V。

电压测量准确度：±0.3%。

注：所有检定用仪器技术指标应优于被检信号发生器技术指标的3～10倍以上。

3. 检定项目

信号发生器检定项目如表7—1所示。

表 7—1 检定项目一览表

项目名称		首次检定	后续检定	使用中检验
外观及工作正常性检查		+	+	+
内部晶体振荡器		+	−	−
频率准确度		+	+	+
电平准确度	最大输出电平	+	−	−
	绝对电平准确度	+	+	+
	相对电平准确度	+	+	+
载波的剩余调幅和剩余调频		+	+	+
谐波		+	+	+
非谐波		+	−	−
分谐波		+	+	+
SSB 相位噪声		+	−	−
幅度调制的调幅度准确度		+	+	+
频率调制的频偏准确度		+	+	+
相位调制的相偏准确度		+	−	−
调制解调失真		+	+	+
幅度调制下的伴随调频		+	−	−
频率调制下的伴随调幅		+	−	−
脉冲调制		*	−	−
内调制发生器频率准确度		+	−	−
内调制发生器幅度准确度		+	−	−

注：“+”为应检项目，“−”为可不检项目，“*”为可选项目。

注：检定时以被检仪器说明书的技术指标项目和技术要求为准。

三、技术要求和检定方法

1. 外观及工作正常性检查

（1）通用技术要求

信号发生器的前面板或后面板上应具有制造厂、仪器名称、仪器型号、出厂序号、MC标志及电源要求。信号发生器的控制旋钮、按键开关和输入输出端口应有明确的标志。信号发生器送检时要带有使用说明书、后续检定时应备有上次检定的检定证书。

（2）检查方法

1）被检信号发生器应有说明书、原检定证书及全部配套附件。

2）被检信号发生器不应有影响正常工作的机械损伤，控制旋钮及按键应能正常动作，显示器能正常显示，各种标志应清晰完整。

3）进行检定时，被检信号发生器及检定用设备应按规定时间进行预热。

2. 内部晶体振荡器的检定

（1）技术要求

内部晶体振荡器

开机特性：$1\times10^{-6}\sim1\times10^{-11}$

日频率波动：$1\times10^{-6}\sim1\times10^{-11}$

日老化率：$\pm1\times10^{-6}\sim\pm1\times10^{-11}$

1 秒频率稳定度：$1\times10^{-6}\sim1\times10^{-11}$

频率复现性：$\pm1\times10^{-6}\sim\pm1\times10^{-11}$

频率准确度：$\pm1\times10^{-5}\sim\pm1\times10^{-10}$

（2）检定方法

内部晶体振荡器的检定按 JJG 180—2002《电子测量仪器内石英晶体振荡器检定规程》进行（注意使用现行有效版本），将检定结果记录于表 7—2 中。

表 7—2 内晶体振荡器检定

项目	开机特性	日频率波动	日老化率	1 秒频率稳定度	频率复现性	频率准确度
测量值						

3. 频率准确度的检定

（1）技术要求

频率

频率范围：5kHz ~ 40GHz

频率准确度：$\pm1\times10^{-5}\sim\pm1\times10^{-10}$

（2）检定方法

1）仪器连接如图 7—1 所示。

被检信号发生器 —信号输出→ 输入 频率计

图 7—1 频率准确度的检定接线图

2）被检信号发生器选择载波输出，调节输出电平为 0dBm 或适当电平值，从最低到最高改变载波频率 f_U，按频段或技术说明书要求选取不少于 8 个频率点，用频率计测量频率值 f_s，并记录于表 7—3 中。

表 7—3 频率准确度检定

标称值	测量值	误差
⋮	⋮	⋮

3）被检信号发生器频率误差按式（7－1）计算：

$$\delta=\frac{f_U-f_s}{f_s} \tag{7-1}$$

4. 电平准确度的检定

(1) 技术要求

电平

电平范围：-127dBm ~ +30dBm；

电平准确度：±(0.5dB ~2dB)。

(2) 检定方法

1) 最大输出电平的检定

a) 仪器连接如图7—2或图7—3所示。

b) 被检信号发生器选择载波输出，调节输出电平 L_U 为最大值，按频段或技术说明书要求选取不少于8个频率点，从测量接收机或功率计上读出并记录电平值 L_s 于表7—4中。

表7—4 最大输出电平的检定

频率	输出电平标称值	输出电平测量值
⋮	⋮	⋮

2) 绝对电平准确度的检定

a) 仪器连接如图7—2或图7—3所示。

b) 被检信号发生器选择载波输出，调节输出电平 L_U 为0dBm或110dBμV或合适电平值，按频段或技术说明书要求选取不少于8个频率点，从测量接收机或功率计上读出并记录电平值 L_s 于表7—5中。

表7—5 绝对电平准确度检定

频率	输出电平标称值	输出电平测量值	误差
⋮	⋮	⋮	⋮

c) 电平误差按式(7-2)计算：

$$\Delta = L_U - L_s (\mathrm{dB}) \tag{7-2}$$

3) 相对电平准确度的检定

a) 仪器连接如图7—2或图7—3所示。

图7—2 电平准确度检定接线图一　　图7—3 电平准确度检定接线图二

b) 被检信号发生器选择载波输出，载波频率按高中低原则选择3~5个频率点，调节输出电平为0dBm或110dBμV或合适电平值，从测量接收机读出电平值 L_{U_0}，并将此电平置为参考电平，按被检信号发生器的输出电平范围，从高到低以10dB步进改变输出电平值 L_U，从测量接收机上读出并记录相对电平值 L_s 于表7—6中。

表 7—6 相对电平准确度检定

标称值	测量值				
	频率 1	频率 2	频率 3	频率 4	频率 5
参考电平	00	00	00	00	00
⋮	⋮	⋮	⋮	⋮	⋮

c）电平误差按式（7-3）计算：

$$\Delta = L_U - L_{U0} - L_s(\mathrm{dB}) \tag{7-3}$$

5. 载波的剩余调幅和剩余调频的检定

1）仪器连接如图 7—4 所示。

2）被检信号发生器选择载波输出，调节输出电平为被检信号发生器技术说明书中规定的电平值（无要求时输出电平选 0dBm）。

被检信号发生器 —信号输出→ 输入 调制度分析仪

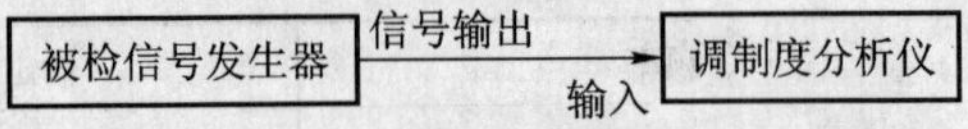

图 7—4 剩余调频和剩余调幅的检定接线图

3）按技术说明书要求选取不同的频率点和测量带宽，从调制度分析仪上读出剩余调幅和剩余调频的测量值并记录于表 7—7 中。

表 7—7 载波的剩余调幅和剩余调频检定

带宽	载波频率	剩余调幅测量值	剩余调频测量值
⋮	⋮	⋮	⋮

6. 谐波的检定

1）仪器连接如图 7—5 所示。

2）被检信号发生器选择载波输出，调节输出电平为被检信号发生器技术说明书中规定的电平值（无要求时输出电平选 0dBm）。

3）按技术说明书要求选取不同的频率点，用频谱分析仪测出基波电平 L_1，二次谐波电平 L_2、三次谐波电平 L_3，并记录于表 7—8 中。

表 7—8 谐波检定

载波频率	基波电平	二次谐波电平	三次谐波电子	二次谐波	三次谐波
⋮	⋮	⋮	⋮	⋮	⋮

4）谐波 a 按式（7-4）、式（7-5）计算：

二次谐波 $$a_2 = L_2 - L_1(\mathrm{dBc}) \tag{7-4}$$

三次谐波 $$a_3 = L_3 - L_1(\mathrm{dBc}) \tag{7-5}$$

7. 非谐波的检定

1）仪器连接如图 7—5 所示。

2）被检信号发生器选择载波输出，调节输出电平为被检信号发生器技术说明书中规定的电平值（无要求时输出电平选 0dBm）。

被检信号发生器 信号输出 → 输入 频谱分析仪

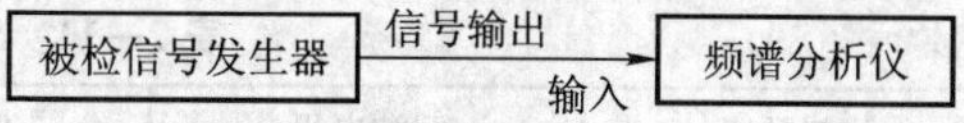

图 7—5　谐波和非谐波的检定接线图

3）按技术说明书要求选取不同的频率点，用频谱分析仪测出基波电平 L_1 及偏离载频（偏离载频的频率值按被检信号发生器技术说明书要求确定）的最大非谐波电平 $L_{非}$，并记录于表 7—9 中。

表 7—9　非谐波检定

载波频率	基波电平	非谐波电平	非谐波
⋮	⋮	⋮	⋮

4）非谐波 $a_{非}$ 按式（7-6）计算：

非谐波

$$a_{非} = L_{非} - L_1 (\mathrm{dBc}) \tag{7-6}$$

8. 分谐波的检定

1）仪器连接如图 7—5 所示。

2）被检信号发生器选择载波输出，调节输出电平为被检信号发生器技术说明书中规定的电平值（无要求时输出电平选 0dBm）。

3）按技术说明书要求选取不同的频率点，用频谱分析仪测出基波电平 L_1，及分谐波电平 $L_{分}$（分谐波电平的频率值按被检信号发生器技术说明书要求选取，如无要求，按载波频率的一半选取），并记录于表 7—10 中。

表 7—10　分谐波检定

载波频率	基波电平	分谐波电平	分谐波
⋮	⋮	⋮	⋮

4）分谐波按式（7-7）计算：

分谐波

$$a_{分} = L_{分} - L_1 (\mathrm{dBc}) \tag{7-7}$$

9. SSB 相位噪声的检定

1）采用相位噪声测量系统进行 SSB 相位噪声检定按以下条款进行。

a）仪器连接如图 7—6 所示。

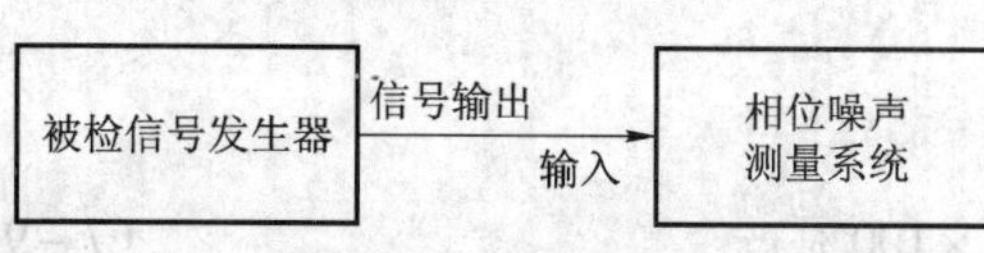

图 7—6　连接图

b）被检信号发生器选择载波输出，调节输出电平为被检信号发生器技术说明书中规定的电平值（无要求时调节输出电平为最大值）。

c）按技术说明书要求选取不同的频率点，用相位噪声测量系统测出 SSB 相位噪声，并记录于表 7—11 中。

表 7—11 SSB 相位噪声检定

载波频率	载波电平	偏离频率	偏离载波电平	相位噪声
⋮	⋮	⋮	⋮	⋮

2）采用频谱仪进行 SSB 相位噪声检定按以下条款进行。

a）仪器连接如图 7—5 所示。

b）被检信号发生器选择载波输出，调节输出电平为被检信号发生器技术说明书中规定的电平值（无要求时调节输出电平为最大值）。

c）按技术说明书要求选取不同的频率点，调频谱分析仪中心频率为信号发生器载波频率，扫频宽度 SPAN 为 22kHz ~ 2 200kHz，分辨力带宽 RBW≤1kHz，视频带宽 VBW≤10Hz，测量载频电平 L_c(dBm）及偏离载频 10kHz ~ 1MHz（按技术说明书要求）处的电平L(dBm)，记录于表 7—11 中。

d）SSB 相位噪声按式（7 - 8）计算：

$$\pounds = L - L_c - 10\lg(\mathrm{RBW})(\mathrm{dBc/Hz}) \quad (7-8)$$

10. 幅度调制的调幅度准确度的检定

（1）技术要求

幅度调制

调幅深度范围：5% ~ 99%；

调幅深度准确度：±3% ~ ±20%。

（2）检定方法

1）仪器连接如图 7—4 所示。

2）被检信号发生器选择内部 AM 调制输出，输出电平为 0dBm 或适当电平值。

3）按技术说明书要求选取不同的频率点，调制频率按被检信号发生器要求选择或以内调制发生器频率范围按高中低原则选择，按高中低设置不同的调幅度 AM_U。

4）按被检信号发生器技术说明书要求选择测量带宽，无要求时选择宽带（50Hz ~ 15kHz)，用调制度测量仪测量并记录调幅度 AM_s 于表 7—12 中。

表 7—12 幅度调制的调幅度准确度、解调失真及伴随调频检定

载波频率	调制频率	调幅度标称值	调幅度测量值	误差	解调失真	伴随调频
⋮	⋮	⋮	⋮	⋮	⋮	⋮

5）调幅度误差按式（7 - 9）计算：

$$\delta = \frac{\mathrm{AM}_U - \mathrm{AM}_s}{\mathrm{AM}_s} \times 100\% \quad (7-9)$$

11. 频率调制的频偏准确度的检定

（1）技术要求

频率调制

调频频偏范围：(0～400)kHz；

调频频偏准确度：±3%～±20%。

(2) 检定方法

1) 仪器连接如图7—4所示。

2) 被检信号发生器选择内部FM调制输出，输出电平为0dBm或适当电平值。

3) 按技术说明书要求选取不同的频率点，调制频率按被检信号发生器要求选择或以内调制发生器频率范围按高中低原则选择，按高中低设置不同的调频频偏 Δf_U。

4) 按被检信号发生器技术说明书要求选择测量带宽，无要求时选择宽带（50Hz～15kHz)，用调制度测量仪测量并记录频偏 Δf_s 于表7—13中。

表7—13 频率调制的频偏准确度、解调失真及伴随调幅检定

载波频率	调制频率	频偏标称值	频偏测量值	误差	解调失真	伴随调频
⋮	⋮	⋮	⋮	⋮	⋮	⋮

5) 频偏误差按式（7-10）计算：

$$\delta = \frac{\Delta f_U - \Delta f_s}{\Delta f_s} \times 100\% \qquad (7-10)$$

12. 相位调制的相偏准确度的检定

(1) 技术要求

相位调制

调相相偏范围：(0～400)rad；

调相相偏准确度：±5%～±20%。

(2) 检定方法

1) 仪器连接如图7—4所示。

2) 被检信号发生器选择内部相位调制输出，输出电平为0dBm或适当电平值。

3) 按技术说明书要求选取不同的频率点，调制频率按被检信号发生器要求选择或以内调制发生器频率范围按高中低原则选择，按高中低设置不同的调相相偏 $\Delta\Phi_U$。

4) 按被检信号发生器技术说明书要求选择测量带宽，无要求时选择宽带（50Hz～15kHz)，用调制度测量仪测量并记录相偏 $\Delta\Phi_U$ 于表7—14中。

表7—14 相位调制的相偏准确度及解调失真检定

载波频率	调制频率	相偏标称值	相偏测量值	误差	解调失真
⋮	⋮	⋮	⋮	⋮	⋮

5) 相偏误差按式（7-11）计算：

$$\delta = \frac{\Delta\Phi_U - \Delta\Phi_s}{\Delta\Phi_s} \times 100\% \qquad (7-11)$$

13. 调制解调失真的检定

1）仪器连接如图 7—4 所示或如图 7—7 所示。

2）按 10(2)中 2)和 3)、11(2)中 2)和 3)及 12(2)中 2)和 3)分别设置被检信号发生器。

3）用调制度测量仪或音频分析仪分别测量调幅、调频、调相的调制解调失真并记录于表 7—12、表 7—13 和表 7—14 中。

图 7—7 调制解调失真的检定连接图

14. 幅度调制下的伴随调频的检定

1）仪器连接如图 7—4 所示。

2）按 10(2)中 2)和 3)设置被检信号发生器。

3）用调制度测量仪测量伴随调频并记录于表 7—12 中。

15. 频率调制下的伴随调幅的检定

1）仪器连接如图 7—4 所示。

2）按 11(2)中 2)和 3)设置被检信号发生器。

3）用调制度测量仪测量伴随调幅并记录于表 7—13 中。

16. 脉冲调制通/断比的检定

1）仪器连接如图 7—8 所示。

图 7—8 脉冲调制通/断比的连接图

2）被检信号发生器选择外脉冲调制，载波输出，调节输出电平为被检信号发生器技术说明书中规定的电平值（无要求时输出电平选 0dBm）。

3）按技术说明书的要求选取不同的频率点，调节函数发生器或脉冲信号源输出 +5V 直流电压，用频谱分析仪测出载波电平 L_{on}，关闭函数发生器或脉冲信号源输出或输出 0V，用频谱分析仪测出载波电平 L_{off}，并记录于表 7—15 中。

表 7—15 脉冲调制通/断比检定

载波频率	载波电平 $L_{通}$	载波电平 $L_{断}$	通/断比
⋮	⋮	⋮	⋮

4）通/断比按式（7-12）计算：

$$\text{ratio} = L_{on} - L_{off}(\text{dB}) \tag{7-12}$$

17. 脉冲调制上升/下降时间的检定

1）仪器连接如图 7—9 或图 7—10 所示。

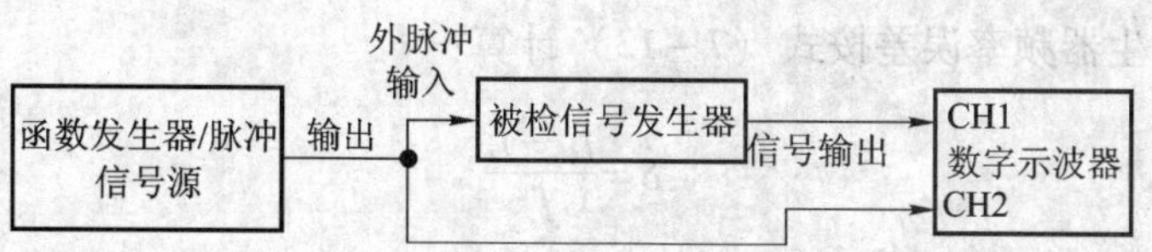

图 7—9　脉冲调制上升/下降时间的检定之一

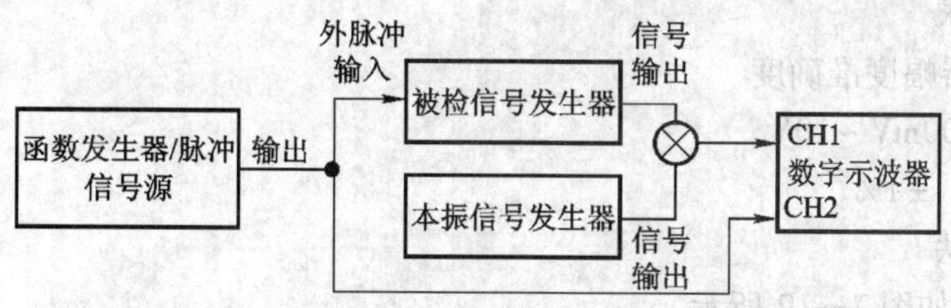

图 7—10　脉冲调制上升/下降时间检定连接图之二

2）被检信号发生器选择外脉冲调制，载波输出，调节输出电平为被检信号发生器技术说明书中规定的电平值（无要求时输出电平选 0dBm），按技术说明书的要求选取载波频率点。

3）按技术说明书要求调节函数发生器或脉冲信号源输出（无要求时输出频率为 10kHz 或 100kHz、幅度为 +5V 的方波信号）。

4）数字示波器选 CH2 通道触发，在 CH1 通道测出载波电平幅度从 10% 上升到 90% 的时间为上升时间，从 90% 下降到 10% 的时间为下降时间，记录于表 7—16 中。

表 7—16　脉冲调制上升/下降时间检定

载波频率	上升时间	下降时间
⋮	⋮	⋮

18. 内调制发生器频率准确度的检定

（1）技术要求

内调制发生器频率准确度

频率范围：0.01Hz ~ 100kHz

频率准确度：$\pm 1 \times 10^{-5} \sim \pm 1 \times 10^{-10}$

（2）检定方法

1）仪器连接如图 7—11 所示。

2）被检信号发生器选择内调制发生器输出，调节输出电压为 1V，从最低到最高改变内调制发生器频率 f_U，按技术说明书要求选取 8 ~ 10 个频率点，用频率计测量实际频率值 f_s，并记录于表 7—17 中。

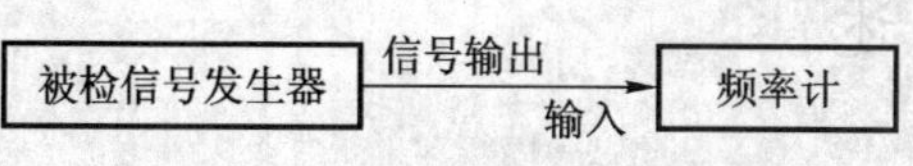

图 7—11　内调制发生器频率准确的检定接线图

表 7—17　内调制音频发生器频率准确度检定

频率标称值	频率测量值
⋮	⋮

3）内调制发生器频率误差按式（7－13）计算：

$$\delta=\frac{f_U-f_s}{f_s} \tag{7-13}$$

19. 内调制发生器幅度准确度的检定

（1）技术要求

内调制发生器幅度准确度

幅度范围：100mV～10V

幅度准确度：±1%

（2）检定方法

1）仪器连接如图7—12所示。

2）数字多用表置AC测量，被检信号发生器选择内调制发生器输出，调内调制发生器输出频率为1kHz，输出电压V_U。

3）从数字多用表读并记录电压值V_s于表7—18中。

被检信号发生器 —信号输出→ 输入 数字多用表

图7—12 内调制发生器幅度准确度检定接线图

表7—18 内调制音频发生器幅度准确度检定

电压标称值	电压测量值
⋮	⋮

4）改变输出电压V_U，重复3）步骤。

5）输出电压误差按式（7－14）计算：

$$\delta=\frac{V_U-V_s}{V_s}\times 100\% \tag{7-14}$$

四、检定结果的处理和检定周期

1. 检定结果的处理

按本规程要求检定合格的信号发生器，出具检定证书；检定不合格的，出具检定结果通知书，并注明不合格的项目。

2. 检定周期

信号发生器的检定周期一般不超过1年。

第二节 数字信号发生器的校准

一、概 述

1. 概述

数字信号发生器由内晶体振荡器、频率合成单元、电平控制单元、调制单元等组成的综合性信号发生器，其基本功能是提供正弦波信号和采用标准及定制制式的矢量调制波信号，广泛应用于研发、制造、计量等部门。

2. 范围

数字信号发生器校准规范适用于频率范围为250kHz～6GHz，调制方式为BPSK，QPSK，π/4DQPSK，8PSK，16QAM，32QAM，256QAM，FSK，MSK（通信制式为NADC，GSM，PHS，DECI，IS—95CDMA，CDMA2000，W－CDMA）的数字信号发生器的校准。

3. 术语和定义

① 误差矢量幅度（error vector magnitude，EVM）

在矢量坐标图上，由于射频放大器的非线性与噪声、传输通道的干扰与衰落等，使得矢量的幅度与相位产生变化，测量到的矢量与参考矢量的矢量差的幅度就称为误差矢量幅度，为标量。通常表示为对参考矢量峰值的百分比。

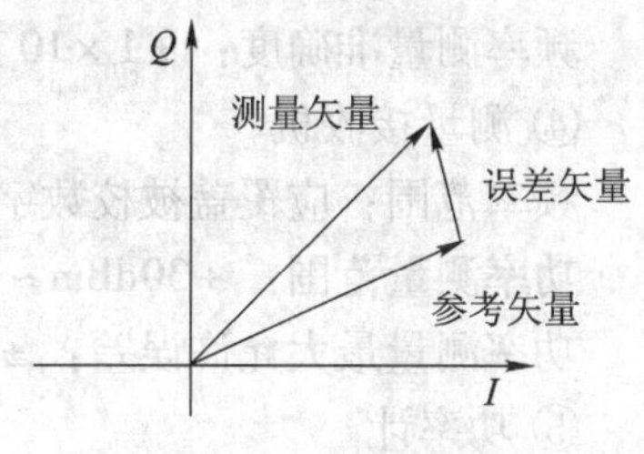

图7—13 误差矢量图

② 矢量幅度误差（vector magnitude error）

测量到的矢量的幅度与参考矢量的幅度之差，通常表示为对参考矢量峰值的百分比。

③ 相位误差（phase error）

在数字调制的载波信号中，一串码元的载波相位形成一个相位轨迹，每个码元相位差值与回归线之差为该码元的相位误差；单位为度（°）。

④ 峰值相位误差（peak phase error）

在特定时间内统计得到的相位误差最大值。单位为度（°）。

⑤ 均方根相位误差（RMS phase error）

一串码元的相位误差的均方根值是该串码元的均方根相位误差，单位为度（°）。

⑥ 频率误差（frequency error）

在数字调制的载波信号中，一串码元的载波相位形成一个相位轨迹，将这个相位轨迹与理论上理想的相位轨迹作每一码元的逐一比较，它们的差值轨迹的回归线斜率是频率误差，单位为Hz。

⑦ 波形质量因数（Rho）

应用于CDMA系统中的度量参数，它是相关功率对总功率的比值；相关功率通常是由测得的信号与一个已知编码的作为参考的基带信号之间的互相关计算得到的。

二、校准条件和校准设备

1. 校准条件

① 环境条件

环境温度：(23±5)℃；

相对湿度：≤80%；

校准过程中环境温度的变化不超过±2℃，且不应有温度突变。

② 供电电压：(220+10) V，(50+2) Hz

③ 周围无影响正常工作的机械振动和电磁干扰。

2. 校准用仪器设备

① 参考频标

频率：10MHz。

频率稳定度应优于被校晶振频率稳定度的 3 倍，其他技术指标优于被校晶振相应技术指标一个数量级。

② 频差倍增器

稳定度应优于被校晶振的频率稳定度的 3 倍。

③ 频率计

频率测量范围：应覆盖被校数字信号发生器输出信号的频率范围；

频率测量准确度：$\pm 1\times 10^{-6} \sim \pm 1\times 10^{-11}$。

④ 测量接收机

频率范围：应覆盖被校数字信号发生器输出信号的频率范围；

功率测量范围：+30dBm ~ −110dBm；

功率测量最大允许误差：±(0.2 ~0.5)dB。

⑤ 功率计

频率范围：应覆盖被校数字信号发生器输出信号的频率范围；

功率测量范围：+30dBm ~ −50dBm；

功率测量最大允许误差：±(0.2 ~0.3)dB。

⑥ 调制度分析仪

频率范围：应覆盖被校数字信号发生器输出信号的频率范围；

调幅度测量范围及最大允许误差：(9 ~99)%，±1% ±1 字；

频偏测量范围及最大允许误差：(0 ~400)kHz，±1% ±1 字；

相偏测量范围及最大允许误差：(0 ~400)rad，±3% ±1 字。

⑦ 频谱分析仪

频率范围：应覆盖被校数字信号发生器输出信号的三次谐波的频率范围；

电平测量最大允许误差：±(1 ~2)dB。

⑧ 相位噪声测试系统

频率范围：应覆盖被校数字信号发生器输出信号的频率范围；

本底噪声：应优于被校数字信号发生器相位噪声技术指标 10dB 以上；

相位噪声测量最大允许误差：±2dB。

⑨ 音频分析仪

频率范围：20Hz ~100kHz；

失真测量范围：(0.01 ~100)%；

失真测量最大允许误差：±10%。

⑩ 数字多用表

频率范围：应覆盖被校数字信号发生器的内调制信号发生器的频率范围；

电压测量范围：(0 ~100) V；

电压测量最大允许误差：±0.3%。

⑪ 示波器

频带宽度：应覆盖被数字校信号发生器输出信号的频率范围。

⑫ 函数信号发生器/脉冲信号发生器

频率范围：应覆盖通断比校准要求的频率范围；

脉冲宽度：5ns ~ 300μs；

直流电压：（0 ~ +5）V；

脉冲幅度：（0 ~ +5）V；

电压最大允许误差：±1%。

⑬ 矢量信号分析仪

频率范围：应覆盖被校数字信号发生器输出信号的频率范围；

误差矢量幅度（EVM）：0.3% rms（Freq span≤100kHz）

0.5% rms（Freq span≤1MHz）

1.0% rms（Freq span >1MHz）；

矢量幅度误差：0.3°rms（Freq span≤100kHz）

0.5°rms（Freq span≤1MHz）

1.0°rms（Freq span >1MHz）；

相位误差：0.3 ~ rms（Freq span≤100kHz）

0.4 ~ rms（Freq span≤1MHz）

0.6 ~ rms（Freq span >1MHz）；

频率误差：10Hz；

FSK 误差：1.5% rills；

波形质量因数（Rho）：0.999 9；

邻道功率比（ACPR）：±(0.2 ~0.9)dB。

三、校准项目及校准方法

1. 外观及工作正常性检查

（1）被校数字信号发生器应有说明书、原校准证书及全部配套附件。

（2）被校数字信号发生器应无影响电气性能的机械损伤，其开关、按键等应到位可靠，旋钮应牢固且调节正常，显示屏能正常显示。被校仪器通电后，应能自动开始自检。

（3）进行以下校准时，被校数字信号发生器及校准用设备应按规定时间（一般为 30min ~ 60min）预热。

2. 内部晶体振荡器的校准

（1）计量特性

内晶体振荡器

开机特性：$1\times10^{-6}\sim1\times10^{-11}$

日频率波动：$1\times10^{-6}\sim1\times10^{-11}$

日老化率：$1\times10^{-6}\sim1\times10^{-11}$

1 秒频率稳定度：$1\times10^{-6}\sim1\times10^{-11}$

频率复现性：$1\times10^{-6}\sim1\times10^{-11}$

频率准确度：$\pm1\times10^{-5}\sim\pm1\times10^{-10}$

（2）校准方法

内部晶体振荡器的校准参照 JJG 180—2002《电子测量仪器内石英晶体振荡器检定规程》

进行。

3. 输出信号频率的校准

(1) 计量特性

输出信号频率

范围：250kHz ~ 6GHz

准确度：$\pm 1\times10^{-5}$ ~ $\pm 1\times10^{-10}$

(2) 校准方法

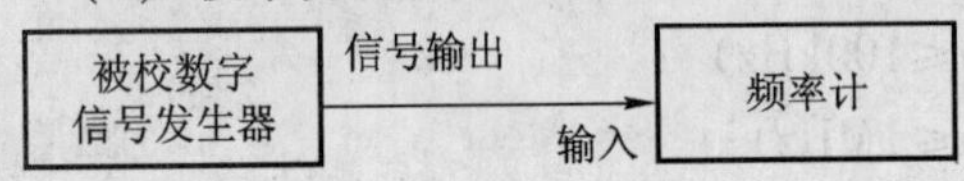

图 7—14 输出信号频率的校准

① 仪器连接如图 7—14 所示。

② 被校数字信号发生器置于未调制状态，调节数字信号发生器输出电平，使频率计正常工作。频率计取样时间的设定应使其显示位数应比指标要求的有效位多一位。

③ 从最低到最高改变被校数字信号发生器的载波频率 f，按低、中、高选取一般测试点与根据通信制式频段选取典型测试点相结合的原则（或按技术说明书要求）选取不少于 8 个频率点，从频率计读出频率值 f_0。

④ 被校数字信号发生器的频率误差按式（7－15）计算：

$$\delta = \frac{f - f_0}{f_0} \tag{7-15}$$

4. 输出电平的校准

(1) 计量特性

输出电平

范围：－127dBm ~ ＋30dBm

最大允许误差：±(0.5 ~ 2) dB

(2) 校准方法

① 最大输出电平的校准

a) 仪器连接如图 7—15 所示。

被校数字信号发生器 —信号输出→ 输入 功率计或测量接收机

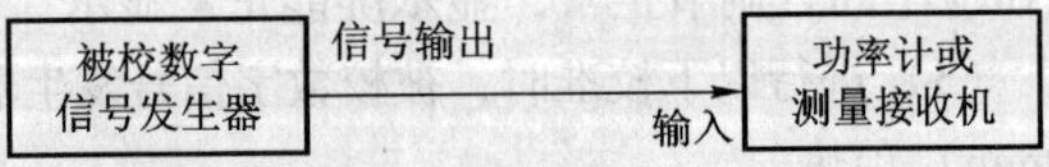

图 7—15 输出电平的校准

b) 被校数字信号发生器置于未调制状态，调节数字信号发生器输出电平为最大值，按低、中、高选取一般测试点与根据通信制式频段选取典型测试点相结合的原则（或按技术说明书要求）选取不少于 8 个频率点（或按用户要求选取）。从功率计或测量接收机上读出电平值 L_0。

② 输出高电平的校准

a) 仪器连接如图 7—15 所示。

b) 被校数字信号发生器置于未调制状态，按低、中、高选取一般测试点与根据通信制式频段选取典型测试点相结合的原则（或按技术说明书要求）选取不同频率点，按高、中、低原则先后调节数字信号发生器输出电平 L（≥0dBm）不少于 3 个校准点（包括 0dBm），从功率计或测量接收机上读出电平值 L_0。

c) 输出高电平误差按式（7－16）计算：

$$\Delta = L - L_0 (\text{dB}) \tag{7-16}$$

③ 输出低电平的校准

a）仪器连接如图 7—16 所示。

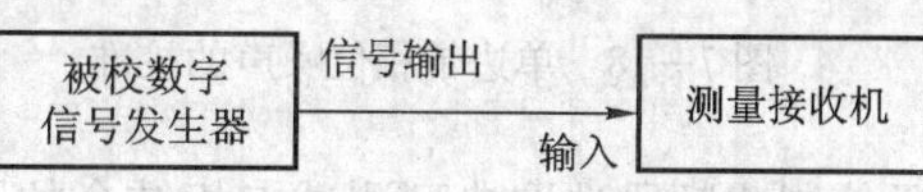

图 7—16　输出电平的校准

b）被校数字信号发生器置于未调制状态，按低、中、高选取一般测试点与根据通信制式频段选取典型测试点相结合的原则（或按技术说明书要求）选取不同频率点，按从高到低，以 10dB 为步进的原则调节数字信号发生器输出电平 L(<0dBm) 为不同的校准点，从测量接收机上读出电平值 L_0。

c）输出低电平误差按式（7-17）计算：

$$\Delta = L - L_0 (\text{dB}) \tag{7-17}$$

5. 谐波、分谐波和非谐波的校准

（1）计量特性

谐波：< -25dBc

非谐波：< -50dBc

分谐波：< -40dBc

（2）校准方法

①谐波和分谐波的校准

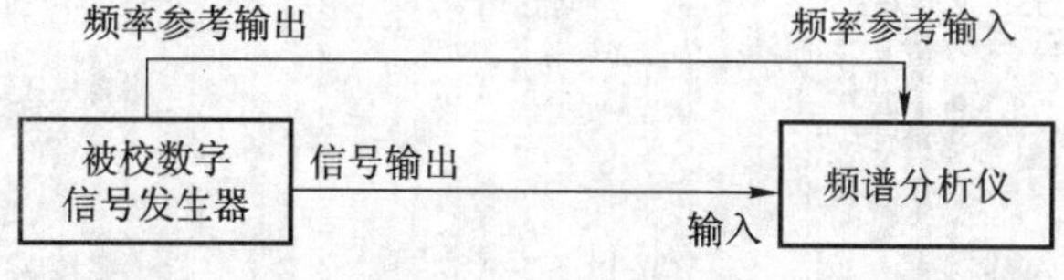

图 7—17　谐波、分谐波和非谐波的校准

a）仪器连接如图 7—17 所示。

b）被校数字信号发生器置于未调制状态，调节数字信号发生器输出电平为 0dBm（或按技术说明书要求）。

c）按低、中、高选取一般测试点与根据通信制式频段选取典型测试点相结合的原则（或按技术说明书要求）选取不同频率点，用频谱分析仪测出二次谐波与基波间的相对电平、三次谐波与基波间的相对电平。

d）调节频谱分析仪，用频谱分析仪测出分谐波与基波间的相对电平。

② 非谐波的校准

a）仪器连接如图 7—17 所示。

b）被校数字信号发生器置于未调制状态，调节数字信号发生器输出电平为 0dBm（或按技术说明书要求）。

c）按低、中、高选取一般测试点与根据通信制式频段选取典型测试点相结合的原则（或按技术说明书要求）选取不同频率点，用频谱分析仪测出偏离载频（偏离载频的频率值为技术说明书的规定值）的最大非谐波与基波间的相对电平。

6. 单边带相位噪声的校准

（1）计量特性

单边带相位噪声：< -100dBc/Hz（偏离载波≥20kHz）

（2）校准方法

①采用相位噪声测量系统校准单边带相位噪声按以下条款进行。

a）仪器连接如图 7—18 所示。

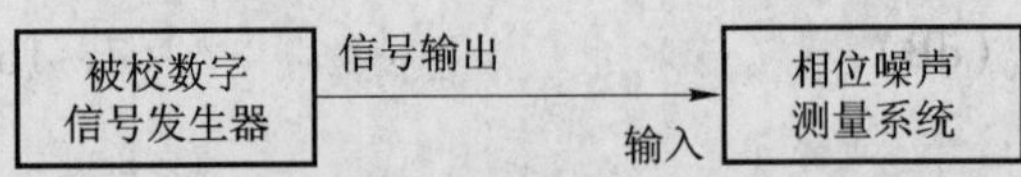

图 7—18 单边带相位噪声的校准

b）被校数字信号发生器置于未调制状态，调节数字信号发生器输出电平为 0dBm（或按技术说明书要求）。

c）按低、中、高选取一般测试点与根据通信制式频段选取典型测试点相结合的原则（或按技术说明书要求）选取不同的频率点，用相位噪声测量系统测出单边带相位噪声。

② 采用频谱分析仪校准单边带相位噪声按以下条款进行。

a）仪器连接如图 7—17 所示。

b）被校数字信号发生器置于未调制状态，调节数字信号发生器输出电平为 0dBm（或按技术说明书要求）。

c）按低、中、高选取一般测试点与根据通信制式频段选取典型测试点相结合的原则（或按技术说明书要求）选取不同的频率点，调节频谱分析仪扫频宽度 SPAN 为适当值，分辨力带宽 RBW≤1kHz，视频带宽 VBW≤10Hz，测量载频电平 L_c（dBm）及偏离载频（按技术说明书要求）处的电平 L（dBm）。单边带相位噪声按式（7－18）计算：

$$\pounds = L - L_c - 10\lg \mathrm{RBW}\,(\mathrm{dBc/Hz}) \tag{7-18}$$

7. 载波的剩余调幅和剩余调频的校准

（1）计量特性

载波的剩余调频和剩余调幅

剩余调频：<2Hz rms

剩余调幅：<0.05% rms

（2）校准方法

① 仪器连接如图 7—19 所示。

② 被校数字信号发生器置于未调制状态，调节数字信号发生器输出电平为 0dBm（或按技术说明书要求）。

图 7—19 载波的剩余调幅和剩余调频的校准

③ 按低、中、高原则（或按技术说明书要求）选取不同的频率点，设置调制度分析仪测量带宽为 50Hz～15kHz 或 300Hz～3kHz，检波方式为 RMS（或按被校数字信号发生器技术说明书要求），从调制度分析仪上读出剩余调幅和剩余调频的测量值。

8. 幅度调制的调幅度、解调失真及伴随调频的校准

（1）计量特性

幅度调制

调幅深度范围：(0～99)%

调幅度最大允许误差：±(3～20)%

（2）校准方法

① 仪器连接如图 7—20 所示。

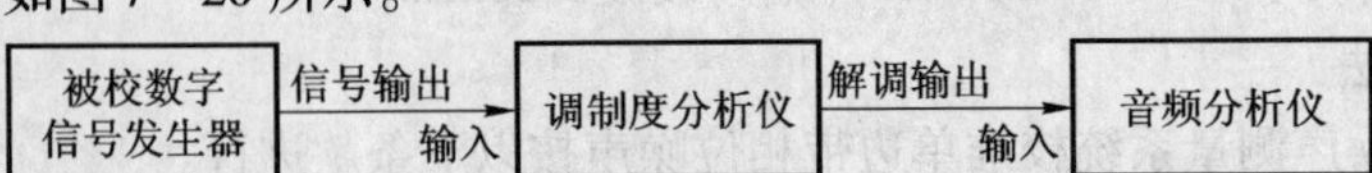

图 7—20 幅度调制、频率调制、相位调制的校准

② 被校数字信号发生器置于内调幅状态，输出电平为 0dBm 或适当电平。

③ 调制度分析仪置于调幅测量状态，按数字信号发生器技术说明书要求选取测量带宽（无要求时选取 50Hz ~ 15kHz）及检波方式（无要求时选取 ± 峰值的平均值）。

④ 被校数字信号发生器按低、中、高原则（或按技术说明书要求）选取不同的载波频率点及调制频率点，按低、中、高原则设置不同的调幅度 AM，从调制度分析仪和音频分析仪分别读出调幅度 AM_0、解调失真及伴随调频。

⑤ 调幅度误差按式（7－19）计算：

$$\delta = \frac{AM - AM_0}{AM_0} \times 100\% \tag{7-19}$$

9. 频率调制的频偏、解调失真及伴随调幅的校准

（1）计量特性

频率调制

调频频偏范围：(0 ~ 400) kHz

调频频偏最大允许误差：±(3 ~ 20)%

（2）校准方法

① 仪器连接如图 7—20 所示。

② 被校数字信号发生器置于内调频状态，输出电平为 0 或适当电平。

③ 调制度分析仪置于调频测量状态，按数字信号发生器技术说明书要求选取测量带宽（无要求时选取 50Hz ~ 15kHz）及检波方式（无要求时选取 ± 峰值的平均值）。

④ 被校数字信号发生器按低、中、高原则（或按技术说明书要求）选取不同的载波频率点及调制频率点，按低、中、高原则设置不同的频偏 Δf，从调制度分析仪和音频分析仪分别读出频偏 Δf_0、解调失真及伴随调幅。

⑤ 频偏误差按式（7－20）计算：

$$\delta = \frac{\Delta f - \Delta f_0}{\Delta f_0} \times 100\% \tag{7-20}$$

10. 相位调制的相偏、解调失真的校准

（1）计量特性

相位调制

调相相偏范围：(0 ~ 400) rad

调相相偏最大允许误差：±(5 ~ 20)%

（2）校准方法

① 仪器连接如图 7—20 所示。

② 被校数字信号发生器置于内调相状态，输出电平为 0dBm 或适当电平。

③ 调制度分析仪置于调相测量状态，按数字信号发生器技术说明书要求选取测量带宽（无要求时选取 50Hz ~ 15kHz）及检波方式（无要求时选取 ± 峰值的平均值）。

④ 被校数字信号发生器按低、中、高原则（或按技术说明书要求）选取不同的载波频率点及调制频率点，按低、中、高原则设置不同的相偏 $\Delta\varphi$，从调制度分析仪和音频分析仪分别读出相偏 $\Delta\varphi_0$、解调失真。

⑤相偏误差按式（7－21）计算：

$$\delta = \frac{\Delta\varphi - \Delta\varphi_0}{\Delta\varphi_0} \times 100\% \quad (7-21)$$

11. 脉冲调制的校准

（1）计量特性

脉冲调制参数

脉冲调制通断比：>60dB

脉冲调制上升/下降时间：<150ns

（2）校准方法

① 脉冲调制通断比的校准

a）仪器连接如图 7—21 所示。

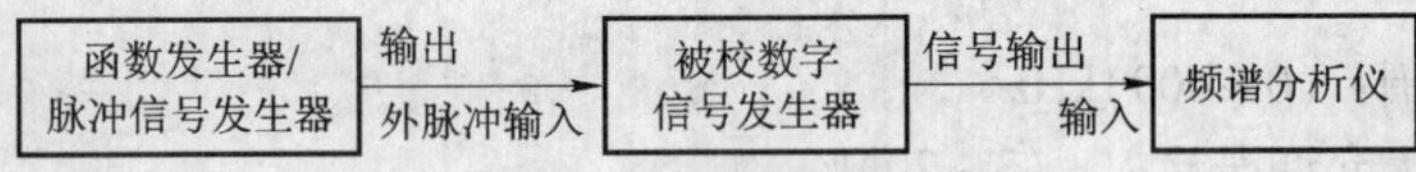

图 7—21　脉冲调制通断比的校准

b）被校数字信号发生器置于外脉冲调制状态，载波输出电平为 0dBm（或按技术说明书要求），按低、中、高原则（或按技术说明书要求）选取不同的载波频率。

c）调节函数发生器或脉冲信号发生器输出 +5V 直流电压，用频谱分析仪测出载波电平 L_{on}。关闭函数发生器或脉冲信号发生器输出，用频谱分析仪测出载波电平 L_{off}，脉冲调制通断比按式（7－22）计算：

$$R = L_{on} - L_{off} \quad (7-22)$$

② 脉冲调制上升/下降时间的校准

仪器连接如图 7—22 所示：

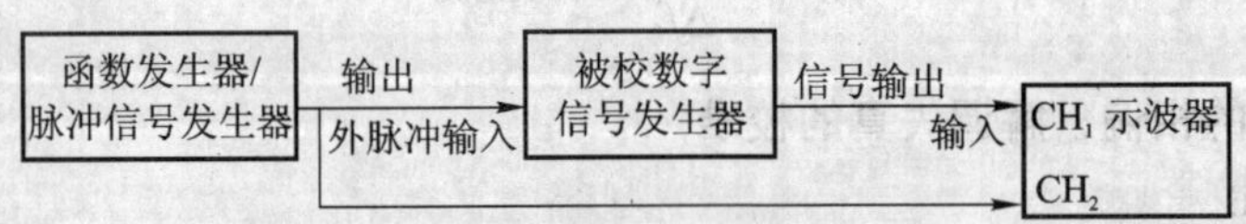

图 7—22　脉冲调制上升/下降时间的校准

a）被校数字信号发生器置于外脉冲调制状态，载波输出电平为 0dBm（或按技术说明书要求），按低、中、高原则（或按技术说明书要求）选取不同的载波频率。

b）按被校数字信号发生器技术说明书要求调节函数发生器或脉冲信号发生器输出频率和幅度（无要求时输出频率为 10kHz 或 100kHz，幅度为 +5V 方波信号），示波器选 CH_2 通道触发，用 CH_1 通道测出载波幅度从 10% 上升到 90% 的时间为上升时间，从 90% 下降到 10% 的时间为下降时间。

12. 内调制信号发生器的校准

（1）计量特性

内调制信号发生器参数

① 内调制信号发生器频率

频率范围：0.01Hz ~ 100kHz

频率最大允许误差：$\pm 1 \times 10^{-5} \sim \pm 1 \times 10^{-10}$

② 内调制信号发生器幅度

幅度范围：1mV ~ 10V

幅度最大允许误差：±1%

（2）校准方法

① 内调制信号发生器输出频率的校准

a）仪器连接如图7—23所示。

b）被校数字信号发生器的内调制信号发生器置于正弦波输出状态，调节输出电平为适当值（一般为1V），使频率计正常工作。

c）从最低到最高改变被校数字信号发生器的内调制信号发生器输出频率f，按低、中、高原则（或按技术说明书要求）选取不少于6个频率校准点，从频率计读出频率值f_0。

d）内调制信号发生器输出频率误差按式（7－23）计算

$$\delta = \frac{f - f_0}{f_0} \tag{7-23}$$

② 内调制信号发生器输出幅度的校准

a）仪器连接如图7—24所示。

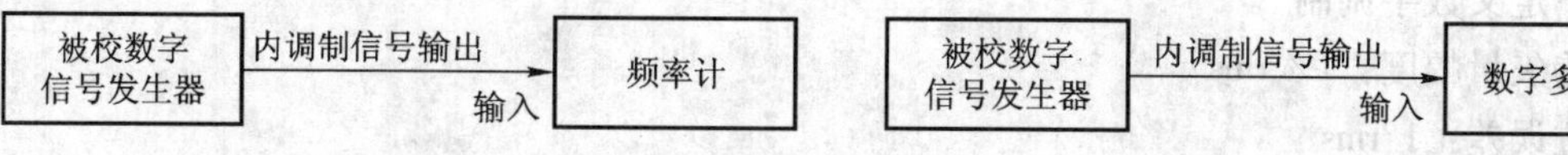

图7—23　内调制信号发生器输出频率的校准　　图7—24　内调制信号发生器输出幅度的校准

b）被校数字信号发生器的内调制信号发生器置于正弦波输出状态，调节输出频率为1kHz。

c）从最低到最高改变内调制信号发生器输出幅度U，按低、中、高原则（或按技术说明书要求）选取不同的幅度点，从数字多用表（置ACV测量）读出幅度值U_0。

d）内调制信号发生器输出幅度误差按式（7－24）计算：

$$\delta = \frac{U - U_0}{U_0} \times 100\% \tag{7-24}$$

13. TDMA数字调制质量参数的校准

（1）计量特性

标准制式数字调制

误差矢量幅度：1% rms

矢量幅度误差：1% rms

相位误差：1°rms

频率误差：10Hz

FSK误差：2% rms

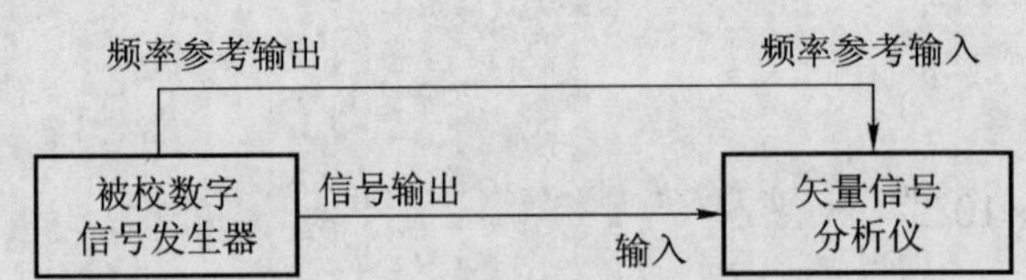

图 7—25　数字调制质量参数的校准

波形质量因数：0.999 6

（2）校准方法

① 仪器连接如图 7—25 所示。

② 被校数字信号发生器置于 TDMA 数字调制状态，先后选择通信标准制式为 PDC，NADC，GSM，DECT，PHS，TETRA 等。按通信制式频段（或按技术说明书要求）选取不同的频率点，调节输出电平为 -10dBm（或按技术说明书要求）。

③ 矢量信号分析仪的参考电平置为 0dBm 或适当值，选取与通信标准制式相对应的标准解调方式，测出数字调制质量参数（按被校数字信号发生器技术说明书规定选取）。

14. CDMA 数字调制质量参数的校准

① 仪器连接如图 7—25 所示。

② 被校数字信号发生器置于 CDMA 数字调制状态，先后选择通信标准制式为 IS - 95CDMA、CDMA2000、W - CDMA。按通信制式频段（或按技术说明书要求）选取不同的频率点，调节输出电平为 -10dBm（或按技术说明书要求）。

③ 矢量信号分析仪的参考电平置为 0dBm 或适当值，选取与通信标准制式相对应的标准解调方式，测出数字调制质量参数（按被校数字信号发生器技术说明书规定选取）。

15. 用户定义数字调制质量参数的校准

（1）计量特性

用户定义数字调制

误差矢量幅度：1% rms

相位误差：1°rms

频率误差：10Hz

FSK 误差：2% rms

波形质量因数：0.999 6

（2）校准方法

① 仪器连接如图 7—15 所示。

② 被校数字信号发生器置于用户定义数字调制状态，按数字信号发生器技术说明书规定或下表选取调制方式和调制参数。

表 7—19　数字信号发生器的调制方式和调制参数

序号	调制方式	滤波器	符号率（Symbol Rate）	Alpha 系数	B_bT 率
1	QPSK	Root Nyquist	24.3ksym/s	0.35	—
2	π4 DQPSK	Root Nyquist	24.3ksym/s	0.35	—
3	MSK	Gaussian	270.833ksym/s	—	0.3
4	2FSK	Gaussian	1.152Msym/s	—	0.5
5	16QAM	Root Nyquist	24.3ksym/s	0.35	—
6	1S95 QPSK	IS - 95Modw/EQ	1.2288Msym/s	0.3	—

注：Root Nyquist——Root Raised Cosine 根升余弦。

③ 被校数字信号发生器按通信制式频段（或按技术说明书要求）选取不同的频率点，调节输出电平为 -10dBm（或按技术说明书要求）。

④ 矢量信号分析仪的参考电平置为 0dBm 或适当值，选取与调制方式相对应的解调方式，频谱宽度置为适当值（频谱宽度应略大于信号的符号率），测出数字调制质量参数（按被校数字信号发生器技术说明书规定选取）。

16. 内部基带 I/Q 调制参数的校准

（1）计量特性

内部基带 I/Q 数字调制

误差矢量幅度：1% rms

相位误差：1°rms

频率误差：10Hz

FSK 误差：2% rms

波形质量因数：0.999 6

（2）校准方法

① 仪器连接如图 7—26 所示。

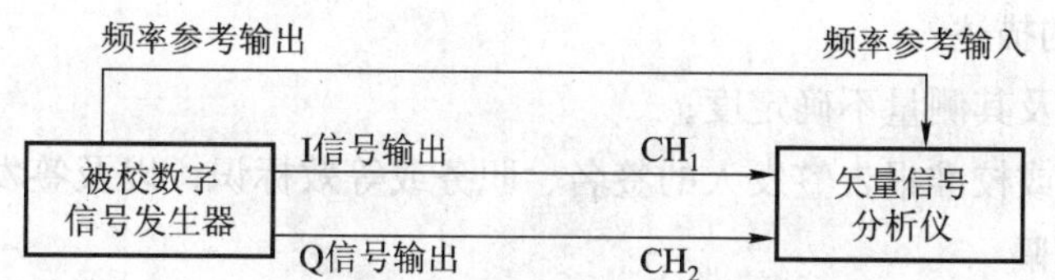

图 7—26 内部基带 I/Q 调制参数的校准

② 被校数字信号发生器置于内部 I/Q 输出状态，先后选择通信标准制式为 PDC，NADC，GSM，DECT，PHS，IS-95CDMA，CDMA2000，W-CDMA 等，I/Q 输出电平为技术说明书中规定的电平值。

③ 矢量信号分析仪的参考电平置为 0dBm 或适当值，输入方式置为 I/Q 输入，选取与通信标准制式相对应的标准解调方式，测出数字调制质量参数（按被校数字信号发生器技术说明书规定选取）。

17. 外部 I/Q 调制频响的校准

① 仪器连接如图 7—27 所示。

图 7—27 外部 I/Q 调制频响的校准

② 被校数字信号发生器置于外部 I/Q 调制状态，按技术说明书规定设置数字信号发生器载波频率和输出电平值（无规定时为 -10dBm）。

③ 置函数信号发生器输出电平为适当值［或为 1V（峰—峰值）］，按被校数字信号发生器技术说明书规定设置函数信号发生器为不同的频率值（无规定时可设置为 1kHz，10kHz，100kHz，1MHz，3MHz，6MHz，10MHz）。用频谱分析仪测量 I 路及 Q 路调制波的

第七章 信号发生器的检定

上边频和下边频幅度，计算出各个频率相对于参考频率（一般为1kHz）的相对幅度。

四、校准结果表达和复校间隔

1. 校准后出具校准证书

校准证书由封面和校准数据页组成。封面由校准机构确定统一格式，校准数据按附录A所列数据表格，并可根据被测仪表的情况进行填写。证书上的信息应满足以下等信息要求。

1）标题，如“校准证书”或“校准报告”；

2）实验室名称和地址；

3）证书或报告的唯一标识（如编号），每页及总页数的标识；

4）送校单位的名称和地址；

5）被校对象的描述和明确标识；

6）进行校准的日期，如果与校准结果的有效性和应用有关时接收日期；

7）对校准所依据的技术规范的标识，包括名称及代号；

8）本次校准所用测量标准的溯源性及有效性说明；

9）校准环境的描述；

10）校准结果及其测量不确定度；

11）校准证书或校准报告签发人的签名、职务或等效标识，以及签发日期。

2. 复校时间间隔

校准时间间隔由用户根据使用情况自行确定，推荐为1年。修理或调整后，应经校准才能使用。

第三节 低频信号发生器的检定

仅以XD—1、XD—1—7等系列的信号源的检定方法为例叙述如下：

一、频率准确度检定

按图7—28所示连接仪器，将被检低频信号发生器与频率计连接好，信号发生器频率“微调钮”置0，调节信号发生器输出幅度，使频率计正常工作，被检仪器输出频率低于100Hz时，频率计采用测周期方法。在每个波段选择3～4个点，（每个波段的起止点和频段的中点），从频率计上读取被测点频率，作为实际值，按式（7－25）计算频率相对误差：

图7—28 频率准确度检定

$$\delta_f = \frac{f_0 - f_x}{f_x} \times 100\% \qquad (7-25)$$

式中：f_0——被检频率标称值；

f_x——被检频率实际值。

二、频率稳定度检定

信号发生器预热30min后，每隔10min测一次被检仪器频率范围高端频率实际值，共测1h，按式（7-26）计算频率稳定度：

$$\Delta = \frac{\Delta f}{f_0} = \frac{f_{\max} - f_{\min}}{f_0} \times 100\% \tag{7-26}$$

式中：$f_{\max}$——频率计测得的频率最大值；

$f_{\min}$——频率计测得的频率最小值；

f_0——被检频率标称值。

三、最大输出电压及最大输出功率检定

1. 最大输出电压检定

按图7—29连接仪器。被检信号发生器输出幅度置最大值，频率置被检频率点上，读取标准电压表指示值，被检频率点可按用户要求或产品的说明书适当选择。

2. 最大输出功率的检定

按图7—30连接仪器。被检仪器功率输出端接上匹配负载电阻，输出幅度置最大值，频率置被检频率点上，读取标准电压表指示值 U_p，被检频率点的选取可按用户要求和信号源说明书选取，匹配电阻根据信号发生器技术要求确定。最大输出功率按式（7-27）计算：

$$P = U_p^2/R \tag{7-27}$$

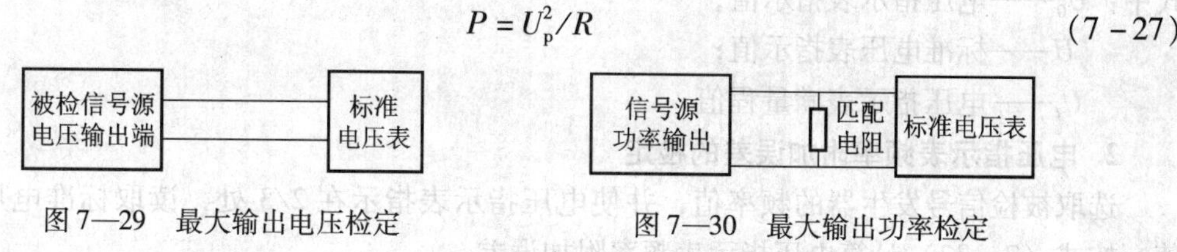

图7—29　最大输出电压检定　　图7—30　最大输出功率检定

四、幅频特性检定

1. 输出电压幅频特性检定

按图7—29连接仪器。被检仪器频率置参考频率（1kHz或按仪器说明书），调节输出幅度使标准电压表指示被检信号源额定输出电压值 U_0。保持输出幅度旋钮位置不变改变频率点，读取标准电压表指示值 U_x，被检频率点的选取同上。按式（7-28）计算输出电压幅频特性：

$$A_U = 20\lg U_0/U_x (\text{dB}) \tag{7-28}$$

2. 输出功率幅频特性的检定

仪器连接如图7—30。按式（7-29）计算与额定输出功率相对应的电压值：

$$U_p = \sqrt{P'_0 R} (\text{V}) \tag{7-29}$$

式中：U_0——参考频率点上与额定输出功率相对应的电压值；

P_0——参考频率点上额定输出功率；

R——匹配负载电阻。

被检信号源功率输出端接上匹配电阻，频率置参考频率点，调节输出幅度，使标准电压表指示为 U_p，保持输出幅度旋钮位置不变，改变频率点，读取标准电压表指示值，按式（7-30）计算输出功率的幅频特性 A_p：

$$A_p = 20\lg \frac{U_0}{U_p}(\mathrm{dB}) \quad (7-30)$$

五、电压指示表检定

1. 电压指示表基本刻度误差检定

按图 7—31 连接仪器。

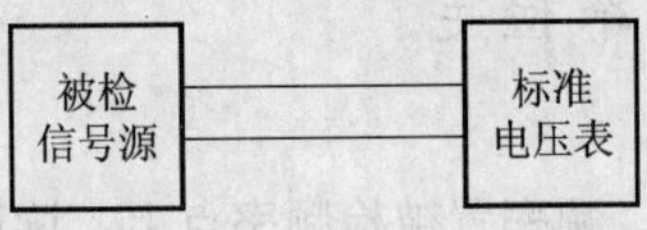

图 7—31 电压指示表的检定

被检仪器频率置 1kHz，电压指示表置适当量程，调节被检信号源输出幅度，使被检信号源电压指示表指示在满量程的 1/3，2/3 处，分别读取标准电压表指示值，改变量程，调节被检信号发生器电压指示表指示在满量程处，读取标准电压表指示值，按式（7-31）计算电压指示表基本刻度误差：

$$\delta = \frac{U_0 - U}{U_f} \times 100\% \quad (7-31)$$

式中：U_0——电压指示表指示值；

U——标准电压表指示值；

U_f——电压指示表满量程值。

2. 电压指示表频率附加误差的检定

选取被检信号发生器的频率值，并使电压指示表指示在 2/3 处，读取标准电压表指示值，按式（7-32）计算电压指示表频率附加误差：

$$\delta_f = \frac{U_{f0} - U_f}{U_{f0}} \times 100\% \quad (7-32)$$

式中：U_{f0}——参考频率点上标准电压表指示值；

U_f——其他被检频率点上标准电压指示值。

六、电压衰减器准确度检定

按图 7—29 连接仪器。被检信号源频率置被检频率点上（频率点的选取参照被检仪器说明书作适当选取），衰减挡置“0”，输出幅度置适当电压值，在标准电压表上读取相应分贝值，作为“0”分贝。

逐挡增加衰减，在标准电压表上直接读取相应的衰减值，按式（7-33）计算衰减器误差：

$$\Delta A = A_0 - A_x(\mathrm{dB}) \quad (7-33)$$

式中：ΔA——衰减器误差；

A_0——衰减标称值；

A_x——衰减实际值。

七、功率衰减器准确度检定

按图 7—30 连接仪器。被检仪器接上相应的匹配负载电阻，频率置被检频率点上，调节输出幅度，使输出功率为额定输出功率值，在标准电压表上读取相应的分贝值，作为“0”分贝。

八、非线性失真度检定

1. 输出电压失真度的检定

按图 7—32 连接仪器。被检信号发生器置被检频率点上，输出幅度置额定输出电压值，从失真度测量仪上读取失真度值。

2. 输出功率失真度检定

按图 7—32 连接仪器。功率输出端接上 600Ω 负载电阻，被检信号源置被检频率点，输出幅度置额定输出功率，从失真度仪上读取失真度值。

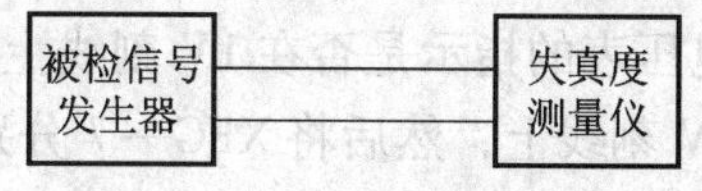

图 7—32 输出电压失真度检定

第四节 高频信号发生器的检定

兹以 XFG—7 型为例，具体叙述高频信号发生器的检定方法和检定原理。

一、频率刻度检定

按图 7—33 连接仪器。将 XFG—7 工作于“等幅”状态，载波电压表指示调到 1V，适当调节输出电压，使频率计正常工作。在 XFG—7 的每个波段分别取低中高三个点进行检定，频率刻度误差按式（7-34）计算：

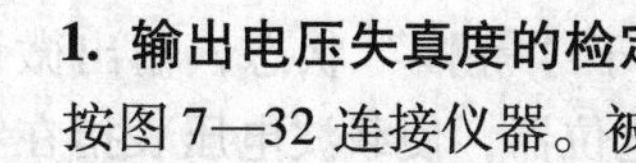

XFG—7　频率计

图 7—33 频率刻度检定

$$\delta_f = \frac{f_0 - f}{f} \times 100\% \tag{7-34}$$

式中：f_0——被检频率标称值；

f——被检频率实际值。

二、频率稳定度检定

将 XFG—7 工作于等幅状态，频率置于任一波段的高端位置，或根据用户要求选取，XFG—7 预热 1h 后，用频率计每隔 15min 测一次频率，连续测 8h，依次测得为 f_1，f_2，…，f_{33}，按式（7-35）计算频率稳定度：

$$\delta_f = \frac{f_{max} - f_{min}}{f_0} \times 100\% \tag{7-35}$$

式中：f_{max}——8h 内实测频率最大值；

f_{min}——8h 内实测频率最小值；

f_0——被检频率标称值。

三、1V 载波电平的校准及检定

按图 7—34 连接仪器。

图 7—34 1V 载波电平的校准及检定

"0 ~ 0.1V" 孔应插上有终端分压器的电缆。XFG—7 工作于"等幅"状态，输出微调置 10，频率置于 1MHz，波段开关转到空挡，调节"V 零点"电位器，使载波电压表指在零位，然后接通波段开关并调节"载波调节"旋钮，使标准电压表指示在 1V，同时观察载波电压表的指示是否在 1V 刻线上，否则，调节 1V 校准电位器，使载波电压表准确地指示在 1V 刻线上，然后将 XFG—7 分别置于 0.1，10，20，30MHz，保持载波电压表指示 1V 刻线，由标准电压表测得相应电压值，计算载波电平误差：

$$\delta_U = \frac{U_0 - U}{U} \times 100\% \qquad (7-36)$$

式中：U_0——被检电平标称值；

U——被检电平实际值。

四、"输出—微调刻度"检定

按图 7—34 连接仪器。XFG—7 工作于等幅状态，频率置 1MHz，"输出微调"分别置于 10，8，6，4，2，1 刻度，并保持载波电压始终指在 1V 刻线，由标准电压表测得各微调刻度值上的输出电压，按式（7-37）计算"输出微调"刻度实际值：

$$K = (U_1/U_2) \times 10 \qquad (7-37)$$

式中：U_1——"输出微调"分别在 8，6，4，2，1 位置上实测电压值；

U_2——"输出微调"在 10 位置上的实测电压值。

按式（7—38）计算输出值调刻度误差：

$$\delta = \frac{K_0 - K}{K} \times 100\% \qquad (7-38)$$

式中：K_0——"输出微调"刻度标称值。

将 XFG—7 分别置于 0.1，10，20，30MHz 点，重复上述检定。

五、1V 孔与 0.1V 孔之间分压器的检定

按图 7—35 连接仪器。标准电压表探头通过 1，3 号接头接到电缆分压器 l 接点上（0 ~ 1V 孔加盖）。将 XFG—7 工作于等幅状态，"输出—微调"置 10，输出倍乘置 10 000，频率置于 0.1MHz，保持载波电压表的指针在 1V 刻线上，由标准电压表测得相应电压值 U_3。然

后标准电压表通过 2 号接头插入“0～1V”孔，测得相应电压值 U_4，由 U_4/U_3 算得实际分压比 K_1，按式（7－39）计算分压器的误差：

$$\delta = \frac{10 - K_1}{K_1} \times 100\% \tag{7-39}$$

式中：10——1V 与 0.1V 孔之间分压器分压比标称值；

K_1——分压比实际值。

将 XFG—7 频率分别置于 10，30MHz，重复上述检定。

图 7—35　1V 孔与 0.1V 孔间分压器的检定

六、“输出—倍乘”及电缆分压器的检定

按图 7—36 连接仪器，“0～1V”孔加盖。将 XFG—7 工作于“等幅”状态，频率置 0.1MHz，电缆分压器置于 1，“输出—微调”置于 10，“输出—倍乘”置于 10 000，保持载波电压表指示在 1V 刻线上。“输出—倍乘”分别置于 1 000，100，10，1 位置，由高频校准接收机测出各点相对 10 000 位置的衰减值，按式（7－40）计算分贝误差：

$$\delta_A = A_0 - A \tag{7-40}$$

式中：A_0——被检衰减的标称值；

A——被检衰减器实际值。

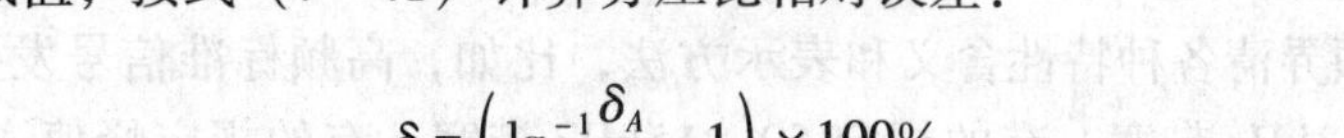

XFG—7 —“0~0.1V”孔 输出— 电缆分压器 | 1号接头 | 高频校准接收机

图 7—36　“输出—倍乘”及电缆分压器的检定

将“输出—倍乘”再次置于 10 000，电缆分压器由 1 改接到 0.1 时，由高频校准接收机测出分压器的衰减值，按式（7－41）计算分压比相对误差：

$$\delta = \left(\lg^{-1}\frac{\delta_A}{20} - 1\right) \times 100\% \tag{7-41}$$

式中，δ_A 为实测衰减分贝误差。

再将 XFG—7 频率分别置于 10，30MHz，重复上述检定。

七、剩余电压的检定

仪器连接如图 7—36 所示。将 XFG—7 的频率置 30MHz，载波电压表指示 1V 刻线上，电缆分压器置于 0.1，调节 XFG—7 输出到 1mV，将校准接收机进行高低电平的转换，然后将“输出—微调”置于 0，“输出—倍乘”置于 1，用校准接收机测出输出端的剩余电压。

八、调幅度的检定

仪器连接如图7—37所示。将XFG—7频率置于1MHz，“调幅选择开关”置于1 000Hz，“调幅系数调节”旋钮反时针旋到底，载波电压表进行零点调节，然后调到1V刻线上，此时调节调幅度指示器的零点。调节“调幅系数调节”钮，使调幅度指示器分别指在30%，60%，80%位置，用调幅度测量仪分别测出各点的上、下调幅值。将调幅选择开关置于

XFG—7 —“0~0.1V”孔 输出— 电缆分压器 — 调幅度测量仪

图7—37 调幅度的检定

400Hz，重复上述检定，在30%和60%点计算引用误差，在80%点计算相对误差：

$$\delta_M = \frac{M_0 - M}{M_1} \times 100\% \qquad (7-42)$$

式中：M——调幅度实际值；

M_0——调幅度标称值；

M_1——调幅度满度值。

注意在调幅度和调制频率变化时，会引起载波电压表1V指示加大，按规定，不应调回。

九、内调幅包络失真检定

按图7—38连接仪器。将XFG—7频率置于0.5MHz，内调制频率分别置于400Hz和1 000Hz，调节调幅度指示为60%，用失真度测量仪测出其包络失真度。将XFG—7频率置于30MHz，重复上述检定。

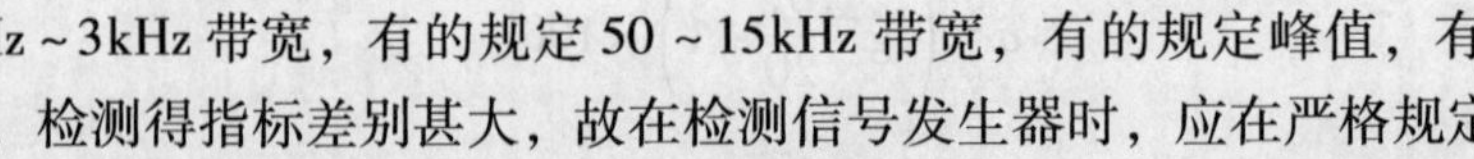

XFG—7 —“0~0.1V”孔 输出— 电缆分压器 — 调幅度测量仪 — 失真度测量仪

图7—38 内调幅度失真检定

由于信号发生器的种类繁多，性能不同，对其性能的规定和含义也不同，所以在检测信号发生器时，必须弄清各种特性含义和表示方法，比如，高频标准信号发生器的剩余调频，有的规定300Hz～3kHz带宽，有的规定50～15kHz带宽，有的规定峰值，有的规定有效值等，规定不同，检测得指标差别甚大，故在检测信号发生器时，应在严格规定条件下检测其工作指标。另外，要特别注意信号发生器的正确操作和使用，比如，使用信号发生器时，要弄清其源阻抗的恒定性。源阻抗是重要的，它直接关系到输出误差大小，在检测时，有些信号发生器，如有必要，需测其源阻抗驻波的影响，以保证使用时能获得准确的信号。通常信号发生器可以开路使用，也可以在匹配条件下使用，但在检测时必须按规定检测。有的信号发生器是在匹配条件下定标的，因此只有在匹配条件下使用，才能保证其输出精度。

在检测信号发生器时，使用的标准检测设备的精度一定要保证比被检信号源参数的准确度高一个等级，否则满足不了检测精度。比如在检测低失真信号源的失真度时，必需使用低

失真度测量仪，一般的失真度测量仪是满足不了检测精度要求的。

第五节　函数信号发生器的检定

函数信号发生器的检测方法与原理，与上述有许多不同之处，因为它输出的波形多，功能也多。现介绍其检定方法与原理。

一、输出频率检定

其检定方法与原理与上节的高频信号发生器类似，其计算误差公式也相同，这里不再叙述。

二、输出幅度检定

1. 方法 1

仪器连接如图 7—39。被检函数信号发生器输出波形置“正弦”，幅度置最大，频率置“1kHz”或规定的频率点，直流偏置为零，调制断开，脉冲电压表、示波器置相应的功能和状态。调节脉冲电压表电平调节电位器和示波器垂直偏转因数，分别测量正弦波顶部电压值

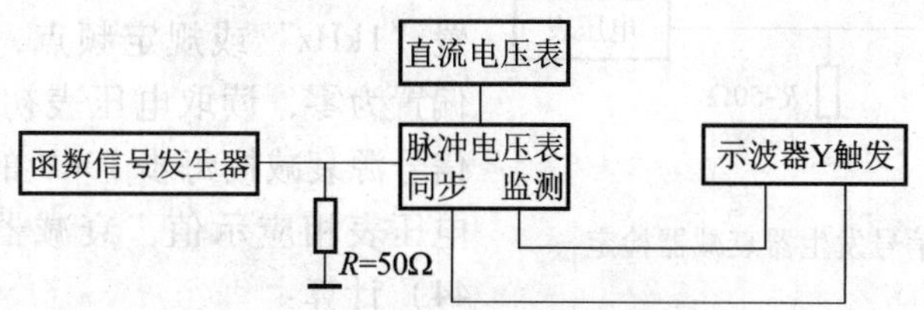

图 7—39　函数信号发生器输出幅度检定（一）

U_H 及底部电压值 U_L，输出幅度误差按式（7－43）计算：

$$\delta_2 = U_b(U_H - U_L)/U_H - U_L \times 100\% \tag{7-43}$$

式中：U_b—— 被检函数信号发生器输出幅度标称值；

U_H—— 被测波形顶部实际电压值；

U_L—— 一般测波形底部实际电压值。

将函数发生器分别置“三角波”、“锯齿波”、“脉冲波”等位置，重复上述检测并计算误差。

2. 方法 2

仪器连接如图 7—40(a)或(b)。被检函数信号发生器波形输出置“正弦”，幅度置最大，频率置“1kHz”或规定频点，直流偏置置零，示波器直流电压表置相应功能和状态，使示波器显示波形居中并大于 8 格，将直流电源输出，分别测出被检波形的上下峰值对应的直流电压，输出幅度误差计算同前。其他波形的测量类同。被检函数信号发生器未给出输出幅度误差指标的，或该项误差大于 5% 的函数信号发生器，可直接用示波器测量其输出幅度，给出测量结果并计算出相应幅度误差。未给出衰减器指标的被检仪器，可在输出幅度各波段范围内选取规定点检定。

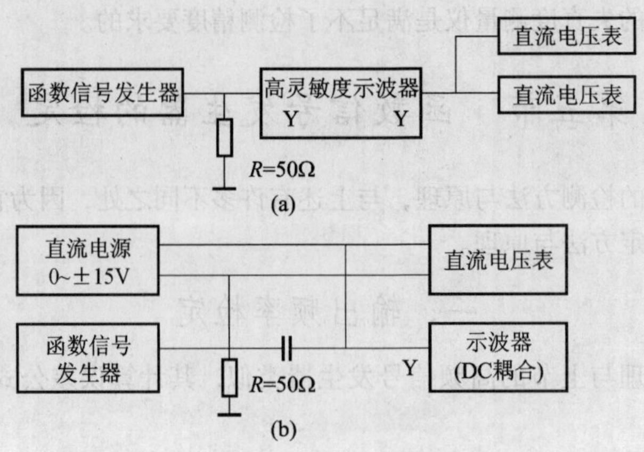

图 7—40 函数发生器输出幅度检定（二）

三、衰减器检定

仪器连接如图 7—41。

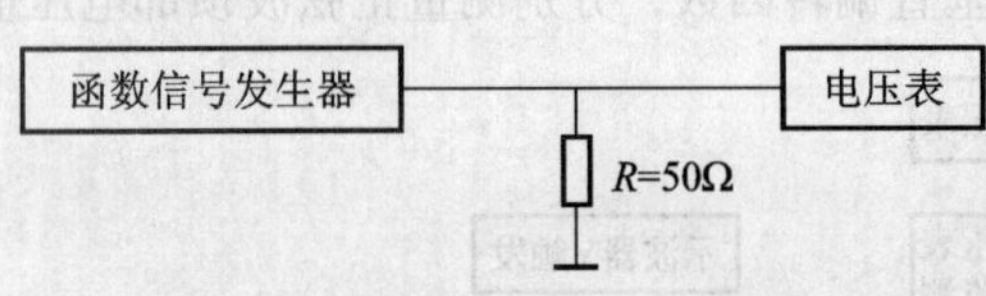

图 7—41 函数信号发生器衰减器检定

将被检信号源波形输出置“正弦”，频率置“1kHz”或规定频点，幅度置最大，直流偏置为零，读取电压表初始电压值 U_0。被检信号源衰减按每步 10dB 的衰减量增大，读取电压表相应示值，衰减器实际值按式（7－44）计算：

$$A = 20\lg U_0 / U_d (\mathrm{dB}) \tag{7-44}$$

式中：U_0——电压表初始电压值；

U_d——衰减后相应的实际电压值。

衰减器误差按式（7－45）计算：

$$\Delta A = A_b - A \tag{7-45}$$

式中：A_b——衰减器标称值，dB；

A——衰减器实际值，dB。

四、幅度平坦度检定

仪器连接如图 7—42，被检仪器输出波形置“正弦”，幅度置最大或 2.82V，直流偏置置零，频点按规定设置，电压表或示波器分别置相应功能和状态，调被检函数信号发生器输出频率，依次读取电压表或示波器相应的电压值，平坦度按式（7－46）计算：

$$\delta = \frac{U_i - U_0}{U_0} \times 100\% \text{ 或 } \Delta = 20\log \frac{U_i}{U_0} \tag{7-46}$$

式中：U_i——各频点电压实际值；

U_0——1kHz 或基准频点电压实际值。

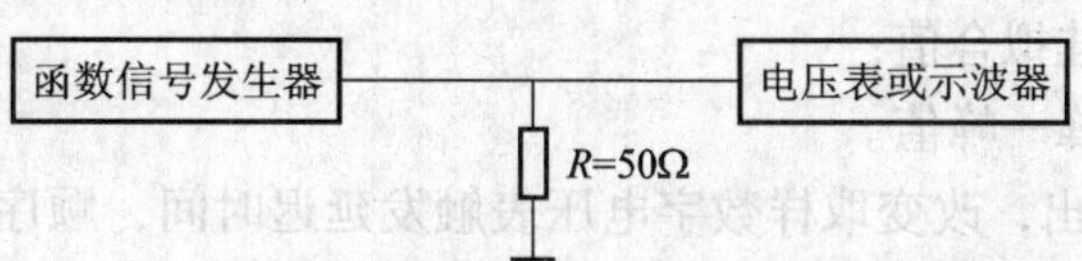

图 7—42　函数信号发生器幅度平坦度检定

五、正弦波总失真系数检定

仪器连接如图 7—43，被检仪器输出波形置正弦，幅度置最大，直流偏置置零，频率分别置 10Hz，1kHz，10kHz，100kHz，200kHz，失真度测量仪置相应功能和状态，分别测出各频率点总失真系数。

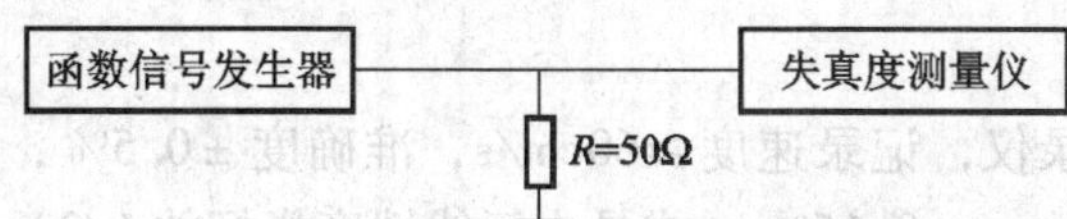

图 7—43　函数信号发生器正弦波总失真系数检定

六、线性度检定

1. 方法 1

仪器连接如图 7—44，被检信号源输出波形置“三角波”，幅度置 10V，频率置 10kHz，直流偏置置零，取样数字电压表置相应功能和范围。调整触发延时时间，顺序测量上升边 10%，20%，…，90% 处电压值 y_1，y_2，…，y_9。改变延时时间，顺序测量下降边 90%，80%，…，10% 处电压值 y_{-9}，y_{-8}，…，y_{-1}，分别求出上升边和下降边的最佳拟合直线公式：

$$y' = ax + b \tag{7-47}$$

式中：$a = \dfrac{\sum\limits_{i=1}^{n} yx - \dfrac{\sum\limits_{i=1}^{n} y \sum\limits_{i=1}^{n} x}{n}}{\sum\limits_{i=1}^{n} x^2 - \dfrac{\left(\sum\limits_{i=1}^{n} x\right)^2}{n}}$

$$b = \frac{\sum\limits_{i=1}^{n} y - a\sum\limits_{i=1}^{n} x (n = 9)}{n}$$

$(i = 1, 2, 3, \cdots, 9)$

然后，按式（7-48）计算线性度：

$$\delta_1 = \frac{y_i - y'}{y_p} \times 100\% \tag{7-48}$$

式中：y_i——各点测得值；

y'——相应的最佳拟合值；

y_p——实测波形峰—峰值。

被检源置锯齿波输出，改变取样数字电压表触发延迟时间，顺序测出斜面10%，20%，90%处电压值，按式（7-48）计算线性度。

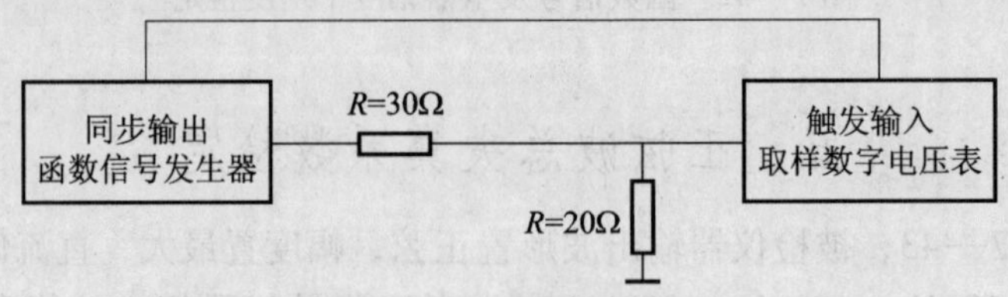

图7—44　函数发生器线性度检定（一）

2. 方法2

检定设备：$x-y$记录仪，记录速度≥60cm/s，准确度±0.5%，线性度±0.3%（或是被检仪器的1/3），分辨力：±0.15%（或是小于线性度指标的1/2）。

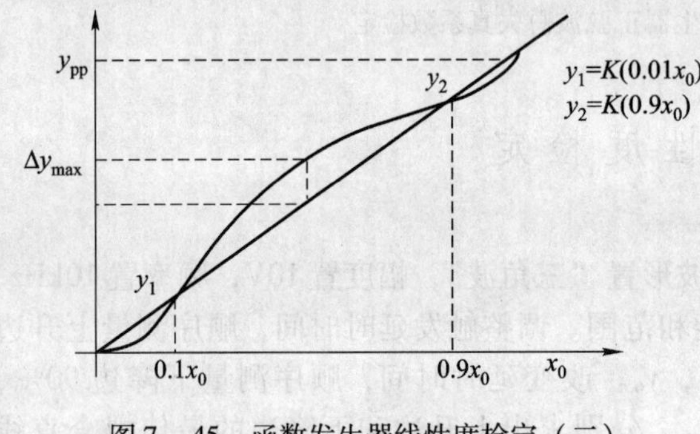

图7—45　函数发生器线性度检定（二）

将被检信号源输出接记录仪输入，被检仪器输出波形"锯齿波"，幅度置最大，直流偏置置零，频率置1Hz附近，调节记录仪，使记录图形高度最大（y轴满度值），被测信号一个周期的长度与波形高度相等，记录一个完整波形，连接10% x_0，90% x_0对应的y_1，y_2两点作一直线，如图7—45。线性误差按式（7-49）计算：

$$\delta_{LD}=\frac{\Delta y_{max}}{y_{pp}}\times 100\% \tag{7-49}$$

式中：Δy_{max}——实测曲线与规定直线的最大垂直偏差；

y_{pp}——被测信号峰—峰值。

被检信号源输出波形置"三角形"位置，记录相应的波形，计算出线性误差。

七、前（后）过渡时间检定

仪器连接如图7—46。被检仪器输出波形置方波（或脉冲波），幅度置最大，频率置"1MHz"，直流偏置置零，调节示波器扫描因数，微调置校准位置，使被测波形占满屏幕的80%，读取稳态幅度10%~90%（或90%~10%）部分所对应的时间，按式（7-50）计算过渡时间：

$$t_r=L\times K \tag{7-50}$$

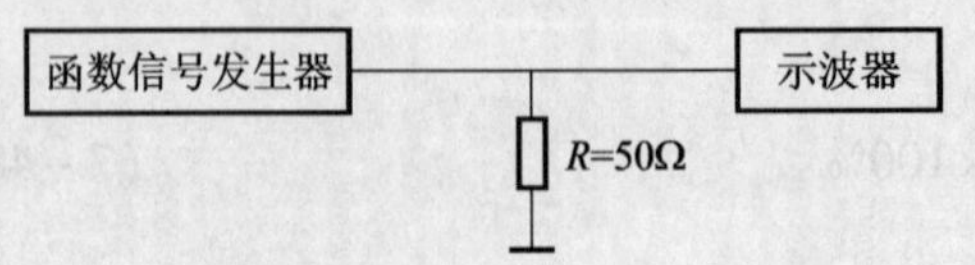

图7—46　函数信号发生器前（后）过渡时间检定

式中：L——前（后）过渡部分所占水平刻度；

K——示波器扫描时间因数。

读取波形过冲幅度，按式（7－51）计算过冲：

$$S = b/H \times 100\% \tag{7-51}$$

式中：b——被测波形过冲幅度；

H——稳态脉冲幅度。

八、脉冲占空系数检定

仪器连接图同频率的检定。被检信号源输出波形置“脉冲”，输出幅度置最大，频率置“1kHz”，直流偏置置零，占空系数分别置最大、最小，用示波器分别测量相应的脉冲宽度及脉冲周期，占空系数按式（7－52）计算：

$$C = \tau/T \times 100\% \tag{7-52}$$

式中：τ——被测信号脉冲宽度；

T——被测信号脉冲周期。

九、调幅、调频特性检定

仪器连接如图7—47信被检信号源输出功能置“调幅”，幅度置最大，载波频率、调制频率置规定点，调幅系数分别置10%，60%，90%点，调制度测量仪置相应的功能状态，分别测出各点的实际调幅系数，调幅系数误差按式（7－53）计算：

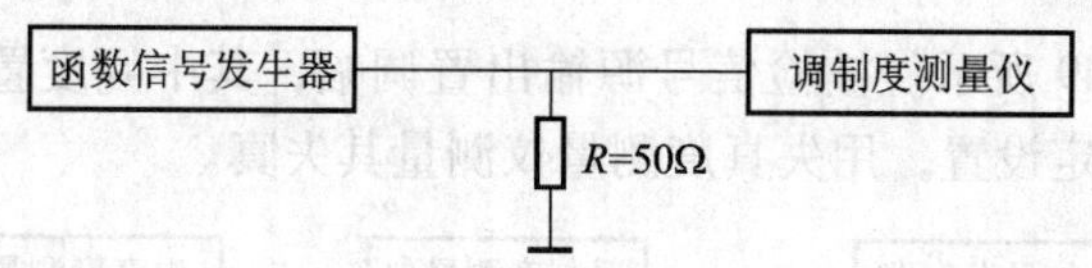

图7—47　函数信号发生器调幅特性检定

$$\delta = \frac{M_b - M_c}{M_0} \times 100\% \tag{7-53}$$

式中：M_b——输出调幅系数标称值；

M_c——调幅系数实际值；

M_0——规定的特定值。

调频特性仪器连接图及方法类似调幅，这里不再叙述。

被检信号源未给出调幅系数误差指标，或不带调制系数显示的，可按下面方法进行测量。

检定使用设备：示波器，示波器的频带宽度要大于最高被检信号频率，准确度优于±5%。

1. 调幅性能检定

被检信号发生器输出置调幅功能，幅度置最大，载波频率、调制频率按规定设置，调幅系数分别置10%，60%，90%点，输出接示波器，调节示波器使被测波形最大值占屏幕垂直满刻度。

调幅系数按式（7－54）计算：

$$M = \frac{A - B}{A + B} \tag{7-54}$$

式中：A——载波信号包络最大岭—峰值；

B——载波信号包络最小峰—峰值。

改变被检信号源载波频率和调制频率，分别测出不同载波频率、调制频率的实际调幅系数。

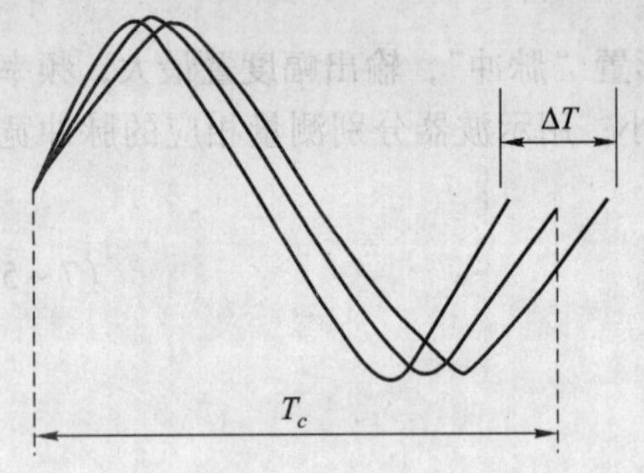

图7—48 调频性能检定时的示波器所示波形

2. 调频性能检定

被检信号源置调频功能，幅度置最大，载波频率、调制频率置规定点，输出接示波器，调节示波器使屏幕上出现如图7—48所示波形。频偏按式（7-55）计算。

$$f = \Delta T/2T_c \times 100\% \tag{7-55}$$

式中：ΔT——载波信号周期变化峰值；

T_c——载波信号实测周期值。

改变被检信号源载波频率、调制频率，分别测出不同载波频率、调制频率的实际频偏值。

十、调制失真检定

仪器连接如图7—49所示。被检信号源输出置调幅，其中幅度置80%或最大值，载波频率、调制频率都按规定设置，用失真度测量仪测量其失真。

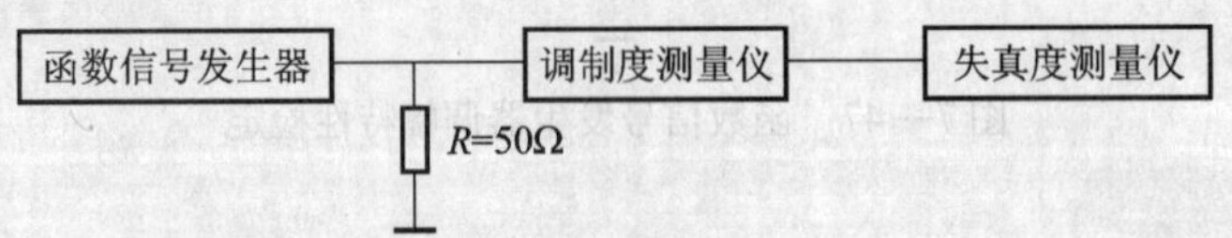

图7—49 函数信号发生器调制失真检定

调频波形失真的测量类似调幅，这里也不再叙述。

十一、扫频特性检定

仪器连接如输出频率检定图。被检信号源置“扫频”功能，幅度置“1V”，直流偏置置零，通用计数器置“测频功能”，调节手动扫频钮，从最低端向最高端变化，读取通用计数器相应的起始频率值和终止频率值，实际扫频宽度按式（7-56）计算：

$$W = f_{max} - f_{min} \tag{7-56}$$

式中：f_{max}——通用计数器读取的终止频率值；

f_{min}——通用计器读取的起始频率值。

扫频频率变化采用比例表示时，可按式（7-57）计算扫频比：

$$Q = f_{max}/f_{min} \tag{7-57}$$

式中：f_{max}，f_{min}——分别为通用计数器读取的终止频率值和起始频率值。

十二、直流偏置检定

仪器连接如图 7—50。被检信号源输出波形置“正弦”，频率置“1kHz”，幅度置“1V”，直流幅度置零，电压表、示波器置相应功能和状态。调节直流偏置电压从零到叠加交流信号后的正负最大值变化，示波器观察不应有明显畸变。被检信号源交流输出置“0V”，调节直流偏置电压分别为输出的高、中、低 3 点，读取实际直流偏置电压，偏置电压误差按式（7－58）计算：

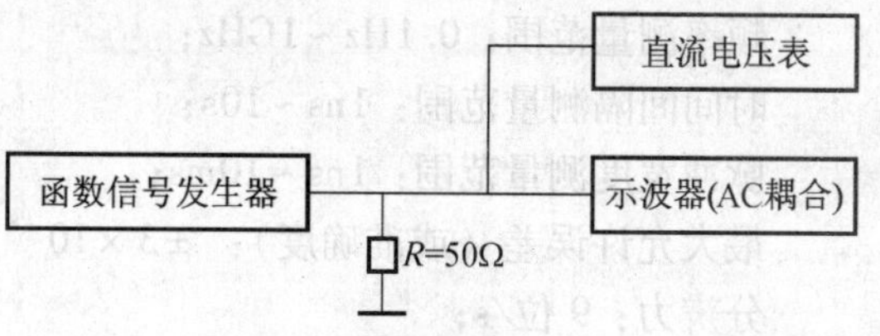

图 7—50　直流偏置检定图

$$\delta = \frac{U_b - U_s}{U_0} \times 100\% \tag{7-58}$$

式中：U_b——直流偏置电压标称值；

U_s——直流偏置电压实际值；

U_0——规定的特定值。

有些函数信号发生器还具备许多特殊功能及参数，检测时，可参照有关检定规程和产品标准进行检测。

第六节　脉冲信号发生器的检定

一、概　　述

1. 概述

脉冲信号发生器（以下简称发生器）是一种通用电子仪器，它具有频带宽，脉冲输出上升沿极快等特点。可用于电子测量仪表及各种通用、专用仪器仪表的相关脉冲、上升时间、计数等指标的检测和试验。

2. 范围

脉冲信号发生器规程适用于单路或多路输出的脉冲信号发生器的首次检定、后续检定和使用中检验，同类型脉冲时间间隔发生器及精密脉冲幅度发生器的检定也可参照本规程执行。

二、检定条件、检定设备和检定项目

1. 检定条件

（1）环境条件

温度：(20±5)℃。

相对湿度：30%~80%。

（2）电源：220(1±10%)V，50(1±5%)Hz

（3）无影响正常工作的振动和强电场、磁场。

2. 检定用设备

(1) 计数器

功能：频率，时间间隔，脉冲宽度，计数；

频率测量范围：0.1Hz～1GHz；

时间间隔测量范围：1ns～10s；

脉冲宽度测量范围：1ns～10ms；

最大允许误差（或准确度）：$\pm 3\times 10^{-8}$；

分辨力：9 位/s；

具有统计功能。

(2) 数字多用表

范围及最大允许误差：

DCV(0～200)V，±0.2% 输入。

(3) 脉冲幅度比较仪

范围及最大允许误差：

(0.005～200)V，±0.2% 输入。

(4) 高灵敏示波器

幅度范围及最大允许误差：

10μV～1V，±5% 输入。

频率范围：DC～1MHz。

(5) 取样示波器

测量带宽：DC～20GHz（上升时间应小于被测信号上升时间的三分之一）；

最大允许误差：

电压：±(5% 输入 +3mV)，时间：±(0.005% T +10ps)。

具有统计功能。

(6) 示波器

测量带宽：DC—500MHz；

最大允许误差：

电压：±(3% 输入 +3mV)，时间：±(0.01% T +50ps)。

(7) 脉冲信号源

频率范围：10Hz～10MHz；

最大允许误差：±5% 输出；

幅度范围：(0.1～10)V；

最大允许误差：±5% 输出。

(8) 延迟线：(20～27) ns

(9) 衰减器：3dB，20dB

频率范围：DC～20GHz

(10) 功分器

频率范围：DC～20GHz

(11) 检定用设备可采用其他等效检定设备，其最大误差绝对值与被测量最大允许误差绝对值的比应不大于三分之一，测量范围应能覆盖被测参数变化范围。

3. 检定项目

首次检定、后续检定和使用中的检验的检定项目见表7—20。

表7—20　检定项目表

检定项目	首次检定	后续检定	使用中的检验
外观及工作正常性检查	+	+	+
脉冲输出幅度	+	+	+
脉冲上升（下降）沿及波形畸变	+	+	+
脉冲宽度及频率	+	+	+
内触发延时	+	+	+
触发（或双路）延时	+	+	+
抖动	+	+	+
脉冲群	+	+	+
同步信号	+	−	−
最小触发电平	+	+	−
直流偏置电压	+	+	−

三、技术要求和检定方法

1. 外观及工作正常性检查

（1）通用技术要求外观

发生器外观应无缺陷，不应有影响正常工作的机械损伤；输入、输出插座应牢固；按键操作方便，灵活可靠；显示清晰完整。

发生器应具有永久性生产厂名（或图标）、出厂编号等标识；应符合相应法制管理。

发生器开机后各项功能应正常工作，或开机自检通过，输出正常。

（2）外观检查及工作正常性检查

被检发生器外观应符合（1）的要求。

工作正常性检查：被检发生器按规定时间预热后，检查各功能应正常。

2. 脉冲输出幅度检定

（1）技术要求　　脉冲输出幅度

脉冲输出幅度：10mV～200V；

最大允许误差：±(1%输出+5mV)。

（2）检定方法

①脉冲幅度比较仪测量方法：按图7—51连接仪器，负载电阻置“1MΩ”。将发生器设置为“连续”输出，输出幅度置“正”（或负），最小，频率置“1kHz”。脉冲幅度比较电压置被测电压值。数字多用表置“DCV”测量功能，量程置“自动”速度“中等”。高灵敏示波器Y轴衰减与被测电压幅度相应，扫速“5ms/div”。按说明书要求调节高灵敏示波器的Y轴“灵敏度”、Y轴“位移”和比较仪的平衡电压，使示波器显示斩波电压和被测波顶（底）部电压相等，读取数字多用表的测量结果。按式（7－59）计算误差δ_{FB}。依次将发生

器的输出幅度由小到大按 1，2，5 步进逐点进行测量。

$$\delta_{FB}=\frac{V_b-(V_{Fg}-V_{Fd})}{V_{Fg}-V_{Fd}} \tag{7-59}$$

式中：V_b——发生器标称值；

V_{Fg}——方波顶部电压实际值；

V_{Fd}——方波底部电压实际值。

改变发生器输出幅度方向，重复①条操作，检定负脉冲输出幅度。

改变发生器输出负载，重复①条操作，检定不同负载的输出幅度。

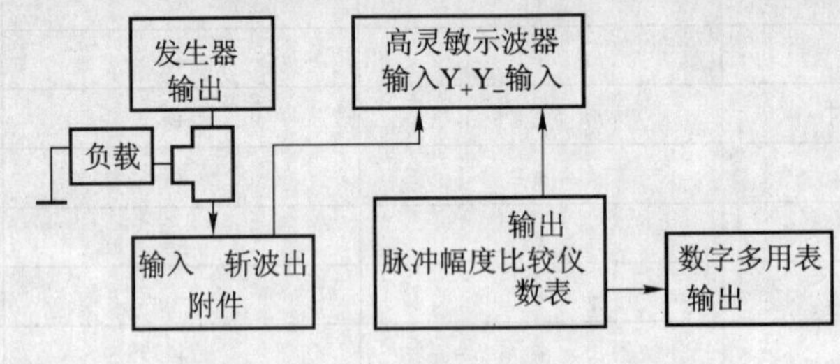

图 7—51 脉冲幅度检定

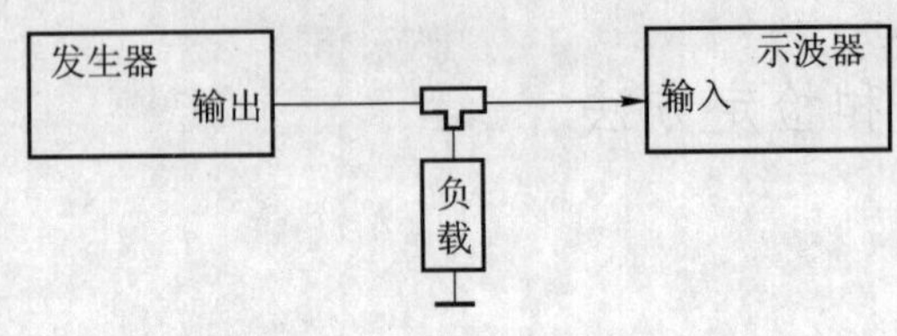

图 7—52 脉冲幅度检定方法二

② 高速取样数字电压表法检定，见 JJG 278—2002《示波器校准仪》检定规程。

③ 示波器测量脉冲幅度：按图 7—52 连接仪器。将发生器设置为“连续”输出，输出幅度置“最小”，频率置“1kHz”；示波器扫描速度置“相应位置”，微调置“校准位置”，调节示波器衰减使被测信号占示波器屏幕垂直刻度的二分之一以上，依次将发生器的输出幅度由小到大按 1，2，5 步进逐点输出，读取被测波形的峰—峰值。按式（7-59）计算误差。

3. 脉冲上升沿及波形畸变检定

（1）技术要求 快前沿输出

快前沿输出：≥75ps；

最大允许误差：±10% 输出。

（2）检定方法

①上升（下降）沿：发生器的快沿脉冲输出和同步信号按发生器使用说明书要求与示波器匹配相连，如图 7—53。将发生器设置为“上升（下降）沿”功能，输出幅度置“1V”，频率置“1MHz”（或 100kHz）。调节示波器的输入衰减，使被测信号占测量屏幕垂直刻度的 80%，调节示波器扫描速度应使其上升（下降）时间不小于水平 2 个刻度（格）。调节示波器的同步功能和取样密度控制，使被测波形清晰稳定地显示在屏幕上，读取屏幕中被测信号上升（下降）沿 10%～90% 部分的时间间隔。

改变发生器脉冲快沿输出幅度到高点和低点分别按上述步骤进行检定。

改变发生器的脉冲快沿方向，重复①条操作，测量出下降沿的下降时间。

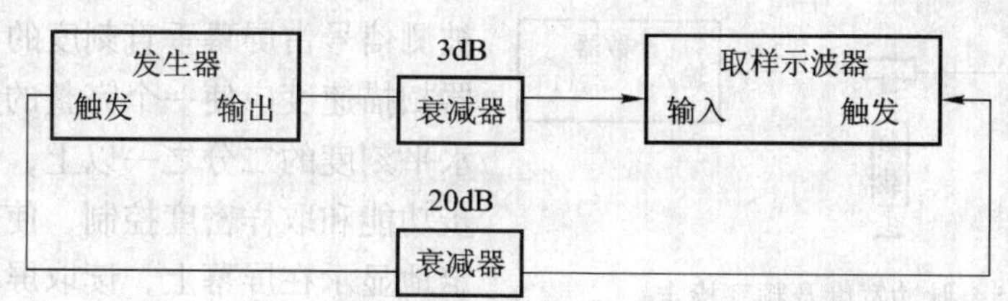

图 7—53　脉冲上升沿检定

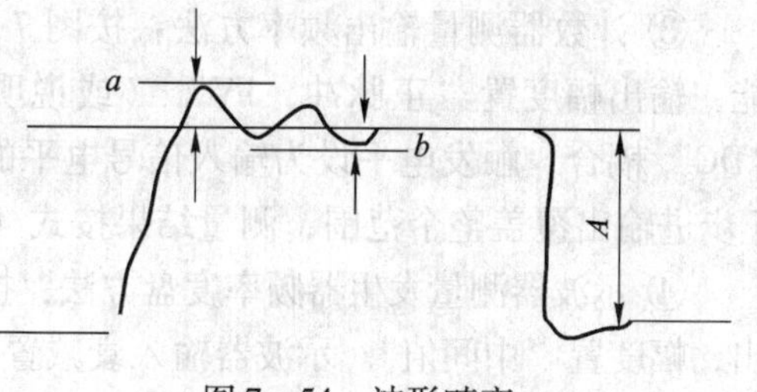

图 7—54　波形畸变

上升（下降）时间可调的发生器，应按上述操作步骤，在全部可调范围内选快、中、慢三点依次改变快沿的时间，测量相应的上升（下降）时间（频率、幅度均在中间点）。

② 波形畸变：按①条测量连接和状态，调节示波器的输入衰减，使被测信号占测量屏幕垂直刻度的 80%，调节示波器扫描速度应使一个完整脉冲宽度占屏幕水平刻度的三分之一以上。以稳定后幅度 A 为参考（如图 7—54），将从上升沿的最高端至波形稳定后的幅度变化 a 和 b，其值不得大于指标规定值。

4. 脉冲宽度及频率检定

（1）技术要求

①脉冲宽度输出

脉冲宽度输出：脉宽：1ns ~ 50ms；

抖动：±(0.05% 宽度 +20ps)；

最大允许误差：±(0.01% 输出 +200ps)。

② 输出频率范围

输出频率范围：0.1Hz ~ 500MHz；

最大允许误差：$\pm 3 \times 10^{-7}$ 输出。

（2）检定方法

① 计数器测量脉冲宽度方法：按图 7—55 连接仪器。将发生器设置为“连续输出”功能，输出幅度置“正脉冲，1V”（或说明书规定的幅度），输出频率置中间点。计数器置“脉冲宽度测量”，取样时间≥“被测脉冲宽度”。触发电平置发生器输出幅度的 50%，并打开“统计”功能，显示“平均值”，取样个数按信号周期长短设置，短周期（≤1ms）时取样个数可设“1 000”，长周期时相应减少取样个数。依次将发生器脉冲宽度按 1，2，5 步进调节覆盖整个输出范围，测量结果按式（7－60）计算误差。

$$\delta_T = \frac{t_x - t_k}{t_k} \tag{7-60}$$

式中：t_x——发生器标称值；

t_k——实际值。

② 示波器测量脉冲宽度方法：按图 7—56 连接仪器。将发生器设置为“连续输出”功能，输出幅度置“正脉冲，1V”，频率分别置高、中、低三点，调节示波器的输入衰减，使

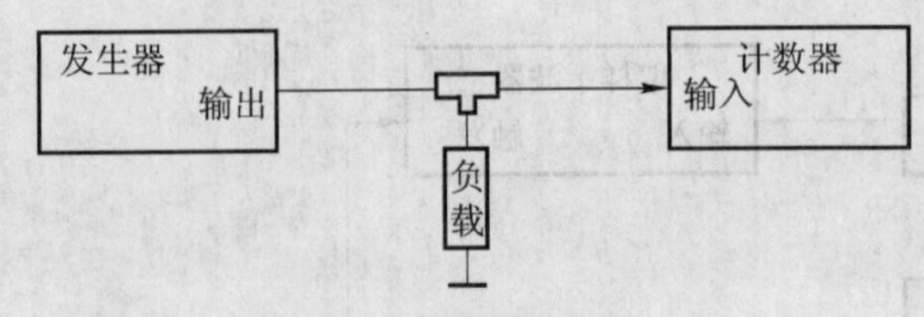

图 7—55 脉冲宽度及频率检定

被测信号占屏幕垂直刻度的80%，调节示波器扫描速度应使一个完整的脉冲宽度占屏幕水平刻度的二分之一以上，调节示波器的同步功能和取样密度控制，使被测波形清晰稳定地显示在屏幕上，读取屏幕中被测信号脉冲幅度 50% 处的时间间隔，测量结果按式（7－60）计算误差。

③ 计数器测量输出频率方法：按图 7—55 连接仪器。将发生器设置为“连续输出”功能，输出幅度置“正脉冲，1V”（或说明书规定的幅度），计数器置“频率测量”功能，“DC”耦合，触发电平设为输入信号电平的50%。将发生器输出频率依次由低到高按 1，2，5 步进输出覆盖整个范围，测量结果按式（7－60）计算误差。

④ 示波器测量发生器频率度盘方法：按图 7—52 连接仪器。将发生器设置为“连续”输出，幅度置“中间值”。示波器输入衰减置“相应位置”。调节发生器输出频率依次由低到高变化覆盖整个输出范围，将整刻度脉冲频率（周期）测量结果按式（7－60）计算误差。

5. 内触发延时检定

（1）技术要求

（内）触发延时范围：0.1μs～10s；

最大允许误差：$\pm(3\times10^{-7}$输出$+1\text{ns})$。

① 计数器测量方法：按图 7—56（b）连接仪器，分别将发生器的同步输出端和延时输出端用专用双对称时延电缆线与计数器的启动输入端和停止输入端相连。将发生器设置为“延时输出”功能，“正脉冲”，“上升沿”同步触发。输出幅度置“1V”。计数器设置为“时间间隔测量”功能，触发电平设置为发生器输出幅度的50%，“DC”耦合，启动“上升沿”，停止“上升沿”。首先测量延时为零时两通道的固有延时 t_0，然后依次将发生器延时时间按 1，2，5 步进输出覆盖整个范围，测量结果按式（7－61）计算误差。

$$\delta_{TR}=\frac{t_x+t_0-t_k}{t_k} \tag{7-61}$$

式中：t_x——发生器标称值；

t_0——输出脉冲固有延时；

t_k——实际值。

② 示波器测量方法：按图 7—57（b）连接仪器，使用专用双对称延时电缆线连接仪器，将发生器设置为“延时输出”功能，“正脉冲”，“上升沿”同步触发。输出幅度置“1V”。示波器设置、调节及测量同 6②条。

6. 触发（或双路）延时检定

① 计数器测量方法：按图 7—56(a)连接仪器，分别用专用双对称延时电缆线将脉冲信号源输出端和与计数器的启动输入端和被检发生器的外触发输入端匹配相连，发生器的延时输出端与计数器停止输入端相连。发生器置“触发延时输出”功能，输出幅度置“正脉冲、1V”，“上升沿”同步触发。使两路输出幅度相同（或按说明书规定）。计数器设置为“时间间隔测量”功能，触发电平设置为发生器输出幅度的50% “DC”耦合，启动“上升沿”，

停止“上升沿”。脉冲信号源输出幅度置“1V”（或按发生器说明书规定），周期置“0.1s”（应大于延时时间）。首先测量延时为零时两通道的固有延时 t_0，然后依次将发生器延时时间按1，2，5步进输出覆盖整个范围，测量结果按式（7-61）计算误差。

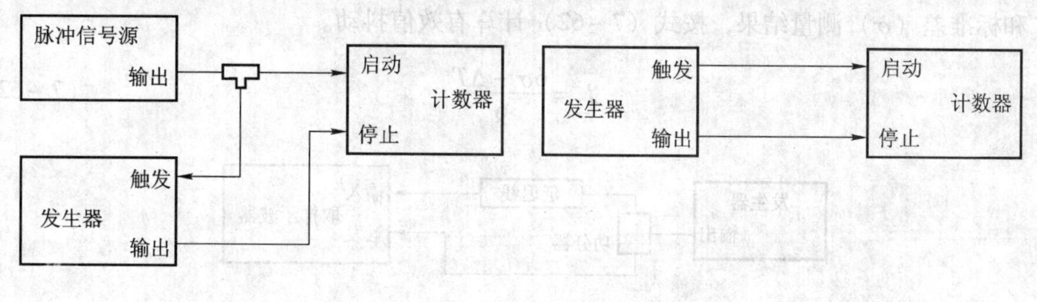

图7—56 外触发延时检定

② 示波器测量方法：按图7—57(a)连接仪器。分别用专用双对称延时电缆线将脉冲信号源输出端和与示波器的触发输入端和被检发生器的外触发输入端匹配相连，发生器的延时输出端与示波器输入端相连。将发生器设置为“触发延时输出”功能，“正脉冲”，“上升沿”同步触发，输出幅度置“1V”（或按说明书规定）。示波器衰减、扫速置相应位置，调节示波器输入衰减，使被测信号占测量屏幕垂直刻度的80%，调节 $n<$ 波器扫描速度挡位（微调置校准位置），应使被测延时间隔不小于水平刻度的50%，调节示波器的同步功能和取样密度控制，使被测波形清晰稳定地显示在屏幕上，读取屏幕中被测两信号上升（下降）沿50%部分的时间间隔。首先测量延时为零时两通道的固有延时 t_0，然后依次将发生器延时时间按1，2，5步进输出覆盖整个范围，结果按式（7-61）计算误差。

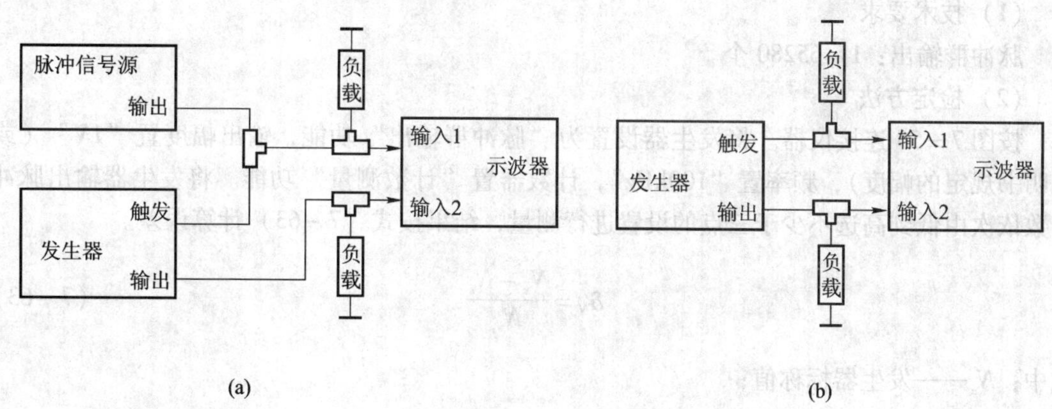

图7—57 触发延时检定（≤10μs）

7. 抖动检定

① 周期抖动：按图7—58连接仪器。将发生器输出通过功分器分别连接到取样示波器外触发输入端及垂直输入端（经延迟线）。发生器输出阻抗置“50Ω”，偏置置“+500mV”，输出幅度置“1V”，脉冲周期、宽度置规定值。示波器衰减置“10mV/DIV”，

衰减系数置“2”，偏置置“500mV”，扫速置相应最快位置。将触发后的第二个脉冲信号的上升沿显示在屏幕中间。将光标 V_1 置“490mV”，V_1 置“500mV”。打开示波器的 ΔT 测量功能，起始沿置“上升沿 1”，停止沿置“上升沿 1”，取样个数置“1 000”，读取示波器 ΔT 和标准差（σ）测量结果，按式（7－62）计算有效值抖动。

$$J_T = \frac{6\sigma - \Delta T}{6} \tag{7-62}$$

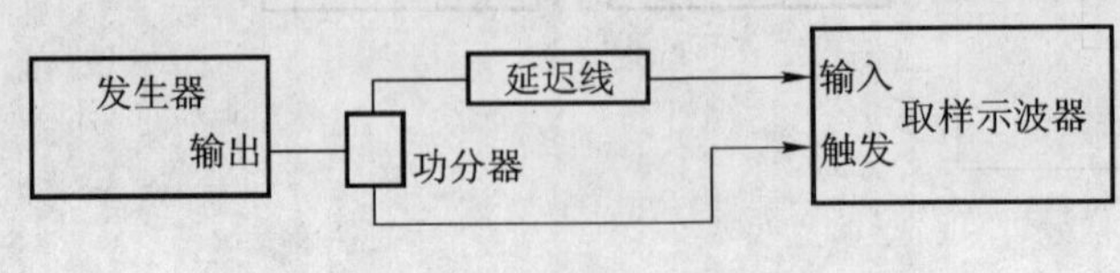

图 7—58 周期抖动检定

② 脉冲宽度抖动：按图 7—58 连接仪器。发生器及示波器衰减、扫速、偏置设置同①条。将触发后的第一个脉冲信号的下降沿显示在示波器屏幕中间，将光标 V_1 置“500mV”，V_2 置“490mV”。打开示波器的 ΔT 测量功能，起始沿置“下降沿 1”，停止沿置“下降沿 1”，取样个数置“1 000”，读取示波器 ΔT 和标准差（σ）测量结果，按式（7－62）计算有效值抖动。

③ 延时抖动：按图 7—53 连接仪器。发生器及示波器衰减、扫速、偏置设置同①条。将触发后的第一个脉冲信号的上升沿显示在示波器屏幕中间，打开示波器的 ΔT 测量功能，将光标 V_1 置“490mV”，V_2 置“500mV”，取样个数置“1 000”，读取示波器 ΔT 和标准差（σ）测量结果，按式（7－62）计算有效值抖动。

8. 脉冲群检定

（1）技术要求

脉冲群输出：1～65280 个

（2）检定方法

按图 7—55 连接仪器。将发生器设置为“脉冲群输出”功能，输出幅度置“1V”（或说明书规定的幅度），频率置“100kHz”，计数器置“计数测量”功能。将发生器输出脉冲个数依次由低到高选不少于三点的设置进行测量，结果按式（7－63）计算误差。

$$\delta_N = \frac{N_x - N_s}{N_s} \tag{7-63}$$

式中：N_x——发生器标称值；

N_s——实际值。

9. 同步信号

按下述连接仪器。将发生器同步输出接示波器输入端，发生器设置为“连续输出”功能，启动同步信号输出，输出幅度置“1V”（或按说明书规定的幅度），测量同步信号的幅度和上升时间 。

10. 最小触发电平

将脉冲信号源输出端和与发生器的外触发输入端相连，发生器的输出端与计数器（或示波器）输入端相连。将发生器设置为“触发延时输出”功能，调节脉冲信号源输出幅度由小到大，至发生器能正常稳定输出，记下脉冲信号源此时的输出幅度为发生器最小触发电平。

11. 直流偏置电压

（1）技术要求

直流偏置范围：0 ~20V；

最大允许误差：±2% 输出。

① 按图 7—59 连接仪器，将发生器设置为“连续输出”功能，波形置“方波”，输出幅度置“1V”（或说明书规定的幅度），频率置“1kHz”。数字多用表置“DCV”功能，量程“自动”。调节发生器直流偏置电压选低、中、高三点，示波器监测方波幅度应无明显变化。数字多用表分别测出未加直流偏置和加上直流偏置后的发生器输出电压值，结果按式（7－64）计算偏置电压误差 δ_{DC}。

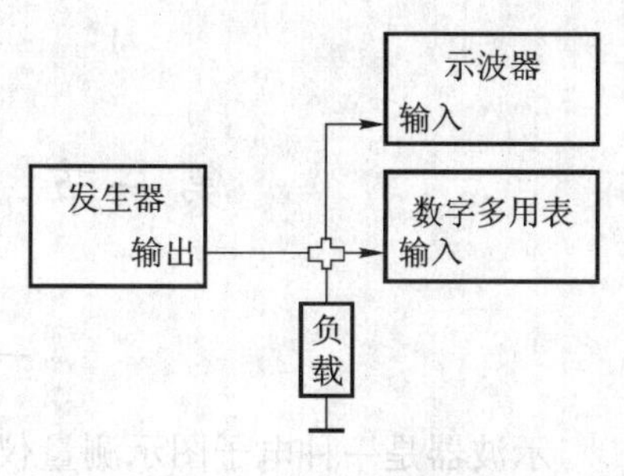

图 7—59　直流偏置检定

$$\delta_{DC} = \frac{V_C + V_0 - V_s}{V_s} \tag{7-64}$$

式中：V_0——未加直流偏置的初始电压值；

V_C——发生器标称值；

V_s——实际值。

② 用示波器测量直流偏置电压方法：按图 7—52 连接仪器。将发生器设置为“连续”输出，输出幅度置“正（或负），1V”，频率置“1kHz”。示波器扫描速度置相应位置，幅度调整置“校准位置”，调节示波器衰减使发生器输出幅度占屏幕垂直刻度的 20%。调节发生器直流偏置电压选低、中、高三点，用示波器测出加上直流偏置前后的直流电压值，结果按式（7－64）计算误差。

四、检定结果处理与检定周期

1. 检定结果处理

按本规程要求检定合格的发生器出具检定证书；不合格者，出具检定结果通知书，并指出不合格项目。

2. 检定周期

检定周期一般不超过 1 年。

第八章　示波器及示波器校准仪的检定

第一节　示波器发展简史及分类

一、示波器发展简史

示波器是一种电子图示测量仪器，它把电压（或电流）的变化作为一个时间函数描绘出来。可以说，示波器是电压表的一种特殊形式，而且可比一般电压表提供更多的信息。示波器作为一种用来分析电信号的时域测量和显示仪器，可以对一个脉冲电压的上升时间、脉冲宽度、重复周期、峰值电压等参数进行测量。现代的示波器还能对波形参数进行自动测量，波形存储和变换。由于这些显著的特点，使示波器成为众多测试领域中重要的仪器，其发展速度、产量都远远超过其他电子仪器。

示波器发展至今已有 100 多年的历史。

20 世纪 30 ~ 50 年代是电子管示波器阶段。1958 年带宽达到了 100MHz 便长期停滞不前。1957 年美国休斯飞机制造公司研制成功了记忆示波器，1959 年美国卢米特龙公司生产出取样示波器。

20 世纪 60 年代是晶体管示波器阶段。多年停滞于 100MHz 带宽的状态有了突破，到了 1969 年已跃至 300MHz。同年，取样示波器的带宽达到了 18GHz 的高峰。

20 世纪 70 年代是集成化示波器阶段。集成电路技术为示波器的小型化、高性能、高可靠性创造了条件。1971 年示波器带宽提高到 500MHz，1979 年达到了 1GHz 的高峰。1972 年，出现了第一台数字存贮示波器。1973 年，同时出现了逻辑分析仪，使示波器的“示波”测量跨入了数据领域。1974 年推出了带微处理器的示波器。从此，示波器发展进入了智能化的崭新阶段。目前数字化率已达到了 500GS/s，可观察 10GHz 的单次信号。美国 HYPRES 公司利用超导取样电路及延迟线制成的取样示波器 PSP—750，具有 70GHz 带宽，5ps 上升时间，可利用内同步观测快沿脉冲前沿，可称为世界上“最快”的示波器。

二、示波器的分类及其发展趋势

1. 通用示波器

它是最早发展起来的也是应用最广泛的示波器。带宽在 100MHz 以下，y 轴灵敏度为 2 ~ 10mV/div 的示波器一般称为中、低档示波器。100MHz 以上带宽的通常称为高档示波器。早在 1971 年，美国 Tek 公司首先推出了 500MHz 的示波器（7904 型）。经过近 10 年的努力，发展到 1GHz（7104 型）。预计带宽为 2GHz 的通用示波器不久即可面市。

2. 高灵敏度示波器

它属于通用示波器门类，但由于其指标和使用的独特性，有时作为一独立品种。

高灵敏度示波器是一种灵敏度高、频带较窄（一般为1MHz）的示波器，用以观测普通示波器无法测量的低频微弱信号，这种示波器具有差分输入端，可以避免幅度较大的共模信号的干扰。20世纪60年代，美国Tek公司研制出低漂移、低噪声的场效应管，并采用了浮动电源电路等，使7000系列7A22插件的指标达到10μV/div。至今，此指标仍为最高水平。

3. 取样示波器

由于通用示波器的带宽受到电子电路及示波管等的限制，为了观测超高频信号而引入了取样技术，将高频重复性信号，经过取样，变换成低频的重复性信号，而形成一种取样示波器。

早在1969年，HP公司试制出1811A型取样示波器，其频带宽度为18GHz。近几年，由于光纤通信技术的发展，取样示波器又有不小的发展，甚至出现了用液氦致冷的70GHz的数字取样示波器。目前的取样示波器都趋向采用数字取样的方式，Tek公司的11800系列数字取样示波器已达到了50GHz带宽。HP公司的54123T型数字取样示波器的带宽为34GHz。

4. 记忆示波器

记忆示波器是一种借助记忆示波管及相应电路实现波形记忆的示波器，主要用于记录瞬变的单次信号。当前采用快速转移存贮管的记忆示波器的存贮记录速度已达4 000cm/μs、存贮带宽达500MHz（Tek7934型）。由于数字存贮示波器的高速发展，使记忆示波器的发展受到很大的抑制。

5. 数字存贮示波器

数字存贮示波器是采用数字电路实现波形存贮的一种新型示波器。它采用A/D变换器将信号变为数字信息，存贮于存贮器中，待需读出时，再通过D/A变换器将数字信息变换为模拟波形显示在示波管上。这类示波器有许多明显的优点，发展很快。有取代模拟示波器的趋势。

第二节　示波器的基本工作原理

一、示　波　管

1. 概述

示波管是示波器的心脏。按示波管中电子射线的数目可分为单线、双线和多线示波管；根据偏转板设计不同，可分为平行偏转型、弯曲偏转型、分段偏转型和分布型偏转示波管；根据荧光屏的余辉时间，示波管还可分为标准余辉、长余辉等。示波管的典型结构如图8—1所示。它包括电子枪、偏转系统和荧光屏三大部分。图中a为电子枪；b为偏转系统；c为荧光屏；d为屏蔽电极。

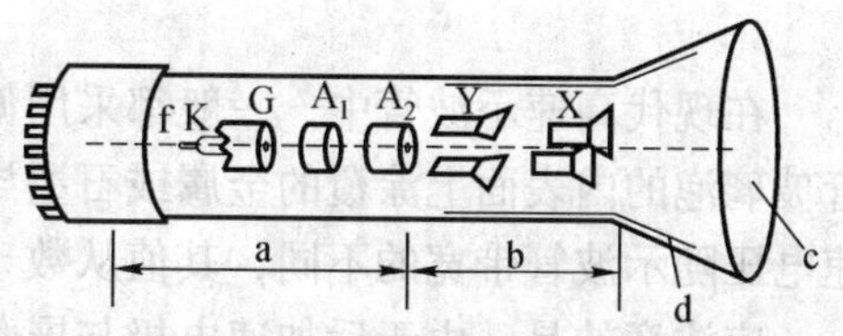

图8—1　示波管的典型结构

2. 电子枪

电子枪的作用是发射电子并形成很细的高速电

子束。电子枪由灯丝（f）、阴极（K）、栅极（G）、第一阳极（A_1）和第二阳极（A_2）组成（参见图 8—1）；灯丝用于加热阴极。阴极是一个表面涂有氧化物的金属圆筒，在灯丝的加热下，氧化物发射出电子。栅极是顶端有孔的圆筒，套装于阴极之外，其电位比阴极电位低。由阴极射出的电子，受到栅极和阴极间减速电场的作用，使初速大的电子穿过栅极顶端的小孔射向荧光屏，初速小的电子折回阴极。如果栅极电位足够低，就会使全部电子返回阴极。因此调节栅极电位，就能控制射向荧光屏的电子流密度，从而能控制荧光屏上光点的亮度。这种控制电位计常称为“辉度”调节。第一阳极是一个与阴极同轴的金属圆筒，圆筒内装有一个或几个具有同轴中心孔的金属膜片，用于阻挡远离轴线的电子，使电子流具有较细的截面。第一阳极的电位远高于阴极电位，故对阴极发射来的电子具有很大的轴向加速作用。第二阳极也是与阴极同轴的金属圆筒，其电位高于第一阳极。第一阳极与栅极间的电场和第一、第二阳极间的电场都是加速电场，它们还有使电子向轴线聚焦的作用。用电位计调节第一阳极与第二阳极间的电位，可到聚焦的作用，称之为“聚焦”调节。

图 8—1 所示的示波管结构，有一个明显的缺点，即当改变第一阳极电位进行聚焦调节时，将使电子束密度改变，从而引起亮度的变化。为了克服这一缺点，常采用具有加速极和零阳极电流的电子枪。

3. 静电偏转系统

示波管的偏转系统位于第二阳极之后，由两对相互垂直的偏转板组成，分别控制电子束的垂直方向与水平方向的偏转。

电子束在偏转电场的作用下电子产生横向加速度，通过偏转板后产生的位移为：

$$y = \frac{U_t L l^2}{2U_{A_2}} = \frac{ULl}{2dU_{A_2}} \tag{8-1}$$

式中：U_{A_2}——第二阳极电压；

U——偏转板之间的电压；

d——偏转板之间的距离；

U_t——偏转电场强度，$U_t = U/d$；

l——偏转板长度；

L——偏转板至荧光屏的距离。

电子束在荧光屏上的位移是偏转板的尺寸及位置和第二阳极电压的函数，且正比于偏转电压。

在示波管荧光屏上，光点每偏转单位距离所需的偏转电压值称为偏转灵敏度 S。S 是表征示波管技术性能的重要指标，其表达式为：

$$S = U/y = \frac{2dU_{A_2}}{Ll} \tag{8-2}$$

在现代高速示波管中，一般都采用偏转后再加速的办法。后加速电极 A_3 一般是在示波管玻璃泡的内表面上涂覆的金属或石墨导电层，该导电层位于荧光屏与屏蔽电极之间。后加速电压随示波管带宽的不同，其值从数千伏至数万伏不等。

应注意的是，由于后加速电极与屏蔽电极之间存在巨大的电位差，因此，两个电极之间将形成一个额外的电子透镜，使电子束向轴线方向偏转，从而降低了偏转灵敏度，引起了桶形失真。

为了避免上述缺点，后加速电场和等位面应处处垂直于电子射线。为此，当后加速电压超过第二阳极电压 4~5 倍时，往往采用多极后加速的方法。也可把后加速极做成一条具有一定电阻的螺旋带，使后加速电压均匀地逐步增大。

示波管的阴极一般处于很高的负电位，这样可以保证偏转板电位接近于地电位。为了保证显示图像的清晰，光点直径应尽可能小。但由于电子之间的斥拒作用，因此光点直径只能作到 0.2mm 左右。此外，由于结构的不完善，如，各电极中心不在同一轴线上，也能使聚焦变坏。为此，可适当调整偏转板的平均电位，使之与第二阳极之间形成一个附加的电子透镜，以改善聚焦，这种作用称为辅助聚焦。

4. 荧光屏

示波器的荧光屏一般为圆形或矩形平面，其表面沉积有磷光物质，磷光物质在吸收电子轰击的动能之后将产生可见光辐射，这种光称为荧光。不同磷光物质在电子轰击下可以产生不同余辉和不同颜色的光。按余辉时间的长短可将磷光物质分为短余辉（小于 1ms），中余辉（1ms~0.1s）和长余辉（大于 0.1s）。

观测高速信号时，一般使用短余辉的磷光物质，在医学及生物学方面，常选用长余辉磷光物质；为显示很慢的或单次现象，则选用极长余辉的磷光物质或采用存储技术。

电子束的动能，在荧光屏上不仅可能转换成光能，而且也要转换成热能。因此现代示波管的荧光屏在荧光物质层的内侧涂上一层薄薄的铝膜。在电气上铝膜接到后加速电极上，帮助吸收电子；在机械上有散热作用，提高荧光屏的抗烧毁能力。但是如果电子束长时间轰击荧光屏上的一个点，将使磷光物质烧毁而形成暗斑。有些示波器为了改善观察的条件，在发绿色的荧光屏上加一个绿色的滤光镜，这样就使荧光屏向外发射受到衰减；外界光线则经过滤波镜后受到入射、反射两重衰减。另外，除了绿光外，其余光线都将受到很大衰减。由此提高光迹和其他荧光屏部分的亮度对比程度。

二、扫描、波形显示及同步

示波管的两对偏转板上下不加入任何信号时，荧光屏上只出现一个光点。若在垂直（或水平）偏转板上加上一个随时间变化的电压，则电子束就沿着垂直方向（或水平方向）偏转。当信号的频率高于 15~20Hz 时，由于人眼的惰性，荧光屏上便显示出一条直线，这条线的两个端点，相当于偏转电压正负半周的峰值点。但是，根据这一条垂直（或水平）线既不能确定偏转电压的波形，也不能确定其频率。

实际应用示波器时，一般都在垂直偏转板上加被测电压，而在水平偏转板上加随时间线性变化的扫描电压。当两个偏转板同时加上电压时，电子束将在两个互相垂直的力的作用下沿合力方向偏转。

示波器中常用的扫描方式有三种：即直线扫描、圆扫描和螺旋扫描。下面主要讨论直线扫描。

在 x（水平）偏转板上加上线性锯齿扫描电压时，电子射线将在荧光屏上按时间沿水平方向展开，形成“时间基线”。这样，当 Y 偏转板上加人被测信号时，就可以将其波形展示在荧光屏上。理想的锯齿电压如图 8—2 所示，在每

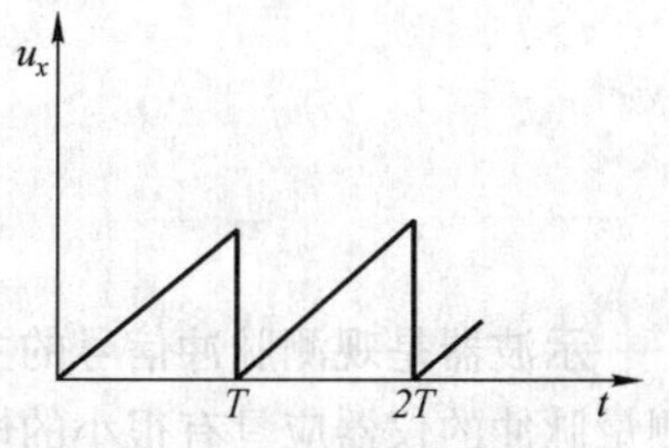

图 8—2　理想的锯齿电压

个周期内，电压与时间成正比。

为了在荧光屏上至少能看到被测信号的一个周期波形，必须保证 $T_x \geqslant T_y$，屏上所显示出的波形周期数为：

$$n = T_x / T_y \tag{8-3}$$

式中：T_x——扫描电压的周期；

T_y——被测电压的周期。

为了在屏上获得稳定的图形，n 必须为整数。这是因为，当 n 不为整数时，相对于被测信号来说，每次扫描的起点将不一样，因此，屏上的波形将不断地跑动。保证 n 为整数的过程称为同步。

三、示波器的典型构成

一部完整的示波器应具有如图 8—3 所示的方框图。由于普通示波管需要在偏转板上施加几十伏的电压才能使电子射线偏转 1cm 左右，因此，必须在 Y 偏转板前接入放大器，以便将被测信号预先放大。同样，扫描电压也需要经过放大。为了调节加到放大器输入端电压的大小，还需在 Y 放大前接入分压器；有时，在 X 轴也接入分压器。利用开关 K_1、K_2 可将幅值较大的被测信号直接加到偏转板上。利用开关 K_3 可将锯齿波扫描电压或 X 轴的输入信号加到 X 放大器的输入端。在前一种情况下，示波器的 X 偏转板接入周期性锯齿扫描电压；对于后一种情况，示波器是用来显示李沙育图形或两个变量之间的函数曲线。高压电源供给示波管正常工作所需的各极电压，低压电源供给示波器中放大器、扫描发生器和回程消影装置等所需要的直流电压。

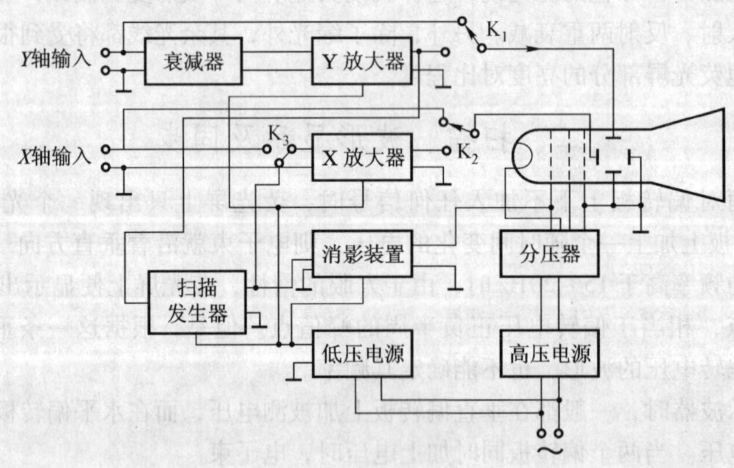

图 8—3 示波器的典型原理框图

四、脉冲的显示

示波器是观测脉冲信号的主要工具。由于脉冲电压在极短时间内发生急剧变化，故用来测量脉冲的仪器应具有很小的惰性，即电路的寄生电容、寄生电感产生的寄生耦合要小。

1. 触发扫描

脉冲信号的周期 T 往往比脉冲宽度 t_k 大很多，因此，当扫描频率与被测脉冲重复频率相等时，在荧光屏上看到的图形将是一条狭窄的竖线，很难看清脉冲的形状。如果设法提高扫描频率，使之接近于 $1/t_k$，尽管原则上可以展宽被测脉冲的波形，但因为在脉冲休止期内，射线要沿着水平方向重复扫描多次，故基线亮度将远远超过脉冲波形本身的亮度，致使图形很难看清。另外，此时同步序数很大，故图形将很不稳定。为了便于观测脉冲信号，示波器的扫描不应连续地重复进行，应在一个脉冲到来时进行一次扫描，在脉冲休止期内停止扫描。这种扫描方式通常称为触发扫描或等待扫描。触发扫描不能自由地连续产生，而需等待被测信号触发后才能产生一次，故能保持与被测信号的同步关系。

在使用触发扫描时，由于光点在扫描休止期内将长时间地停留在时基起点，会形成一个很亮的光点，这对观察波形和保护荧光物质都十分不利。为了克服这一缺陷，可让电子射线平时是截止的；当扫描被触发时，从扫描发生器输出一个宽度等于扫描时间的增辉脉冲去示波器栅极，让电子射线通过。

为了可靠地观测脉冲的前沿，被测脉冲应经过一段延迟时间后再送到 Y 偏转板，以补偿时基电路的触发延时，如图 8—4(a)所示。此外，也可采用外触发方式，使扫描电压提前产生，如图 8—4(b)所示。

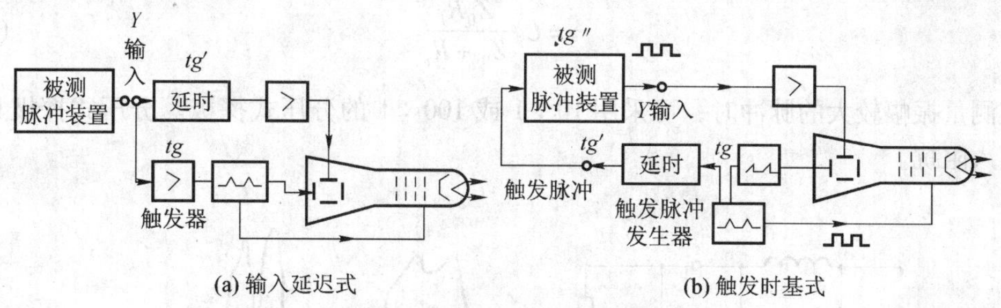

图 8—4　克服触发延时影响的两种方法

为了校准荧光屏的刻度，示波器内有幅度和时间校准发生器。幅度校准发生器产生一个大小已知的方波电压。时间校准发生器通常是一个具有几种可选择的已知频率的正弦波振荡器、方波发生器或尖脉冲发生器。为了校准时间，可把时标信号加到 Y 通道输入端，或对示波管进行调亮。

2. Y 通道

Y 通道应无失真地传输被测信号。Y 通道的瞬态响应失真可用超量 δ、上升时间 t_S、平顶下垂 Δ 来描述。稳态失真可用幅度失真及相位失真来描述。瞬态失真及稳态失真之间可用傅立叶变换来联系。

阶跃信号经过 Y 通道后，将出现超量或衰减振荡，它们是由于 Y 通道的幅频特性具有锐截止响应和非线性的相频特性造成的。因此，Y 通道中的宽带放大器最好具有高斯形的幅频特性。

Y 通道的上升时间 t_S 主要取决于它的通频带上限。设其 3dB 上限频率为 f_H，则在高斯形响应的 Y 放大器中有下列近似关系：

$$t_S = 0.35/f_H \tag{8-4}$$

Y 通道的平顶下垂主要取决于它的通带下限。如果被测脉冲信号本身的平顶下垂为 Δ_1，放大器的平顶下垂为 Δ_2，则显示图像的平顶下垂近似为：

$$\Delta = \Delta_1 + \Delta_2 \tag{8-5}$$

一般示波器 Y 通道的输入电阻为 1MΩ，与之并联的等效电容约为 10 ~ 35pF。由于输入阻抗有限，故会对测量结果产生一定的影响。此外，在脉冲信号的测试中，尽管脉冲的重复频率很低，但其频谱中含有丰富的高次谐波分量。因此，示波器的输入电容及引线电感均可能对脉冲信号的观测带来严重影响。在对矩形脉冲进行测试的情况下，当输入电容及引线电感构成的回路对某一谐波分量产生谐振，且输入电路中的阻尼不足时，在示波器输入端的电压波形将失真为如图 8—5(a)所示的形状。左边波形是阻尼大时的情况，右边是阻尼较小时的情况。为了减小输入电路引起的失真，示波器常采用高阻电缆作为引线。如果示波器输入电容 C_1 很小，则波形不至有明显失真。但其幅度取决于同轴线的特性阻抗 Z_0 与输入电阻 R_i 之间的匹配程度；如图 8—5(b)所示，如果输入电容较大，则波形将如图 8—5(c)所示，其波形上升段的时间常数为：

$$\tau = C_i \frac{Z_0 R_i}{Z_0 + R_i} \tag{8-6}$$

在测量振幅较大的脉冲时，可采用 10 : 1 或 100 : 1 的分压式探极。分压式探极具有很高的输入阻抗。

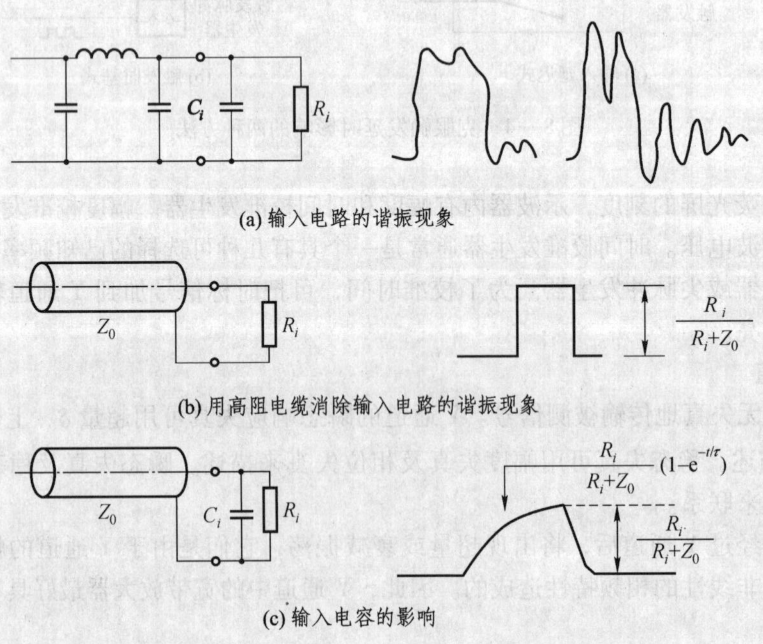

图 8—5　寄生电容、电感对脉冲测试的影响

五、双通道显示

有时需要在示波器荧光屏上同时观察两个信号的波形，例如，对某一传输网络的输入和输出信号波形进行比较。以往多采用双线示波管来实现两个信号的同时显示，即在同一示波管中装上两个电子枪，两对垂直偏转板，一对（或两对）水平偏转板，使两束电子射到同一荧光屏上，由双线示波管构成的示波器称为双线示波器。

双线示波器的缺点是需使用特殊的示波管，需两个性能一致的Y通道。现在则多借助于电子开关和普通示波器相结合，以实现两个信号的显示，如图8—6(a)所示。这种示波器称为双踪示波器。为了削弱开关噪声的影响，在电子开关前面通常加有前置放大器。两个前置放大器中，通常有一个加有输出直流电平的调节装置，以调整两个信号图像之间的距离。当开关K向上时，接通信号A，电子射线描绘A信号波形；当K向下时，接通信号B，电子射线描绘B信号波形。如开关快速拨动，其拨动频率远高于被测信号频率时，则荧光屏上显示出如8—6(b)所示的图形，这种双踪显示方式称为“断续”。如果电子开关由扫描电压来控制，每扫描一次，开关拨动一下，电子射线将交替地描绘出信号A和信号B的波形，如图8—6(c)所示，这种双踪显示方式称为“交替”。当被测信号频率较低时，以“断续”方式为宜；当被测信号频率较高时，以“交替”方式为宜。

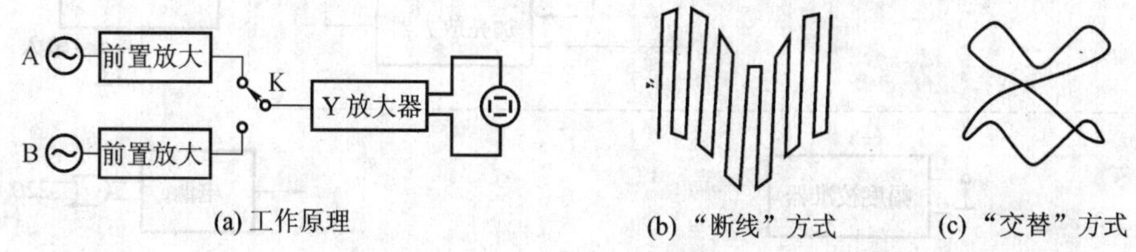

图8—6 双踪示波器的工作原理

六、双自动交替扫描

用普通示波器不便于观测周期很长的复杂信号。这是因为必须用控制脉冲去触发示波器的扫描电路。然而，当观测远离控制脉冲的信号时，扫描速度势必很慢，因此荧光屏上的显示图像将很密，难以观测。

为了克服单扫描示波器的这一缺点，出现了具有延迟扫描的双扫描示波器。这类示波器可在控制脉冲的作用下，产生一个延时脉冲去触发延迟扫描发生器，于是，可用适当的扫速，清晰地观测复杂信号中的任意部分。

为了产生延迟触发脉冲，可以采用可变延迟电路，如单稳态触发器、锯齿波比较电路等。其中，锯齿波比较电路已被广泛使用，因为它既可以作为延时电路，又可以利用它的锯齿波来显示从触发信号开始的信号全貌。为了显示B扫描在A扫描时间轴上所处的位置，可把B扫描的增辉信号加到A扫描的时间轴上，以便得到额外的加亮，这种工作方式称为“B加亮A”。

普通双扫描示波器是人工手动转换的，对于复杂波形的大量测试很不方便，近年来广泛采用“双自动交替扫描”电路。这种电路不仅可以观测控制脉冲周期内任意一个波形的参数，而且还可以测出控制脉冲到被测波形的时间。

双自动交替扫描示波器的工作原理，可用图 8—7 所示的方框图来说明。

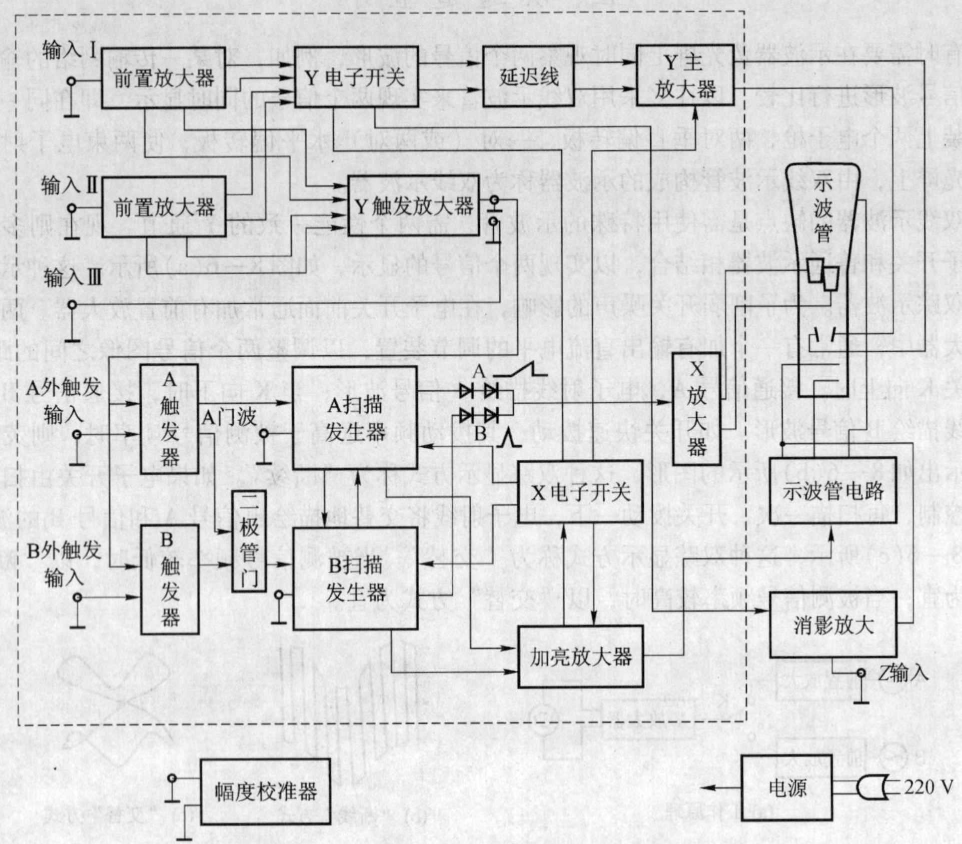

图 8—7 双自动交替扫描示波器的电路方框图

示波器的扫描部分可以选择四种不同的显示方式：主扫描 A 单独工作；延迟扫描 B 加亮主扫描 A；A 扫描加亮、B 扫描延迟双自动交替扫描；延迟扫描 B 单独工作。

（1）A 扫描单独工作

在“A 扫描单独工作方式”下，只有 A 扫描发生器工作。A 扫描电压经 X 放大器放大后加到示波管的 X 偏转板，来自 A 扫描发生器的 A 加亮信号经加亮放大器放大整形后加到示波管栅极。

（2）B 加亮 A 工作方式

在 B 加亮 A 工作方式下，有“延迟后启动”和“延迟后触发”两种形式。当工作在延迟后启动”时，延迟触发脉冲直接去触发 B 扫描；当工作在“延迟后触发”时，延迟触发脉冲只是去打开二极管门，使 B 扫描发生器能被 B 触发器的输出信号所触发。

（3）B 扫描工作方式

按以上两种方式工作时，屏幕上显示的波形都是由 A 扫描电压扫出的。在 B 扫描工作方式下，屏幕上显示的波形是由 B 扫描电压扫出的。此时，A 扫描发生器仅起延时的作用。B 扫描工作方式也有“延迟后启动”和“延迟后触发”两种形式。

第三节　示波器的应用

一、电压测量

1. 直流电压的测量

如果在示波管的一副偏转板上加上被测的直流电压，则光点在荧光屏上的位移正比于被测的电压。知道了管子的灵敏度 S(min/V) 和光点的偏转值 D(min) 以后，就可以决定加在其上的电压值，即：

$$U_x = \frac{D}{S} \tag{8-7}$$

2. 交流电压的测量

用上面这种方法也可以测量交流电压，但这时在荧光屏上得到的是一直线（水平未加扫描电压），它相当于被测电压幅度的二倍，即：

$$2U_{xm} = \frac{D}{S} \tag{8-8}$$

如果测量的交流电压不是直接加到示波管上，而是加到示波器的输入端上，则必须知道示波器的灵敏度，此灵敏度与垂直放大器调节旋钮的位置有关。

二、频率测量

测量频率的示波器法中，根据李沙育图比较两个频率的方法使用的最为广泛。

这种方法是把被测频率 f_x 的电压加到偏转板（例如Y）上，而把标准频率 $f_s = f_x$ 的电压加到 X 偏转板上，见图 8—8。

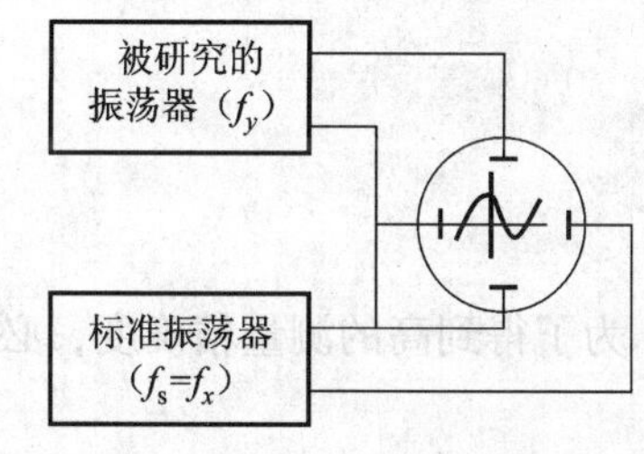

图 8—8　示波器法测量频率的雄图

改变标准振荡器的频率，使得在示波器的荧光屏上得到简单和最稳定的李沙育图为止。必须注意，随着振荡器频率的升高和其稳定度的降低，要获得稳定不动的李沙育图形是困难的。

根据曲线决定频率，例如：

$$n = f_y/f_x = f_y/f_s \tag{8-9}$$

则

$$f_y = nf_x \tag{8-10}$$

这时，频率的比值 n 就是垂直位移电压的频率对水平位移电压的频率的比值。

实际上，是用李沙育图切割水平线的点数同图切割垂直线的点数之比来求 n 值。这种方法之所以能决定频率的比值，这是因为在垂直位移电压一个周期内光点两次切割水平线，同样地，在水平位移电压一个周期内也是两次切割垂直线。例如，如果图 8—8 所示的李沙育图是在标准频率 f_s = 1 000Hz 时得到的图形，则李沙育图切割水平线和垂直线的点数之比值为：

$$n = f_y/f_x = 3 \tag{8-11}$$

因此，
$$f_y = nf_s = 3\ 000(\text{Hz}) \tag{8-12}$$

因为示波器有Y和X两个输入端，所以被研究振荡器的频率可以加到其中任意一个上。为了避免决定 n 时发生错误，可以采用以下的方法。

首先，根据垂直线和水平线求出频率的比值 f_y/f_x 或 f_x/f_y，根据李沙育图曲线的特点决定出哪一个频率比较高，然后，选取 n 值。

三、相 位 测 量

两个相同频率电压之间的相移有如下几种用示波器测量的方法。

1. 波形图法

波形图法是用双线示波器或具有电子开关的普通示波器直接比较在荧光屏上得到的被研究的电压的波形图（它们的振幅最好相同）。如图8—9所示，显然，在波形图的时间轴上量出 ab 与 ac 以后，就可以按式（8-13）决定电压之间的相移：

$$\varphi = (ab/ac)\cdot 360° \tag{8-13}$$

这种方法的缺点是测量中的精度不高和必须用双线示波器或电子开关。

2. 椭圆法

椭圆法测量相位是把被研究的电压之一加到Y的输入端，而另一个加到X的输入端。

这样，便可在荧光屏上得到一个椭圆，其形状与两电压之间的相移和其振幅值有关，如图8—10所示，这时，相移 φ 用式（8-14）和（8-15）来决定：

$$\varphi = \arcsin\frac{2u_x}{2U_x} \tag{8-14}$$

$$\varphi = \arcsin\frac{2u_y}{2U_y} \tag{8-15}$$

为了得到高的测量精确度，必须力求使 $2U_x$ 和 $2U_y$ 的距离相等。

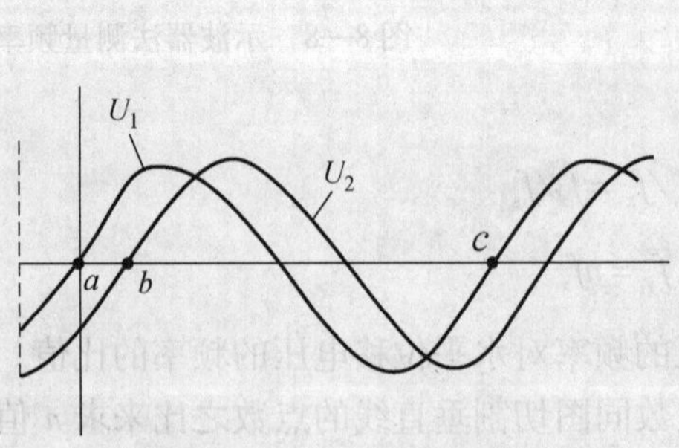

图8—9　波形图法测量相位

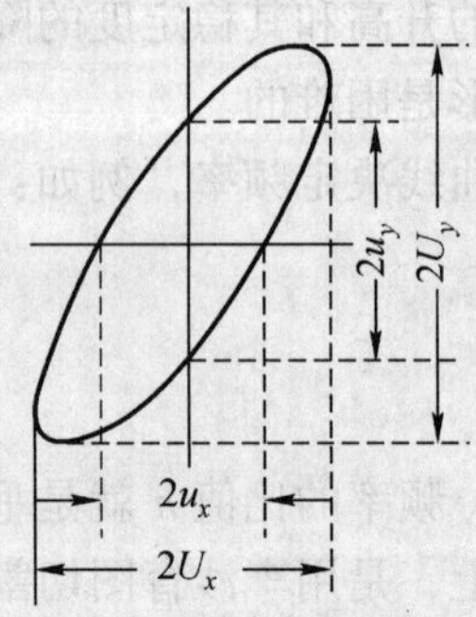

图8—10　椭圆法测量相位

这种方法的缺点是测量 φ 的数值和垂直偏转放大器与水平偏转放大器的相移有关。测量的相角接近于0°或180°时，测量误差到2°~3°。而 φ 接近90°或270°时，则为10°左右。

椭圆法的另一缺点是测量结果的双值性，并且不能决定角度的符号。

为了提高这种办法的测量精确度，必须使荧光屏上的椭圆大一些，并且采用移相器补偿示波器放大器的相移。

示波器的应用极其广泛，除上述所述之外，还可测量许多信号参数，如果采用各种传感器将非电量变为电量，用示波器也可测量温度、压力等许多非电量。本节将不一一列举。

第四节　SO3 示波器校准仪

SO3 示波器校准仪由时间校准电路、电压校准电路、上升时间校准电路、触发同步输出和电源电路 5 部分组成（见图 8—11）。

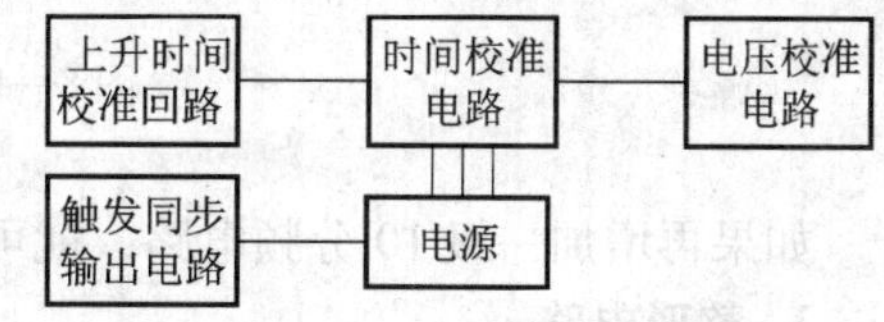

图 8—11　SO3 示波器校准仪方框图

时间校准电路由一个 100MHz 晶振及分频电路产生一组时标脉冲，用于示波器扫描性能的测试。这部分有两个量程。主量程输出从 100ns/格 ~ 0.5 s/格，按 1，2，5 进位，主控开关位置对应于待测示波器的扫速。与之同心的偏差控制旋钮可使输出信号频率在标称值的 ±3% 和 ±10% 范围内调节，当待测示波器显示的波形与示波器标尺刻度严格重合时，扫描误差由表头以百分数读出。

电压校准电路为一组精密的电压源，输出方式有零电平、正电流、负直流和 1kHz 方波，用于示波器垂直及水平系统灵敏度及衰减器校正。

上升时间校准电路产生一个快速上升时间方波，用于示波器瞬态响应及频率响应的校准。方波的幅度可调。

触发同步电路输出一个幅度可变的 50Hz 正弦波，用来在电源频率上检查示波器触发同步电路的性能。

电源提供整机的各种直流稳定电压，保证各部分电路的工作。

一、时间校准电路

如图 8—12 所示，时间校准电路由 5 部分组成。

1. 可变主控振荡器

它是一个非恒流源定时振荡器，其中心频率为 20MHz，可调范围 ±10%。频率的变化是由时间偏差电位改变变容二极管两端的电压实现的。若不需要改变频率时，可断开时间偏差开关，使主控振荡器受 100MHz 晶体振荡器送来的信号所控制，使主控振荡频率锁定在 200MHz 上。此时，20MHz 的频率准确度、稳定度与 100MHz 的晶振相同。

2. 分频电路

7 级分频器由双与非门组成的触发器组成 2 与 5 分频电路。采用波段开关可以输出 0.1，0.5，1μs…直到 0.5s 的周期信号。这是由 20MHz 的输入信号经过 7 级 10 分频最后得到 2Hz 的频率。在分频过程中的不同输出点可得各种周期的信号。如果自主控振荡器的 20MHz 信号被 100MHz 晶振所锁定，则所有输出信号频率准确度均等同于 100MHz 晶振准确度，若主控振荡器来的 20MHz 信号受偏差电位器控制，则 7 级分频器输出的所有信号频率偏差由表头指示。

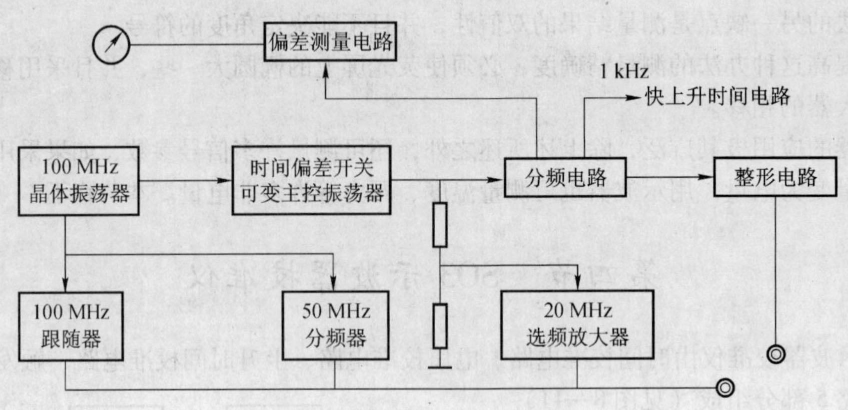

图 8—12　时间校准电路框图

如果再增加一级 10 分频电路，就可得到 5s/格的输出信号，则更增加了输出灵活性。

3. 整形电路

整形电路如图 8—13 所示。由电容器 C 和电阻 R 组成微分电路，对来自 7 级分频器的信号进行微分，微分后的负脉冲尖被二极管 D_1 削去正脉冲尖，经二极管 D_2 送 BG_3 基极使 BG_3 导通，在 BG_3 的发射极得到整形信号输出，BG_3 管发射极的电阻电容是阻抗匹配用的。

4. 时间偏差测量电路

该电路由 1MHz 晶体振荡器、表头电路、双与非门电路三部分电路组成。

图 8—14 是 1MHz 晶体振荡器。这里非门 G_1 电阻 R_1 构成一个放大器，经电容 C_2 耦合到 G_2 与电阻 R_2 组成的放大器，再经晶体 J 正反馈到 G_1 的输入端，只有工作频率等于晶体频率时才能满足振荡条件。所以该振荡器的振荡频率的准确度是由晶体 J 决定的。

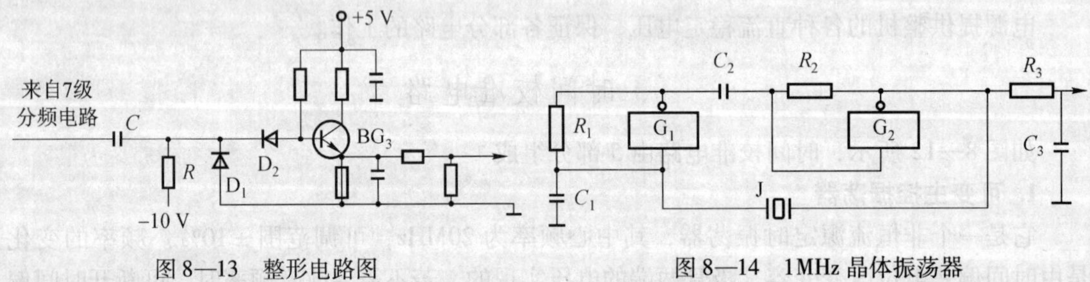

图 8—13　整形电路图　　　图 8—14　1MHz 晶体振荡器

来自 7 级二、五分频器的可变 1MHz 信号和 1MHz 晶体振荡器的输出信号同时送到对相位敏感的双“与非”门鉴相电路，产生一个电流 I 为：

$$I = \frac{T_B - T_0}{T_0} \tag{8-16}$$

式中：$(T_B - T_0)/T_0$——周期偏差的百分比；

T_B——1MHz 晶体振荡器输出信号周期；

T_0——不变 1MHz 信号周期。

这个电流 I 通过表头电路使表头的指示正比例于 $(T_B - T_0)/T_0$，所以在表头上可以直接读出时标的相对误差。

5. 高频输出电路

高频输出电路包括 100MHz 晶体振荡器，50MHz，20MHz 锁相电路。锁相电路使得 50MHz 和 20MHz 的频率具有 100MHz 晶体振荡频率的准确度。100MHz 晶体振荡器是整个时间校准电路频率基准。它由晶体管和晶体构成 B—E 波尔斯电路，其稳定度为 8×10^{-6}。

二、电压校准电路

电压校准电路如图 8—15 所示，主要由精密直流稳压电源、输出器、衰减器及倍率控制、偏差控制和方式控制组成。

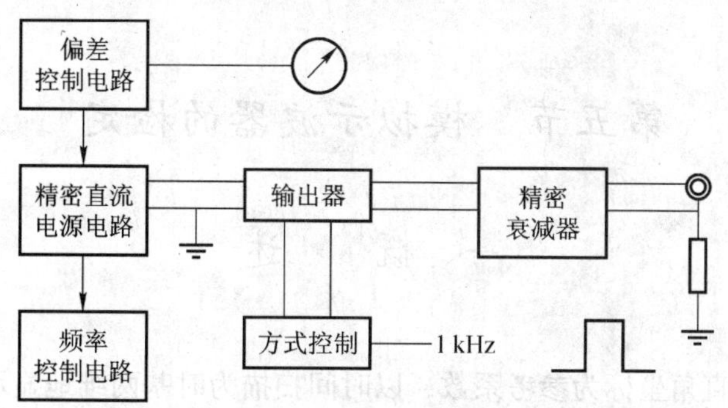

图 8—15 电压校准电路方框

直流稳压电源是一个具有标准电压输出的电子稳压电路。输出电压的稳定性和标准性主要依赖于电子稳压电路中的稳压二极管。因此，该稳压二极管的稳压准确性必须保证。

输出器为精密衰减器提供一个标准 200V 直流电压和 1kHz 正的方波信号。它是射极输出器，在作方波输出时，它的基极加有 1kHz 的方波信号，控制射极输出器输出幅度足够大的方波信号。

精密衰减器由一系列精密电阻组成，通过它输出各种数值的标准电压。

控制器分为倍率控制、偏差控制、方式控制。倍率控制控制各种标准输出电压的倍率，分为 ×0.3，×0.4，×0.6，×0.8 五挡。偏差控制是用电位器调节偏差电压，这个偏差值可在表头上读出。方式控制完成“0”电平、负直流电压、正直流电压和方波输出的选择。

三、上升时间校准电路

这是一个整形电路，对来自校时方波信号进一步整形，以得到一个较快的上升沿输出。该电路采用高频管、高速开关二极管，它的组成如图 8—16 所示。该电路采用放大限幅的方法得到一个上升沿很快的输出。

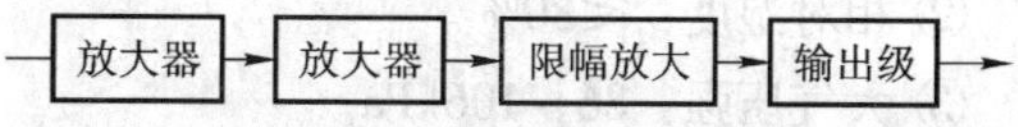

放大器 → 放大器 → 限幅放大 → 输出级 →

图 8—16 上升时间校准电路方框图

四、触发（同步）输出电路

如图 8—17 所示，市电频率信号输入经变压器降压后送由 R_1C_1 组成的高频干扰滤波电路滤除高频干扰，最后经 R_2，R_3 分压，由电位器 R_3 抽头输出 0～1V 可调的触发（同步）输出。

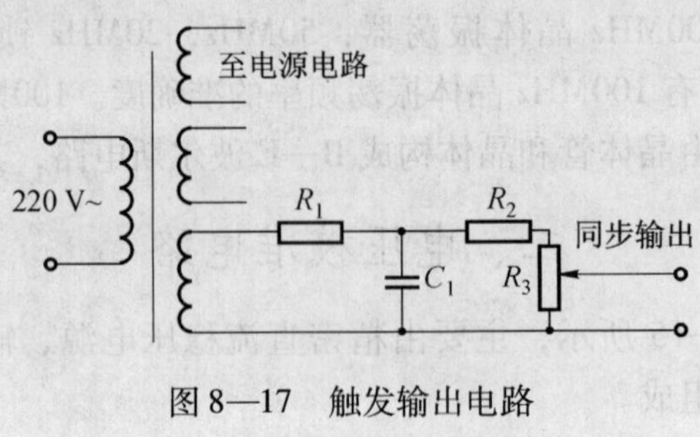

图 8—17 触发输出电路

第五节 模拟示波器的检定

一、概 述

1. 概述

模拟示波器是以直角坐标为参考系数，以时间扫描为时基两维地显示物理量－电量瞬时变化的仪器。它不但能观测低频信号（包括单次信号），同时也能观测高频信号和快速脉冲信号，并能对其表征的参量进行分析和测量。然而，数字示波器相继问世，更便于测试单次信号，它不但能对波形进行显示，还能对波形进行存储、分析、计算，并能组成自动测试系统。现代模拟、数字示波器对电信号的观测显示更方便、更完善，是科研生产常用的工具之一。

2. 模拟示波器检定规定

模拟示波器检定规程适用于新制造、使用中和修理后的（带宽 500MHz 以下）模拟示波器的检定。对数字示波器相应项目的检定也可参照本规程进行。

二、检定条件和检定设备

（一）检定环境条件

① 环境温度：(20±5)℃。

② 相对湿度：≤80%。

③ 大气压强：86～106kPa。

④ 电源：(220±11) V；(50±1) Hz。

⑤ 室内无阳光及其他强光直射；附近无强磁场。

⑥ 周围环境：无外界电磁场干扰和机械振动的影响。

（二）检定设备

模拟示波器检定装置用的设备如表 8—1 所示。

表 8—1 模拟示波器检定装置用的设备

仪器名称	技 术 要 求
示波器校准仪	时标周期：1ns ~ 5s ±0.01% 电压范围：200μV ~ 100V（1MΩ，1kHz） +0.25% ~ ±0.5% 5mV ~ 2V（50Ω，1kHz）±0.5% DC 电压输出：-200V ~ +200V ±0.25% 快前沿脉冲：$t_r \leqslant 230ps$ 按 t_{r1}（标准期上升时间）$\leqslant t_{r2}$（示波器上升时间）/3 选取 上冲量：≤5% 顶部不平度：±4% 幅度比较器：100mV ~ 100V，±1%
稳幅信号发生器	频率范围：10kHz ~ 1 000MHz（可按示波器带宽要求选取） 输出幅度：>1V 有效值（50Ω） 电压不平度：优于 ±0.5dB 谐波失真：2nd < 35dB 3nd < 40dB
通用计数器	测量范围：100MHz，晶体稳定度 2×10^{-7}/d 输入灵敏度：20mV
脉冲幅度测量仪	测量范围：±（10mV ~ 10V） 准确度：±200μV/U_x ± 直流数字电压表误差
数字多用表 （带有四线电阻测试）	分辨力：1μV 准确度：优于 ±0.25%
高灵敏度示波器	带宽：DC ~ 1MHz（-3dB） 共模抑制比：≥10^4 : 1 最小偏转系数：100μV/div
正弦信号发生器	频率范围：1Hz ~ 50MHz 谐波失真：2nd < 35dB 3nd < 40dB 输出幅度：≥1V 有效值，50Ω
功率分配器	频率范围：DC ~ GHz 插入损耗：6dB ± 1dB 输出不对称性：<0.15dB 驻波系数：<1.10
功率计 （超高频毫伏表）	频率范围：1 ~ 500MHz，-70 ~ 0dB ± 3%
同轴固定衰减器	规格：3dB，6dB，10dB，15dB，20dB，（DC ~ 2GHz，50Ω）
电子秒表	走时精度：优于 0.01（30min）
转接头及负载	50Ω 通过式负载 ±0.1%
电缆及高频三通	高频电缆，特性阻抗 50Ω

三、技术要求、检定项目和检定方法

（一）外观及功能正常性检查

1. 外观要求

被检示波器外观应完整无损，所有旋钮开关应牢固可靠、定位准确、接触良好、操作灵活、调节平滑，不应有影响操作的任何机械损伤。

2. 检定前准备

检定前准备接通电源，按说明书要求预热，具有开机自检功能的示波器应自检通过。然后将被检示波器校准信号（或外接示波器校准仪快沿脉冲）输出接至垂直输入端，调节前面板各控制旋钮使其波形显示稳定，同时按说明书给出的操作程序对前面板各旋钮功能作定性的检查。例如：探头、内触发极性、波形失真、辉度、噪声、主扫描、延迟扫描等功能工作正常，方可进行检定。

3. 触发特性的检查

（1）内触发（同步）检查

a. 按图 8—19(a)所示连接，示波器设置如下：

垂直方式：CH1 ON（V/div 按需要设置）；

触发选择：正常，+极性；

触发源：内；

水平显示：A，s/div 置合适。

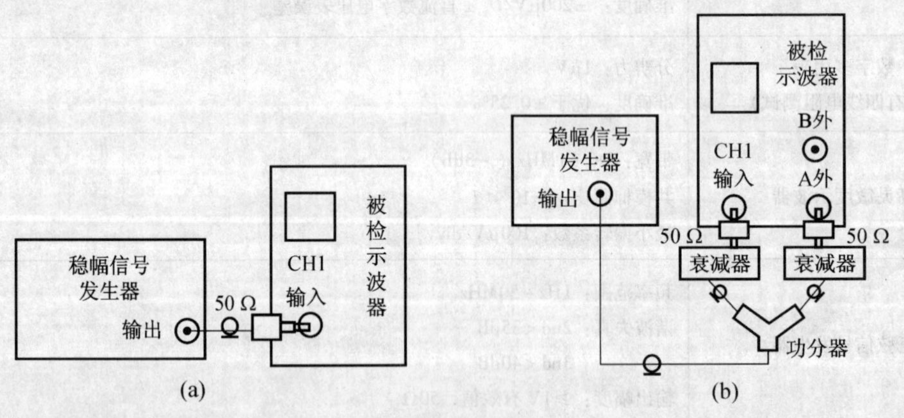

图 8—18 触发检查接线图

b. 置发生器输出频率为被检示波器带宽的上限和（下限）频率，分别调节输出幅度及示波器触发电平，使屏幕上能显示稳定波形，其高度应符合被检示波器说明书中规定的技术要求。

c. 水平显示置“B”，重复 b 项，检查延迟扫描内触发电平。

d. 重复 b、c 项，对其他各通道分别进行检查。

（2）外触发（同步）检查

a. 按图 8—19(b)所示连接，示波器设置如下：

垂直方式：CH1 ON（V/div 按需要设置）；

水平显示：A；

触发方式：外触发，正常。

b. 置发生器为被检示波器带宽的上限和（下限）频率，分别调节发生器输出电压及示波器触发电平，使屏幕上能显示稳定波形，其电压幅度应符合被检示波器说明书中规定的电压峰—峰值要求。

c. 触发方式置“自动”，延迟触发源置“外”，将图 8—18(b) 中“A”外触发信号断开，并改接至“B”延迟外触发输入端（水平显示置“B”）。

d. 重复 b 项，检查“B”延迟外触发同步电压应符合说明书技术要求。

e. 触发特性应取示波器频带宽度范围内上限和下限频率点进行检查。应在各通道和示波器规定的触发方式分别进行检查。

4. 延迟时间范围的检查

a. 按图 8—19(a) 所示连接，示波器设置如下：

垂直方式：CH1 ON（V/div 按需要设置）；

水平方式：加亮，（s/div B 置最小挡，A 比 B 慢两挡）；

触发方式：自动。

b. 调节触发电平旋钮，使屏幕显示稳定的加亮波形，将延迟倍率旋钮逆时针旋至最小，适当增加亮度以能清晰判明加亮位置和 A 扫描起始点的正确位置。

c. 示波器置 Δt 测量状态，调节第一个光标测量点到 A 起始点，第二个光标测量点到开始加亮的位置（B 扫描起始点），如图 8—19(a) 所示。从屏幕直接读出 Δt 时间即为被检示波器的最小延迟时间 t_{dmin}。

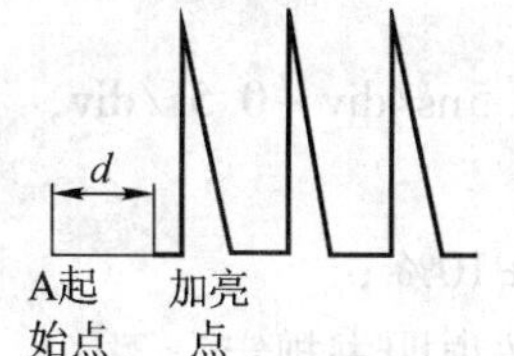

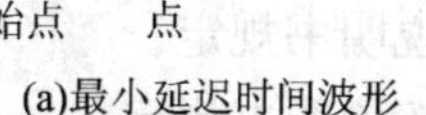

(a)最小延迟时间波形

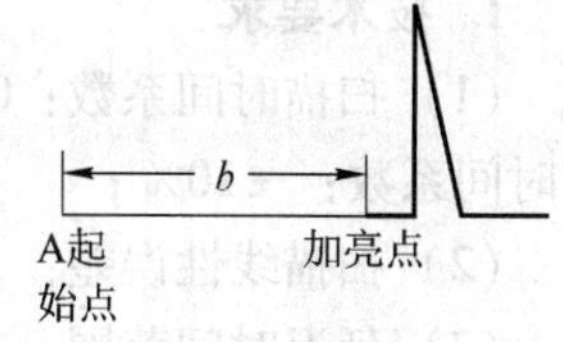

(b)最大延迟时间波形

图 8—19　延迟波形图

d. 当被检示波器没有 Δt 测量功能时，则直接从图 8—19(a) 中读出 A 扫描起始点到延迟扫描起始点（开始加亮点）间的宽度 d，t_{dmin} 按式（8－17）计算：

$$t_{dmin} = d \times A(\text{扫描时间系数}) \tag{8-17}$$

e. 置 A 扫描时间系数最慢挡（如：0.5s/div），B 扫描时间系数在相邻挡级（如：0.2 s/div），“延迟倍率”度盘顺时针旋至最大，调节触发电平，使屏幕显示图 8—19(b) 的波形。

f. 示波器置 Δt 测量状态，调节第一个光标测量点到 A 扫描起始点，第二个光标测量点到加亮点（延迟扫描起始点），则在屏幕上方直接读出 Δt 时间即为最大延迟时间 t_{dmax}。

g. 当被检示波器没有 Δt 测量功能时，则直接从图 8—19(b) 中读出 A 起始点至 B 延迟扫描起始点的宽度 b，则最大延迟时间 t_{dmax} 由式（8－18）计算：

$$t_{dmax} = d \times A\ (\text{扫描时间系数}) \tag{8-18}$$

h. 延迟时间范围应满足说明书技术要求。

注：延迟时间范围可按需要时进行检查。

5. 延迟时间晃动比检查

a. 按图 8—19(a)所示连接，示波器设置如下：

垂直方式：CH1 ON（V/div 按需要设置）；

水平方式：B（s/div 置最小挡，如：20ns/div）；

(置 A 比 B 慢 1 000 倍，如：20μs/div)；

触发方式：自动；

延迟度盘：顺时针旋至最大。

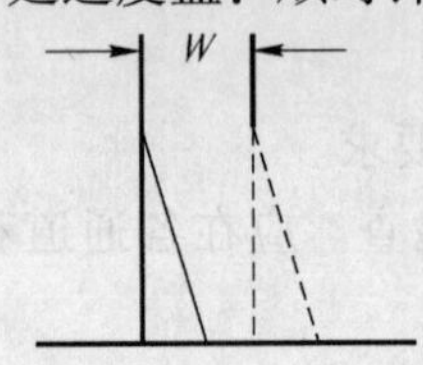

图 8—20 晃动检定波形

b. 时标输出周期置 B 扫描时间系数值附近，调节触发电平使屏幕稳定显示图 8—20 所示波形。记下在水平方向晃动的宽度（W）格，则延迟晃动比 R_d 由式（8－19）计算：

$$R_d = \frac{\Delta t_d}{t_d} \tag{8-19}$$

式中：Δt_d——光迹抖动的最大宽度 W 与 B 延迟扫描时间系数的乘积；

t_d——延迟度盘刻度值与 A 扫描时间系数的乘积。

注：该项检查可按需要进行。

（二）水平偏转系统的检定

1. 技术要求

（1）扫描时间系数：0.5ns/div～0.5s/div，±2%（1s/div～20s/div，±10%）；扩展扫描时间系数：±10%；

（2）扫描线性误差：±10%；

（3）延迟时间范围：按说明书规定；

（4）延迟扫描晃动比：按说明书规定。

2. 扫描时间系数

（1）扫描时间系数≤5 s/div 时的检定

a. 按图 8—21(a)所示连接，示波器设置如下：

垂直方式：CH1 ON（V/div 置合适挡）；

水平方式：A（s/div 置最小挡）；

扫描微调：校准；

触发源：内。

b. 置时标周期与 A 扫描时间系数相一致，调节 A 触发电平，使屏幕显示图 8—21(b)波形。按校准仪“T 误差”键，调微调旋钮使时标波形第二个波峰和第 10 个波峰分别与对应 10% 和 90% 的水平刻度线相重合，此时误差显示读数即为扫描时间系数该挡级误差（Hi 指示灯亮，表示示波器该挡量程为正误差；Lo 指示灯亮，表示示波器该挡量程为负误差）。

注：当用指针式偏差表头的示波器校准仪时，表头指示值为扫描时间系数误差的修正值，其误差应反符号。

c. 当检定 1～50 ns/div 各挡扫描时间系数时，不能调节偏差表头，这时根据图 8—21(b)的显示，由下式计算扫描时间系数误差 δ_t：

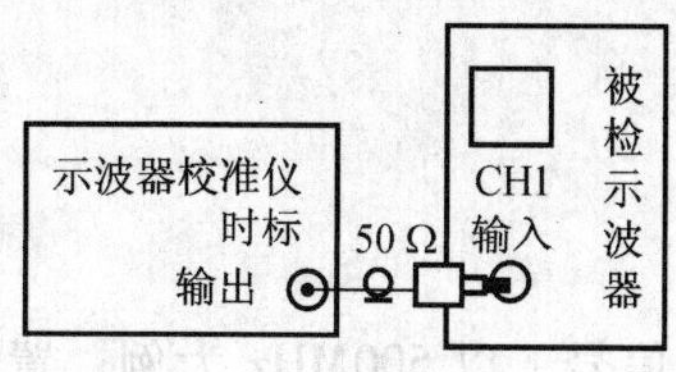

(a)扫描时间系数的检定

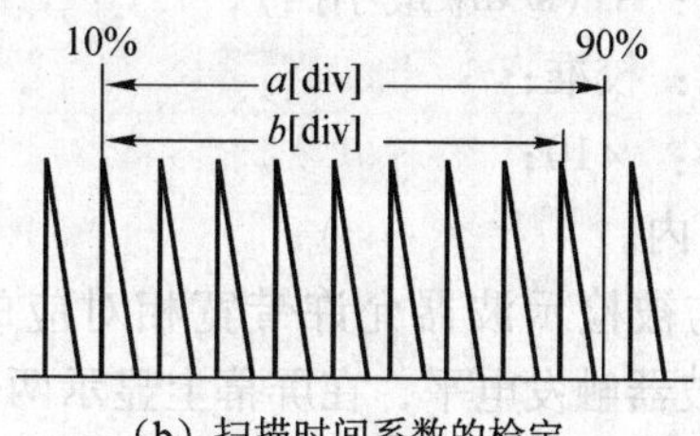

(b) 扫描时间系数的检定

图 8—21 扫描时间系数的检定

$$\delta_t = \frac{b-a}{a} \times 100\% \tag{8-20}$$

式中：a——水平方向检验工作面内 80% 的标称长度（通常为 8div）；

b——时标信号在检验工作面 80% 的格数相对应的个数所占的实际长度。

d. 置示波器水平显示“B”，触发方式置“延迟”，B 扫描时间系数置最小挡，A 扫时间系数比 B 慢两挡级，调节 B 触发电平旋钮，使屏幕显示图 8—21(b)波形，按 b，c 款的方法检定延迟扫描时间系数误差。

3. 扫描时间系数 >5s/div 时的检定

a. 按图 8—21(a)所示连接，示波器设置如下：

垂直方式：CH1 ON（V/div 置合适挡）；

水平方式：A（s/div 置被检挡）；

扫描微调：校准；

触发源：内。

b. 适当调节辉度旋钮，使屏幕上光点亮度适中，调节“水平位移”钮，使光点对准 X 轴起始标尺刻度，再调节“触发电平”钮，使之触发扫描（此时光点聚亮），待光点移至 X 轴第二根标尺刻度（10% 处）的同时，按下秒表计时；待光点移至 X 轴第十根标尺刻度（90% 处）的同时，再按下秒表停止计时，则秒表指示值 t_0（s）即为该挡级（从 X 轴的 10% 至 90% 长度）的扫描时间，按公式（8 - 21），（8 - 22）计算扫描时间系数 k_b（s/div）及误差 δ_t：

$$k_b = \frac{t_0}{8} \tag{8-21}$$

$$\delta_t = \frac{t_i - t_0}{t_0} \times 100\% \tag{8-22}$$

式中：t_i——光点从 X 轴 10% 至 90% 长度的标称扫描时间。

注：扫描时间系数最小挡级允许扣除视在延迟时间 t_d，应在 A，B 扫描时间系数各挡级分别进行检定，扫描时间系数误差应满足说明书技术要求。

4. 扩展扫描时间系数

a. 按图 8—21(a)所示连接，示波器设置如下：

垂直方式：CH1 ON（V/div 置合适挡）；

水平方式：A（s/div 最小挡）；

扫描微调：校准；

扫描扩展：×10；

触发源：内。

b. 输入与被检示波器允许带宽相对应的时标信号。以 500MHz 为例，置校准仪输出 2ns，调节示波器触发电平，在屏幕上显示两个周期波形（最小扫描时间系数不同，输入时标也不同，屏幕显示波形个数也不同），如图 8—22 所示，则该挡扩展扫描时间系数误差由式（8-22）计算。应满足说明书技术要求；应在 A，B 扩展扫描时间系数的最小三个挡上进行检定。

c. 对带宽在 50MHz 以下的示波器最小扩展扫描时间系数一般为 0.1μs/div 或0.2μs/div，可直接调偏差表头来读测其误差，请按 4. b 项方法进行检定。

5. 扫描线性

a. 按图 8—21(a)所示连接，示波器设置如下：

垂直方式：CH1 ON（V/div 置合适挡）；

水平方式：A（s/div 置最小挡）；

扫描微调：校准；

触发源：内。

b. 置校准仪时标周期与扫描时间系数相对应，调节 A 触发电平，使波形在屏幕居中稳定显示，如图 8—23 所示。

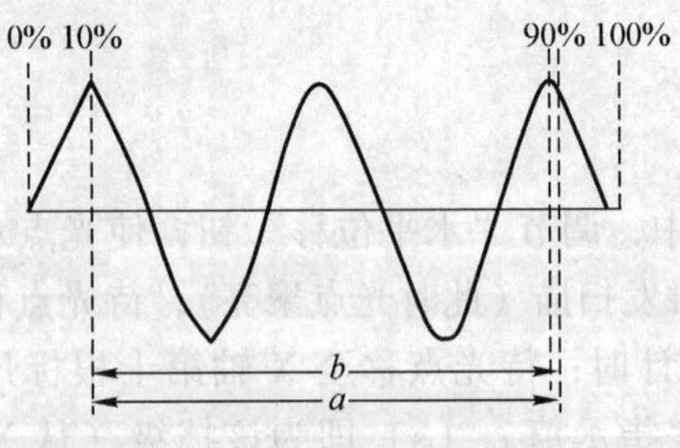

图 8—22 扩展扫描时间系数检定波形

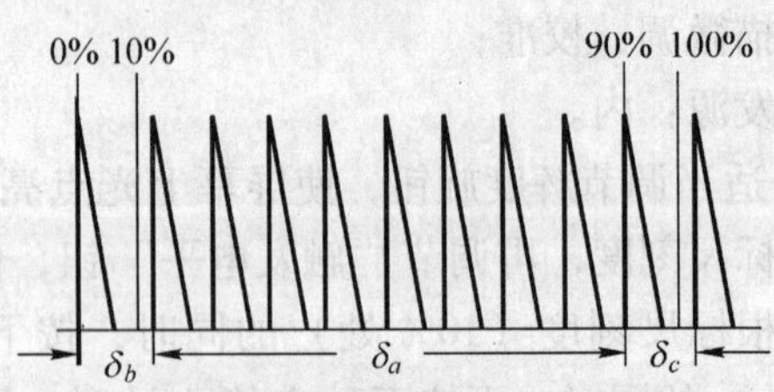

图 8—23 扫描线性检定波形

c. 按进“T 误差”键，调节其微调旋钮，分别测出扣除视在延迟时间后，在检验工作面 80% 内的平均时间系数误差 δ_a 与两边缘 10% 区间内的平均时间系数 δ_b 和 δ_c，则扫描线性误差 δ_{S1} 按公式（8-23）、（8-24）计算（取两者中较大值）：

$$\delta_{S1} = \left|\frac{\delta_a - \delta_b}{1 + \delta_b}\right| \tag{8-23}$$

$$\delta_{S1} = \left|\frac{\delta_a - \delta_c}{1 + \delta_c}\right| \tag{8-24}$$

式中：δ_a——屏幕中心 80% 检验工作面内平均扫描时间系数误差；

δ_b——边缘 0%~10% 区间内的平均扫描时间系数误差；

δ_c——边缘 90%~100% 区间内的平均扫描时间系数误差。

注：线性误差的检定应在扫描时间系数的最小挡、中间挡分别进行，也可按需要时进行

检定。

6. Δt 时间测量

a. 按图 8—21(a)所示连接，示波器设置如下：

垂直方式：CH1 ON（V/div 置合适挡）；

水平方式：A（s/div 置最小挡）；

触发源：内。

b. 示波器置 Δt 测量状态，将两光标线调到水平检验工作面的 80% 范围，并使屏幕显示 Δt 为 1，2，5 步进的整数。

c. 输入相应的时标信号，调节校准仪"T 误差"细调钮，使两侧时标信号分别与两光标线重合，读出校准仪上显示误差 δ_1，即为"Δt 时间测量"该挡的误差。

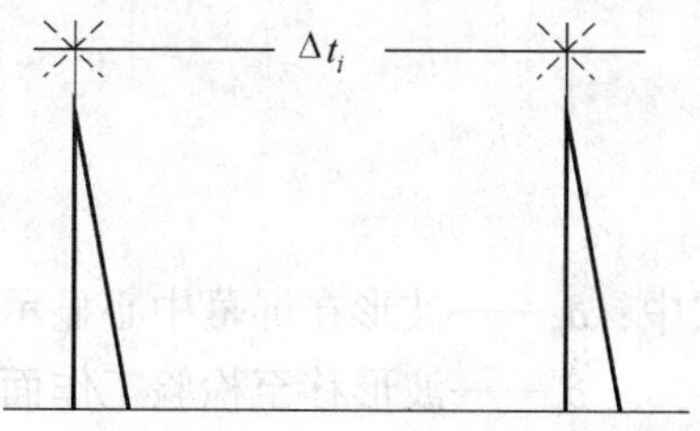

图 8—24　时间测量检定波形

d. 当校准仪无"T 误差"功能时，置校准仪时标周期 t_i 使屏幕显示两个以上的周期波形，调节两光标测量线（或两光标测量点）分别对准并重合于水平刻度 80% 检验工作面内的两个时标见图 8—24 所示。读出屏幕上光标显示值 Δt_i，按式（8－25）计算时间测量误差 Δt，应满足说明书内的技术要求。

$$\Delta t = \frac{\Delta t_i - t_i}{t_i} \times 100\% \qquad (8-25)$$

式中：t_i——示波器校准仪输出时标周期；

Δt_i——屏幕光标显示读数。

e. Δt 时间测量检定应在水平刻度的 80% 检验工作面内进行；应在扫描时间系数各挡级分别进行检定。

（三）垂直偏转系统的检定

1. 技术要求

（1）垂直偏转系数：1mV/div ~ 5V/div，±2%；

（2）频带宽度：DC ~ 100MHz，200MHz，300MHz，500MHz 等（－3dB）；

（3）垂直位移线性误差：±5%；

（4）瞬态响应：上升时间 $t_r = \frac{0.35}{f_{(-3dB)}}$；

上冲量 ±5%

顶部不平度 ±5%。

（5）输入电阻：1MΩ（1 ±1%）；50Ω（1 ±1%）

2. 垂直位移线性误差

a. 按图 8—26(a)所示连接，示波器设置如下：

垂直方式：CH1 ON（50mV/div）；

水平方式：A（0.5ms/div）；

触发方式：内。

b. 调节校准仪脉冲幅度，使波形在屏幕中心显示，且占检验工作面的50%高度为 a，调校准仪"V误差"键，使波形与 a 格的刻度线重合，读得误差 δ_a。

c. 调节垂直位移旋钮，将波形分别移至检验工作面的上（下）两端，显示 $b(c)$ 格，分别调节校准仪"V误差"微调钮，使波形分别与 $b(c)$ 格的刻度线重合，读得显示误差 $\delta_b(\delta_c)$。

d. 垂直位移线性误差 δ_{s1} 由（8-26）、（8-27）两式计算（取两者中较大值）：

$$\delta_{a1}=\left|\frac{\delta_b-\delta_a}{1+\delta_a}\right| \tag{8-26}$$

$$\delta_{a1}=\left|\frac{\delta_c-\delta_a}{1+\delta_a}\right| \tag{8-27}$$

式中：δ_a——波形在屏幕中心显示检验工作面50%高度时的偏转误差；

δ_b——波形移至检验工作面上端时的偏转误差；

δ_c——波形移至检验工作面下端时的偏转误差。

e. 垂直位移线性误差应满足说明书技术要求，该项目可按需要时进行检定。

3. 输入电阻

a. 按图8—25所示连接，示波器设置如下：

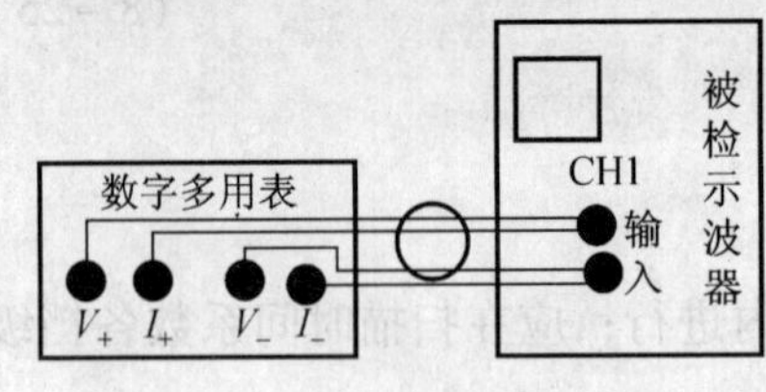

图8—25 输入电阻的检定

电源：关；

输入电阻：50Ω；

输入耦合：DC。

b. 数字多用表置"四线电阻"测量状态，用 Q_9——香蕉接头的电缆，一端接至数字多用表的四线测量连接端，Q_9 头接至示波器CHI输入端。

c. 读出此时数字多用表显示的电阻测量值 R_0，按式（8-28）计算输入电阻误差 δ_R。应满足说明书技术要求。

$$\delta_R=\frac{R_i-R_0}{R_0}\times100\% \tag{8-28}$$

式中：R_i——输入电阻标称值；

R_0——输入电阻实测值。

d. 置示波器输入电阻为1 MΩ，重复c项测出其误差。

e. 重复b，c，d项方法，对各通道输入电阻分别进行检定。

4. 垂直偏转系数

a. 按图8—26(a)所示连接，示波器设置如下：

垂直方式：CHI ON（V/div置最小挡）；

垂直微调：校准；

水平方式：A（500μs/div左右）；

输入耦合：DC；

触发方式：内。

b. 置校准仪输出脉冲 1kHz，改变其输出幅度和电压倍率，使显示波形高度为屏幕检验工作面的 80% 左右（通常为 6div）。此时调校准仪"V 误差"微调旋钮，直到脉冲的上下基线与示波器水平刻度完全重合，校准仪显示的误差值为该挡偏转系数误差 δ_V（当"HIGH"灯亮时，表示正误差；"LOW"灯亮时，表示负误差）。

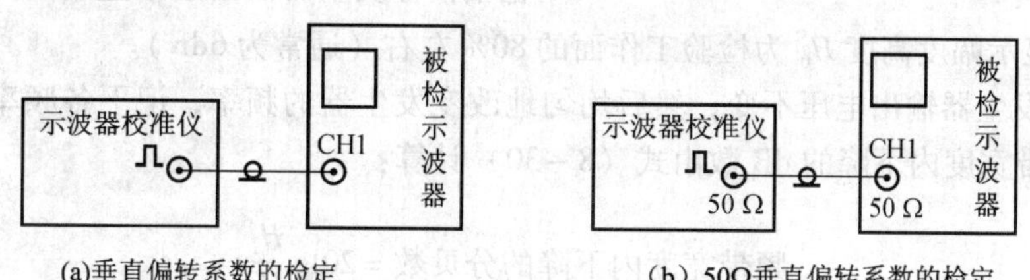

图 8—26 垂直偏转系数检定接线图

c. 当图 8—26(a)中示波器校准仪为 S03，S04，S06 等，则偏差表头读数为偏转系数修正值，其误差应反符号。

d. 重复 b，c 项方法，对其他各通道的各偏转系数挡级分别进行检定。

e. 按图 8—26(b)所示连接，示波器输入阻抗置 50Ω。

f. 重复 b 项的方法，对各通道的 1 mV/div ~ 0. 5V/div 各偏转系数挡级进行检定。

5.（ΔV）幅度测量

a. 按图 8—26(a)所示连接（当示波器输入阻抗为 50Ω 时，按图 8—26(b)所示连接）。

b. 示波器置 ΔV 测量状态，将两光标线调到垂直检验工作面的 80% 范围并使屏幕显示 ΔV 值为 1，2，5 步进的整数。

c. 输入相应的脉冲幅度，并调节校准仪"V 误差"微调旋钮，使脉冲幅度分别与上下两光标线完全重合，读出校准仪上显示误差 δ_V 则为 ΔV 测量误差。应满足说明书内的技术要求。

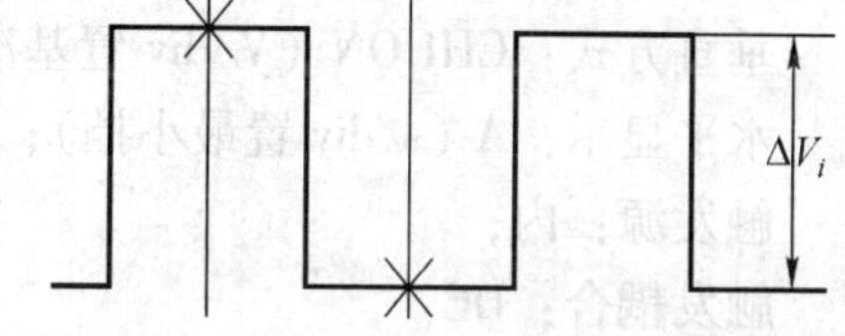

图 8—27 电压测量检定波形

d. 当校准仪无误差微调时，改变校准仪输出脉冲幅度，使屏幕显示波形高度为检验工作面的 80% 左右（通常为 6div），如图 8—27 所示。

e. 调整 ΔV 两光标测量线（或两光标测量点）分别与脉冲幅度的上下基线完全重合，读取屏幕上方显示的 ΔV_i 值，按式（8 - 29）计算 ΔV 测量功能的误差 δ_V。应满足说明书内的技术要求。

$$\delta_V = \frac{\Delta V_i - V_i}{V_i} \times 100\% \quad (8-29)$$

式中：V_i——示波器校准仪输出脉冲幅度标称值；

ΔV_i——屏幕显示读数。

f. 重复 a ~ e 项，对各通道的各垂直偏转系数挡级分别进行检定。

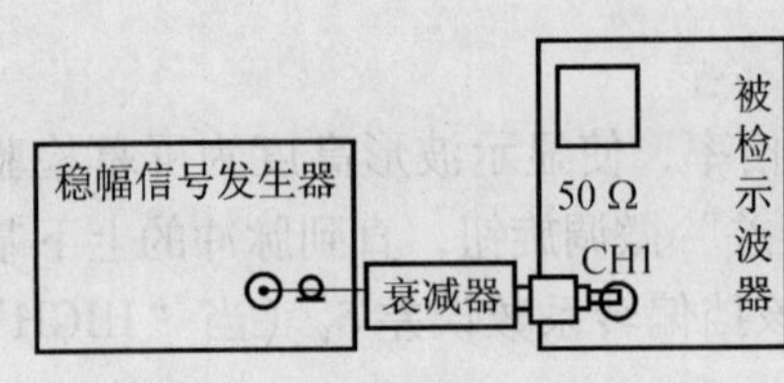

图 8—28 频带宽度的检定

6. 频带宽度

a. 按图 8—28 所示连接，示波器设置如下：

垂直方式：CHl ON（V/div 置基准挡）；

水平方式：A（s/div 置合适挡）；

耦合方式：DC。

b. 稳幅信号发生器输出频率置 50kHz 调节输出电压，使屏幕显示幅度高度 H_0 为检验工作面的 80% 左右（通常为 6div）。

c. 保持发生器输出电压不变，然后均匀地改变发生器的频率，记下各频率点的波形高度 H_i，则频带宽度内下降的 dB 数由式（8－30）计算：

$$\text{频带宽度内下降的分贝数} = 20\lg \frac{H_i}{H_0} \tag{8-30}$$

式中：H_i——各频率点显示的幅度高度；

H_0——基准频率点显示幅度的高度。

d. 当信号发生器频率向示波器上限频率继续升高时，显示高度降为 $0.707H_0$（即 4.2div）时对应的频率即为示波器频带宽度实测值。

e. 重复 a ~ d 项，对 2mV/div ~ 200mV/div 各偏转系数挡级和各通道上分别进行频带宽度的检定。

注：(1) 图 8—28 中衰减器需要时接。

(2) 检定低频示波器时，基准频率可选 1kHz；300MHz 带宽以下示波器，基准频率可选 50kHz 或 100kHz；300MHz 带宽以上的示波器，基准频率可选 1MHz 或 6MHz。

7. 脉冲瞬态响应的检定

a. 按图 8—29(a)所示连接，示波器设置如下：

垂直方式：CHI ON（V/div 置基准挡）；

水平显示：A（s/div 置最小挡）；

触发源：内；

触发耦合：DC。

b. 快沿脉冲周期置 1 μs，被检示波器带宽低于 40MHz 时，将前置输出脉冲馈入示波器外触发输入端（带宽高于 40MHz 时，示波器置内触发）。

c. 调节快沿脉冲输出幅度，使波形占检验工作面高度的 80% 左右，使波形幅度 A 的 0% 和 100% 线分别与上下两水平刻度线对齐，将扫描时间系数扩展 ×10，调节水平位移使波形的前沿中点位于屏幕中央，并使波形幅度的 10% 和 90% 点分别与坐标的 10% 和 90% 刻度线相交，如图 8—29(b)所示，被检示波器上升时间 t_r，由式（8－31）计算：

$$t_r = \text{扩展后的实测扫描时间因数} \times L \tag{8-31}$$

式中：L——从基本幅度 A 的 10% 到 90% 在水平方向所占长度（div）；

A——取示波器上升时间 25 倍处的波形高度平坦部分。

d. 从屏幕上读出此时的上冲量 b 倍的值和顶部不平坦度 Δc，由式（8－32）、（8－33）计算：

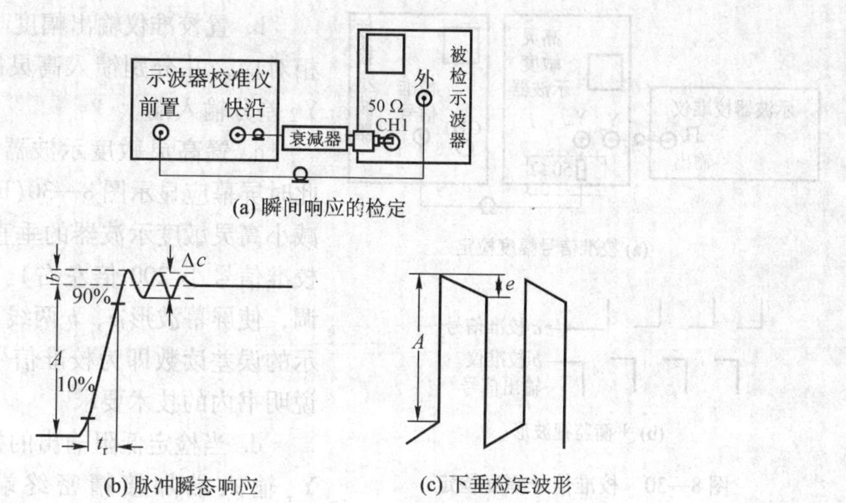

(a) 瞬间响应的检定

(b) 脉冲瞬态响应

(c) 下垂检定波形

图 8—29　瞬间响应的检定和波形

上冲量

$$S_b = \frac{b}{A} \times 100\% \tag{8-32}$$

顶部不平度

$$\delta_f = \frac{\Delta c}{A} \times 100\% \tag{8-33}$$

e. 按产品说明书规定，置快沿脉冲宽度 T_W，示波器置耦合方式，调节脉冲波形高度 A 至检验工作面高度的 80%，记下 A 和 e 值，如图 8—29(c) 所示。按式（8-34）计算：

下垂量：

$$\delta_e = \frac{e}{A} \times 100\% \tag{8-34}$$

注：(1) 当没有脉冲宽度可调的仪器时，使用 T_W 大于说明书给定持续时间 T 的发生器。但此时 e 的读数仍应按技术要求中规定的宽度处读出。

(2) 本项目应按技术要求进行检定。

(3) 测得的上升时间必需按实测时间系数误差进行修正。

(4) 上述这些参量检定结果应满足说明书技术要求。

（四）校准信号的检定

1. 技术要求

(1) 校准信号幅度：0.02V，0.2V，0.5V，1V，2V（峰—峰值）等，±2%

(2) 校准信号频率：1kHz，1MHz 等，±0.01%

2. 校准信号幅度的检定

(1) 方法一

a. 按图 8—30(a) 所示连接，高灵敏度示波器设置如下：

垂直偏转：V/div 置合适挡；

水平偏转：500μs/div；

输入耦合：接地。

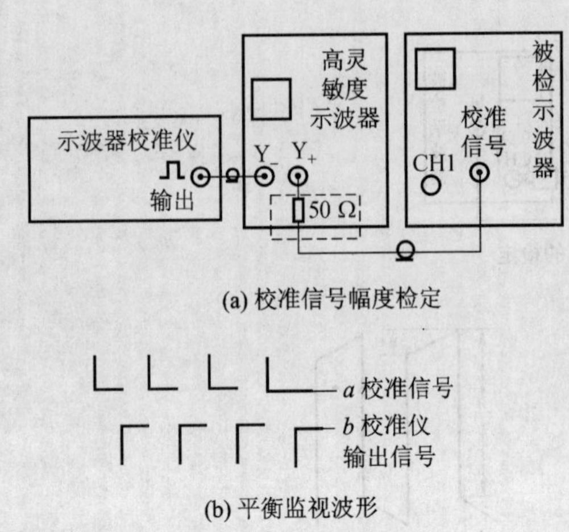

(a) 校准信号幅度检定

(b) 平衡监视波形

图 8—30 校准信号幅度检定

b. 置校准仪输出幅度与被检校准信号幅度相对应，并分别馈入高灵敏度示波器的 Y_+ 和 Y_- 差分输入端。

c. 置高灵敏度示波器输入耦合为“DC”，此时屏幕应显示图 8—30(b)所示波形。再逐步减小高灵敏度示波器的垂直偏转系数（比被检校准信号小 200 倍左右）。调节校准仪电压微调，使屏幕波形 *a*，*b* 两线重合，此时校准仪显示的误差读数即为校准信号幅度误差。应满足说明书内的技术要求。

d. 当检定低阻输出的校准信号幅度时，将 Y_+ 输入端加接精密终端电阻［50Ω（1 ± 0.1%）］，如图 8—30(a)虚线框内所示。重复 a，b，c 项方法进行检定。

（2）方法二

用带有脉冲幅度比较器的程控示波器校准仪检定校准信号幅度，可按图 8—31(a)所示连接（也可以利用被检示波器本身作为平衡监视器使用）。

a. 置校准仪“幅度比较”输出状态，调整输出幅度与被检校准信号幅度相对应，输出频率置 DC，此时高灵敏度示波器显示平衡监视波形图 8—31（b)所示。

b. 置高灵敏度示波器垂直偏转系数比被检信号幅度小 20 倍左右，再调节校准仪电压误差微调，使两信号幅度顶部完全重合，此时校准仪显示的百分数值即为被检校准信号幅度误差（Hi 指示灯亮时为正误差；Lo 指示灯亮时为负误差）。应满足说明书技术要求。

c. 重复 a，b 项方法，对各校准信号幅度分别进行检定。

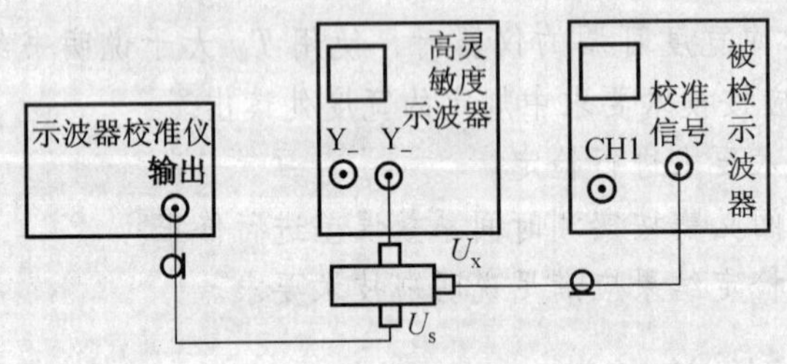

(a) 校准信号幅度检定

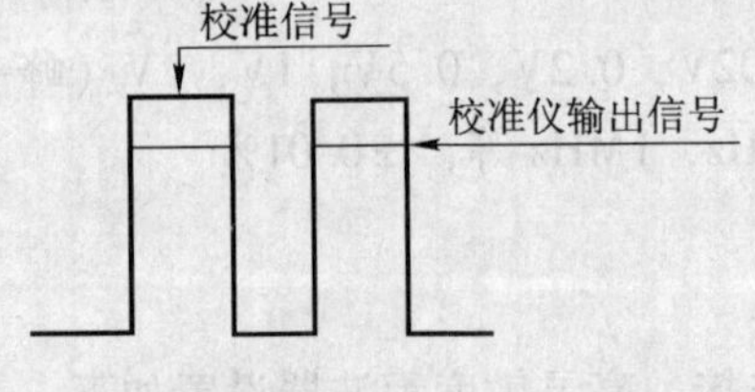

(b) 校准信号幅度平衡监视波

图 8—31 校准信号幅度检定二

3. 校准信号频率

将校准信号的输出经电缆直接馈至通用计数器输入端，读出其计数器指示值f，则校准信号频率误差δ_i按式（8－35）计算：

$$\delta_f = \frac{f_i - f}{f} = 100\% \tag{8-35}$$

式中：f_i——校准信号频率标称值；

f——校准信号频率实测值。

注：本规程是针对模拟示波器的，它也适用于数字示波器相应项目的检定。但由于两者所采用的原理、方法不同，所以在某些检定项目和检定方法上有所不同，而目前国内尚无数字示波器检定规程，为适应当前急需，本规程附录中特增加关于数字示波器的几个检查项目，仅作参考。

四、检定结果处理和检定周期

1. 对被检示波器，应依据本规程的规定及有关产品说明书内的技术指标要求进行判定。

2. 各项目检定结果符合要求，应发给检定证书；否则，发给检定结果通知书并注明超差项目。

3. 正常使用中的示波器，检定周期为1年；经修理后的示波器，应进行检定。

五、数字示波器参考检定项目

（一）数字示波器（ΔV）电压测量的检定

a. 按图8—32所示连接，示波器设置如下：

垂直方式：CHI ON V/div 置最小挡；

触发方式：自动；

捕捉方式：平均（设定合适的平均次数）；

ΔV Marker：ON。

b. 校准仪输出置零，调节示波器垂直位移旋钮，使零扫描线置屏幕80%检验工作面高度的底部，再调节标尺1线（Vmarkerl）与零扫描线重合；然后置校准仪输出直流为V_i，使其幅值达到80%检验工作面高度，调节标尺2线（Vmarker2）使之重合于顶部扫描线，记录此时屏幕显示的ΔV_i值，由式（8－29）计算电压（ΔV）测量误差。

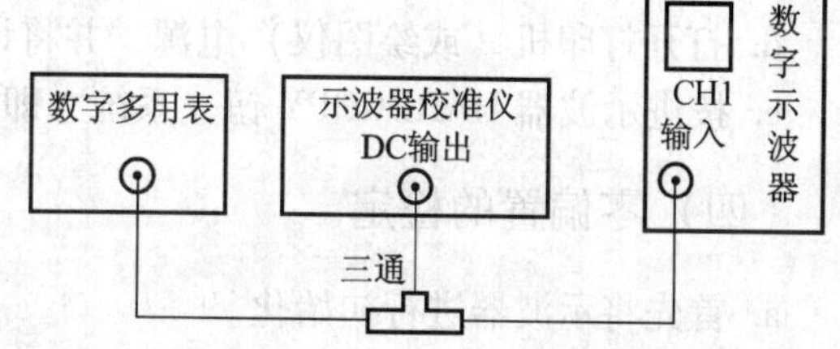

图8—32　数字示波器ΔV电压测量的检定

其中V_i为数字电压表上监视的校准仪直流输出幅度。

c. 重复a，b项，对各通道的各偏转系数挡级分别进行检定。

（二）最高采样率的检查

a. 按图8—28所示连接，输入正弦波信号。

b. 对TDS系列示波器：设置为“显示”方式及选择其“Intensified”（加亮一个区域），

在此显示方式下，置扫描时间系数到示波器最高采样率的挡级。（如：采样率为500ms/s时，置2ns/div）观测屏幕上波形的采样点。用光标测量功能测出两亮点间距Δt，则最高采样率由下式计算：

$$1/\Delta t = (\mathrm{ms/s}) \tag{8-36}$$

c. 对其他型号的示波器：输入一正弦波信号，周期为T，设置为“点显示”方式，并执行单次捕捉。此时，计算一个周期内显示的采样点数p，则最小采样间隔Δt按式（8-37）计算。代入式（8-36）计算其最高采样频率。

$$\Delta t(\mathrm{ns}) = T/p \tag{8-37}$$

应满足示波器说明书规定的最高采样率值。

d. 当检查最高采样率时，示波器应处于实时取样状态，否则将产生混叠现象。

注：本项目需要时也可按说明书规定的方法进行检查。

（三）接口功能的检查

对带有HP-IB和RS-232等接口功能的示波器，则按图8—33所示连接，按第三（三）7条检定的方法，使屏幕显示图8—29(b)的波形。

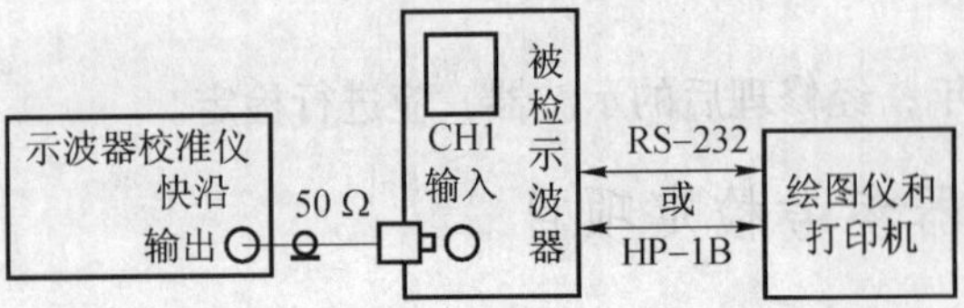

图8—33 接口功能检查

a. 用ΔV，Δt测出10%～90%的上升时间。

b. 按进示波器UTIL菜单钮，使显示RS-232或HP-IB主菜单（按需要设置）。

c. 根据说明书的要求，示波器地址置合适位置，驱动方式（drive mode）按外设而定。

d. 打开打印机（或绘图仪）电源，并将设置放在只听状态（Listen only）。

e. 按进示波器HARDCOPY钮，系统立即开始打印一份屏幕拷贝。接口功能工作正常。

（四）零偏置的检定

a. 首先将示波器进行初始化。

b. 水平显示1 ms/div，置高分辨率捕捉。

c. 垂直偏转系数置最小挡（如：1 mV/div），置ΔV测量功能，按H Bars钮。

d. 调节度盘旋钮，把HBar活动光标调至并重合于扫描基线的DC测试电平。

e. 读屏幕显示的光标读出绝对值（对TDS型为@值），应满足说明书规定零点偏置的技术要求。

f. 重复a～e项，对各通道的100mV，1 V等各挡进行检定。

（五）单次存储的检定

a. 按图8—28所示连接，示波器设置如下：

垂直方式：CH1 ON（V/div置合适挡）；

水平方式：A（s/div置50μV/div左右）；

显示方式：点显示（正弦内插，脉冲内插）；

触发方式：自动。

b. 稳幅信号发生器输出频率置 50kHz 基准，调节其输出电压使屏幕显示幅度为检验工作面高度的 80% 左右，读出此时波形高度为 H_0。

c. 示波器触发方式置“单次”，扫描时间系数置单次带宽时的最快挡，改变发生器频率至说明书规定的“单次带宽”频率，输出幅度不变，按进示波器“单次”功能钮，此时屏幕显示幅度为 H，则由式（8－38）计算单次存储带宽时的衰减量 A：

$$A = 20\lg \frac{H}{H_0} \tag{8-38}$$

应满足说明书规定的技术要求，本项目可按需要时检定。

第六节　示波器校准仪的检定

一、概　　述

1. 概述

示波器校准仪（以下简称校准仪）是一种脉冲波形类多参数综合性电子计量标准仪器，它由正、负直流电压，矩形脉冲，尖脉冲，稳幅正弦波和快沿脉冲及电流源等电路组成。具有频带宽，校准参数多，脉冲输出上升沿极快等特点。可用来校准示波器的主要技术指标。

2. 准确度要求

示波器作为通用的电子测量仪器，是有一定的准确度要求的。因此，为保证测量的可靠，必须对它作定期校准。20 世纪 60 年代出现的示波器校准仪有效地解决了示波器检定校准问题。如国产的 S03，S04 型适用于校准 100MHz 带宽以下的示波器；S06 和 NF4607 型则可用于校准 300MHz 带宽和 1GHz 带宽的示波器。我国于 1990 年推出了程控示波器校准仪，成为世界上第二个生产程控校准仪的国家。示波器待检的项目较多，必需检定的量程通常也有数十个。因此，用手动的方式进行检测、读数、记录、计算、打印证书将是一个相当繁琐的工作。利用程控示波器校准仪结合微机组成的自动测试系统可以提高功效 10 倍以上，而且提高了检定质量与管理水平。对于模拟示波器来说，由于所有测量结果都要靠操作人员从荧光屏上读出，而且要由手动方法更换量程与工作方式的设置，因此只能做到半自动检定。对于带有接口的可程控的数字示波器则可实现校准仪与示波器全部由微机控制实现全自动检定，操作人员只需按要求连接必要的电缆线即可。

二、检定环境条件、检定设备和检定项目

1. 检定条件

（1）环境条件

① 温度：（20 ±5）℃；

② 相对湿度：30% ~ 80% ；

（2）电源：220（1 ±5% ）V，（50 ±1）。

（3）无影响正常工作的振动和强电场、磁场。

2. 检定用设备

（1）计数器

功能：频率、时间间隔、计数；

频率测量范围：0.1Hz～5GHz；

时间间隔测量范围：1ns～10s；

最大允许误差（或准确度）：3×10^{-8}；

分辨力：9位/s。

（2）（高速）取样数字多用表，

直流电压范围及最大允许误差：

0～1 000V，±0.005%输入。

交流电压范围及最大允许误差：

0～700V，±0.01%输入。

频率范围：20Hz～1MHz。

采样速率：0～100kHz。

电阻测量范围及最大允许误差：

5Ω～1.5MΩ，±0.02%输入。

（3）示波器

带宽：DC～20GHz（上升时间应小于被测信号上升时间的三分之一）。

最大允许误差：Y轴±5%，X轴±0.02%。

（4）衰减器

频率范围：DC～20GHz。

衰减：3dB，10dB，20dB。

（5）高频电压表（或功率计）

测量最大允许误差：±（0.5%～2%）输入。

频率范围：0.1Hz～5GHz。

幅度平坦度：±（0.5%～2%）输出（分段计算）。

（6）频谱分析仪

频率范围及最大允许误差：

0.01MHz～15GHz，X轴±0.05%输入。

幅度范围及最大允许误差：

（-60～20）dB，Y轴±5%输入。

（7）线性度测试仪

范围及最大允许误差：

0.01%～10%，±0.1%输入。

（8）电压校准仪

电压输出范围及最大允许误差：

DC：10mV～200V，±0.02%输出。

（9）（已校准瓷片）电容

容量及最大允许误差：

15pF—60pF（3 支~5 支），±2% 标称值

（10）（已校准）精密电阻

阻值及最大允许误差：

40Ω，50Ω，60Ω，600kΩ，1MΩ，1.5MΩ；±0.025% 输出。

（11）检定用标准仪器可采用其他等效测量设备，其最大允许误差绝对值与被测量最大允许误差绝对值的比应不大于的三分之一，测量范围应能覆盖被测参数变化范围。

3. 首次检定和后续检定的检定项目

见表 8—2。

表 8—2　检定项目表

检定项目	首次检定	后续检定
直流校准电压	+	+
方波校准电压	+	+
脉冲快沿及畸变	+	+
快沿脉冲占空比及频率	+	+
时标	+	+
稳幅信号幅度	+	+
稳幅信号频率	+	+
稳幅信号谐波	+	-
波形发生器幅度	+	+
波形发生器频率	+	+
波形发生器直流偏置	+	+
波形发生器线性度	+	+
脉冲发生器周期	+	+
脉冲发生器脉冲宽度	+	+
直流电压测量	+	+
阻抗测量	+	-
电流输出	+	+
触发信号	+	+

三、检定要求和检定方法

（一）外观及工作正常性检查

1. 通用技术要求

（1）校准仪外观应无缺陷，不应有影响正常工作的机械损伤；输入、输出插座应牢固；按键操作方便，灵活可靠；显示清晰完整。

（2）校准仪应具有永久性生产厂名（或图标）、出厂编号等标识；应符合相应法制管理，校准仪开机后各项功能应正常工作，或开机自检通过。

2. 外观检查

被检校准仪外观应符合本规程第 1 条要求。

3. 工作正常性检查

被检校准仪按规定时间预热后，检查各功能应正常。

（二）直流校准电压的检定

1. 技术要求

直流输出范围及最大允许误差：

1MΩ：（0 ~ ±200） V， ±(0.025% 输出 +25μV)；

50Ω：（0 ~ ±5） V， ±(0.025% 输出 +25μV)。

2. 检定方法

（1）按图 8—34 连接仪器，负载电阻选“1MΩ”。校准仪置“直流校准电压”，输出电阻与所连负载电阻相同，输出幅度置“正”最小。取样数字多用表置“DCV”功能，量程置“适当”位置。依次将校准仪的输出按 1，2，5 步进由小到大改变，逐点进行测量。读取数字电压表的测量结果，按式（8－39）计算误差 δ_V。

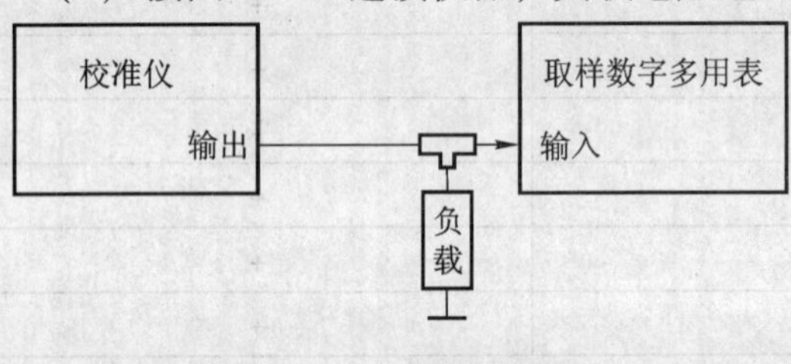

图 8—34 直流电压的检定

$$\delta_V = \frac{U_X - U_S}{U_S} \tag{8-39}$$

式中：U_X——校准仪示值；

U_S——实际值。

改变校准仪的输出电压方向为“负”，依次逐点测量负向电压输出。按式（8－39）计算误差。

（2）按图 8—34 连接仪器，负载电阻选“50Ω”，按（1）条操作，测量 50Ω 负载的直流电压输出，按式（8－39）计算误差。

（3）有倍乘选择的校准仪应分别在输出幅度的最大值上对各倍乘挡进行倍乘倍数的检定。按式（8－39）计算误差。

（4）偏差示值检测：按图 8—34 连接仪器，负载电阻选“lMΩ”，校准仪置“直流校准电压”“1V”输出，选择相应的偏差范围，并启动偏差调节功能，调节偏差控制旋钮分别使偏差示值指示在偏差范围的各整数点，读取取样数字多用表的测量结果，按式（8－39）计算误差。

（三）方波校准电压的检定

1. 技术要求

方波输出范围及最大允许误差：

1MΩ：±(1mV ~200V)，±(0.05% 输出 +5μV)

50Ω：±(1mV ~5V)，±(0.25% 输出 +40μV)；

频率：10Hz～100kHz。

2. 检定方法

（1）按图8—35连接仪器，负载电阻选“1MΩ”。校准仪置“方波校准电压”功能，频率置“1kHz”，输出电阻与所连负载电阻相同，输出幅度置“最小”。取样数字多用表置“DCV，采样测量”功能，量程置“自动”。积分周期（NPLC）置“0.01”。依次设置相应的采样延迟时间（0.0012s，0.0007s），分别测量方波校准电压的底部和顶部电压值。将校准仪的输出按1，2，5步进由小到大改变逐点进行测量。读取取样数字多用表测量结果，按式（8－40）计算方波校准电压误差 δ_{FB}。

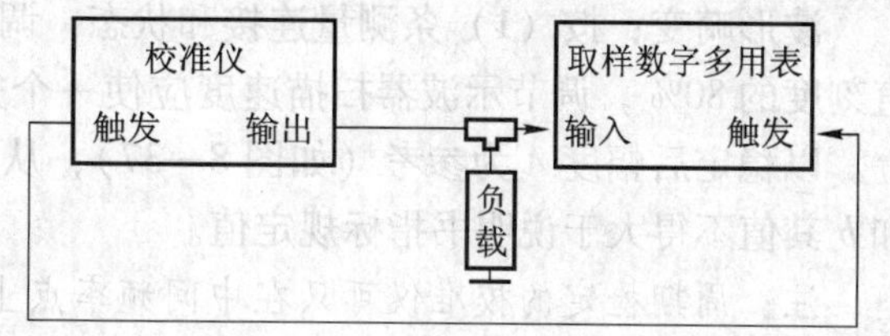

图8—35　方波校准电压的检定

$$\delta_{FB}=\frac{U_X-(U_{Fg}-U_{Fd})}{U_{Fg}-U_{Fd}} \tag{8-40}$$

式中：U_X——校准仪示值；

U_{Fg}——方波顶部电压实际值；

U_{Fd}——方波底部电压实际值。

（2）负载电阻选“50Ω”，按(1)条操作50Ω负载下方波校准电压输出。

（3）有倍乘选择的校准仪应分别在输出幅度的最大值对各倍乘挡进行倍乘倍数的检定。按式（8－40）计算方波校准电压误差。

（四）脉冲快沿及波形畸变的检定

1. 技术要求

上升（下降）沿输出；

上升（下降）时间：75ps～1ns；

波形畸变：±5%；

频率范围及最大允许误差：1kHz～10MHz，±3×10^{-7}。

2. 检定方法

（1）脉冲快沿：仪器连接如图8—36。校准仪的快沿脉冲输出按使用说明书要求与示波器输入匹配相连，校准仪的同步信号接示波器外触发输入端。校准仪置“上升沿”（或下降沿），输出幅度置“1V”，频率置“1MHz”（或100kHz）。调节示波器的输入衰减，使被测信号占屏幕垂直刻度的80%，调节示波器扫描速度应使其上升（下降）时间不小于水平3个刻度（格），调节示波器的同步功能和取样密度控制，使被测波形清晰稳定地显示在屏幕上，读取屏幕中被测信号上升（下降）沿10%～90%部分对应

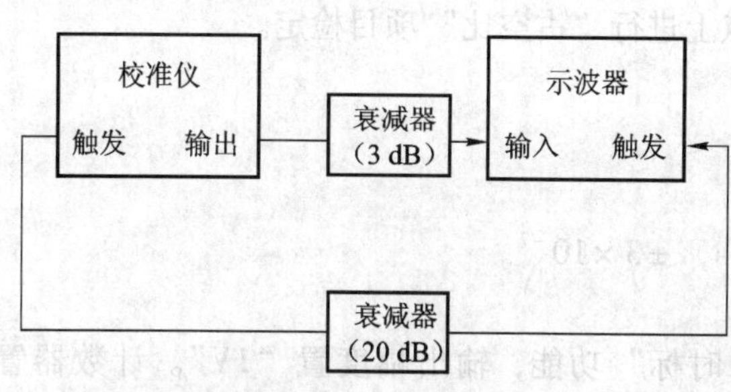

图8—36　快沿脉冲的检定

的时间间隔。

改变校准仪快沿脉冲输出幅度到高点和低点分别按上述步骤进行。

(2) 改变校准仪的快沿方向，重复 (1) 条操作，测量出下降沿的下降时间。

波形畸变：按 (1) 条测量连接和状态，调节示波器的输入衰减，使被测信号占屏幕垂直刻度的 80%，调节示波器扫描速度应使一个完整脉冲宽度占屏幕水平刻度的三分之一以上。以稳定后幅度 A 为参考（如图 8—37)，从上升沿的最高端至波形稳定后的幅度变化 a 和 b 其值不得大于说明书指标规定值。

注：周期检定的校准仪可只在中间频率点上进行“上升沿”和“上升沿波形畸变”项目的检定。

(五) 快沿脉冲占空比及重复频率的检定

1. 技术要求

频率范围及最大允许误差：1kHz ~ 10MHz， $\pm 3 \times 10^{-7}$；

占空比：10% ~ 90%。

2. 检定方法

(1) 占空比：按图 8—36 连接仪器。校准仪置“上升沿”功能，输出幅度置“1V”，频率分别置高、中、低三点，调节示波器的输入衰减，使被测信号占屏幕垂直刻度的 80%，调节示波器扫描速度应使快沿脉冲的一个完整周期的波形占屏幕水平刻度的二分之一以上，调节示波器的同步功能和取样密度控制，使被测波形清晰稳定地显示在屏幕上，读取屏幕中被测信号脉冲幅度 50% 处时间宽度 t_k 和脉冲周期 T，按式 (8 - 41) 计算占空比

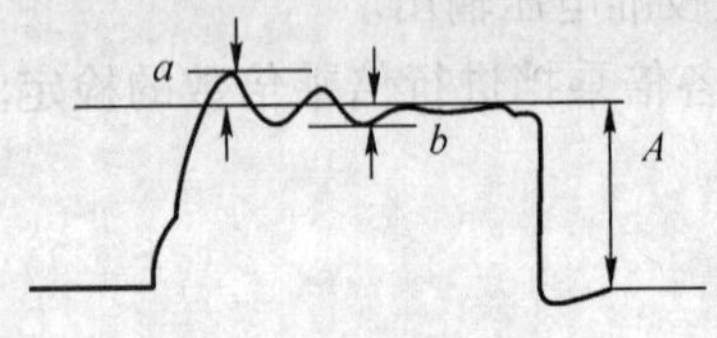

图 8—37 波形畸变

$$\theta = \frac{t_k}{T} \tag{8-41}$$

(2) 重复频率：按图 8—38 连接仪器。校准仪置“上升沿”功能，输出幅度置“1V”，频率分别置高、中、低三点。计数器置“频率”测量功能，触发方式置“上升沿”、“自动（或 0.5V)”，耦合方式“交流”。读取计数器测量结果，按式 (8 - 42) 计算误差。

$$\delta_f = \frac{f_x - f_c}{f_c} \tag{8-42}$$

式中：f_x——校准仪示值；

f_c——实际值。

(3) 周期检定的校准仪可只在中间频率点上进行“占空比”项目检定。

(六) 时标的检定

1. 技术要求

时标输出范围及最大允许误差：0.5ns ~ 5s， $\pm 3 \times 10^{-7}$。

2. 检定方法

(1) 按图 8—38 连接仪器。校准仪置“时标”功能，输出幅度置“1V”。计数器置“周期”测量功能，触发方式置“上升沿”、“自动（或 0.5V)”，耦合方式“交流”。将校

准仪时标按1，2，5步进逐点改变输出，读取计数器测量结果，按式（8－42）计算误差。

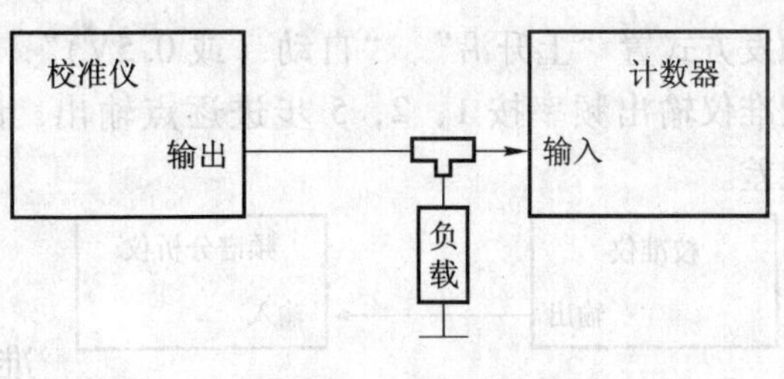

图8—38 频率的检定

（2）有倍乘选择的校准仪应分别在输出频率的最大值上对各时标倍乘挡进行倍乘倍数的检定，按式（8－42）计算误差。

（3）偏差示值：按图8—38连接仪器，负载电阻选“1MΩ”，校准仪置“时标”输出，输出幅度“1V”，选择相应的偏差范围，并启动偏差调节功能，调节偏差控制旋钮分别使偏差示值指示在偏差范围的各整数点，读取计数器的测量结果按式（8－42）计算误差。

（七）稳幅正弦信号幅度的检定

1. 技术要求

宽带稳幅信号源输出

幅度范围及最大允许误差：5mV～5.5V（峰—峰值），±（2%～6%）输出（分频段计算）。

频率范围及最大允许误差：0.1Hz～3.2GHz，$\pm 3\times 10^{-7}$。

幅度平坦度：±（1.5%～6%）输出（分频段计算）。

2. 检定方法

（1）幅度：按图8—34连接仪器。负载电阻选“50Ω”。校准仪置“稳幅正弦信号”方式，输出频率置“50kHz”，取样数字多用表置“ACV”功能，量程“自动”。调节校准仪输出幅度按1，2，5步进逐点输出，读取取样数字多用表测量结果，按式（8－45）转换后按式（8－39）计算误差。

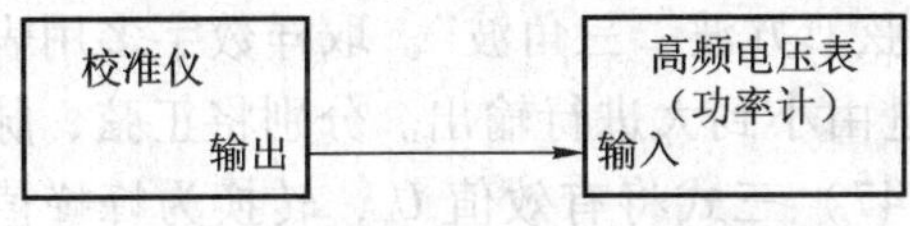

图8—39 稳幅正弦信号平坦度的检定

（2）平坦度：按图8—39连接仪器。负载电阻为“50Ω”。校准仪置“稳幅正弦信号”方式，高频电压表（功率计）量程“自动”（或与校准仪输出对应）。校准仪输出幅度分别置高、中、低三点，每一电压点的输出频率从低到高选若干点输出，读取高频电压表（功率计）测量结果，按式（8－43）或式（8－44）计算平坦度γ。

$$\gamma = \frac{U_f - U_0}{U_0} \qquad (8-43)$$

$$\gamma_{\mathrm{dB}} = 20\log\frac{U_f}{U_0} \qquad (8-44)$$

式中：U_0——参考频率点电压实际值；

U_f——其他频率点电压实际值。

（八）稳幅正弦信号频率及谐波的检定

1. 频率

按图8—38连接仪器。校准仪置“稳幅正弦信号”功能，计数器置“频率测量”功能，触发方式置“上升沿”、“自动（或0.5V）”，耦合方式“交流”，输入阻抗“50Ω”。调节校准仪输出频率按1，2，5步进逐点输出，读取计数器测量结果，按式（8－42）计算误差。

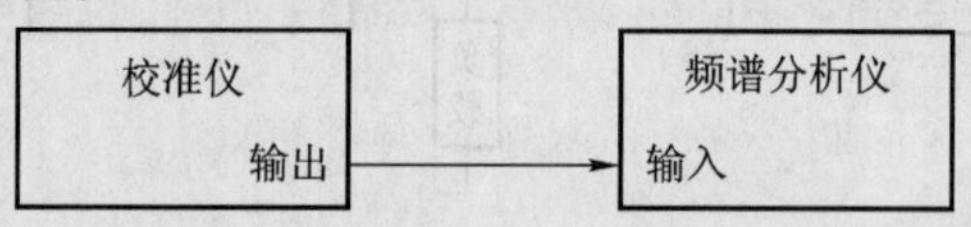

图8—40　稳幅正弦信号频谱的检定

2. 谐波

按图8—40连接仪器。负载选“50Ω”。校准仪置“稳幅正弦信号”功能，输出辐度置“最大”。频谱分析仪参考电平置信号电平有效值（或Y轴灵敏度置“－10dB/刻度”），（中心）起始频率与校准仪输出频率相同，频谱测量范围为10倍起始频率，并随输入信号频率改变，带宽分辨力适中，调节频谱分析仪使屏幕中始终保持被测信号的2～5次谐波图形，调节校准仪输出频率按1，2，5步进逐点输出，分别测量每个频率点的2、3次谐波分量。

注：周期检定的校准仪可只进行“稳幅正弦信号频率”项目检定。

（九）波形发生器的检定

1. 技术要求

波形发出器输出波形：正弦、方波、三角；

幅度范围及最大允许误差：1MΩ：2mV～50V（峰—峰值），±（3%输出＋100μV）；50Ω：2mV～2.5V（峰—峰值），±（3%输出＋100μV）；

三角波线性度：±0.1%（10Hz～10kHz）。

2. 检定方法

（1）输出辐度：按图8—36连接仪器。校准仪置“波形发生器”功能，波形分别置“正弦、方波、三角波”。用示波器观察校准仪输出波形应无目力可观测到的波形畸变。

（2）按图8—34连接仪器。校准仪置“波形发生器”功能，输出阻抗置“1MΩ”，频率置“1kHz”，初始输出幅度置最小，波形分别置“正弦、方波、三角波”。取样数字多用表置“ACV”测量功能。依次将校准仪按1，2，5步进由小到大进行输出。分别将正弦、脉冲、三角波测量结果按式（8－45）、（8－46）、（8－47）三式将有效值U_r，转换为峰峰值U_{pp}。按式（8－39）计算误差。

正弦波：
$$U_{pp}=2.828U_r \tag{8-45}$$

方波：
$$U_{pp}=\frac{U_r}{\theta} \tag{8-46}$$

三角波：
$$U_{pp}=3.464U_r \tag{8-47}$$

式中：θ——方波的实际占空比。

输出阻抗选“50Ω”，重复上述检定操作。

（3）重复频率：按图8—38连接仪器。校准仪置“波形发生器”功能，输出幅度置“1V”，波形置“方波”。计数器置“频率”测量功能，触发方式置“上升沿”、“自动（或0.5V）”，耦合方式“直流”。按1，2，5步进调节校准仪输出频率。读取计数器测量结果，按式（8－42）计算误差。

（4）直流偏置：按图8—41连接仪器，负载电阻选“1MΩ”。校准仪置“连续输出”

功能，波形置“正弦”，输出幅度置“最高”（或说明书规定的幅度），频率置“1kHz”。取样数字多用表置“DCV”功能，量程置“自动”。调节校准仪直流偏置电压选低、中、高三点，示波器监测正弦波形应无明显变化。读取取样数字多用表在正弦信号加上直流偏置前后的输出电压差值，测量结果按式（8－39）计算偏置电压误差。

（5）线性度：按图 8—42 连接仪器。校准仪置“三角波”功能，幅度置“8V”（或 0.8V），阻抗置“1MΩ”。线性度测试仪量程置“×1（或 X×10），功能置“线性度测量”，采样频率（≥30%）随输入信号频率 f_0 改变。调节校准仪输出频率分别为 100Hz，1kHz，10kHz，测量结果按式（8－48）计算线性度误差。

$$\delta_x = X_B - Y_S \tag{8-48}$$

式中：X_B——线性度示值；

Y_S——实际值。

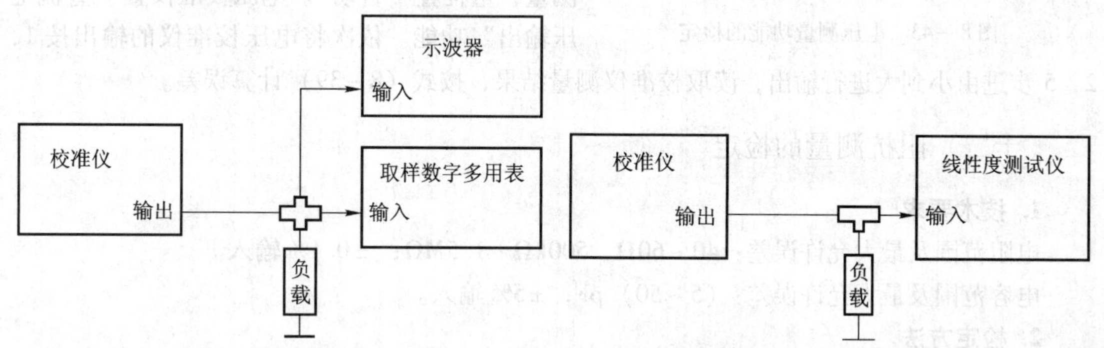

图 8—41 直流偏置的检定　　图 8—42 线性度的检定

（十）脉冲发生器的检定

1. 技术要求

脉冲宽度发生器输出脉宽范围及最大允许误差：4ns～500ns，±(5%输出＋500ps)。

周期范围及最大允许误差：20ms～200ns，$\pm 3\times10^{-7}$输出。

2. 检定方法

（1）周期：按图 8—38 连接仪器。校准仪置“脉冲发生器”功能，输出幅度置“1V”。计数器设置“周期”测量功能。调节校准仪输出周期（频率）分别选高、中、低三点，读取计数器测量结果，按式（8－42）计算误差。

（2）上升沿：按(四)2(1)条测量“脉冲发生器”输出脉冲波形的上升沿。

（3）脉冲宽度：按图 8—36 连接仪器。校准仪置“脉冲发生器”功能，输出幅度置“1V”，频率分别置高、中、低三点，调节示波器的输入衰减，使被测信号占屏幕垂直刻度的 80%，调节示波器扫描速度应使一个完整脉冲宽度占屏幕水平刻度的 50% 以上，调节示波器的同步功能和取样密度控制，使被测波形清晰稳定地显示在屏幕上，读取屏幕中被测信号脉冲幅度 50% 处的时间宽度 t_k，测量结果按式（8－49）计算误差。

$$\delta_t = \frac{t_x - t_k}{t_k} \tag{8-49}$$

式中：t_x——校准仪示值；

t_k——实际值。

（十一）直流电压测量的检定

1. 技术要求

测量功能

电阻范围及最大允许误差：40～60Ω，500kΩ～1.5MΩ；±0.1%输入。

电容范围及最大允许误差：（5～50）pF，±5%输入。

直流电压范围及最大允许误差：0～10V，±（0.25%输入+10mV）。

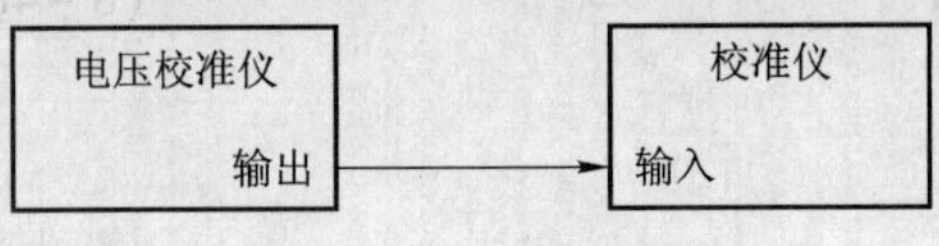

图8—43 电压测量功能的检定

2. 检定方法

按图8—43连接仪器。校准仪置“DCV”测量，量程置“自动”。电压校准仪置“直流电压输出”功能。依次将电压校准仪的输出按1，2，5步进由小到大进行输出，读取校准仪测量结果，按式（8－39）计算误差。

（十二）阻抗测量的检定

1. 技术要求

电阻范围及最大允许误差：40～60Ω，500kΩ～1.5MΩ；±0.1%输入。

电容范围及最大允许误差：（5～50）pF，±5%输入。

2. 检定方法

（1）电容：校准仪置“阻抗，电容测量”功能，分别将已校准电容（接头）直接连到校准仪的测量端，读取校准仪测量结果，按式（8－50）计算误差

$$\delta_Z = \frac{Z_x - Z_k}{Z_k} \tag{8-50}$$

式中：Z_x——校准仪示值；

Z_k——实际值。

（2）电阻：校准仪置“阻抗，电阻测量”功能，分别将已校准精密电阻（接头）直接连到校准仪的测量端，读取校准仪测量结果，按式（8－50）计算误差。

（十三）电流输出的检定

1. 技术要求

电流输出范围及最大允许误差：

直流：88μA～111mA，±（0.25%输出+0.5μA）；

方波：88μA～111mA，±（0.25%输出+0.5μA）；

频率：10Hz～100kHz。

2. 检定方法

（1）直流电流：按图8—44连接仪器。校准仪置“直流电流”输出，输出电流置“最小”，取样数字多用表置“DCV”功能。依次将校准仪的输出按10倍整数步进由小到大输

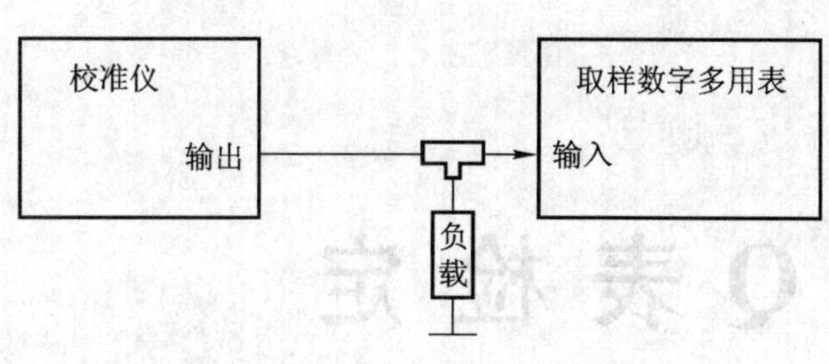

图 8—44 电流输出功能的检定

出，读取取样数字多用表测量结果，按式（8－51）计算误差。

$$\delta_I = \frac{I_0 R_{50} - U_S}{U_S} \qquad (8-51)$$

式中：I_0——校准仪电流示值；

U_S——实际电压值；

R_{50}——电流环电阻实际值。

（2）交流电流：按图 8—44 连接仪器。校准仪置“交流电流”输出，频率置“1kHz”，输出电流置“最小”，取样数字多用表置“ACV”功能。依次将校准仪的输出按 10 倍整数步进由小到大输出，取样数字多用表测量结果按式（8－46）转换后，按式（8－51）计算测量误差。

分别将输出电流频率调为最低和最高值，按上述步骤检定校准仪的输出幅度。

（十四）触发信号测量

按图 8—45 连接仪器，分别用示波器和计数器测量校准仪各功能中同步信号的波形和频率。

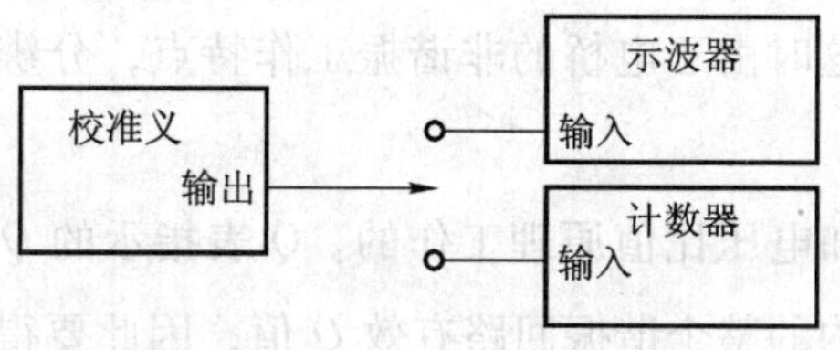

图 8—45 触发信号测量

（十五）具有多通道输入输出的校准仪每个通道都应进行检定。

被测校准仪的技术指标应以使用说明书中给出的技术指标为准。

四、检定结果处理和检定周期

1. 检定结果的处理

经检定符合本规程要求的校准仪出具检定证书；不符合本规程要求的，出具检定结果通知书，并指出不合格项目。

被测校准仪的技术指标应以使用说明书中给出的技术指标为准。

2. 检定周期

检定周期一般不超过 1 年。

第九章　Q 表检定

第一节　Q 表及其分类和检定系统

一、Q 表及其分类

Q 表是一种多用途的无线电测量仪器，它能测量电感线圈的 Q 值、电感量、分布电容量；电容器的电容量、损耗角正切、分布电感量；电阻器的高频有效电阻、分布电抗参量；绝缘材料的损耗、介电常数；磁性材料的损耗、导磁系数；谐振回路的阻抗、Q 值、谐振频率；传输线的特性阻抗及二端网路的参量等。

特别是在测量低损耗元件、高值及低值阻抗或高频阻抗时，用高频 Q 表比用高频阻抗电桥精度要高得多，因为这时由于电桥的非谐振工作特点，分辨力较低，而 Q 表却正工作于分辨力较高的状态。

Q 表是根据串联谐振和电压比值原理工作的。Q 表指示的 Q 值是包括被测件的有效 Q 值及测试回路固有残量在内的整个谐振回路有效 Q 值，因此要得到被测件的有效 Q 值必须用 Q 表测试回路残量修正 Q 表指示的 Q 值，这是 Q 表测量的一个重要特点。

通常，按频段来划分，Q 表分为下列几种：

（1）低频 Q 表：工作频段 1 ~ 200kHz，常用的有 Q－5 型；

（2）高频 Q 表：工作频段 50kHz ~ 50MHz，常用的有 Q13G 1A，QBG－1B，QBG－3 等型；

（3）超高频 Q 表：工作频段 30 ~ 220MHz，常用的有 QBC－1 型；

（4）宽带 Q 表：工作频段 1kHz ~ 300MHz，常用的如 CQ－9 型、CQ－11 型等。一般此类 Q 表有几个不同频段的 Q 值测量部分组成的。

目前在计量部门进行的 Q 值传递和 Q 表的检定工作，仅限于高频 Q 表。因此本节主要以高频 Q 表的检定内容来进行讨论。

二、高频 Q 表检定系统

高频 Q 表计量器具检定系统表见表 9—1。

表 9—1　高频 Q 表计量器具检定系统框图

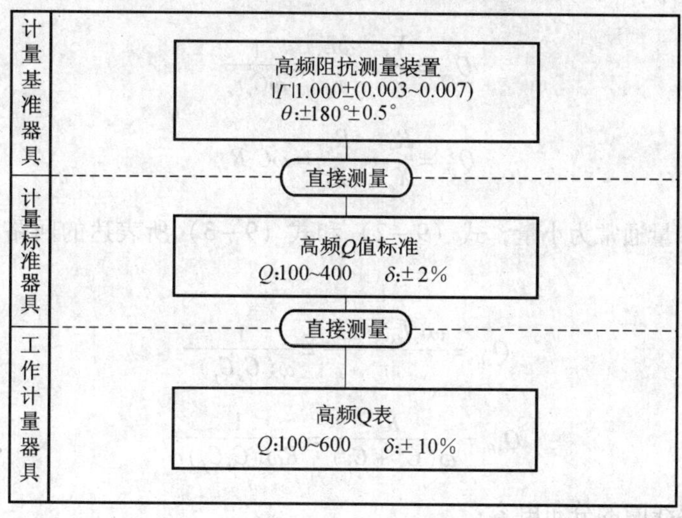

第二节　Q 表的原理及组成

一、Q 值的定义

谐振回路的 Q 值定义一般用下式表示：

$$Q = 2\pi \times \frac{\text{谐振回路内储能}}{\text{振荡一周内的消耗能量}} \tag{9-1}$$

谐振回路内的损耗内阻，既可等效为与电抗元件串联，也可等效为与电抗元件并联，如图 9—1 所示。

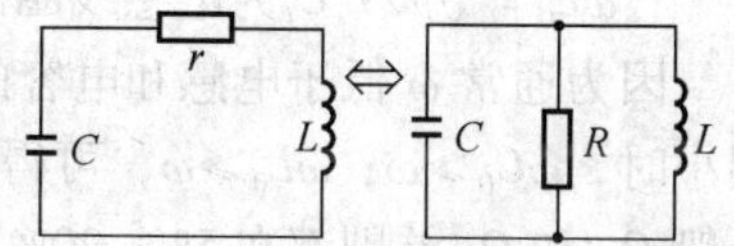

图 9—1　谐振回路损耗内阻的变换

当损耗电阻等效为与电抗元件串联时，回路 Q 值可由下式计算：

$$Q = \frac{X}{r} = \frac{\omega L}{r} = \frac{1}{\omega Cr} \tag{9-2}$$

式中：X——电感或电容在谐振频率下的电抗；

ω——角频率；

r——整个回路的等效串联电阻。

当损耗电阻等效为与电抗元件并联时，回路 Q 值可由下式计算：

$$Q = \frac{R}{X} = \frac{R}{\omega L} R\omega C \tag{9-3}$$

式中，R 为整个回路的并联等效电阻。

由于组成谐振回路的每个电感线圈都含有分布电容，每个电容器都含有分布电感，实际应用中更确切地沿用回路有效 Q 值的概念：在一个谐振回路内，电感线圈或电容器的有效电抗值与整个回路的有效串联电阻之比，或有效并联电阻与有效电抗之比，称为回路的有效

Q 值。由下二式表示：

$$Q_{en}=\frac{X_e}{r_e}=\frac{\omega L_e}{r_e}=\frac{1}{\omega C_e r_e} \tag{9-4}$$

或

$$Q_{en}=\frac{R_e}{X_e}=\frac{R_e}{\omega L_e}=\omega C_e R_e \tag{9-5}$$

考虑到分布参量通常为小量，式（9-2）和式（9-3）所表达的回路真实 Q 值可取如下形式：

$$Q_{sH}=\frac{\omega(L_s-L_f)}{r}=\frac{1}{\omega(C_sC_f)r} \tag{9-6}$$

或

$$Q_{sH}=\frac{R}{\omega(C_s+C_f)}=\frac{1}{R\omega(C_sC_f)r} \tag{9-7}$$

式中：C_f——电感线圈的分布电容；

C_s——电容器的真实电容量；

L_f——电容器的分布电感量；

L_s——电感线圈的真实电感量。

由有效参量与真实参量的换算关系，可导出 Q_{en} 与 Q_{sH} 的关系：

$$Q_{sH}=\frac{Q_{en}}{(1-\omega^2/\omega^2C_0)(1-\omega^2/\omega^2L_0)} \tag{9-8}$$

式中，$\omega C_0=\sqrt{1/C_sL_f}$ 为电容器的自然谐振角频率；

$\omega L_0=\sqrt{1/L_sC_f}$ 为电感线圈的自然谐振角频率。

因为通常 ω 低于电感和电容的自然谐振角频率 ωL_0、ωC_0，故有 $Q_{sH}>Q_{en}$。当分布参量很小时，$\omega C_0\gg\omega$；$\omega L_0\gg\omega$，可得 $Q_{sH}\approx Q_{en}$。实际上，电感线圈的分布电容量 C_f 往往较大，一般 Q_{sH} 和 Q_{en} 差别都在 5%～20% 之间。

一般来说，当研究整个回路的特征而不涉及回路中的各个具体元件时，例如计算回路的通频带及用变频法测 Q 值时，应该用回路的真实 Q 值。而当研究的问题涉及回路中具体元件的参量时，例如计算串联谐振回路谐振时的元件二端的电压，并联谐振回路谐振时的元件中的电流，用变电容法测量元件的 Q 值等，都应该用回路的有效 Q 值。

实际上，研究有关 Q 值问题时，都是以整个谐振回路为基础的，即实际应用的都是回路 Q 值，当提及元件的有效 Q 值时是这样定义的：某一元件与理想的无损耗元件组成的谐振回路的有效 Q 值即为该元件的有效 Q 值。

当组成谐振回路的两个元件都有损耗时，则整个回路的有效 Q 值可表示为：

$$\frac{1}{Q_{en}}=\frac{1}{Q_{eC}}+\frac{1}{Q_{eL}} \tag{9-9}$$

二、Q 表基本组成原理

Q 表的简单原理图可表示为图 9—2 所示一个串联谐振回路。$Z_x=R_x+\mathrm{j}\,\varpi L_x$ 为被测阻

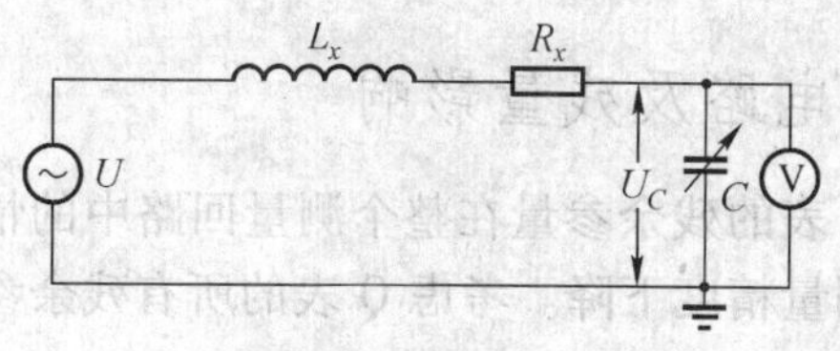

图 9—2 串联谐振回路

抗，C 为调谐电容器。电容器 C 两端的电压 U_C 为：

$$U_C = U\frac{1/j\omega C}{R_x + j[\omega L_x - 1/\omega C]} \quad (9-10)$$

当 $\omega=\omega_0$ 时，调节 C 使串联谐振回路达到谐振，此时电容器 $C=C_i$

$$\omega_0 L_x = \frac{1}{\omega_0 C_i} \quad (9-11)$$

则电容器两端的电压为最大值 $U_{C\max}$，因此，

$$\frac{U_{C\max}}{U} = \frac{1}{j\omega_0 R_x C_i}$$

$$\frac{U_{C\max}}{|U|} = \frac{1}{j\omega_0 R_x C_i} = \frac{\omega_0 L_x}{R_x} = \frac{\rho}{R_x} \quad (9-12)$$

式中，ρ 称为回路的谐振特性阻抗。

根据定义，回路谐振时，其特性阻抗 ρ 与回路电阻 R_x 的比值即为回路的品质因数 Q_x。

由式（9—2）可等于：

$$Q_x = \frac{U_{C\max}}{|U|} = \frac{\rho}{R_x} \quad (9-13)$$

从式（9－13）看出，当回路达到谐振时，电容器两端的电压达到最大值 $U_{C\max}$，则 $U_{C\max}$ 则与 $|U|$ 的比值即为 Q_x 值。因此，从电压表的读值就可以决定 Q 值。

从图 9—3 可以看出，Q 表主要是由高频信号发生器、测试回路、电子管电压表三个部分组成。当调整可变电容器 C 使回路达到谐振，即电子管电压表指示最大时，则：

$$Q_x = \frac{U_{C\max}}{|U|} \quad (9-14)$$

只要保持 U 为一常数，则电子管电压表就直接按 Q 值来定度，电压表也就称为 Q 表了，电阻 R 阻值很小（约 0.01～0.1Ω），一般远小于被测线圈的电阻 R_x。电压表测量固定阻值 R 上的降压，亦就指示输入到谐振回路中的电压 $|U|$ 值来了。组成高频 Q 表的信号发生器，除了能较正确的指示所覆盖频率的输出外，还应该有一定的输出功率，由此保证在低阻负载 R 上有一定的电压值。对测试回路而言，为了完成正确的调谐功能，必须降低分布参量的影响，以保证高频段的使用。

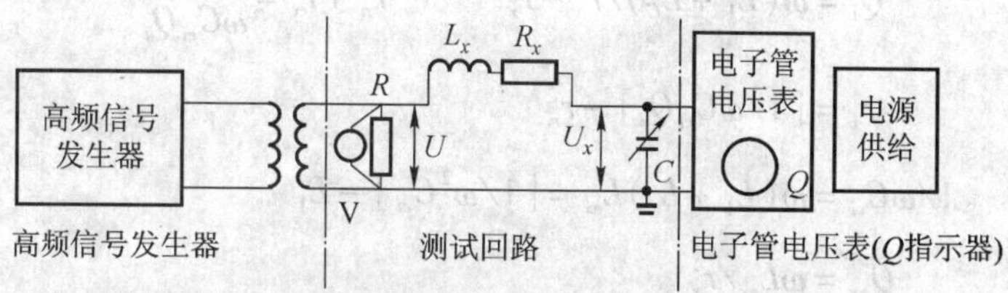

图 9—3 Q 表基本组成原理图

三、高频 Q 表测试回路等效电路及残量影响

为了正确掌握 Q 表的性能，提高测量精度，对 Q 表的残余参量在整个测量回路中的情况必须了解。因为残余参量使 Q 表产生测量误差，测量精度下降。考虑 Q 表的所有残余参量时，它的实际等效电路如图 9—4 所示。

在图中，r_1，L_1 为高频信号发生器的耦合元件；r_2，L_2 为“c，d”两接线柱的分布残余电感和损耗电阻；L_C，r_C，R_C 为调谐电容器 C_i 的残感，串并联残阻（并联残阻部分主要是 Q 值指示电压表的输入电阻）；L_x，r_x 为被测电感件的电感和电阻值；“a，b”为接入被测线圈电感（R_x，L_x）的接线柱；“c，d”为接被测电容（C_x）的接线柱。

在等效电路图中没有考虑分布电容的影响，因为在 a 点由于对地阻抗甚小（近似等于耦合元件的阻值 0.02Ω 以下），即使在 50MHz 的高频，也只有很大的电容，其容抗才能与这样小的电阻相比拟；b，c 点对地分布电容在校准调谐电容时实际已加到电容读数之内，不必单独考虑作残量影响。

一般 Q 表使用时有二种基本连接方法：一种是将被测元件（主要为阻抗）接在“a”，“b”电感接线柱上，称为“串联测试法”；另一种将被测元件阻抗（或电容）接在“c”，“d”电容接线柱上，称为“并联测试法”。

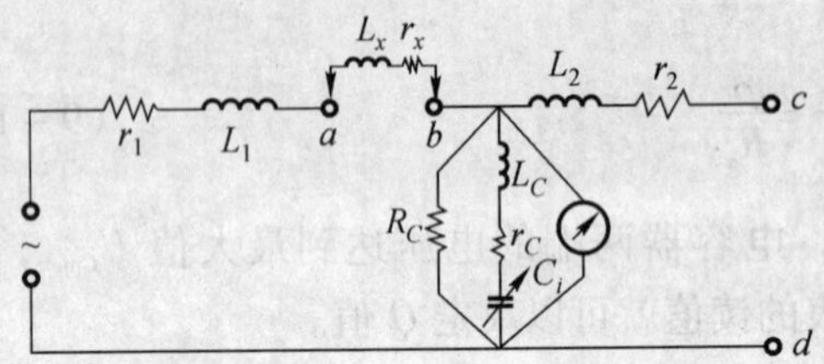

图 9—4　Q 表测试回路等效电路图

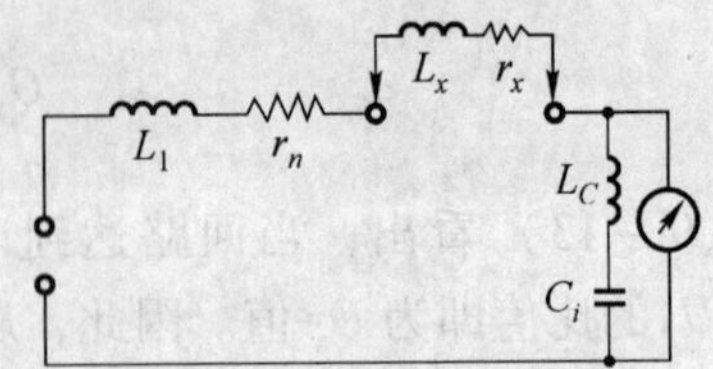

图 9—5　Q 表测电感时简化等效电路图

图 9—4 可简化为图 9—5。图中，r_n 为测试回路总等效串联电阻，其值为

$$r_n = r_1 + r_C + 1/\omega^2 C_{ei}{}^2 R_C$$

式中，C_{ei}是调谐电容器 C_i 的高频有效电容量，其值为

$$C_{ei} = C_i/(1 - \omega^2 L_C C_i) \tag{9-15}$$

由 Q 值的定义及图 9—5，经简单的变换可导出被测电感线圈的有效 Q 值，Q_{ex}与仪器的回路指示 Q 值 Q_i 的关系。因为：

$$Q_i = \omega(L_1 + L_C)/r_n + r_x \qquad r_n + r_x = \frac{1}{\omega C_{ei} Q_i}$$

$$r_x = [1/\omega C_{ei} Q_i] - r_n$$

$$1/\omega C_{ei} = \omega(L_1 + L_x) L_{ex} = [1/\omega^2 C_{ei}] - L_1$$

$$Q_{ex} = \omega L_{ex}/r_x$$

所以：

$$Q_{ex} = [1 - \omega^2 L_1 C_{ei}/1 - \omega C_{ei} r_n Q_i] \cdot Q_i \tag{9-16}$$

第九章　Q 表检定

$$L_{ex}=[1/\omega^2C_i]-L_n=|1/\omega^2C_i|-(L_1+L_C) \quad (9-17)$$

式（9－16）为测量线圈的有效 Q 值，即 Q_{ex} 与测试回路有效 Q 值 Q_i 的关系式，实际上即为测试回路的有效 Q 值。从（9－16）可以看出，由于整个测试回路存在着残余电感 L_1，r_n 等，使 Q 表的视在 Q 值或指示值并不等于被测线圈 L_x 的有效 Q 值。一般来说，$r_n \ll r_x$，则 $Q_i > Q_{ex}$，也就是说，测得的视在 Q 值 Q_i 将大于被测线圈的有效 Q 值 Q_{ex}，如残余参量 r_n 的影响较大，可能并不如此。

第三节　高频 Q 表的应用

利用 Q 表不仅可以测量电感线圈的参量，而且还可以对任意阻抗（或导纳）进行测量。测量时一般采用比较法。比较法可以部分地消除系统误差，尤其是可消除残差的影响。尽管在 Q 表中未采用等值比较，不能消除全部残差，但仍可将主要的残差（如 R_0 及 L_0 的影响）消除。

用 Q 表可以进行串联比较或并联比较，前者适用于测量低阻抗，后者适用于测量高阻抗。

一、串联比较法

当被测电感量较小时，宜采用串联比较法进行测量。如图 9—6(a)所示，测量时首先用一个适当的辅助线圈（其等效串联损耗电阻为 R_{fU}、电感量为 L_{fU}）接在 Q 表的“1”、“2”端，调节标准可变电容器的电容量使电路谐振，设这时的电容量为 C_1，测量的品质因数为 Q_1。然后，如图 9—6(b)所示，在同一频率 ω 下，将被测线圈 $Z_x=R_x+j\omega L_x$ 与辅助线圈相串联，重新调节标准可变电容器的电容量及回路谐振。设这时的电容量为 C_2，测得的品质因数为 Q_2。于是有

$$L_x=\frac{C_1-C_2}{\omega^2C_1C_2}$$

$$R_x=\frac{C_1Q_1-C_2Q_2}{\omega C_1C_2Q_1Q_2}$$

$$Q_x=\frac{(C_1-C_2)Q_1Q_2}{C_1Q_1-C_2Q_2} \quad (9-18)$$

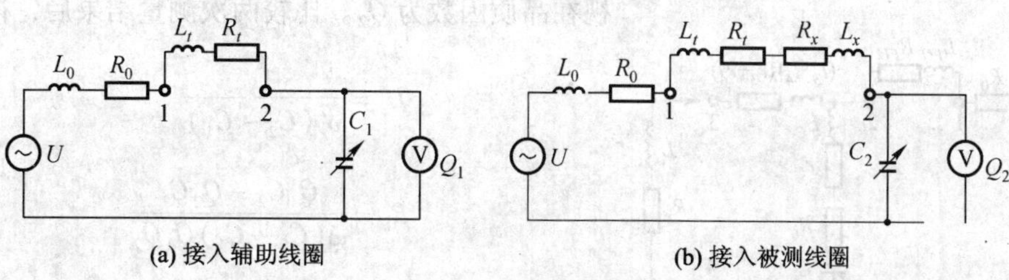

图 9—6　用串联比较法测量小电感

利用串联比较法测量大电容的原理如图 9—7 所示。首先，不接入被测电容器，调节标准可变电容与辅助线圈，使回路在指定的角频率 ω 下谐振，记下 C_1 及 Q_1。再串联上被测电容器；回路将失谐，这时，保持角频率 ω 及辅助线圈不变，重新调节标准可变电容器，使在 C_2 时恢复谐振，记下 C_2 及 Q_2 值，得：

$$C_x = \frac{C_1 C_2}{C_2 - C_1}$$

$$r_x = \frac{Q_1 - Q_2}{\omega C_1 Q_1 Q_2}$$

$$d_x = \tan\delta_x = \frac{C_2}{C_2 - C_1} \cdot \frac{Q_1 - Q_2}{Q_1 Q_2} \qquad (9-19)$$

利用串联比较法时，因为两次测量在同一角频率下进行，L_{fU}，R_{fU}及 L_0 的影响在两次测量中基本相同，故其影响将被消除。但是，由于标准可变电容在两次测量中处于不同的位置（$C_1 \neq C_2$），故在两次测量中 R_0（或 Q_0）将变化。因而，所测量 R_x（或 r_x）及 Q_x（或 d_x）的精确度不如测量 L_x（或 C_x）的精确度高。尽管如此，经串联比较之后，R_0（或 Q_0）的影响仍可抵消一部分，且无需知道 Q 表残余参量的数值。

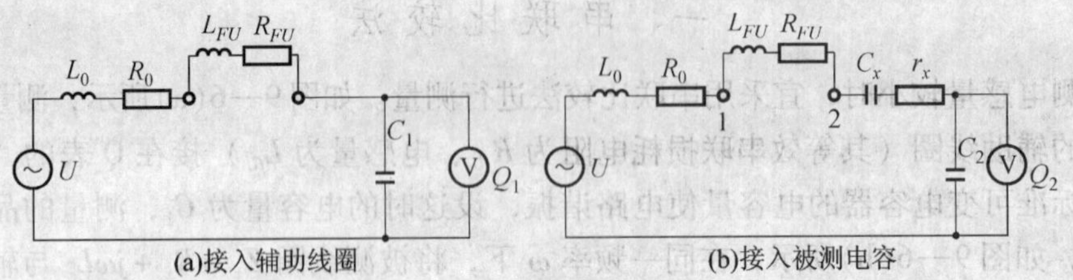

图 9—7 串联比较法测量大电容

二、并联比较法

并联比较法是在被测阻抗与标准可变电容相并联的情况下进行测量的。利用并联比较法测量大电感的电路如图 9—8 所示。

测量时，首先用一个适当的辅助线圈接在 Q 表的“1”、“2”端，调节可变电容器 C 使其在电容量为 C_1 时谐振，并记下这时的视在品质因数 Q_1。然后，在同一角频率下，将被测电感接在 Q 表“3”，“4”端，重新调到谐振，这时标准可变电容器的电容量为 C_2，测得的视在品质因数为 Q_2。比较两次测量结果后，得

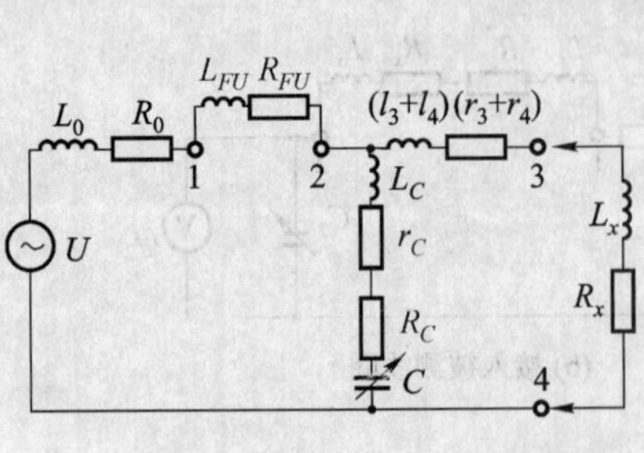

图 9—8 并联比较法测量大电感

$$L_x = \frac{1}{\omega^2 (C_2 - C_1)}$$

$$R_x = \frac{Q_1 C_2 - Q_2 C_1}{\omega (C_2 - C_1) Q_1 Q_2} \qquad (9-20)$$

$$Q_x = \frac{(C_2 - C_1)\ Q_1 Q_2}{Q_1 C_2 - Q_2 C_1}$$

利用并联比较法测量小电容的电路如图9—9所示。测量时，首先用一个适当的辅助线圈接在Q表上的“1”，“2”端，调节标准可变电容使之谐振，记下这时的 C_1 及 Q_1 值。然后，在同一角频率 ω 下将被测电容接在Q表的“3”、“4”端上，重新调到谐振，记下这时的 C_2 及 Q_2 值，比较两次测量结果后，得

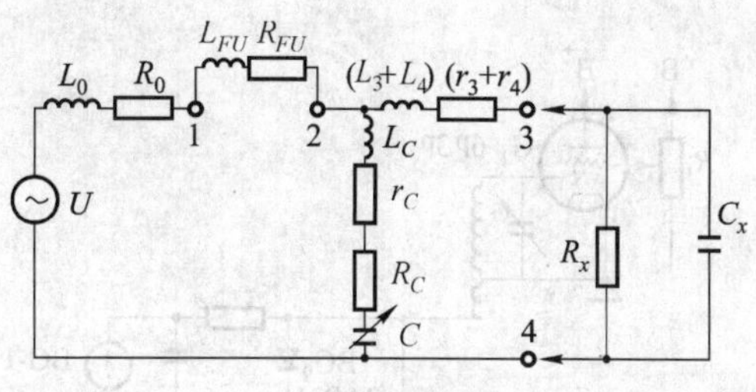

图9—9 并联比较法测量小电容

$$C_x = C_1 - C_2$$

$$R_x = \frac{Q_1 C_2}{\omega C_1 (Q_1 - Q_2)} \qquad (9-21)$$

$$d_x = \tan\delta_x = \frac{C_1 (Q_1 - Q_2)}{(C_1 - C_2) Q_1 Q_2}$$

利用并联比较法时，Q表残余参量的影响基本上予以消除。

第四节 QBG-1A型Q表简介及检定方法

一、QBG-1A型Q表

（一）主要技术指标

（1）频率使用范围：50kHz ~ 50MHz，共7个频段，频率输出误差 ±2%。

（2）Q 值测量范围：5 ~ 500。

（3）调谐电容器变动范围：30 ~ 50pF，误差：±1% ±1pF。

（4）电感测量范围：0.1μH ~ 100mH。

（二）基本结构和电路工作原理

图9—10为结构方框图，图9—11为本仪器电路简化图。

本仪器由振荡器、测试回路、Q 值电压表、定位电压表、电源等几个部分组成。

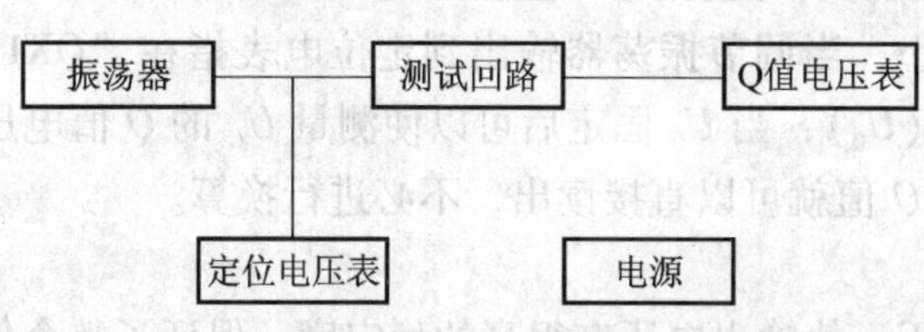

图9—10 OBG-1A型Q表结构方框图

1. 振荡器

采用6P3P型电子管接成电感三点式电路。振荡器的输出经过低值分压电阻（R_9 与 R_{10}）耦合到测试回路，由此提供了50kHz ~ 50MHz频率范围内的信号电压。输出信号的强弱通过调节振荡管6P3P帘栅极电压，控制了振荡器输出信号的大小，面板上称为“XQ”调节。耦合电阻用得很小（0.04Ω），因此由其引入到测试回路的附加损耗减到极小，波段的转换采用了滚筒式的波段开关，可大大缩短振荡线圈的引线，又减小了接触点。

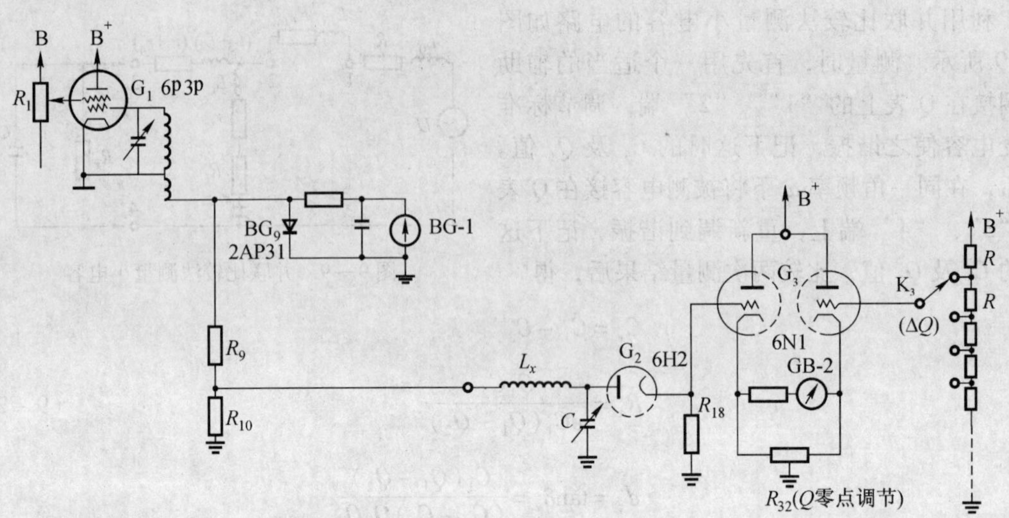

图 9—11　O ~ G—1A 型 Q 表简化电路图

2. 测试回路

测试回路的调谐电容器采用了镀银的、整体式电容器，其残感、残阻较一般电容器小得多。与之相连的两个接线柱则直接加工在电容器上。另外的两个接线柱也尽量做得短而粗，且接触良好。这样就使整个测试回路的残量减到最小，大大扩展了 Q 表的不修正区域和使用范围。

3. Q 值电压表

由 G_3 双三极管 6N1 型电子管接成阴极输出直流平衡放大电路。由于 G_2 检波管 6H2 的负载电阻（R_{18}）阻值很大（100MΩ），因此使整个 Q 值电压表保持着很高的输入阻抗（约 50MΩ），从而使 Q 值电压表附加到测试回路中的并联损耗减到很小。Q 值的测量范围共分 3 挡，挡级的转换是通过改变 Q 值电压表的灵敏度来达到的。QBG－1A 型 Q 表并附有 ΔQ 挡，当 Q 表用于测量低损耗元件时，Q 值变化范围很小，为了克服这一点，在 Q 值电压表中增设了 ΔQ 挡。当 Q 值的变化在 50 以下时可通过 ΔQ 挡展开，从而使 Q 值变化量的读取比较方便和精确。

4. 定位电压表

由 6H2 型电子管接成并联式检波电路。检波后的直流电压直接送到 CB－2 电表作指示，以监视输入到测试回路的高频交流信号的大小，当调节振荡器输出到定位电表指在"QX1"线上时，测试回路得到约 10mV 的高频电压（U_0），当 U_0 固定后可以使测量 U_C 的 Q 值电压表直接以 Q 刻度。这样整个测试回路的有效 Q 值就可以直接读出，不必进行换算。

5. 电源部分

采用磁饱和稳压变压器和稳压管双重稳压，使输出电压有很高的稳定度，保证了整个仪器稳定性。

（三）基本测试原理

本仪器根据串联谐振原理组成测量线圈 Q 值的电路。如图 9—12 所示。

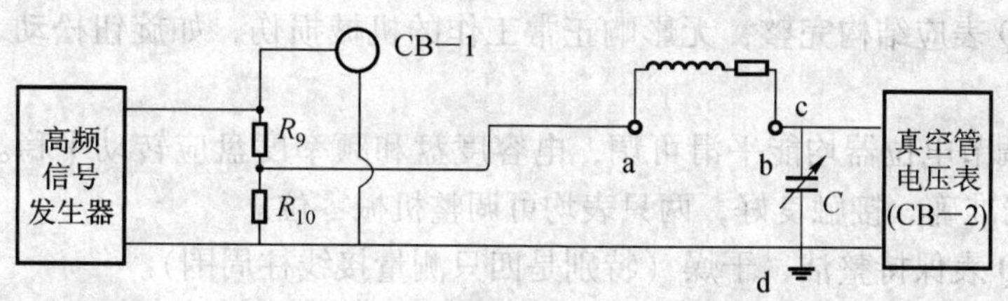

图 9—12　QBG—1A 型 Q 表测量原理图

图中的两个电阻（R_9，R_{10}）为谐振回路中高频信号发生器的耦合用电阻（0.04Ω 与 1Ω）。两者组成分压耦合电路。电压表“CB—1”作为测量电阻两端电压的指示或监视设备。

当调整调谐电容 C，使真空管电压表指示最大；即回路谐振时，则电容器两端的电压 $U_{C\max}$ 与其并联电阻两端电压 U 的比值即为回路的视在 Q 值 Q_i，即：

$$Q_i = \frac{U_{C\max}}{|U|} \tag{9-22}$$

二、高频 Q 表检定条件及检定用设备

（一）检定条件

1. 环境条件

环境温度：(20 ±5)℃；

相对湿度：45%~75%；

大气压强：860 ~1 060hPa；

电源：220V(1 ±2%)，50Hz(1 +2%)；

周围应保持整洁，无影响正常工作的机械振动及电磁场干扰。

2. 检定用标准设备

（1）电压表检定仪：

输出电压：0 ~10V；频率：50kHz 或 100kHz；误差：小于 ±1%；失真系数：小于 ±0.5%。

（2）电容测量仪

误差：小于 0.3%。

（3）频率计

测量范围：100Hz ~100MHz，灵敏度优于 10mV，误差小于 0.1%。

（4）Q 值标准量具

传递误差：±(2 ~4)%。

三、检定项目和检定方法

1. 外观和工作正常性检查

（1）仪器送检时应附有使用说明书和上次的检定证书。

（2）被检Q表应结构完整，无影响正常工作的机械损伤，如旋钮松动，表针弯曲，度盘不清晰等。

（3）所有调节电位器均能平滑可调，电容度盘和频率度盘应转动平稳。各波段开关应跳步清晰、分挡准确、接触良好，两只表均可调整机械零位。

（4）被检Q表保持整洁、干燥（特别是四只测量接线柱周围）。

（5）接通电源后Q表指示灯应亮，预热30min左右仪器正常工作。

（6）"$Q-\Delta Q$"电表的零位检查

①将"Q量程"开关置于50挡，"Q零调节"旋钮按顺时针方向调至最大，表针应指于满度值的1/3左右；当表针调于零位时，转换"Q量程"开关到150挡或500挡，表针应指零位不变。

②将"ΔQ零点粗调"旋钮调到50位置，"Q量程"开关置于ΔQ挡，旋动"ΔQ零点细调"电位器，应能调整表针零位。

（7）"$Q-\Delta Q$"指示电压刻度的检查

（以DO—10精密电压标准检定仪为例）

① 按图9—13把被检Q表与DO—10相连，接通电源，按说明书规定给仪器预热。

② Q量程刻度的检查

a. "Q量程"开关置于50挡，DO—10输出电压为零，调节"Q零点调节"电位器校准"$Q-\Delta Q$"电表零位。

b. 调节DO—10输出电压，按表9—2检查各量程所对应的电压刻度误差，应不大于各挡满度值的±2%（包括各Q量程的线性误差）。

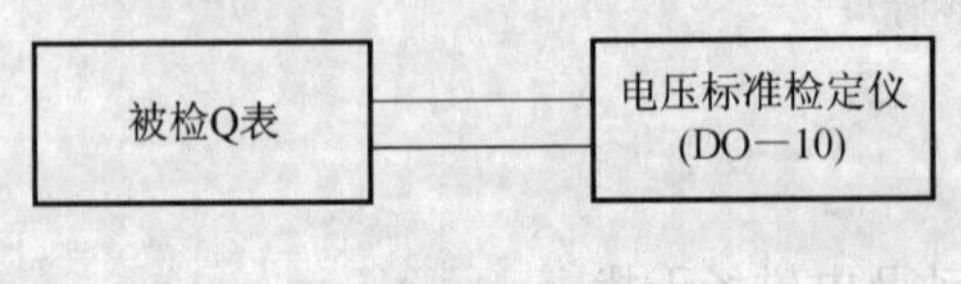

图9—13 "$Q-\Delta Q$"指示电压刻度检查连接图

表9—2 各量程对应的电压刻度误差

Q量程	DO—10输出/V
50	1
150	3
500	10

③ ΔQ量程刻度的检查

a. "Q量程"开关置于500挡，"ΔQ零点粗调"旋钮调至200，DO—10输出电压调至4V。此时将"Q量程"开关扳至ΔQ挡，调节"ΔQ零点细调"电位器，使"$Q-\Delta Q$"电表指于－25位置。

b. 调DO—10输出电压为5V，"$Q-\Delta Q$"电表应指于＋25±2%。

注：ΔQ量程刻度的检查必须按规定顺序进行，以免造成打表，损坏电表。

④"$Q-\Delta Q$"指示电压刻度如出现超差，应按Q表说明书介绍的方法重新校准后方可检定。

（8）"$\times Q$"电表的检查

转换波段1—7并改变频率，调节"$\times Q$调节"电位器，表针均应有指示，当表针指于×1位置时，"$\times Q$调节"电位器应留有约1/4的可调余量。

注：① 有些QBG—1A型高频Q表装有"$\times Q$零点调节"旋钮，检定时应先校正表针零位。

② QBG－1B 型高频 Q 表的信号源电路具有自动恒幅功能，当表针指于 ×1 时，改变波段及频率，表针位置应保持不变。

2. 调谐电容器刻度的检定

（以 CCJ—l 型精密电容测量仪为例）

（1）接通 CCJ—l 的电源，预热 30min。

（2）断开被检 Q 表电源，用连接电缆的地线将 Q 表和 CCJ—l 的接地端互相连接；测量线的一端接于 CCJ—l 的 C_x 接线柱，另一端置于 Q 表电容接线柱附近，然后调节 CCJ—l 起始平衡，读取连接电缆分布电容值 C_0。

注：检定时人体不要靠近电缆，以避免干扰。

（3）将连接电缆的测量线连接于 Q 表电容接线柱，调 CCJ—l 平衡，读取电容值 C'_t，检测电路如图 9—14。

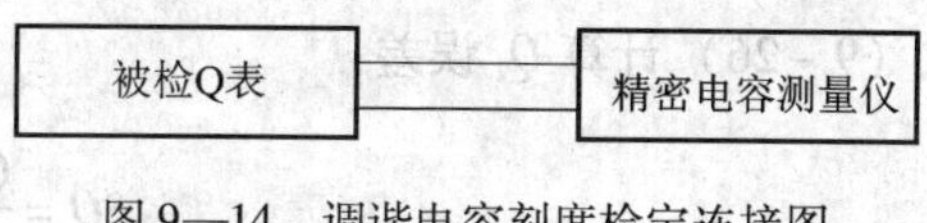

图 9—14　调谐电容刻度检定连接图

（4）Q 表调谐电容低频实际值

$$C_t = C'_t - C_0 \qquad (9-23)$$

（5）调节 Q 表的“电容读数”旋钮，检定点为度盘刻度值 30，40，50，60，70，80，90，100，150，200，250，300，350，400，450，500pF。

（6）每个电容检定点应重复测量 3 次，取平均值，按式（9－24）计算电容低频刻度的相对误差：

$$\delta_C = \frac{C_i - C_t}{C_t} \times 100\% \qquad (9-24)$$

式中：C_i——Q 表电容度盘刻度值；

C_t——CCJ－l 3 次测得值的平均值。

3. 频率刻度的检定

（1）按图 9—15 连接被测 Q 表和频率计，接通电源，按说明书规定给仪器预热。

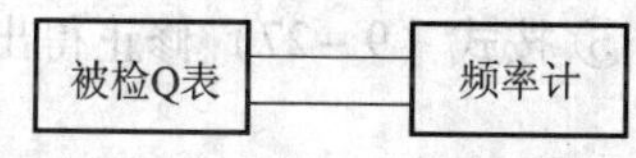

图 9—15　频率刻度检定连接图

（2）调节波段开关和“频率读数”旋钮，检定点按规程规定选取。

（3）保持“ ×Q”电表指于 ×1 附近，使频率计正常工作。

（4）每个频率检定应重复测量 3 次，取平均值，按式（9－25）计算频率刻度误差：

$$\delta_f = \frac{f_i - f_t}{f_t} \times 100\% \qquad (9-25)$$

式中：f_i——Q 表频率度刻度值；

f_t——频率计 3 次测得值的平均值。

4. Q 值测量误差的检定

（1）Q_i 误差的检定

① 接通被检 Q 表电源，预热 30min。

② 将 Q 值标准量具按高、低电位端要求逐个接入 Q 表电感接线柱，检测电路如图 9—16。

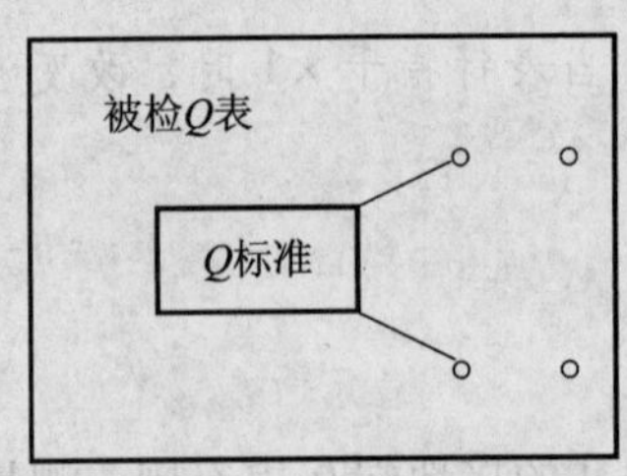

图 9—16 Q 误差检定连接图

③ 将“Q 量程”开关置于 50 挡，在偏离谐振点状态下（可将频率或电容刻度调离检定点），校准“$Q-\Delta Q$”电表零位。

④ 按各 Q 值标准量具所规定的检定点选择波段和频率。

⑤ 调节“$\times Q$ 调节”电位器，使“$\times Q$”电表指于 $\times 1$ 位置。

⑥ 按各 Q 值标准量具的 Q 值大小，选择适当的 Q 量程。

⑦ 调节“电容读数”旋钮，使测试回路谐振，即使“$Q-\Delta Q$”电表指示最大值。

⑧ 每个检定点上读取 Q_i 和 C_i 值!（由“$Q-\Delta Q$”电表读取 Q_i，电容度盘读取 C_i），按式（9－26）计算 Q_i 误差：

$$\delta Q = \frac{Q_i - \overline{Q}_{en}}{\overline{Q}_{en}} \times 100\% \qquad (9-26)$$

式中：Q_{en}——根据修正曲线查得的固有 Q 值。

（2）Q_{ex}误差的检定

被检 Q 表说明书中给出该项指标时才检定（以 QBG—1B 型高频 Q 表为例）。

① 按 Q_i 误差的检定同样的步骤读取 Q_i，C_i。

② 为减小度盘误差对计算结果的影响，检定频率应由频率计监测，C_i 值应为电容测量仪实际值。

③ 从 Q 表说明书附录 2（$C_{ei}-C_i$ 曲线）可查得 C_i 的高频有效电容 C_{ei}（检定频率低于 10MHz 时，可视 $C_i = C_{ei}$）。

④ 根据检定频率和 C_{ei}可由 $\overline{Q}_n - f - C_i$ 修正曲线查得测试回路均值固有 Q 值 $\overline{Q}_{en}$。其他同类仪器残量曲线可见仪器使用说明书。

⑤ 按式（9－27）修正得出被检 Q 表确定的 Q 值标准量具有效 Q 值 C_{ex}：

$$Q_{ex} = \frac{\overline{Q}_n \cdot Q_i}{Q_n - Q_i}(1 - \omega^2 L_1 C_{ei}) \qquad (9-27)$$

式中：L_1 是除调谐电容残感以外的回路总残感，QBG－lA 为 8.5nH，QBG－lB 为 5nH，若检定频率低于 10MHz，可忽略（$1-\omega^2 L_1 C_{ei}$）中后一项的修正。

⑥ 按式（9－28）计算 Q_{ex}误差 δQ_{ex}：

$$\delta Q_{ex} = \frac{Q_{ex} - Q_e}{Q_e} \times 100\% \qquad (9-28)$$

第十章　高频微波场强的计量

第一节　近区场强的计量

一、概　　述

高频近区场强的计量方法通常分两类：一类是“标准天线法”，即研制一个标准的接收天线，配上相应的标准测量仪表，然后，将被检场强仪的探头与标准天线放在同一个场中进行对比测量，从而进行校准；另一类是标准场法，即设建一个标准场，这个场的强度及其空间分布是可以准确计算的，场比较强且均匀，然后将被检场强仪的探头放入标准场中测量，按标准场进行被检仪器的定标。

鉴于两种方法均需一个场源，因此大多采用标准场法，当前国内外采用的标准场法有多种。由于篇幅所限本章对计量部门和生产厂家常用的几种方法介绍如下，而重点介绍横电磁波室法。

二、平行板电容器标准场装置

用两块相互平行的金属平板，固定在木质或其他材料的绝缘支架上。当平行板与一阻抗和其特性阻抗相匹配的终端负载连接，输入端与一大功率射频信号源相连接并被激励时，两导电板之间就建立起标准电磁场。理论分析表明，此场类似于自由空间的平面波。设两平行板间距离为 d，电压为 U，则其间场强为：

$$E = U/d(\mathrm{V/m}) \tag{10-1}$$

把平行板当作传线时，平行板的阻抗近似为：

$$Z_0 = 376.7\,\frac{d}{\varpi}(\Omega) \tag{10-2}$$

式中：ϖ——平行板横向宽度，m。

平行板标准装置示意图如图 10—1 所示。

高频信号源的输出，如果对地不平衡，则需加平衡变换器，调频电压 U 是用真空热电元件配上高频电阻，跨接在两极板间进行测量。用平行板电容器建立的标准场装置，所得高频电场强度的误差，主要来源于式（10—1）的准确性及场强仪探头对场的扰动，以及板间电压和距离的测量误差，这里不再详细叙述。

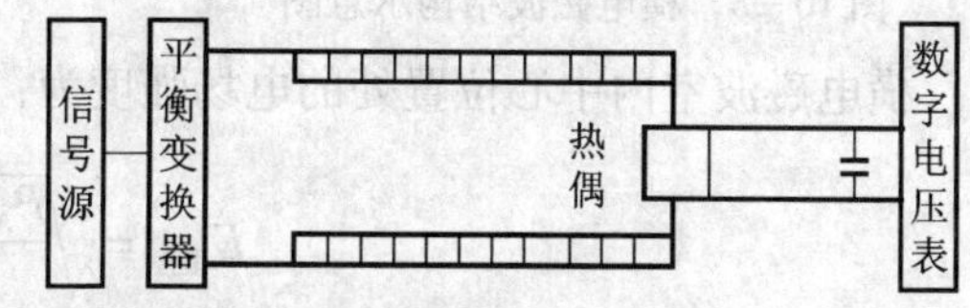

图 10—1　平行板标准场装置示意图

三、波导小室标准场装置

工作原理简介：

由波导理论和电磁场理论，可得出波导小室内纵向轴线上电场强度的计算公式：

$$E=\frac{2}{W}\sqrt{P_nZ_0}\quad(\mathrm{V/m})\tag{10-3}$$

式中：P_n——通过小室传输的净功率；

Z_0——小室内的波阻抗，理论推得为376.7Ω；

W——波导宽边宽度。

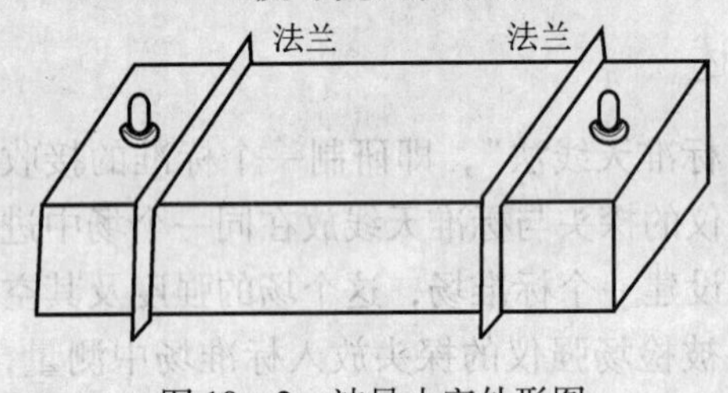

图10—2 波导小室外形图

波导小室外形图如图10—2所示。

波导小室标准装置的附助设备一般有：信号源、可变衰减器、功率放大器、功率计、低通滤波器等。

四、横电磁波室标准装置

横电磁波室是近年来发展的一种新技术，具有如下一系列优点：

（1）结构封闭、不向外辐射电磁能量。

（2）当室内进行实验时，不受外界环境电平及干扰的影响。

（3）室内处处保持50Ω阻抗匹配，是行波体系且工作频带宽。

（4）占地小，造价低，强场、弱场均可测试。

（5）多用途，既可校准近场测量仪，也可用于测试小尺寸的电子设备的辐射敏感度及空间辐射性能。

（一）横电磁波室工作原理

横电磁波室的结构如图10—3所示。

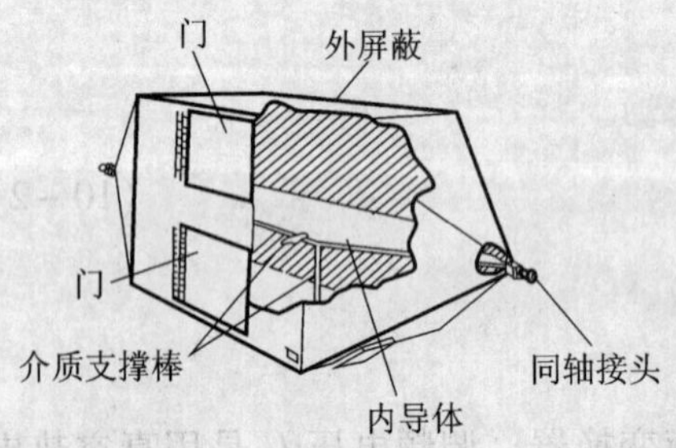

图10—3 横电磁波结构示意图

当高频电磁能量馈入横电磁波室时，一个均匀的行波电磁场在室内建立。如在横电磁波室主段内放入短偶极子天线，即可探测场分布中电场的幅值大小和极化情况。在靠近中心的区域，电场正是垂直极化。沿水平方向向外移动，慢慢变成水平分量，在每一点上测出垂直分量和水平分量，则总电场强度为：

$$E_{总}=\sqrt{E_{垂直}^2+E_{水平}^2}\tag{10-4}$$

横电磁波室内中心位置处的电场强度为：

$$E_{垂直}=\sqrt{\frac{P_N\cdot P_C}{d}}(\mathrm{V/m})\tag{10-5}$$

式中：P_N——入射到小室的净功率，W；

R_C——小室复特性阻抗的实部，Ω；

d——芯板与上下顶板之间的垂直距离，m。

如果用输入电压的测量来代替功率的测量，则：

$$E_{垂直} = U/d \tag{10-6}$$

式中，U 为横电磁波室的输入电压值。

横电磁波室内既有电场也有磁场，磁场与电场的关系如下式：

$$H = E/120\pi \tag{10-7}$$

横电磁波室除具有 50Ω 特性阻抗外，还具有大约 376.70 的波阻抗，其定义为电场强度正与磁场强度之比。

横电磁波室标准装置是以横电磁波室为中心，配以信号发生器、功率计或高频电压表、同轴元件等组成。我国的高频电磁标准场强测量系统如图 10—4 所示。它由大小三个横电磁波室标准场测量系统构成，标准场装置设备配置合理，对横电磁波室电气性能进行测试的方法和手段均较先进。

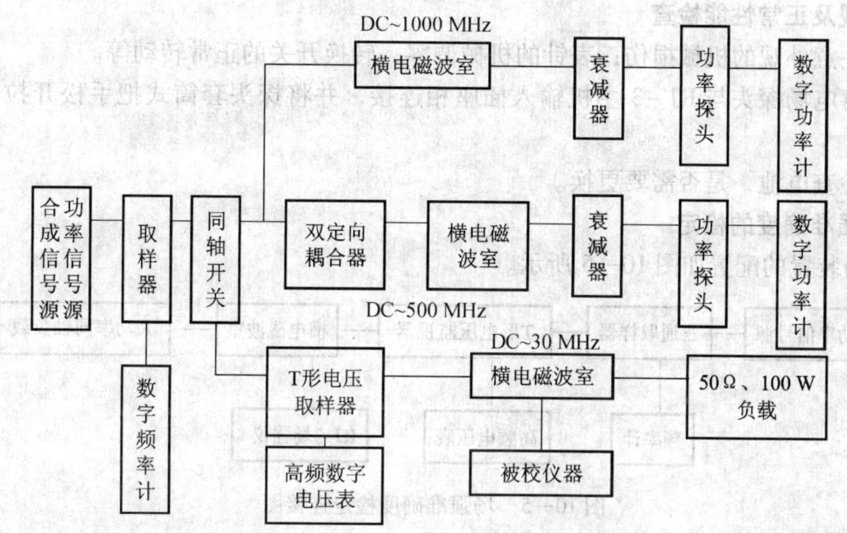

图 10—4　高频电磁标准场强测量系统

（二）横电磁波室标准装置的误差来源

横电磁波室标准装置的误差来源有如下几个方面：

（1）功率计读数的不确定性，横电磁波室插入损耗测试的不确定性。

（2）阻抗测试的不确定性，由于室内放入被测物时的负载效应，而使横电磁波室特性阻抗发生变化。

（3）横电磁波室长度测量的不确定性及结构的不均匀性。

（4）横电磁波室主段内电场分布的非均匀性。

其他可能的误差来源因素，诸如信号源功率稳定性及驻波效应等，如果采用先进的配套设备，充分注意和克服有关因素对合成误差的影响，则总的误差合成可控制在 ±1dB 以内。

（三）近场计量的注意事项

在近场计量中，必须注意下面几个事项：

（1）检测中，天线探头位置一定要安放准确，如在横电磁波室检测近区场强测量仪，只有在横电磁波室上下半空间几何中心处的场值才为 $E=\sqrt{P_nR_c/d}$，如果探头安放不准确，则会造成场值偏大或偏小，从而带来过大的测量误差。

（2）检测中，应转动天线探头读取最大值，尤其是一维振子探头，方向性尤为突出。

（3）尽量避免影响近场的因素，如金属导线、金属盒、人体感应的影响等。

（4）在非平面波条件下，场强的三种单位：V/m、A/m、W/m^2 之间不能按式 $S=E^2/Z=ZH^2$ 进行等值换算，在近场标准装置中的场，类似于自由空间中的平面波，此换算成立，并得以实践证实。

五、近区场强仪检定

现以国产 RJ－3 型近区电场测量仪为例，具体介绍有关检定内容及检测注意事项。

1. 外观及正常性能检查

（1）注意外观的机械损伤；表针的机械调零，转换开关的正常转动等。

（2）将电场探头与 RJ－3 主机输入插座相连接，并将探头套筒式把手松开拉长，然后拧紧。

（3）检查电池，是否需要更换。

2. 场强准确度的检定

标准场装置的配置如图 10—5 所示。

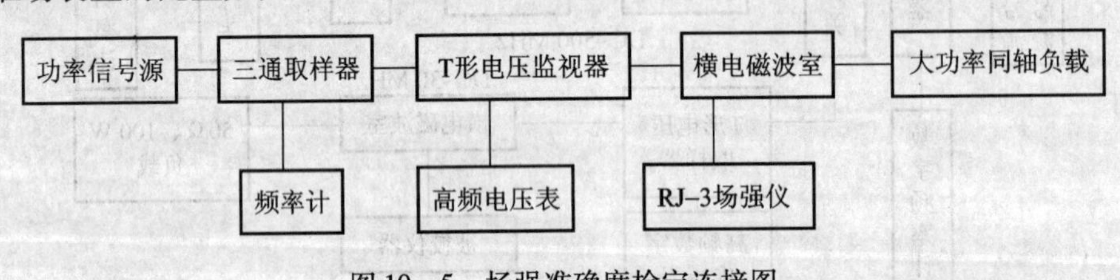

图 10—5　场强准确度检定连接图

（1）将 RJ－3 电场探头固定在探架上，调整探头架高度和位置，将电场探头经横电磁波室测门插入室内，并置于上或下半空间的几何中心处。

将 RJ－3 量程置于 30V/m 挡，向横电磁波室馈入适当的功率信号，保持被检探头把手水平位置不变的情况下，将探头绕把手轴线慢转动，找出 RJ－3 表头指示值最大时的探头方位，此时，探头短振子取向垂直于芯板，与电场方向平行，此后，应保持探头此位置不变。

（2）将功率信号源的频率分别置于检定规程规定的频率点或用户需要的频点，依次进行检定。

（3）调整功率信号源输出电平，使 RJ－3 表头依次指于 5，10，15，20，25，30V/m 标称值处，读取高频电压表相应指示值，按式（10－8）计算标准场强。

$$E_V=U/d\ (\text{V/m}) \qquad (10-8)$$

式中：U——横电磁波室输入端电压；

d——横电磁波室芯板至上顶板或下底板的垂直距离，m。

RJ－3 基本量程场强测量误差按式（10－9）计算：

$$\delta_E = (E_x - E_0)/E_0 \times 100\% \quad (10-9)$$

式中：E_x——RJ－3 表头场强标称值；

E_0——场强实际值，即标准场强值。

其他量程的检定同上。

3. 频率响应的检定

将 RJ－3 置于 30V/m 挡，将功率信号源频率依次置于规程所定频点或用户需要的频率点，调整功率信号源在横电磁波室内建立 20V/m 标准场强，读取各频率点上 RJ－3 的指示值。

频率响应误差按式（10－10）计算：

$$\delta_R = [(E'_x - E'_0)/E'_0] \times 100\% \quad (10-10)$$

式中：E'_x——RJ－3 在各频率点上的指示值，V/m；

E'_0——输入标准场强值，V/m。

第二节　高频远区场强的计量

高频远区场强的计量方法也分两类：一类是标准天线法；一类是标准场法。实际中采用标准场法为多，下面介绍如下。

一、高频磁场标准

（一）标准磁场

在一个已知环半径为 r_1 的单圈无屏蔽平衡发射环上，施加一个已知电流 I_1，然后在距此环轴线的距离 d 处放一半径为 r_2 的接收环，此二环共轴，如图 10—6 所示。则接收环心 p 点处之磁场强度为：

$$|H| \cong \frac{I_1 S_1 N_1}{2\pi R_0^3}\sqrt{1+\beta^2 R_0^2}\ (\text{A/m}) \quad (10-11)$$

式中：I_1——发射环电流有效值，A；

S_1——发射环面积；

N_1——发射环的匝数。

$R_0 = [r_1^2 + r_2^2 + d^2]^{\frac{1}{2}}$（注：$r_1$ 为发射环半径，r_2 为接收环半径，d 为环轴距离）；

$\beta = 2\pi/\lambda$，则等效电场分量为：

$$E = \frac{60\pi r_1^2 I_1 N_1}{R_0^3}(1+\beta^2 R_0 2)^{\frac{1}{2}} \quad (10-12)$$

环上电流用直流校准的真空热偶来测量，此热偶装在环上顶端，直流输出用直流数字电压表测量。如图10—7所示。

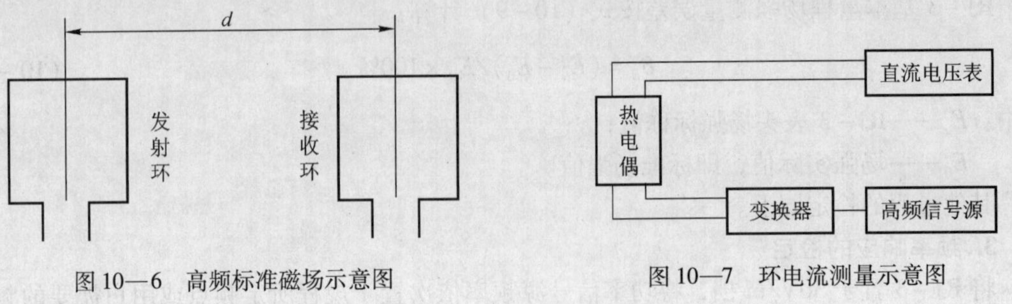

图10—6 高频标准磁场示意图

图10—7 环电流测量示意图

（二）标准环形天线

标准环形天线是一个不屏蔽的单圈圆环，其有效高度为：

$$L_{\text{eff}} = 2\pi^2 r^2/\lambda \tag{10-13}$$

式中，r 为接收环形天线的半径。

当把此环放置于离发射环天线某一距离的空间 p 点，该处电场强度为 E，理论分析表明，环形天线所在点的场强表达式为：

$$E = e_0/L_{\text{eff}} \tag{10-14}$$

式中，e_0 为环形天线感应电动势。可用下面方法测试：在环顶部安装一只经过校准的硅晶体二极管，在环下部输出口接 ~ RC 滤波网络，晶体二极管和 RC 滤波网络共同组成一个精密的高频电压表，RC 滤波网络输出的信号由直流毫伏表指示。

二、高频电场标准

高频电场标准由“标准电场”和“标准偶极子天线”构成。目前，在校准干扰场强测量仪的天线时，通常都采用标准偶极子天线为工作标准，因为这个方法对场地没有严格要求，不需复杂的设备。

当标准偶极子天线与电场矢量 E 平行时，偶极子天线中心处的感应电动势 e_0 与电场强度 E 的关系可用式（10-15）表示：

$$E = e_0/L_{\text{eff}} \tag{10-15}$$

因此，电场强度正取决于偶极子天线上感应电动势 e_0 和天线有效高度 L_{eff}，e_0 的测量方法类似于环形天线感应电动势的测量，这里不再叙述。

三、高频远区场强仪检定

现以RR-2A干扰场强测量仪为例，介绍其具体检定方法及原理。

（一）外观及正常工作性能检定

主要看有否影响其工作性能的机械损伤，各种转换开关转动是否正常，表头机械调零，表针等是否正常，被检仪器应自校正常。

（二）频率刻度检定

其仪器连接如图 10—8 所示。

按规程的规定，将信号发生器置于相应频率点附近，微调其频率，使 RR－2A 电表指针指到最大，将频率计的示值作为实际值，记入记录，按式（10—16）计算频率刻度误差：

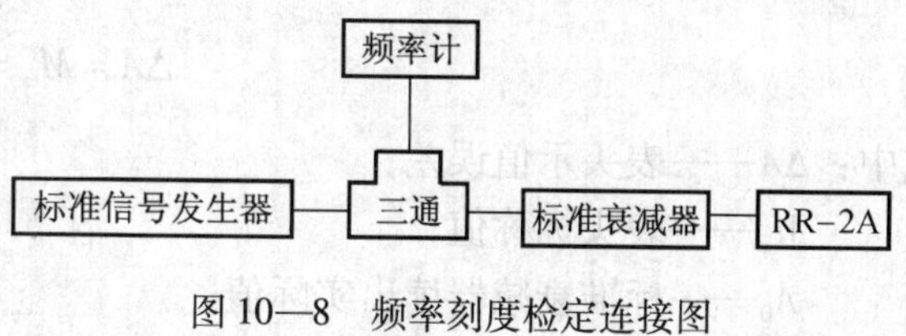

图 10—8　频率刻度检定连接图

$$\delta_f = \frac{f_x - f_0}{f_0} \times 100\% \qquad (10-16)$$

式中：δ_f——频率刻度相对误差；

f_0——频率计实际值；

f_x——RR－2A 频率标称值。

（三）整机通频带的检定

将 RR－2A“工作选择”置于“测量”位置，频率置 0.25MHz 或用户所需频率，信号发生器也置于相同的频率，调谐 RR－2A，使表针指示最大，再调信号发生器输出，使 RR－2A 表针指到 0dB，再将标准衰减器减小 6dB，降低信号发生器频率，使表头指示回到 0dB 处，读取频率计示值 f_1，测试 3 次，记取平均值。然后升高信号发生器频率，使 RR－2A 表头指示上升后又回到 0dB 处，读取此时频率计示值 f_2，测 3 次，记取平均值，按式（10－17）计算整机通频带 Δf：

$$\Delta f = f_2 - f_1 \qquad (10-17)$$

（四）衰减器及表头示值的检定

按图 10—9 连接仪器，用标准信号发生器向 RR－2A 输入信号电压，检定“输入电平Ⅰ”。

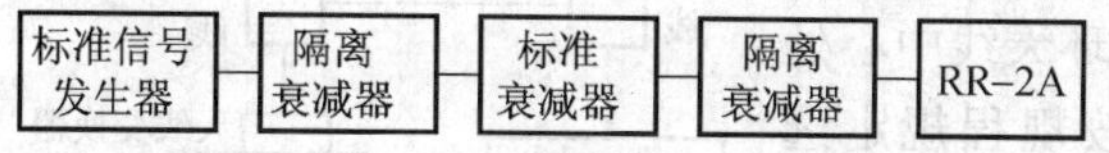

图 10—9　衰减器及表头示值检定连接图

检定时，必须注意频率的调谐，使 RR－2A 表针指示最大，“输入电平Ⅱ”置于“0”位置，标准衰减器置于 >70dB 处。依次按 10dB 增加 RR－2A 的衰减量，同时减少标准衰减器的衰减量，使表头指示回到原位，重复测 3 次取平均值。“输入电平Ⅱ”的检定与上述类似，衰减器误差的表示式为：

$$\Delta A = A_x - A_0 \qquad (10-18)$$

式中：ΔA——RR－2A 输入电子衰减值误差；

A_x——“输入电平”衰减标称值；

A_0——标准衰减器读出实际值。

第十章　高频微波场强的计量

表头指示值的检定的仪器连接图如图 10—9。向 RR－2A 输入信号，调谐频率使 RR－2A 表头指示最大，且使 RR－2A 表头指示 0dB，以 1dB 为单位依次改变标准衰减器的量值，使 RR－2A 表头指针准确指于整数电压，每点重复测 3 次，记取平均值，按式（10－19）计算表头指示值误差：

$$\Delta A = M_x = A_0 \tag{10-19}$$

式中：ΔA——表头示值误差；

M_x——表头标称值；

A_0——标准衰减器读出实际值。

（五）终端电压检定

仪器连接如图 10—10 所示。

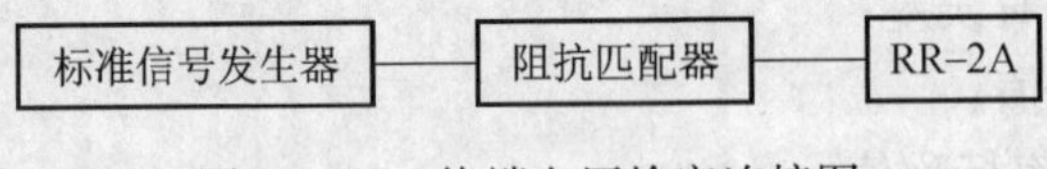

图 10—10　终端电压检定连接图

信号源向 RR－2A 输入电压，将开关置于“平均值”，按规程规定频率点检定，调节信号发生器输出，使 RR－2A 输入端为 30dB 正弦信号，微调其频率使 RR－2A 表头指示最大，读取“输入电平 I”、“输入电平Ⅱ”与表头指示值之和，重复测定 3 次记取平均值。按式（10－20）计算终端电压误差：

$$\Delta U = U_x - U_0 \tag{10-20}$$

式中：U_0——被检电压实际值；

U_x——电压标称值。

（六）场强检定

环状天线检定。仪器放置图如图 10—11 所示。RR－2A 使用环状天线及天线变换器用电缆将天线变换器输出插座与主机输入连接，将天线变换器拨动开关置于“环天线”位置，RR－2A 与标准场强发生器两者的环天线平行，且其中心轴线重合，两者相距 60cm，此时，RR－2A 环天线中心处标准场强为 80dB（即 10mV/m），频率点按规程规定选择，并选择相应频率范围的环天线，RR－2A 置开关于平均值位置调零校准，RR－2A 的工作选择置于测量，反复调谐 RR－2A 主机及天线变换器的调谐钮，使表指针指示最大。然后，从“输入电平Ⅰ”、“输入电平Ⅱ”读取两者之和 A_x，从“表头指示”读取 M_x 的值。重复测 3 次，记取平均值，然后从 RR－2A“方框天线系数”表查出 K_L 值，实测场强按式（10－21）计算：

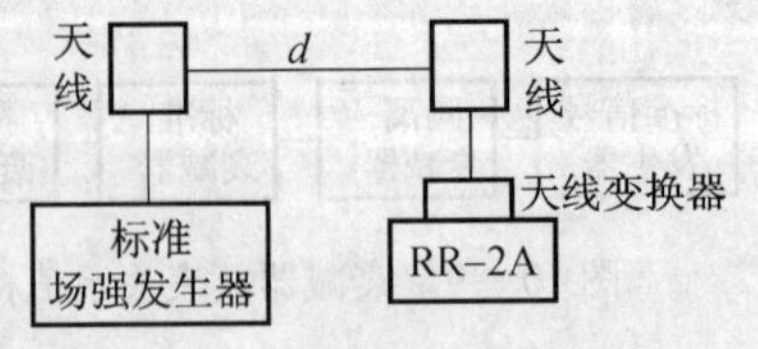

图 10—11　场强检定仪器放置图

$$E_s = A_x + M_x + K_L \tag{10-21}$$

场强测试误差按式（10－22）计算：

$$\Delta E = E_s - 80 \qquad (10-22)$$

（七）脉冲响应检定

仪器连接如图 10—12 所示。

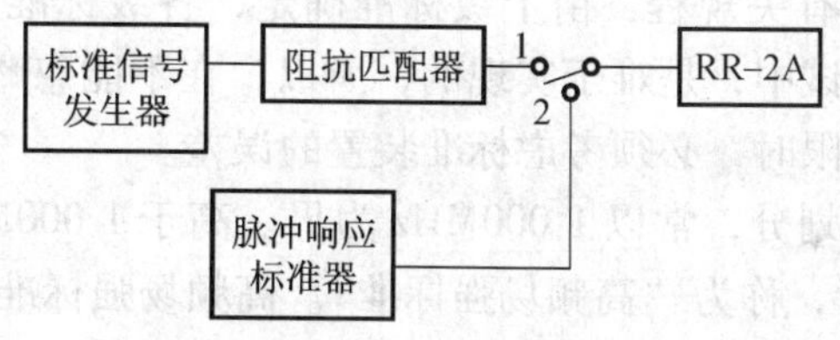

图 10—12　脉冲响应检定连接图

1. 脉冲幅值检定

将 RR－2A 置一波段 150kHz。“准峰值”、“平均值”开关置于“准峰值”位置，RR－2A 置测量位置，并按规定调零，将图中开关接于“1”端，送入 60dB（1mV）正弦信号至 RR－2A 输入端，调 RR－2A 增益，使其准确指示 60dB 处，再将开关转向“2”端，按下脉冲响应校准器的 100Hz 按钮，此时在 RR－2A 上的指示应为 60dB ±1. 5dB。

2. 脉冲重复频率响应检定

以重复频率 100Hz 为准，改变 RR－2A 增益，使其读数为肋 dB，依次按下 100Hz、20Hz，10Hz，2Hz，1Hz 及单次按键，读取 RR－2A 的相应读数与以 100Hz 为参考点的读数之差值。

在上述各项检定中，必须注意信号源及 RR－2A 的频率调谐及 RR－2A 的校准或调零，否则将会引起较大的检定误差。

四、高频微波场强的量值传递和检定系统

量值传递是指将国家计量基准所重现的场强计量单位值，按场强计量检定系统逐级传递给各级计量标准直至工作用计量器具的工作，为使量值合理、有效地传递，以确保量值的准确统一，全部传递工作必须遵循国家计量检定系统进行。

我国的高频微波场强计量检定系统分为五个系统，按三级传递。

（1）10kHz～30MHz（弱场）检定系统中，国家标准由标准环天线、热电变换器、功率信号源、精密比较仪和数字电压表等组成。标准为标准场强发生器，工作量具为该频段内的各种干扰、场强测量仪。

（2）30～1 000MHz（弱场）检定系统中，国家标准由标准发射与标准接收振子天线、功率信号源及其他配套仪器设备构成。另外，还需一块面积足够大、地面参数均匀、周围无反射体的场地。标准与国家标准类似，工作量具为该频段内的各种干扰、场强测量仪。

（3）100kHz～500MHz（强场）检定系统中，国家标准由横电磁波室、功率信号发生器、数字功率计或高频数字电压表等构成。标准由横电磁波室或平行板电容器装置等构成，工作量具为该频段内的各种高频近场测量仪。

（4）500～1 000MHz（强场）检定系统中，国家标准由矩形波导小室、功率信号发生器、数字功率计或高频数字电压表构成。标准可用波导小室标准场装置或其他合适的标准场装置，工作量具为该频段内的各种高频近场测量仪。

（5）1 000MHz ~ 26GHz（微波场强）检定系统中，国家标准由标准角锥喇叭天线、功率信号源及微波暗室等构成。工作标准也同样，但精度低一些，工作量具为该频段内的各种微波漏能仪。

量值传递必须按照计量检定系统的规定逐级进行，各级标准的准确度，除国家标准外，皆是根据计量检定系统和有关规程，由上级标准确定，各级标准的准确度差理应是1∶3，实际上，在无线电计量测试中，是难于实现的，所以，在不能忽略标准装置误差的情况下，在确定被检仪表的总误差限时，必须考虑标准装置的误差。

关于场强标准的频段划分，常以1 000MHz为界。高于1 000MHz者，称为“微波场强标准”；低于1 000MHz者，称为“高频场强标准”。高频场强标准又可分为两个频段：

（1）30Hz ~ 30MHz：采用标准磁场和标准天线法建立磁场标准。

（2）30MHz ~ 1 000MHz：采用标准电场法与标准偶极子天线法建立电场标准。

高频微波场强计量测试技术是门正在发展的新兴技术学科，而各种场强仪、干扰仪的生产也越来越多，因此对它的检测技术也需要不断探索和研究，这是摆在每一个场强计量工作者面前的一项工作和任务。

第十一章　调制度计量

第一节　调幅度的计量标准

一、概　述

调幅度的计量意义在于保证仪器规定的测量精确度，保持量值的一致性。调幅度计量的方法是提供高精度的标准调幅设备或检定装置，由它输出一个调幅度为精确已知的已调波，送给被检仪器测量，在调幅度的计量测试中，标准仪器的误差与被检仪器的误差存在下述关系：

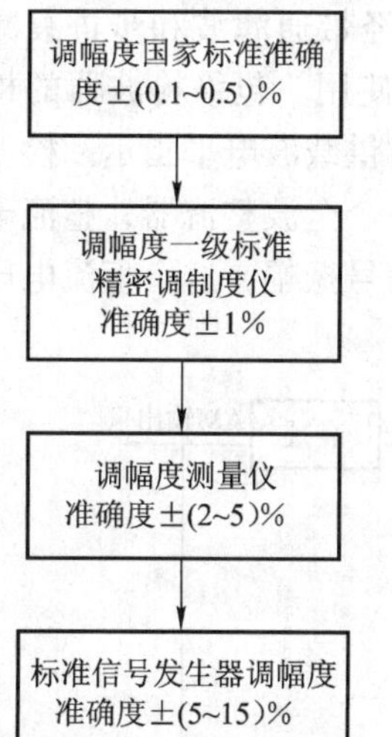

图 11—1　调幅度检定系统

$$\delta_n \leqslant \frac{\delta_x}{3} \qquad (11-1)$$

式中：δ_n——标准仪器的误差；

δ_x——被检仪器的误差。

调幅度计量的主要方法是提供标准调幅信号，对被检仪器进行综合检查，除此之外，其他必检的参数，如载波频率、调制频率等，也应能满足计量的范围和要求。调幅度的检定系统如图 11—1 所示。

调幅标准一般由调幅信号源和测量设备两部分组成。调幅信号源输出优质的调幅信号，检测设备准确测定调幅度，下面介绍几种产生调幅信号的调幅标准。

二、频谱分析法调幅标准

频谱分析法调幅标准原理方框图如图 11—2 所示。用该法可以获得很高的准确度，此标准调幅设备的调幅信号由载波部分抵消获得，调幅度可达 100%，失真低于 0.7%，调制频率范围为 $1\text{kHz} \leqslant f_m \leqslant 500\text{kHz}$，在 $30\% < m < 80\%$ 范围内，标准系统误差约为 0.75%，随机误差约为 0.1%，此标准可调谐范围很大，适用于调制带宽 1 ~ 500kHz。

此外还有专门用于计量、导航设备的调幅度标准，由于篇幅所限，这里不再叙述。

三、线性检波法调幅标准

线性检波法调幅标准原理方框图如图 11—3 所示。本标准上部为优质的调幅信号源，下部分为精密调幅表。载波由机内 8 个晶振提供，调幅信号可取自于内部，也可取自外部。内调制信号由晶体振荡器分频产生。外调制的频率范围是 20Hz ~ 20kHz。调幅器是一个双平衡

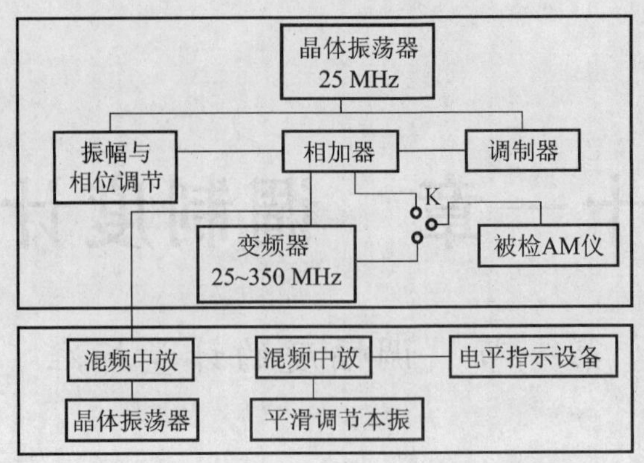

图 11—2　频谱分析法调幅标准原理框图

混频器，自动电平控制环路保持了输出电平的稳定性，调幅信号经带通滤波和步进衰减器后，送往调幅表确定 m 值，同时作为标准调幅信号，供被校设备使用。包络检波器的检波电压的直流分量经低通滤波器后，送到比例电压表的参考端，同时供载波电平指示。检波电压的交流分量经带通滤波器送出，送峰值检波器检波。检波器是一个全波整流器，整流电压经电容平均后产生一个直流输出电压，其数值正好等于正弦输入信号振幅，这个直流电压送到比例电压表的测量端，比例电压表的读数就是调幅度的测量值。

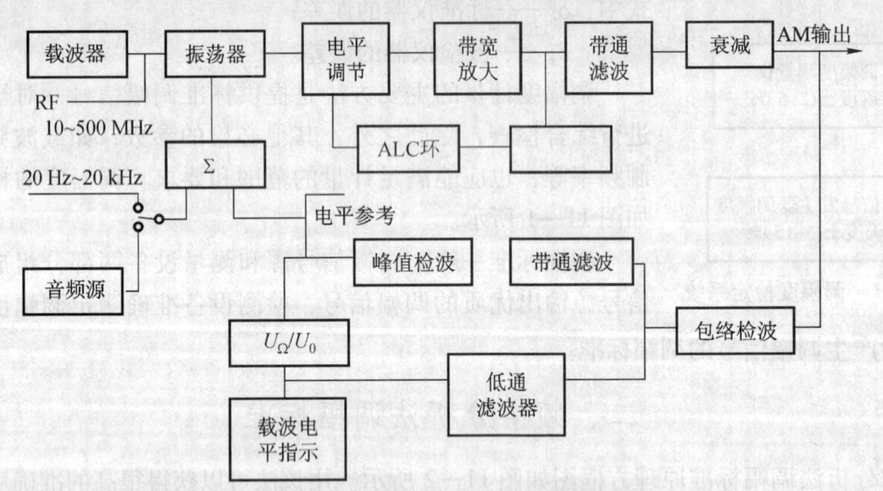

图 11—3　线性检波调幅标准原理框图

四、数字技术调幅标准

数字技术具有稳定性高、不调谐、勿需匹配、无非线性等特点，故非常适用于调制电路。它是先将调制信号由模拟波形变换为数字波形，再用数字波形开关载波，使载波电平随数字波形变化，实现调制，再用带通滤波器选出 AM 分量，得到调幅波。数字技术调幅标准方框图如图 11—4 所示。

它用模拟开关 K 作调制器，用可编程只读存储器波形发生器作调制源。在调幅标准中，

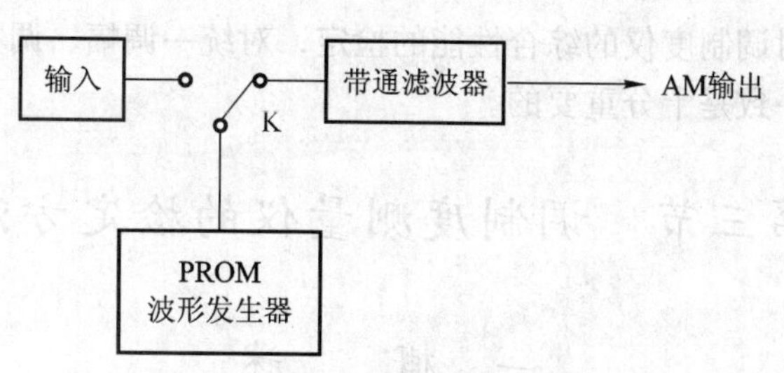

图 11—4　数字技术调幅标准原理框图

PROM 主要存储正弦波数列，利用 PROM 数列调制载波获得准确调幅信号的技术，特别适用于自动测试。

第二节　频偏量值的计量标准

随着 20 世纪 30 年代调频的出现，各国对调频制的研究做了大量工作。为了实现对频偏量值的准确计量，我国根据目前发展水平和我国实际状况，建立了频偏量值传递系统（见图 11—5）。

贝塞尔函数零值法测频偏装置	调制频率 30Hz ~ 1kHz 频偏检定装备
f_c：5 ~ 1 000MHz f_m：400Hz ~ 200kHz Δf：1kHz ~ 1MHz $\|\delta\| \leqslant 1\%$	f_c：5 ~ 1 000MHz f_m：30Hz ~ 1kHz Δf：100Hz ~ 1MHz $\|\delta\| \leqslant 1\%$
调制度测量仪	频偏测量仪
f_c：5 ~ 1 000MHz f_m：30Hz ~ 200kHz Δf：1 ~ 500kHz δ：±(3 ~ 5)%	f_c：4 ~ 320MHz f_m：30Hz ~ 75kHz Δf：1 ~ 150kHz δ：±(4 ~ 10)%
标准信号发生器及各种调频信号发生器	

图 11—5　频偏量值传递系统

随着计量科学技术的发展，频偏的计量传递的标准技术指标也在不断发展。例如，英国 1972 年所公布的频偏指标为：载频 10kHz ~ 1 000kHz，调制频率 20Hz ~ 150kHz，频偏 0 ~ 500kHz，误差：0.5% ±20Hz。20 世纪到 80 年代初，英国生产的 TF2305 调制度仪频偏测量技术指标已达：载频 500kHz ~ 2 000kHz，调制频率 20Hz ~ 275kHz，频偏 0 ~ 500kHz，基本误差 δ = ±0.5%，读数 ±1 个字，显然检定 TF2305 的标准技术指标会更高。又如美国生产的 8901A 调制度仪技术说明中讲述，该仪器可作频偏量值二级标准，准确度为 ±1% 读数 ±1 个字。

在频偏和调幅的计量中，调制度测量仪是其测量的方便设备。目前我国早已颁布了调制度测量仪检定规程，对调制度仪的综合性能的检定，对统一调幅、调频量值的计量测试，保证其量值传递的准确一致是十分重要的。

第三节　调制度测量仪的检定方法

一、概　　述

调制度测量仪是一种经过校准的、线性的超外差接收机，通常由高频、中放、AM/FM解调器、低放及滤波、指示电路、校准器等部分组成。一般来说，它既可测量调幅度，又可测量频偏，是集调幅度测量仪及频偏测量仪于一身的综合性仪器，调制度测量仪的主要工作特性一般有：①信号的载频范围及电平范围；②调制频率范围；③调制度量程；④测量调制度的准确度；⑤仪器本身引入的残余调制；⑥抑制其他调制的能力；⑦解调失真指标；⑧中频输出频率与电平；⑨音频的低通、高通滤波器及去加重网络；⑩解调输出电压；⑪自动及遥控能力。下面叙述规程规定的检定项目及方法。

二、射频输入特性检定

（一）频率刻度检定

按图11—6连接仪器。标准信号发生器输出载波信号，载波频率应为检定的频率，载波电平高于或等于调制度测量仪的输入灵敏度，以标准信号发生器输出频率作标准值，检定调制度测量仪的频率刻度，其频率刻度相对误差按式（11－2）计算：

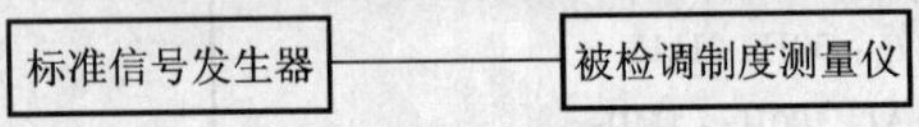

标准信号发生器 —— 被检调制度测量仪

图11—6　频率刻度检定连接图

$$\delta_f = \frac{f_x - f_0}{f_0} \times 100\% \qquad (11-2)$$

式中：f_x——调制度测量仪频率刻度标称值；

f_0——标准信号发生器频率示值。

对按本振频率刻度的调制度测量仪，其相对误差按式（11—3）计算：

$$\delta_{fl} = \frac{f_x - (f_0 - f_I)}{f_0 + f_I} \times 100\% \qquad (11-3)$$

式中，f_I为中频频率标称值。

（二）输入灵敏度检定

仪器连接如图11—6所示。标准信号发生器输出电平调到输入灵敏度额定值，被检仪器对信号调谐后，功能开关置“电平”，输入衰减器置“0dB”若电平能调到或超过规定的刻线，则灵敏度合格。检定时，在每波段选一点检定，但应包括灵敏度指标分段点。

三、中频输出特性检定

（一）中频输出频率检定

按图 11—7 连接仪器。标准信号发生器输出载波信号，调制度测量仪对信号调谐，电平调到规定刻线，用数字频率计测量调制度测量仪中频输出频率，中频频率误差按式（11－4）计算：

$$\delta_I = \frac{f_I - f_{Ix}}{f_{Ix}} \times 100\% \tag{11-4}$$

式中：f_I——中频频率标称值；

f_{Ix}——中频频率实际值。

标准信号发生器 — 被检调制度测量仪 — 数字频率计

图 11—7　中频输出频率检定连接图

（二）中频输出幅度检定

仪器连接如图 11—8 所示。标准信号发生器输出载波，调制度测量仪对信号调谐，电平调到规定刻线，用电压表测量中频输出电压。

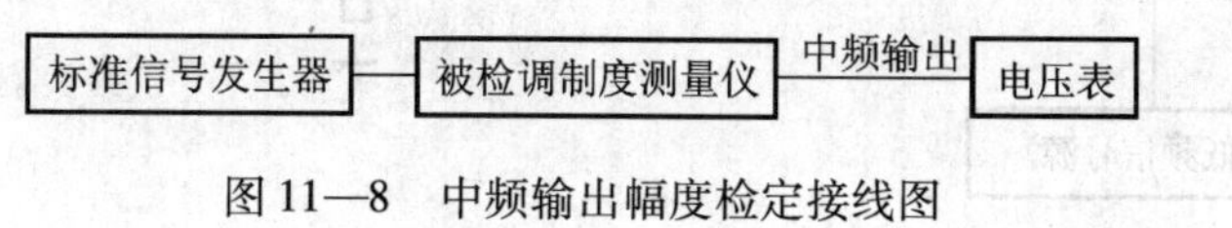

图 11—8　中频输出幅度检定接线图

四、频偏测量误差检定

按图 11—9 连接仪器。首先由低频信号发生器对测试信号源调频，调整低频信号发生器输出电压，获得检定所需频偏值。对于同一调频信号，由被检仪器测出的频偏值 Δf_x，由标准调制度仪测出的频偏值 Δf_0，计算被检仪器测量误差：

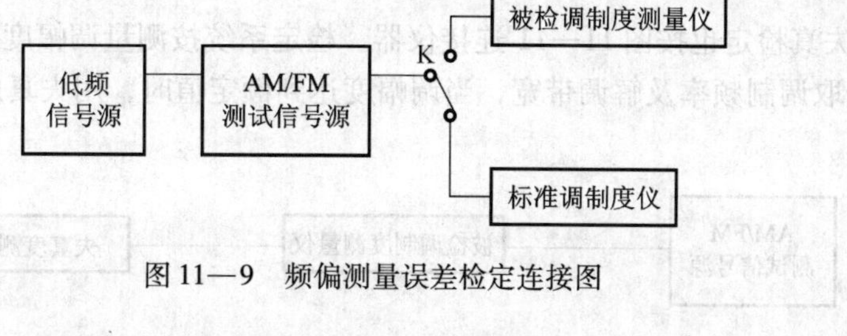

图 11—9　频偏测量误差检定连接图

$$\delta_{\Delta f} = \frac{\Delta f_x - \Delta f_0}{\Delta f_{Fs}} \times 100\% \tag{11-5}$$

式中，Δf_{Fs} 为被检量程满度值。

测量小频偏时，应考虑残余调频影响，其他具体规定，请见检定规程。

五、调幅度测量误差检定

按图 11—9 连接仪器后，由低频信号发生器对测试信号源调幅，调整低频信号发生器输出电压，获得检定所需的调幅度值。对于同一调幅信号，由被检仪器的测出调幅度 m_x，由标准调制度仪测出调幅度 m_0，计算被检仪器测量误差：

$$\delta_m = \frac{m_x - m_0}{m_{Fs}} \times 100\% \tag{11-6}$$

式中，m_{Fs}为被检量程满度值。

六、低频输出特性检定

（一）低频输出幅度检定

仪器连接如图 11—10 所示。取 $f_m = 1\text{kHz}$，检定系统按测量频偏操作，在规定的频偏量程上调节调制电压，使频偏示值满度，然后，用电压表测量调制度测量仪解调输出到匹配负载 R 上的电压即可。

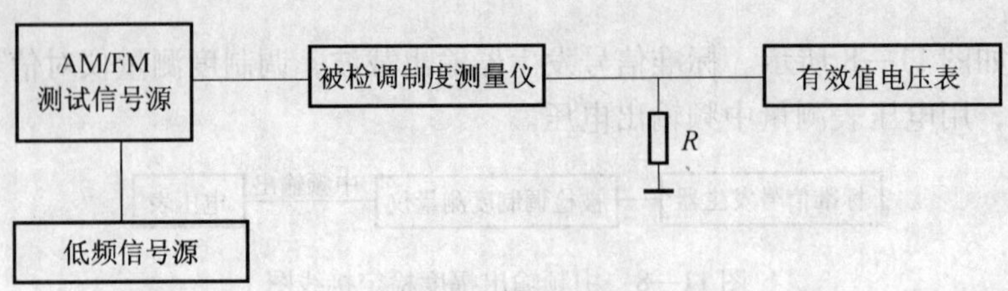

图 11—10　低频输出幅度检定连接图

（二）FM 解调失真检定

仪器连接如图 11—11 所示。检定系统按测量频偏操作，根据 FM 解调失真的规定选取调制频率及调制带宽，当频偏示值达到额定值时，用失真度测量仪测量 FM 解调信号的失真。

AM 解调失真检定也按图 11—11 连接仪器。检定系统按测量调幅度操作，根据 AM 解调失真的规定选取调制频率及解调带宽，当调幅度达到额定值时，用失真度测量仪测量 AM 解调信号的失真。

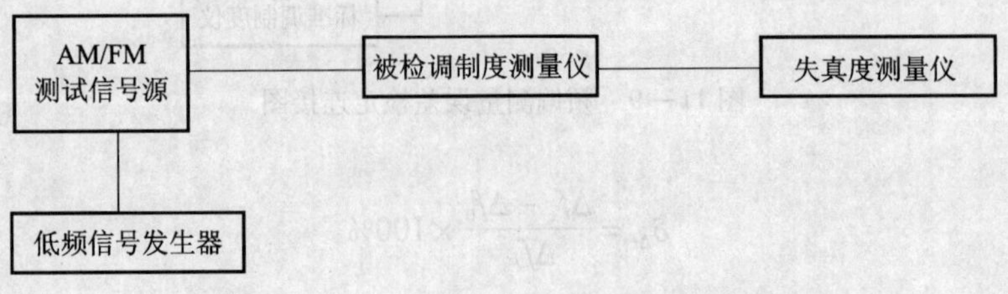

图 11—11　FM，AM 解调失真检定连接图

七、残余调制检定

（一）残余调频的检定

仪器连接如图 11—12 所示。检定系统按测量频偏操作，取 $f_m=1\text{kHz}$，选择规定的解调带宽，调整信号的频偏量，使被检仪器的最低量程指到满度值 Δf_F，此时用电压表测量解调输出电压 U_F，然后，改用载波信号，测量解调的残余调频电压 U_N，残余调频 Δf_N 由式（11—7）计算：

图 11—12　残余调频、残余调幅检定连接图

$$\Delta f_N = U_N/U_F\Delta f_F(\text{Hz}) \tag{11—7}$$

若残余调频是以信噪比的形式给出，则

$$R_S = 20\log\frac{\Delta f_N}{\Delta f_A}(\text{dB}) \tag{11-8}$$

在建立参考频偏 Δf_A 以后，以其解调电压 U_A 为 0dB，改用载波信号，电压表进行相对测量，直接从分压器及指示器上读取信噪比

$$R_S = 20\log\frac{U_N}{U_A}(\text{dB}) \tag{11-9}$$

注意，标准信号发生器的残余调制与被检指标比较，必须优于 3 倍以上。

（二）残余调幅检定

残余调幅检定的仪器连接与残余调频检定方框图相同。将系统的工作置于测量调幅状态，在获得最小量程满度值 m_F 时，测出对应的解调输出电压 U_{mF}，然后，改用载波信号，测量解调残余调幅电压 U_{mN}，并由式（11-10）计算：

$$m_N = U_{mN}/U_{mF}\cdot m_F(\%) \tag{11-10}$$

若残余调幅是以信噪比形式给出，则可参照残余调频信噪比计算公式进行计算。

八、抑制性能检定

（一）调幅抑制检定

仪器连接图如图 11—10 所示。将检定系统调整至规定的调幅测量状态，保持信号调制状态，而将调制度测量仪转变为测量频偏，在最小频偏量程上读取 FM 解调电压 U_{AR}，调幅抑制按式（11－11）计算。

$$\Delta f_{AMR}=U_{AR}/U_F\cdot(\Delta f_F-\Delta f_N) \quad (11-11)$$

式中，Δf_F，U_F，Δf_N 可用上述有关方法测定。

（二）调频抑制检定

仪器连接如图 11—10 所示。将检定系统调至规定的测量频偏状态，保持测试信号的 FM 状态，将调制度测量仪转换为测量调幅，在最小 AM 量程上读取 AM 解调电压 U_{FR}，调频抑制按式（11－12）计算：

$$M_{FMR}=U_{FR}/U_{mF}\cdot(M_F-M_N) \quad (11-12)$$

式中，M_F，U_{mF}，M_N 可用上述有关方法测定。

第十二章　噪声计量

第一节　噪声发生器的检定方法

噪声发生器的等效输出噪声温度或超噪比的检定（校准），通常采用中频衰减法或高频衰减法。检定时，分别从衰减器读取数据。

一、中频衰减法基本原理

其标准噪声源的方框图如图12—1所示。

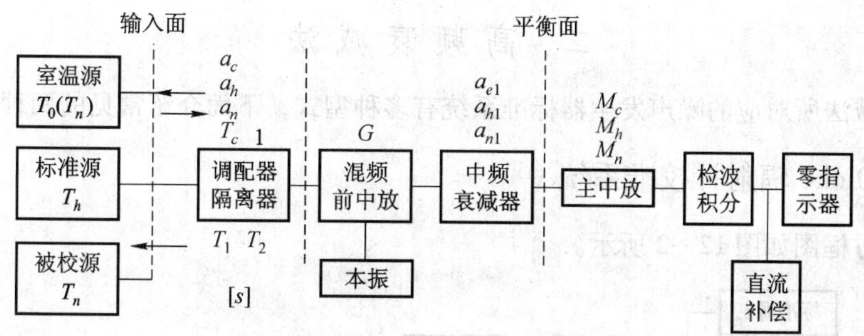

图12—1　中频衰减法原理框图

基本原理是对放大器的噪声系数或等效输入噪声温度的一种测量。其操作步骤如下：

（1）输入端依次接入噪声源 T_c（设 $T_c=T_a$），T_h 和 T_n，调节中频衰减器使平衡面右边的功率始终保持不变，并设为 T_p。

（2）输入端接 T_a，则平衡面处的功率：

$$T_p=(T_a+T_c)Ga_{c1}M_c \tag{12-1}$$

（3）输入端接 T_h，则：$T_p=[(T_h+T_a)a_h+T_a+T_e]Ga_{h1}M_h$　　(12-2)

（4）输入端接 T_n，则：$T_p=[(T_h-T_a)a_n+T_a+T_c]Ga_{n1}M_n$　　(12-3)

联立式（12-1）、（12-2）、（12-3）求解：

$$T_n=\frac{Y_n-1}{Y_h-1}\cdot\frac{a_h}{a_n}(T_h-T_a)+T_a$$

$$=\frac{Y_n-1}{Y_h-1}\cdot\frac{1-|\Gamma_h|^2}{1-|\Gamma_n|^2}\cdot\frac{|1-S_n\Gamma_n|^2}{|1-S_n\Gamma_h|^2}(T_h-T_a)+T_a \tag{12-4}$$

式中：$Y_h=a_{C1}M_C/a_{h1}M_h$；

$Y_n = a_{C1} M_C / a_{n1} M M_n$;

$$a_h = \frac{(1-|\Gamma_h|^2) \cdot |S_{21}|^2}{(1-|-\Gamma_2|^2)(|1-S_{11}\Gamma_n|^2)}$$

$$a_n = \frac{(1-|\Gamma_h|^2) \cdot |S_{21}|^2}{(1-|\Gamma_2|^2)(|1-S_{11}\Gamma_n|^2)}$$

S_{11}，S_{21}为［S］网络散射参数。

以上各式中：

a_c，a_h，a_n 为调配器和隔离器等有耗元件组成的［S］网络的资用功率传输系数，分别对应于噪声源 T_c，T_h，T_n；a_c，a_h，a_n 和 M_c，M_h，M_n 为接入 T_c，T_h，T_n 时，中频衰减器相应的资用功率传输系数和平衡面的失配系数；Γ_1，Γ_2 分别为［S］网络输入端和输出端的反射系数；Γ_c，Γ_h，Γ_n 分别为 T_C，T_h，T_n 的反射系数；T_e 为等效输入噪声温度；G 为混频器资用功率增益。

中频衰减法校准噪声源的误差主要是标准噪声源的温度误差、Y 系数误差、失配误差和随机误差等，具体误差分析，这里从略，有兴趣的读者可参阅有关资料和书籍。

二、高频衰减法

高频衰减法所对应的噪声发生器标准系统有多种型式，下面介绍常见的两种形式。

（一）Dicke 辐射计校准系统

其系统方框图如图 12—2 所示。

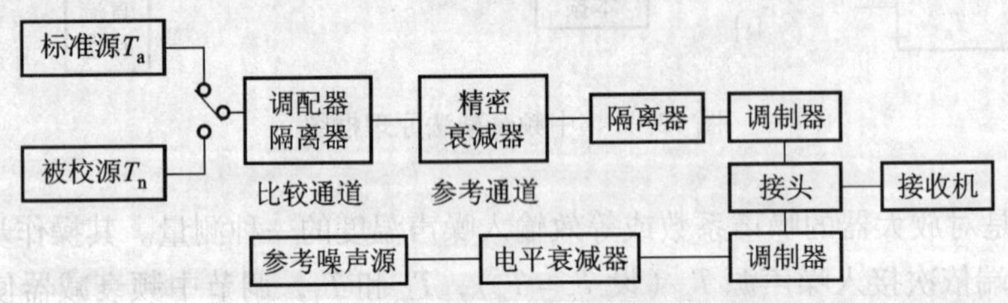

图 12—2 Dicke 辐射计校准系统原理框图

校准噪声发生器时，首先接入标准源 T_s，精密衰减器置于 A_1，调节参考通道中的电平衰减器，以改变参考噪声源输出功率 T_r 直至接收机指示为零，然后换接被校噪声发生器 T_n，在保持参考噪声源输出功率不变的情况下，调节精密可变衰减器，使接收机再次为零，设此时衰减量为 A_2，则被校噪声发生器的超噪比为：

$$ENR_n = 10\lg \frac{T_s - T_a}{T_0} + \Delta A + 4.34 \frac{T_a - T_0}{T_n - T_0} \tag{12-5}$$

式中：$\Delta A = A_2 - A_1$，精密可变衰减器二次读数之差，dB；

T_s——标准噪声源输出噪声温度，K；

T_a——精密可变衰减器的物理温度，K；

T_n——被校噪声发生器输出噪声温度，K。

若 $T_n = T_0 = 290K$，则可简化为：

$$ENR_n = 10\lg \frac{T_s - T_a}{T_0} + \Delta A \tag{12-6}$$

由于 Dicke 辐射计校准系统采用了高频开关调制接收技术，使接收机增益不稳定性能对于测量的影响被消除；标准源和被校源置于同一通道，因此，不要求比较通道和参考通道的特性一致，只要求比较通道的手动开关对称性，重复性良好及参考噪声源输出噪声功率稳定，这时，由于通道的不一致性对测量带来的误差降低到最小程度；测量中采用等功率指示，接收机系统的非线性也不引入测量误差，利用相位检波器，使校准系统具有高的灵敏度和分辨率。

（二）全功率辐射计标准系统

系统方框图如图 12—3 所示。

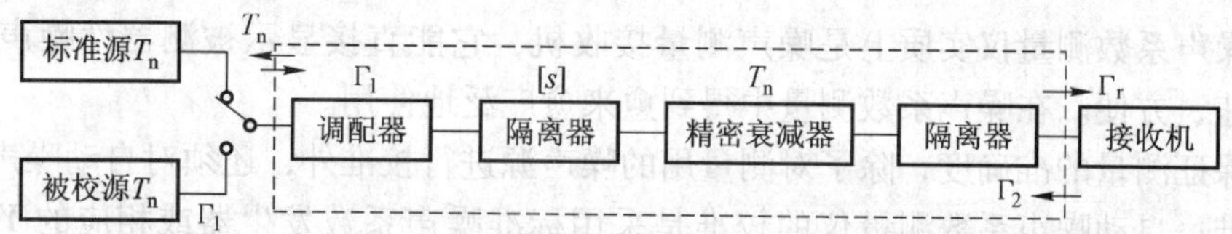

图 12—3　全功率辐射计标准系统框图

从图中，可知，虚线框内为［s］网络精密衰减器部分，为了减小衰减器失配对校准准确度的影响，在它两端接有隔离器，并做为一个整体对衰减量进行校准。选用的隔离器正向损耗要小，反向隔离度要大于 20dB，这样可使散射参数 S_{11}，S_{12}和网络输入端、输出端的反射系数 Γ_1，Γ_2 均为常数。这样，由接收机向源端方向辐射的噪声被反射的噪声功率，在两种平衡情况下相等，可不考虑它的影响，图中 Γ_s，Γ_x，Γ_r 分别表示标准源、被校源和接收机的反射系数，需要指出的是，［s］网络的反向噪声辐射应予考虑。

检定方法如下：

首先接入标准源 T_s，精密衰减器置于 A_1 通常为 0dB，此时，进入接收机的功率为 P_s，然后，换接被校噪声发生器 T_x，调节精密衰减器的衰减量，使进入接收机的噪声功率为 P_x，接收机回到原来指示，设此时衰减器置于 A_2，则可推得：

$$T_x = (T_s - T_a) \cdot \frac{a_s}{a_x} \cdot (1 + \varepsilon) + T_a \tag{12-7}$$

式中：$a_s = \dfrac{(1 - |\Gamma_s|^2)\ |S_{21}|_s^2}{(1 - |\Gamma_2|^2)\ |1 - \Gamma_1 \Gamma_2|^2}$

$$a_x = \frac{(1 - |\Gamma_x|^2)\ |S_{21}|_s^2}{(1 - |\Gamma_2|^2)\ |1 - \Gamma_1 \Gamma_x|^2}$$

$$\varepsilon = \frac{T_a}{T_s - T_a}\ [\,|\Gamma_s|^2 - |\Gamma_x|^2 \cdot 10^{-\Delta A/10}\,]$$

$$\Delta A = A_2 - A_1(\text{dB}),A_1 = 10\log\frac{1}{|S_{21}|_s^2}(\text{dB}),A_2 = 10\log\frac{1}{|S_{21}|_x^2}(\text{dB})$$

当用超噪声比表示时，则：

$$ENR_x = 10\log\frac{T_s - T_a}{T_a} + \Delta A + 10\log\frac{|1-\Gamma_1\Gamma_x|^2}{|1-\Gamma_1\Gamma_a|^2} + 4.34\frac{T_a - T_0}{T_x - T_0} + 4.34\varepsilon + 10\log\frac{1-|\Gamma_s|}{1-|\Gamma_x|^2} \tag{12-8}$$

值得指出的是校准系统与源端的失配，接头的连接和转接，无论是在高频衰减法还是中频衰减法的检测中常会遇到，给检测带来极大的误差；所以，测量时，必须对系统的输入端进行调配，对接头的连接和转接，最好选用高质量接头，力求将误差减小到最小程度。

第二节　自动噪声系数测量仪的校准

自动噪声系数测量仪实质上是噪声测量接收机，它能直接显示被测器件噪声系数 F 的大小，快速、方便。在噪声系数测量中得到愈来愈广泛地使用。

为了保证测量的准确度，除了对测量用的噪声源进行校准外，还须对自动噪声系数测量仪进行校准，自动噪声系数测量仪的校准是采用标准噪声系数发生器或相应的 Y 系数发生器通过直接测量来完成的，通常噪声系数刻度值用 dB 表示，所以，噪声系数测量仪的校准，也就是噪声系数 dB 刻度的校准。

一、自动噪声系数测量工作原理

测量方框图如图 12—4 所示。由图可知，电路中包括开关式噪声源和自动噪声系数测量仪。测量时，周期性转换噪声源的两个噪声电平，加到被测网络输入端，使网络输出两个功率电平，根据功率电平比值，噪声系数测量仪自动显示出噪声系数 F_{dB}。其工作原理如下：

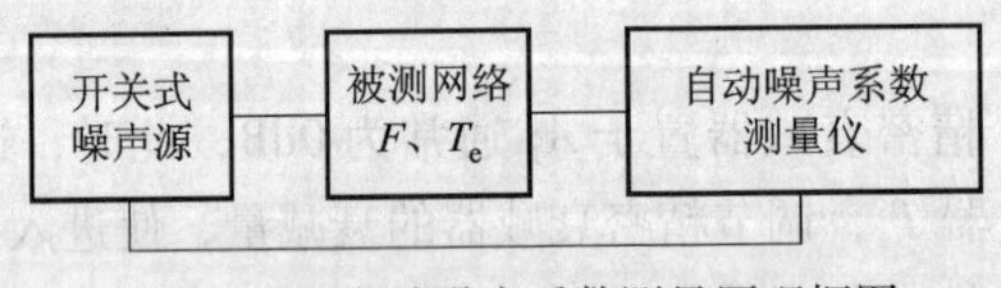

图 12—4　自动噪声系数测量原理框图

1. 噪声源输出噪声温度 T_0

当噪声源输出 T_0 至被测网络时，被测网络的输出功率为：

$$P_0 = k(T_0 - T_e)\cdot B\cdot G \tag{12-9}$$

式中：k，B，G 分别为玻耳兹曼常数、带宽和资用功率增益。

2. 噪声源输出噪声温度

当噪声源输出 T_n 至被测网络时，被测网络的输出功率为：

$$P_n = k(T_n - T_C)\cdot B\cdot G \tag{12-10}$$

设自动噪声系数测量仪的增益为 C，并用自动增益控制，使 C 维持恒定，则在上述两种情况下，自动噪声系数测量仪所检测的功率分别为 CP_0 和 CP_n，即：

$$CP_0 = Ck(T_0 - T_e) * B * G \tag{12-11}$$

$$CP_n = Ck(T_n - T_C) * B * G \tag{12-12}$$

对上两式求解 T_e，并表示为 F_{dB}，即可得：

$$F_{dB} = ENR_n - 10\lg(Y-1) \tag{12-13}$$

式中：ENR_n——噪声源超噪比，dB；

Y——系数，$Y = CP_n - CP_0$。

二、Y 系数量值的复现

Y 系数发生器工作原理方框图如图 12—5 所示。当噪声源处于冷态噪声温度 T_0 和热态噪声温度 T_n 时，放大器的输出端可得到相应的两个功率，其比值即为 Y 系数值。若改变射频衰减器的衰减量或改变可变噪声发生器的噪声输出时，就可得不同的 Y 系数值，这就是 Y 系数发生器的基本工作原理。

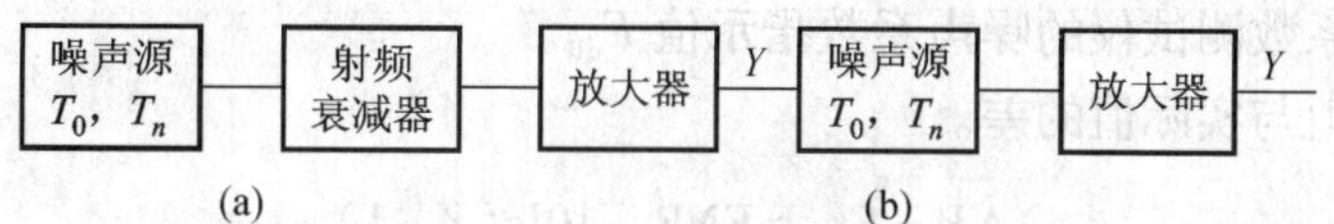

图 12—5　Y 系数发生器原理框图

三、Y 系数发生器的定标

定标方框图如图 12—6 所示。

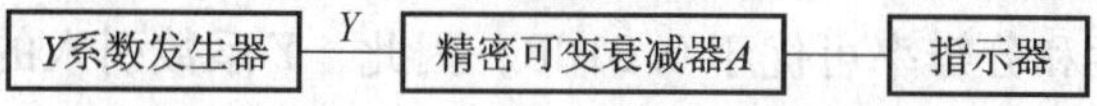

Y系数发生器 —Y— 精密可变衰减器A — 指示器

图 12—6　Y 系数发生器定标原理框图

Y 系数发生器输出噪声的功率比值，它是一种比值发生器。定标就是确定输出比值的准确程度。图 12—6 所示的定标方法乃是衰减器法。定标时，首先使噪声源工作在冷态，精密衰减器置于 A_0。并使指示器指示在某一位置，然后噪声源工作在热态，调整精密衰减器使指示器的指示回到原来位置。设此时的衰减读数为 A_n，则 $Y_{dB} = A_n - A_0$。这样，就完成了一个 Y 值的定标。改变射频衰减器的衰减量，并重复上述步骤就完成了 Y 系数发生器的定标。

定标误差主要有二项，一是精密衰减器不确定度引入的误差；二是指示系统不稳定性和有限分辨率引入的误差。一般来说，对 Y 系数发生器的定标不确定度可优于 0.05dB。

四、噪声系数测量仪的校准

校准原理图如图 12—7 所示。

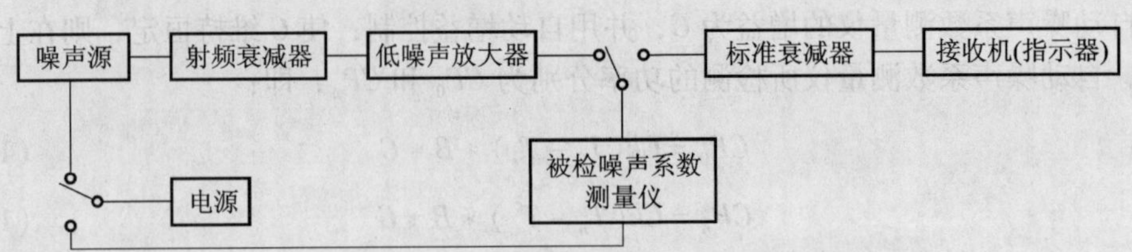

图 12—7 噪声系数测量仪校准原理框图

校准操作步骤如下:

(1) 同轴开关置“0—1”位置，噪声源由外部电源供电。

① 噪声源工作在冷态，射频衰减器置 0dB，使标准衰减器置于 A_0，并使指示器指示在某一位置 g;

② 噪声源工作在热态，调整标准衰减器使指示器的指示回到原来位置 g，设此时的衰减器读数为 A_n，那么，$Y_{dB}=A_n-A_0$，此时 Y 系数发生器的输出 Y 系数为

$$Y=10^{(A_n-A_0)/10} \tag{12-14}$$

(2) 同轴开关置“0—2”位置，噪声源由噪声系数测试仪供电。

① 记下噪声系数测试仪的噪声系数指示值 F_{dB}。

② 计算指示值与实际值的差。

$$\Delta F=F_{dB}-\mathrm{ENR}-10\lg(Y-1) \tag{12-15}$$

式中，ENR 为噪声系数超噪比设定值。

改变射频衰减器衰减量，重复 1，2 的操作，至此，完成噪声系数测试仪的校准。

(3) 校准误差

校准误差主要是 Y 系数引入的误差。该误差主要有两个方面：一是标准衰减器的误差；一是指示系统不稳定性和有限分辨率引入的误差。对于截止式衰减器，其误差约为 0.03dB + 0.005dB/10dB，稳定性和分辨率可优于 0.01dB，因此，Y 系数引入的误差 $\delta Y_{dB}\approx 0.035$dB。

对式 (12-15) 微分可得:

$$\delta F_{dB}=\frac{Y}{Y-1}\delta Y_{dB} \tag{12-16}$$

根据式 (12-16) 可以计算出不同 Y 值，即不同 F_{dB} 时的误差 δF_{dB}。

第十三章　逻辑分析仪和频谱分析仪的检定

第一节　逻辑分析仪的检定

一、概　　述

逻辑分析仪从原理上分为逻辑信号的定时分析与逻辑信号的状态分析。逻辑分析仪具有多数据通道与多同步时钟的特点，可以方便地分析数字电路的逻辑时序。逻辑分析仪通过多路逻辑探头输入数据信号，以逻辑“1”，“0”显示数据状态。能以多级触发方式采集数据，可以状态列表方式显示测试数据，也可以波形方式显示采集数据。逻辑分析仪是设计、调试及修理数字电路及设备的有效工具。

二、检定条件、检定设备和检定项目

1. 检定条件

① 环境温度：(23 ±5) ℃；

② 相对湿度：不大于 80% ；

③ 供电电源：(220 ±10) V，(50 ±2) Hz；

④ 其他：周围无影响检定系统正常工作的机械振动和电磁干扰。

2. 检定项目

以下检定项目为首次检定、后续检定和使用中检验的共用检定项目。

① 检定前检查：外观及附件、工作正常性；

② 时钟下降沿作用时最高时钟速率与数据建立、保持时间；

③ 时钟上升沿作用时最高时钟速率与数据建立、保持时间；

④ 状态分析时混合时钟方式工作最高时钟速率；

⑤ 毛刺检测能力；

⑥ 输入门限电平。

3. 检定用设备

① 脉冲发生器

应有双路输出脉冲；

最高频率：500MHz；

最窄脉冲宽度：0.5ns；最大允许误差： +70ps；

输出电平：(-5 ~ +5) V；

延迟时间可调。

② 数字示波器

带宽：500MHz；

上升时间：小于700ps；

水平时基最大允许误差：±0.01%；

③ 直流电压源

输出电压：(-20~+20)V；

最大允许误差：±0.1%；

检定所用设备必须经过计量技术机构检定合格，并在有效期内。

三、技术要求和检定方法

1. 检定前检查

(1) 通用技术要求

① 外观及附件

被检逻辑分析仪应标有生产厂名、型号、出厂编号和CMC标志。附件应齐全，应有使用说明书和前次检定证书。

被检逻辑分析仪应无影响正常工作的机械损伤。

② 工作正常性

被检逻辑分析仪加电应工作正常，自检通过。

(2) 检查方法

① 外观及附件

检查逻辑分析仪附件是否齐全，是否有使用说明书和前次检定证书。

检查逻辑分析仪是否有影响正常工作的机械损伤。

② 工作正常性

接通逻辑分析仪的电源，进行自检。完成自检后应显示自检功能通过信息，如有选择性功能检查项，应手动进行该项目的自检，各手动自检项目均应正常通过。检查逻辑分析仪的接口与触发功能是否工作正常。

2. 时钟下降沿作用时最高时钟速率与数据建立、保持时间

(1) 技术要求

① 数据建立时间：(0~50) ns。

② 数据保持时间：(0~50) ns。

③ 最高时钟速率：定时分析：100MHz；状态分析：50MHz；

④ 最小时钟脉冲宽度：5ns。

(2) 检定方法

① 按图13—1连接检定设备，并预热30min。

② 根据被检逻辑分析仪指标要求，调整脉冲发生器的波形输出，在数字示波器ch1，ch2通道上观察到如图13—2所示的波形。

③ 设置逻辑分析仪的工作方式为状态分析，并将被测探头的相应通道打开，输入门限电平为TTL电平，调整第一个时钟沿为下降沿触发，置逻辑分析仪计数为十六进制方式。

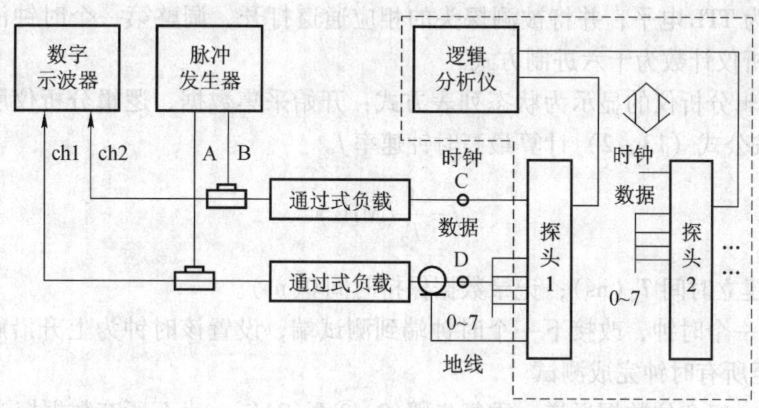

图 13—1 检查最高时钟速率与数据建立、保持时间接线图

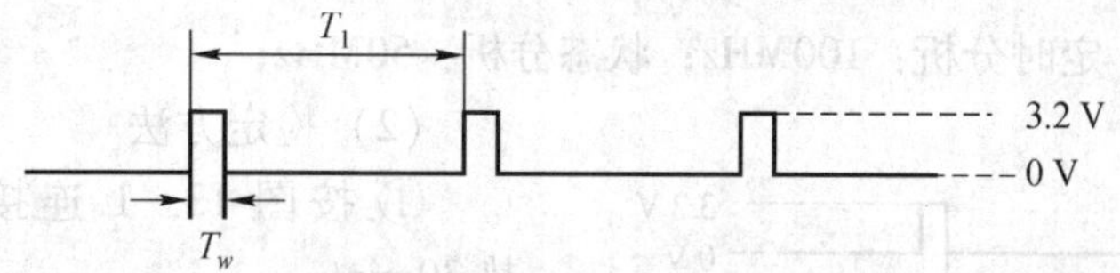

图 13—2 检查时钟下降沿作用时，脉冲发生器输出的波形

T_1——逻辑分析仪最高时钟重复周期，ns；T_w——逻辑分析仪的数据建立时间，ns。

④ 设置逻辑分析仪的显示为状态列表方式：开始采集数据，逻辑分析仪所有列表应显示为“FF”。按公式（13－1）计算最高时钟速率f。

$$f=\frac{1}{T_1}(\mathrm{MHz}) \tag{13－1}$$

记录数据建立时间T_w（ns）；记录数据保持时间0（ns）。

⑤ 断开上一个时钟，改接下一个时钟端到C端，设置该时钟为下降沿触发，重复步骤(2)④，直至所有时钟完成测试。

⑥ 连接下一组8位数据通道，重复步骤(2)③至(2)⑤，直至所有数据探头完成测试。

3. 时钟上升沿作用时最高时钟速率与数据建立、保持时间

（1）技术要求

① 数据建立时间：（0～50）ns。

② 数据保持时间：（0～50）ns。

③ 最高时钟速率：定时分析：100MHz；状态分析：50MHz。

④ 最小时钟脉冲宽度：5ns。

（2）检定方法

① 按图13—1连接检定设备。

② 根据被检逻辑分析仪的指标要求，按图13—3调整脉冲发生器的波形输出。

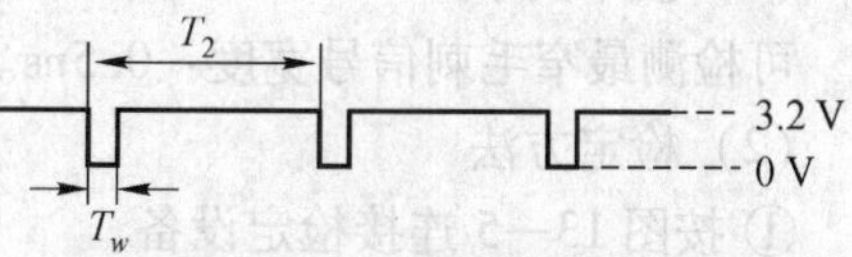

图 13—3 检查时钟上升沿作用时，脉冲发生器输出的波形

③ 设置逻辑分析仪的工作方式为状态分析，

输入门限电平为 TTL 电平，并将被测探头的相应通道打开，调整第一个时钟沿为上升沿触发，置逻辑分析仪计数为十六进制方式。

④ 设置逻辑分析仪的显示为状态列表方式：开始采集数据，逻辑分析仪所有列表应显示为“00”。按公式（13－2）计算最高时钟速率 f。

$$f=\frac{1}{T_2}(\mathrm{MHz}) \tag{13-2}$$

记录数据建立时间 T_w(ns)；记录数据保持时间 0(ns)。

⑤ 断开上一个时钟，改接下一个时钟端到测试端，设置该时钟为上升沿触发，重复步骤(2)④，直至所有时钟完成测试。

⑥ 连接下一组 8 位数据通道，重复步骤(2)③至(2)⑤，直至所有数据探头完成测试。

4. 状态分析时混合时钟方式工作最高时钟速率

(1) 技术要求：

最高时钟速率：定时分析：100MHz；状态分析：50MHz；

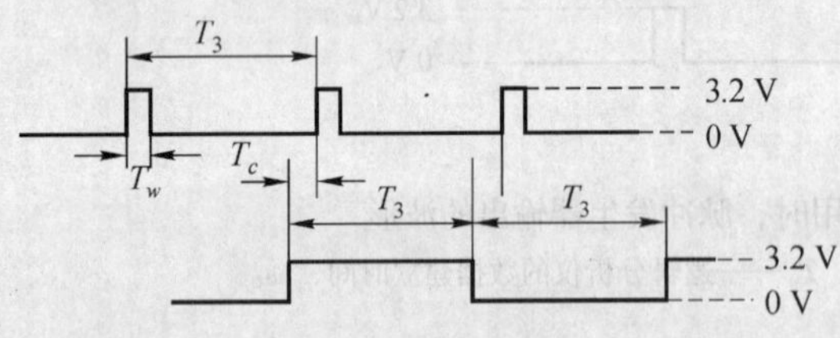

图 13—4 检定状态分析时时钟最高频率，脉冲发生器输出的波形

(2) 检定方法

① 按图 13—1 连接检定设备，并预热 30min。

② 根据被检逻辑分析仪的指标要求，按图 13—4 调整脉冲发生器的波形输出，使 T_c 等于 T_w。

③ 设置逻辑分析仪的工作方式为状态分析，混合时钟工作状态，调整主时钟为第一个时钟的上升沿起作用，从时钟为该时钟的下降沿起作用，并将被测探头的相应通道打开，逻辑分析仪计数为十六进制方式。

④ 设置逻辑分析仪的显示为状态列表方式，开始采集数据，逻辑分析仪列表应显示为“00”和“FF”交替。按公式（13－3）记录最高时钟速率 f。

$$f=\frac{1}{T_3}(\mathrm{MHz}) \tag{13-3}$$

记录数据建立时间 T_w（ns）；记录数据保持时间 0（ns）。

⑤ 断开该时钟，连接下一个时钟到 C 端，设置主时钟为该时钟上升沿，从时钟为该时钟下降沿，重复步骤(2)④，直至所有时钟完成测试。

⑥ 连接下一组 8 位数据通道，重复步骤(2)③至(2)⑤，直到所有测量头完成测试。

5. 毛刺检测能力

(1) 技术要求

可检测最窄毛刺信号宽度：0.5ns。

(2) 检定方法

① 按图 13—5 连接检定设备。

② 调整脉冲发生器输出脉冲波形如图 13—6 所示。

③ 设置逻辑分析仪工作方式为定时分析，打开被测数据探头，探数据输入门限为 TTL

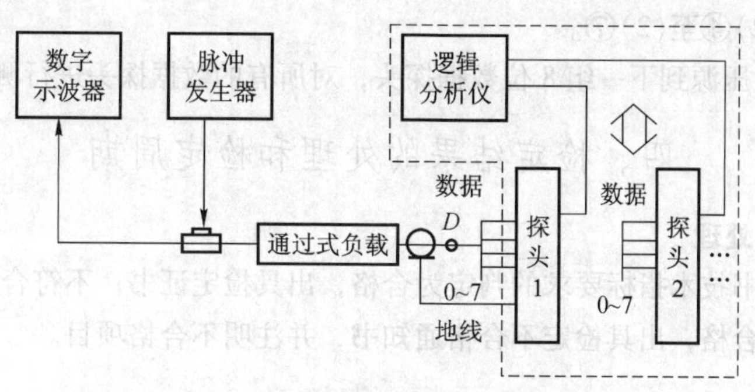

图 13—5　检测最窄毛刺信号宽度的接线图

电平，采集方式为毛刺工作方式，若逻辑分析仪有其他设置要求，可按说明书设置。

④ 设置逻辑分析仪的显示方式为定时波形方式，运行逻辑分析仪，进行数据采集。

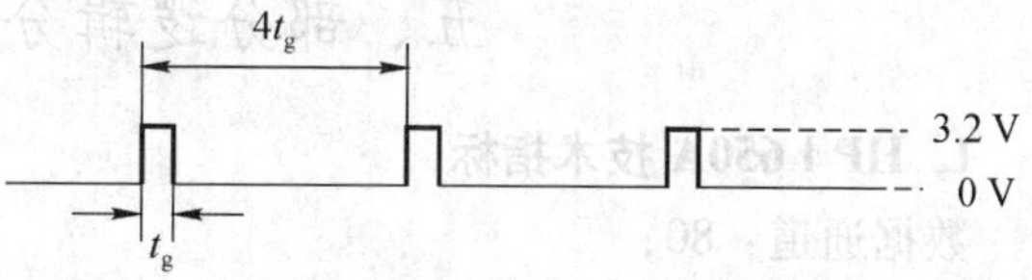

图 13—6　检测最窄毛刺信号宽度时，脉冲发生器输出的波形

⑤ 观察逻辑分析仪显示波形，应为正常的毛刺显示，所显示的毛刺波形周期应与所如脉冲周期相同。记录 t_g，逻辑分析仪的毛刺检测能力为 t_g。

⑥ 脉冲发生器输出连接下一组 8 位数据通道，重复步骤(2)④至(2)⑤，直至所有数据探头完成测试。

6. 输入门限电平

(1) 技术要求

门限电平：(-20 ~ +20) V；最大允许误差 ±3%。

(2) 检定方法

① 按图 13—7 连接检定设备。

② 调整逻辑分析仪的工作状态为定时分析，置被检逻辑分析仪相应的数据探头打开，采集方式置为毛刺工作方式，显示为定时波形方式，探头门限电平为用户设置方式。

③ 设置探头的门限电平为 0V。

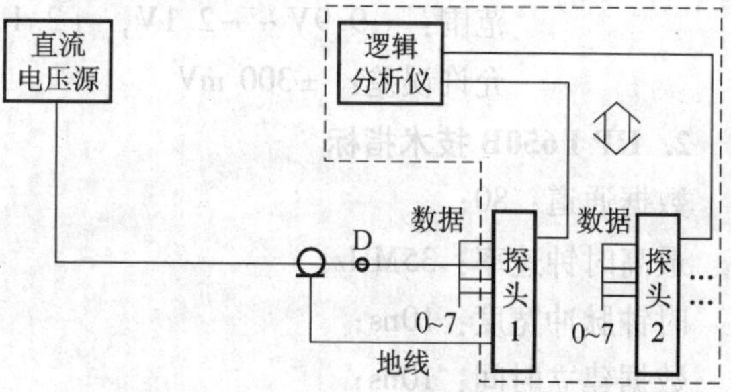

图 13—7　检测输入门限电平接线图

④ 设置直流电压源的输出电压为所设置的门限电平的正向极限值 V_H。

⑤ 运行逻辑分析仪开始采集数据，波形显示全部高电平为合格。记录正向极限值 V_H。

⑥ 设置直流电压源的输出电压，为所设置的门限电平的负向极限值 V_L。

⑦ 运行逻辑分析仪开始采集数据，波形显示全部低电平为合格。记录负向极限值 V_L。

⑧ 设置逻辑分析仪探头的门限电平，为门限电平范围正电压的最大值。

⑨ 重复步骤(2)④至(2)⑦。

⑩ 设置逻辑分析仪探头的门限电平，为门限电平范围负电压的最大值。

⑪ 重复步骤(2)④至(2)⑦。

⑫ 改接直流电压源到下一组8位数据探头，对所有的数据探头进行测试。

四、检定结果的处理和检定周期

1. 检定结果的处理

符合仪器说明书技术指标要求的判定为合格，出具检定证书；不符合仪器说明书技术指标要求的判定为不合格，出具检定不合格通知书，并注明不合格项目。

2. 检定周期

逻辑分析仪检定周期一般不超过1年，必要时可提前送检。

五、部分逻辑分析仪技术指标

1. HP l 650A 技术指标

数据通道：80；

最高时钟速率：25MHz；

时钟脉冲宽度：10ns；

数据建立时间：10ns；

数据保持时间：0ns；

定时分析：100MHz；

定时分辨力：10ns；

毛刺检测：5ns；

门限电平：范围 -2.0V ~ +2.0V；

允许误差：±150 mV；

范围： -9.9V ~ -2.1V， +2.1 V ~ +9.9V；

允许误差：±300 mV。

2. HP l 650B 技术指标

数据通道：80；

最高时钟速率：35MHz；

时钟脉冲宽度：10ns；

数据建立时间：10ns；

数据保持时间：0ns；

定时分析：100MHz；

定时分辨力：10ns；

毛刺检测：5ns；

门限电平：范围 -2.0 V ~ +2.0 V；

允许误差：±150 mV；

范围： -9.9V ~ -2.1V， +2.1V ~ +9.9V；

允许误差：±300mV。

3. HPl6515A/16516A 技术指标

数据通道：80；

定时分析：1 000MHz；

定时分辨率：1ns；

毛刺检测：2ns。

第二节　频谱分析仪的检定

一、概　　述

频谱分析仪是一种带有显示装置的超外差接收设备，由预选器、扫频本振、混频、中放、滤波、检波、放大、显示等部分组成。主要用于频谱分析，也可用于测量频率、电平、增益、衰减、调制、失真、抖动等，是通信、广播、电视、雷达、宇航等技术领域中不可缺少的仪器。

二、检定条件、检定设备和检定项目

1. 检定条件

（1）温度：(10～30)℃，检定期间温度波动小于2℃。

（2）相对湿度：(65±15)%。

（3）交流供电电源：(220±4)V，(50±5)Hz。

（4）周围无影响正常检定工作的电磁干扰和机械振动

2. 检定用设备

（1）频率计数器

频率测量范围：10Hz～1GHz；

频率测量准确度：$\pm 1\times 10^{-9}$；

分辨力：0.1Hz。

（2）功率计

频率范围：10MHz～26.5GHz；

功率测量范围及准确度：(－70～＋30)dBm，±0.1dB。

（3）低通滤波器

频率：110MHz，330MHz，1.1GHz，2.2GHz，4.4GHz，8.8GHz，16GHz。

（4）函数发生器

频率范围：10Hz～21MHz；

频率准确度：$\pm 1\times 10^{-9}$

输出电平：(0～1) V_{p-p}，50Ω。

（5）RF 合成信号发生器

频率范围及频率准确度：100kHz～1 040MHz，$\pm 1\times 10^{-9}$

输出电子范围及电平准确度：(－120～＋10) dBm，±0.1dB/10dB，累计±0.3dB。

谐波失真：＜－60dBc；

相位噪声：< -110dBc/Hz（偏离载频 1 kHz）；

< -120dBc/Hz（偏离载频 10kHz）。

(6) 有外 AM/FM 功能的微波频率合成器（2 台）

频率范围及准确度：10MHz ~26.5GHz，$\pm 1\times10^{-9}$；

输出电平及准确度：(-120 ~ +10) dBm，±0.1dB/10dB。

(7) 标准可变衰减器

频率范围：DC ~26.5GHz；

衰减范围：(0 ~81) dB，步进 0.1dB；

准确度：±0.02dB/10dB。

(8) 测量接收机

频率范围：100kHz ~1 300MHz；

电平测量范围：(+10 ~ -120) dBm；

电平测量准确度：±0.13dB +0.005dB/10dB。

(9) 匹配衰减器

频率范围：DC ~26.5GHz；

衰减：10dB；

电压驻波比：<1.10。

(10) 功率放大器

频率范围：10MHz ~26.5GHz。

(11) 标网分析系统

频率范围：10MHz ~26.5GHz；

带定向检波器（回损测试桥）。

(12) 功分器、定向耦合器、50Ω 负载、开路/短路器、BNC 连接器、转换头、电缆

3. 检定用设备通用要求

(1) 所有检定用设备均应检定合格，并在检定有效期内。

(2) 所有检定用设备均应按规定进行预热，其操作按各自的说明书进行。

4. 检定项目

检定项目的选择如下表：

表 13—1 检定项目选择

检 定 项 目	首次检定	随后检定
参考频率	●	●
校准信号	●	●
频率读数	●	●
扫频宽度	●	●
分辨力带宽	●	●
频率稳定性	●	○
扫描时间	●	○
参考电平	●	●

续表

检定项目		首次检定	随后检定
垂直显示刻度	对数	●	●
	线性	●	○
分辨力带宽转换对幅度的影响		●	●
显示的平均噪声电平		●	●
剩余响应		●	○
输入衰减		●	○
输入频响		●	●
谐波失真		●	●
三阶交调失真		●	○
镜像响应		●	○
增益压缩		●	○
输入电压驻波比		●	○

注：●为必测项；○为选测项。

三、技术要求和检定方法

1. 外观及工作正常性检查

（1）通用技术要求

① 被检频谱分析仪的前或后面板上应具有制造厂、仪器型号、出厂序号等标志，还应具有内部晶振频率或时基的输出端口。

② 被检频谱分析仪的控制旋钮、按键、开关和输入输出端口等应有明确的标志。被检频谱分析仪送检时要带有使用说明书。

③ 用 180V ~ 260V，45Hz ~ 55HzAC 电源供电时，被检频谱分析仪能正常工作。

（2）检验方法

① 被检频谱分析仪应带有必要附件、说明书及前次检定证书。

② 被检频谱分析仪各按键、开关、旋钮、连结器应安装牢固，通断分明，转换清晰，旋转灵活，定位正确，无影响正常工作的机械损伤。

③ 被检仪器通电后能正常工作，有清晰的显示。中心频率、扫频宽度、分辨力带宽、视频带宽、平均功能、输入衰减、参考电平、扫描时间、游标功能、电平显示线等各项功能正常。

④ 仪器按规定预热后，将校准输出经专用校准电缆接到输入端进行全自校（包括频率校准和幅度校准）。

2. 参考频率的检定

（1）技术要求

参考频率

① 频率：10MHz；

② 频率波动：预热 15min 后，不超出 $\pm 1 \times 10^{-8}$（4h 内）。

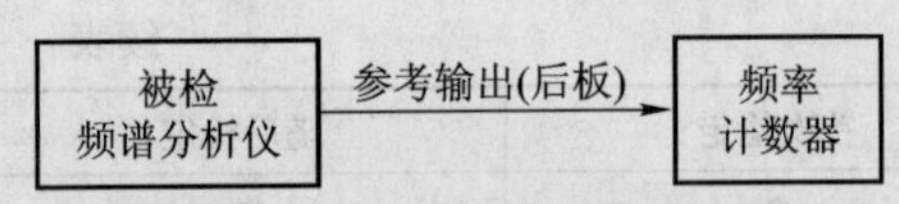

图 13—8 检定参考频率接线图

(2) 检定方法

① 被检频谱分析仪参考输出接到频率计数器输入，如图 13—8 所示。

② 频率计数器置最高分辨力。

③ 被检频谱分析仪关机 1h，再开机 15min 后开始用频率计数器测试，每 0.5h 测一次，共测 4h，测得 9 个数据。将数据和计算结果记录于表中。

表 13—2 参考频率

开机时间	15min	45min	1h15min	1h45min	2h15min	2h45min	3h15min	3h45min	4h15min
实测频率									

④ 按公式（13 -4）计算频率波动。

$$S = \frac{f_{max} - f_{min}}{f_0} \tag{13-4}$$

式中：f_{max}，f_{min}——分别为 4h 内测得的频率的最大和最小值，MHz；

f_0——标称值，$f_0 = 10$MHz。

3. 校准信号的检定

(1) 技术要求

校准信号：

① 频率及频率准确度：300MHz ± 参考频率准确度 ±1 LSD（LSD 为频率分辨力）；

② 电平及电平准确度：−10dBm，±0. 3dB（基波，在专用校准电缆端头，50Ω 上）。

(2) 校准信号频率的检定

① 被检频谱分析仪校准信号输出端接到频率计数器输入端，如图 13—9 所示。

图 13—9 校准信号频率检定

② 频率计数器调到最高分辨力，由频率计数器上读出频率实际值 f_s。

③ 按公式（13 -5）计算频谱分析仪校准信号输出频率误差 δ。将数据和计算结果记录于表 13—3 中。

$$\delta = (f_u - f_s)/f_s \tag{13-5}$$

式中：f_u——被检频谱分析仪校准输出信号频率标称值。

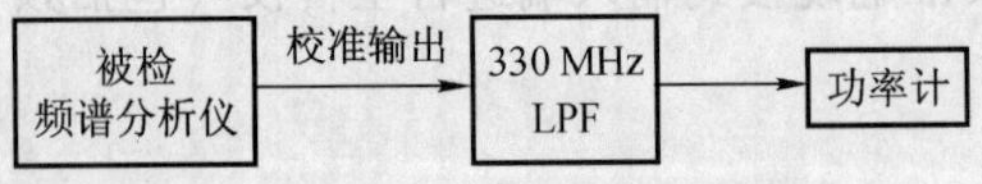

图 13—10 校准信号电平的检定方法一

(3) 校准信号电平的检定（方法一）

① 用校准电缆把被检频谱分析仪、低通滤波器及功率计连接起来，如图 13—10 所示。

② 从功率计上读功率电平 L（dBm）。按公式（13 -6）计算校准输出电平实际值 L_s。

$$L_s = L + A_f + A_l(\text{dBm}) \tag{13-6}$$

式中：A_f——330MHzLPF 在 300MHz 上的插入损耗，dB；

A_l——校准电缆衰减值。

③ 按公式（13－7）计算校准输出电平误差 Δ，将数据和计算结果记录于表 13—3 中。

$$\Delta = L_u - L_s \tag{13-7}$$

式中：L_u——被检频谱分析仪校准信号电平标称值。

表 13—3 校准信号

项 目	实 际 值	误 差
频率/MHz		
电平/dBm		

（4）校准信号电平的检定（方法二）

① 被检频谱分析仪校准输出经校准电缆接到被检频谱分析仪输入，如图 13—11 实线所示。

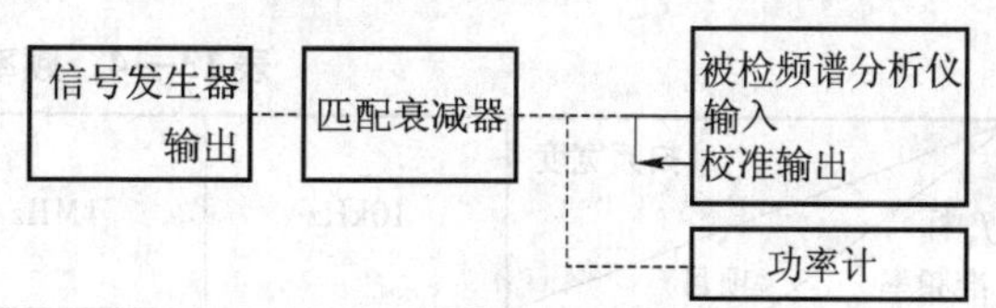

图 13—11 校准信号电平检定方法二

② 置频谱分析仪中心频率到校准信号频率，扫频宽度、分辨力带宽、参考电平、输入衰减适当，刻度 1dB/格，用峰值标记读出信号幅度 L(dBm)。

③ 将信号发生器频率调到校准信号频率，电平为 0dBm。经匹配衰减器用电缆将其接到被检频谱分析仪输入端，如图 13—11 虚线所示，微调信号发生器幅度使频谱分析仪屏幕上峰值标记电平仍为 L(dBm)。

④ 用同样的电缆将其接到功率计，如图 13—11 虚线所示，功率计上的示值 L_s(dBm)。即为被检频谱分析仪校准输出电平实际值。

⑤ 按公式（13－7）计算校准信号电平误差 Δ。

4. 频率读数准确度的检定

（1）技术要求

频率读数：

① 范围：100Hz～26.5GHz；

② 准确度

（a）当扫频宽度＞2MHz×N 时

准确度不超出 ±（频率读数×参考频率准确度＋5%×扫频宽度＋15%×分辨力带宽＋10Hz）；

（b）当扫频宽度≤2MHz×N 时

准确度不超出 ±（频率读数×参考频率准确度＋1%×扫频宽度＋15%×分辨力带宽＋10Hz）。

注：N 为用于混频的一阶本振谐波次数。

（2）检定方法

① 信号发生器输出端接被检频谱分析仪输入端，如图 13—12 所示。

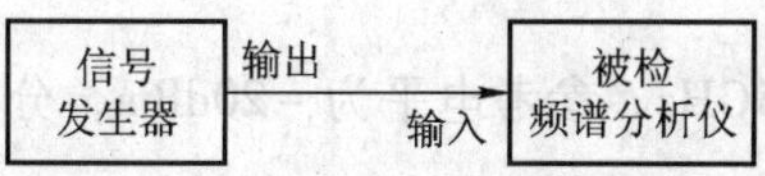

图 13—12 频率读数准确度的检定

② 根据频段，信号发生器分别为函数发生器、RF 合成信号发生器及微波频率合成器。

③ 调节信号发生器频率 $f_s = 1.5\text{GHz}$，电平为 -21dBm。置频谱分析仪中心频率为 1.5GHz，参考电平 -20dBm，扫频宽度 10kHz，分辨力带宽、视频带宽、扫描时间等自动。用峰值游标功能读信号峰值频率 f_u。

④ 按公式（13-8）计算频率读数误差 Δ。将数据和计算结果记录于表 13—4 中。

$$\Delta = f_u - f_s \qquad (13-8)$$

式中：f_s——设定的标准频率值；

f_u——被检仪器指示值。

⑤ 按被检仪器的范围设置其他标准频率 f_s 和扫频宽度，按(2)③～(2)④的方法重复操作。

表 13—4 频率读数准确度

f_s 标准频率 \ 扫频宽度	项目	10kHz	1MHz	10MHz	100MHz	1GHz
100kHz	示值					
	误差					
1.5GHz	示值					
	误差					
4GHz	示值					
	误差					
9GHz	示值					
	误差					
16GHz	示值					
	误差					
26GHz	示值					
	误差					

5. 扫频宽度的检定

(1) 技术要求：

扫频宽度

① 范围：0Hz，100Hz～26.5GHz。

② 准确度：不超出 ±5%（扫频宽度 >2MHz × N）；不超出 ±1%（扫频宽度≤2MHz × N）。

(2) 检定方法

① 设备连接同图 13—12。

② 置频谱分析仪扫频宽度 100Hz，中心频率为 13.25GHz，参考电平为 -20dBm，分辨力带宽、视频带宽、扫描时间等自动。

③ 置信号发生器电平为 -21dBm。调信号发生器频率使信号峰对准频谱分析仪显示屏

上距左边框一格的垂直线和右边框一格的垂直线，分别读取信号发生器频率$f_{左}$ 和$f_{右}$。

④ 按公式（13－9）计算实际扫频宽度 S，按公式（13－10）计算缸频宽度误差 δ。将数据和计算结果记录于附录 13—5 中。

$$S_s=(f_{右}-f_{左})\times n/(n-2) \quad (13-9)$$

$$\delta=(S_u-S_s)/S \quad (13-10)$$

式中：S_u——被检频谱分析仪扫频宽度标称值；

n——水平轴格数。

⑤ 按被检仪器的需要设置其他扫频宽度，按(2)②～(2)④方法重复操作。

表 13—5　扫频宽度

项目 \ 扫频宽度标称值 S_u	100Hz	1kHz	10kHz	1MHz	10MHz	100MHz	1GHz	10GHz	26GHz
$f_{左}$									
$f_{右}$									
扫频宽度实际值 S_s									
误差/%									

6. 分辨力带宽的检定

（1）技术要求

分辨力带宽（RBW）

① 范围：1 Hz～2MHz（1，3 步进）

② 准确度：不超出 ±10%（＜300kHz）；不超出 ±25%（1 MHz）；不超出 +50%，－25%（2MHz）

③ 选择性（60dB 带宽与分辨力带宽的比）：＜5：1（RBW≤100Hz）；＜15：1（RBW≥300Hz）。

（2）检定方法

① 3dB 分辨力带宽的检定

a）设备连接同图 13—12。

b）信号发生器频率调到 300MHz，电平调到－21dBm。

c）置被检频谱分析仪中心频率为 300MHz，参考电平－20dBm，垂直刻度 1dB/格，分辨力带宽 100Hz，扫频宽度 300Hz，视频带宽、扫描时间等自动。

d）信号发生器电平调到－24dBm，接通频谱分析仪峰值游标，再接通增量游标，将信号发生器电平调回－21dBm。

e）微调信号发生器频率，使游标增量电平分别在信号峰值左边和右边下降至读数零，读出信号发生器频率$f_{左}$（－3dB），$f_{右}$（－3dB）。

f）按公式（13－11）计算实际分辨力带宽 RBW，按公式（13－12）计算分辨力带宽误差 δ。将数据和计算结果记录于表 13—6 中。

$$RBW_s=f_{右(-3dB)}-f_{左(-3dB)} \quad (13-11)$$

$$\delta=(RBW_u-RBW_s)/RBW_s \tag{13-12}$$

式中：RBW_u——被检频谱仪分辨力带宽标称值。

g）按被检仪器设置其他分辨力带宽，扫频宽度的设定约为分辨力带宽的 3～4 倍。按①c）～①f）方法重复操作。

② 60dB 带宽的检定

a）信号发生器频率调到 300MHz，电平调到 -1dBm。

b）被检频谱分析仪中心频率调到 300MHz，参考电平 0dBm，衰减 10dB，分辨力带宽 100Hz，扫频宽度约为分辨力带宽的 20 倍，垂直刻度 10dB/格，视频带宽 10Hz，扫描时间自动。

c）调节信号发生器电平到 -61dBm，接通频谱分析仪峰值游标，再接通增量游标，将信号发生器电平调回 -1dBm。

d）调节信号发生器频率，使游标增量电平分别在信号峰值左边和右边下降至读数为零，读出信号发生器频率 $f_{左}(-60dB)$，$f_{右}(-60dB)$。

e）按公式（13-13）计算 60dB 带宽实际值 BW_s，按公式（13-14）计算选择性 S。将数据和计算结果记录于表 13—6 和 13—7 中。

表 13—6 分辨力带宽及其选择性（-3dB）

标称值 RBW_u	10Hz	30Hz	100Hz	300Hz	1kHz	3kHz	10kHz	30kHz	100kHz	300kHz	1MHz	3MHz
$f_{左}$（-3dB）												
$f_{右}$（-3dB）												
实际值 RBW_s												
误差												

表 13—7 分辨力带宽及其选择性（-60dB）

标称值 RBW_u	10Hz	30Hz	100Hz	300Hz	1kHz	3kHz	10kHz	30kHz	100kHz	300kHz	1MHz	3MHz
$f_{左}$（-60dB）												
$f_{右}$（-60dB）												
（-60dB）BW_s												
选择性 S												

$$BW_s = f_{右(-60dB)} - f_{左(-60dB)} \tag{13-13}$$

$$S = \frac{BW_s}{EBW_s} \tag{13-14}$$

f）在被检仪器的其他分辨力带宽上，按②b）~②f）的方法重复操作。

注：测量小分辨力带宽时，因波形抖动，频谱分析仪置“单次”扫描。

7. 频率稳定性的检定

（1）技术要求

频率稳定性

① 剩余调频：<1 × *N* Hz（峰—峰值；扫描时间 20ms）

② 噪声边带（中心频率≤1 GHz）：见表 13—8。

表 13—8

偏离中心频率/kHz	0.1	1	10	20	100
噪声边带/（dBc/Hz）	-80	-97	-113	-113	-113

（2）检定方法

频率稳定性的检定

① 剩余调频的检定

a）设备连接同图 13—12。

b）置信号发生器频率为 300MHz，电平为 -21 dBm。

c）置频谱分析仪中心频率为 300MHz，参考电平 -20dBm，扫频宽度 10 kHz，垂直刻度 1dB/格，分辨力带度 1kHz，其余自动。

d）调节信号发生器电平使信号显示在参考电平处，取其波形线性较好一段 *a*～*b*，接通游标，再接通增量游标，测量信号 *a*～*b* 段频率差 ΔF，电平差 ΔL，如图 13—13 所示：

e）按公式（13-15）计算解调灵敏度 S_{en}。将数据和计算结果记录于表 13—9 中。

$$S_{en} = \Delta F / \Delta L \tag{13-15}$$

f）置频谱分析仪扫频宽度为零，按说明书要求设置扫描时间。调节信号发生器频率，使基波显示在屏幕上参考电平下 *a*，*b* 点中间处，读取时域中信号的峰—峰值 *y*，如图 13—14所示。

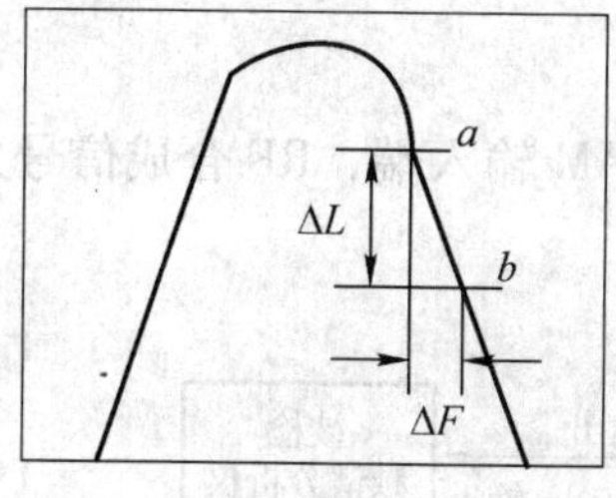

图 13—13　解调灵敏度

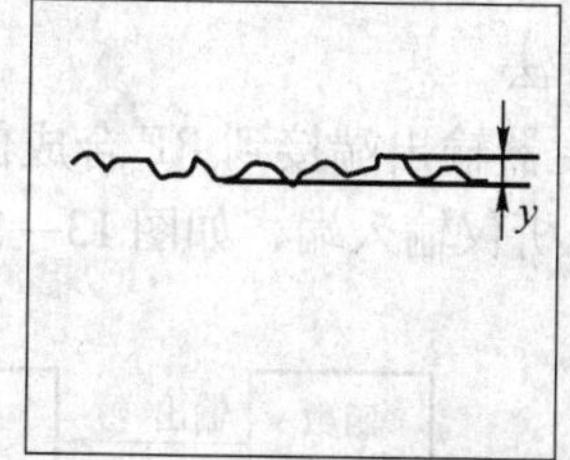

图 13—14　剩余调频时域显示

g）按公式（13-16）计算剩余调频 Δf。将数据和计算结果记录于表 13—9 中。

$$\Delta f = S_{en} \times y \tag{13-16}$$

h）按被检仪器设置其他测试频率，按①b）~①g）的方法重复操作。

表 13—9 剩余调频

测试频率	ΔF	ΔL	$S_{en}=\Delta F/\Delta L$	$\Delta f = S_{en} \times y$（峰—峰值）
300MHz				
1GHz				
4GHz				
21GHz				

② 噪声边带的检定

a）设备连接同图 13—12。

b）置信号发生器频率 1GHz，输出电平 -10dBm。

c）置频谱分析仪中心频率 1GHz，输入衰减 0dB，参考电平 -10dBm，垂直刻度显示 10dB/格，扫频宽度 200kHz，分辨力带宽 RBW 小于 30Hz，其余自动。

d）接通频谱分析仪上峰值游标，再接通增量游标，并移动增量游标，读出在偏离载频 ±100Hz，±1kHz，±10kHz，±20kHz，±100kHz 时的增量游标电平 ΔL 值。

e）按公式（13-17）计算噪声边带。将数据和计算结果记录于表 13—10 中。

$$\text{噪声边带} = \Delta L - 10\lg RBW(\text{dBc/Hz}) \tag{13-17}$$

表 13—10 噪声边带（f_c = 1GHz）

偏离载频 f	100Hz	1kHz	10kHz	20kHz	100kHz
ΔL/dBm					
噪声边带/(dBc/Hz)					

8. 扫描时间的检定

（1）技术要求

① 扫描时间范围：50μs ~ 6 000s；

② 准确度：不超出 ±1%（100μs ~ 1s）。

（2）检定方法

① 函数发生器输出端接到 RF 合成信号发生器 AM 输入端，RF 合成信号发生器输出端接到被检频谱分析仪输入端，如图 13—15 所示。

图 13—15 扫描时间检定

② RF 合成信号发生器置于“外 AM”工作方式，频率 300MHz，输出电平 -21dBm。函数发生器调到 500Hz 正弦波。

③ 频谱分析仪中心频率调到 300MHz，参考电平 -20dBm，扫频宽度 0Hz，扫描时间 $T_n=20\text{ms}$，分辨力带宽和视频带宽大于函数发生器频率，垂直刻度线性，用视频触发。

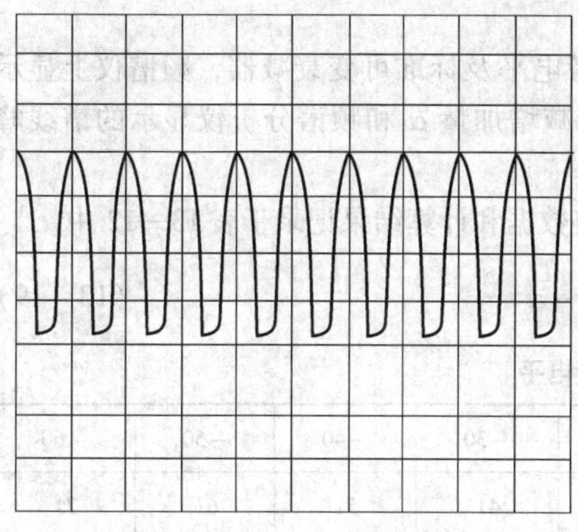

图 13—16　扫描时间示意图

④ 调节 RF 合成信号发生器的输出电平，使显示波形位于频谱分析仪显示屏中心；调节调制信号电压，使其幅度占频谱分析仪显示屏的 4 个格。

⑤ 调节函数发生器频率使 $p-2$ 个调制信号周期对准显示屏上距左右边框 1 格的垂直线处（或 $p-2$ 个周期占屏幕上水平 8 个格），如图 13—16 所示。p 为水平刻度总格数。

⑥ 读出函数发生器频率 f_m。按公式（13 - 18）计算扫描时间误差 δ。将数据和计算结果记录表 13—11 中。

$$\delta=\left(1-\frac{T_n f_m}{10}\right)\times 100\% \qquad (13-18)$$

⑦ 按被检仪器设置扫描时间，按（2）②～（2）⑥方法重复操作。

表 13—11　扫描时间

T_n	100μs	1ms	20ms	100ms	1s
f_m/Hz					
δ/%					

9. 参考电平的检定

（1）技术要求

参考电平

对数范围及准确度：（-120 ～ +30）dBm，不超出 ±0.3dB（以 -20dBm 为参考，-60dBm～0dBm）

（2）检定方法

① 将信号发生器输出经标准可变衰减器连接到被检频谱分析仪输入端，如图 13—17 所示。

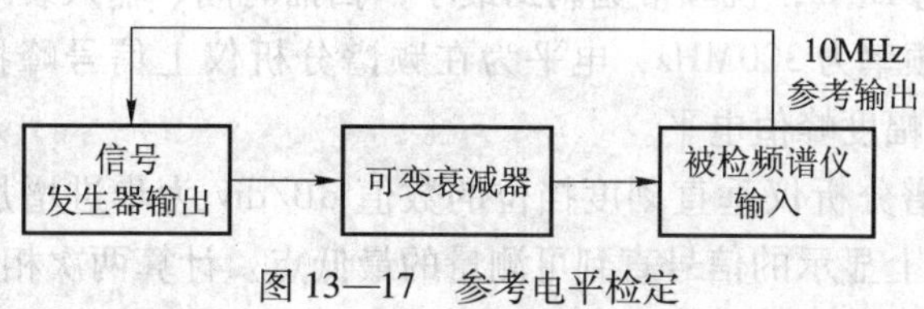

图 13—17　参考电平检定

② 在被检仪器说明书给定的频率范围内，选择某个频率点作为频谱务析仪中心频率，

扫频宽度 10kHz，参考电平 -20dBm，分辨力带宽 1kHz，视频带宽 30Hz，垂直刻度 1dB/格，其余自动。

③ 置标准可变衰减器为 31dB，调节信号发生器频率等于频谱分析仪中心频率，电平为信号峰值在频谱分析仪上显示约 -21dBm（离顶刻度 1 格处）。记下频谱分析仪显示的谱线峰值电平 α_1。

④ 按被检仪器的范围改变被检频谱分析仪参考电平及标准可变衰减器，频谱仪上显示仍接近离顶刻度 1 格处。记下标准可变衰减器的衰减增加量 α 和频谱分析仪显示的谱线峰值电平 α_2。

⑤ 按公式（13-19）计算参考电平误差 Δ。将数据和计算结果记录于表 13—12 中。

$$\Delta = (\alpha_1 - \alpha_2) - \alpha \qquad (13-19)$$

表 13—12 参考电平

L_{ref}/dBm	10	0	-10	-20	-30	-40	-50	-60
A/dB	1	11	21	31	41	51	61	71
a_1/dBm								
a_2/dBm								
Δ/dB								

10. 垂直显示刻度检定

（1）技术要求：

垂直显示刻度

① 对数刻度：（0.1 ~ 10）dB/格。

② 对数刻度准确度：

不超出 ±0.1dB/dB（RBW≥300Hz）；

不超出 ±0.2dB/2dB（RBW≤100Hz），累积不超出 ±0.85dB/90dB。

③ 线性刻度准确度：参考电平的 ±3% 内。

（2）检定方法

① 对数刻度的检定

a）设备连接同图 13—17。

b）置频谱分析仪中心频率为 300 MHz，参考电平 -10dBm，垂直刻度 1 dB/格，扫频宽度 100kHz，分辨力带宽 1kHz，视频带宽调到最小，扫描时间、输入衰减等自动。

c）置信号发生器频率为 300MHz，电平为在频谱分析仪上信号峰接近参考电平处。记下频谱分析仪上显示的幅度峰值电平。

d）分别以被检频谱分析仪垂直刻度挡位的数值 dB/div 为步进增加可变衰减器的衰减量，使频谱分析仪屏幕上显示的信号直到可测量的最低点。计算两次相邻情况下幅度显示值的示值之差 ΔA；可变衰减器的示值之差 ΔB，将（ΔA - ΔB）绝对值的最大值 ΔA_{max} 记入表 13—13 和 13—14 中。

表 13—13 对数刻度（分辨力 100Hz）

分辨力	垂直刻度/(dB/格) 离参考电平/格	0.1	0.2	0.5	1	2	5	10
100Hz	1							
	2							
	3							
	4							
	5							
	6							
	7							
	8							
	9							
	10							
	Δ_{max}/dB							

表 13—14 对数刻度（分辨力 1kHz）

分辨力	垂直刻度/(dB/格) 离参考电平/格	0.1	0.2	0.5	1	2	5	10
1kHz	1							
	2							
	3							
	4							
	5							
	6							
	7							
	8							
	9							
	10							
	Δ_{max}/dB							

e）频谱分析仪分辨力带宽改为100Hz时重复①a）~①e）的操作。

f）在其他垂直刻度上重复①c）~①e）的操作。

② 线性刻度的检定

a）设备连接同图13—17。

b）置频谱分析仪参考电平为 -10dBm，刻度为线性，×1，中心频率300MHz，扫频宽度100kHz，分辨力带宽1kHz，其余自动。

c）置衰减器衰减量为10dB。置信号发生器频率为300MHz，调整电平使信号峰值显示在频谱分析仪参考电平70.71 mV处。

e）按被检仪器的范围改变衰减器衰减量A，建立标准线性量E_s，读并记录频谱分析仪幅度显示值E_u。

f）按公式（13－20）计算线性刻度误差。将数据和计算结果记录于表13—15中。

$$\delta=\frac{E_u-E_s}{70.71}\times 100\% \tag{13-20}$$

表13—15　线性刻度（参考电平－10dBm时）

A/dB	10	10.92	11.94	13.10	14.44	16.02	17.96	20.46	23.98	40
E_s/mV	70.71	63.64	56.56	49.49	42.41	35.36	28.28	21.21	14.14	7.071
E_u/mV										
δ/%										

11. 分辨力带宽转换对幅度测量的影响的检定

（1）技术要求

分辨力带宽转换对幅度的影响：不超出±0.5dB

（2）检定方法

① 设备连接同图13—12。

② 置信号发生器频率为300MHz，电平为－21dBm。

③ 置被检频谱分析仪中心频率为300MHz，参考电平－20dBm，分辨力带宽300kHz，扫频宽度调至适当值，视频带宽、扫描时间等自动。

④ 在频谱分析仪上接通峰值游标，记录峰值电平L。

⑤ 改变分辨力带宽，读不同分辨力带宽时的峰值电平L

⑥ 按公式（13－21）计算分辨力带宽转换对幅度测量的影响ΔA。将数据和计算结果记录于表13—16中。

表13—16　分辨力带宽转换对幅度的影响

RBW	1Hz	3Hz	10Hz	30Hz	100Hz	300Hz	1kHz	3kHz	10kHz	30kHz	100kHz	300kHz	1MHz	3MHz
L/dBm														
ΔA/dB												0		

$$\Delta A=L-L_{ref} \tag{13-21}$$

式中：L_{ref}——分辨力带宽为300kHz时的电平值。

⑦ 按被检仪器说明书设置频谱仪分辨力带宽，按（2）②~（2）⑤方法重复操作。

12. 平均显示噪声电平的检定

（1）技术要求

显示的平均噪声电平（RBW＝10Hz）及剩余响应

显示的平均噪声电平见表13—17。

剩余响应：＜－90dBm（＞200MHz，$N=1$）

表 13—17 显示的平均噪声电平

频率	1kHz	10kHz ~ 100kHz	(1 ~ 10) MHz	10MHz 2.9GHz
电平/dBm	-95	-110	-130	-134
频率	(2.9 ~ 6.5) GHz	(6.5 ~ 13.2) GHz	(13.2 ~ 22) GHz	(22 ~ 26.5) GHz
电平/dBm	-138	-135	-130	-129

(2) 检定方法

① 被检频谱分析仪输入端接 50Ω 终端负载，如图 13—18 所示。

② 置频谱分析仪分辨力带宽为 10Hz，扫频宽度适当，参考电平 -60dBm，输入衰减 0dB，视频带宽、扫描时间等自动，采用取样检波方式。

③ 按被检仪器的范围在不同的频段及中心频率上，用电平显示线测量平均噪声电平，记录于表 13—18 中。

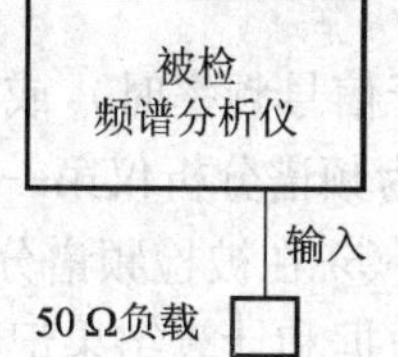

图 13—18 平均显示噪声检定接线图

表 13—18 显示平均噪声电平

中心频率 f	1kHz	10kHz	100kHz	1 ~ 10MHz	10MHz ~ 2.9GHz	2.9 ~ 6.5GHz	6.5 ~ 13.2GHz	13.2 ~ 22GHz	22 ~ 26.5GHz
显示平均噪声电平/dBm									

13. 剩余响应的检定

(1) 技术要求

剩余响应：< -90dBm (>200MHz，$N=1$)。

(2) 检定方法

① 设备连接如图 13—18。

② 置频谱分析仪中心频率 200MHz，分辨力带宽 10kHz，视频带宽 3kHz，扫频宽度 10MHz，参考电平 -60dBm，输入衰减 0dB，扫描时间自动。

③ 电平显示线调至 -90dBm，用游标测量 -90dBm 以上谱线的频率和电平，记录于表 13—19 中。

表 13—19 剩余响应

频率/GHz									…
电平/dBm									…

④ 改变频谱分析仪中心频率，每次步进 10MHz，按 (2)② ~ (2)③方法重复操作。

14. 镜像响应的检定

(1) 技术要求

镜像响应：≤ -80dB (混频器电平：-10dB)

(2) 检定方法

① 信号发生器输出经功分器一路接功率计，一路接被检频谱分析仪，如图 13—19 所示。

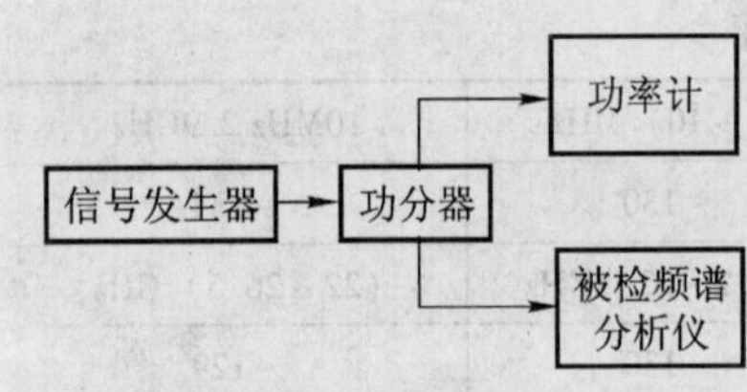

图 13—19 镜像响应的检定

② 置信号发生器频率 $f_s = 2GHz$，调节电平使在功率计上显示为 -10dBm。

③ 置频谱分析仪中心频率为 2GHz，扫频宽度 40MHz，分辨力带宽 10kHz，视频带宽 100Hz，输入衰减 0dB，参考电平 -10dBm，在频谱分析仪上读信号电平 L_s（dBm）。

④ 将信号发生器频率调为 $f_1 = f_s + 2f_{IF1}$（本振频率高于信号频率时）或 $f_1 = f_s - 2f_{IF1}$（本振信号低于信号频率时），电平同②中的电平。其中 f_{IF1} 为频谱分析仪第一中频。

⑤ 在被检频谱分析仪上读取镜像电平 L_1（dBm）。按公式（13-22）计算镜像响应 α_c。将数据和计算结果记录于表 13—20 中。

$$\alpha_c = L_1 - L_s \tag{13-22}$$

⑥ 在频率 5.5GHz，12GHz，21GHz，24.4GHz 上按②～⑤方法重复操作。

表 13—20 镜像响应（L_s = -10dBm）

f_s/GHz	2	5.5	12	21	24.4
($f_1 = f_s \pm 2f_{IF1}$)/GHz					
L_s/dBm					
L_1/dBm					
a_c/dBc					

15. 输入衰减器的检定

(1) 技术要求

输入衰减：(0～70) dB，10dB 步进；

输入衰减准确度：不超出 ±0.6dB/10dB，累积 ±1.8dB。

(2) 检定方法

① 检定系统连接同图 13—18。

② 置被检频谱分析仪中心频率为 1GHz，扫频宽度 0Hz，分辨力带宽 1kHz，视频带宽最低，输入衰减 10dB。参考电平调节到使频谱分析仪上显示的噪声电平接近参考电平线。平均 100 次，从频谱分析仪上读显示的噪声电平 L_{10}(dBm)。

③ 按被检仪器改变输入衰减，调节参考电平使频谱分析仪上显示的噪声电平接近参考电平线，平均 100 次，读显示的噪声电平 L_n(dBm)。

④ 按公式（13-23）计算输入衰减变化量 A_s。按公式（13-24）计算输入衰减误差 Δ。将数据和计算结果记表 13—21 中。

$$A_s = L_n - L_{10}(\mathrm{dB}) \tag{13-23}$$

$$\Delta = A_u - 10 - A_s(\mathrm{dB}) \tag{13-24}$$

式中：A_u——标称输入衰减值。

表 13—21 输入衰减

输入衰减/dB	10	20	30	40	50	60	70
A_s/dB							
Δ/dB							

16. 输入频响的检定

（1）技术要求

输入频响（输入衰减 10dB，输入电平 -10dBm 时）见表 13—22。

表 13—22 输入频响要求

频率范围/GHz	1×10^{-7} ~2.9	2.9 ~6.5	6.5 ~13.2	13.2 ~22.0	22.0 ~26.5
相对频响/dB	±1.25	±1.5	±2.2	±2.5	±3.3

（2）检定方法

① 设备连接如图 13—20 所示。

② 置被检频谱分析仪输入衰减为 10dB：参考电平 -10dBm，垂直刻度 1dB/格，中心频率 300MHz，扫频宽度 100kHz，分辨力带宽 1kHz，其余自动。

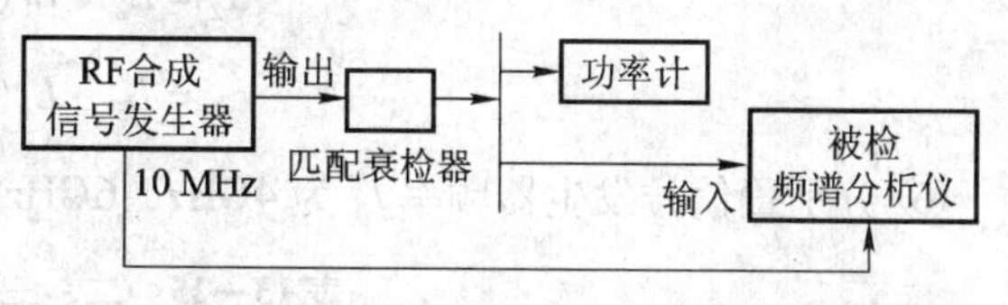

图 13—20 频响的检定

③ 置信号发生器频率为 300MHz，输出电平调到频谱分析仪上信号峰为 -20dBm。

④ 用功率计测量加到频谱分析仪输入端的电平 L(dBm)，记录于表 13—23 中。

⑤ 按被检仪器的范围，在不同的中心频率上重复② ~ ④步骤。

⑥ 按公式（13 -25）计算输入频响误差。将数据和计算结果记录于表中。

$$A = \pm\frac{L_{max} - L_{min}}{2} \tag{13-25}$$

式中：L_{max}，L_{min}——分别为各频段内加到频谱分析仪的最大和最小电平。

表 13—23 输入频响

频率范围/GHz	3×10^{-3} ~2.9			2.9 ~6.5			6.5 ~13.2			13.2 ~22			22 ~26.5		
频率/GHz	3×10^{-3}	1	2	3	4	5	7	11	13	14	18	21	22	24	26.5
L/dBm															

17. 二、三次谐波失真的检定

（1）技术要求

谐波失真（二次及三次）见表 13—24。

表 13—24 谐波失真（二次及三次）要求

频率范围/GHz	1×10^{-3} ~1.45	1.45 ~2.0	2.0 ~13.25
混频器电平/dBm	-40	-10	-10
谐波失真/dBc	< -72	< -85	< -100

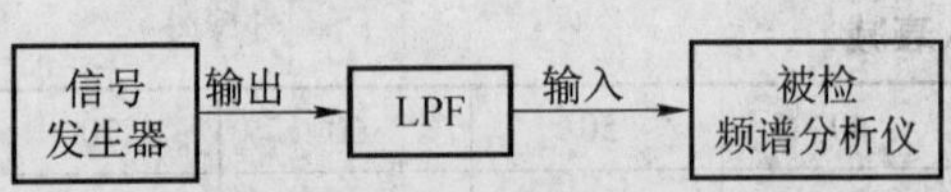

图 13—21 二、三次谐波失真的检定

（2）检定方法

① 信号发生器输出经低通滤波器 LPF（以滤除信号源的谐波）接到被检频谱分析仪输入端，如图 13—21 所示。

② 置信号发生器频率 $f_0 = 2\text{GHz}$，电平调到 -10dBm。

③ 置频谱分析仪扫频宽度 100kHz，分辨力带宽 1kHz，输入衰减 0dB，参考电平 -10dBm，其余自动。

④ 调节频谱分析仪中心频率到 f_0，$2f_0$，$3f_0$，用峰值游标功能读出基波、二次、三次谐波电平 L_1，L_2，L_3（dBm）。

⑤ 按公式（13－26）计算二次谐波失真。按公式（13－27）计算三次谐波失真。将数据和计算结果记录于表 13—25 中。

$$\alpha_2 = L_2 - L_1 (\text{dBc}) \tag{13-26}$$

$$\alpha_3 = L_3 - L_1 (\text{dBc}) \tag{13-27}$$

⑥ 分别置信号发生器频率 f_0 为 4GHz，6GHz，8GHz，按③～⑤方法重复操作。

表 13—25 二、三次谐波失真

基波频率 f_0/GHz	1	2	4	6	8	12
L_1/dBm	−40	−10	−10	−10	−10	−10
L_2/dBm						
L_s/dBm						
d_2/dBc						
d_3/dBc						

18. 三阶交调失真的检定

（1）技术要求

三阶交调失真（混频器电平 −30 dBm）见表 13—26。

表 13—26 三阶交调失真要求

频率范围/GHz	$1 \times 10^{-3} \sim 2.9$	$2.9 \sim 6.5$	$6.5 \sim 26.5$
交调失真/dBc	< -78	< -90	< -75

（2）检定方法

① 信号发生器 1 和 2 由定向耦合器组合后经 LPF 接到测量接收机探头，如图 13—22 所示：

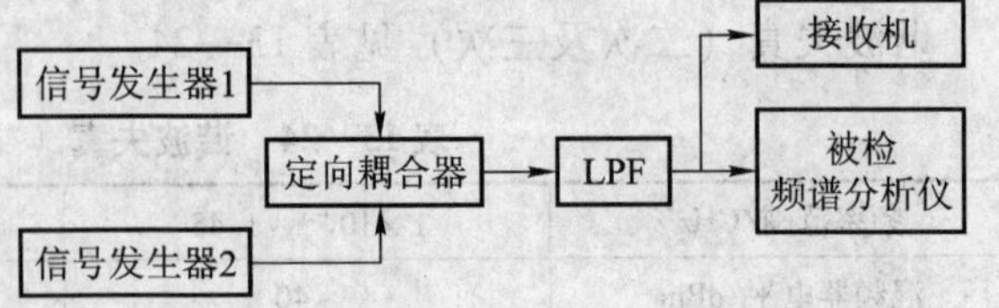

图 13—22 三阶交调失真的检定

② 断开信号发生器 2，接通信号发生器 1。信号发生器 1 频率调到 f_1（见表 13—27），调节电平使测量接收机读数为 -33dBm。

③ 断开信号发生器 1，接通信号发生

器 2。信号发生器 2 频率调到 $f_2 = f_1 + 2\text{MHz}$，调节电平使测量接收机读数为 -33dBm。

④ 取下探头，将 LPF 输出端接入频谱分析仪输入端。

⑤ 频谱分析仪中心频率调到 $f_0 = (f_1 + f_2)/2$，扫频宽度 10MHz，输入衰减 0dB，参考电平 -30dBm，分辨力带宽≤1kHz，视频带宽、扫描时间自动，频谱分析仪上显示的信号如图 13—23 所示。

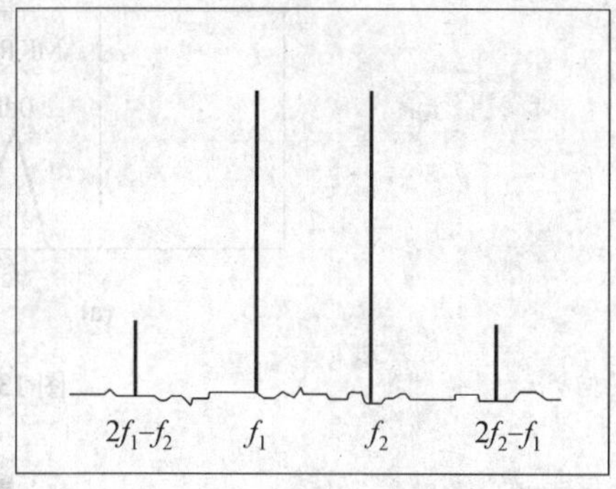

图 13—23　三阶交调失真

⑥ 用游标定位于 f_1，f_2 中较低电平的信号峰上。接通增量游标，并移动增量游标于 $2f_1-f_2$，$2f_2-f_1$ 中较高电平的信号峰上。读出其增量电平 IM_3（dBc）。记录于表 13—27。

表 13—27　三阶交调失真

f_1/MHz	99	2898	6499	26498
f_2/MHz	101	2900	6501	26500
IM_3/dBc				

19. 增益压缩的检定

(1) 技术要求

增益压缩见表 13—28。

表 13—28

10MHz ~ 2.9GHz（混频器输入电平≤ -5dBm）	<1dB
2.9GHz ~ 26.5GHz（混频器输入电子≤0dBm）	<1dB

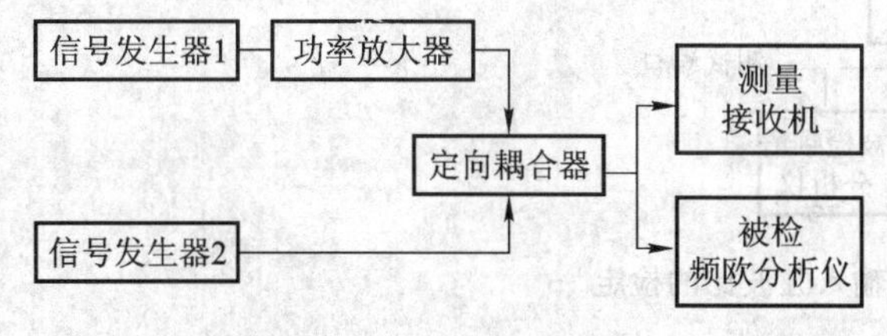

图 13—24　增益压缩的检定

(2) 检定方法

① 检定系统按图 13—24 连接。

② 断开信号发生器 2，接通信号发生器 1。信号发生器 1 频率 f_1 为 2GHz，调节电平使测量接收机测得的电平 L_1 = -5dBm。

③ 断开信号发生器 1，接通信号发生器 2。置信号发生器 2 频率 f_2 为 2.003GHz，电平为测量接收机测得的电平 L_2 = -40dBm。

④ 置频谱分析仪中心频率为 2GHz，参考电子 0dBm，扫频宽度 10MHz，分辨力带宽 300kHz，垂直刻度 10dB/格，输入衰减 10dB，其余自动。

⑤ 将定向耦合器输出接到频谱分析仪。接通频谱仪峰值游标，再接通增量游标 ΔMKR。频谱分析仪上显示如图 13—25(a)所示。

⑥ 两信号发生器同时接通，频谱分析仪上显示如图 13—25(b)所示。在频谱分析仪上读相对电平 ΔMKR 值，该值即为增益压缩。记录于表 13—29 中。

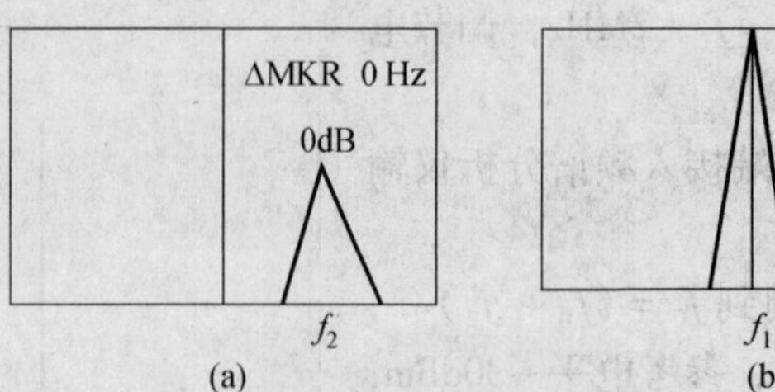

图 13—25　增益压缩示意图

表 13—29　增益压缩

频段	f_1/GHz	f_2/GHz	中心频率/GHz	增益压缩/dB
0	2.003	2.0	2.0	
1	4.003	4.0	4.0	
2	7.003	7.0	7.0	

⑦ 按表 13—29 设置信号发生器其他频率，在 $L_1=0$ dBm 时，按②～⑥方法重复操作。

20. 输入电压驻波比的检定

(1) 技术要求

输入电压驻波比：≤1.5[(0.01～2.9)GHz]；≤2.3[(2.9～26.5)GHz]

(2) 检定方法

① 检定系统连接如图 13—26 所示。

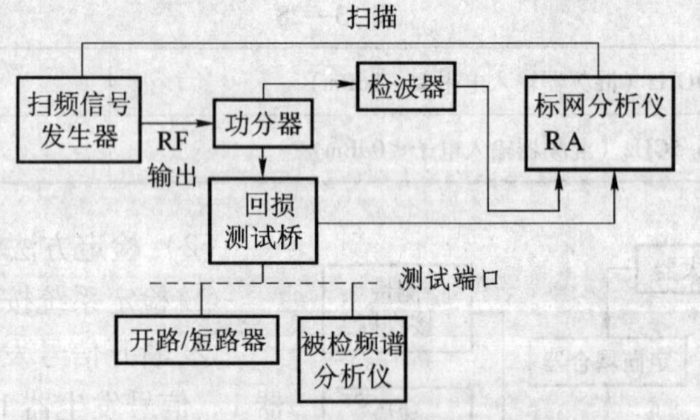

图 13—26　输入驻波比的检定

② 扫频信号发生器频率范围按被检频谱分析仪要求设置，输出电平调到 +10dBm。

③ 标网分析仪调到反射测量，A/R 方式。

④ 用开路/短路器对测试系统进行反射校准后调为电压驻波比测试。

⑤ 测试端口接被测频谱分析仪，用标网分析仪上的标记功能读各频率下的电压驻波比（VSWR），记入表 13—30 中。

表 13—30　输入驻波比

f/GHz	0.01～2.9	2.9～6.5	6.5～13.2	13.2～26.5
VSWR				

四、检定结果处理及检定周期

1. 检定结果处理

经检定合格的频谱分析仪，出具检定证书。检定不合格者，出具检定结果通知书，并注明不合格项目。

2. 检定周期

频谱分析仪检定周期为1年。必要时可随时送检。

五、主要参数误差分析

1. 频率测量误差

标准源频率准确度优于1×10^{-9}，被检频谱仪频率准确度1×10^{-8}，标准源指标高于被检仪表一个量级，可忽略。

2. 校准信号幅度检定误差

方法一：

功率计标准误差：$\delta_1=0.13\text{dB}$

分辨力误差：$\delta_2=0.005\text{dB}$

低通滤波器和连接电缆引入的误差：$\delta_3=0.02\ \text{dB}$

失配误差：$\delta_4=0.16\text{dB}$

总误差：
$$\delta=\sqrt{\delta_1+\delta_2+\delta_3+\delta_4}=0.2\text{dB} \tag{13-28}$$

方法二：

功率计标准误差：$\delta_1=0.13\text{dB}$

分辨力误差：$\delta_2=0.005\text{dB}$

频谱仪分辨率误差：$\delta_3=0.001\text{dB}$

失配误差：$\delta_4=0.19\text{dB}$

总误差：
$$\delta=\sqrt{\delta_1+\delta_2+\delta_3+\delta_4}=0.23\text{dB} \tag{13-29}$$

3. 扫频宽度检定误差

信号源频率误差：$\delta_1=1\times10^{-9}$

对格误差$\delta_2=(1/40)\times(1/10)$

由标准系统引入的总误差：$\delta_3=2(\delta_1+\delta_2)=0.5\%$ (13-30)

被检表准确度：$<5\%$（扫宽$>2\text{MHz}\times N$）

$<1\%$（扫宽$<2\text{MHz}\times N$）

标准系统引入的误差小于被检表误差。

4. 参考电平误差

标准衰减器相对误差：0.02dB/10dB

被检表参考电平相对误差：0.3dB（相对-20dBm）

标准衰减器误差远小于参考电平误差见5可忽略。

5. 输入频响误差

功率计的标准误差： $\delta_1 = +(0.13 + 0.001A)\text{dB}$ (13－31)

其中：A 是离参考点的 dB 数。

分辨力误差：$\delta_2 = 0.005\text{dB}$

标准衰减器引入误差： $\delta_3 = 0.02\text{dB}/10\text{dB}$ (13－32)

失配误差：$\delta_4 = 0.29\text{dB}$

总误差： $\delta = \sqrt{\delta_1 + \delta_2 + \delta_3 + \delta_4} = 0.33\text{dB}$ (13－33)

被检表频响误差：1.25dB。

标准引入的误差小于被检表的误差。

6. 电压驻波比检定不确定度

回损测试桥反射系数测量误差为：

$$\Delta|r| = A + B|r| + C|r|^2 \quad (13-34)$$

式中：$A = 10^{-20/D}$ 代表回损测试桥的等效定向性，等效定向性 D 用 dB 表示。

$C = (S_g - 1)/(S_g + 1)$ 代表回损测试桥端口的等效失配。S_g 是用电压驻波比表示的回损测试桥测试端口的等效失配。可通过加隔离器、稳幅和比率测量来减小。

$B = A + C$ 代表跟踪误差、显示及仪器误差，可通过开路/短路校准来消除或减小。

典型回损测试桥 WILTRON 560－97N50—1 数据指标如下：

表 13—31

f/GHz	0.01～8	8～18
D/dB	36	36
S_g	1.17	1.27
$\|r_g\|$	0.078	0.119

用 WILTRON 560—97N50—1 测量 HP8563E 时，结果如下：

表 13—32

f/GHz	0.01～2.9	2.9～8	8～1.24	1.24～18
S_u	1.21	1.42	1.58	1.84
$\|r_g\|$	0.095	0.174	0.225	0.296
$\Delta\|r_g\|$	0.0167	0.0184	0.0220	0.0267

第十四章　电阻和阻抗测量仪器的检定

第一节　四探针电阻率测试仪的检定

一、概　　述

四探针电阻率测试仪（以下简称电阻率测试仪），是用来测量半导体材料及工艺硅片的电阻率，或扩散层及外延层，以及绝缘衬底镀膜层方块电阻的测量仪器。它主要由电气部分和探头等部分组成。自动式测试仪还包括计算机及接口等部分，电气部分一般包括可调稳流源、A/D 转换器、数字显示器、换向开关等仪器和部件。探头部分一般包括探头夹具、探头和样品台，其原理图及方框图如图 14—1 和图 14—2 所示。

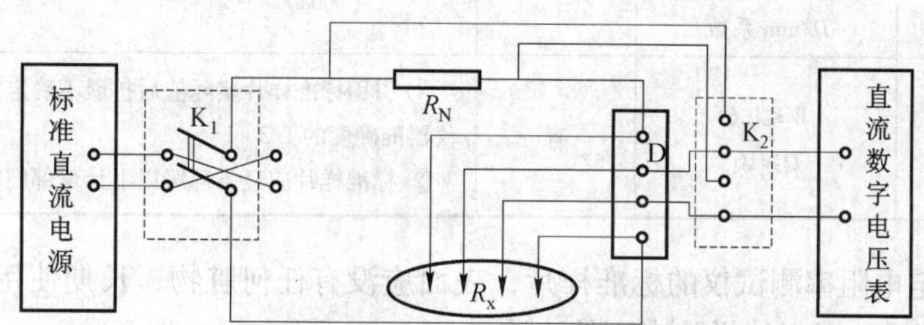

图 14—1　标准样片检定电阻率测试仪的原理图

K_1—换向开关；R_N—标准电阻；D—探针接线；K_2—无热电势开关；R_x—被检标准样片

图 14—2　标准样片检定电阻率测试仪的方框图

二、检定条件、检定设备和检定项目

1. 检定条件

（1）环境条件

电阻率测试仪的检定应在恒温专用清洁室内进行，检定具体要求见表 14—1，检定前，被检电阻率测试仪应在恒温室内放置 4h 以上。

表 14—1 电阻率测试仪的环境要求

被检仪器级别	室温/℃	相对湿度/%	室内条件	其他外界干扰
Ⅰ级和Ⅱ级	23~2	40~65	专用清洁室	无较强的电场干扰，无强光直接照射

在检定过程中，发现有静电感应或泄漏电流等现象，则应采取相应的屏蔽或接地措施消除。

2. 检定设备

检定电阻率测试仪应具备下列设备：

① 检定用的标准器具：三套电阻率标准样片、分部件检定方法中的模拟电路电阻器。

② 标准辅助设备，有一台工具显微镜、若干抛光片或抛光蒸铝片、一台测力仪和一只温度计。

③ 标准器具和标准辅助设备及环境条件所引起的扩展不确定度应不大于被检电阻率测试仪最大允许误差的1/3，包含因子 k 取2。

④ 三套共12个标准样片的电阻率，电阻率标称值为0.005，0.01，0.1，1，5，10，25，75，180，250，500，1 000Ω·cm。对其样片本身的要求见表14—2。

表 14—2 对标准样片本身的要求

标准样片标称值/(Ω·cm)	标准样片厚度 W/mm 与直径 D/mm 系数	温度	备注
0.005，1 000	$W \leqslant 1.6$ $D \geqslant 16$	有	① 引用标准样片实际值后扩展不确定度一般应小于被检仪器准确度的1/3 ② 标准样片应经省部级以上计量部门检定

⑤ 用于检定电阻率测试仪的标准样片，表面应没有任何脏物，长期使用应按“使用说明”规定方法清洗，以保持样片表面的清洁。

⑥ 对模拟电路电阻器的要求

a）用模拟电路法检定电阻率测试仪电气部分的 U/I 比时，对模拟电路电阻器的电阻 r 和 R 有如下要求（见表14—3）。

表 14—3 对模拟电阻器的要求

电阻率/(Ω·cm)	电阻 r/Ω	对 r 电阻扩展不确定度的要求	对 R 电阻的要求	R 电阻的偏差要求
<0.0025	0.01	$\leqslant 0.05\%$ ($k=2$)	及 $R=(300\pm30)r$	$\leqslant \pm20\%$
0.0025~0.005	0.1			
0.02~0.05	1			
0.2~2.5	10			
2~25	100			
25~250	1 000			
>250	10 000			

模拟电路法的电阻计算公式如下：

$$r = \frac{U_{av} R_s}{U_{sv}} = \frac{U_{av}}{I_{av}} \qquad (14-1)$$

式中：r——模拟电路的标准电阻；

U_{av}——电流正反向测量 r 上电压降的平均值；

R_s——标准电阻值；

U_{sv}——标准电阻上电压降平均值；

I_{av}——正反向电流的平均值。

b）检定Ⅰ级电阻率测试仪的模拟电路电阻器，r 电阻 10 次测量的标准偏差要小于或等于 r 平均值的 0.3%。10 次测量的 r 平均值与 r 实际值相比较扩展不确定度小于或等于 0.3%。检定Ⅱ级电阻率测试仪的模拟电路，r 电阻 10 次测量的标准偏差要小于或等于 r 平均值的 0.5%。10 次测量的 r 平均值与 r 实际值相比较扩展不确定度小于或等于 0.5%。

⑦ 一台放大倍数不低于 400 倍的工具显微镜（或不低于 100 倍的投影仪），若干片抛光硅片或抛光蒸铝硅片。

⑧ 一台测力仪，测力仪的技术指标为：

a）测力范围不小于：(0～9.8) N；

b）测力仪准确度优于：±5%。

⑨ 0.1℃分度值的温度计一只，温度范围≥10℃～40℃。

3. 检定项目

电阻率测试仪的检定项目见表 14—4。

表 14—4 检定项目

检定类别 检定项目	首次检定	后续检定	使用中检验
外观检查	+	+	+
绝缘电阻	+	−	−
绝缘强度	+	−	−
探针头检定	+	+	−
示值基本误差检定	+	+	+

注："+"表示应检项目，"−"表示可不检项目。

三、技术要求和检定方法

1. 外观检查

（1）通用要求

① 电阻率测试仪的外观

电阻率测试仪外壳或铭牌上应有以下主要标志和符号：

a）产品名称、型号、制造厂名称或商标、出厂编号、CMC 标志

b）仪器外露部件（包括外壳）有无缺陷、松动或损坏。

c）准确度等级。

② 电阻率测试仪工作正常性的检查

a）手动或倾斜仪器时是否可以听到内部有松动零件的撞击声。

b）各调节盘定位与接触是否良好。

c）数字显示是否正常。

d）探头是否晃动，四根针是否在同一平面上和直线上，有无出厂编号、型号、生产厂家及相关技术指标。

e）当外观和工作正常性检查时，发现上述项目中的某一项或多项已构成影响该仪器的计量性能时，则应在修复后再进行检定。

（2）检查方法

按（1）给出的细则去作检查。

2. 对定型试验的电阻率测试仪作绝缘电阻和绝缘强度的试验

（1）技术要求

① 首次检定的电阻率测试仪应作绝缘电阻的测量。在仪器的探针之间或探针与仪器外壳之间可用兆欧表或其他方法测量其绝缘电阻，测量时工作电压为（100～500）V，绝缘电阻值不得低于500MΩ。

② 首次检定的电阻率测试仪，可进行绝缘强度即耐压试验，要求电流输入端与机壳间应能承受1500V（有效值）交流电压，历时1min，无击穿与飞弧现象。对此项试验由送检单位提出申请后方可进行，如未做耐压试验，则应在检定证书上注明。

（2）检定方法

按（1）①作绝缘电阻测量，按（1）②作绝缘强度试验。

3. 探针头检定

（1）技术要求

探针头技术招标见表14—5。

表14—5 探针头的各项技术指标

探针头的级别		Ⅰ 级	Ⅱ 级
探针头间距系列/mm		1.000 1.590	
探针头间距相对偏差/%		小于或等于1	小于或等于2
探针游移率/%		小于或等于0.3	小于或等于0.5
探针力/N	测样片时	1～2	
	测薄层时厚度大于或等于3μm时	0.2～0.4	
	测薄层时厚度小于3μm时	0.3～0.8	

（2）检定方法

① 测量探针力

用测力仪测出每根针的力和四根针的合力。

② 观察探针压痕形状，测量压痕直径间距和探针游移率。

a）用一个抛光面的硅片（或抛光蒸铝片），在被检仪器探针力为合格值时压10组压痕（注意10组压痕的排列顺序，不可弄乱），然后用显微镜或投影仪观察每个压痕的形状、读出y轴上y_A和y_B的读数（即每组压痕中在y轴最大值与最小值）并算出y_A与y_B的差值。

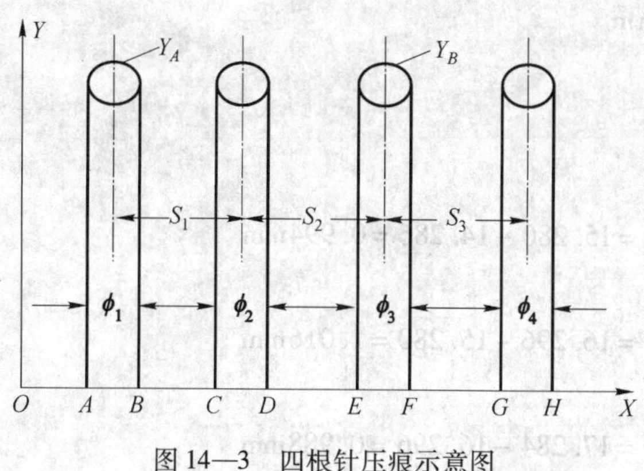

图 14—3　四根针压痕示意图

然后测量压痕直径及相邻两个压痕之间的距离，合格的探针压痕是指均匀接触而无滑动的压痕。

b）探针压痕的直径和间距按下式计算，四根针压痕示意图见图 14—3。

$$S_1 = \left|\frac{C+D}{2}-\frac{A+B}{2}\right| \tag{14-2}$$

$$S_2 = \left|\frac{E+F}{2}-\frac{C+D}{2}\right| \tag{14-3}$$

$$S_3 = \left|\frac{G+H}{2}-\frac{E+F}{2}\right| \tag{14-4}$$

式中：A，B，C，D，E，F，G，H 分别表示探针压痕在显微镜上的读数其 10 次平均值作为最后的计算值，则压痕参数实际求法如下：

$$\phi_1 = |A-B| \tag{14-5}$$

$$\phi_2 = |C-D| \tag{14-6}$$

$$\phi_3 = |E-F| \tag{14-7}$$

$$\phi_4 = |G-H| \tag{14-8}$$

③ 探针压痕，探针间距和探针游移率的记录格式及其计算方法：

a）由显微镜测得的 A，B，C，D，E，F，G，H 的值如下表。

表 14—6　探针压痕检定记录

mm

次数 \ 读数 \ 位置	A	B	C	D	E	F	G	H	Y_A	Y_B
1	14.264	14.310	15.265	15.298	15.278	16.315	17.265	17.306		
2	14.263	14.309	15.266	15.297	15.279	16.314	17.263	17.305		
3	14.262	14.308	15.246	15.296	15.277	16.313	17.262	17.304		
4	14.264	14.309	15.265	15.297	15.277	16.314	17.263	17.305		
5	14.263	14.307	15.264	15.295	15.276	16.313	17.264	17.303		
6	14.262	14.306	15.263	15.296	15.278	16.312	17.263	17.304		
7	14.264	14.305	15.262	15.295	15.277	16.313	17.264	17.303		
8	14.262	14.309	15.263	15.298	15.275	16.316	17.262	17.304		
9	14.263	14.305	15.262	15.299	15.274	16.315	17.261	17.303		
10	14.263	14.308	15.262	15.297	15.279	16.316	17.263	17.306		
平均	14.263	14.308	15.263	15.297	15.277	16.315	17.263	17.305		

b）计算方法：

$\phi_1 = |B-A| = |14.308-14.263| = 45\mu m$

$\phi_2 = |D - C| = |15.297 - 15.263| = 34\mu m$

$\phi_1 = |E - F| = 38\mu m$

$\phi_4 = |H - G| = 42\mu m$

$$S_1 = \frac{15.263 + 15.297}{2} - \frac{14.263 + 14.308}{2} = 15.280 - 14.286 = 0.994 mm$$

$$S_2 = \frac{16.277 + 16.315}{2} - \frac{15.263 + 15.297}{2} = 16.296 - 15.280 = 1.016 mm$$

$$S_3 = \frac{17.263 + 17.305}{2} - \frac{16.227 + 16.315}{2} = 17.284 - 16.296 = 0.988 mm$$

游移率 σ 以 S_1 为例

$$\sigma = \frac{\sigma_r}{S_i} = \frac{1}{\bar{S}_i \sqrt{n}} \sqrt{\frac{\sum_{i=1}^{n} (S_i - \bar{S})^2}{n - 1}} = 0.18\% \quad (k = 2) \qquad (14-9)$$

4. 电阻率测试仪示值基本误差的检定

（1）技术要求

对电阻率测试仪技术指标的要求

① 各种型号的电阻率测试仪的技术指标应符合出厂技术说明书的要求。Ⅰ级、Ⅱ级电阻率测试仪的技术指标应符合 SJ/T 10314—92 和 SJ/T 10315—92 的部颁标准。

② 仪器的测量范围（见表 14—7）

表 14—7 电阻率测试仪的测量范围

电阻率测试仪等级	Ⅰ级	Ⅱ级
电阻率/（Ω·cm）	$10^{-4} \sim 10^4$	$10^{-3} \sim 2 \times 10^3$
方块电阻/Ω/□	$10^{-3} \sim 10^5$	$10^{-2} \sim 2 \times 10^4$
电阻/Ω	$10^{-3} \sim 10^5$	$10^{-2} \sim 2 \times 10^4$

③ 仪器的准确度（见表 14—8）

表 14—8 电阻率测试仪的准确度

电阻率测试仪等级	Ⅰ级	Ⅱ级
0.01Ω·cm~500Ω·cm（%）	±3	±5
小于 0.001Ω·cm~0.01·cm（%）	±5	±10
大于 500Ω·cm~1 000Ω·cm（%）		

注：准确度以示值基本误差表示

④ 对某些技术条件不完全符合本规程的电阻率测试仪可以参照本规程进行校准。

（2）检定方法

① 电阻率测试仪示值基本误差的检定有两种检定方法：两种方法为用标准样片的整体

检定法和用模拟电路的分部件检定法。可用其中任何一种方法进行检定。

② 用硅单晶电阻率标准样片对电阻率测试仪进行整体检定

一般分为方块电阻检定和电阻率的检定，对于只能测量方块电阻的测试仪就对该仪器进行方块电阻检定。对于既能测方块电阻又能测电阻率的电阻率测试仪，可对电阻率进行检定。如果用户提出只对方块电阻进行检定也可以只检方块电阻。

a）电阻率测试仪电阻率的检定

将被检仪器的电流值调到标准样片允许通过使用的电流值以内，对 12 个标准样片进行测量，每个样片在正反电流的情况下各测 10 次，每正反向测量一次将样片转动 20° ~30°，共计测得 20 个数据。通常以电压表读数在 10mV 左右。对小电阻率的标准样片，例如 0.01Ω · cm 和 0.005Ω · cm 的标准样片，仪器的电压读数位数可适当减小，但最少不得少于 3 位读数。

整体方法检定电阻率测试仪的记录格式见表 14—9。

表 14—9　电阻率值的检定记录

所用标准样片	Ω · cm	$W=$ μm	$\rho_{标}=$ Ω · cm	编号	
$\rho_{仪}$ 或 V 值 / 测量次数	正向	反向	平均值	相对误差%	
1					
2					
3					
4					
5					
6					
7					
8					
9					
10					
平均					

b）被检电阻率测试仪电阻率值需要按下式进行计算：

$$\rho=\frac{V}{I}\cdot W\cdot F_{SP}\cdot F(\overline{W/S})\cdot F(\overline{S}/D)\cdot F_t \tag{14-10}$$

式中：V——仪器电压的读数，mV；

I——测量时仪器给出的电流值，mA；

W——被测样片的厚度，cm；

$F(\overline{W/S})$——厚度修正系数，数值可查规程附录 C 修正系数表；

$F(\overline{S}/D)$——直径修正系数，数值可查规程附录 C 修正系数表；

F_t——温度修正系数；

F_{SP}——探针头修正系数。

探针修正计算公式：

$$\overline{S}=\frac{1}{3}(\overline{S}_1+\overline{S}_2+\overline{S}_3) \tag{14-11}$$

$$S_{SP}=1+1.082\left(1-\frac{\overline{S}_2}{\overline{S}}\right) \tag{14-12}$$

c）电阻率测试仪方块电阻的检定

将被检仪器的电流值调到4.532mA 或是 4.532×10^nmA（n 为正负整数视选取仪器量程而定）。用被检仪器测量12个硅单晶电阻率标准样片，每个样片在正反电流的情况下各测10次，每正反测量一次将样片转动20°~30°，共计测得20个数据。

d）标准样片的方块电阻按下式计算

$$R_{\square标}=\frac{\rho}{W} \tag{14-13}$$

式中：ρ——标准样片电阻率值，Ω·cm；

W——标准样片厚度值，cm。

e）按下式计算电阻率测试仪被检示值的相对误差

1）电阻率示值的相对误差

$$\delta_\rho=\frac{\rho_{仪}-\rho_{标}}{\rho_{标}}\times100\% \tag{14-14}$$

式中：$\rho_{仪}$——由被检仪器测量后按（14-7）式算出的电阻率值或被检仪器电阻率值的直接读数；

$\rho_{标}$——标准样片电阻率的实际值。

2）方块电阻的示值相对误差

$$\sigma_\rho=\frac{R_{\square仪}-R_{\square标}}{R_{\square标}}\times100\% \tag{14-15}$$

式中：$R_{\square仪}$——由被检仪器测出的方块电阻值；

$R_{\square标}$——由（14-10）式计算出标准样片的方块电阻值。

③ 全自动或半自动的数字显隶示电阻率测试仪的检定

a）电阻率测试仪的其他功能，按仪器说明书的指标要求进行检查，判断是否合格。

b）按仪器说明书的要求，在电阻率测试仪测量范围内，选择相对应的标准样片作为被测对象对标准样片中心点（0.25mm以内）的电阻率进行正反向各10次测量，并按式（14-11）计算电阻率的相对误差。

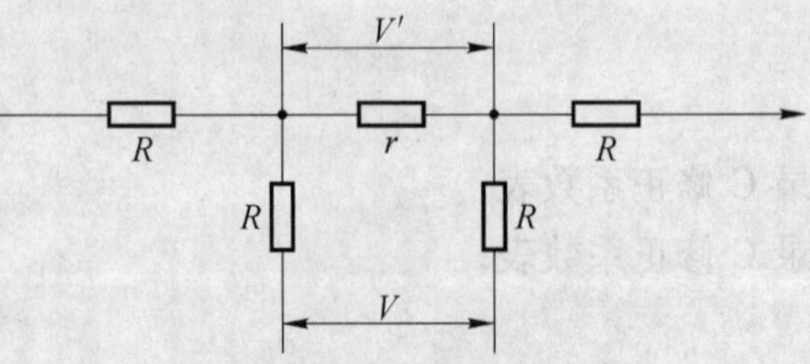

图14—4 模拟电路接线图

④ 电阻率测试仪的分部件检定

a）对电阻率测试仪的电气部分，可用模拟电路法进行检定。根据仪器测量范围和所对应的电路的 r 值（见表14—3）用模拟电路方法检定，模拟电路按图14—4接线后，再接到电阻率测试仪上。

按照电阻率测试仪的测量方法，对上述模拟电路进行正反向10次测量，并按（14-16）、式（14-17）计算平均值及其标准偏差。

$$\bar{r} = \frac{1}{10}\sum_{j=1}^{10} r_j \qquad (14-16)$$

$$s = \frac{1}{3}\sqrt{\sum_{j=1}^{10} r_j(r_j - \bar{r})^2} \qquad (14-17)$$

式中：r_j——为正反向单次测量的平均值；

$\bar{r}$——10次测量的平均值。

b）对探针压痕直径及其间距的检定，其要求和方法与探针检定相同。

四、检定结果的处理和检定周期

1. 检定结果的处理

① 用标准样片检定电阻率测试仪，由检定结果中找出最大的相对误差，如果最大相对误差超过仪器标定的准确度，则说明仪器超差。

② 分部件检定的电阻率测试仪，检定结果处理按表14—10的要求处理。

表14—10 分部件检定法对四探针探头全部要求

仪器及探头级别	Ⅰ级		Ⅱ级		备 注
准确度	±3%	±5%	±5%	±10%	
测量范围	0.01Ω·cm~500Ω·cm	0.001Ω·cm~0.1Ω·cm 500Ω·cm~1 000Ω·cm	0.01Ω·cm~500Ω·cm	0.001Ω·cm~0.1Ω·cm 500Ω·cm~1 000Ω·cm	
对电阻 r 的要求	10次测量 r 的平均值和已知的 r 实际值相比较不确定度应在0.3%以内，测量的标准偏差 δ 应不小于 $\bar{r}$ 的0.3%		10次测量 r 的平均值和已知的 r 实际值相比较不确定度应有0.5%以内，测量的标准偏差 δ 应不于 $\bar{r}$ 的0.5%		适合于分部件检定的电阻率测试仪
对探针游移率及其他各项指标的要求	10次测量中三组间距中，每一个 S_i 值的标准偏差 δ_{Si} 应小于 S_i 的0.3%，$\bar{S}_1$，$\bar{S}_2$，$\bar{S}_3$ 与 $\bar{S}$ 的差值应不超过±1%，探针合力测电阻率时为（7.0±1）N 测薄层电阻时 W 小于3μm 探针合力为0.8N~1.6N±0.12N W 大于或等于3μm1.2N~3.2N±0.12N		10次测量中三组间距中，每一个 S_i 值的标准偏差 δ_{Si} 应小于 S_i 的0.5%，$\bar{S}_1$，$\bar{S}_2$，$\bar{S}_3$ 与 $\bar{S}$ 的差值应不超过±2%，探针合力测电阻率时为（7.0±1）N 测薄层电阻时 W 小于3μm 探针合力为0.8N~1.6N±0.12N W 大于或等于3μm 1.2N~3.2N±0.12N		
满量程分辨率	≤0.05%		≤0.1%		

③ 对于检定后的各项指标都合格的电阻率测试仪，出具检定合格证书。在证书中注明标准样片的实际值和测量值，给出测量的误差值，给出探针头的修正系数。如果用户要求给出全部探针指标，也可按需要给出全部探头指标，若探头为不合格，则必须指出哪项指标或 n 项指标不合格。对自动或半自动电阻率测试仪，只要有一项功能不合要求时，就按不合格

仪器处理。

④ 对于检定后的有一项以上指标不合格的电阻率测试仪，出具检定结果通知书，并在通知书中注明不合格项目。此外在检定证书或通知书中一般不用给出检定总不确定度，若用户需要可满足用户要求。但必须注明，检定时的温度、相对湿度及实验室条件等项目。

⑤ 对检定后不合格的电阻率测试仪，经修理后，仍需要重新按首次检定要求检定。

2. 检定周期

电阻率测试仪的检定周期一般不超过1年，送检时需要携带上一次检定证书。

第二节 硅单晶电阻率标准样片

一、概 述

硅单晶电阻率标准样片（以下简称标准样片）是用高纯多晶硅，经过单晶制备，再经中子嬗变掺杂等多种工艺制造的，具有一定几何尺寸的实物标准。由不确定度已知的标准装置，对该实物标准的电阻率及其他指标给予标定，使用时以标准样片为准，对相关参数进行量值传递。

二、检定条件、检定设备和检定项目

1. 检定条件

(1) 环境条件

标准样片应在有一定环境要求的室内进行检定，不同级别的标准样片具体要求见表14—11的规定。

表14—11 标准样片对环境的要求

检定样片的级别	检定前标准样片恒温室放置时间的要求	对周围环境的要求
国家级标准样片	标准样片检定前应在恒温室内放置4h以上	室温23℃ ±1℃，样品台23℃ ±0.1℃，10^4级超净室测量，室内或测量设备电磁屏蔽，电源有滤波装置，无强光直接照射，测量台应避开较强振动源，相对湿度≤65%
一级标准样片		室温23℃ ±2℃，样品台23℃ ±0.1℃，10^5级超净室测量，室内或测量设备电磁屏蔽，电源有滤波装置，无强光直接照射，测量台应避开较强振动源，相对湿度≤65%
二级标准样片		室温 (23 ±3)℃，样品台 (23 ±0.5)℃，在具有通风条件的清洁室内进行，应具备电磁屏蔽，电源有滤波装置，无强光直接照射，测量台应避开较强振动源，相对湿度≤65%

2. 检定装置

标准样片的检定装置分为手动测量装置和自动测量装置，两者中的任何一种都可以作为

标准样片的标准检定装置。其中直流恒流源、数字电压表、探针头为标准器。换向开关、四探针台、架、测厚仪、游标卡尺、温度计等为标准辅助设备。

检定时由标准器、标准辅助设备及环境条件所引起的扩展不确定度应不大于被检标准样片的1/3，包含因子 k 取2。

（1）检定标准样片，最少应具备下如标准测量设备中的（2）或（3）任何一套。

（2）手动标准检定装置

① 电气设备

a）直流恒流源：恒流源输出电流 1μA ~ 300mA。允许误差：1μA 以上，200mA 以下优于 ±0.05%；10μA 以下，200mA 以上优于 ±0.1%。

b）数字电压表：测量范围 0mV ~ 500mV 以上，电压允许误差优于 ±0.05%。

c）无热电势转换开关。

②测量台

a）标准样片测量台是用一台直径大于 250mm，厚度大于 38mm 的铜块或相当质量的铜块，可用于放置被测样片作为恒温装置。该装置应有一个放温度计的小孔，并可自由转动 200° ~ 360°，并有≤5°的刻度分度线。在恒温装置上放 12μm ~ 25μm 厚的云母片，并与铜块贴牢，使样片与恒温装置之间绝缘。一级以上的标准样片测量台应有控温装置，台面的平面度应不大于 0.02mm，台面上应有直径为 38mm，50mm，75mm，100mm，125mm 带主参考面的同心圆刻度线。

b）四探针探头架，它应能在探针尖，无横向移动的情况下使探针均匀地下降到样品表面，探头架的位移装置应符合有关部标 SJ/T—10314—92 的要求。

c）若检定一级以上的标准样片，测量台应带有三维空间方向的微调装置；调节范围应在 0mm ~ 20mm，调节细度应在≤10μm。

d）四探针探头：探针与硅片接触时（在 400 倍显微镜下观察）无明显滑移；探针间距标称值为 1mm 或 1.59mm；曲率半径≤50μm；探针尖锥体夹角 45° ~ 150°；相邻探针间距平均值 $\overline{S}_1$，$\overline{S}_2$，$\overline{S}_3$，与其总平均值 $\overline{S}$ 之差不大于 $\overline{S}$ 的 1%；探针的移游率≤0.3%；四根针直线度≤150μm。若用于双电测原理测试仪的四探针头，除四根针的直线度外，其他指标均可放宽：三个探针间距 $\overline{S}_1$，$\overline{S}_2$，$\overline{S}_3$，任何两个间距之比可在 0.7 ~ 1.5 范围内变化；在横向（电流方向）探针游移率不设严格要求；而在纵向上探针游移率的指标可放宽到小于 1%。

③ 自动标准检定装置

自动标准检定装置测量设备和手动标准检定装置的主要测量设备基本相同，只是把测量程序编成软件由计算机控制自动完成测量并给出测量结果。

1）技术指标

a）电阻率测量范围：0.005Ω · cm ~ 5 000Ω · cm。

b）适合测量标准样片厚度为≤1.0mm。

c）适合测量标准样片直径为≤250mm。

d）测量的扩展不确定度：

0.01Ω · cm ~ 500Ω · cm：0.5%（包含因子 $k=2$）。

0.005Ω · cm ~ 0.01Ω · cm：1.0%（包含因子 $k=2$），

500Ω · cm ~ 1 000Ω · cm：1.0%（包含因子 $k=2$）。

2）测量功能

a）中心点测量，测量10次，每次转动计算18°~20°，计算平均电阻率和标准偏差。

b）同心圆及边缘点测量，每点测5次，计算各点平均电阻率及样品不均匀性。

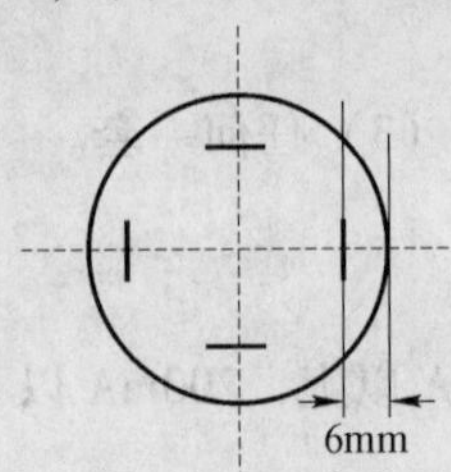

图14—5 测量标准样片边缘位置的示意图（适用于直径为76mm及以下的标准样片）

c）径向测量，从边缘6mm（对于直径为76mm及以下的样片）或10mm（对于直径为76mm以上的样片）起，沿一条直径每隔2mm~3mm测一点，每点测5次，并计算其平均值。

3）辅助设备（该设备适用于配合手动和自动两套测量装置）

a）测厚仪测量范围不小于0mm~2mm，准确度优于0.1%。

b）游标卡尺：测量范围0mm~300mm，分辨率≤0.01mm。

c）温度计：温度范围不小于0℃~40℃，分辨率≤0.1℃。

4）测量标准样片边缘位置的示意图见图14—5。

④ 导电类型的鉴别仪

3. 检定项目

标准样片的检定项目见表14—12。

表14—12 检定项目

检定项目＼检定类别	首次检定	后续检定	使用中检验
外观检查	+	+	+
导电类型鉴定	+	–	–
直径测量	+	–	–
厚度测量	+	+	–
电阻率基本误差	+	+	+

注："+"表示应检项目，"–"表示可不检项目。

三、技术要求和检定方法

1. 外观检查及方法

（1）通用技术要求

外观包装及对样片本身的要求

① 标准样片应具备内外包装，外包装应具有制造厂名、CMC标志，内包装应有样片的标称值、样片型号、出厂编号。

② 标准样片的表面应该洁净，对不同级别的标准样片，表面质量及有关参数应符合表14—13的要求。

③ 标准样片的温度修正系数

标准样片的温度修正系数随标准样片一起给出，硅单晶电阻率标准样片的温度系数见表14—14。

表 14—13 标准样片表面质量及几何尺寸的要求

项目 \ 合格指标 \ 样片级别	标准样片表面质量	对标准样片厚度 W 与直径 D 的要求
国家级标准样片	样片表面经金则砂研磨，表面没有划痕，崩边，缺口，表面没有沾污	$W \leqslant 1.0$mm，厚度标称值的偏差在 ±5μm 以内，测量同一平面内 9 点中的任何一点与中心点厚度之差在 ±1.0% 之内，直径 $D \geqslant 40$mm
一级标准样片	样片表面经金刚砂磨，表面没有明显划痕，崩边，缺口，表面没有沾污	$W \leqslant 1.0$mm，厚度标称值的偏差在 ±10μm 以内，测量同一平面内 9 点中的任何一点与中心点厚度之差在 ±1.0% 之内，直径 $D \geqslant 40$m
二级标准样片	样片表面经金刚砂研磨，允许表面有不妨碍正常使用与测量的微小缺陷与沾污	$W \leqslant 1.0$mm，厚度标称值的偏差在 ±15μm 以内，测量同一平面内 9 点中的任何一点与中心点厚度之差在 ±1.5% 之内，直径 $D \geqslant 25$mm

表 14—14 硅单晶电阻率标准样片的温度系数表

温度/℃ \ F_T \ 标称电阻率/(Ω·cm)	0.005	0.01	0.1	1	5~180	250~1 000
10	0.9768	0.9969	0.9550	0.9097	0.9010	0.8921
12	0.9803	0.9970	0.9617	0.9232	0.9157	0.9087
14	0.9838	0.9972	0.9680	0.9370	0.9302	0.9253
16	0.9873	0.9975	0.9747	0.9502	0.9450	0.9419
18	0.9908	0.9984	0.9815	0.9635	0.9600	0.9585
20	0.9943	0.9986	0.9890	0.9785	0.9760	0.9751
22	0.9982	0.9999	0.9962	0.9927	0.9920	0.9919
23	1.0000	1.0000	1.0000	1.0000	1.0000	1.0000
24	1.0016	1.0003	1.0037	1.0075	1.0080	1.0083
26	1.0045	1.0009	1.0107	1.0222	1.0240	1.0249
28	1.0086	1.0016	1.0187	1.0365	1.0400	1.0415
30	1.0121	1.0028	1.0252	1.0524	1.0570	1.0581

注：公式 $P_T = F_T P_{23}$

P_T——在温度 T 时标准样片电阻率值；

P_{23}——所给标准样片中心电阻率值。

说明：该表数据通过试验得出。

（2）检查方法

① 对标准样片正式检定前，先进行外观检查，发现有如下缺陷的标准样片则要对样片采取有效措施加以处理。

② 标准样片表面未清洗时应对样片进行清洗，其清洗方法如下：

a）被清洗的样片按顺序放在一个固定的架子上，在一个容器里放上适量的超纯水（10MΩ），把放好的样片的架子放到容器里，把容器放到超声波清洗机里，进行超声波清洗30min。

b）倒掉容器里的超纯水，换上同样数量的化学纯Ⅱ级甲苯，用上述方法再运行15min的清洗。

c）倒掉容器里的甲苯，换上同样数量的丙酮，用上述方法再运行15min的清洗。

d）再分别以甲醇和乙醇（化学纯Ⅱ级）为清洗剂，按上述步骤先乙醇、后甲醇，各清洗15min，再把片子拿出来烘干，清洗过程中，注意用专用镊子拿片子，不可用手直接摸样片。

e）除上述方法外，也可以用其他方法达到清洗样片的目的。

③ 标准样片表面有明显划痕时，可对样片进行研磨，经研磨后的样片，仍按附上述方法进行清洗，并重新测量厚度。

④ 对标准样片表面的其他要求见表14—13。

2. 标准样片导电类型的鉴定

（1）技术要求

标准样片，除具有电阻率标称值和实际值外，还应有下列参数或数据：导电类型、掺杂元素、直径值、厚度值和使用要求。

（2）检定方法

对于所检定的标准样片，其导电类型不太清楚或者对所给定的导电类型有疑异时，应用导电类型鉴别仪给予鉴别。

3. 标准样片直径的测量

（1）技术要求

标准样片，除具有电阻率标称值和实际值外，还应有下列参数或数据：导电类型、掺杂元素、直径值、厚度值和使用要求。

（2）检定方法

用游标卡尺对直径每隔18°~20°的不同位置进行10次测量，读数准确到0.1mm。

4. 标准样片厚度的测量

（1）技术要求

标准样片，除具有电阻率标称值和实际值外，还应有下列参数或数据：导电类型、掺杂元素、直径值、厚度值和使用要求。

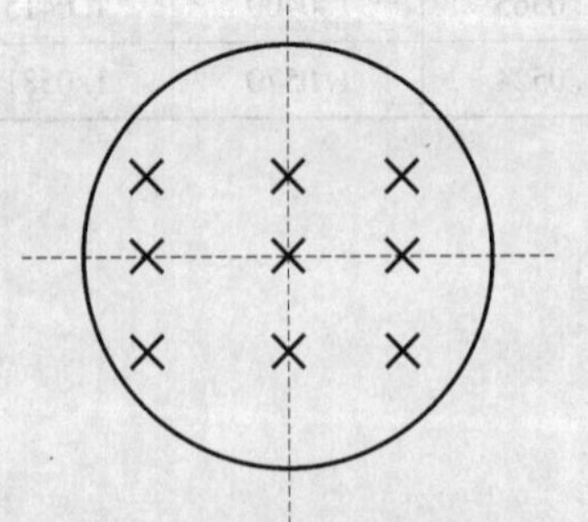

图14—6　标准样片测量厚度位置的示意图

（2）检定方法

用测厚仪在样片上测定9个点的厚度值（见图14—6），以正反面中心点较小的厚度值作为样片的实际厚度值。如果用接触式测量仪测量厚度，其探头力不能大于0.5N。

5. 标准样片电阻率基本误差的检定

（1）技术要求

① 标准样片的电阻率的测量范围

电阻率的测量范围0.005Ω·cm~5 000Ω·cm。

② 标准样片的标称值

标准样片的标称值应符合下述19个规格中的一个，见表14—15。

表14—15 标准样片的标称值 Ω·cm

电阻率标称值									
0.005	0.01	0.02	0.05	0.1	0.2	0.5	1	2	5
10	25	75	180	250	500	1 000	2 000	5 000	

③ 标准样片应具备的参数及性能要求

a）标准样片，除具有电阻率标称值和实际值外，还应有下列参数或数据：导电类型、掺杂元素、直径值、厚度值和使用要求。

b）对不同级别的标准样片，各项指标的要求见表14—16。

表14—16 标准样片的各项指标

	国家级标准样片	一级标准样片	二级标准样片
直径	(40~75)±1% mm	(40~75)±1% mm	(25~100)±2% mm
厚度	W≤1.0mm	W≤1.0mm	W≤1.0mm
标称值偏差0.01Ω·cm~500Ω·cm	±5%	±10%	±15%
中心点电阻率重复性（2σ）	0.3%	0.4%	0.8%
径向电阻率不均匀度	≤3%	≤4%	≤8%
年稳定度	±1.0%	±1.5%	±2.5%
扩展不确定度（包含因子2）	1.0%	1.5%	2.5%

备注：电阻率大于500Ω·cm和电阻率为0.005Ω·cm的电阻率标准样片标称值偏差为±15%，中心电阻率重复性为0.8%（2σ），扩展不确定度为2.0%，二级标准样片，中心电阻率重复性为1.0%（2σ），扩展不确定度为3.0%。

（2）检定方法

① 标准样片的检定是用一个直排四探针的测量标准装置进行测量，并通过计算获得样片的电阻率，电流流过其中的两个探针，另外两个探针测出样片上的电压降，电阻率根据测量电流和电压降以及样片有关的几何尺寸的修正因子计算得到，电阻率标准样片的检定原理如图14—7所示。

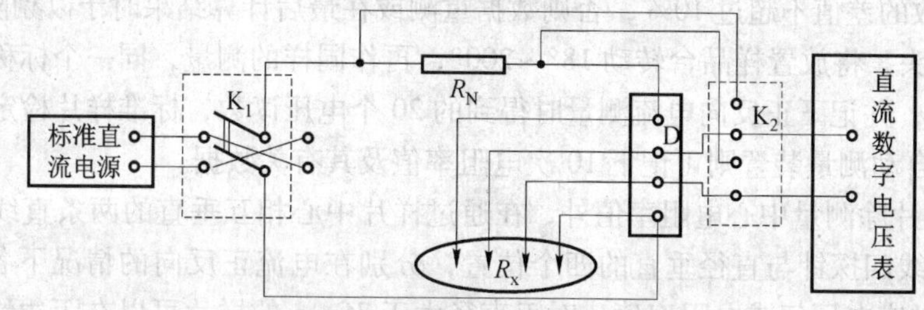

图14—7 用标准四探针测试仪检定电阻率标准样片的原理图

K_1—换向开关；R_N—标准电阻；D—探针接线；K_2—无热电势开关；R_x—被检标准样片

② 对于不同标称值的标准样片，测量电流的选择如表 14—17 所示，其原则是在使被检样片不发热且少于小注入弱电势的条件下，尽量满足电压表有较多的读数位数，但不得大于 30mV。

表 14—17 测量标准样片时对通过电流的要求

标准样片标称值/（Ω · cm）	允许通过的电流值/mA	在数字电压表上的读数位数
0.005	100 ~ 200	国家级标准样片和一级标准样片不得少于 4 位读数，读数的最小分辨力应优于 0.05%，二级标准样片不得少于 3 位读数，读数的最小分辨力应优于 0.1%
0.01	80 ~ 120	
0.02	50 ~ 100	
0.05	30 ~ 80	
0.1	10 ~ 50	
0.2	5 ~ 12	
0.5	3 ~ 8	
1.0	1 ~ 5	
2	0.5 ~ 3	
5	0.4 ~ 1.5	
10	0.2 ~ 1.0	
25	1.0 ~ 0.8	
75	0.03 ~ 0.3	
180	0.015 ~ 0.15	
250	0.01 ~ 0.15	
500	0.005 ~ 0.10	
1 000	0.001 ~ 0.01	
2 000	0.001 ~ 0.01	
5 000	0.001 ~ 0.005	

③ 标准样片的测量按下述步骤进行

a）将被检样片放在样品测量台上，通过微动调节装置使探针对准样片中心位置（精确到 0.25mm 以内）。

b）放下探头，使其探针和样片形成较好的接触，接通电流，并进行正反向电流下的测量，并记下此时的电压读数（注意电压表的采样时间，以能读取较稳定的电压数值为准。正反向电压读数的差值不超过 10%，否则数据重测或在最后计算结果时予以剔除）。

c）抬起探头，将放置样品台转动 18° ~200°，再作同样的测量，同一个标称值的样片要反复测量 10 次，并记下正反向电流测量时得到的 20 个电压读数，标准样片检定的记录格式如表 14—18。自动测量装置则可记下 10 次电阻率值及其有关数据。

d）标准样片除测量中心电阻率值外，在通过样片中心相互垂直的两条直线上，于距边缘 6mm 处，直线四探针与直径垂直的四个位置，分别在电流正反向的情况下各重复测量 5 次，并记下相对应电压值或电阻率值，对于直径大于 76mm 的样片可以在距边缘 10mm 处进行测量。

表 14—18 硅单晶电阻率标准样片检定原始记录

共 页 第 页

标准样片检定原始记录									
电压读数/mV 测量次数	正向（中心）	反向（中心）	平均值（中心）	边 1	正向	反向	边 2	正向	反向
				1			1		
1				2			2		
2				3			3		
3				4			4		
4				5			5		
5				平均值			平均值		
6				边 3			边 4		
7				1			1		
8				2			2		
9				3			3		
10				4			4		
平均值				5			5		
				平均值			平均值		
		测试结果					测试条件		
标称电阻率/(Ω·cm)		厚度/mm		重复性 2σ（%）		温度	℃	相对湿度	%
单位号		直径/mm		不均匀度/%		检定人员		检定日期	年 月 日
				中心电阻率/(Ω·cm)					

四、检定结果的处理和检定周期

（1）标准样片经检定后，可按表 14—16 的指标判断样片是否合格。

（2）各级标准样片经检定后是否合格，其考核以修约后的数字为准。各级标准样片给出的证书或通知书的电阻率或方块电阻实际值的数据全部给到四位有效数字。

（3）对于检定后的各项指标都合格的标准样片，出具检定证书；有一项以上指标不合格的标准样片，出具检定结果通知书，并注明不合格项目，检定证书或检定结果通知书。

（4）对于某个级别的标准样片，经检定后，某项指标已不满足原来级别的指标时可降到下一级别使用，但必须满足下一级别标准样片指标的要求。

（5）检定周期：标准样片的检定周期一般不超过 1 年；后续检定时需要带前一次检定证书。

第三节　同轴电阻式衰减器的计量

一、概　述

衰减器是电子测量中常用的重要仪器。衰减器用以衰减或调节测量系统中的功率电平，衰减信号源的输出功率，衰减功率计或电压表输入端的功率或电压以及作为去耦元件以减小负载对信号源的影响等等。

同轴电阻式衰减器是由一个或一系列匹配电阻衰减网络单元组成，根据使用的系统不同，同轴电阻式衰减器有同轴 50Ω 和 75Ω 之分，衰减量值以单位 dB 表示。

二、检定条件、检定设备和检定项目

1. 检定条件

（1）环境条件

① 温度 18℃ ~28℃；

② 相对湿度≤80%。

（2）电源电压 220V ±11V，50Hz ±1Hz。

（3）无影响正常工作强电磁干扰和机械振动。

2. 检定用设备

① 衰减标准装置；

频率范围：10kHz ~18GHz；

量程范围：0dB ~100dB；

不确定度（$k=2$）：<0.02dB/10dB　（0dB ~60dB）；

0.012dB ~0.5dB　（60dB ~100dB）。

② 信号源和本振源

幅度稳定度：≤0.001dB/min；

信号源最大输出电平：≥10dBm；

频率准确度：$\leqslant 10^{-5}$；

频率稳定度：$\leqslant 10^{-6}$。

③ 数字电压表（或锁定放大器）

幅度测量范围：0V ~1V；

分辨率：4 位半。

④ 测量端口

源驻波系数和负载驻波系数：≤1∶1（可以用调配器、小驻波系数的隔离器或固定衰减器实现）

系统信号泄漏：≥最大测量量程 +40dB。

⑤ 网络分析仪

驻波系数测量范围：1 ~2；

驻波系数测量不确定度（$k=2$）：≤1.01。

3. 检定项目

表 14—19　检定项目一览表

项目名称	首次检定	后续检定	使用中检定
外观及工作正常性检查	+	+	+
衰减量检定	+	+	+
起始衰减量检定	+	–	–
驻波系数检定	+	–	–

注："+"为应检项目，"–"为可不检项目。

三、技术要求和检定方法

1. 外观及工作正常性检查

（1）通用技术要求

被检衰减器应符合一般电子仪器安全规范要求，并具有生产单位名称、仪器名称、仪器型号和仪器编号等标识。

（2）检查方法

① 被检衰减器应有说明书及全部配套附件，后续检定带原检定证书。

② 被检衰减器不应有影响正常工作的机械损伤，输入、输出接头和步进开关应牢固，没有机械损伤。被检衰减器的步进开关的位置应与衰减量刻度指示相对应，步进开关转动或按键操作应自如、准确；显示清晰完整。

2. 衰减器衰减量的检定

（1）技术要求

频段：10kHz ~ 18GHz；

量程：0dB ~ 100dB；

最大允许误差：0. 02dB ~ 1. 5dB。

（2）检定方法

① 低中频串联替代法

a）按图 14—8 连接测量系统，如果测量频率是衰减校准装置的中频频率时，本振源可省去不用，直接将中频信号连接到衰减校准装置的中频输入端，如图 14—9 所示。测量系统连接后，进行系统连接检查，系统中各个设备和所有的连接应稳定牢靠，转动被测衰减旋钮时，不应引入电连接不良问题。

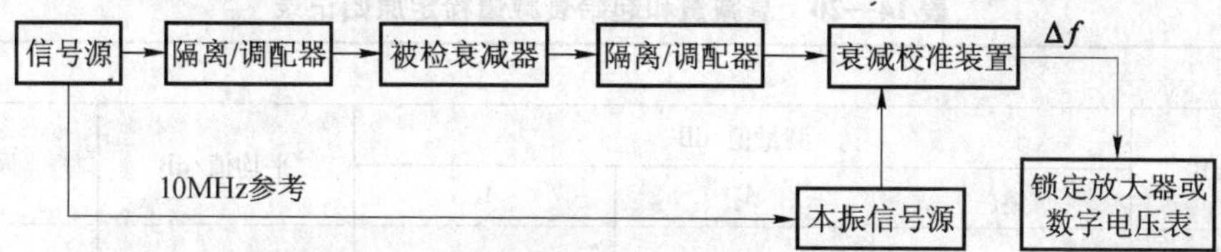

图 14—8　衰减器检定系统方框图

b）当被检衰减器特性阻抗为 50Ω 时，检定系统应选用特性阻抗为 50Ω 的调配器或隔

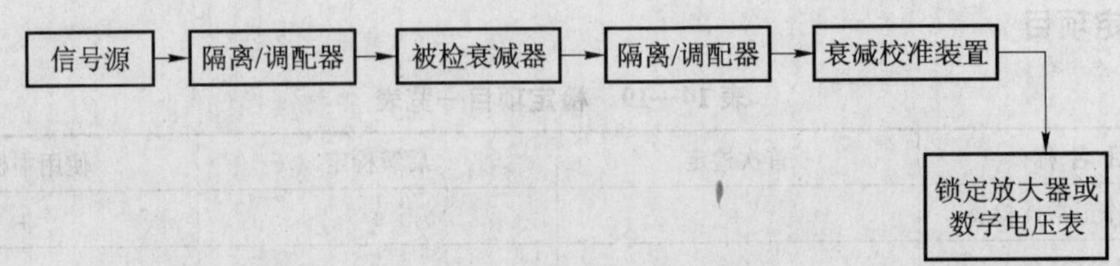

图 14—9　检定频率为中频时衰减器检定系统方框图

离器；当被检衰减器特性阻抗为 75Ω 时，检定系统应选用特性阻抗为 75Ω 的调配器或隔离器。调配器或隔离器的接头形式应与被检衰减器的接头形式相同。

c）系统中的设备应按设备说明书的操作要求，各个开关置于合适位置，接通电源预热半小时以上。

d）检定频率应选择被检衰减器频率范围的高、中、低三点；或按出厂时校准所用频率进行检定；衰减量的检定应分别对各盘衰减量进行逐点检定。

e）将信号源频率调整在测量频率 f_0 上，将本振信号源频率调整在（$f_0 \pm \Delta f$）上（应依照说明书调节中频频率 Δf）。

f）调节本振信号源功率电平，使混频器的本振输入端口的功率电平为 9dBm。调节信号源的输出功率电平至被检衰减器为“0” dB 时，混频器的输入端功率电平为 -20dBm。

g）被检衰减器设置在被检衰减量位置，衰减校准装置内部感应分压器设置在起始比值（0.95），依照衰减校准装置的说明书调节放大器增益设置使衰减校准装置工作在线性段（一般原则：放大器增益设置与衰减数值一样的 dB 数，例如被检衰减量为 20dB，衰减校准装置的放大器增益也设置在 20dB）。

h）数字电压表读数稳定后，记录下当前的感应分压器比值 D_1，和数字电压表的读数 U_1。

i）将被检衰减器设置在参考位置（0dB 位置），调整衰减校准装置内部感应分压器，使数字电压表的读数约为 U_1。数字电压表读数稳定后，记录下当前的感应分压器比值为 D_2 和数字电压表的读数 U_2。

j）用公式（14 - 18）计算被检衰减器衰减量为 A_1：

$$A_1 = 20\lg \frac{D_1 \times U_2}{D_2 \times U_1} \qquad (14-18)$$

将所得结果记录在相应表格内。

表 14—20　衰减量和起始衰减量检定原始记录

$f=$					
标称值/dB	测量值/dB			平均值/dB	误差/dB
	A_1	A_2	A_3		

续表

f=					
标称值/dB	测量值/dB			平均值/dB	误差/dB
	A_1	A_2	A_3		

k）采用交替读数法再重复测量 2 次，得到测量结果 A_2，A_3，并将所得结果记录在相应表格内。

l）用公式（14－19）计算被检衰减器衰减量的平均值 A，并将所得结果记录在相应表格内。

$$A = \frac{\sum_{i=1}^{3} A_i}{3} \tag{14-19}$$

m）重复本条款中的 g）~l）的操作步骤，分别对所选的衰减量进行逐点检定，并将所得结果记录在相应表格内。

② 中频并联替代法

a）按图 14—10 连接测量系统，如果测量频率是衰减校准装置的中频频率时，本振源可省去不用，直接将射频信号连接到衰减校准装置的输入端。测量系统连接后，进行系统连接检查，系统中各个设备和所有的连接应稳定牢靠，转动被测衰减旋钮时，不应引入电连接不良问题。

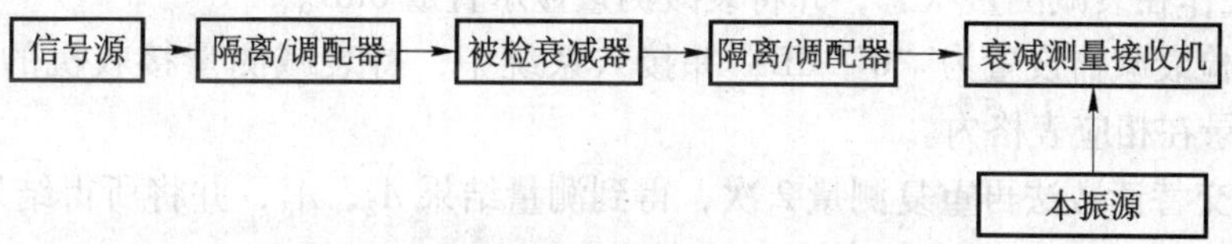

图 14—10　衰减器检定系统方框图

b）操作方法同①中的步骤 b）~e）。

c）依照衰减测量接收机说明书，调节信号源和本振源的输出功率，使衰减测量接收机工作在线性测量段。

d）将被检衰减器设置在参考位置（0dB 位置），依据衰减测量接收机说明书，设置衰减测量接收机，使其工作在衰减测量状态，并将衰减测量显示置成 0dB。

e）将被检衰减器设置在被测位置。待衰减测量接收机的读数稳定后，将读数记录在相应表格内。

f）采用交替读数法再重复测量 2 次，得到测量结果 A_2，A_3，并将所得结果记录在相应表格内。

g）用公式（14－19）计算被检衰减器衰减的平均值 A，并将所得结果 A 记录在相应表格内。

h）重复本条款中的 d）～g）的操作步骤，分别对所选的衰减量进行逐点检定，并将所得结果记录在相应表格内。

3. 衰减器起始衰减量的检定

注：本项目适用于出厂时和修理后的衰减器检定，使用中的衰减器可以免检。

① 低中频串联替代法

a）操作方法如同 2（2）①中的步骤 a）～f）。

b）将被检衰减器设置在“0”dB 位置，并接入系统中。衰减校准装置内部感应分压器设置在起始比值（0.95），放大器增益设置为 0dB，数字电压表读数稳定后，记录下当前的感应分压器比值 D_1 和数字电压表的读数 U_1。

c）将被检衰减器从系统中去掉，系统短接，调整衰减校准装置内部感应分压器，使数字电压表的读数约为 U_1。数字电压表读数稳定后，记录下当前的感应分压器比值 D_2 和数字电压表的读数 U_2。

d）用公式（14－19）计算被检衰减器的起始衰减量 A。将所得结果记录在相应表格内。

e）采用交替读数法再重复测量 2 次，得到测量结果 A_2，A_3，并将所得结果记录在相应表格内。

f）用公式（14－19）计算被检衰减器的起始衰减量的平均值 A，并将所得结果记录在相应表格内。

② 中频并联替代法

a）操作方法和连接如同 2（2）②中的步骤 a）～c）。

b）系统短接，被检衰减器不接入系统。依据衰减测量接收机说明书，设置衰减测量接收机，使其工作在衰减测量状态，并将衰减测量显示置成 0dB。

c）将被检衰减器设置为“0”dB，并接入系统中，待衰减测量接收机的读数稳定后，将读数 A_1 记录在相应表格内。

d）采用交替读数法再重复测量 2 次，得到测量结果 A_2，A_3，并将所得结果记录在相应表格内。

e）用公式（14－19）计算被测衰减器的起始衰减量的平均值 A，并将所得结果记录在相应表格内。

4. 电压驻波比的检定

（1）技术要求

驻波系数：≤2.0

（2）检定方法

注：本项目适用于出厂时和修理后的衰减器检定，使用中的衰减器可以免检。

a）依照网络分析仪的操作说明，首先进行短路、开路、50Ω 负载校准，然后将衰减器的输入端连接到网络分析仪的校准端面，衰减器的输出端连接 50Ω 负载，分别对衰减器的每一衰减挡的输入端面的电压驻波比进行检定，并将测量结果记录在相应表格内。

表 14—21 驻波系数检定原始记录

衰减挡/dB	f=		f=		f=	
	$\rho_{入}$	$\rho_{出}$	$\rho_{入}$	$\rho_{出}$	$\rho_{入}$	$\rho_{出}$

b）将衰减器的输出端连接到网络分析仪的校准端面，衰减器的输入端连接 50Ω 负载，分别对衰减器的每一衰减挡的输出端面的电压驻波比进行检定，并将测量结果记录在相应表格内。

5. 固定衰减器的检定方法

固定衰减器的检定方法与衰减器起始衰减量的检定方法相同。

四、检定结果处理和检定周期

1. 检定结果处理

凡按本规程规定和要求检定合格的衰减器，出具检定证书。检定不合格的衰减器，出具检定结果通知书，并注明不合格的项目。

2. 检定周期

检定周期一般不得超过 1 年，修理后的衰减器应立即检定。

五、泄漏的检测方法

1. 泄漏误差的概念

泄漏是衰减测量的一项误差源，该项误差是由于信号源输出信号的一部分没有经过测量通道而进入了衰减测量接收机。令 A_A 表示通过被测衰减器的衰减量，令 A_L 表示与被检衰减器并联的泄漏通道衰减量，由泄漏引入衰减量最大误差为：

$$\delta_L = \pm 8.69 \times 10^{(A_A - A_L)/20} \tag{14-20}$$

通常情况下，泄漏信号很小，被测衰减量越大，泄漏误差越大。

2. 泄漏误差的检测方法

为了保障衰减器检定的可靠，泄漏信号应比最大被测量信号低 40dB。即如果衰减的大量程为 100dB，泄漏通道的衰减量应为 140dB。检测泄漏通道的衰减量的方法如下：

① 连接衰减测量系统，测量系统连接后，进行系统连接检查，系统中各个设备和所有的连接应稳定牢靠，转动被测衰减旋钮时，不应引入电连接不良问题。

② 调节衰减器至 60dB，打开电源，并调节信号源输出信号至 10dBm。

③ 逐步增加衰减器的衰减量，随着衰减量的增加，调节衰减测量接收机的灵敏度使之能够分辨小信号电平（如果衰减测量接收机的分辨率不够时，可在衰减测量接收机的输入端插入 40dB 增益放大器），并观测衰减测量接收机的信号功率电平或电压电平变化，当衰减测量接收机的信号功率电平或电压电平不随着衰减量增加变化时，这时的衰减通道的衰减量就是泄漏通道的衰减量。

第十五章　医疗用电子仪器的检定

第一节　医疗用电子仪器概述

1. 医疗用电子仪器应用广泛

随着技术进步和医疗事业的发展，医疗用电子仪器的应用日益增多，过去常用的水银式血压计逐渐被电子式血压计所代替，B 型超声波、CT、核磁、心电监护仪、心脑电图机等，医疗用电子仪器的应用越来越广泛。

2. 质量连着患者生命

医疗用电子仪器的准确度对于医疗的质量越来越重要。比如，在医院重症监护室里，监护仪时刻监视着病人的生命体征，不断采取措施挽救病人的生命。如果监护仪不准确，医生就不能采取正确的抢救措施，就会错过抢救的机会。

3. 结构复杂，好坏难以判断

医疗用电子仪器越来越复杂，功能越来越强大，如果不准确，一般是看不出来的，比如，过去，使用水银式血压计，水银只要不漏，一般是准确的，但是，电子式血压计，是否准确，一般是看不出来的，必须进行检定。其他复杂的医疗用电子仪器就更不用说了。

4. 政府重视，加强管理

由于医疗用电子仪器的重要性，国家把医疗仪器列为强制检定的计量仪器。为了更好的开展医疗用电子仪器的检定，本书把医疗用电子仪器的检定列入培训教材中，使从事无线电计量的人员掌握这方面的检定知识。

第二节　心、脑电图机检定仪的检定

一、概　　述

心电图机检定仪、脑电图机检定仪及心、脑电图机检定仪（在不需要区分三种检定仪的个性时，以下统一简称“检定仪”）是用于对心电图机、脑电图机各项技术指标实施计量检定的专用仪器。

根据检定仪主机产生检定专用信号的原理不同，可分为两种类型：

数字型：数字型检定仪由模数转换器产生供检定用的标准信号，各种标准信号的峰峰值可由输入到模数转换器的数字量控制保持一致。

模拟型：模拟型检定仪由模拟电路产生供检定用的标准信号，各种标准信号的峰峰值一致性是靠硬件调整实现的。

二、检定条件、检定设备和检定周期

1. 检定条件

① 环境条件

环境温度：(20 ±5)℃；

相对湿度：小于80%。

② 供电电源：220（1 ±5%）V，50（1 ±2%）Hz。

③ 周围环境无影响检定仪正常工作的强电磁场干扰。

④ 应具备必要的接地装置。

2. 计量标准器及配套设备

见表15—1。

表15—1 检定设备一览表

设备名称	主要技术要求	备注
直流数字电压表	检定中所用到的电压测量范围：在0.1mV～30V， 检定外接平衡衰减器时最大允许误差：±0.1%， 检定其他项目时最大允许误差：±0.3%	
交流数字电压表	检定中所用到的电压测量范围（50Hz时）：10V， 最大允许误差：±3%	
欧姆表	检定中所用到的电阻测量范围：10kΩ～620kΩ， 最大允许误差：±1%	
脉冲幅度测量装置或超低频峰值电压表	检定中所用到的电压测量范围：1V～5V， 频率范围：0.05Hz～200Hz， 最大允许误差：0.3%	采用脉冲幅度测量装置时，平衡用示波器可选用数字存储示波器，以方便低频测量
通用计数器	检定中所用到的频率测量范围：0.1Hz～200Hz， 检定中所用到的周期测量范围：0.005s～10s， 最大允许误差：±0.1%	
失真度测量仪	检定中所用到的频率测量范围：20Hz～200Hz， 最大允许误差：±10%	
正弦波低频信号源	检定中所用到的频率范围：50Hz 检定中所用到的幅度范围：10V（有效值） 失真度：＜5%	若被检检定仪能输出50Hz、10V有效值（28.3V峰峰值）正弦信号，可用其代替低频信号源

3. 检定项目

见表15—2检定项目一览表。

表15—2 检定项目一览表

检定项目	首次检定		后续检定		使用中的检验		备注
	数字型	模拟型	数字型	模拟型	数字型	模拟型	
外观及工作正常性检查	+	+	+	+	+	+	
电压测量导联转换正常性检查	+	+	+	+	–	–	脑电图机检定仪不检此项
输入阻抗导联转换正常性检查	+	+	+	+	–	–	脑电图机检定仪不检此项
模拟皮肤－电极阻抗正常性检查	+	+	+	+	–	–	
标准方波幅度相对误差	+	+	+	+	+	+	
标准方波周期相对误差	+	+	+	+	+	+	
正弦波频率相对误差	+	+	–	+	–	+	
正弦波幅度相对误差	+	+	–	+	–	+	
正弦波波形失真度	+	+	–	+	–	–	
极化电压相对偏差	+	+	+	+	+	+	
共模抑制比检定装置电压指示表	+	+	+	+	–	–	脑电图机检定仪不检此项
外接平衡衰减器	+	+	+	+	–	–	心电图机检定仪不检此项

注：表中"＋"表示应检项目；"－"表示不检项目。

三、技术要求和检定方法

1. 外观及工作正常性检查

（1）通用技术要求

检定仪应标有生产厂名、型号、出厂编号；检定仪不得有影响正常工作的机械损伤；所有旋钮、开关应牢固可靠，定位正确。

（2）检查方法

外观及工作正常性检查应符合第（1）条的要求。

2. 电压测量导联转换正常性检查（脑电图机检定仪不检此项）

（1）技术要求

方波

幅度：在0.1mV～5V范围内，最大允许误差±1%。

（2）检定方法

将检定仪置"心电图机检定"的"电压测量"项，输出方波信号，幅度置1mV，周期调整到大于直流数字电压表采样时间，使数字电压表能正确读取方波的正、负峰值。按表15—3测量各输出电压（测量方法参阅5（2）①），其峰峰值应在0.99mV～1.01mV之间，即符合（1）的要求。

表15—3 电压测量导联转换正常性检查应测量的端口一览表

接到 P_1 的引线电极	R	L	F	C_1	C_2	C_3	C_4	C_5	C_6
接到 P_2 的引线电极	所有位置								
应测量的端口	R，N	L，N	F，N	C_1，N	C_2，N	C_3，N	C_4，N	C_5，N	C_6，N

3. 输入阻抗导联转换正常性检查（脑电图机检定仪不检此项）

（1）技术要求

输入阻抗检定用串接阻抗：620（1±5%）kΩ 电阻与 4.7（1±10%）nF 电容并联。

（2）检定方法

将检定仪置“输入阻抗”项，用欧姆表，按表 15—4 测量各输出电阻，其阻值应在 589kΩ～651kΩ 之间，即符合（1）的要求。

表 15—4 输入阻抗导联转换正常性检查应测量的端口一览表

接到 P_1 的引线电极	R	L	F	C_1	C_2	C_3	C_4	C_5	C_6
接到 P_2 的引线电极	所有位置								
应测量的端口	R，N	L，N	F，N	C_1，N	C_2，N	C_3，N	C_4，N	C_5，N	C_6，N

4. 模拟皮肤阻抗正常性检查

（1）技术要求

模拟皮肤—电极阻抗：51（1±5%）kΩ 电阻与 47（1±10%）nF 电容并联。

（2）检定方法

将检定仪置“噪声电平”项，用欧姆表，按表 15—5 测量各输出电阻，其阻值应为两个模拟皮肤阻抗串联值，在 97kΩ～107kΩ 之间，即符合（1）的要求。

表 15—5 模拟皮肤阻抗正常性检查应测量的端口一览表

应测量的端口	R，N	L，N	F，N	C_1，N	C_2，N	C_3，N	C_4，N	C_5，N	C_6，N

5. 标准方波幅度相对误差

（1）技术要求

方波幅度：在 0.1mV～5V 范围内，最大允许误差 ±1%。

（2）检定方法

① 按图 15—1 连接检定仪及直流数字电压表。

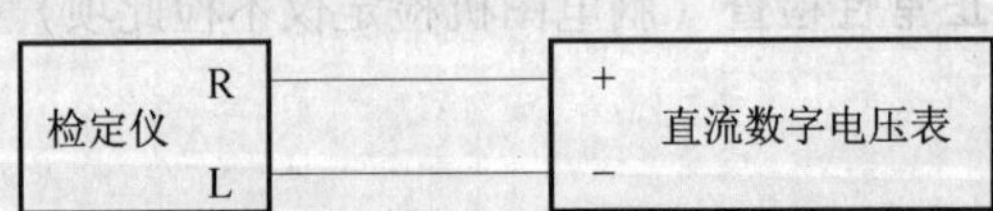

图 15—1 检定标准方波幅度相对误差接线图

② 将检定仪输出的方波幅度置 U_{sp0}（应检定的方波幅度值见表 15—6）、周期调整到大于直流数字电压表采样时间，使数字电压表能正确读取方波的正峰值 U_{+sp} 及负峰值 U_{-sp}，在测得 U_{+sp} 及 U_{-sp} 的过程中不可使用直流数字电压表的清零功能。按公式（15－1）计算出峰峰值 U_{sp}，（有峰峰值测量功能的数字电压表，可直接测得 U_{sp}），并用公式（15－2）计算标准方波幅度相对误差 δ_{usp}，应满足（1）的要求。

$$U_{sp} = \left| U_{+sp} + U_{-sp} \right| \tag{15-1}$$

$$\delta_{usp} = \frac{U_{sp0} - U_{sp}}{U_{sp}} \times 100\% \tag{15-2}$$

③ 用同样方法，检定表 15—6 规定的各方波幅度。各点相对误差应满足（1）的要求。

表 15—6　应检定的方波幅度

被检仪器	应检定的方波幅度/mV
心电图机检定仪	0.5，1，2，4
脑电图机检定仪	10，20，50，100，200，400，600，800，1 600，3 000
心、脑电图机检定仪	0.5，1，2，4，10，20，50，100，200，400，600，800，1 600，3 000

6. 标准方波周期相对误差

（1）技术要求

方波周期：在 0.01s ~ 10s 范围内，最大允许误差 ±1%。

（2）检定方法

① 将检定仪与通用计数器按图 15—2 连接。通用计数器测量功能选择在“周期测量”，并加入低通滤波器“LPF”，以减小频率计测量周期时触发误差对测量结果的影响。无低通滤波器的通用计数器可在其输入端并接电容 C（0.1μF ~ 0.47μF）。

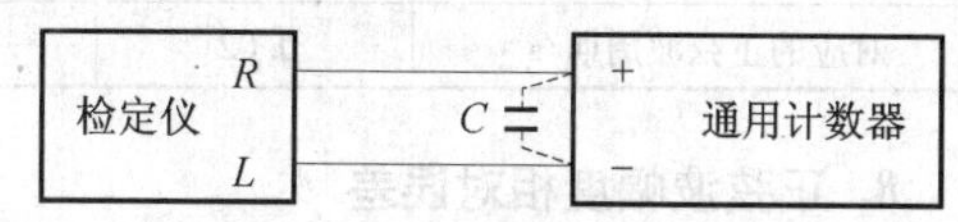

图 15—2　检定标准方波周期相对误差接线图

② 将检定仪输出的被测方波周期置 T_{s0}（应检定的方波周期值见表 15—7）。调整检定仪输出的方波幅度，使通用计数器能稳定读取测得值 T_s。用公式（15-3）计算标准方波周期相对误差 δ_{Ts}，应满足（1）的要求。

$$\delta_{Ts} = \frac{T_{s0} - T_s}{T_s} \times 100\% \tag{15-3}$$

③ 用同样的方法，检定按表 15—7 规定的各方波周期。各点相对误差应满足（1）的要求。

表 15—7　应检定的方波周期

应检定的方波周期/s
5，2，1，0.5，0.2，0.1，0.05，0.02，0.01

7. 正弦波频率相对误差

（1）技术要求

正弦波频率：在 0.1Hz ~ 200Hz 范围内，最大允许误差 ±1%。

（2）检定方法

① 将检定仪与通用计数器按图 15—2 连接。通用计数器测量功能选择在“周期测量”，并加入低通滤波器“LPF”，以减小频率计测量周期时触发误差对测量结果的影响。无低通滤波器的通用计数器可在其输入端并接电容（0.1μF ~ 0.47μF）。

② 将检定仪输出的被测正弦波频率置 F_{f0}（应检定的正弦波频率值见表 15—8）。调整检定仪输出的正弦波幅度，使通用计数器能稳定读取被测正弦波频率 T_f。用公式（15-4）计算标准正弦波周期相对误差 δ_f，应满足（1）的要求。

$$\delta_f = \frac{F_{f0} - \frac{1}{T_f}}{\frac{1}{T_f}} \times 100\% \qquad (15-4)$$

③ 用同样的方法，检定按表 15-8 规定的各正弦波周期。各点相对误差均应满足（1）的要求。

表 15—8 应检定的正弦波频率

应检定的正弦波频率/Hz	1	5	10	20	40
对应的正弦波周期/s	1	0.2	0.1	0.05	0.025
应检定的正弦波频率/Hz	50	62.5	80	100	200
对应的正弦波周期/s	0.02	0.016	0.0125	0.01	0.005

8. 正弦波幅度相对误差

（1）技术要求

① 方波

幅度：在 0.1mV ~ 5V 范围内，最大允许误差 ±1%。

② 正弦波

幅度（峰峰值）：在 0.1Hz ~ 200Hz，0.1mV ~ 5V 范围内。

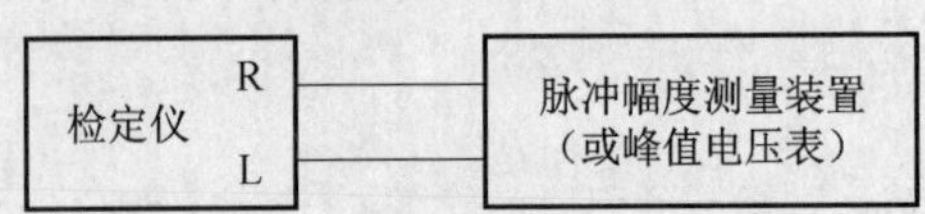

图 15—3 检定正弦波幅度相对误差接线图

（2）检定方法

① 按图 15—3 连接检定仪及脉冲幅度测量装置（或峰值电压表）。选择脉冲幅度测量装置或峰值电压表准确度较高的量限（一般选 1V ~ 5V），并使检定仪输出正弦波信号，输出幅度选择接近脉冲幅度测量装置或峰值电压表满量限的某测量值 U_{pp0}（如：选择 2V 量限，测量值选 1.9V 峰峰值）。

② 在检定仪输出的被测正弦波幅度为 U_{fp0} 的情况下，测量检定仪输出的 10Hz 正弦波信号的正峰值 U_{+fp} 及负峰值 U_{-fp}，按公式（15-5）及（15-6）计算出 10Hz 正弦波信号的幅度相对误差 δ_{Ufp}，应满足（1）②的要求。

$$U_{fp} = |U_{+fp}| + |U_{-fp}| \qquad (15-5)$$

$$\delta_{U_{fp}} \frac{U_{fp0} - U_{fp}}{U_{fp}} \times 100\% \qquad (15-6)$$

③ 保持检定仪输出幅度不变，按表 15—8 检定其余各频率正弦波幅度相对误差，均应满足（1）②的要求。

④ 使检定仪输出的方波，其幅度 U_{sp0} 置与②所测正弦波幅度 U_{fp0} 相同，周期调整到大于直流数字电压表采样时间的 2 倍，使数字电压表能正确读取方波的正峰值 U_{+sp} 及负峰值 U_{-sp}，在测得 U_{+sp} 及 U_{-sp} 的过程中不可使用直流数字电压表的清零功能。按公式（15-1）计算出峰峰值 U_{sp}（有峰峰值测量功能的数字电压表，可直接测得 U_{sp}），并用公式（15-2）计算方波幅度相对误差 δ_{Usp}，应满足（1）①的要求。

9. 正弦波波形失真

（1）技术要求

正弦波失真度：<5%。

（2）检定方法

将检定仪输出正弦波幅度置 1V 有效值（峰峰值 2.83V）以上，一般可选有效值 2V（峰峰值 5.66V）。测出 20Hz，30Hz，60Hz，100Hz，200Hz 正弦波波形失真，均应满足（1）的要求。

10. 极化电压相对误差

（1）技术要求

极化电压：+300mV 及 -300mV，最大允许误差 ±5%。

（2）检定方法

① 按图 15—4 连接检定仪及直流数字电压表。

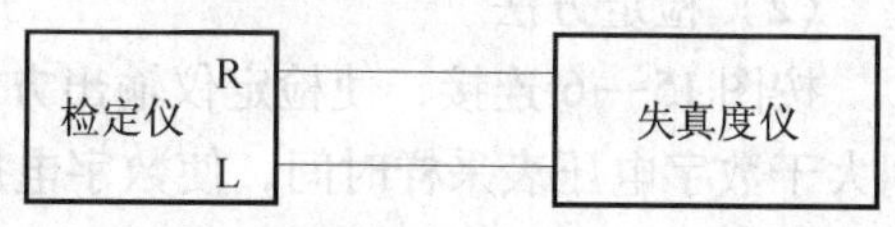

图 15—4　检定极化电压相对误差接线图

② 检定仪置极化电压项，并输出 +300mV 极化电压 U_j，从直流数字电压表读取极化电压测得值 U_{1j}。用公式（15-7）计算极化电压相对误差 δ_{U_j}，应满足（1）的要求。

$$\delta_{U_j} \frac{|U_j| - |U_{1j}|}{|U_{1j}|} \times 100\% \tag{15-7}$$

③ 用同样方法检定 -300mV 极化电压相对误差，也应满足（1）的要求。

11. 共模电压指示表（脑电图机检定仪不检此项）

（1）技术要求

共模抑制比检定装置

① 共模电压表：输入阻抗 >300MΩ；在 10V（有效值）处，电压测量最大允许误差 ±10%。

② 输出等效电容：当调节共模抑制比检定装置的可调电容，使共模电压表指示 10V 时，输出等效电容应在 200pF ±20pF（最大允许误差 ±10%）范围内。

（2）检定方法

① 按图 15—5 连接检定系统，并将正弦波低频信号源输出频率设置为 50Hz 若检定仪主机信号源可输出有效值 10V（峰峰值 28.3V），可用其代替低频信号源。

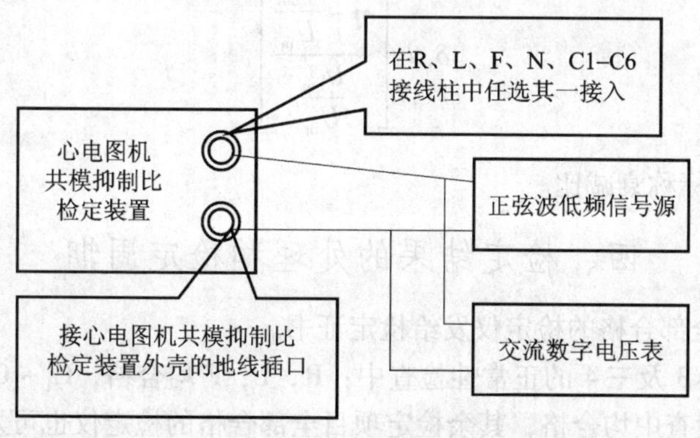

图 15—5　检定共模电压指示表

② 调节正弦波低频信号源输出幅度，使心电图机共模抑制比检定装置的共模电压指示表指示 10V（在 10V ±0.2V 范围内即可）。

③ 分别读取共模电压指示表指示值 U_{c0} 及交流数字电压表测得值 U_c。用公式（15 -8）计算共模电压指示压指示表示值误差 δ_{U_G}，应满足（1）的要求。

$$\delta_{U_G} = \frac{U_{c0} - U_c}{U_c} \times 100\% \qquad (15-8)$$

12. 外接平衡衰减器（心电图机检定仪不检此项）

（1）技术要求

脑电图机检定仪及心、脑电图机检定仪附加计量性能要求

脑电图检定用外接衰减器：衰减比 $\eta = 1/1\,000$，最大允许误差 ±0.3%。

（2）检定方法

按图 15—6 连接，使检定仪输出方波信号，幅度调至最大（如峰峰值 30V），周期调整到大于数字电压表采样时间，使数字电压表能正确读取方波的正、负峰值。

a）将图 15—6 中开关置“1”，在直流数字电压表测得正峰值 U_{+p1}，及负峰值 U_{-p1}，用公式（15 -9）计算出施加在衰减器输入端的电压。

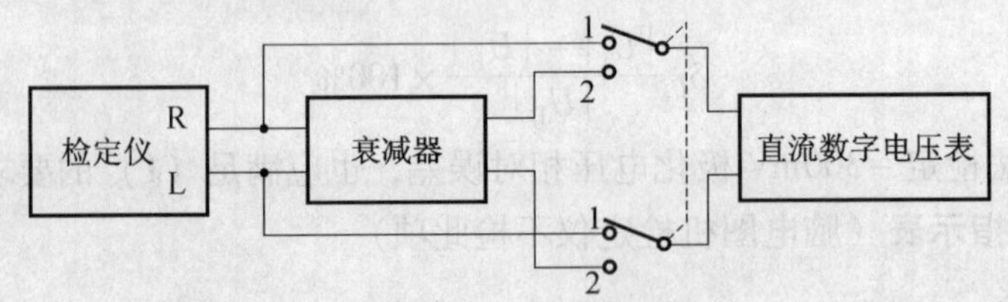

图 15—6　检定外接平衡衰减器接线图

b）将图 15—6 中开关置“2”，在直流数字电压表测得正峰值 U_{+p2} 及负峰值 U_{-p2}，用公式 15 -10 计算出衰减器输出端的电压。

c）用公式 15 -11 计算出衰减比相对误差 δ_η 应满足（1）的要求。

$$U_{in} = |U_{+p1}| + |U_{-p1}| \qquad (15-9)$$

$$U_{out} = |U_{+p2}| + |U_{-p2}| \qquad (15-10)$$

$$\delta_\eta = \left[\frac{\eta - \dfrac{U_{out}}{U_{in}}}{\dfrac{U_{out}}{U_{in}}} \right] \qquad (15-11)$$

其中：η——衰减器标称衰减比。

四、检定结果的处理和检定周期

（1）检定项目全部合格的检定仪发给检定证书。

（2）在三 2、三 3 及三 4 的正常性检查中：R，L，F 均合格，$C_1 \sim C_6$ 有 3 道。

在各项正常性检查中均合格，其余检定项目全部合格的检定仪也可发给检定证书，但检

第十五章　医疗用电子仪器的检定

定证书中必须注明 $C_1 \sim C_6$ 中的不合格项。

（3）除2规定的情况外，还存在不合格项目的检定仪发给检定结果通知书，并注明所有不合格项目。

（4）检定仪的检定周期一般不超过1年。

第三节　数字脑电图仪及脑电地形图仪的检定

一、概　　述

1. 概述

数字脑电图仪是把人脑组织活动产生的生物模拟电信号经输入电路、放大器、数据采集器及模数转换器等变换为数字量，并进行存储。所存储的数字量经分析、处理后，回放显示或打印出时域脑电图。

脑电地形图仪是在数字脑电图仪中增加了对脑电信号的频域分析功能，并可分析结果以功率谱图、脑电地形图等形式显示或打印。

在本书中将数字脑电图仪及脑电地形图仪简称为被检仪器。

2. 范围

规程适用于数字脑电图仪及脑电地形图仪的首次检定、后续检定和使用中检验。

规程也适用于用脑电图仪作前置放大器的数字脑电图仪及脑电地形图仪的首次检定、后续检定和使用中检验。对于这样的被检设备，应将用作前置放大器的脑电图仪看作设备一部分，进行整体检定。

二、检定条件、检定设备和检定项目

1. 检定条件

计量标准器及配套设备见表15—9。

表15—9　计量标准器及配套设备

设备名称	主要技术要求
检定仪	1. 正弦波信号发生器 频率：0.1Hz～100Hz，误差不超过±1% 电压（峰—峰值）：0.1 mV～3V，误差不超过±1% 幅频特性：1 Hz～75 Hz范围内，偏差不超过±1% 正弦波波形失真度：不大于5% 2. 方波信号发生器 频率：0.1 Hz～100Hz，误差不超过±1% 电压（峰—峰值）：1 mV～10V，误差不超过±1% 3. ±300mV极化电压：误差不超过±5%
外接衰减器	衰减量：60dB 误差不超过：±0.03dB

续表

设 备 名 称	主 要 技 术 要 求
长度测量器具	量程：100mm [0，10] mm 最小分辨力 0.5mm [10，100] mm 最小分辨力 1 mm
分规	
放大镜	放大倍数：×5

2. 环境条件

① 环境温度（20±10)℃；

② 相对湿度：小于 80%；

③ 供电电源：(220±11) V，(50±1) Hz；

④ 周围环境无影响仪器正常工作的强磁场干扰及振动；

⑤ 应具备良好的接地装置。

3. 检定项目

见表 15—10。

表 15—10 检定项目

检 定 项 目	首 次 检 定	后 续 检 定	使 用 中 检 验
外观及工作正常性检查	+	+	+
电压测量	+	+	+
时间间隔	+	+	+
时间常数	+	−	−
幅频特性	+	+	−
功率谱幅度	+	−	−
功率谱频率	+	−	−
噪声电子	+	−	−
共模抑制比	+	+	−
耐极化电压	+	−	−

注：1. 表中"+"表示要检定；"−"表示不检定。

2. 不具备频域分析功能的被检仪器，不进行功率谱频率、功率谱幅度的检定。

三、技术要求和检定方法

1. 外观和工作正常性检查

(1) 通用技术要求

① 被检仪器应标有生产厂名、型号、出厂编号，并且附件完整（包括说明书及前次检定证书)。

② 被检仪器不得有影响正常工作的机械损伤。键盘及鼠标接触良好、能平滑且连续地在所显示的波形上选点测量。

③ 显示器可调至正常的亮度、对比度、色饱和度，显示清晰度良好。无明显的扫描

失真。

(2) 检查方法

用手感与目测的方法检查，应符合条款（1）的规定。

2. 检定系统连接及检定的有关事项

① 检定系统连接见图 15—7，其中被检仪器和检定仪必须良好接地。

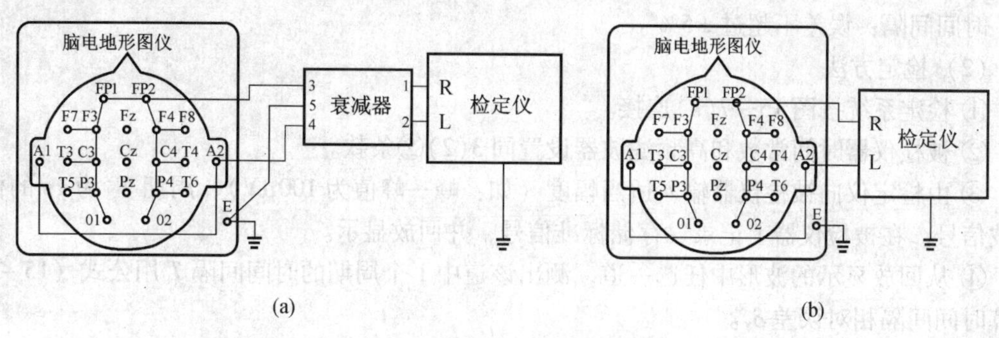

图 15—7　检定系统连接图

② 被检仪器置单极导联，并用导线按图 15—7 进行连接（各道的输入端相互并联）。若被检仪器提供自由导联，也可通过导联设置实现图 15—7 的连接（图 15—7 所示被检仪器以 16 道为例，对道数不同的被检仪器可参照上述办法将各道的输入端相并联）。

③ 为得到高测量分辨率，在未严格规定标准信号幅度的检定项目中，可在所描记或显示波形中的相邻道不因波形重叠而影响正常读数的情况下，合理选择被检仪器的量限或增益和检定仪标准信号的幅度，使描记后显示波形幅度尽量大。

④ 在检定中可根椐被检仪器具体情况，以便于读数为原则，选取在被检仪器显示器上直接读数或在打印机打印的波形图上测量。采用后者时，应用表 15—9 规定的长度测量器具、分规、放大镜进行测量。

3. 电压测量

(1) 技术要求

电压测量：误差不超过 ±10%。

(2) 检定方法

① 检定系统按图 15—7(a)连接。

② 以能满足脑电图信号通过所需带宽为依据，合理选择被检仪器时间常数和高频滤波器的设定值（如：分别置 1s 和 30Hz）。

③ 由检定仪向被检仪器输出幅度峰—峰值 U_s 为 100μV，频率为 5 Hz 的标准方波（或正弦波）信号。在被检仪器上记录、存储标准信号，并回放。

④ 从回放显示的波形中测得各道信号的波形幅值，取其中偏离 U_s 最大者为 U_m，用公式（15－12）计算电压测量相对误差 δ_U。

$$\delta_U = \frac{U_m - U_s}{U_s} \times 100\% \qquad (15-12)$$

式中：U_s——标准信号幅度峰—峰值；

U_m——各道幅度测得值中偏离 U_s 的最大值。

⑤ 在不改变标准信号频率的情况下，按④条款分别检定幅度峰—峰值 U_s 为 25μV，50μV，200μV 的电压测量相对误差。

4. 时间间隔

(1) 技术要求

时间间隔：误差不超过 ±5%。

(2) 检定方法

① 检定系统按图 15—7(a)连接。

② 被检仪器时间常数和高频滤波器设置同 3(2)②条款。

③ 由检定仪向被检仪器输入适当幅度（如：峰—峰值为 100μV)、周期 T_s 为 1s 的标准方波信号。在被检仪器上记录、存储标准信号，并回放显示。

④ 从回放显示的波形中任选一道，测出该道中 1 个周期的时间间隔 T 用公式（15－13）计算时间间隔相对误差 δ_T。

$$\delta_T = \frac{T - T_s}{T_s} \times 100\% \tag{15-13}$$

式中：T_s——标准方波信号周期；

T——时间间隔测得值。

5. 时间常数

(1) 技术要求

时间常数：0.03s～0.1s 误差不超过 ±40%。

大于 0.1s 误差不超过 ±20%。

(2) 检定方法

① 检定系统按图 15—7(a)连接。

② 被检仪器高频滤波器按 3（2）②条款设置，时间常数选择在被测标称值 T_0。

③ 由检定仪向被检仪器输入适当幅度（如：峰—峰值为 100μV)、周期为 10s 的标准方波信号。在被检仪器上记录、存储所选时间常数作用下的信号波形，并回放显示。

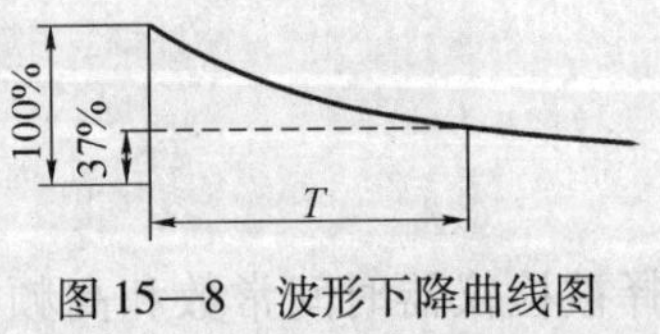

图 15—8 波形下降曲线图

④ 从回放显示的波形中，测出各道波形幅值下降到起始值（100%）的 37% 所对应的时间间隔 T（见图 15—8)，取其中偏离 T_0 最大者为 T_m。时间常数的相对误差 δ_C 按公式（15－14）计算

$$\delta_C = \frac{T_m - T_0}{T_0} \times 100\% \tag{15-14}$$

式中：T_0——被测时间常数标称值；

T_m——各道时间常数测得值中偏离 T_0 的最大值。

⑤ 改变被检仪器的被测时间常数标称值 T_0，用②～④款相同的方法检定被检仪器能够设定的所有时间常数值的相对误差。

6. 幅频特性

(1) 技术要求

幅频特性：1Hz～30Hz 偏差不超过 +5%～－30%。

（2）检定方法

① 检定系统按图 15—7(a)连接。

② 被检仪器时间常数按 3(2)②条款设置，高频滤波器置“断”挡（若无“断”挡选最高频率挡）。

③ 由检定仪向被检仪器输入频率 1Hz、幅度适当的（如：峰—峰值为 100μV）标准正弦波信号。在保持检定仪输出的正弦波信号幅值不变的情况下，从 1Hz 开始依次在被检仪器记录、存储 1Hz，5Hz，10Hz，20Hz，30Hz 信号，并对所存信号进行回放。

④ 从回放显示的波形中选一道，测得该道各频率正弦波波形幅值。以 10Hz 信号幅值 A_{10} 为参考值，在所测各频率正弦波波形幅值中取偏离 A_{10} 最大者作为 A_m，用公式（15－15）计算幅频特性相对偏差 Δ_F。

$$\Delta_F = \frac{A_m - A_{10}}{A_{10}} \times 100\% \qquad (15-15)$$

式中：A_{10}——10Hz 正弦波信号幅值；

A_m——各频率正弦波幅值测得值中偏离 A 的最大值。

⑤ 按④条款测得其余各道幅频特性相对偏差 Δ_F，取其中最大者为被检仪器的幅频特性相对偏差 Δ_F。

7. 功率谱幅度

（1）技术要求

功率谱幅度：偏差不超过 ±10%。

（2）检定方法

① 检定系统按图 15—7(a)连接。

② 被检仪器时间常数和高频滤波器设置同 3（2）②条款。

③ 根据被检仪器初始设定的频带分段方式，任选其中一段作为受测频带。将与受测频带中心频率最接近的整数值作为受测频率（如受测频带选 θ 段，其中心频率为 5.9Hz，受测频率点可选 6 Hz）。用检定仪向被检仪器输入所选受测频率、幅度适当（如：峰—峰值为 100μV）的标准正弦波信号。在被检仪器上记录、存储标准信号，并回放显示。

注：在常见的分段方式中，一般将整个频带分为 δ，θ，α_1，α_2，β_1，β_2 六段。

④ 从回放显示的波形中选取一段连续波形，在被检仪器进行功率谱分析，并选择便于读取功率谱幅值的方式显示受测频段的功率谱图（如功率谱数字图或功率谱地形图）。从中读出各脑区频谱的幅度值 A_i，取其中偏离 A_i 最大者为 A_M。并按公式（15－16）、（15－17）计算出相对偏差 Δ_A。

$$\overline{A} = \frac{1}{n_i}\sum_{i=1}^{n} A_i \qquad (15-16)$$

$$\Delta_A = \frac{A_M - \overline{A}_i}{\overline{A}_i} \times 100\% \qquad (15-17)$$

式中：A_i——各脑区频谱幅度测得值；

A_M——各脑区频谱幅度测得值中，偏离 $\overline{A}_i$ 最大值；

n——脑区个数（若被检仪器为16道，则 $n=16$）；

i——各脑区编号（以16道被检仪器为例，$i=1$，2，…16，依次对应脑区为Fp1，Fp2，F3，F4，C3，C4，P3，P4，01，02，F7，F8，T3，T4，T5，T6）。

8. 功率谱频率

（1）技术要求

功率谱频率：误差不超过±5%。

（2）检定方法

在被检仪器上回放7(2)③条款所存储的波形。从回放显示的波形中选取一段连续波形。将被检仪器置功率谱分析状态，并选择便于读取功率谱峰值频率的方式显示受测频率的功率谱图（如功率谱分布图）。从中读出各脑区频谱谱线所处位置的频率值 F_i，取其中偏离标准正弦波频率 F_s 最大者为 F_m。按公式（15－18）计算功率谱频率相对误差 δ_F。

$$\delta_F = \frac{F_m - F_s}{F_s} \times 100\% \qquad (15-18)$$

式中：F_s——标准正弦波频率；

F_m——各脑区频谱谱线频率测得值 F_i 中，偏离 F_s 的最大值。

9. 噪声电平

（1）技术要求

噪声电平：不大于5μV（峰—峰值）

（2）检定方法

① 将被检仪器各通道输入端对地短接。

② 被检仪器时间常数及高频滤波器按3(2)②条款设置，电压测量量限置最小或增益置最大。

③ 在被检仪器记录、存储10s以上，并回放。测出每道10 s连续波形中，噪声的最大峰—峰值 A_n，其中最大者应符合（1）款规定。

10. 共模抑制比

（1）技术要求

共模抑制比：各道不小于80dB

（2）检定方法

① 检定系统按图15—7(b)连接。

② 被检仪器时间常数及高频滤波器按3(2)②条款设置，量限或增益置适当位置（如：量限置100μV）。

③ 检定仪置共模抑制比挡，向被检仪器输入频率为10Hz、幅度为 U_d（如100μV）的差模信号。将检定仪转为共模状态，向被检仪器输入共模信号，并将输入电压增大 K 倍（若计量性能要求的共模抑制比为80dB，则 $K=10\,000$）后记录、存储、回放共模信号。

④ 从回放的共模信号中测出各道幅值，找出其中幅值最大者为 U_c。共模抑制比CMRR按公式（15－19）计算：

$$\text{CMRR} = 20\lg K + 20\lg \frac{U_d}{U_c} \qquad (15-19)$$

式中：U_d——差模信号幅度；

U_c——各道共模信号幅值中的最大值；

K——输入被检仪器的共模电压与差模电压的比值。

11. 耐极化电压

（1）技术要求

耐极化电压：加 ±300mV 的直流极化电压，偏差不超过 ±5%。

（2）检定方法

① 检定系统按图 15—7(b)连接。

② 被检仪器时间常数和高频滤波器设置同 3(2)②条款量限或增益置适当位置（如：峰—峰值为 100μV）。

③ 由检定仪向被检仪器输出幅度峰—峰值为 U_s（如 100μV）、周期为 1s 的标准方波信号。分别在被检仪器上记录、存储未加极化电压及加入 +300mV 和 -300mV 极化电压时的波形，并对所存信号进行回放。

④ 从回放波形中选一道，测出该道未加极化电压的波形幅值 U_0，以及加入 +300mV、-300mV 极化电压后的波形幅值。从加入极化电压后的波形幅值中选偏离 U_0 大者 U_E。耐极化电压的相对偏差 δ'_E 按公式（15-20）计算：

$$\delta'_E = \frac{U_E - U_0}{U_0} \times 100\% \qquad (15-20)$$

式中：U_0——未加极化电压的波形幅值；

U_E——加入 +300mV 及 -300mV 极化电压的波形中幅值偏离 U_0 大者。

⑤ 按④条款测出各道耐极化电压的相对误差 δ'_E，从中选最大者作为被检仪器的耐极化电压相对误差 δ_E。

四、检定结果的处理和检定周期

（1）在被检仪器的各道中，被检项目全部合格者为合格道，否则为不合格道。

（2）数字脑电图仪经检定后合格道不满 8 道者，脑电地形图仪经检定后合格道不满 14 道者不得继续使用，并判该被检仪器不合格。

（3）经检定合格的发给检定证书。若被检仪器有不合格道，应在检定证书的对应项目中备注不合格道的道号。

（4）不合格的发给检定结果通知书，并注明不合格道的道号及项目。

（5）检定周期：检定周期一般不超过 2 年。

第四节 心电监护仪的检定

一、概 述

1. 概述

心电监护仪（以下简称监护仪）是医疗单位长期、连续地对病人进行心电、心率动态监护和测量的仪器。

监护仪按其功能和结构不同，主要可分为如下四种类型：

a. 心电图显示型

即在示波屏幕上显示心电图的监护仪。由导联电极、导联线、心电放大器、心电图显示部分组成。

b. 心电图、心率显示型

即在示波屏幕上显示心电图，并能显示心率值的监护仪。由导联电极、导联线、心电放大器、心电图显示部分和心率值显示部分组成。

c. 心电图显示、记录型

即在示波屏幕上显示心电图，而且可以记录的监护仪。由导联电极、导联线放大器、心电图显示和记录部分组成。

d. 心电图、心率显示和心电图记录型

即在示波屏幕上显示心电图，并有心率值显示和心电图记录的监护仪。由导联电极、导联线、心电放大器、心电图显示部分、心率值显示部分和心电图记录部分组成。

2. 范围

心电监护仪规程适用于心电监护仪及多参数监护仪的心电监护部分的首次检定、后续检定和使用中的检验。

二、检定条件、检定设备和检定项目

1. 检定设备

（1）计量标准器及配套设备见表15—11。

表15—11　检定设备一览表

设备名称		主要技术要求
检定仪	方波信号发生器	周期：0.5s～10s，最大允许误差±1% 电压（峰峰值）：0.5mV～2mV 最大允许误差±1% 输出阻抗：小于600Ω
	正弦波信号发生器	频率：0.1Hz～100Hz，最大允许误差±1% 电压（峰峰值）：0.5mV～2mV 最大允许误差±1% 输出阻抗：小于600Ω
	微分信号	微分时间常数：50ms，周期1s
	标准心率信号发生器	心率范围：27次/分～300次/分，最大允许误差±1% 输出电压（峰峰值）：+0.5mV～+3mV，最大允许误差±3% −0.5mV～−3mV，最大允许误差±3%
	极化电压	输出波形：见图15—9 +300mV，最大允许误差±5%
	模拟皮肤—电极阻抗	51kΩ，电阻与47nF电容并联，电阻最大允许误差为±5%，电容最大允许误差为±10%
	输入回路电流取样电阻	10kΩ，最大允许误差为±5%

续表

<table>
<tr><th>设备名称</th><th colspan="2">主 要 技 术 要 求</th></tr>
<tr><td rowspan="5">检定仪</td><td>共模抑制比检定装置交流监测电压表</td><td>量程：0V~20V（有效值），最大允许误差为±10%
输入阻抗：大于300MΩ
频率范围：10Hz~100Hz</td></tr>
<tr><td>钢直尺</td><td>量程：150mm；分度值：0.5mm；最大允许误差：±0.10mm</td></tr>
<tr><td>分规</td><td></td></tr>
<tr><td>放大镜</td><td>放大倍数：×5</td></tr>
<tr><td>秒表</td><td>分辨力：0.01s</td></tr>
</table>

2. 检定条件

（1）环境条件

① 环境温度：(20±10)℃；

② 相对湿度：小于80%。

（2）供电电源：220V±22V，50Hz±1Hz。

（3）周围环境无影响监护仪正常工作的强磁场干扰及震动。

（4）应具备良好的接地装置。

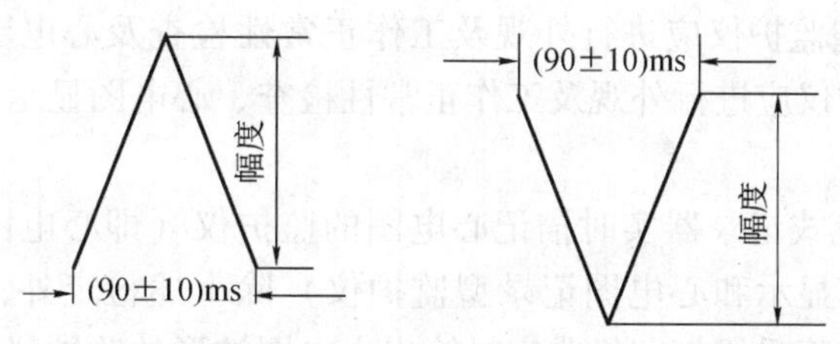

图15—9 极化电压波形

3. 检定项目

（1）检定项目见表15—12。

表15—12 检定项目一览表

<table>
<tr><th colspan="3">检 定 项 目</th><th>首次检定</th><th>后续检定</th><th>使用中的检验</th></tr>
<tr><td colspan="3">外观及工作正常性检查</td><td>+</td><td>+</td><td>+</td></tr>
<tr><td rowspan="8">心电图显示部分</td><td colspan="2">电压测量误差</td><td>+</td><td>+</td><td>+</td></tr>
<tr><td colspan="2">极化电压引起的电压测量偏差</td><td>+</td><td>+</td><td>–</td></tr>
<tr><td colspan="2">噪声电平</td><td>+</td><td>+</td><td>–</td></tr>
<tr><td colspan="2">扫描速度误差</td><td>+</td><td>+</td><td>+</td></tr>
<tr><td colspan="2">输入回路电流</td><td>+</td><td>–</td><td>–</td></tr>
<tr><td colspan="2">幅频特性</td><td>+</td><td>+</td><td>–</td></tr>
<tr><td rowspan="2">共模抑制比</td><td>监护导联</td><td>+</td><td>–</td><td>–</td></tr>
<tr><td>标准心电导联</td><td>+</td><td>+</td><td>–</td></tr>
</table>

续表

检 定 项 目			首次检定	后续检定	使用中的检验
心率显示部分	心率显示值误差		+	+	+
	心率报警发生时间		+	+	+
	心率报警预置值		+	+	+
描笔式心电图记录部分	电压测量误差		+	+	+
	记录速度误差		+	+	+
	时间常数		+	–	–
	滞后		+	–	–
	幅频特性		+	+	+
	移位非线性误差		+	–	–
	基线漂移		+	–	–
	共模抑制比	监护导联	+	–	–
		标准心电导联	+	+	–

注：1. 表中“+”表示应检项目；“–”表示可不检项目；
2. 根据监护仪的类型检定相应的项目。

（2）心电图显示型监护仪应进行外观及工作正常性检查及心电图显示部分的检定；心电图、心率显示型监护仪应进行外观及工作正常性检查、心电图显示部分及心率显示部分的检定。

（3）对于配有描笔式记录器实时描记心电图的监护仪（即心电图显示和心电图记录型监护仪及心电图、心率显示和心电图记录型监护仪）除上述检定外，还应进行描笔式心电图记录部分的检定；对于采用打印机非实时输出心电图波形的监护仪，由于打印的图形是预先存储在监护仪内部的图形的复制，故不必再检定打印机输出的图形，即不进行描笔式心电图记录部分的检定。

三、技术要求和检定方法

1. 外观及工作正常性检查

（1）通用技术要求

监护仪应标有生产厂名、型号、出厂编号。国产监护仪应有 CMC 标志和编号。监护仪不得有影响正常工作的机械损伤，所有旋钮、开关应牢固可靠，定位正确，并有报警功能及取消报警功能。有记忆示波功能的监护仪，应具有冻结和解冻功能。连续增益转换式监护仪的增益调节器应能将监护仪的显示增益调到大于20mm/mV。

（2）检查方法

外观及工作正常性检查应符合第（1）条要求。

2. 检定前的准备工作

① 按被检监护仪说明书要求进行预热。

② 按被检监护仪的说明书对被检监护仪进行正常使用所必要的准确度校准（如：用监护仪内部定标电压校准电压测量增益），检定中不得再进行影响准确度的校准。

③ 心电记录部分采用描笔记录器的监护仪应调整记录器阻尼（采用打印机输出的监护仪不用调整阻尼）。将心电记录部分的记录速度置“25mm/s”，增益转换开关置“10 mm/mV”，描笔调到记录纸中心位置，记录开关置“记录”状态，描记监护仪机内 1mV 定标电压，调节增益细调电位器，使记录的波形幅度为 10mm，同时，调节描笔的阻尼，使描出的波形具有图 15—10 所示的正常阻尼。在以后的检定中不得再调节阻尼。

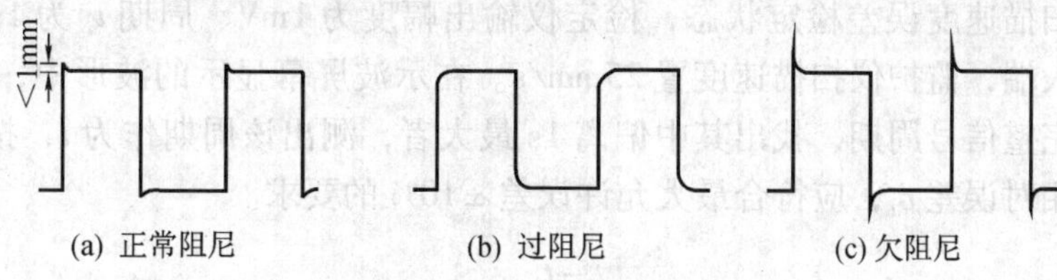

图 15—10 描笔的阻尼和记录波形

3. 心电图显示部分的检定

（1）对于具有打印输出（不包括描笔式记录器描记心电图波形）的监护仪，心电图显示部分的检定可在示波屏幕上对所显示的波形进行测量，也可对打印输出的波形进行测量。

（2）电压测量误差的检定

① 步进增益转换式

检定仪置电压测量误差检定状态，将监护仪增益转换置 10mm/mV，检定仪输出电压 u_i 为 1mV、周期为 0.4s 的标准方波信号到监护仪，测量显示屏幕上的信号电压作为 U，其相对误差按公式（15－21）计算，δ_u 应符合电压测量误差的最大允许误差为 ±10% 的要求。

$$\delta_u = \frac{u - u_i}{u_i} \times 100\% \tag{15-21}$$

按上述方法分别检定监护仪的 5mm/mV 及 20mm/mV 增益挡（检定仪对应输出电压 u_i 在 5mm/mV 挡时为 2mV、在 20mm/mV 挡时为 0.5mV）。按式（15－21）计算各挡相对误差 δ_u 均应符合最大允许误差为 ±10% 要求。

② 连续可调增益转换式

用监护仪内部电压校准源（如定标电压或标尺）将增益校准在 20mm/mV。检定仪分别输出电压 u 为 1mV，0.5mV，周期为 0.4s 的标准方波信号到监护仪，测量显示屏幕上对应的信号电压作为 u，其相对误差按式（15－21）计算，δ_u 应符合电压测量误差的最大允许误差为 ±10% 的要求。

（3）极化电压引起的电压测量偏差的检定

① 检定仪置极化电压检定状态，在不加入极化电压时测得方波幅度 H_0（为便于测量，可调整检定仪输出信号幅度使 H_0 = 10mm）。

② 检定仪依次加入 ±300mV 直流极化电压，分别测量显示的信号波形幅度，取偏离 H_0 较大者为 H_d。极化电压引起的电压测量相对偏差 δ_d 按式（15－22）计算，应符合“极化电压引起的电压测量偏差：在施加 ±300mV 直流电压后引起的显示信号幅度相对变化不超过 ±5%”的规定。

$$\delta_d = \frac{H - H_0}{H_0} \times 100\% \tag{15-22}$$

（4）噪声电平的检定

检定仪置噪声电平检定状态，此时监护仪的各输入端分别对 N 端接入模拟皮肤—电极阻抗。在监护仪增益置 20mm/mV 时测量示波屏幕显示的噪声电平幅度，应符合“噪声电平折合到输入端的噪声电平应不大于 30μV（峰峰值）”的要求。

（5）扫描速度误差的检定

检定仪置扫描速度误差检定状态，检定仪输出幅度为 1mV、周期 t_i 为 1s 的方波信号，加至监护仪输入端，监护仪扫描速度置 25mm/s。在示波屏幕显示的波形中，测量最左、最右及中间三个完整信号周期，找出其中偏离 1s 最大者，测出该周期作为 t，按式（15－23）计算扫描速度相对误差 δ_t，应符合最大允许误差 ±10% 的要求。

$$\delta_t = \frac{t - t_i}{t_i} \times 100\% \tag{15-23}$$

具有 50mm/s 扫描速度的监护仪，应按上述方法检定该扫描速度，应符合最大允许误差 ±10% 的要求。

（6）输入回路电流的检定

检定仪置输入回路电流检定状态，监护仪增益置于 10mm/mV（为得到较高的测量分辨力，也可将增益置更高挡）。分别在示波屏幕上测量各导联输入回路电流在检定仪内取样电阻及上产生的电势，取其中较大者为 U_1，输入回路电流 I_m 按式（15－24）计算，应符合各输入回路电流应不大于 0.1μA 的要求。

$$I_m = \frac{U_I}{R} \tag{15-24}$$

式中，R 为 10kΩ。

（7）幅频特性的检定

检定仪置幅频特性检定状态，检定仪输出频率为 10Hz、幅度为 lmV 的正弦波信号。调节检定仪输出正弦波信号幅度，使监护仪显示的波形幅度 H_{10} 为 10mm。

① 监护导联幅频特性的检定

a）保持检定仪输出的正弦波信号幅度不变，仅改变频率，在 1Hz～25Hz 频率范围内，观测监护仪显示的波形幅度，其变化应符合监护导联：以 10Hz 正弦波为参考值，在（1～25）Hz 内随频率变化，幅度的最大允许偏差 +5% 及 －30% 的要求，即不应超出 7.0mm～10.5mm。在首次检定中，观测点的频率间隔不应大于 2Hz（如：…6Hz，8Hz，12Hz，14Hz…）；随后检定中，观测点的频率间隔不应大于 5Hz（如 1Hz，5Hz，15Hz，20Hz…）。

b）对于以上观测合格的监护仪，应测量出幅频特性的频率下限（1Hz）和上限（25Hz）所对应的信号幅值，分别作为 H_X，按式（15－25）计算出相对 H_{10} 的偏差作为该项检定结果；对于以上观测不合格的监护仪，应测量偏离规定范围 7.0mm～10.5mm 最远的频率点的幅值作为 H_X，按式（15－25）计算出相对 H_{10} 的偏差作为该项检定结果。

② 标准心电导联幅频特性的检定

将被检监护仪设置在诊断模式，并在该模式下选择最宽的频响范围（如某监护仪在诊断模式下具有 0.05Hz～40Hz 及 0.05Hz～150Hz 两种频响范围，则应选 0.05Hz～150Hz）。

保持检定仪输出的正弦波信号幅度 H_{10} 不变，仅改变频率，在 1Hz～60Hz 频率范围内，观测监护仪显示的波形幅度，其变化应符合标准心电导联[注]：以10Hz正弦波为参考值，在(1~60) Hz内随频率变化，幅度的最大允许偏差+5%及-10%。（注：标准心电导联适用于诊断，有些监护仪具备此模式。具有此模式的监护仪开机后一般处“监护模式”，可通过监护仪设置选择菜单将监护仪设置在“诊断模式”。）的要求，即不应超出9.0mm~10.5mm。在首次检定中，观测点的频率间隔不应大于5Hz（如5Hz，15Hz，20Hz，25Hz，…）；随后检定中，观测点的频率间隔不应大于10Hz（如1Hz，20Hz，30Hz，40Hz…）。

对于以上观测合格的监护仪，应测量出幅频特性的频率下限（1Hz）和上限（60Hz）所对应的信号幅值，分别作为H_x，按式（15-25）计算出相对H_{10}的偏差作为该项检定结果；对于以上观测不合格的监护仪，应测量偏离规定范围9.0mm~10.5mm最远的频率点的幅值作为H_x，按式（15-25）计算出相对H_{10}的偏差作为该项检定结果。

$$\delta_f = \frac{H_x - H_{10}}{H_{10}} \times 100\% \qquad (15-25)$$

（8）共模抑制比的检定

在监护仪导联电缆不接入共模抑制比检定装置时，调整该装置的可变电容，使输出电压为10V（有效值）。将共模抑制比检定装置及监护仪在同一接地点良好接地。

① 具有监护导联的监护仪，将其导联线接入共模抑制比检定装置，依次在显示屏幕上测出各导联共模电压，取其中最大者作为U_c。按式（15-26）计算出共模抑制比，应符合共模抑制比应不小于89dB的要求。

$$\mathrm{CMRR} = 20\lg\frac{U_d}{U_c} \qquad (15-26)$$

式中，U_d为28.3V（峰峰值），对应有效值10V。

② 具有标准心电导联的监护仪，应在诊断模式下选择最宽的频响范围（如某监护仪在诊断模式下具有0.05Hz~40Hz及0.05Hz~150Hz两种频响范围，则应选0.05Hz~150Hz），按①检定标准心电导联的共模抑制比。

4. 心率显示部分的检定

（1）心率显示值误差的检定

检定仪置心率显示值误差检定状态，输出信号幅度峰峰值分别为+0.5mV，-0.5mV，+3mV及-3mV时，监护仪增益置10mm/mV，在（30~200）次/min范围内改变检定仪输出心率，观测监护仪心率显示值误差应符合最大允许误差±（显示值的5%+1个字）的要求。对首次检定的监护仪观测点间隔应不大于10次/min（如：…40次/min、50次/min…）；随后检定的监护仪观测点间隔应不大于30次/min（如：…60次/min、90次/min…）。

对于在上述观测中合格的监护仪，分别在幅度峰峰值为+0.5mV，-0.5mV，+3mV及-3mV时，读取心率标准值F_0分别为30次/min、200次/min时监护仪的显示值作为F_x。用式（15-27）计算上述各检定点相对误差δ_α，心率显示值误差应符合最大允许误差±（显示值的5%+1个字）的要求。

对于在上述观测中不合格的监护仪，应在上述观测点中找出误差最大点进行测量，测得

值作为 F_x，用式（15－27）计算该测量点相对误差 δ_α，作为该项检定结果。

$$\delta_\alpha = \frac{F_x - F_0}{F_0} \times 100\% \tag{15-27}$$

（2）心率报警发生时间的检定

检定仪置心率报警发生时间检定状态，此时应输出幅度峰峰值为＋1mV、心率为 90 次/min的标准心率信号。将监护仪的报警上限预置值设定在 120 次/min，下限预置值设定在 60 次/min。操作检定仪，并用秒表分别测量检定仪输出的标准心率从 90 次/min 转换到 150 次/min 和从 90 次/min 转换到 30 次/min 时，从转换瞬间开始到报警发生的时间，应符合自心率越限发生至报警发生的时间应不大于 12s 的要求。

（3）心率报警预置值的检定

检定仪置心率报警预置值检定状态，检定仪输出幅度峰峰值为＋1mV、心率为 90 次/min标准心率信号。监护仪的报警上限预置值定为 180 次/min，下限预置值定为 30 次/min。使检定仪输出的标准心率从 90 次/min 分别转换为 200 次/min 和 27 次/min，若两者均发生报警，则符合预置范围下限为 30 次/min，上限为 180 次/min，最大允许误差±（预置值的 10%＋1 个字）的要求，检定结果记为合格，否则记为不合格。

5. 描笔式心电图记录部分

此部分检定仪适用于采用描笔记录器记录波形的监护仪，采用打印机输出波形的监护仪不进行此部分检定。

（1）电压测量误差的检定

① 步进增益转换式

检定仪置电压测量误差检定状态，将监护仪增益转换置 10mm/mV 挡，检定仪输出电压 u_i 为 1mV、周期为 0.4s 的标准方波信号输入监护仪，在记录纸上测量描记的信号电压作为 u，其相对误差按式（15－21）计算，δ_u 应符合最大允许误差±10% 的要求。

按上述方法分别检定监护仪的 5mm/mV 及 20mm/mV 增益挡（检定仪对应输出电压 u_i 在 5mm/mV 挡时为 2mV，在 20mm/mV 挡时为 0.5mV）。按式（15－21）计算各挡相对误差 δ_u，均应符合最大允许误差±10% 的要求。

② 连续可调增益转换式

用监护仪内部电压校准源（如定标电压或标尺）将增益校准在 20mm/mV。检定仪分别输出电压 u_i 为 1mV，0.5mV，周期为 0.4s 的标准方波信号到监护仪，在记录纸上测量描记的信号电压作为 u，其相对误差按式（15－21）计算，δ_u 应符合最大允许误差±10% 的要求。

（2）记录速度误差的检定

检定仪置记录速度误差检定状态，输出周期 t_i 为 1s，幅度峰峰值为 1mV 的方波信号。监护仪在被检记录速度下，描记一段标准信号波形。在所描记的波形中，选取开始走纸 1s 以后（为克服走纸机构启动瞬间的不稳定）的任意一个完整周期，测出该周期作为 t，用式（15－23）计算出被测记录速度的相对误差，应符合最大允许误差±5% 的规定。

具有 50mm/s 记录速度的监护仪，应上述方法检定该记录速度，应符合最大允许误差±5% 的规定。

（3）时间常数的检定

将监护仪记录部分的记录速度置25mm/s，增益转换开关置10mm/mV，按下和复原监护仪的定标按钮，记录描笔幅度从初始值（100%）下降到37%所对应的时间 T 为时间常数（见图15—11），应符合监护导联：不小于0.3s的规定。

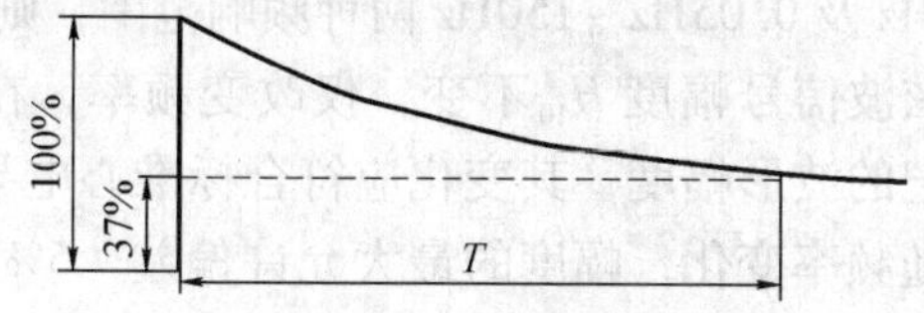

图15—11 时间常数的检定接线图

对于无定标按钮的监护仪，可使用检定仪向监护仪输入1mV、周期大于被检时间常数2倍以上的方波（如测3.2s时间常数可选周期为10s的方波）进行该项检定。

对于具有诊断用标准心电导联的监护仪，还应检定监护仪处于诊断模式下的时间常数，应符合标准心电导联：不小于3.2s的规定。

（4）滞后的检定

检定仪置滞后检定状态，输出周期1s的微分信号至监护仪，调节检定仪输出信号幅度，使监护仪记录的波形产生离中心线±15mm的偏离。测量正、负两个波形基线之间的偏离幅度 h'，（见图15—12）为记录系统的滞后，应符合记录系统的滞后不大于0.5mm的规定。

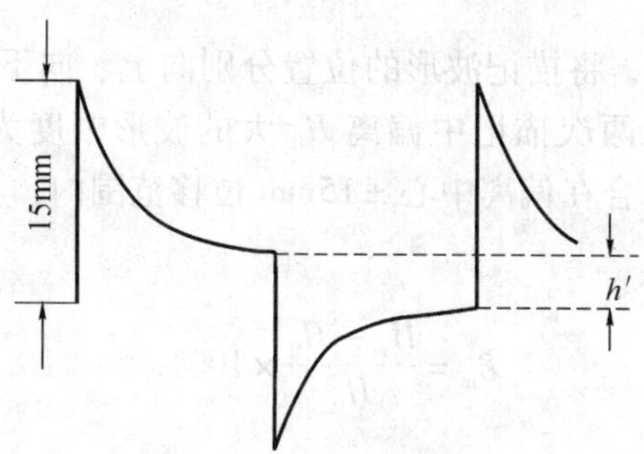

图15—12 记录系统的滞后波形

（5）幅频特性的检定

检定仪置幅频特性检定状态，输出频率为10Hz、幅度为1mV的正弦波信号。调节检定仪输出正弦波信号幅度，使在记录纸上描记的波形幅度 H_{10} 为10mm。

① 监护导联幅频特性的检定

保持检定仪输出的正弦波信号幅度 H_{10} 不变，仅改变频率，在1Hz～25Hz频率范围内，观测监护仪在记录纸上描记的波形幅度，其变化应符合监护导联：以10Hz正弦波为参考值在（1～25）Hz内随频率变化，幅度的最大允许偏差+5%及−30%的要求，即不应超过7.0mm～10.5mm。在首次检定中，观测点的频率间隔不应大于2Hz（如6Hz，8Hz，12Hz，14Hz…）；随后检定中，观测点的频率间隔不应大于5Hz（如1Hz，5Hz，15Hz，20Hz…）。

对于以上观测合格的监护仪，应测量出幅频特性的频率下限（1Hz）和上限（25Hz）所对应的波形幅值，分别作为 H_x。按式（15－25）计算出相对 H_{10} 的偏差作为该项检定结果；对于以上观测不合格的监护仪，应测量偏离规定范围7.0mm～10.5mm最远的频率点所对应的记录波形幅值作为H_x，按式（15－25）计算出相对H_{10}的偏差作为该项检定结果。

② 标准心电导联幅频特性的检定

将被检监护仪设置在诊断模式，并在该模式下选择最宽的频响范围（如某监护仪在诊断模式下具有0.05Hz～40Hz及0.05Hz～150Hz两种频响范围，则应选0.05Hz～150Hz）。

保持检定仪输出的正弦波信号幅度H_{10}不变，仅改变频率，在1Hz～60Hz频率范围内，观测监护仪在记录纸上描记的波形幅度，其变化应符合标准心电导联：以10Hz正弦波为参考值，在（1～60）Hz内随频率变化，幅度的最大允许偏差＋5%及－10%的要求，即不应超出9.0mm～10.5mm。在首次检定中，观测点的频率间隔不应大于5Hz（如5Hz，15Hz，20Hz，25Hz…）；随后检定中，观测点的频率间隔不应大于10Hz（如1Hz，20Hz，30Hz，40Hz…）。

对于以上观测合格的监护仪，应测量出幅频特性的频率下限（1Hz）和上限（60Hz）幅值，分别作为H_x，按式（15－25）计算出相对H_{10}的偏差作为该项检定结果；对于以上观测不合格的监护仪，应测量偏离规定范围9.0mm～10.5mm最远的频率点所对应的记录波形幅值作为H_x，按式（15－25）计算出相对H_{10}的偏差作为该项检定结果。

（6）移位非线性偏差的检定

检定仪置移位非线性偏差检定状态，输出频率为10Hz、幅度为1mV的正弦波信号。在使记录笔处记录纸中心位置时，调节检定仪输出的正弦波信号幅度，使在记录纸上描记的波形幅度H_0为10mm。

用监护仪移位调整装置，将描记波形的位置分别向上、向下移位15mm，描笔分别画出所对应位置的波形幅度，取两次描记中偏离H_0大的波形幅度为H_m。移位非线性偏差δ_m。按式（15－28）计算，应符合在偏离中心±15mm位移范围内，移位引起的非线性相对变化不超过±10%的规定。

$$\delta_m = \frac{H_m - H_0}{H_0} \times 100\% \tag{15-28}$$

（7）基线漂移的检定

检定仪置基线漂移检定状态，此时监护仪的各输入端通过检定仪内部的模拟皮肤—电极阻抗分别接N端，监护仪增益置10mm/mV。测量监护仪走纸1s以后（为克服走纸机构启动瞬间的不稳定）的10s时间间隔内描笔所记录的基线漂移的最大值h（见图15—13）。应符合基线漂移10s内不大于1mm的规定。

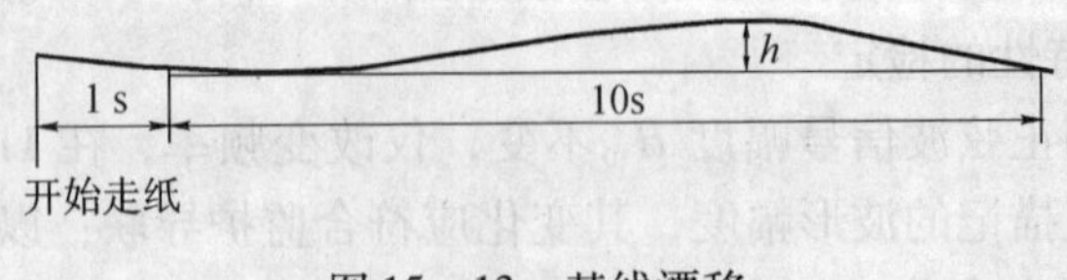

图15—13 基线漂移

（8）共模抑制比的检定

在监护仪导联电缆不接入共模抑制比检定装置时，调整该装置的可变电容，使输出电压为10V（有效值）。将共模抑制比检定装置及监护仪在同一接地点良好接地。

① 将监护仪导联线接入共模抑制比检定装置，依次在记录纸上测出各导联共模电压，取其中最大者为 U_c。按式（15－26）计算出共模抑制比，应符合共模抑制比应不小于 89dB 的要求。

② 对于具有标准心电导联的监护仪，应在诊断模式下选择最宽的频响范围（如某监护仪在诊断模式下具有 0.05Hz～40Hz 及 0.05Hz～150Hz 两种频响范围，则应选 0.05Hz～150Hz），按③检定标准心电导联的共模抑制比，应符合共模抑制比应不小于 89dB 的要求。

③ 幅频特性

a）监护导联：以 10Hz 正弦波为参考值，在（1～25）Hz 内随频率变化，幅度的最大允许偏差 +5% 及 －30%。

b）标准心电导联[注]：以 10Hz 正弦波为参考值，在（1～60）Hz 内随频率变化，幅度的最大允许偏差 +5% 及 －10%。

注：标准心电导联适用于诊断，有些监护仪具备此模式。具有此模式的监护仪开机后一般处“监护模式”，可通过监护仪设置选择菜单将监护仪设置在“诊断模式”。

四、检定结果的处理和检定周期

（1）经检定合格的发给检定证书，不合格的发给检定结果通知书，并注明不合格项目。

（2）具有用于诊断的标准心电导联的监护仪：若监护导联合格，标准心电导联不合格，可发给检定证书。但必须在检定结论中注明：“监护导联合格，准予使用；诊断用标准心电导联不合格，不得使用”。

（3）对心电图显示、记录型监护仪，若心电显示部分合格，记录部分不合格的监护仪，可发给检定证书。但必须在检定结论中注明：“心电图显示合格，准予使用；记录部分不合格，不得使用”。

（4）对心电图、心率显示和心电图记录型监护仪，心电图和心率显示部分合格，记录部分不合格的监护仪，可发给检定证书。但必须在检定结论中注明：“心电图、心率显示合格，准予使用；记录部分不合格，不得使用”。

（5）检定周期：心电监护仪检定周期一般不超过 1 年。

参 考 文 献

1. 肖明耀．误差理论与应用．北京：计量出版社，1985
2. 阎石主．数字电子技术基础．北京：高等教育出版社，1993
3. 国家计量局法规处组绎．国际法制计量组织 OIML 国际建议译文集．北京：中国计量出版社，1987
4.《计量测试技术手册》编辑委员会．计量测试手册　第八卷　电子学．北京：中国计量出版社，1997